수학 좀 한다면

디딤돌 초등수학 기본+응용 6-2
펴낸날 [개정판 1쇄] 2023년 11월 10일 [개정판 5쇄] 2024년 9월 19일 | **펴낸이** 이기열 | **펴낸곳** (주)디딤돌 교육 | **주소** (03972) 서울특별시 마포구 월드컵북로 122 청원선와이즈타워 | **대표전화** 02-3142-9000 | **구입문의** 02-322-8451 | **내용문의** 02-323-9166 | **팩시밀리** 02-338-3231 | **홈페이지** www.didimdol.co.kr | **등록번호** 제10-718호 | 구입한 후에는 철회되지 않으며 잘못 인쇄된 책은 바꾸어 드립니다.

내 실력에 딱!
최상위로 가는 '맞춤 학습 플랜'

STEP 1 On-line

나에게 맞는 공부법은?
맞춤 학습 가이드를 만나요.

교재 선택부터 공부법까지! 디딤돌에서 제공하는 시기별 맞춤 학습 가이드를 통해 아이에게 맞는 학습 계획을 세워 주세요. (학습 가이드는 디딤돌 학부모카페 '맘이가'를 통해 상시 공지합니다. cafe.naver.com/didimdolmom)

STEP 2 Book

맞춤 학습 스케줄표
계획에 따라 공부해요.

교재에 첨부된 '맞춤 학습 스케줄표'에 맞춰 공부 목표를 달성합니다.

STEP 3 On-line

이럴 땐 이렇게!
'맞춤 Q&A'로 해결해요.

궁금하거나 모르는 문제가 있다면, '맘이가' 카페를 통해 질문을 남겨 주세요. 디딤돌 수학쌤 및 선배맘님들이 친절히 답변해 드립니다.

STEP 4 Book

다음에는 뭐 풀지?
다음 교재를 추천받아요.

학습 결과에 따라 후속 학습에 사용할 교재를 제시해 드립니다. (교재 마지막 페이지 수록)

★ 디딤돌 플래너 만나러 가기

디딤돌 초등수학 기본+응용 6-2

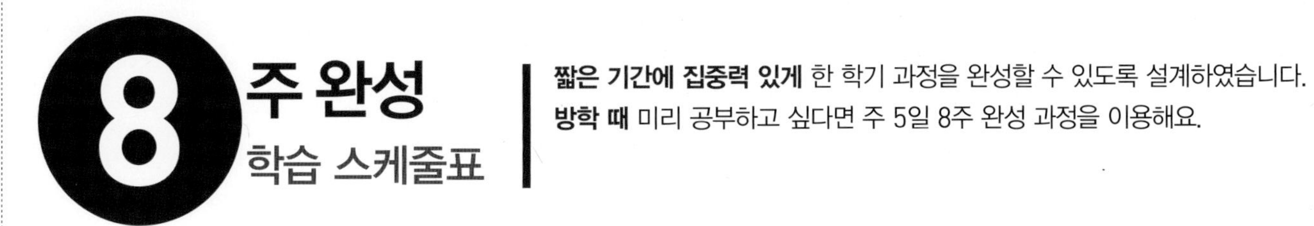

짧은 기간에 집중력 있게 한 학기 과정을 완성할 수 있도록 설계하였습니다.
방학 때 미리 공부하고 싶다면 주 5일 8주 완성 과정을 이용해요.

공부한 날짜를 쓰고 하루 분량 학습을 마친 후, 부모님께 확인 check ☑를 받으세요.

1 분수의 나눗셈						
1주 ☐ 월 일	☐ 월 일	☐ 월 일	☐ 월 일	☐ 월 일	2주 ☐ 월 일	☐ 월 일
8~13쪽	14~17쪽	18~24쪽	25~28쪽	29~31쪽	32~34쪽	38~43쪽

2 소수의 나눗셈			3 공간과 입체			
3주 ☐ 월 일	☐ 월 일	☐ 월 일	☐ 월 일	☐ 월 일	4주 ☐ 월 일	☐ 월 일
54~57쪽	58~60쪽	61~63쪽	66~71쪽	72~77쪽	78~83쪽	84~87쪽

4 비례식과 비례배분						
5주 ☐ 월 일	☐ 월 일	☐ 월 일	☐ 월 일	☐ 월 일	6주 ☐ 월 일	☐ 월 일
102~105쪽	106~108쪽	109~111쪽	112~115쪽	116~118쪽	119~121쪽	124~127쪽

5 원의 넓이			6 원기둥, 원뿔, 구			
7주 ☐ 월 일	☐ 월 일	☐ 월 일	☐ 월 일	☐ 월 일	8주 ☐ 월 일	☐ 월 일
139~142쪽	143~145쪽	146~148쪽	152~155쪽	156~159쪽	160~162쪽	163~165쪽

MEMO

자르는 선 ✂

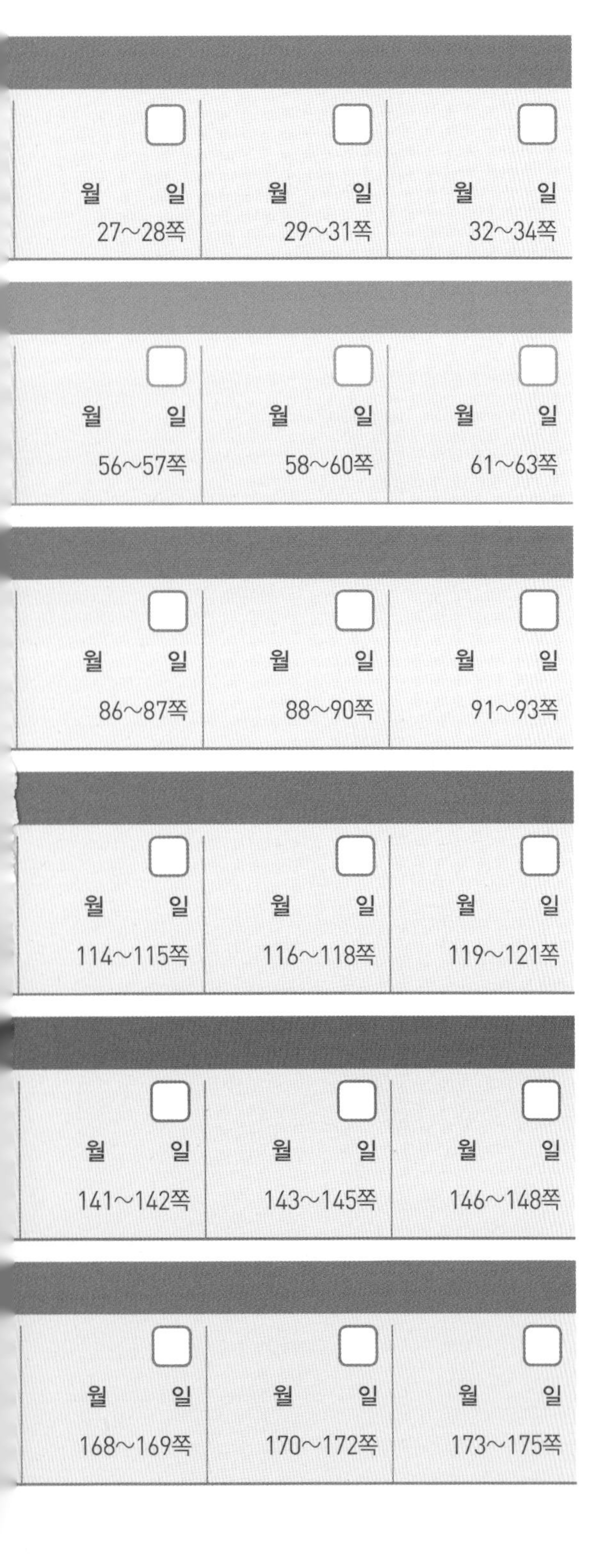

월 일 27~28쪽	월 일 29~31쪽	월 일 32~34쪽
월 일 56~57쪽	월 일 58~60쪽	월 일 61~63쪽
월 일 86~87쪽	월 일 88~90쪽	월 일 91~93쪽
월 일 114~115쪽	월 일 116~118쪽	월 일 119~121쪽
월 일 141~142쪽	월 일 143~145쪽	월 일 146~148쪽
월 일 168~169쪽	월 일 170~172쪽	월 일 173~175쪽

효과적인 수학 공부 비법

X 시켜서 억지로

O 내가 스스로

억지로 하는 일과 즐겁게 하는 일은 결과가 달라요.
목표를 가지고 스스로 즐기면 능률이 배가 돼요.

X 가끔 한꺼번에

O 매일매일 꾸준히

급하게 쌓은 실력은 무너지기 쉬워요.
조금씩이라도 매일매일 단단하게 실력을 쌓아가요.

X 정답을 몰래

O 개념을 꼼꼼히

정답

개념

모든 문제는 개념을 바탕으로 출제돼요.
쉽게 풀리지 않을 땐, 개념을 펼쳐 봐요.

X 채점하면 끝

O 틀린 문제는 다시

왜 틀렸는지 알아야 다시 틀리지 않겠죠?
틀린 문제와 어림짐작으로 맞힌 문제는 꼭 다시 풀어 봐요.

디딤돌 초등수학 기본+응용 6-2

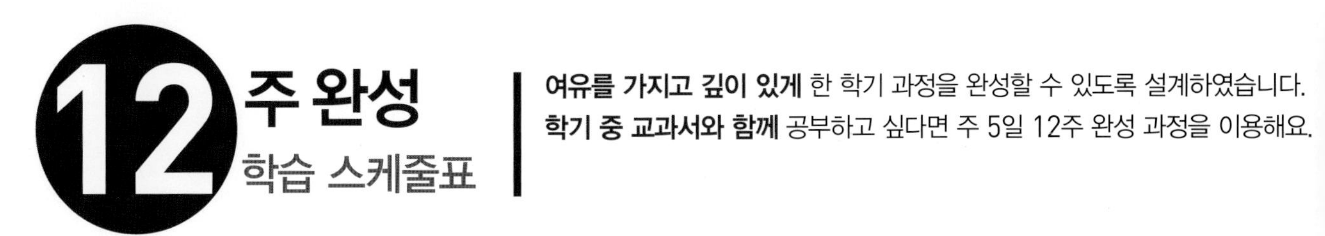

12주 완성 학습 스케줄표

여유를 가지고 깊이 있게 한 학기 과정을 완성할 수 있도록 설계하였습니다.
학기 중 교과서와 함께 공부하고 싶다면 주 5일 12주 완성 과정을 이용해요.

공부한 날짜를 쓰고 하루 분량 학습을 마친 후, 부모님께 확인 check ☑를 받으세요.

1 분수의 나눗셈

1주					2주	
월 일	월 일	월 일	월 일	월 일	월 일	월 일
8~11쪽	12~15쪽	16~17쪽	18~19쪽	20~21쪽	22~24쪽	25~26쪽

2 소수의 나눗셈

3주					4주	
월 일	월 일	월 일	월 일	월 일	월 일	월 일
38~41쪽	42~45쪽	46~47쪽	48~49쪽	50~51쪽	52~53쪽	54~55쪽

3 공간과 입체

5주					6주	
월 일	월 일	월 일	월 일	월 일	월 일	월 일
66~69쪽	70~73쪽	74~77쪽	78~79쪽	80~81쪽	82~83쪽	84~85쪽

4 비례식과 비례배분

7주					8주	
월 일	월 일	월 일	월 일	월 일	월 일	월 일
96~99쪽	100~103쪽	104~105쪽	106~107쪽	108~109쪽	110~111쪽	112~113쪽

5 원의 넓이

9주					10주	
월 일	월 일	월 일	월 일	월 일	월 일	월 일
124~127쪽	128~129쪽	130~131쪽	132~134쪽	135~136쪽	137~138쪽	139~140쪽

6 원기둥, 원뿔, 구

11주					12주	
월 일	월 일	월 일	월 일	월 일	월 일	월 일
152~154쪽	155~157쪽	158~159쪽	160~161쪽	162~163쪽	164~165쪽	166~167쪽

2 소수의 나눗셈		
월 일 44~47쪽	월 일 48~50쪽	월 일 51~53쪽

		4 비례식과 비례배분
월 일 88~90쪽	월 일 91~93쪽	월 일 96~101쪽

5 원의 넓이		
월 일 128~131쪽	월 일 132~135쪽	월 일 136~138쪽

월 일 166~169쪽	월 일 170~172쪽	월 일 173~175쪽

효과적인 수학 공부 비법

X 시켜서 억지로 / O 내가 스스로

억지로 하는 일과 즐겁게 하는 일은 결과가 달라요.
목표를 가지고 스스로 즐기면 능률이 배가 돼요.

X 가끔 한꺼번에 / O 매일매일 꾸준히

급하게 쌓은 실력은 무너지기 쉬워요.
조금씩이라도 매일매일 단단하게 실력을 쌓아가요.

X 정답을 몰래 / O 개념을 꼼꼼히

정답 / 개념

모든 문제는 개념을 바탕으로 출제돼요.
쉽게 풀리지 않을 땐, 개념을 펼쳐 봐요.

X 채점하면 끝 / O 틀린 문제는 다시

왜 틀렸는지 알아야 다시 틀리지 않겠죠?
틀린 문제와 어림짐작으로 맞힌 문제는 꼭 다시 풀어 봐요.

수학 좀 한다면 디딤돌

초등수학 기본+응용

상위권으로 가는 **응용심화** 학습서

6-2

기본부터 **실력**까지 **한 권**으로 끝내는 **공부 전략!**

1 한 권에 보이는 개념 정리로 개념 이해!

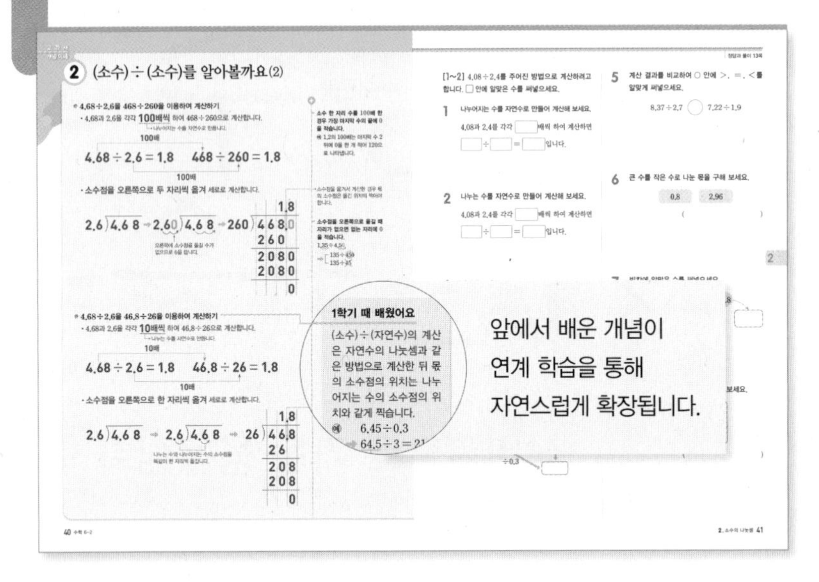

개념 정리를 읽고 교과서 기본 문제를 풀어 보며 개념을 확실히 내 것으로 만들어 봅니다.

2 개념 대표 문제로 개념 확인!

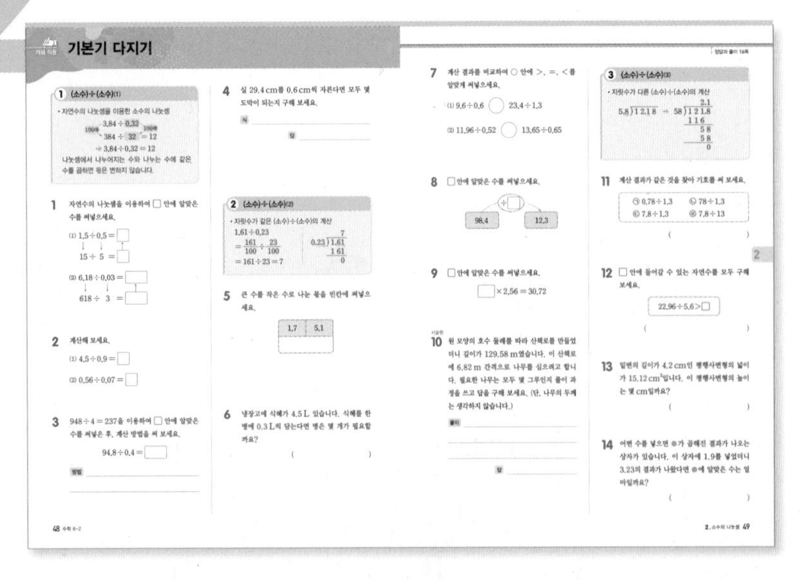

개념별 집중 문제로 교과서, 익힘책은 물론 서술형 문제까지 기본기에 필요한 모든 문제를 풀어봅니다.

3 응용 문제로 실력 완성!

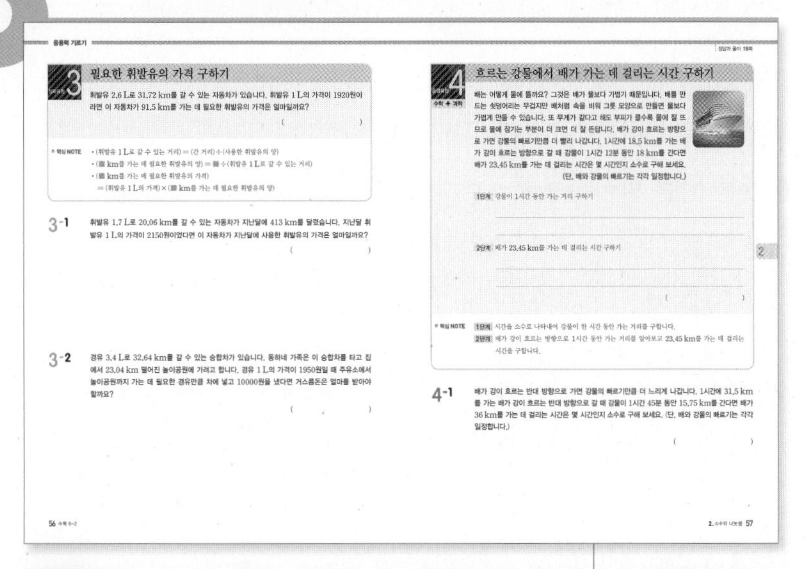

단원별 대표 응용 문제를 풀어보며 실력을 완성해 봅니다.

흐르는 강물에서 배가 가는 데 걸리는 시간 구하기

배는 어떻게 물에 뜰까요? 그것은 배가 물보다 가볍기 때문입니다. 배를 만드는 쇳덩어리는 무겁지만 배처럼 속을 비워 그릇 모양으로 만들면 물보다 가볍게 만들 수 있습니다. 또 무게가 같다고 해도 부피가 클수록 물에 잘 뜨므로 물에 잠기는 부분이 더 크면 더 잘 뜹니다. 배가 강이 흐르는 방향으

창의·융합 문제를 통해 문제 해결력과 더불어 정보 처리 능력까지 완성할 수 있습니다.

4 단원 평가로 실력 점검!

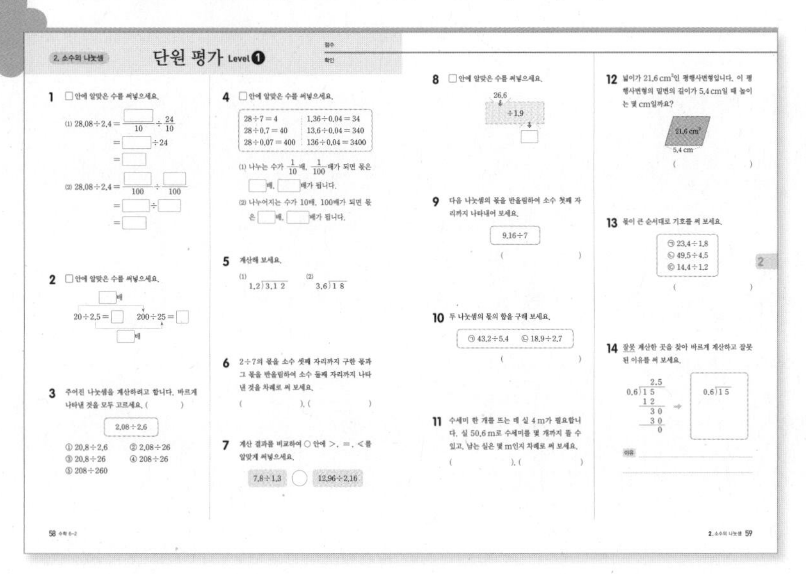

공부한 내용을 마무리하며 틀린 문제나 헷갈렸던 문제는 반드시 개념을 살펴 봅니다.

이 책의 **차례**

1 분수의 나눗셈

나눈다고 항상 **작아**질까? 분수로 나누면 커질 수도 있지.

분수로는 **어떻게 나누지?**

나눗셈을 곱셈으로 바꾸어 계산할 수 있어!

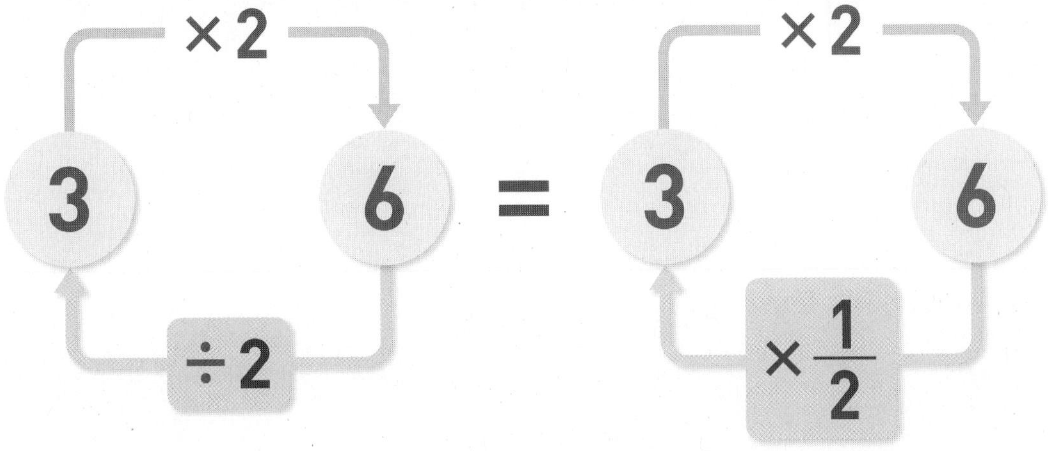

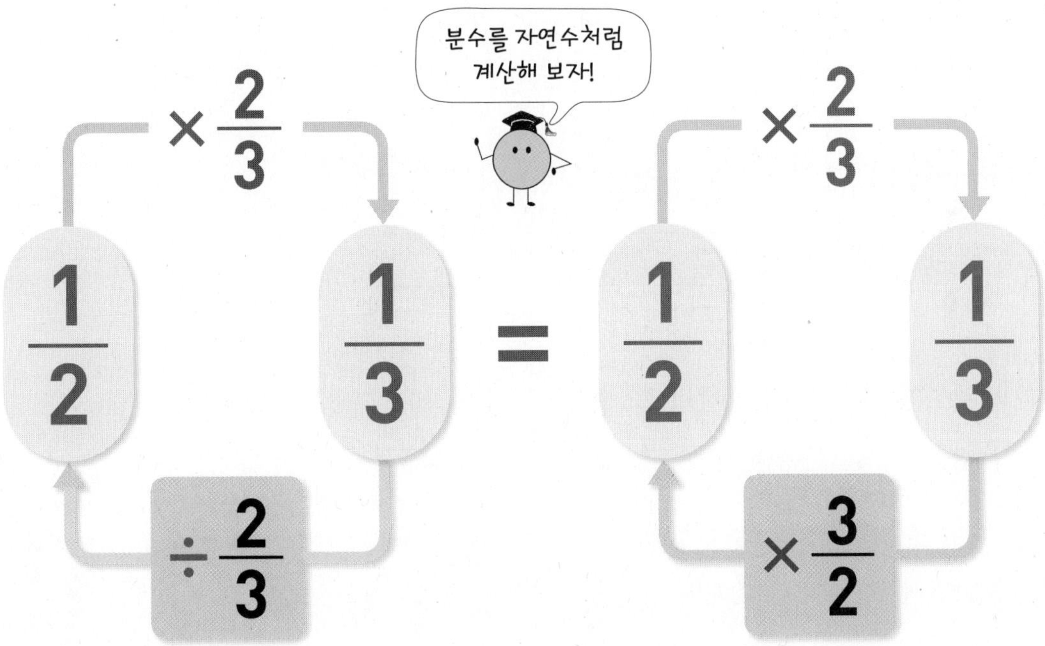

$3 \xrightarrow{\times 2} 6$, $6 \xrightarrow{\div 2} 3$ = $3 \xrightarrow{\times 2} 6$, $6 \xrightarrow{\times \frac{1}{2}} 3$

분수를 자연수처럼
계산해 보자!

$\frac{1}{2} \xrightarrow{\times \frac{2}{3}} \frac{1}{3}$, $\frac{1}{3} \xrightarrow{\div \frac{2}{3}} \frac{1}{2}$ = $\frac{1}{2} \xrightarrow{\times \frac{2}{3}} \frac{1}{3}$, $\frac{1}{3} \xrightarrow{\times \frac{3}{2}} \frac{1}{2}$

1 (분수)÷(분수)를 알아볼까요(1)

● **분모가 같은 (분수)÷(단위분수)**

> **3학년 때 배웠어요**
>
> 단위분수: 분수 중에서 $\frac{1}{2}$, $\frac{1}{3}$, $\frac{1}{4}$, ...과 같이 분자가 1인 분수

$\frac{4}{5} \div \frac{1}{5}$

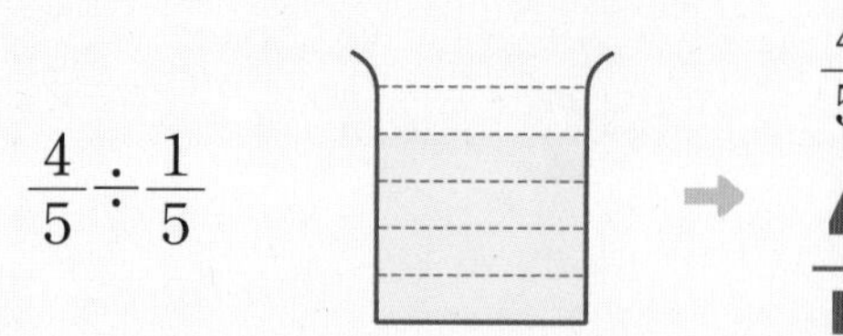

➡ $\frac{4}{5}$에서 $\frac{1}{5}$을 4번 덜어 낼 수 있으므로

$\frac{4}{5} \div \frac{1}{5} = 4$ 입니다.

● **분자끼리 나누어떨어지는 분모가 같은 (분수)÷(분수)**

$\frac{6}{7} \div \frac{3}{7}$

$\frac{3}{7}$ $\frac{3}{7}$ 0 1

$\frac{6}{7}$에서 $\frac{3}{7}$을 2번 덜어 낼 수 있으므로 $\frac{6}{7} \div \frac{3}{7} = 2$입니다.

➡ $\frac{6}{7}$은 $\frac{1}{7}$이 6개, $\frac{3}{7}$은 $\frac{1}{7}$이 3개이므로 $\frac{6}{7} \div \frac{3}{7} = 6 \div 3 = 2$입니다.

● **분자끼리 나누어떨어지지 않는 분모가 같은 (분수)÷(분수)**

$\frac{5}{8} \div \frac{2}{8}$

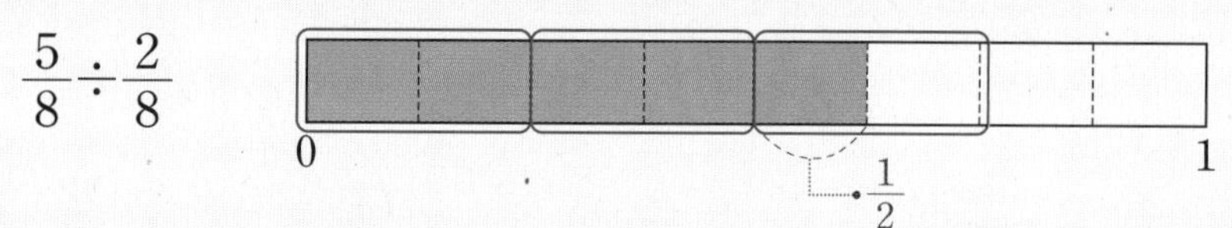

5개를 2개씩 묶으면 2개씩 2묶음과 1묶음의 반인 $\frac{1}{2}$이 됩니다.

□□ □□ □ ➡ $2\frac{1}{2}$ (1 1 $\frac{1}{2}$)

➡ $\frac{5}{8}$는 $\frac{1}{8}$이 5개, $\frac{2}{8}$는 $\frac{1}{8}$이 2개이므로 $\frac{5}{8} \div \frac{2}{8} = 5 \div 2 = \frac{5}{2} = 2\frac{1}{2}$입니다.

● **분모가 같은 (분수)÷(분수) 계산 방법**

① 분자끼리 계산합니다.
② 분자끼리 나누어떨어지지 않을 때에는 계산 결과가 분수입니다.

① 나누어지는 수가 나누는 수로 몇 번 덜어 낼 수 있는지 알아봅니다.

② 분자가 1인 분수로 몇 개인지 알아보고 그 개수를 나누어 구합니다.
(분자가 1인 분수 → 단위분수)

$\frac{▲}{■} \div \frac{●}{■} = ▲ \div ● = \frac{▲}{●}$

[1~2] □ 안에 알맞은 수를 써넣으세요.

1

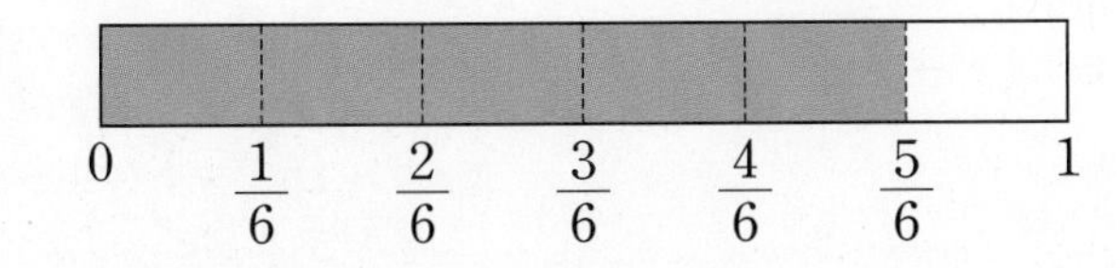

(1) $\frac{5}{6}$에는 $\frac{1}{6}$이 □번 들어갑니다.

(2) $\frac{5}{6} \div \frac{1}{6} = \square$

2 (1) $\frac{8}{9}$은 $\frac{1}{9}$이 □개이고 $\frac{4}{9}$는 $\frac{1}{9}$이 □개입니다.

(2) $\frac{8}{9} \div \frac{4}{9} = \square$

3 보기 와 같이 계산해 보세요.

보기

$\frac{14}{19} \div \frac{5}{19} = 14 \div 5 = \frac{14}{5} = 2\frac{4}{5}$

$\frac{11}{14} \div \frac{3}{14} =$ ....

4 계산해 보세요.

(1) $\frac{9}{10} \div \frac{3}{10}$

(2) $\frac{11}{13} \div \frac{4}{13}$

5 큰 수를 작은 수로 나눈 몫을 구해 보세요.

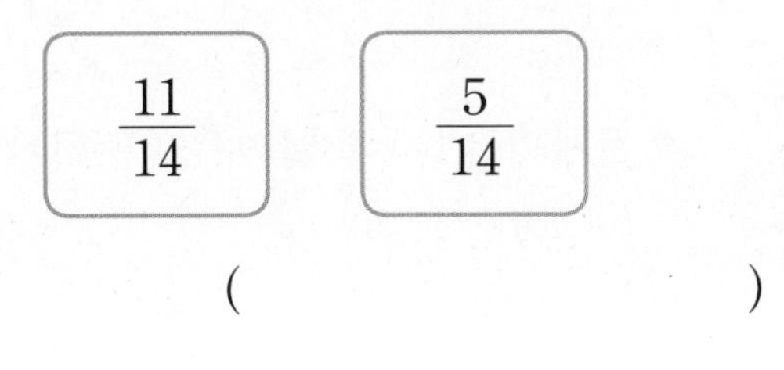

(　　　　　　)

6 계산 결과를 비교하여 ○ 안에 >, =, <를 알맞게 써넣으세요.

$\frac{6}{7} \div \frac{2}{7}$ ○ $\frac{6}{13} \div \frac{2}{13}$

7 계산 결과가 다른 하나를 찾아 기호를 써 보세요.

㉠ $\frac{8}{11} \div \frac{4}{11}$

㉡ $\frac{18}{19} \div \frac{6}{19}$

㉢ $\frac{14}{17} \div \frac{7}{17}$

(　　　　　　)

8 페인트 $\frac{7}{12}$ L를 한 통에 $\frac{1}{12}$ L씩 나누어 담으면 몇 개의 통에 나누어 담을 수 있을까요?

(　　　　　　)

2 (분수)÷(분수)를 알아볼까요(2)

● **분자끼리 나누어떨어지는 분모가 다른 (분수)÷(분수)**

• 그림으로 알아보기

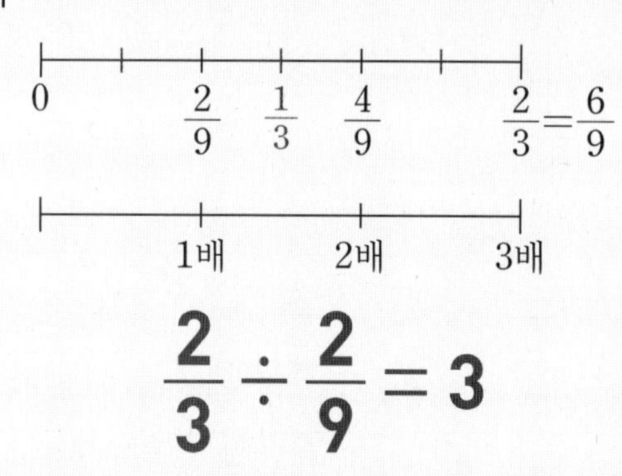

$$\frac{2}{3} \div \frac{2}{9} = 3$$

• 계산 방법으로 알아보기

분모가 다른 분수의 나눗셈은 **통분**하여 **분자끼리 나눕니다.**

$$\frac{2}{3} \div \frac{2}{9} = \frac{6}{9} \div \frac{2}{9} = 6 \div 2 = 3$$

(통분하기, 분자끼리 나누기)

- 분모가 다른 분수끼리의 나눗셈은 분모가 달라 분자끼리 직접 나눌 수 없으므로 $\frac{2}{3}$는 $\frac{2}{9}$의 몇 배인지 그림으로 알아봅니다.

5학년 때 배웠어요

통분은 분수의 분모를 같게 하는 것입니다.

예 $\left(\frac{2}{3}, \frac{3}{5}\right)$ ➡ $\left(\frac{10}{15}, \frac{9}{15}\right)$

● **분자끼리 나누어떨어지지 않는 분모가 다른 (분수)÷(분수)**

$$\frac{3}{4} \div \frac{2}{7}$$

$$= \frac{21}{28} \div \frac{8}{28}$$ (통분하기)

$$= 21 \div 8$$ (분자끼리 나누기)

$$= \frac{21}{8} = 2\frac{5}{8}$$

- $\frac{3}{4} \div \frac{2}{7}$
$= \frac{3\times7}{4\times7} \div \frac{2\times4}{7\times4}$
$= \frac{21}{28} \div \frac{8}{28}$
➡ $\frac{21}{28}$은 $\frac{1}{28}$이 21개이고 $\frac{8}{28}$은 $\frac{1}{28}$이 8개이므로 $21 \div 8$과 같습니다.

!

● 분모가 다른 분수끼리의 나눗셈은 [   ]를 같게 하여 분자끼리 나눕니다.

1 그림을 보고 □ 안에 알맞은 수를 써넣으세요.

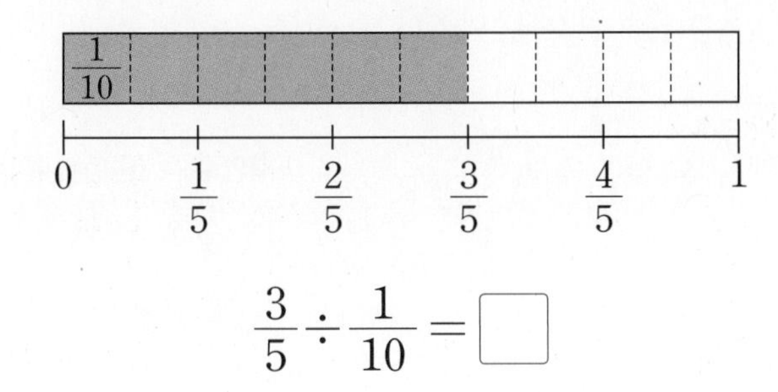

$\frac{3}{5} \div \frac{1}{10} = \square$

2 □ 안에 알맞은 수를 써넣으세요.

(1) $\frac{2}{3} \div \frac{8}{9} = \frac{\square}{9} \div \frac{8}{9} = \square \div \square$

$= \frac{\square}{8} = \frac{\square}{4}$

(2) $\frac{4}{5} \div \frac{3}{7} = \frac{\square}{35} \div \frac{\square}{35}$

$= \square \div \square$

$= \frac{\square}{\square} = \square\frac{\square}{\square}$

3 계산을 바르게 한 것을 찾아 기호를 써 보세요.

㉠ $\frac{5}{6} \div \frac{3}{4} = 12 \div 3 = 4$

㉡ $\frac{2}{5} \div \frac{5}{6} = 2 \div 5 = \frac{2}{5}$

㉢ $\frac{3}{4} \div \frac{3}{8} = 6 \div 3 = 2$

(　　　　　　　　)

4 계산해 보세요.

(1) $\frac{15}{16} \div \frac{5}{32}$

(2) $\frac{9}{10} \div \frac{5}{6}$

5 빈칸에 알맞은 수를 써넣으세요.

$\frac{8}{15}$ → $\div \frac{3}{10}$ → □

6 계산 결과가 더 큰 것을 찾아 기호를 써 보세요.

㉠ $\frac{7}{12} \div \frac{14}{15}$　　㉡ $\frac{1}{6} \div \frac{1}{8}$

(　　　　　　　　)

7 주스는 $\frac{5}{14}$ L가 있고 우유는 $\frac{3}{10}$ L가 있습니다. 주스의 양은 우유의 양의 몇 배일까요?

(　　　　　　　　)

3 (자연수) ÷ (분수)를 알아볼까요

자전거를 타고 8 km를 가는 데 $\frac{4}{5}$시간이 걸렸습니다. 같은 빠르기로 1시간 동안 갈 수 있는 거리는 몇 km인지 알아보세요.

● **그림으로 알아보기**

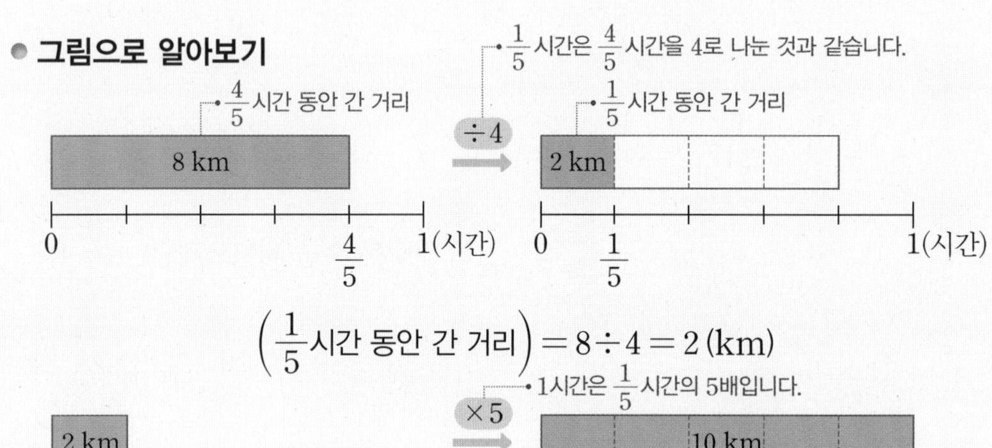

$\left(\frac{1}{5}\text{시간 동안 간 거리}\right) = 8 \div 4 = 2\,(\text{km})$

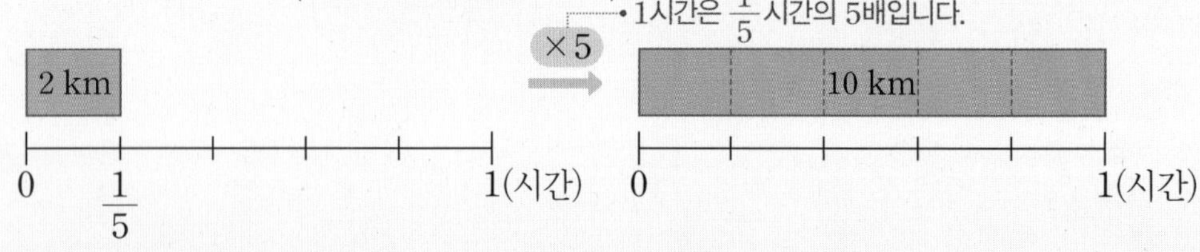

➡ 1시간 동안 갈 수 있는 거리는 10 km입니다.

● **계산 방법으로 알아보기**

(1시간 동안 갈 수 있는 거리)

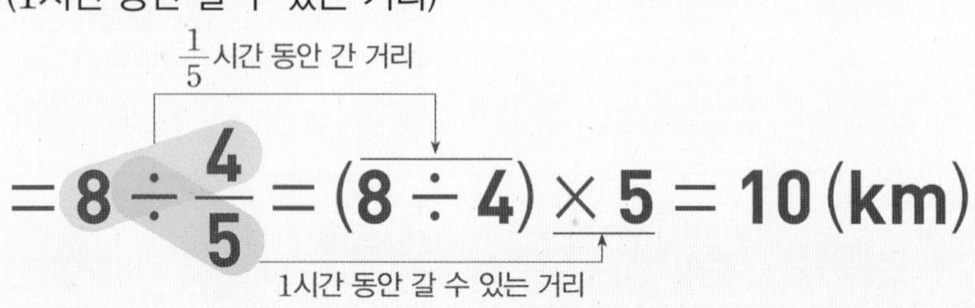

(자연수)÷(단위분수)인 $2 \div \frac{1}{3}$ 알아보기

방법 1 2에서 $\frac{1}{3}$을 몇 번 덜어 낼 수 있는지 알아보기

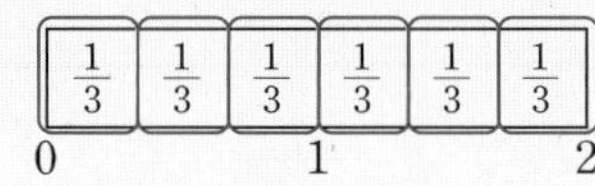

➡ 1에서 $\frac{1}{3}$을 3번 덜어 낼 수 있으므로 2에서 $\frac{1}{3}$을 6번 덜어 낼 수 있습니다.

$2 \div \frac{1}{3} = 6$

방법 2 계산 방법으로 알아보기

$2 \div \frac{1}{3} = (2 \div 1) \times 3$
$= 2 \times 3 = 6$

1 배추 $\frac{2}{3}$포기의 무게가 840 g이라고 할 때 배추 1포기의 무게를 구하려고 합니다. □ 안에 알맞은 수를 써넣으세요.

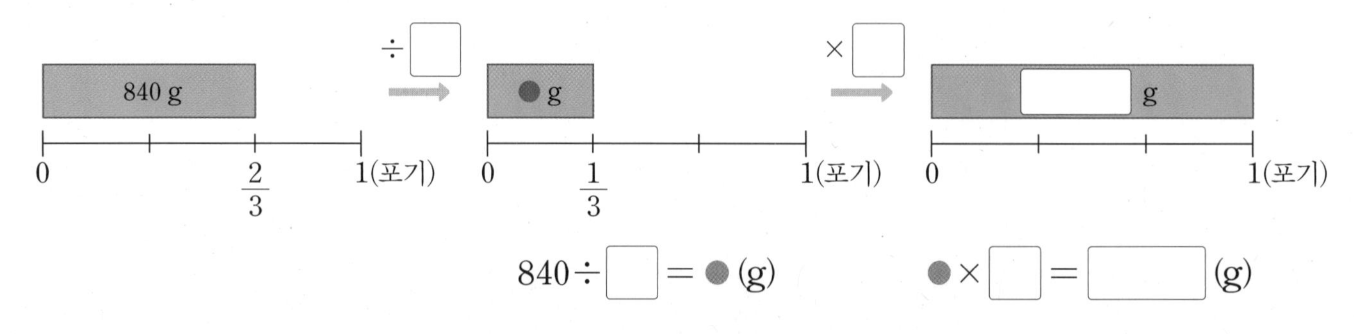

2 보기 와 같이 계산해 보세요.

보기

$4\div\frac{2}{7}=(4\div2)\times7=14$

$6\div\frac{3}{8}=$

3 계산해 보세요.

(1) $15\div\frac{5}{9}$

(2) $21\div\frac{7}{8}$

4 빈칸에 알맞은 수를 써넣으세요.

18	$\div\frac{3}{7}$	
	$\div\frac{3}{8}$	
	$\div\frac{3}{10}$	

5 □ 안에 알맞은 수를 써넣으세요.

$\square\times\frac{2}{5}=6$

6 큰 수를 작은 수로 나눈 몫을 빈칸에 써넣으세요.

$\frac{5}{12}$	10

7 계산 결과를 비교하여 ○ 안에 >, =, <를 알맞게 써넣으세요.

$15\div\frac{5}{6}$ ○ $12\div\frac{2}{3}$

8 계산 결과가 가장 큰 것을 찾아 기호를 써 보세요.

㉠ $4\div\frac{4}{7}$ ㉡ $8\div\frac{2}{9}$ ㉢ $6\div\frac{3}{5}$

( )

9 쌀 20 kg을 한 사람에게 $\frac{5}{7}$ kg씩 나누어 주려고 합니다. 모두 몇 명에게 나누어 줄 수 있을까요?

( )

1

4 (분수)÷(분수)를 (분수)×(분수)로 나타내어 볼까요

물 $\frac{5}{7}$ L를 빈 통에 담아 보니 통의 $\frac{3}{4}$이 채워졌습니다. 한 통을 가득 채울 수 있는 물의 양은 몇 L인지 알아보세요.

그림으로 알아보기

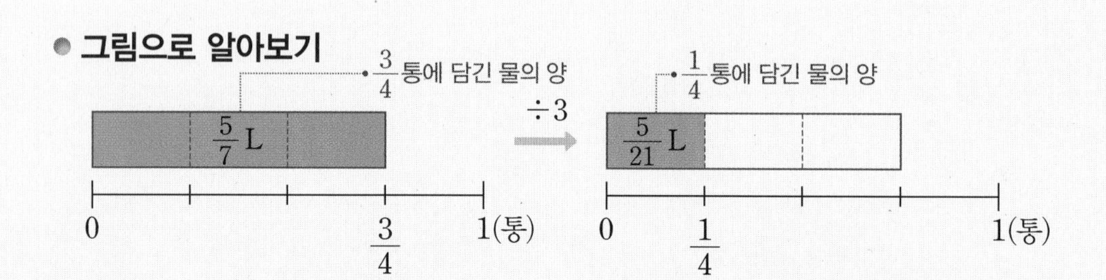

$$\left(\text{물 } \frac{1}{4}\text{통의 양}\right) = \frac{5}{7} \div 3 = \left(\frac{5}{7} \times \frac{1}{3}\right)(\text{L})$$

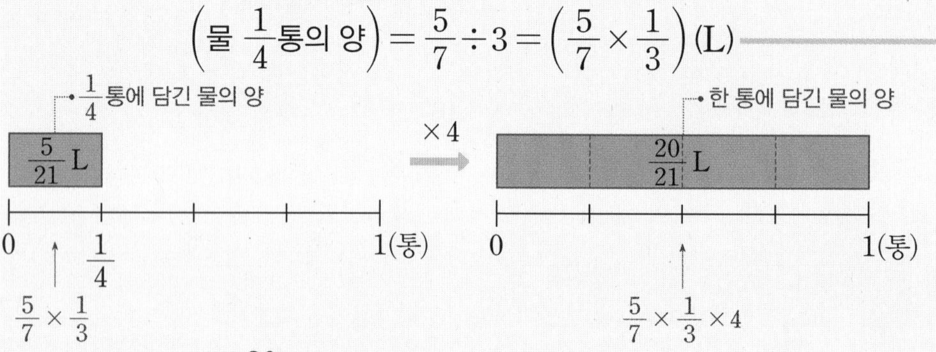

➡ 물 한 통의 양은 $\frac{20}{21}$ L입니다.

1학기 때 배웠어요

(분수)÷(자연수)에서 ÷(자연수)를 $\times \frac{1}{(\text{자연수})}$로 바꾸어 계산합니다.

예 $\frac{3}{4} \div 2 = \frac{3}{4} \times \frac{1}{2} = \frac{3}{8}$

계산 방법으로 알아보기

곱셈으로 바꾸기

$$(\text{물 한 통의 양}) = \frac{5}{7} \div \frac{3}{4} = \frac{5}{7} \times \frac{4}{3} = \frac{20}{21}(\text{L})$$

분모와 분자 바꾸기

(물 한 통의 양)
$= \frac{5}{7} \div \frac{3}{4}$
$= \left(\frac{5}{7} \div 3\right) \times 4$
$= \frac{5}{7} \times \frac{1}{3} \times 4$
$= \frac{5}{7} \times \frac{4}{3}$
$= \frac{20}{21}$ (L)

(분수)÷(분수)를 (분수)×(분수)로 나타내는 방법

① 나눗셈을 곱셈으로 나타냅니다.

② 나누는 분수의 분모와 분자를 바꾸어 줍니다.

$$\frac{▲}{●} \div \frac{★}{■} = \frac{▲}{●} \times \frac{■}{★}$$

1 나눗셈식을 곱셈식으로 나타낸 것을 찾아 이어 보세요.

$\frac{4}{7}\div\frac{2}{3}$ •		• $\frac{5}{6}\times\frac{4}{3}$
$\frac{3}{8}\div\frac{1}{5}$ •		• $\frac{3}{8}\times 5$
$\frac{5}{6}\div\frac{3}{4}$ •		• $\frac{4}{7}\times\frac{3}{2}$

[2~4] 보기 와 같이 나눗셈식을 곱셈식으로 나타내어 계산해 보세요.

보기

$$\frac{9}{10}\div\frac{5}{6}=\frac{9}{\cancel{10}_{5}}\times\frac{\cancel{6}^{3}}{5}=\frac{27}{25}=1\frac{2}{25}$$

2 $\frac{8}{9}\div\frac{4}{5}=$

3 $\frac{3}{4}\div\frac{1}{6}=$

4 $\frac{5}{8}\div\frac{3}{10}=$

5 계산이 틀린 것을 찾아 기호를 써 보세요.

㉠ $\frac{3}{4}\div\frac{1}{5}=\frac{3}{4}\times 5=\frac{15}{4}=3\frac{3}{4}$

㉡ $\frac{2}{3}\div\frac{3}{7}=\frac{2}{3}\times\frac{7}{3}=\frac{14}{9}=1\frac{5}{9}$

㉢ $\frac{4}{5}\div\frac{3}{4}=\frac{5}{4}\times\frac{4}{3}=\frac{5}{3}=1\frac{2}{3}$

(   )

6 계산 결과가 자연수인 것에 ○표 하세요.

$\frac{4}{9}\div\frac{4}{5}$ (   ) $\frac{3}{5}\div\frac{3}{10}$ (   )

7 계산 결과가 1보다 작은 것을 찾아 기호를 써 보세요.

㉠ $\frac{9}{16}\div\frac{3}{10}$ ㉡ $\frac{3}{8}\div\frac{2}{9}$ ㉢ $\frac{8}{13}\div\frac{2}{3}$

(   )

8 가장 큰 수를 가장 작은 수로 나눈 몫을 구해 보세요.

$\frac{5}{6}$ $\frac{5}{7}$ $\frac{5}{9}$

(   )

5 (분수)÷(분수)를 계산해 볼까요

● **(가분수)÷(분수)의 계산 방법 알아보기**

• 통분하여 계산하기

$$\frac{8}{5} \div \frac{3}{4} = \frac{32}{20} \div \frac{15}{20}$$

통분하기

분자끼리 나누기

$$= 32 \div 15$$

$$= \frac{32}{15} = 2\frac{2}{15}$$

• 분수의 곱셈으로 나타내어 계산하기

곱셈으로 바꾸기

$$\frac{8}{5} \div \frac{3}{4} = \frac{8}{5} \times \frac{4}{3} = \frac{32}{15} = 2\frac{2}{15}$$

분모와 분자 바꾸기

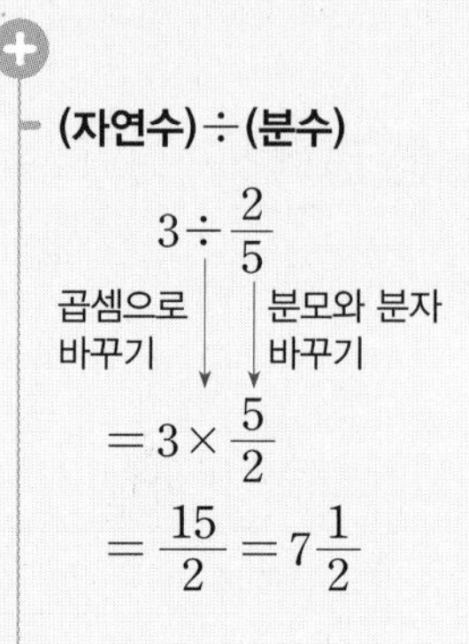

바르게 계산했는지 확인하기

계산 결과와 나누는 수의 곱이 나누어지는 수가 되면 바르게 계산했습니다.

예 $\frac{5}{4} \div \frac{3}{7} = \frac{35}{12}$

$\frac{35}{12} \times \frac{3}{7} = \frac{5}{4}$

● **(대분수)÷(분수)의 계산 방법 알아보기**

• 통분하여 계산하기

분자끼리 나누기

$$2\frac{1}{3} \div \frac{2}{5} = \frac{7}{3} \div \frac{2}{5} = \frac{35}{15} \div \frac{6}{15} = 35 \div 6 = \frac{35}{6} = 5\frac{5}{6}$$

가분수로 바꾸기 / 통분하기

• 분수의 곱셈으로 나타내어 계산하기

곱셈으로 바꾸기

$$2\frac{1}{3} \div \frac{2}{5} = \frac{7}{3} \div \frac{2}{5} = \frac{7}{3} \times \frac{5}{2} = \frac{35}{6} = 5\frac{5}{6}$$

가분수로 바꾸기 / 분모와 분자 바꾸기

> (대분수)÷(분수), (대분수)÷(대분수)를 계산하는 방법
> 대분수를 **가분수**로 바꾸기 ➡ 나눗셈을 **곱셈**으로 바꾸기 ➡ **분모와 분자** 바꾸어 계산하기

[1~2] $1\frac{3}{4}\div\frac{2}{3}$를 주어진 방법으로 계산하려고 합니다. 물음에 답하세요.

1 통분하여 계산해 보세요.

$$1\frac{3}{4}\div\frac{2}{3}=\frac{\square}{4}\div\frac{2}{3}=\frac{\square}{12}\div\frac{8}{12}$$
$$=\square\div 8=\frac{\square}{8}$$
$$=\square\frac{\square}{8}$$

2 분수의 곱셈으로 나타내어 계산해 보세요.

$$1\frac{3}{4}\div\frac{2}{3}=\frac{\square}{4}\div\frac{2}{3}$$
$$=\frac{\square}{4}\times\frac{\square}{\square}=\frac{\square}{8}$$
$$=\square\frac{\square}{8}$$

3 계산 결과를 대분수로 나타내어 보세요.

(1) $4\div\frac{5}{6}$

(2) $\frac{5}{2}\div\frac{3}{4}$

(3) $2\frac{1}{3}\div\frac{5}{6}$

(4) $1\frac{3}{7}\div 1\frac{2}{5}$

4 다음은 분수의 나눗셈을 잘못 계산한 것입니다. 바르게 계산해 보세요.

$$1\frac{2}{5}\div\frac{3}{7}=1\frac{2}{5}\times\frac{7}{3}=1\frac{14}{15}$$

$1\frac{2}{5}\div\frac{3}{7}=$ ....

5 대분수를 진분수로 나눈 몫을 구해 보세요.

$\frac{5}{8}$　　$5\frac{5}{6}$

(　　　　　　　)

6 계산 결과를 비교하여 ○ 안에 >, =, <를 알맞게 써넣으세요.

$1\frac{2}{9}\div\frac{3}{4}$ ○ $\frac{11}{7}\div\frac{3}{4}$

7 떡 한 덩어리를 만드는 데 쌀가루 $\frac{8}{15}$컵이 필요합니다. 쌀가루 $2\frac{2}{3}$컵으로 만들 수 있는 떡은 모두 몇 덩어리일까요?

(　　　　　　　)

개념 적용

기본기 다지기

1 (분수)÷(분수)(1)

- 분모가 같은 (분수)÷(단위분수)의 계산

$$\frac{3}{5}\div\frac{1}{5}=3\div1=3$$

- 분자끼리 나누어떨어지는 분모가 같은 (분수)÷(분수)의 계산

$$\frac{4}{9}\div\frac{2}{9}=4\div2=2$$

1 계산 결과가 가장 작은 것을 찾아 기호를 써 보세요.

㉠ $\frac{3}{5}\div\frac{1}{5}$ ㉡ $\frac{6}{7}\div\frac{3}{7}$ ㉢ $\frac{8}{13}\div\frac{2}{13}$

( )

2 수직선을 보고 ㉡÷㉠의 몫을 구해 보세요.

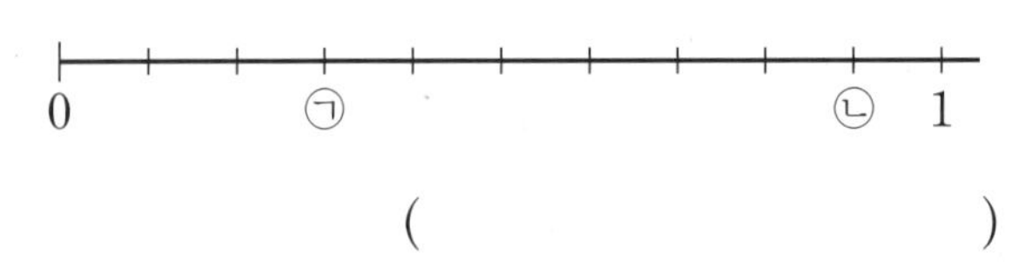

( )

3 가장 큰 수를 가장 작은 수로 나눈 몫을 구해 보세요.

$\frac{3}{17}$ $\frac{12}{17}$ $\frac{15}{17}$ $\frac{6}{17}$

( )

4 계산 결과가 다른 하나를 찾아 ○표 하세요.

$\frac{10}{11}\div\frac{5}{11}$ $\frac{4}{9}\div\frac{1}{9}$ $\frac{12}{19}\div\frac{6}{19}$

( ) ( ) ( )

서술형

5 음료 속에 들어 있는 카페인의 양이 다음과 같을 때 커피 1잔의 카페인 함량은 에너지 음료 1캔의 카페인 함량의 몇 배인지 풀이 과정을 쓰고 답을 구해 보세요.

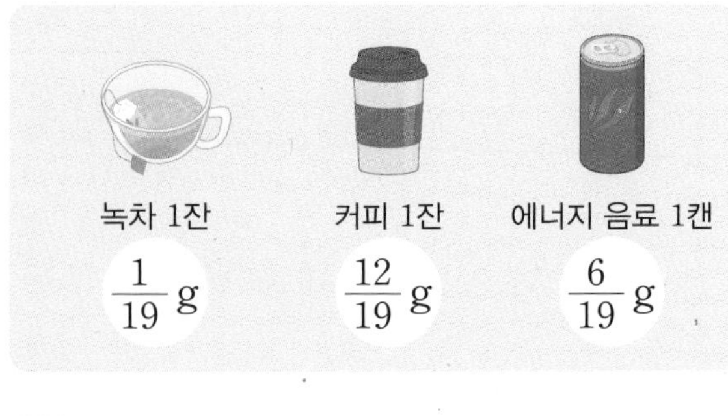

풀이

답

2 (분수)÷(분수)(2)

- 분자끼리 나누어떨어지지 않는 분모가 같은 (분수)÷(분수)의 계산

분자끼리 계산합니다. 이때 분자끼리 나누어떨어지지 않으므로 몫이 분수로 나옵니다.

$$\frac{7}{8}\div\frac{5}{8}=7\div5=\frac{7}{5}=1\frac{2}{5}$$

6 설명하는 수를 구해 보세요.

$\frac{1}{8}$이 5개인 수를 $\frac{3}{8}$으로 나눈 몫

( )

7 계산 결과가 진분수인 것을 찾아 기호를 써 보세요.

㉠ $\frac{9}{10} \div \frac{5}{10}$ ㉡ $\frac{5}{12} \div \frac{7}{12}$ ㉢ $\frac{6}{11} \div \frac{2}{11}$

( )

8 ㉠과 ㉡의 계산 결과의 합을 구해 보세요.

㉠ $\frac{5}{7} \div \frac{4}{7}$ ㉡ $\frac{4}{9} \div \frac{2}{9}$

( )

9 □ 안에 알맞은 수를 써넣으세요.

$\square \times \frac{9}{16} = \frac{7}{16}$

10 다음 조건을 만족하는 분수의 나눗셈식을 모두 써 보세요.

조건

- $6 \div 7$을 이용하여 계산할 수 있습니다.
- 분모가 1보다 크고 10보다 작은 진분수의 나눗셈입니다.
- 두 분수의 분모는 같습니다.

식

서술형

11 □ 안에 들어갈 수 있는 자연수를 모두 구하려고 합니다. 풀이 과정을 쓰고 답을 구해 보세요.

$\frac{9}{13} \div \frac{2}{13} > \square$

풀이

답

3 (분수)÷(분수)(3)

- 분모가 다른 (분수)÷(분수)의 계산
  분모를 같게 통분하여 분자끼리 나누어 계산합니다.

$$\frac{4}{7} \div \frac{3}{14} = \frac{8}{14} \div \frac{3}{14}$$
$$= 8 \div 3 = \frac{8}{3} = 2\frac{2}{3}$$

12 보기 와 같이 계산해 보세요.

보기

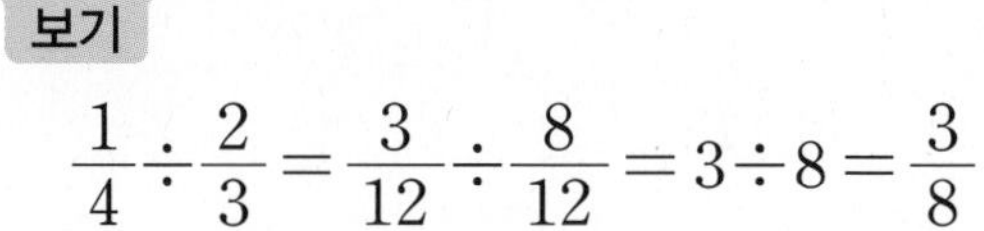

(1) $\frac{4}{5} \div \frac{2}{15} =$

(2) $\frac{5}{7} \div \frac{3}{4} =$

13 계산 결과를 비교하여 ○ 안에 >, =, <를 알맞게 써넣으세요.

$\frac{3}{5} \div \frac{1}{3}$ ○ $\frac{3}{8} \div \frac{1}{3}$

1

14 잘못 계산한 곳을 찾아 바르게 계산해 보세요.

$$\frac{1}{20} \div \frac{1}{4} = 20 \div 4 = 5$$

➡

15 ㉠은 ㉡의 몇 배일까요?

㉠ $\frac{1}{5}$이 3개인 수　　㉡ $\frac{2}{9} \div \frac{5}{6}$

(　　　　　　　　　　)

16 $\frac{4}{7}$를 어떤 수로 나누었더니 $\frac{2}{3}$가 되었습니다. 어떤 수를 구해 보세요.

(　　　　　　　　　　)

17 윤서는 주스 한 병의 $\frac{7}{9}$을 마셨고, 종훈이는 주스 한 병의 $\frac{1}{2}$을 마셨습니다. 윤서가 마신 주스 양은 종훈이가 마신 주스 양의 몇 배일까요?

식

답

서술형

18 높이가 $\frac{5}{6}$ m인 삼각형의 넓이가 $\frac{3}{8}$ m^2입니다. 이 삼각형의 밑변의 길이는 몇 m인지 풀이 과정을 쓰고 답을 구해 보세요.

풀이

답

4 (자연수)÷(분수)

• $8 \div \frac{4}{5}$의 계산

$$8 \div \frac{4}{5} = (8 \div 4) \times 5 = 10$$

19 보기 와 같이 계산해 보세요.

보기

$$6 \div \frac{2}{5} = (6 \div 2) \times 5 = 15$$

(1) $9 \div \frac{3}{4} =$

(2) $8 \div \frac{4}{7} =$

20 □ 안에 알맞은 수를 써넣으세요.

㉠ 6　　㉡ $\frac{2}{9}$　　㉢ $\frac{8}{11}$　　㉣ 16

(1) ㉠÷㉡= □

(2) ㉣÷㉢= □

21 계산 결과가 작은 것부터 순서대로 기호를 써 보세요.

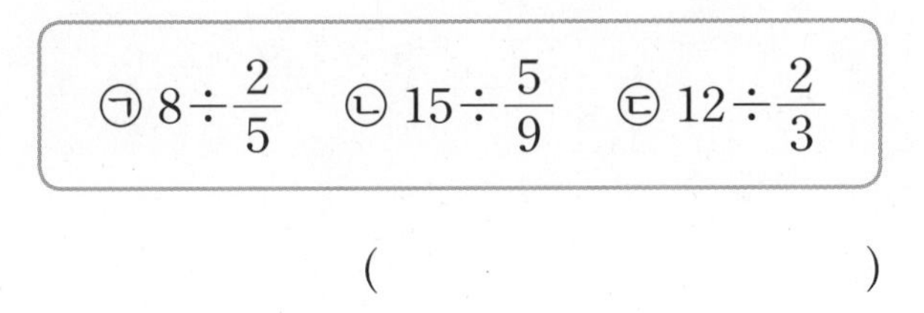

( )

22 종서네 가족은 하루에 물 3 L를 $\frac{3}{7}$ L짜리 컵에 담아 모두 마시려고 합니다. 종서네 가족은 하루에 적어도 몇 컵의 물을 마셔야 할까요?

식

답

23 노끈 $\frac{4}{9}$ m의 무게가 16 g입니다. 노끈 1 m의 무게는 몇 g일까요?

식

답

서술형

24 □ 안에 들어갈 수 있는 자연수를 모두 구하려고 합니다. 풀이 과정을 쓰고 답을 구해 보세요.

$$10<20\div\frac{4}{\square}<30$$

풀이

답

5 (분수)÷(분수)를 (분수)×(분수)로 나타내기

• 나눗셈을 곱셈으로 바꾸고 나누는 분수의 분모와 분자를 바꾸어 줍니다.

$$\frac{★}{■}\div\frac{▲}{●}=\frac{★}{■}\times\frac{●}{▲}$$

25 나눗셈식을 곱셈식으로 나타낸 것을 찾아 이어 보세요.

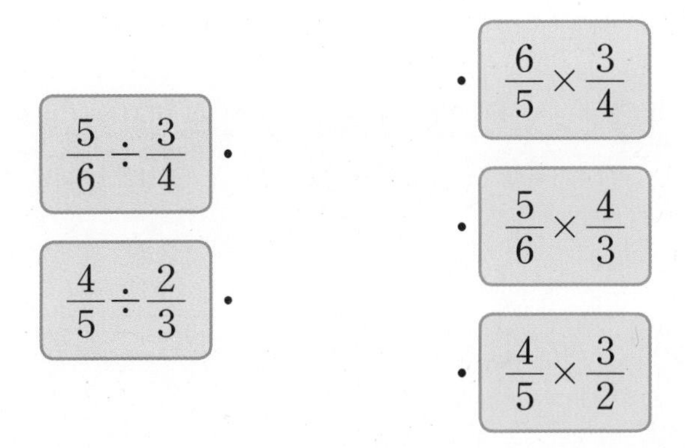

26 보기 와 같이 계산해 보세요.

보기

$$\frac{5}{8}\div\frac{3}{4}=\frac{5}{\cancel{8}_{2}}\times\frac{\cancel{4}^{1}}{3}=\frac{5}{6}$$

$\frac{4}{5}\div\frac{7}{15}=$

27 나눗셈식을 곱셈식으로 나타내어 계산한 것입니다. 잘못 계산한 것을 찾아 기호를 쓰고, 바르게 계산해 보세요.

㉠ $\frac{7}{12}\div\frac{5}{6}=\frac{\cancel{12}^{2}}{7}\times\frac{5}{\cancel{6}_{1}}=\frac{10}{7}=1\frac{3}{7}$

㉡ $\frac{7}{8}\div\frac{3}{4}=\frac{7}{\cancel{8}_{2}}\times\frac{\cancel{4}^{1}}{3}=\frac{7}{6}=1\frac{1}{6}$

( )

바른 계산

28 계산 결과가 1보다 작은 것을 찾아 기호를 써 보세요.

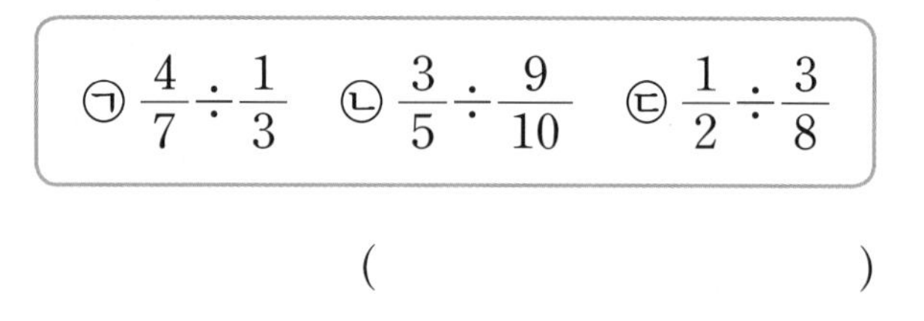

㉠ $\frac{4}{7} \div \frac{1}{3}$ ㉡ $\frac{3}{5} \div \frac{9}{10}$ ㉢ $\frac{1}{2} \div \frac{3}{8}$

( )

29 □ 안에 알맞은 수를 구해 보세요.

$$\frac{4}{15} \times \square = \frac{18}{25}$$

( )

30 가로가 $\frac{8}{9}$ m인 직사각형의 넓이가 $\frac{4}{5}$ m²입니다. 이 직사각형의 세로는 몇 m일까요?

( )

31 철근 $\frac{5}{12}$ m의 무게가 $\frac{15}{16}$ kg입니다. 철근 1 m의 무게는 몇 kg인지 구해 보세요.

식 ....

답 ....

6 (분수)÷(분수)의 계산

• (자연수)÷(분수)

$$6 \div \frac{7}{8} = 6 \times \frac{8}{7} = \frac{48}{7} = 6\frac{6}{7}$$

• (가분수)÷(분수)

$$\frac{7}{4} \div \frac{2}{3} = \frac{7}{4} \times \frac{3}{2} = \frac{21}{8} = 2\frac{5}{8}$$

• (대분수)÷(분수)

대분수를 가분수로 바꾼 다음 (가분수)÷(분수)와 같은 방법으로 계산합니다.

$$5\frac{1}{3} \div \frac{4}{5} = \frac{16}{3} \div \frac{4}{5} = \frac{\overset{4}{\cancel{16}}}{3} \times \frac{5}{\underset{1}{\cancel{4}}}$$

$$= \frac{20}{3} = 6\frac{2}{3}$$

32 계산 결과가 다른 하나를 찾아 ○표 하세요.

$3 \div \frac{1}{4}$	$2 \div \frac{1}{6}$	$4 \div \frac{1}{5}$
( )	( )	( )

33 대분수를 진분수로 나눈 몫을 빈칸에 써넣으세요.

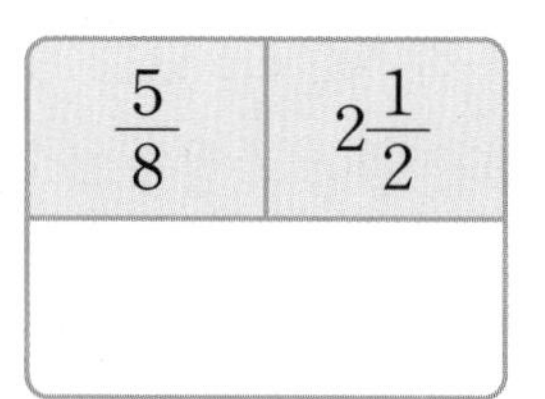

$\frac{5}{8}$	$2\frac{1}{2}$

34 넓이가 $\frac{9}{20}$ m²인 평행사변형이 있습니다. 이 평행사변형의 밑변의 길이가 $1\frac{3}{4}$ m일 때 높이는 몇 m일까요?

( )

35 빈칸에 알맞은 수를 써넣으세요.

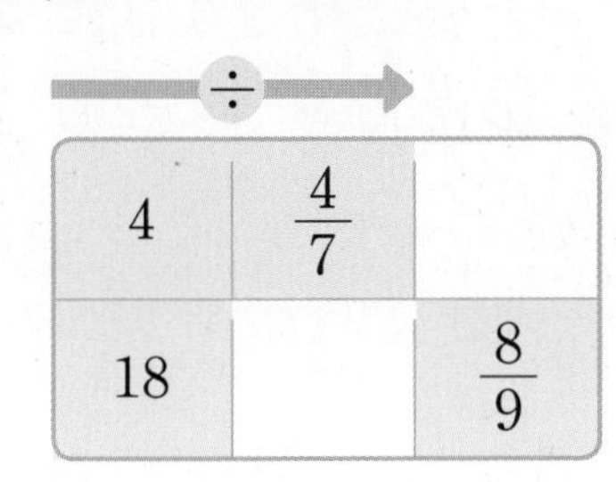

서술형
36 $2\frac{2}{3} \div 1\frac{5}{9}$는 얼마인지 두 가지 방법으로 계산해 보세요.

방법 1 ....

방법 2 ....

37 $1 \div \frac{1}{5}$을 이용하여 풀 수 있는 문제를 만들고 답을 구해 보세요.

문제 ....

답 ....

38 □ 안에 들어갈 수 있는 자연수를 모두 구해 보세요.

$$\frac{7}{10} \div \frac{1}{2} < 1\frac{2}{5} \div \frac{\square}{5}$$

(　　　　　　　)

7 남는 양 구하기

• 철사 $\frac{4}{5}$ m를 $\frac{1}{3}$ m씩 자르면 몇 도막이 되고, 몇 m가 남는지 알아보기

$$\frac{4}{5} \div \frac{1}{3} = \frac{4}{5} \times 3 = \frac{12}{5} = 2\frac{2}{5}$$ (2: 도막 수)

2도막이 되고 남는 철사는 $\frac{1}{3}$ m의 $\frac{2}{5}$입니다.

$\frac{1}{3} \times \frac{2}{5} = \frac{2}{15}$이므로 남는 철사는 $\frac{2}{15}$ m입니다.

39 색 테이프 $1\frac{1}{3}$ m를 $\frac{1}{2}$ m씩 자르면 몇 도막이 되고, 남는 색 테이프는 몇 m인지 구해 보세요.

(　　　　　　), (　　　　　　)

40 물 $3\frac{3}{7}$ L를 한 병에 $\frac{8}{9}$ L씩 담으면 몇 병이 되고, 남는 물은 몇 L인지 구해 보세요.

(　　　　　　), (　　　　　　)

41 우유 $4\frac{1}{8}$ L를 $\frac{3}{4}$ L들이의 작은 병에 모두 나누어 담으려고 합니다. 작은 병은 적어도 몇 개가 있어야 할까요?

(　　　　　　)

정답과 풀이 4쪽

8 바르게 계산한 몫 구하기

① 어떤 수를 □라 하고 식 만들기
② 어떤 수 □ 구하기

●×□=▲ ➡ □=▲÷●

★÷□=♥ ➡ □=★÷♥

③ 바르게 계산한 몫 구하기

42 어떤 수에 $\frac{4}{7}$를 곱했더니 $2\frac{2}{7}$가 되었습니다. 어떤 수는 얼마일까요?

( )

43 어떤 수를 $\frac{3}{8}$으로 나누어야 할 것을 잘못하여 곱했더니 $1\frac{4}{5}$가 되었습니다. 바르게 계산하면 얼마일까요?

( )

44 구슬을 한 봉지에 $\frac{4}{9}$ kg씩 담아야 할 것을 잘못하여 $1\frac{5}{6}$ kg씩 담았더니 8봉지가 되고 $1\frac{1}{3}$ kg이 남았습니다. 바르게 담으면 몇 봉지가 될까요?

( )

9 시간을 분수로 고쳐서 계산하기

분 단위를 시간 단위의 기약분수로 고쳐서 계산합니다.

1분 $=\frac{1}{60}$시간이므로

1시간 15분 $=1\frac{15}{60}$시간 $=1\frac{1}{4}$시간입니다.

45 진수는 $\frac{3}{8}$ km를 15분에 갈 수 있습니다. 진수가 같은 빠르기로 1시간 동안 갈 수 있는 거리는 몇 km일까요?

( )

46 40분 동안 $3\frac{1}{5}$ L의 물이 일정하게 나오는 수도꼭지가 있습니다. 이 수도꼭지를 1시간 동안 틀어놓았을 때 나오는 물의 양은 몇 L일까요?

( )

47 둘레가 $20\frac{4}{7}$ km인 호숫가를 자전거를 타고 한 바퀴 도는 데 1시간 48분이 걸렸습니다. 1 km를 가는 데 몇 시간이 걸린 셈일까요?

( )

응용력 기르기

1 수 카드로 분수의 나눗셈식 만들고 몫 구하기

4장의 수 카드 중에서 3장을 뽑아 모두 한 번씩만 사용하여 (자연수)÷(진분수)의 나눗셈식을 만들려고 합니다. 만들 수 있는 나눗셈식 중에서 몫이 가장 작을 때의 몫을 구해 보세요.

3 4 6 7

( )

● 핵심 NOTE 수 카드로 몫이 가장 작은 (자연수)÷(진분수) 만들기
- 나누어지는 수: 가장 작은 자연수
- 나누는 수: 나머지 수 카드로 만들 수 있는 가장 큰 진분수

1-1 4장의 수 카드 중에서 3장을 뽑아 모두 한 번씩만 사용하여 (자연수)÷(진분수)의 나눗셈식을 만들려고 합니다. 만들 수 있는 나눗셈식 중에서 몫이 가장 작을 때의 몫을 구해 보세요.

2 5 8 9

( )

1-2 4장의 수 카드를 모두 한 번씩만 사용하여 (진분수)÷(진분수)의 나눗셈식을 만들려고 합니다. 만들 수 있는 나눗셈식 중에서 몫이 가장 클 때와 가장 작을 때의 몫을 각각 구해 보세요.

2 6 7 9

몫이 가장 클 때 ( )

몫이 가장 작을 때 ( )

사다리꼴의 넓이를 이용하여 길이 구하기

오른쪽 사다리꼴의 넓이가 $4\frac{3}{5}$ m^2일 때 높이는 몇 m일까요?

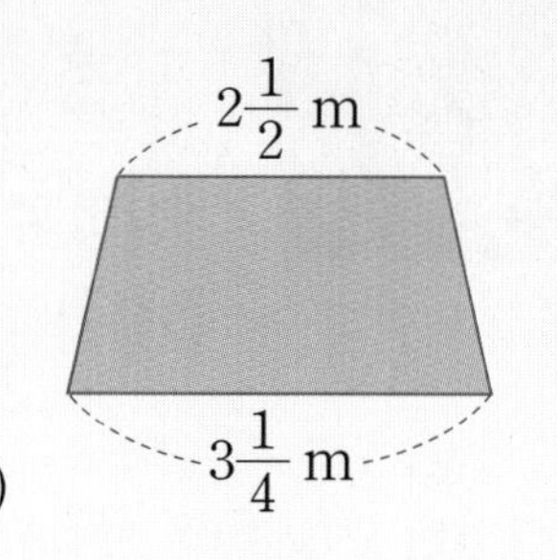

( )

● 핵심 NOTE (사다리꼴의 넓이) = ((윗변) + (아랫변)) × (높이) ÷ 2
➡ (높이) = (사다리꼴의 넓이) × 2 ÷ ((윗변) + (아랫변))

2-1 오른쪽 사다리꼴의 넓이가 $10\frac{2}{3}$ cm^2일 때 높이는 몇 cm일까요?

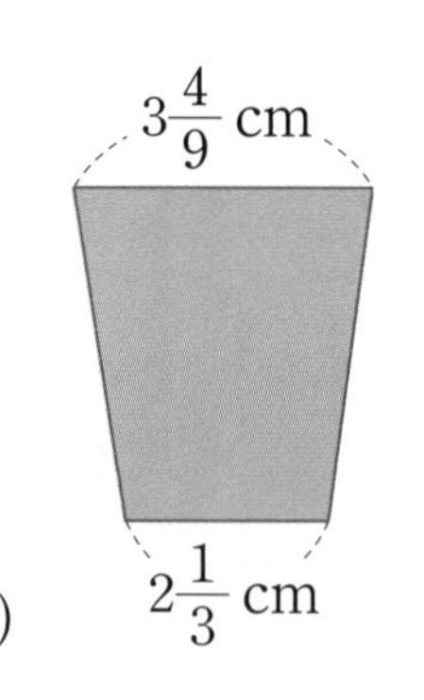

( )

2-2 오른쪽 사다리꼴의 넓이가 $12\frac{3}{5}$ m^2일 때 사다리꼴의 아랫변의 길이는 몇 m일까요?

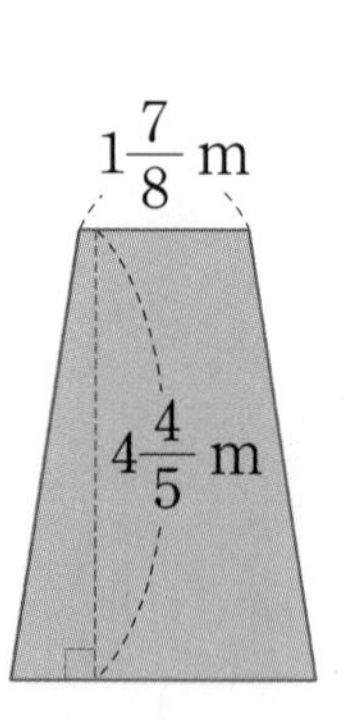

( )

단위량 이용하기

동주는 자전거를 타고 45 km를 가는 데 50분이 걸렸습니다. 같은 빠르기로 자전거를 타고 간다면 1시간 30분 동안 몇 km를 갈 수 있을까요?

( )

● 핵심 NOTE

• (1시간 동안 가는 거리) = (전체 거리) ÷ (걸린 시간)
• ■분 = $\frac{■}{60}$시간
• (1 m의 무게) = (전체 무게) ÷ (전체 길이)
• (▲ m의 무게) = (1 m의 무게) × ▲

3-1 윤성이는 2 km를 걷는 데 36분이 걸렸습니다. 같은 빠르기로 걷는다면 2시간 동안 몇 km를 갈 수 있을까요?

( )

3-2 굵기가 일정한 막대 $1\frac{2}{7}$ m의 무게가 $4\frac{4}{5}$ kg이라고 합니다. 이 막대 $\frac{1}{4}$ m의 무게는 몇 kg일까요?

( )

3-3 가로가 $2\frac{7}{9}$ m이고 세로가 3 m인 직사각형 모양의 벽을 칠하는 데 $1\frac{2}{3}$ L의 페인트를 사용하였습니다. 1 m^2의 벽을 칠하는 데 몇 L의 페인트를 사용한 셈일까요?

( )

정답과 풀이 8쪽

수학 + 과학

용수철의 길이 비교하기

용수철은 철사를 나선 모양으로 꼬불꼬불 감아서 만든 것으로 용의 수염이 늘어났다 줄었다 한다는 이야기에서 유래된 이름입니다. 용수철은 늘어났다 줄어들었다 하며 모양이 잘 변하는데 원래대로 되돌아가는 탄성이 뛰어난 편입니다. 길이가 5 cm인 용수철에 추 1개를 달았더니 용수철의 길이가 $7\frac{1}{3}$ cm가 되었습니다. 이 용수철에 추 2개를 달면 추 1개를 달았을 때의 용수철의 길이의 몇 배가 될지 구해 보세요. (단, 사용한 추는 모두 같습니다.)

5 cm

$7\frac{1}{3}$ cm

1단계 추 1개를 달았을 때 늘어나는 용수철의 길이 구하기

2단계 추 2개를 달았을 때 용수철의 길이 구하기

3단계 추 2개를 달았을 때 용수철의 길이는 추 1개를 달았을 때 용수철의 길이의 몇 배인지 구하기

(　　　　　)

핵심 NOTE

1단계 처음 용수철의 길이를 이용하여 추 1개를 달았을 때 늘어나는 용수철의 길이를 구합니다.

2단계 **1단계**에서 구한 길이를 이용하여 추 2개를 달았을 때 용수철의 길이를 구합니다.

3단계 **2단계**에서 구한 길이가 $7\frac{1}{3}$ cm의 몇 배인지 구합니다.

4-1

길이가 4 cm인 용수철에 추를 1개씩 달 때마다 용수철의 길이가 $\frac{7}{8}$ cm씩 늘어납니다. 이 용수철에 추를 6개 달았을 때 용수철의 길이는 추를 4개 달았을 때 용수철의 길이의 몇 배인지 구해 보세요.
(단, 사용한 추는 모두 같습니다.)

(　　　　　)

단원 평가 Level ❶

점수

확인

1 □ 안에 알맞은 수를 써넣으세요.

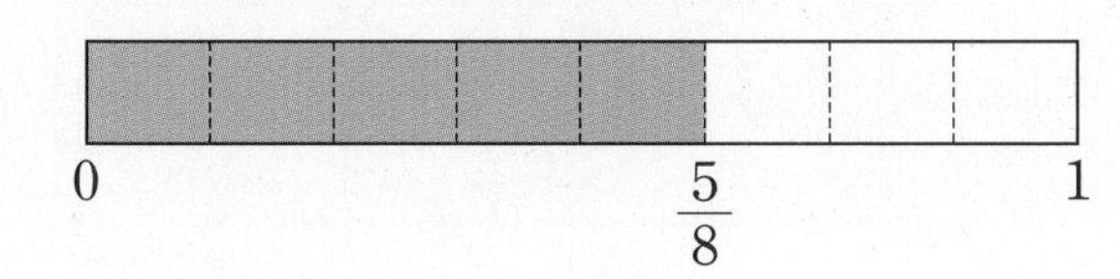

(1) $\frac{5}{8}$는 $\frac{1}{8}$의 □배입니다.

(2) $\frac{5}{8} \div \frac{1}{8} = \square$

2 보기 와 같이 계산해 보세요.

보기

$\frac{4}{5} \div \frac{2}{3} = \frac{\cancel{4}^{2}}{5} \times \frac{3}{\cancel{2}_{1}} = \frac{6}{5} = 1\frac{1}{5}$

$\frac{5}{6} \div \frac{3}{8} =$ ....

3 계산해 보세요.

(1) $\frac{8}{9} \div \frac{4}{9}$

(2) $\frac{6}{7} \div \frac{2}{21}$

4 □ 안에 알맞은 수를 써넣으세요.

$2\frac{2}{3} \div \frac{3}{4} = \frac{\square}{3} \div \frac{3}{4} = \frac{\square}{3} \times \frac{\square}{\square}$

$= \frac{\square}{9} = \square\frac{\square}{9}$

5 빈칸에 알맞은 수를 써넣으세요.

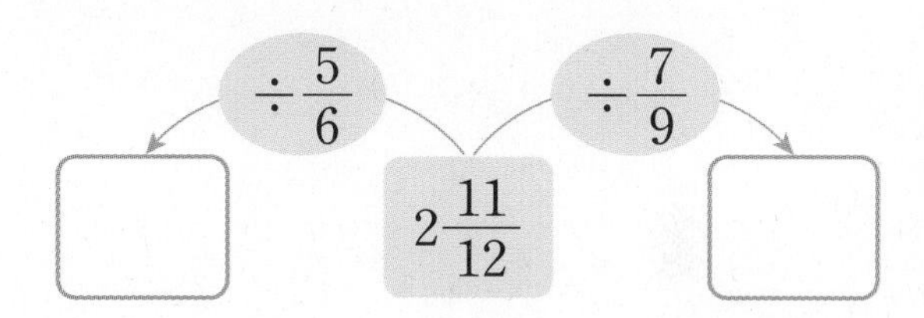

6 큰 수를 작은 수로 나눈 몫을 구해 보세요.

$\frac{14}{9}$	$\frac{5}{6}$

( )

7 계산 결과가 나머지 셋과 다른 하나를 찾아 기호를 써 보세요.

㉠ $9 \div \frac{3}{4}$ ㉡ $\frac{24}{25} \div \frac{2}{25}$

㉢ $6 \div \frac{1}{2}$ ㉣ $15 \div \frac{3}{5}$

( )

1

8 ㉮ 테이프의 길이는 ㉯ 테이프의 길이의 몇 배인지 구해 보세요.

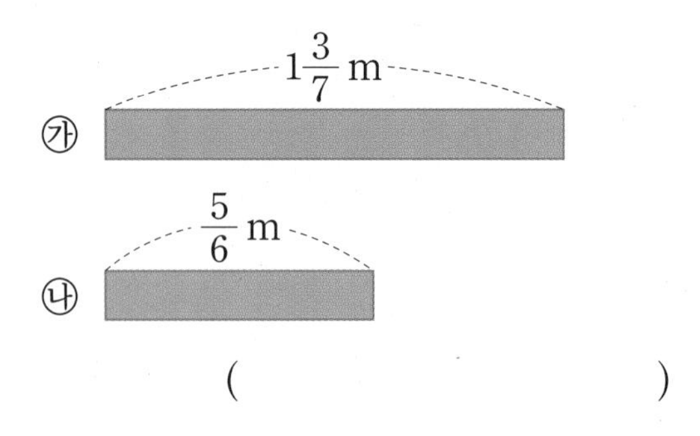

( )

9 □ 안에 알맞은 수를 써넣으세요.

$$\square \times \frac{7}{12} = \frac{5}{8}$$

10 고무관 $\frac{7}{8}$ m의 무게가 $\frac{3}{10}$ kg입니다. 고무관 1 m의 무게는 몇 kg인지 구해 보세요.

( )

11 $\frac{4}{5}$에 어떤 수를 곱하였더니 8이 되었습니다. 어떤 수를 구해 보세요.

( )

12 ㉠과 ㉡에 알맞은 수 중에서 더 큰 수의 기호를 써 보세요.

$$\frac{1}{8} \div ㉠ = \frac{5}{7} \qquad \frac{8}{15} \times ㉡ = \frac{4}{7}$$

( )

13 ㉠에 알맞은 수를 구해 보세요.

$$\frac{㉠}{16} \div \frac{3}{16} = 5$$

( )

14 민경이네 집에서는 쌀 $4\frac{2}{3}$ kg에 현미 $\frac{7}{9}$ kg을 섞어서 밥을 합니다. 쌀의 양은 현미 양의 몇 배인지 식을 쓰고 답을 구해 보세요.

식 ....

답 ....

15 1.5 L짜리 우유 4개를 한 사람이 $\frac{3}{7}$ L씩 모두 마셨습니다. 우유를 마신 사람은 모두 몇 명일까요?

( )

16 넓이가 $1\frac{5}{7}$ m^2인 평행사변형이 있습니다. 이 평행사변형의 높이가 $\frac{8}{9}$ m일 때 밑변의 길이는 몇 m일까요?

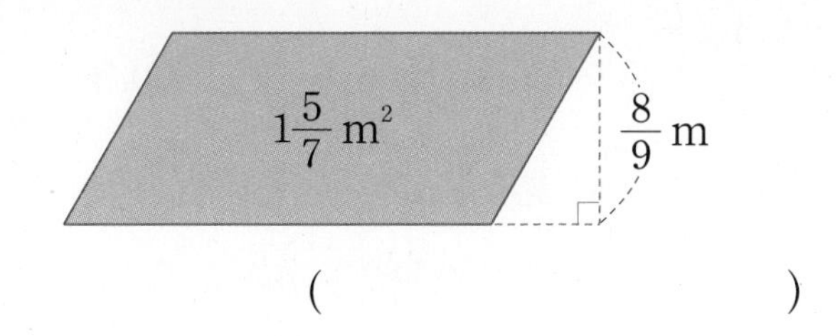

(　　　　　　　　　　)

17 4장의 수 카드를 한 번씩만 사용하여 계산 결과가 가장 큰 (가분수) ÷ (진분수)를 만들고 계산 결과를 구해 보세요.

(　　　　　　　　　　)

18 희주는 자전거를 타고 7 km를 가는 데 24분이 걸렸습니다. 희주가 같은 빠르기로 자전거를 타고 1시간 동안 갈 수 있는 거리는 몇 km일까요?

(　　　　　　　　　　)

19 어떤 수에 $\frac{3}{4}$을 곱했더니 $\frac{7}{12}$이 되었습니다. 어떤 수를 $\frac{5}{6}$로 나눈 몫은 얼마인지 풀이 과정을 쓰고 답을 구해 보세요.

풀이

답

20 ㉠은 ㉡의 몇 배인지 풀이 과정을 쓰고 답을 구해 보세요.

㉠ $3\frac{1}{5} \div \frac{8}{9}$　　㉡ $\frac{3}{4} \div \frac{5}{6}$

풀이

답

단원 평가 Level ❷

점수

확인

1 □ 안에 알맞은 수를 써넣으세요.

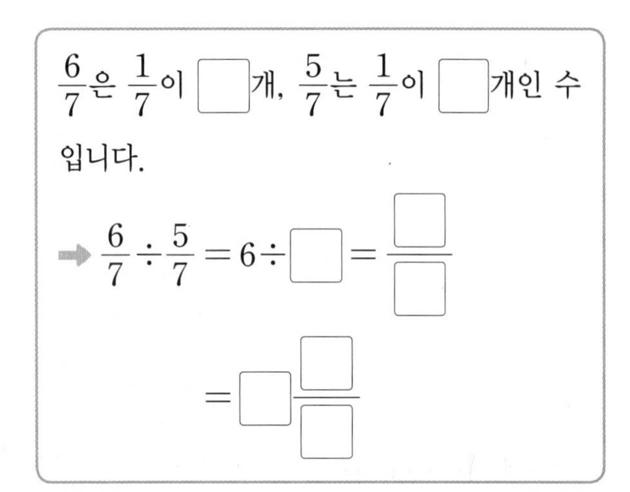

$\frac{6}{7}$은 $\frac{1}{7}$이 □개, $\frac{5}{7}$는 $\frac{1}{7}$이 □개인 수
입니다.
➡ $\frac{6}{7} \div \frac{5}{7} = 6 \div \square = \frac{\square}{\square}$
$= \square\frac{\square}{\square}$

2 빈칸에 알맞은 수를 써넣으세요.

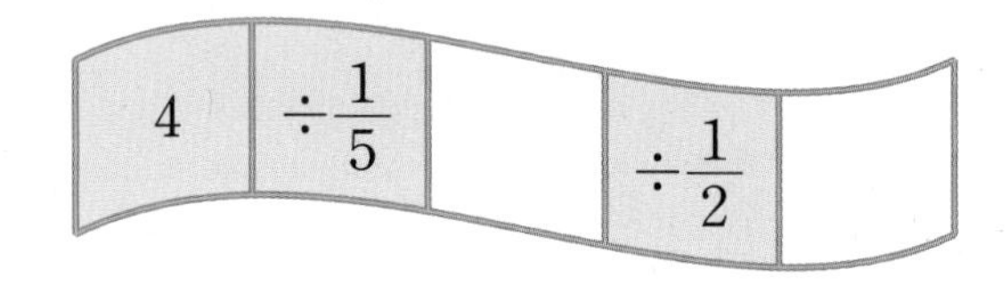

3 계산 결과가 <u>다른</u> 하나를 찾아 기호를 써 보세요.

㉠ $\frac{4}{5} \div \frac{2}{5}$ ㉡ $\frac{6}{7} \div \frac{2}{7}$ ㉢ $\frac{3}{8} \div \frac{1}{8}$

( )

4 계산해 보세요.

(1) $\frac{7}{10} \div \frac{3}{5}$

(2) $2\frac{1}{4} \div 3\frac{3}{8}$

5 $3 \div \frac{1}{8}$과 계산 결과가 같은 것을 모두 고르세요. ( )

① $5 \div \frac{1}{6}$ ② $6 \div \frac{1}{4}$ ③ $9 \div \frac{1}{3}$

④ $4 \div \frac{1}{4}$ ⑤ $8 \div \frac{1}{3}$

6 □ 안에 알맞은 수를 써넣으세요.

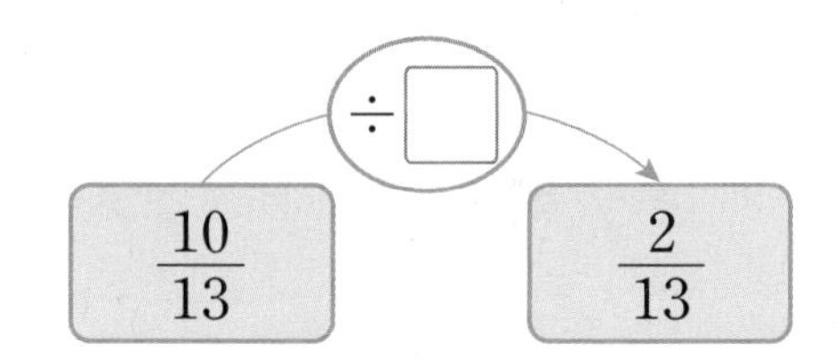

7 그림에 알맞은 진분수끼리의 나눗셈식을 만들어 계산해 보세요.

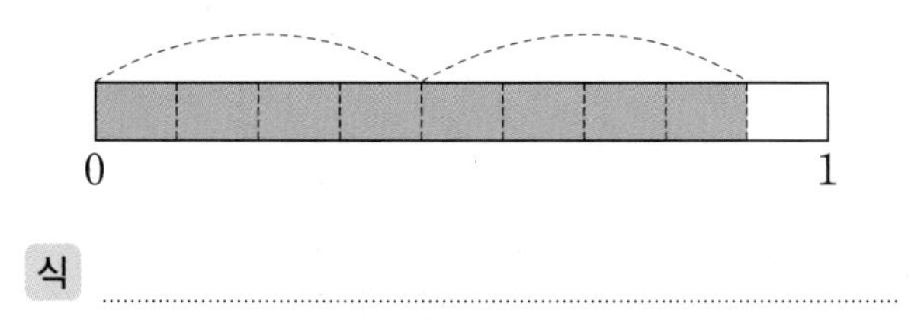

식

8 계산 결과가 진분수인 것을 찾아 기호를 써 보세요.

㉠ $\frac{5}{7} \div \frac{2}{7}$ ㉡ $\frac{3}{4} \div \frac{1}{4}$ ㉢ $\frac{4}{11} \div \frac{8}{11}$

( )

9 빨간색 테이프 $\frac{4}{5}$ m와 초록색 테이프 $\frac{2}{15}$ m가 있습니다. 빨간색 테이프의 길이는 초록색 테이프의 길이의 몇 배일까요?

( )

10 ㉠은 ㉡의 몇 배일까요?

㉠ $\frac{1}{3}$이 8개인 수   ㉡ $\frac{5}{9} \div \frac{2}{3}$

( )

11 계산 결과를 비교하여 ○ 안에 $>$, $=$, $<$를 알맞게 써넣으세요.

$$3\frac{5}{9} \div 1\frac{3}{5} \bigcirc 4\frac{1}{2} \div 2\frac{5}{8}$$

12 계산해 보세요.

$$2\frac{2}{5} \div 1\frac{1}{4} \div 2\frac{1}{10}$$

( )

13 □ 안에 알맞은 수를 구해 보세요.

$$\square \times \frac{5}{6} = 3\frac{3}{4}$$

( )

14 어떤 나무의 높이의 $\frac{7}{8}$이 14 m입니다. 이 나무의 높이는 몇 m일까요?

( )

15 □ 안에 들어갈 수 있는 자연수를 모두 구해 보세요.

$$20 < 24 \div \frac{8}{\square} < 30$$

( )

1

16 어떤 수를 $3\frac{3}{4}$으로 나누어야 할 것을 잘못하여 곱했더니 $3\frac{3}{8}$이 되었습니다. 바르게 계산하면 얼마일까요?

( )

17 4장의 수 카드 중에서 3장을 뽑아 모두 한 번씩만 사용하여 (자연수)÷(진분수)의 나눗셈식을 만들려고 합니다. 만들 수 있는 나눗셈식 중에서 몫이 가장 작을 때의 몫을 구해 보세요.

3 4 7 8

( )

18 다음 사다리꼴의 넓이가 $7\frac{5}{6}$ cm^2일 때 높이는 몇 cm일까요?

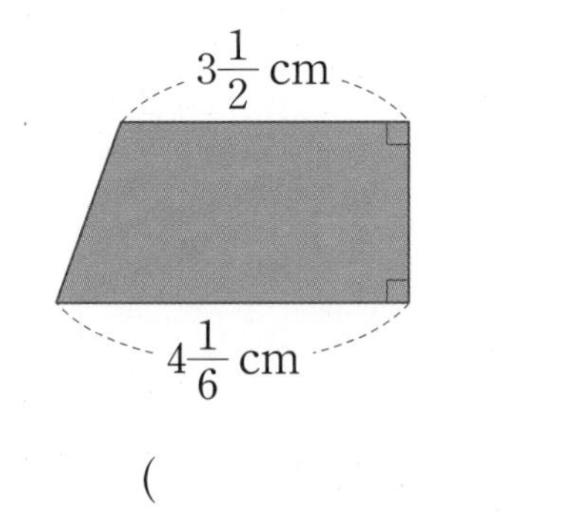

( )

19 두유 $2\frac{1}{4}$ L를 한 병에 $\frac{5}{12}$ L씩 담으면 몇 병이 되고, 남는 두유는 몇 L인지 풀이 과정을 쓰고 답을 구해 보세요.

풀이

답 ,

20 어떤 자동차가 $61\frac{1}{9}$ km를 가는 데 55분이 걸렸습니다. 이 자동차가 같은 빠르기로 1시간 동안 간다면 몇 km를 갈 수 있는지 풀이 과정을 쓰고 답을 구해 보세요.

풀이

답

사고력이 반짝

● 규칙을 찾아 빈칸에 알맞은 주사위의 눈을 그려 넣으세요.

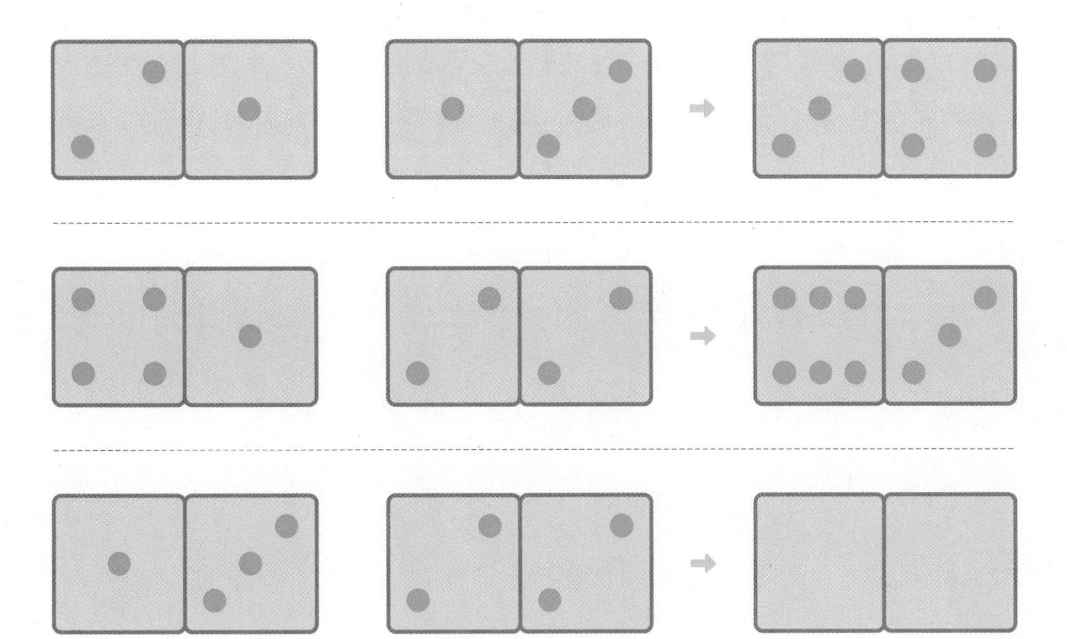

2 소수의 나눗셈

소수를 소수로 나눌 수 있을까?

소수점만 옮기면 자연수의 나눗셈과 계산 방법은 같아.

소수점을 옮겨 계산해!

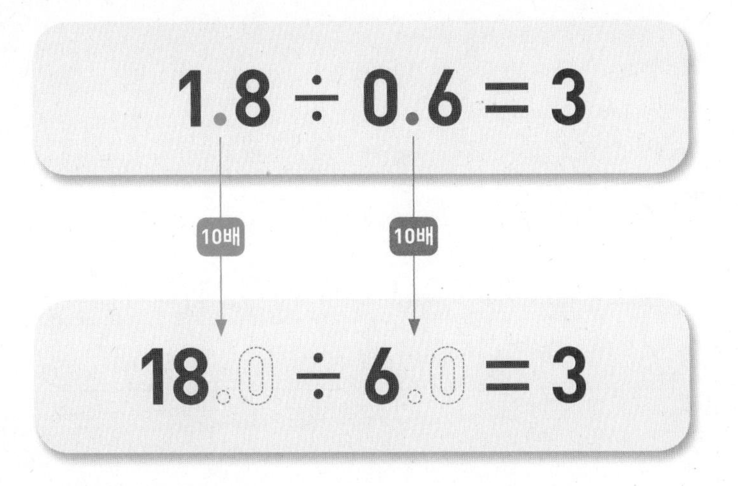

나누어지는 수와
나누는 수에 똑같이 10배 해도
몫은 변하지 않아!

$$\begin{array}{r} 3 \\ 0.6\overline{)\,1.8} \\ 1\,8 \\ \hline 0 \end{array} \quad \rightarrow \quad \begin{array}{r} 3 \\ 6\overline{)\,1\,8} \\ 1\,8 \\ \hline 0 \end{array}$$

1 (소수)÷(소수)를 알아볼까요(1)

● 소수의 나눗셈을 자연수의 나눗셈을 이용하여 계산하기

$10.4 \div 0.4$ → 10배, 10배 → $104 \div 4 = 26$

➡ $10.4 \div 0.4 = 26$

$0.84 \div 0.14$ → 100배, 100배 → $84 \div 14 = 6$

➡ $0.84 \div 0.14 = 6$

나누어지는 수와 나누는 수에 똑같이 10배 또는 100배를 하여도 몫은 같습니다.

(소수)÷(소수)의 나누어지는 수와 나누는 수에 똑같이 10 또는 100을 곱하여 (자연수)÷(자연수)로 계산합니다.

$10.4 \div 0.4 = 26$ (×10, ×10) $104 \div 4 = 26$ (=)

$0.84 \div 0.14 = 6$ (×100, ×100) $84 \div 14 = 6$ (=)

● $6.4 \div 0.4$ 계산하기

• 분수의 나눗셈으로 바꾸어 계산하기

$$6.4 \div 0.4 = \frac{64}{10} \div \frac{4}{10} = 64 \div 4 = 16$$

• $6.4 \div 0.4$와 $64 \div 4$를 비교하여 알아보기

10배

$6.4 \div 0.4 = 16$ $64 \div 4 = 16$

10배

• 세로로 계산하기

$0.4\overline{)6.4}$ → $4\overline{)64}$

$$\begin{array}{r} 16 \\ 4\overline{)64} \\ 4 \\ \hline 24 \\ 24 \\ \hline 0 \end{array}$$

● $1.28 \div 0.16$ 계산하기

• 분수의 나눗셈으로 바꾸어 계산하기

$$1.28 \div 0.16 = \frac{128}{100} \div \frac{16}{100} = 128 \div 16 = 8$$

• $1.28 \div 0.16$과 $128 \div 16$을 비교하여 알아보기

100배

$1.28 \div 0.16 = 8$ $128 \div 16 = 8$

100배

• 세로로 계산하기

$0.16\overline{)1.28}$ → $16\overline{)128}$

$$\begin{array}{r} 8 \\ 16\overline{)128} \\ 128 \\ \hline 0 \end{array}$$

1 길이가 1.6 m인 색 테이프를 0.4 m씩 자르려고 합니다. 그림에 0.4 m씩 선을 그어 표시하고 자른 색 테이프는 몇 개인지 구해 보세요.

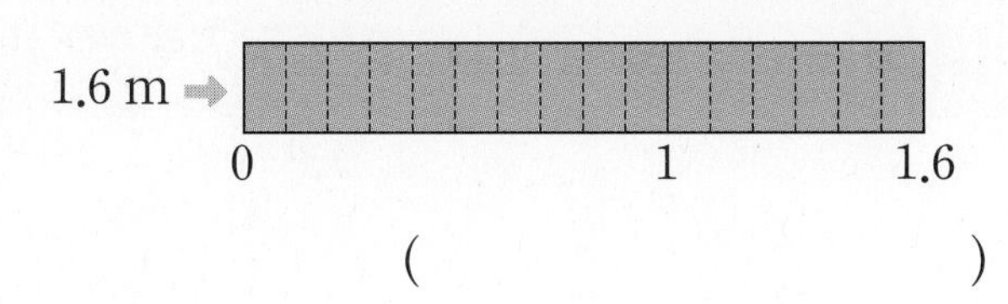

( )

[2~3] □ 안에 알맞은 수를 써넣으세요.

2 철사 36.8 cm를 0.8 cm씩 자르는 것은

36.8 cm = □ mm,

0.8 cm = □ mm이므로

철사 □ mm를 □ mm씩 자르는 것과 같습니다.

➡ 36.8 ÷ 0.8 = □ ÷ 8

□ ÷ 8 = □

36.8 ÷ 0.8 = □

3 끈 6.24 m를 0.06 m씩 자르는 것은

6.24 m = □ cm,

0.06 m = □ cm이므로

끈 □ cm를 □ cm씩 자르는 것과 같습니다.

➡ 6.24 ÷ 0.06 = □ ÷ 6

□ ÷ 6 = □

6.24 ÷ 0.06 = □

[4~5] 소수의 나눗셈을 자연수의 나눗셈을 이용하여 계산하려고 합니다. □ 안에 알맞은 수를 써넣으세요.

4

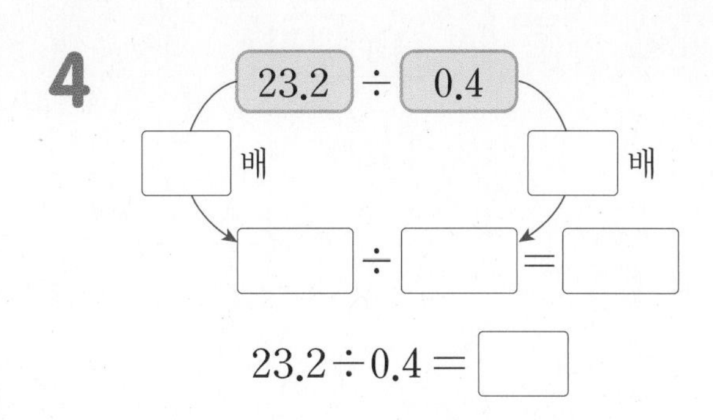

23.2 ÷ 0.4 = □

5

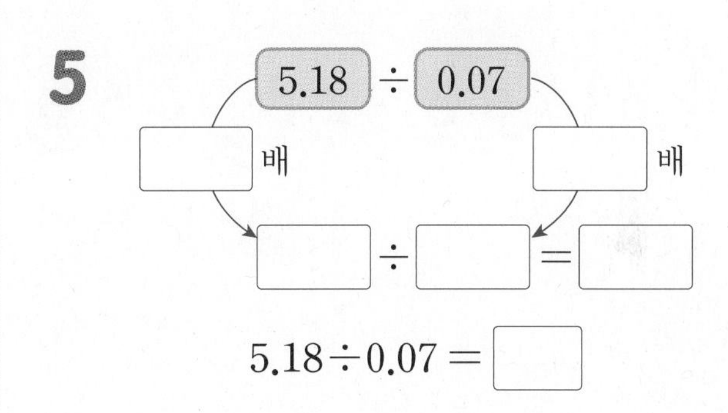

5.18 ÷ 0.07 = □

[6~7] 보기 와 같이 계산해 보세요.

6

보기

$$10.8 \div 1.2 = \frac{108}{10} \div \frac{12}{10} = 108 \div 12 = 9$$

19.2 ÷ 1.6 = ...

7

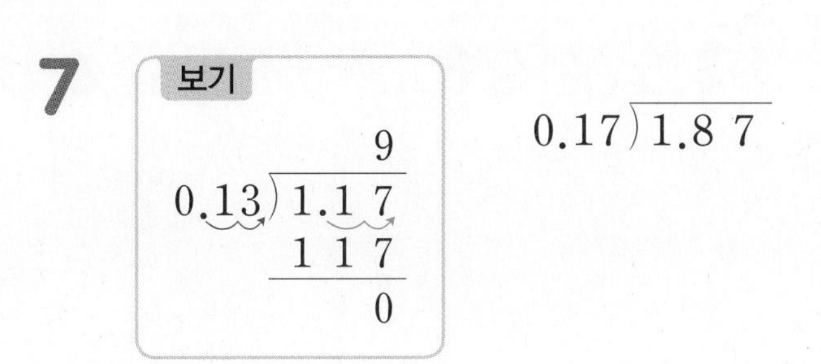

2 (소수)÷(소수)를 알아볼까요(2)

● **4.68÷2.6을 468÷260을 이용하여 계산하기**

• 4.68과 2.6을 각각 **100배씩** 하여 468÷260으로 계산합니다.

└• 나누어지는 수를 자연수로 만듭니다.

$$4.68 \div 2.6 = 1.8 \quad \xrightarrow{100배} \quad 468 \div 260 = 1.8$$

(4.68 → 468: 100배, 2.6 → 260: 100배)

• **소수점을 오른쪽으로 두 자리씩 옮겨** 세로로 계산합니다.

2.6)4.6 8 → 2.60)4.6 8 → 260)468.0

오른쪽에 소수점을 옮길 수가 없으므로 0을 씁니다.

```
        1.8
260)468.0
    260
    2080
    2080
       0
```

● **4.68÷2.6을 46.8÷26을 이용하여 계산하기**

• 4.68과 2.6을 각각 **10배씩** 하여 46.8÷26으로 계산합니다.

└• 나누는 수를 자연수로 만듭니다.

$$4.68 \div 2.6 = 1.8 \quad \xrightarrow{10배} \quad 46.8 \div 26 = 1.8$$

(4.68 → 46.8: 10배, 2.6 → 26: 10배)

• **소수점을 오른쪽으로 한 자리씩 옮겨** 세로로 계산합니다.

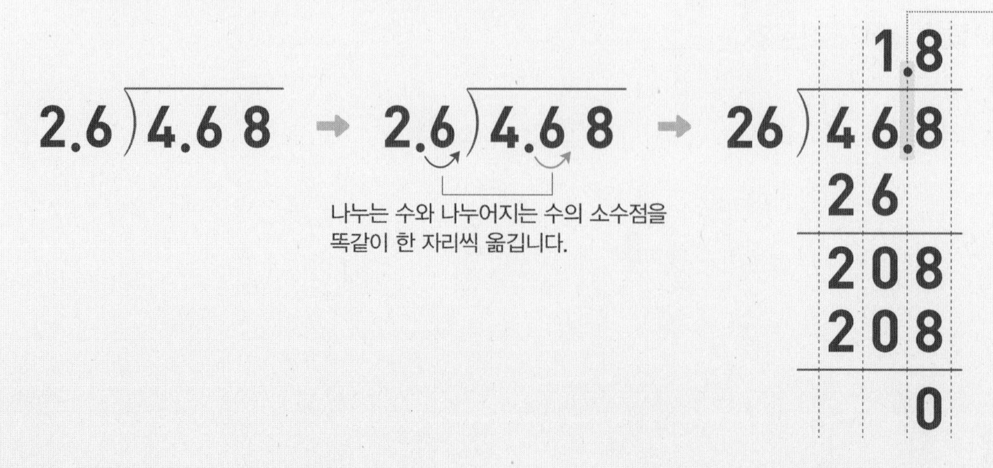

소수 한 자리 수를 100배 한 경우 가장 마지막 수의 끝에 0을 적습니다.

예 1.2의 100배는 마지막 수 2 뒤에 0을 한 개 적어 120으로 나타냅니다.

• 소수점을 옮겨서 계산한 경우 몫의 소수점은 옮긴 위치에 찍어야 합니다.

소수점을 오른쪽으로 옮길 때 자리가 없으면 없는 자리에 0을 적습니다.

1.35÷4.50

➡ 135÷450 (○), 135÷45 (×)

1학기 때 배웠어요

(소수)÷(자연수)의 계산은 자연수의 나눗셈과 같은 방법으로 계산한 뒤 몫의 소수점의 위치는 나누어지는 수의 소수점의 위치와 같게 찍습니다.

예 6.45÷0.3

➡ 64.5÷3 = 21.5

소수점의 위치가 같습니다.

• 소수점을 옮겨서 계산한 경우 몫의 소수점은 옮긴 위치에 찍어야 합니다.

[1~2] 4.08÷2.4를 주어진 방법으로 계산하려고 합니다. □ 안에 알맞은 수를 써넣으세요.

1 나누어지는 수를 자연수로 만들어 계산해 보세요.

4.08과 2.4를 각각 □배씩 하여 계산하면

□÷□=□입니다.

2 나누는 수를 자연수로 만들어 계산해 보세요.

4.08과 2.4를 각각 □배씩 하여 계산하면

□÷□=□입니다.

3 계산해 보세요.

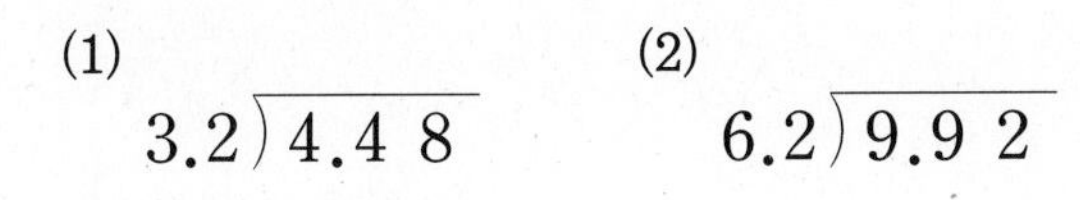

4 빈칸에 알맞은 수를 써넣으세요.

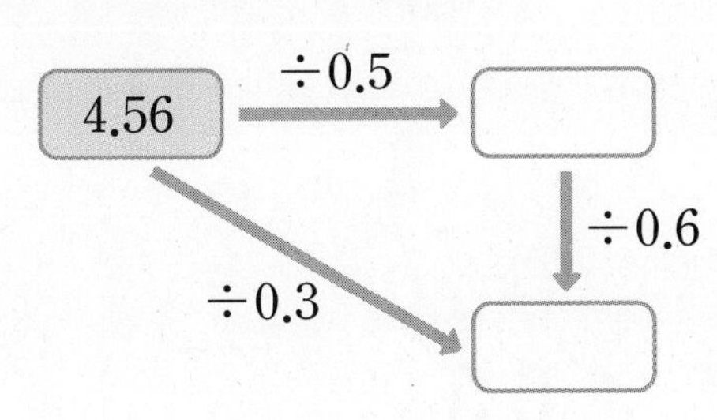

5 계산 결과를 비교하여 ○ 안에 >, =, <를 알맞게 써넣으세요.

8.37÷2.7 ○ 7.22÷1.9

6 큰 수를 작은 수로 나눈 몫을 구해 보세요.

0.8　　2.96

(　　　　　　)

7 빈칸에 알맞은 수를 써넣으세요.

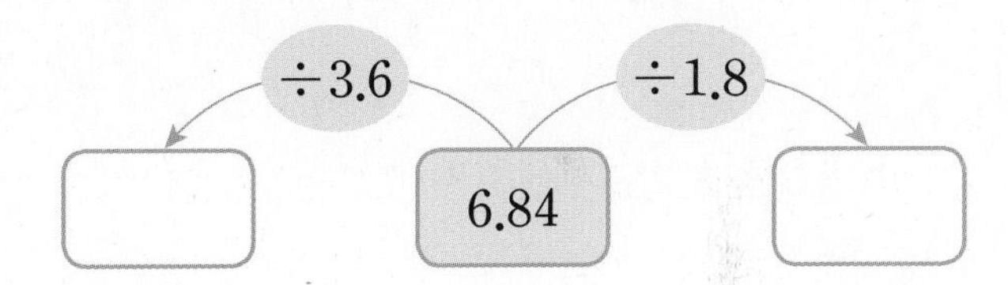

8 몫이 <u>다른</u> 하나를 찾아 기호를 써 보세요.

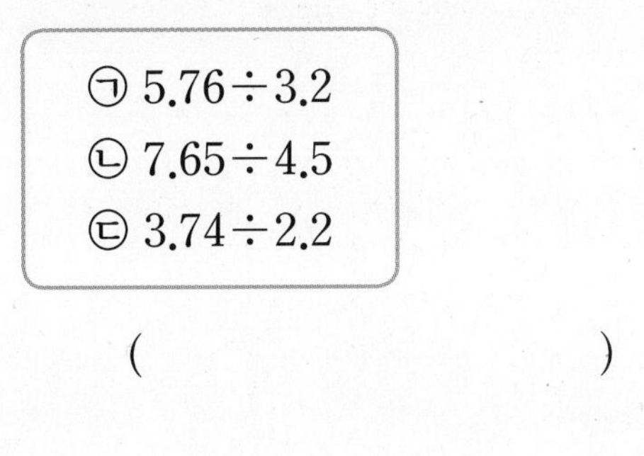

(　　　　　　)

3 (자연수)÷(소수)를 알아볼까요

● 7÷1.4 계산하기

• 분수의 나눗셈으로 계산하기

$$7 \div 1.4 = \frac{70}{10} \div \frac{14}{10} = 70 \div 14 = 5$$

• 자연수의 나눗셈으로 계산하기

10배

$$7 \div 1.4 = 5 \qquad 70 \div 14 = 5$$

10배

• 세로로 계산하기

$1.4\overline{)7} \rightarrow 1.4\overline{)7.0} \rightarrow 14\overline{)70}$

$$\begin{array}{r} 5 \\ 14\overline{)70} \\ \underline{70} \\ 0 \end{array}$$

- 나누어지는 수와 나누는 수의 소수점을 똑같이 옮겨 계산하는 방법은 나누어지는 수와 나누는 수에 똑같이 10 또는 100을 곱하여도 몫이 변하지 않는 것과 같습니다.

- 자연수는 소수점이 생략된 수입니다.
예 2.0 2.00 2.000
생략된 부분

● 10÷1.25 계산하기

• 분수의 나눗셈으로 계산하기

$$10 \div 1.25 = \frac{1000}{100} \div \frac{125}{100} = 1000 \div 125 = 8$$

• 자연수의 나눗셈으로 계산하기

100배

$$10 \div 1.25 = 8 \qquad 1000 \div 125 = 8$$

100배

• 세로로 계산하기

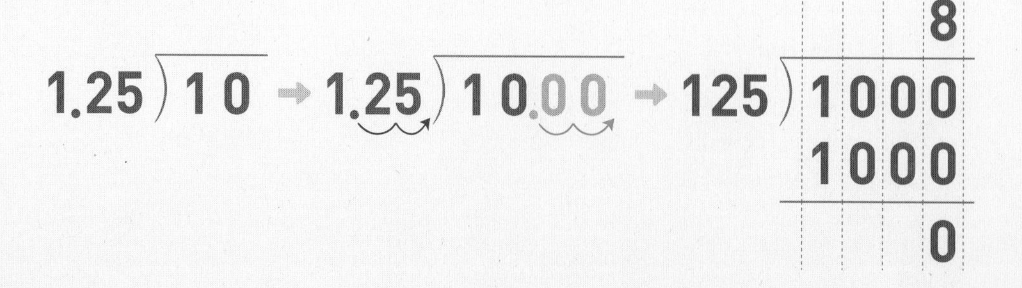

- 소수점의 이동

① 어떤 수에 10, 100, 1000을 곱할 때 소수점은 오른쪽으로 이동합니다.

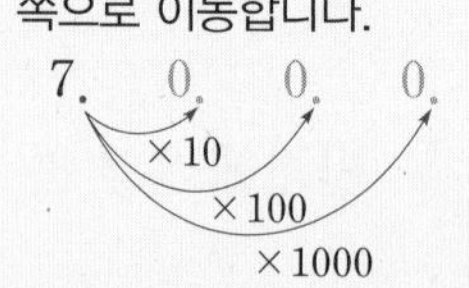

② 어떤 수를 10, 100, 1000으로 나누면 소수점은 왼쪽으로 이동합니다.

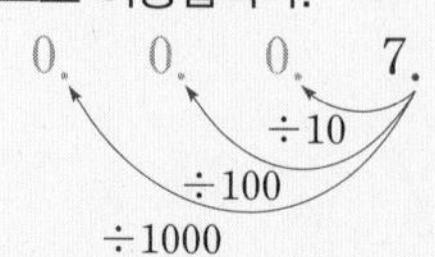

1 자연수의 나눗셈으로 계산하려고 합니다. □ 안에 알맞은 수를 써넣으세요.

(1) $18 \div 3.6 = \square \div 36 = \square$

(2) $70 \div 8.75 = \square \div 875 = \square$

2 분수의 나눗셈으로 계산하려고 합니다. □ 안에 알맞은 수를 써넣으세요.

(1) $21 \div 1.4 = \frac{\square}{10} \div \frac{\square}{10}$
$= \square \div \square = \square$

(2) $9 \div 0.45 = \frac{\square}{100} \div \frac{\square}{100}$
$= \square \div \square = \square$

3 보기 와 같이 계산해 보세요.

보기

$91 \div 6.5 = \frac{910}{10} \div \frac{65}{10}$
$= 910 \div 65 = 14$

(1) $65 \div 2.6 =$

(2) $39 \div 3.25 =$

4 계산해 보세요.

(1) $38 \div 0.4$

(2) $21 \div 1.05$

5 빈칸에 알맞은 수를 써넣으세요.

(1)

56	÷8	
	÷0.8	
	÷0.08	

(2)

1.08	÷0.03	
10.8		
108		

6 계산 결과를 비교하여 ○ 안에 >, =, <를 알맞게 써넣으세요.

(1) $17 \div 3.4$ ○ $10 \div 2.5$

(2) $33 \div 5.5$ ○ $18 \div 2.25$

2

4 몫을 반올림하여 나타내어 볼까요

● $10 \div 7$의 몫을 반올림하여 나타내기

$$\begin{array}{r} 1.428 \\ 7\overline{)10.000} \\ 7 \\ \hline 30 \\ 28 \\ \hline 20 \\ 14 \\ \hline 60 \\ 56 \\ \hline 4 \end{array}$$

- 10을 7로 나눈 몫을 반올림하여 **일의 자리**까지 나타내려면 $10 \div 7 = 1.4\cdots$이고 몫의 소수 첫째 자리 숫자가 4이므로 버림합니다.
  ➡ 1
- 10을 7로 나눈 몫을 반올림하여 **소수 첫째 자리**까지 나타내려면 $10 \div 7 = 1.42\cdots$이고 몫의 소수 둘째 자리 숫자가 2이므로 버림합니다.
  ➡ 1.4
- 10을 7로 나눈 몫을 반올림하여 **소수 둘째 자리**까지 나타내려면 $10 \div 7 = 1.428\cdots$이고 몫의 소수 셋째 자리 숫자가 8이므로 올림합니다.
  ➡ 1.43

● 몫이 나누어떨어지지 않을 때 **몫을 반올림하여 나타낼 수 있습니다.**

5학년 때 배웠어요

반올림: 구하려는 자리 바로 아래 자리의 숫자가 0, 1, 2, 3, 4이면 버리고 5, 6, 7, 8, 9이면 올리는 방법
예 3274를 반올림하여 십의 자리까지 나타내면 3270, 반올림하여 백의 자리까지 나타내면 3300이 됩니다.

몫이 간단한 소수로 구해지지 않을 경우
① 몫을 근삿값으로 나타냅니다.
② 몫을 버림하여 나타냅니다.
③ 몫을 반올림하여 나타냅니다.
④ 몫을 올림하여 나타냅니다.

[1~2] 식을 보고 물음에 답하세요.

$$6\overline{)11}$$

1 $11 \div 6$의 몫을 소수 셋째 자리까지 구해 보세요.

2 $11 \div 6$의 몫을 반올림하여 나타내어 보세요.

(1) $11 \div 6$의 몫을 반올림하여 일의 자리까지 나타내어 보세요.

( )

(2) $11 \div 6$의 몫을 반올림하여 소수 첫째 자리까지 나타내어 보세요.

( )

(3) $11 \div 6$의 몫을 반올림하여 소수 둘째 자리까지 나타내어 보세요.

( )

3 $10.4 \div 3$의 몫을 소수 셋째 자리까지 구하고 □ 안에 알맞은 수를 써넣으세요.

$3\overline{)10.4}$

(1) 몫을 반올림하여 일의 자리까지 나타내면 □입니다.

(2) 몫을 반올림하여 소수 첫째 자리까지 나타내면 □입니다.

(3) 몫을 반올림하여 소수 둘째 자리까지 나타내면 □입니다.

4 몫을 반올림하여 소수 첫째 자리까지 나타내어 보세요.

(1) $6\overline{)17}$

(2) $9\overline{)22.1}$

( ) ( )

5 몫을 반올림하여 소수 둘째 자리까지 나타내어 보세요.

$7.3 \div 6$

( )

6 나눗셈의 몫을 반올림하여 주어진 자리까지 나타내어 보세요.

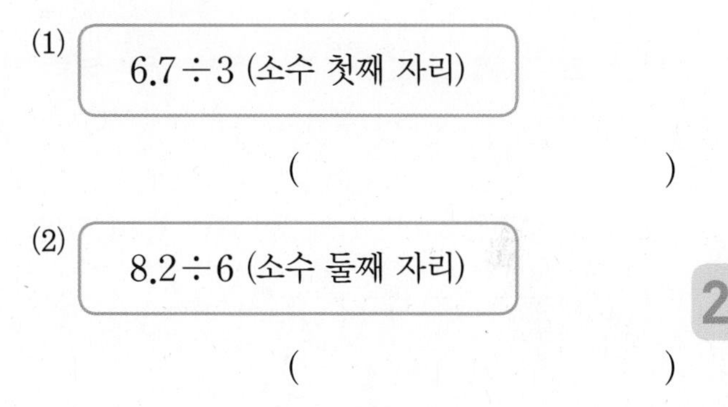

(1) $6.7 \div 3$ (소수 첫째 자리)

( )

(2) $8.2 \div 6$ (소수 둘째 자리)

( )

7 큰 수를 작은 수로 나눈 몫을 반올림하여 소수 첫째 자리까지 나타내어 보세요.

7 12.4

( )

8 밀가루 5.6 kg을 3명이 똑같이 나누어 가지려고 합니다. 한 사람이 가질 수 있는 밀가루는 몇 kg인지 버림하여 소수 둘째 자리까지 나타내어 보세요.

( )

5 나누어 주고 남는 양을 알아볼까요

물 7.4 L를 2 L씩 나누어 주고 남는 양 알아보기

- **수 모형으로 나누어 주고 남는 양 알아보기**

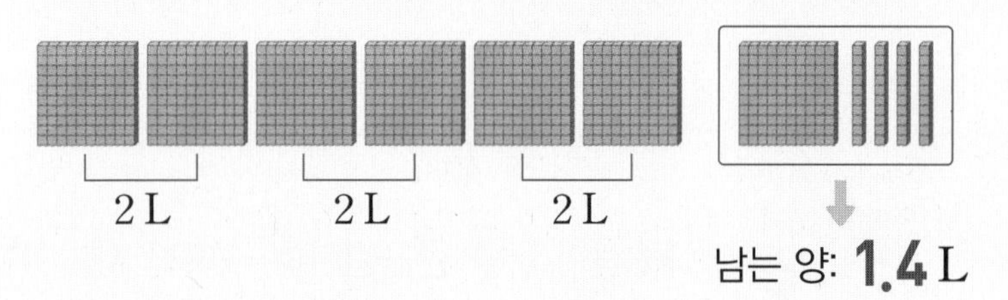

➡ 7.4 L에서 2 L씩 3번 나누어 주면 1.4 L가 남습니다.

- **덜어 내는 방법으로 나누어 주고 남는 양 알아보기**

$7.4-2-2-2=\mathbf{1.4}$ (L)

(2 L씩 3번 뺍니다. / 남는 양)

➡ 7.4 L에서 2 L씩 3번 빼면 1.4 L가 남습니다.

나누어 주는 물의 양과 남는 물의 양의 합이 7.4 L가 되어야 합니다.

- **세로로 계산하여 나누어 주고 남는 양 알아보기**

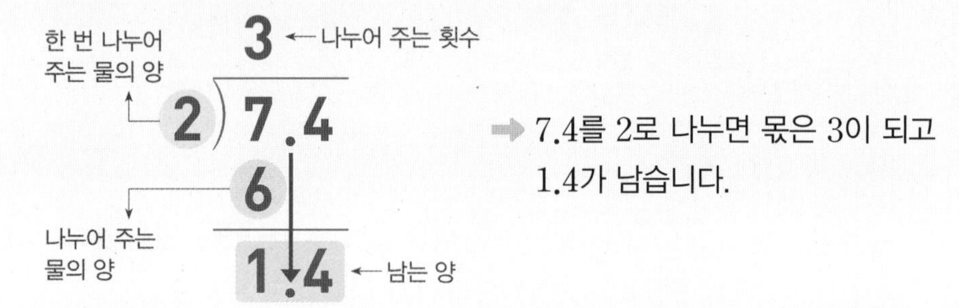

➡ 7.4를 2로 나누면 몫은 3이 되고 1.4가 남습니다.

몫을 자연수 부분까지 구하고 남는 수의 소수점은 나누어지는 수의 소수점과 같은 위치에 내려 찍습니다.

[1~2] $12.8 \div 3$의 몫을 주어진 방법으로 자연수 부분까지 구했을 때 얼마가 남는지 알아보려고 합니다. 물음에 답하세요.

1 덜어 내는 방법으로 구해 보세요.

(1) 12.8 − □ − □ − □ − □ = □

(2) 12.8에서 3을 □번 덜어 내면 □이 남습니다.

2 세로로 계산하여 구해 보세요.

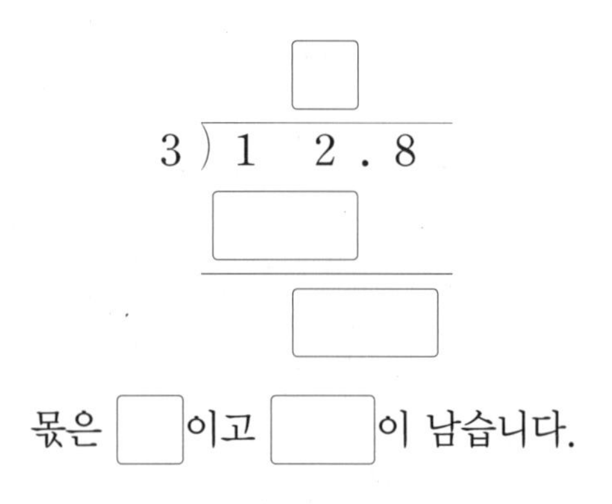

몫은 □이고 □이 남습니다.

[3~4] □ 안에 알맞은 수를 써넣으세요.

3 21.5에서 7을 □번 빼면 □가 남습니다.

4 23.8에서 5를 □번 빼면 □이 남습니다.

5 35.2÷8의 몫을 자연수 부분까지 구했을 때 얼마가 남는지 알아보려고 합니다. 바르게 구한 것을 모두 고르세요. (　　　　)

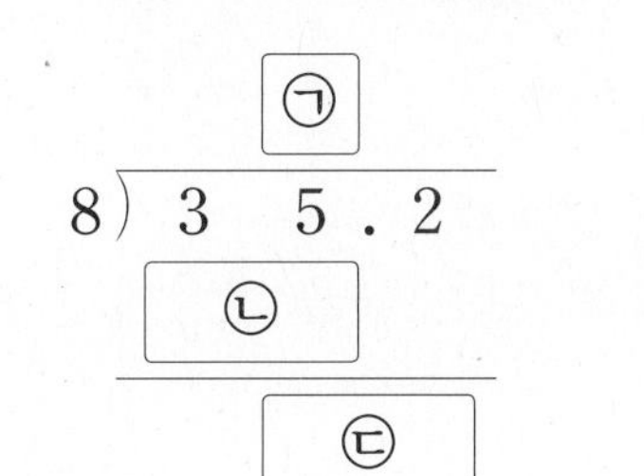

① ㉠=0.4
② ㉡=35
③ ㉢=3.2
④ ㉠=4
⑤ ㉢=0.2

6 나눗셈의 몫을 자연수 부분까지 구했을 때 □ 안에 알맞은 수를 써넣으세요.

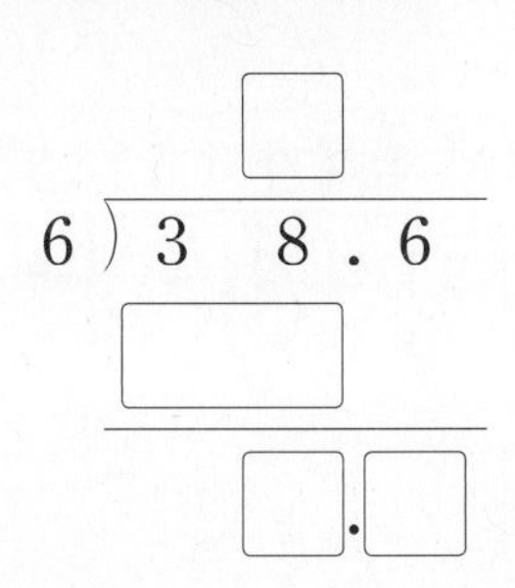

7 설탕 25.2 kg을 한 봉지에 6 kg씩 나누어 담으려고 합니다. 나누어 담을 수 있는 봉지 수와 남는 설탕은 몇 kg인지 두 가지 방법으로 구한 것입니다. □ 안에 알맞은 수를 써넣으세요.

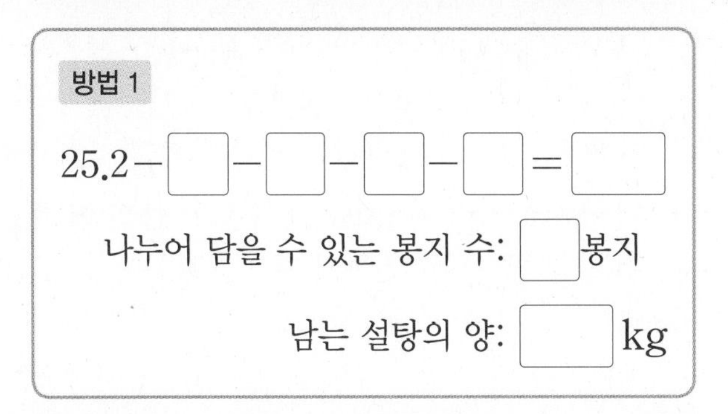

방법 1
25.2−□−□−□−□=□
나누어 담을 수 있는 봉지 수: □봉지
남는 설탕의 양: □kg

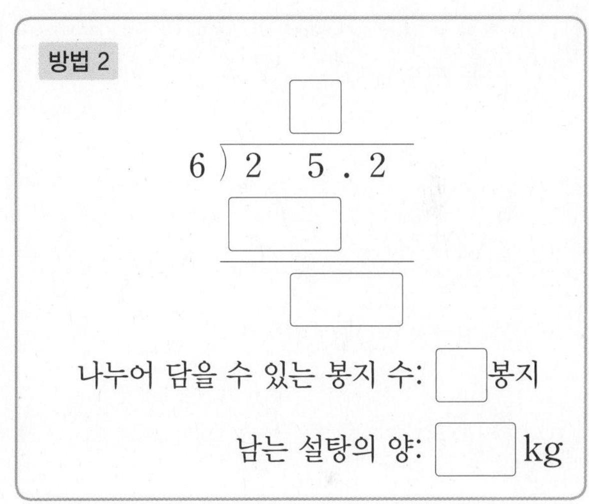

방법 2
6) 2 5 . 2
나누어 담을 수 있는 봉지 수: □봉지
남는 설탕의 양: □kg

8 감자 15.8 kg을 한 사람당 3 kg씩 나누어 주려고 합니다. 나누어 줄 수 있는 사람 수와 남는 감자는 몇 kg인지 구해 보세요.

나누어 줄 수 있는 사람 수 (　　　　　　)
남는 감자의 양 (　　　　　　)

기본기 다지기

1 (소수)÷(소수)(1)

• 자연수의 나눗셈을 이용한 소수의 나눗셈

$3.84 \div 0.32$ (100배) → $384 \div 32 = 12$ (100배)

➡ $3.84 \div 0.32 = 12$

나눗셈에서 나누어지는 수와 나누는 수에 같은 수를 곱하면 몫은 변하지 않습니다.

1 자연수의 나눗셈을 이용하여 □ 안에 알맞은 수를 써넣으세요.

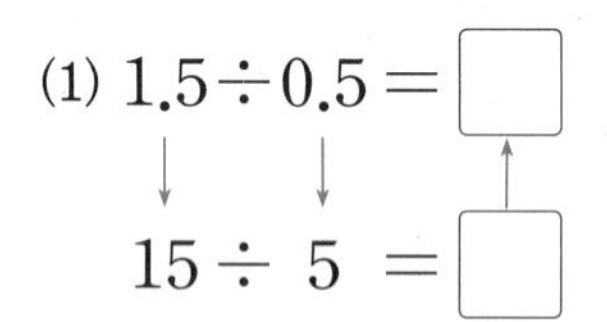

(1) $1.5 \div 0.5 = \square$

$15 \div 5 = \square$

(2) $6.18 \div 0.03 = \square$

$618 \div 3 = \square$

2 계산해 보세요.

(1) $4.5 \div 0.9 = \square$

(2) $0.56 \div 0.07 = \square$

3 $948 \div 4 = 237$을 이용하여 □ 안에 알맞은 수를 써넣은 후, 계산 방법을 써 보세요.

$94.8 \div 0.4 = \square$

방법 ....

....

4 실 29.4 cm를 0.6 cm씩 자른다면 모두 몇 도막이 되는지 구해 보세요.

식 ....

답 ....

2 (소수)÷(소수)(2)

• 자릿수가 같은 (소수)÷(소수)의 계산

$1.61 \div 0.23$

$= \frac{161}{100} \div \frac{23}{100}$

$= 161 \div 23 = 7$

$$\begin{array}{r} 7 \\ 0.23 \overline{)\,1.61} \\ 1\ 61 \\ \hline 0 \end{array}$$

5 큰 수를 작은 수로 나눈 몫을 빈칸에 써넣으세요.

1.7	5.1

6 냉장고에 식혜가 4.5 L 있습니다. 식혜를 한 병에 0.3 L씩 담는다면 병은 몇 개가 필요할까요?

(　　　　　　)

7 계산 결과를 비교하여 ○ 안에 >, =, <를 알맞게 써넣으세요.

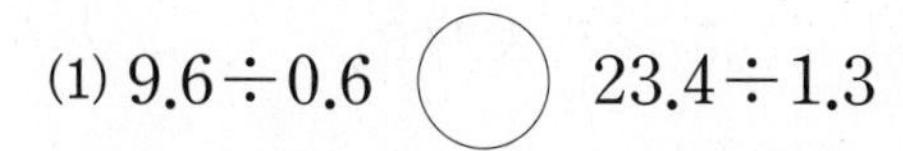

(1) $9.6 \div 0.6$ ○ $23.4 \div 1.3$

(2) $11.96 \div 0.52$ ○ $13.65 \div 0.65$

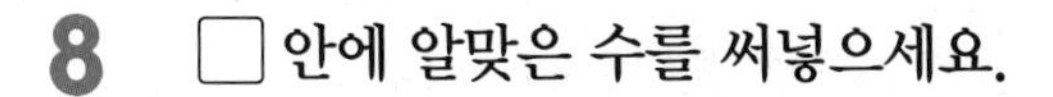

8 □ 안에 알맞은 수를 써넣으세요.

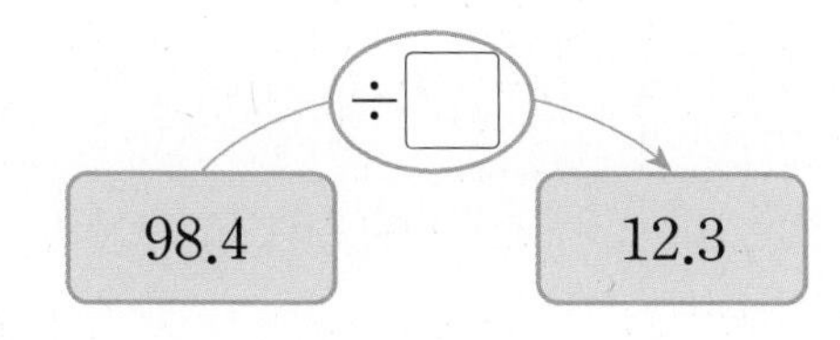

9 □ 안에 알맞은 수를 써넣으세요.

$\square \times 2.56 = 30.72$

서술형

10 원 모양의 호수 둘레를 따라 산책로를 만들었더니 길이가 129.58 m였습니다. 이 산책로에 6.82 m 간격으로 나무를 심으려고 합니다. 필요한 나무는 모두 몇 그루인지 풀이 과정을 쓰고 답을 구해 보세요. (단, 나무의 두께는 생각하지 않습니다.)

풀이 ....

답 ....

3 (소수)÷(소수)(3)

• 자릿수가 다른 (소수)÷(소수)의 계산

$$5.8\overline{)12.18} \Rightarrow 58\overline{)121.8}$$

```
       2.1
 58 ) 121.8
      116
      ----
        58
        58
      ----
         0
```

11 계산 결과가 같은 것을 찾아 기호를 써 보세요.

㉠ $0.78 \div 1.3$	㉡ $78 \div 1.3$
㉢ $7.8 \div 1.3$	㉣ $7.8 \div 13$

(　　　　　　　　)

12 □ 안에 들어갈 수 있는 자연수를 모두 구해 보세요.

$22.96 \div 5.6 > \square$

(　　　　　　　　)

13 밑변의 길이가 4.2 cm인 평행사변형의 넓이가 15.12 cm^2입니다. 이 평행사변형의 높이는 몇 cm일까요?

(　　　　　　　　)

14 어떤 수를 넣으면 ●가 곱해진 결과가 나오는 상자가 있습니다. 이 상자에 1.9를 넣었더니 3.23의 결과가 나왔다면 ●에 알맞은 수는 얼마일까요?

(　　　　　　　　)

15 5.35÷0.5를 다음과 같이 계산했습니다. 잘못 계산한 곳을 찾아 바르게 계산해 보세요.

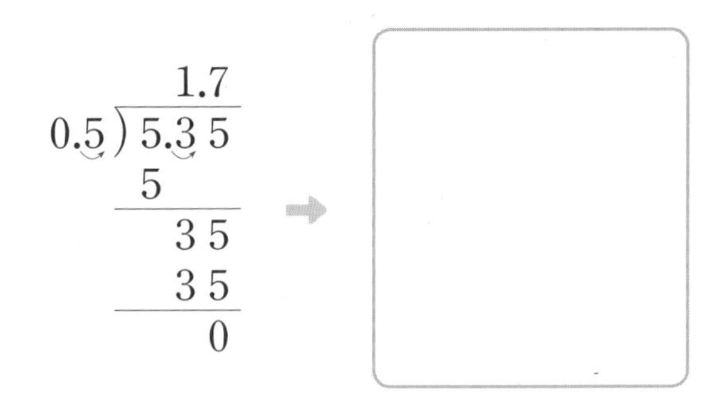

16 동우네 집에서 소방서까지의 거리는 2.52 km이고, 동우네 집에서 학교까지의 거리는 1.2 km입니다. 동우네 집에서 소방서까지의 거리는 동우네 집에서 학교까지의 거리의 몇 배인지 구해 보세요.

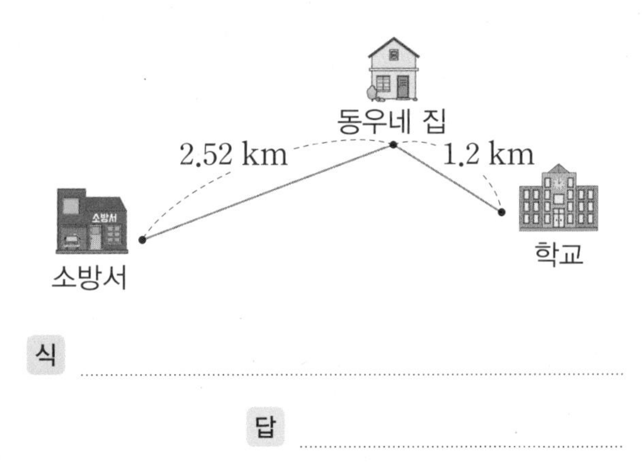

식 ....

답 ....

17 ㉠★㉡ = ㉠÷㉡−0.8이라고 약속할 때 다음을 계산해 보세요.

3.42★0.9

( )

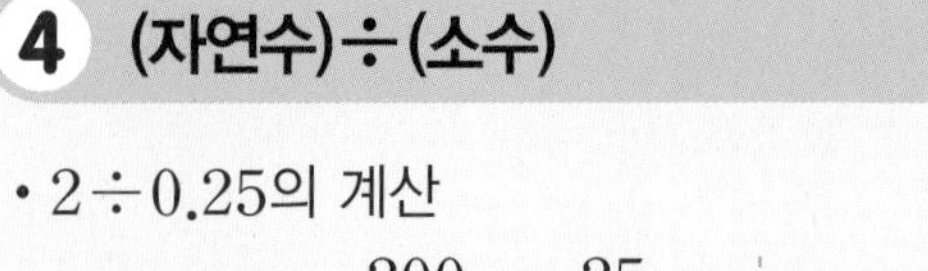

4 (자연수)÷(소수)

- 2÷0.25의 계산

$$2\div0.25=\frac{200}{100}\div\frac{25}{100}=200\div25=8$$

```
        8
0.25 ) 2.00
       2 0 0
           0
```

18 □ 안에 알맞은 수를 써넣으세요.

6 ÷ 1.5 = □

↓ ↓ ↑

60 ÷ 15 = □

19 계산 결과를 비교하여 ○ 안에 $>$, $=$, $<$를 알맞게 써넣으세요.

57÷3.8 ○ 40÷2.5

20 □ 안에 알맞은 수를 써넣으세요.

(1) 144÷6 = □

144÷0.6 = □

144÷0.06 = □

(2) 0.94÷0.02 = □

9.4÷0.02 = □

94÷0.02 = □

21 ㉡에 알맞은 수를 구해 보세요.

5.76÷0.64 = ㉠ ➡ ㉠÷2.5 = ㉡

( )

서술형

22 $14 \div 3.5$를 다음과 같이 계산했습니다. 잘못 계산한 곳을 찾아 바르게 계산하고, 이유를 써 보세요.

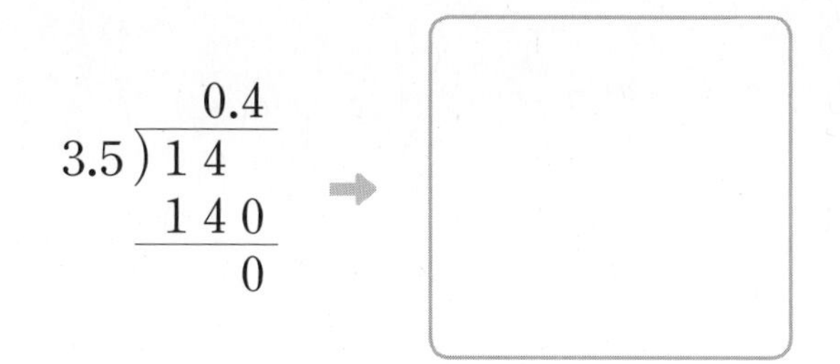

이유

23 땅콩 11 kg을 한 상자에 2.75 kg씩 담으려고 합니다. 땅콩은 모두 몇 상자가 되는지 구해 보세요.

식

답

24 한 대각선의 길이가 10.5 cm인 마름모의 넓이가 63 cm^2입니다. 이 마름모의 다른 대각선의 길이를 구해 보세요.

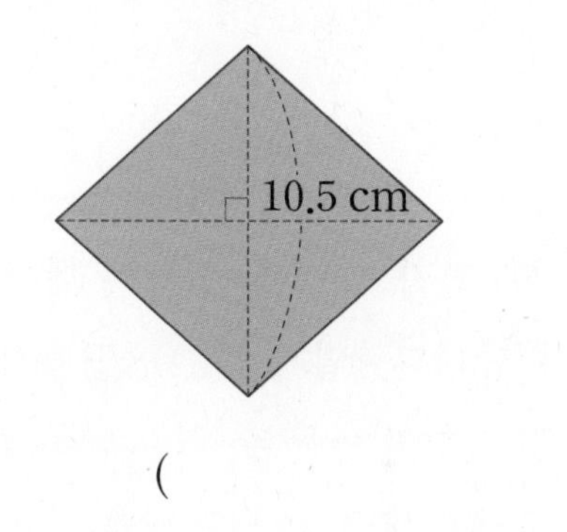

(　　　　　　)

25 어떤 수를 1.6으로 나누어야 할 것을 잘못하여 1.6을 곱했더니 36이 되었습니다. 어떤 수를 구해 보세요.

(　　　　　　)

5 몫을 반올림하여 나타내기

- 몫을 반올림하여 소수 첫째 자리까지 나타내기
  ➡ 몫의 소수 둘째 자리에서 반올림합니다.
- 몫을 반올림하여 소수 둘째 자리까지 나타내기
  ➡ 몫의 소수 셋째 자리에서 반올림합니다.

26 나눗셈의 몫을 반올림하여 소수 둘째 자리까지 나타내어 보세요.

$8.12 \div 6$

(　　　　　　)

27 계산 결과를 비교하여 ○ 안에 >, =, <를 알맞게 써넣으세요.

8.45÷2.7의 몫을 반올림하여 소수 둘째 자리까지 나타낸 수

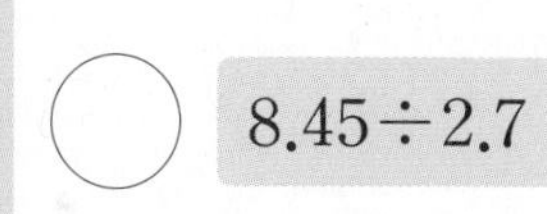

28 어느 해 9월의 강수량은 100.7 mm이고, 3월의 강수량은 0.9 mm입니다. 9월의 강수량은 3월의 강수량의 몇 배인지 반올림하여 소수 첫째 자리까지 나타내어 보세요.

(　　　　　　)

29 $8 \div 2.7$의 몫을 구할 때 몫의 소수점 아래 숫자의 규칙을 써 보세요.

규칙

30 나눗셈의 몫을 반올림하여 소수 첫째 자리까지 나타낸 몫과 소수 둘째 자리까지 나타낸 몫의 차를 구해 보세요.

50.6÷3.8

( )

6 나누어 주고 남는 양 알아보기

• 철사 15.7 cm를 4 cm씩 자르면 몇 도막이 되고 몇 cm가 남는지 구하기

15.7−4−4−4=3.7
15.7에서 4를 3번 빼면 3.7이 남으므로 3도막이 되고 3.7 cm가 남습니다.

$$\begin{array}{r} 3 \\ 4\overline{)15.7} \\ \underline{12} \\ 3.7 \end{array}$$

3도막이 되고 3.7 cm가 남습니다.

[31~32] 소금 21.4 kg을 한 봉지에 5 kg씩 나누어 담으려고 합니다. 나누어 담을 수 있는 봉지 수와 남는 소금은 몇 kg인지 알기 위해 다음과 같이 계산했습니다. 물음에 답하세요.

21.4−5−5−5−5=□

31 □ 안에 알맞은 수를 써넣으세요.

32 계산식을 보고 나누어 담을 수 있는 봉지 수와 남는 소금은 몇 kg인지 구해 보세요.

봉지 수 ( )
남는 소금의 양 ( )

33 우유 4 L를 컵에 0.6 L씩 나누어 담으려고 합니다. 나누어 담을 수 있는 컵의 수와 남는 우유는 몇 L인지 구해 보세요.

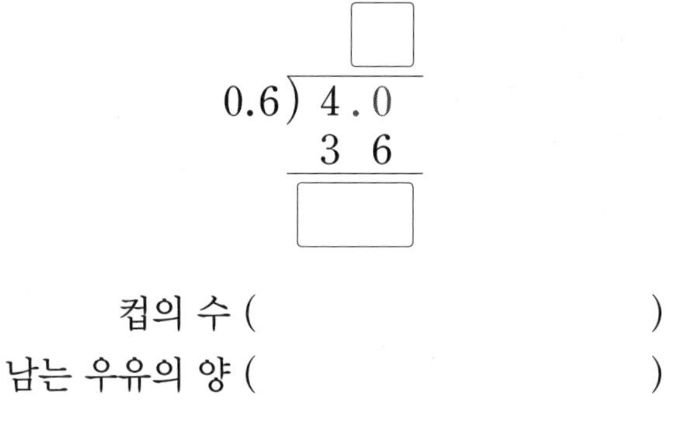

컵의 수 ( )
남는 우유의 양 ( )

34 철사 57.6 m를 한 사람에게 8 m씩 나누어 줄 때 나누어 줄 수 있는 사람 수와 남는 철사는 몇 m인지 알기 위해 다음과 같이 계산했습니다. 잘못 계산한 곳을 찾아 바르게 계산해 보세요.

$$\begin{array}{r} 7.2 \\ 8\overline{)57.6} \\ \underline{56} \\ 16 \\ \underline{16} \\ 0 \end{array}$$

• 사람 수: 7명
• 남는 철사의 길이: 0.2 m

➡

$8\overline{)57.6}$

• 사람 수: □명
• 남는 철사의 길이: □m

서술형
35 호두과자 한 개를 만드는 데 밀가루 7 g이 필요합니다. 밀가루 108.5 g으로 호두과자를 몇 개까지 만들 수 있고 남는 밀가루는 몇 g인지 풀이 과정을 쓰고 답을 구해 보세요.

풀이

답 ,

7 최대 • 최소 수량 구하기

- 몫을 자연수 부분까지 구한 후 남는 양을 버림하는 경우
  ➡ 실을 수 있는 최대 개수 구하기 등
- 몫을 자연수 부분까지 구한 후 남는 양을 올림하는 경우
  ➡ 모두 담을 때 필요한 병의 개수 구하기 등

36 615.5 kg까지 탈 수 있는 엘리베이터가 있습니다. 이 엘리베이터에 몸무게가 50 kg인 사람이 몇 명까지 탈 수 있을까요?

( )

37 86.3 L들이의 통에 물을 가득 채우려면 3 L들이의 그릇으로 물을 적어도 몇 번 부어야 할까요?

( )

38 상자 한 개를 묶는 데 색 테이프가 0.92 m 필요합니다. 색 테이프 32.16 m를 남김없이 사용하여 상자를 묶으려면 색 테이프는 적어도 몇 m가 더 필요할까요?

( )

8 기준을 소수로 고쳐 단위량 구하기

- (1시간 동안 가는 거리)
  =(전체 거리)÷(걸린 시간)
- (1 m의 무게)=(전체 무게)÷(전체 길이)

39 어느 기차가 1시간 30분 동안 250 km를 달렸습니다. 이 기차가 일정한 빠르기로 달렸다면 1시간 동안 달린 거리는 몇 km인지 반올림하여 소수 첫째 자리까지 나타내어 보세요.

( )

40 굵기가 일정한 나무 도막 11 m 68 cm의 무게가 75.36 kg입니다. 이 나무 도막 1 m의 무게는 몇 kg인지 반올림하여 소수 둘째 자리까지 나타내어 보세요.

( )

41 기록이 2시간 42분인 어느 마라톤 선수가 일정한 빠르기로 달렸다면 1시간 동안 달린 거리는 몇 km인지 반올림하여 소수 첫째 자리까지 나타내어 보세요. (단, 마라톤의 코스는 42.195 km입니다.)

( )

응용력 기르기

문제 풀이

심화유형 1 수 카드로 소수의 나눗셈식 만들고 몫 구하기

수 카드 0, 3, 5, 7 을 모두 한 번씩만 사용하여 다음 나눗셈식을 만들려고 합니다. 만들 수 있는 나눗셈식 중에서 몫이 가장 클 때의 몫을 구해 보세요.

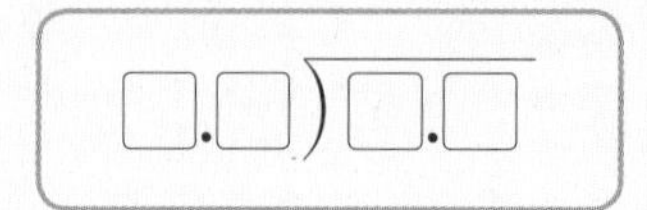

( )

● 핵심 NOTE
• 수 카드로 몫이 가장 큰 소수의 나눗셈식 만들기
(가장 큰 소수) ÷ (가장 작은 소수)
→ 자연수 부분에 작은 수부터 늘어놓기
→ 자연수 부분에 큰 수부터 늘어놓기

1-1 수 카드 0, 2, 4, 6, 9 를 모두 한 번씩만 사용하여 다음 나눗셈식을 만들려고 합니다. 만들 수 있는 나눗셈식 중에서 몫이 가장 작을 때의 몫을 구해 보세요.

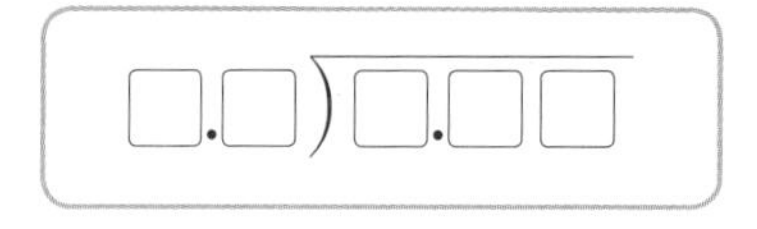

( )

1-2 수 카드 1, 3, 5, 7, 8 을 모두 한 번씩만 사용하여 다음 나눗셈식을 만들려고 합니다. 만들 수 있는 나눗셈식 중에서 몫이 가장 클 때의 몫을 반올림하여 소수 첫째 자리까지 나타내어 보세요.

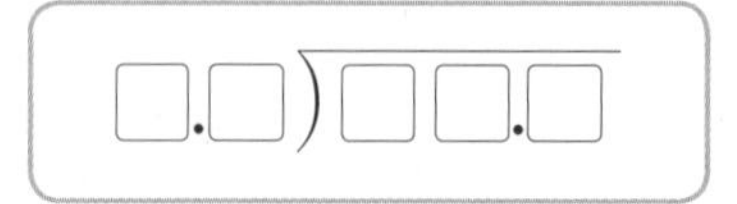

( )

심화유형 2 일정한 간격으로 심은 나무의 수 구하기

길이가 540 m인 도로 양쪽에 4.5 m 간격으로 나무를 심으려고 합니다. 도로의 처음과 끝에도 나무를 심는다면 필요한 나무는 모두 몇 그루일까요? (단, 나무의 두께는 생각하지 않습니다.)

( )

● 핵심 NOTE

- (도로의 한쪽에 심는 나무의 수) = (나무 사이의 간격의 수) + 1
- 도로 양쪽에 심을 때에는 도로 한쪽에 심는 나무의 수에 2를 곱해야 한다는 것에 주의합니다.

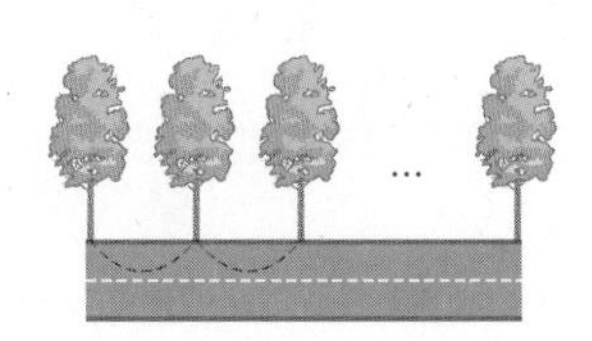

2-1 길이가 0.414 km인 길 양쪽에 8.28 m 간격으로 가로등을 세우려고 합니다. 길의 처음과 끝에도 가로등을 세운다면 필요한 가로등은 모두 몇 개일까요? (단, 가로등의 두께는 생각하지 않습니다.)

( )

2-2 길이가 747.6 m인 산책로의 한쪽에 20.15 m 간격으로 길이가 0.6 m인 의자를 설치하려고 합니다. 산책로의 처음과 끝에도 의자를 설치한다면 필요한 의자는 모두 몇 개일까요?

( )

필요한 휘발유의 가격 구하기

휘발유 2.6 L로 31.72 km를 갈 수 있는 자동차가 있습니다. 휘발유 1 L의 가격이 1920원이라면 이 자동차가 91.5 km를 가는 데 필요한 휘발유의 가격은 얼마일까요?

( )

핵심 NOTE

- (휘발유 1 L로 갈 수 있는 거리) = (간 거리) ÷ (사용한 휘발유의 양)
- (■ km를 가는 데 필요한 휘발유의 양) = ■ ÷ (휘발유 1 L로 갈 수 있는 거리)
- (■ km를 가는 데 필요한 휘발유의 가격)
  = (휘발유 1 L의 가격) × (■ km를 가는 데 필요한 휘발유의 양)

3-1 휘발유 1.7 L로 20.06 km를 갈 수 있는 자동차가 지난달에 413 km를 달렸습니다. 지난달 휘발유 1 L의 가격이 2150원이었다면 이 자동차가 지난달에 사용한 휘발유의 가격은 얼마일까요?

( )

3-2 경유 3.4 L로 32.64 km를 갈 수 있는 승합차가 있습니다. 동하네 가족은 이 승합차를 타고 집에서 23.04 km 떨어진 놀이공원에 가려고 합니다. 경유 1 L의 가격이 1950원일 때 주유소에서 놀이공원까지 가는 데 필요한 경유만큼 차에 넣고 10000원을 냈다면 거스름돈은 얼마를 받아야 할까요?

( )

수학 + 과학

흐르는 강물에서 배가 가는 데 걸리는 시간 구하기

배는 어떻게 물에 뜰까요? 그것은 배가 물보다 가볍기 때문입니다. 배를 만드는 쇳덩어리는 무겁지만 배처럼 속을 비워 그릇 모양으로 만들면 물보다 가볍게 만들 수 있습니다. 또 무게가 같다고 해도 부피가 클수록 물에 잘 뜨므로 물에 잠기는 부분이 더 크면 더 잘 뜹니다. 배가 강이 흐르는 방향으로 가면 강물의 빠르기만큼 더 빨리 나갑니다. 1시간에 18.5 km를 가는 배가 강이 흐르는 방향으로 갈 때 강물이 1시간 12분 동안 18 km를 간다면 배가 23.45 km를 가는 데 걸리는 시간은 몇 시간인지 소수로 구해 보세요.
(단, 배와 강물의 빠르기는 각각 일정합니다.)

1단계 강물이 1시간 동안 가는 거리 구하기

2단계 배가 23.45 km를 가는 데 걸리는 시간 구하기

(　　　　　　　　)

● 핵심 NOTE

1단계 시간을 소수로 나타내어 강물이 한 시간 동안 가는 거리를 구합니다.

2단계 배가 강이 흐르는 방향으로 1시간 동안 가는 거리를 알아보고 23.45 km를 가는 데 걸리는 시간을 구합니다.

4-1

배가 강이 흐르는 반대 방향으로 가면 강물의 빠르기만큼 더 느리게 나갑니다. 1시간에 31.5 km를 가는 배가 강이 흐르는 반대 방향으로 갈 때 강물이 1시간 45분 동안 15.75 km를 간다면 배가 36 km를 가는 데 걸리는 시간은 몇 시간인지 소수로 구해 보세요. (단, 배와 강물의 빠르기는 각각 일정합니다.)

(　　　　　　　　)

단원 평가 Level 1

점수

확인

1 □ 안에 알맞은 수를 써넣으세요.

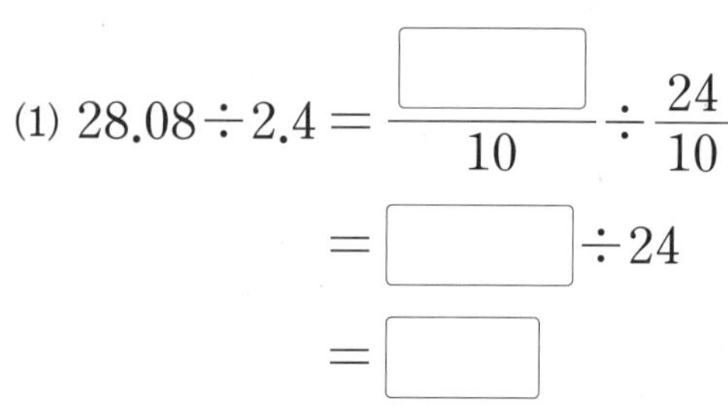

(1) $28.08 \div 2.4 = \frac{\square}{10} \div \frac{24}{10} = \square \div 24 = \square$

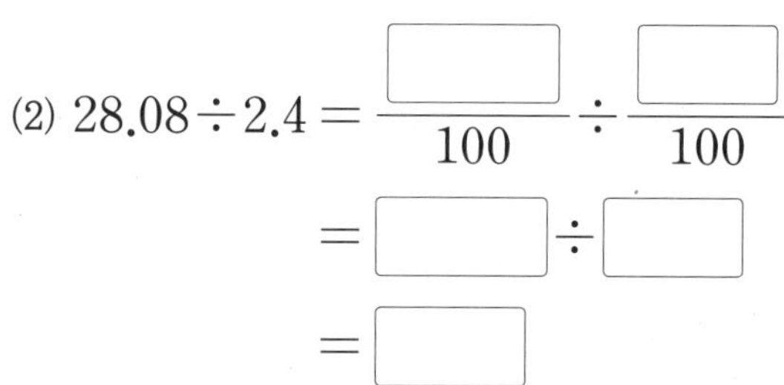

(2) $28.08 \div 2.4 = \frac{\square}{100} \div \frac{\square}{100} = \square \div \square = \square$

2 □ 안에 알맞은 수를 써넣으세요.

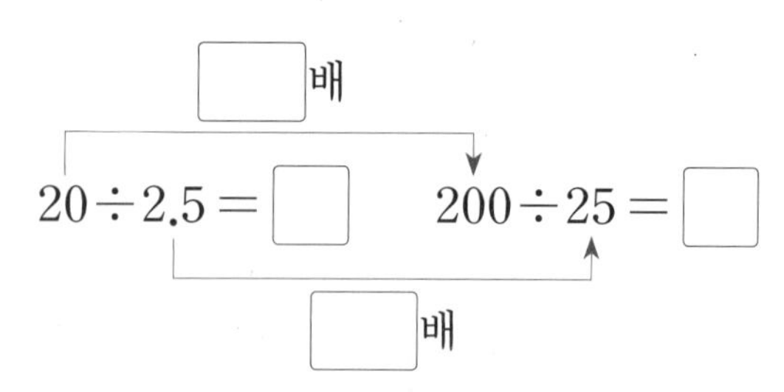

3 주어진 나눗셈을 계산하려고 합니다. 바르게 나타낸 것을 모두 고르세요. (　　　　　)

$2.08 \div 2.6$

① $20.8 \div 2.6$　② $2.08 \div 26$
③ $20.8 \div 26$　④ $208 \div 26$
⑤ $208 \div 260$

4 □ 안에 알맞은 수를 써넣으세요.

$28 \div 7 = 4$	$1.36 \div 0.04 = 34$
$28 \div 0.7 = 40$	$13.6 \div 0.04 = 340$
$28 \div 0.07 = 400$	$136 \div 0.04 = 3400$

(1) 나누는 수가 $\frac{1}{10}$배, $\frac{1}{100}$배가 되면 몫은 □배, □배가 됩니다.

(2) 나누어지는 수가 10배, 100배가 되면 몫은 □배, □배가 됩니다.

5 계산해 보세요.

(1) $1.2\overline{)3.1\ 2}$　(2) $3.6\overline{)1\ 8}$

6 $2 \div 7$의 몫을 소수 셋째 자리까지 구한 몫과 그 몫을 반올림하여 소수 둘째 자리까지 나타낸 것을 차례로 써 보세요.

(　　　　　　), (　　　　　　)

7 계산 결과를 비교하여 ○ 안에 >, =, <를 알맞게 써넣으세요.

$7.8 \div 1.3$ ○ $12.96 \div 2.16$

8 □ 안에 알맞은 수를 써넣으세요.

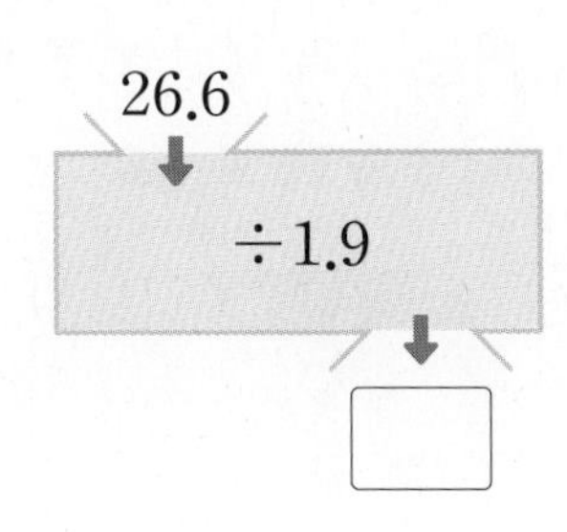

9 다음 나눗셈의 몫을 반올림하여 소수 첫째 자리까지 나타내어 보세요.

$9.16 \div 7$

(　　　　　　　　)

10 두 나눗셈의 몫의 합을 구해 보세요.

㉠ $43.2 \div 5.4$　　㉡ $18.9 \div 2.7$

(　　　　　　　　)

11 수세미 한 개를 뜨는 데 실 4 m가 필요합니다. 실 50.6 m로 수세미를 몇 개까지 뜰 수 있고, 남는 실은 몇 m인지 차례로 써 보세요.

(　　　　　　), (　　　　　　)

12 넓이가 21.6 cm^2인 평행사변형입니다. 이 평행사변형의 밑변의 길이가 5.4 cm일 때 높이는 몇 cm일까요?

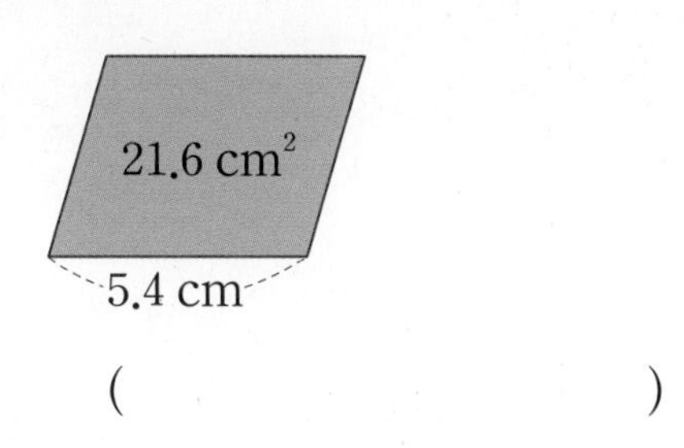

(　　　　　　　　)

13 몫이 큰 순서대로 기호를 써 보세요.

㉠ $23.4 \div 1.8$
㉡ $49.5 \div 4.5$
㉢ $14.4 \div 1.2$

(　　　　　　　　)

14 잘못 계산한 곳을 찾아 바르게 계산하고 잘못된 이유를 써 보세요.

```
      2.5
0.6)1 5
    1 2
    ---
      3 0
      3 0
      ---
        0
```

→

```
0.6)1 5
```

이유 ....

....

2

15 윤주네 논 $8.4\,\text{km}^2$에서 수확한 쌀은 $26.88\,\text{t}$입니다. 논 $1\,\text{km}^2$당 수확한 쌀은 몇 t일까요?

식

답

16 몫을 자연수 부분까지 구했을 때 나머지가 큰 순서대로 기호를 써 보세요.

㉠ $36.5 \div 7$	㉡ $53.4 \div 11$
㉢ $28.9 \div 4$	㉣ $19.2 \div 5$

(　　　　　　　　)

17 원 모양의 연못의 둘레는 $6.3\,\text{m}$입니다. 이 연못의 둘레에 $0.35\,\text{m}$ 간격으로 깃대를 꽂으려고 합니다. 필요한 깃대는 모두 몇 개일까요?

(단, 깃대의 두께는 생각하지 않습니다.)

(　　　　　　　　)

18 □ 안에 들어갈 수 있는 자연수를 모두 구해 보세요.

$4.55 \div 1.4 > \square$

(　　　　　　　　)

19 높이가 같은 두 평행사변형 가, 나가 있습니다. 가의 넓이는 나의 넓이의 몇 배인지 풀이 과정을 쓰고 답을 구해 보세요.

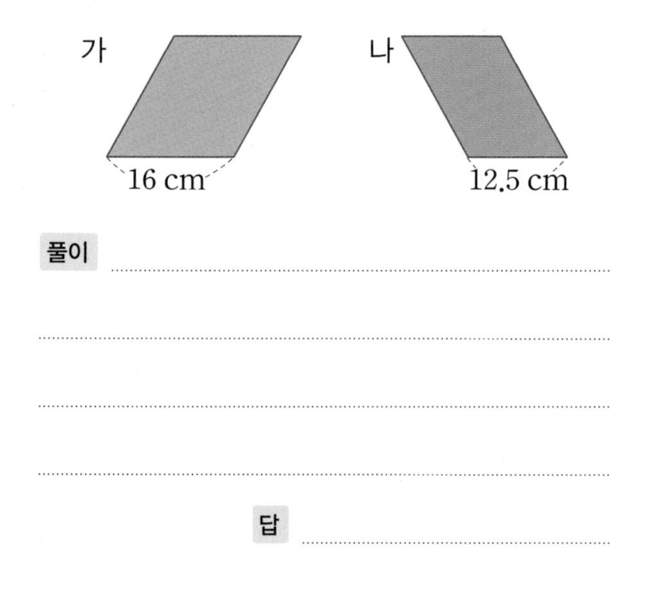

풀이

답

20 다음 나눗셈의 몫의 소수 15째 자리 숫자는 무엇인지 풀이 과정을 쓰고 답을 구해 보세요.

$4 \div 33$

풀이

답

단원 평가 Level 2

점수

확인

1 □ 안에 알맞은 수를 써넣으세요.

(1) $1.8 \div 0.2 = \frac{\square}{10} \div \frac{\square}{10}$

$= \square \div \square = \square$

(2) $3.24 \div 3.6 = \frac{\square}{100} \div \frac{\square}{100}$

$= \square \div \square$

$= \square$

2 □ 안에 알맞은 수를 써넣으세요.

(1) $27 \div 9 = 3$ ➡ $27 \div 0.09 = \square$

(2) $125 \div 25 = 5$ ➡ $125 \div 2.5 = \square$

3 가장 큰 수를 가장 작은 수로 나눈 몫을 구해 보세요.

5.66	11.32	2.83

( )

4 계산 결과를 비교하여 ○ 안에 >, =, <를 알맞게 써넣으세요.

(1) $49 \div 0.07$ ○ $49 \div 0.7$

(2) $3.45 \div 0.15$ ○ $345 \div 0.15$

5 ■ = 120, ● = 2.4일 때 다음을 계산해 보세요.

( )

6 ★에 알맞은 수를 구해 보세요.

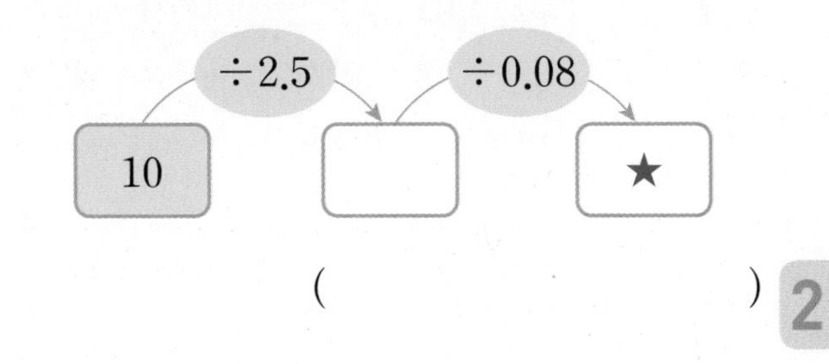

( )

7 나눗셈의 몫이 같은 것끼리 이어 보세요.

$8 \div 0.16$ •	• $80 \div 1.6$
$8 \div 1.6$ •	• $0.8 \div 0.16$
$80 \div 0.16$ •	

8 몫을 반올림하여 소수 둘째 자리까지 나타내어 보세요.

$14.6 \div 7$

( )

2

9 계산 결과를 비교하여 ○ 안에 >, =, <를 알맞게 써넣으세요.

9.3÷0.9의 몫을 반올림하여 소수 첫째 자리까지 나타낸 수

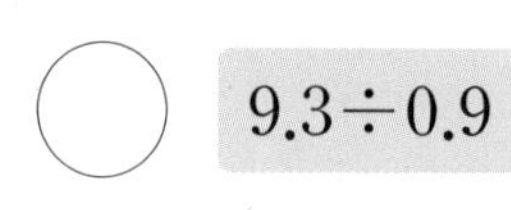

10 길이가 52.8 m인 노끈을 4 m씩 자르려고 합니다. 노끈을 몇 도막까지 자를 수 있고, 남는 노끈은 몇 m일까요?

(　　　　　　　), (　　　　　　　)

11 □ 안에 알맞은 수를 써넣으세요.

62.4÷□=1.2

12 ㉠★㉡=(㉠÷2.4)+(㉡÷1.7)이라고 약속할 때 다음을 계산해 보세요.

36★5.27

(　　　　　　　)

13 넓이가 40.85 cm^2인 삼각형 모양으로 자른 색종이가 있습니다. 이 색종이의 밑변의 길이가 9.5 cm일 때 높이는 몇 cm일까요?

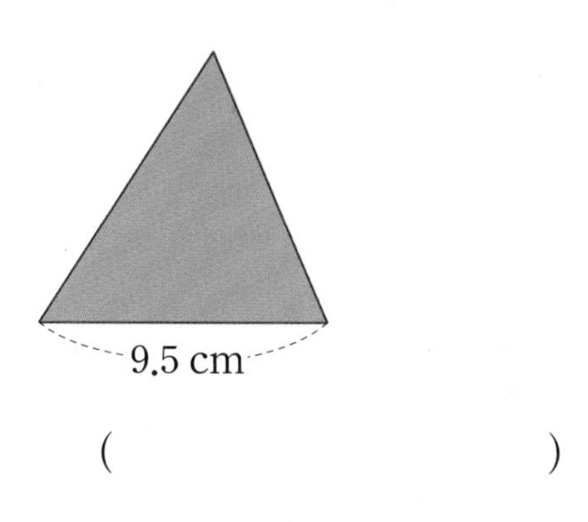

(　　　　　　　)

14 어느 행사장에서 도자기 체험 행사를 하기 위해 고령토 92 kg을 준비했습니다. 한 사람이 고령토를 1.4 kg씩 사용한다면 몇 명까지 체험을 할 수 있을까요?

(　　　　　　　)

15 나눗셈의 몫의 소수 12째 자리 숫자를 구해 보세요.

70.1÷3.3

(　　　　　　　)

16 보리 55.4 kg을 한 봉지에 3 kg씩 나누어 담으면 한 봉지에 5 kg씩 나누어 담을 때보다 몇 봉지가 더 필요할까요? (단, 한 봉지가 되지 않는 것은 담지 않습니다.)

( )

17 버스가 2시간 24분 동안 230 km를 달렸습니다. 이 버스가 일정한 빠르기로 달렸다면 1시간 동안 달린 거리는 몇 km인지 반올림하여 일의 자리까지 나타내어 보세요.

( )

18 휘발유 2.5 L로 36.25 km를 갈 수 있는 자동차가 지난달에 667 km를 달렸습니다. 지난달 휘발유 1 L의 가격이 2050원이었다면 이 자동차가 지난달에 사용한 휘발유의 가격은 얼마일까요?

( )

19 길이가 391 m인 도로 양쪽에 3.4 m 간격으로 나무를 심으려고 합니다. 도로의 처음과 끝에도 나무를 심는다면 필요한 나무는 모두 몇 그루인지 풀이 과정을 쓰고 답을 구해 보세요.
(단, 나무의 두께는 생각하지 않습니다.)

풀이

답

20 어떤 수를 18.9로 나누어야 할 것을 잘못하여 18.9를 어떤 수로 나누었더니 5가 되었습니다. 바르게 계산한 몫은 얼마인지 풀이 과정을 쓰고 답을 구해 보세요.

풀이

답

2

3 공간과 입체

한 면만 보고 다 안다고 생각하지마!
위에서 본 모습과 앞에서 본 모습,
옆에서 본 모습이 다를 수 있거든!

보는 방향에 따라 다르게 보여!

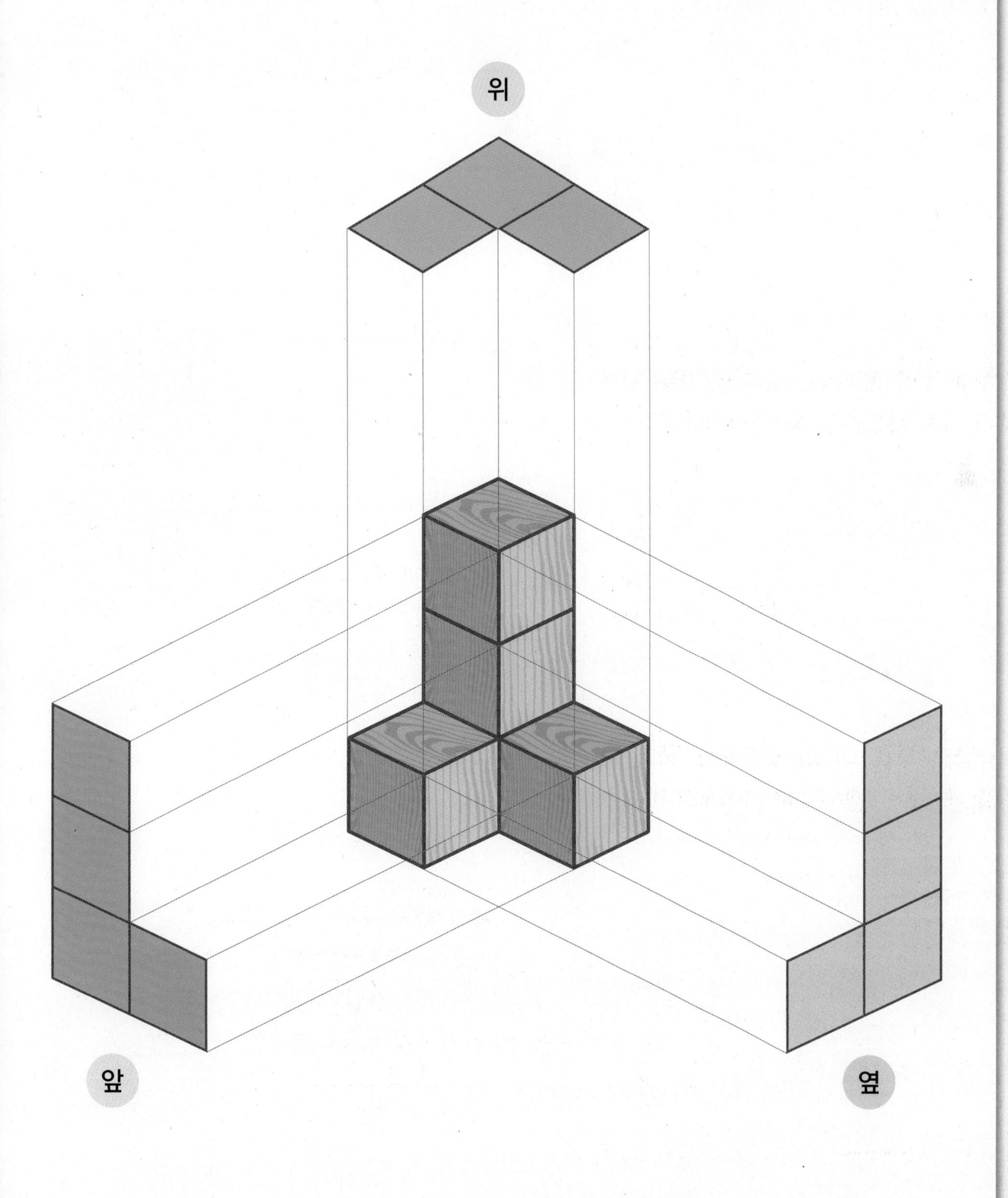

1 어느 방향에서 보았을까요

● 그림을 보고 어느 방향에서 본 것인지 알아보기

➡ 원기둥 모양 건물이 앞쪽에 있고 뿔 모양 건물이 뒤쪽에 있으므로 ㉠ 방향에서 본 것입니다.

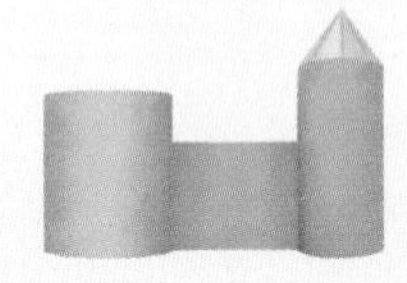

➡ 원기둥 모양 건물이 왼쪽에 있고 뿔 모양 건물이 오른쪽에 있으므로 ㉡ 방향에서 본 것입니다.

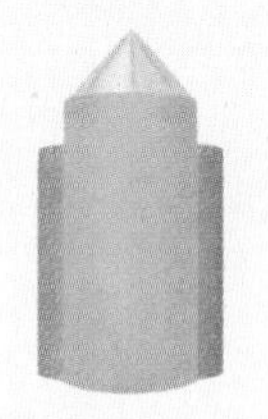

➡ 뿔 모양 건물이 앞쪽에 있고 원기둥 모양 건물이 뒤쪽에 있으므로 ㉢ 방향에서 본 것입니다.

➡ 원기둥 모양 건물이 오른쪽에 있고 뿔 모양 건물이 왼쪽에 있으므로 ㉣ 방향에서 본 것입니다.

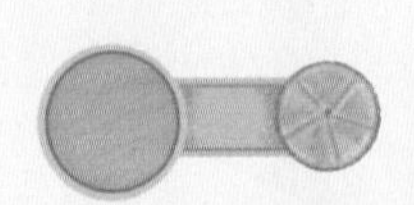

➡ 두 건물의 윗부분만 보이므로 ㉤ 방향에서 본 것입니다.

- 위치와 방향에 따라 보이는 대상이 달라지는 것을 알 수 있습니다.
- 건물들의 사진을 보고 어느 방향에서 찍은 것인지 알 수 있습니다.
- 물체들을 여러 방향에서 본 모양과 쌓은 모양을 알 수 있습니다.

- 공간은 앞뒤, 좌우, 위아래의 모든 방향으로 널리 퍼져 있는 입체적 범위입니다.
- 공간에 있는 건물을 여러 위치와 방향에서 보는 활동을 통해 그 모양을 추측해 보면서 위치와 방향에 대한 이해를 실생활에 연결하여 생각해 봅니다.

[1~2] 그림을 여러 방향에서 본 것입니다. 각 그림은 어느 방향에서 본 것인지 기호를 써 보세요.

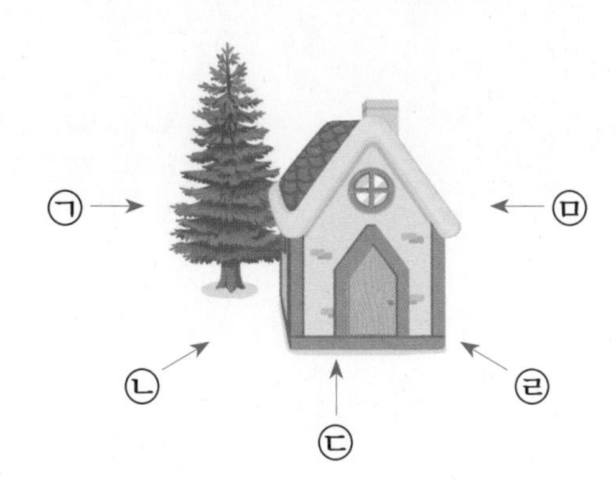

1

(　　　　　　　　)

2

(　　　　　　　　)

3 보기 와 같이 컵을 놓았을 때 가능하지 않은 그림을 찾아 기호를 써 보세요.

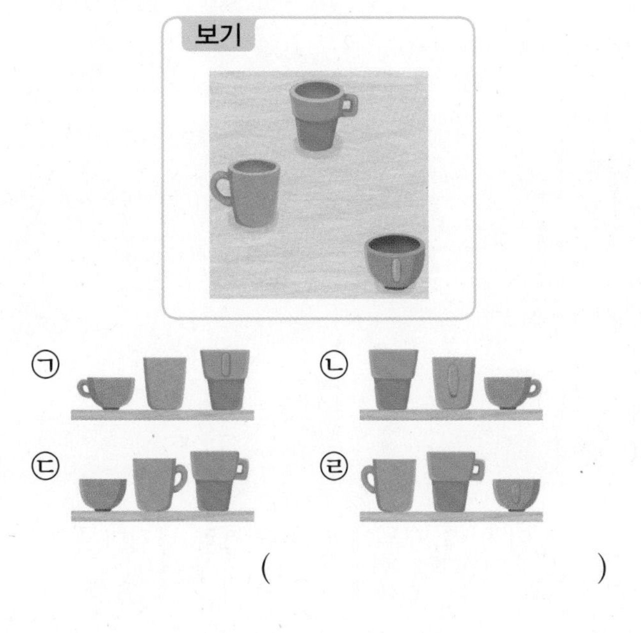

(　　　　　　　　)

[4~7] 윤희는 체육관에 있는 뜀틀과 매트 사진을 찍었습니다. 각 사진을 찍은 위치를 찾아 써 보세요.

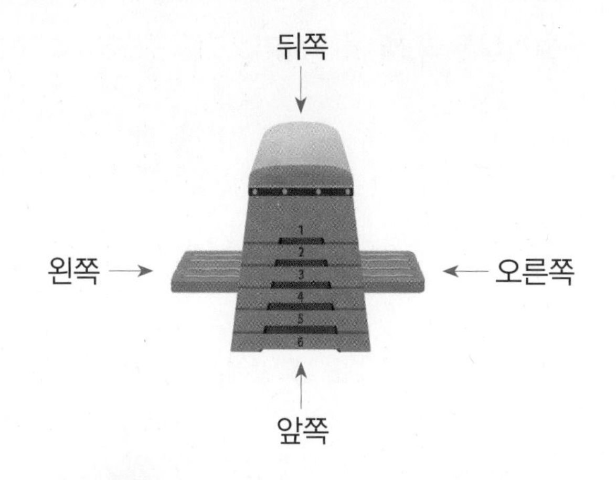

4

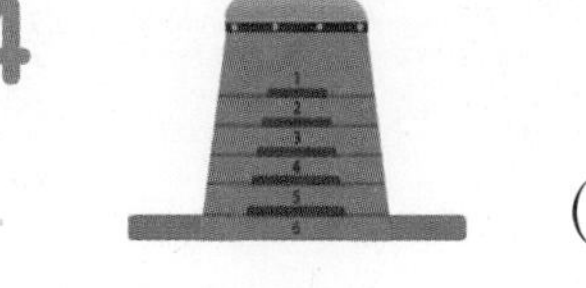

(　　　　　　　　)

5

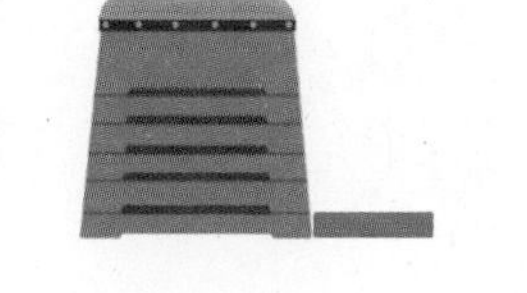

(　　　　　　　　)

6

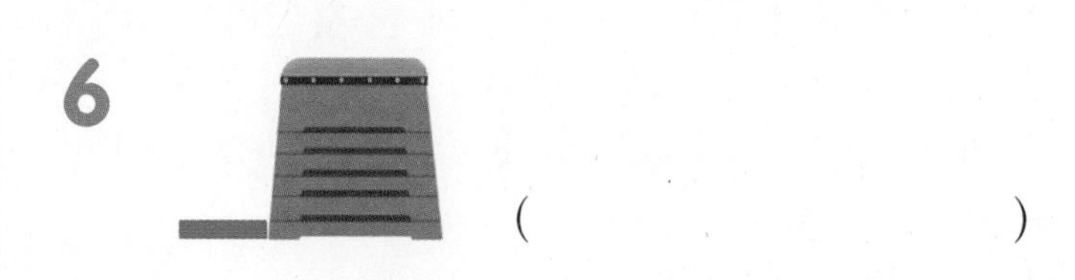

(　　　　　　　　)

7

(　　　　　　　　)

3

2 쌓은 모양과 쌓기나무의 개수를 알아볼까요(1)

● 쌓기나무의 개수 구하기

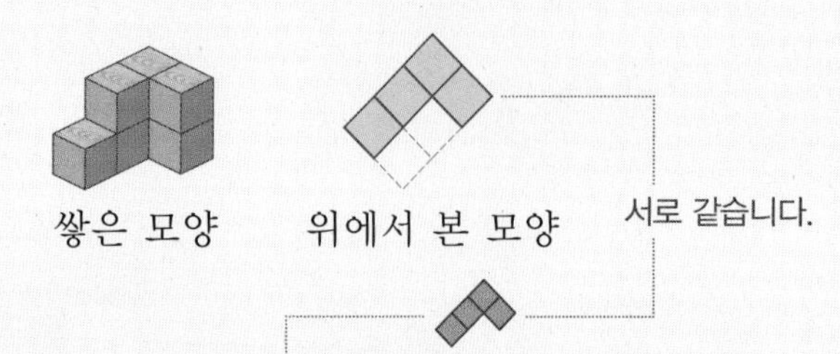

➡ 쌓기나무로 쌓은 모양에서 **보이는 위의 면**과
위에서 본 모양이 **같으므로**
보이지 않는 부분에 **숨겨진 쌓기나무가 없습니다.**
따라서 **쌓기나무 7개**로 쌓은 모양입니다.

● 쌓기나무로 쌓은 모양 추측하기

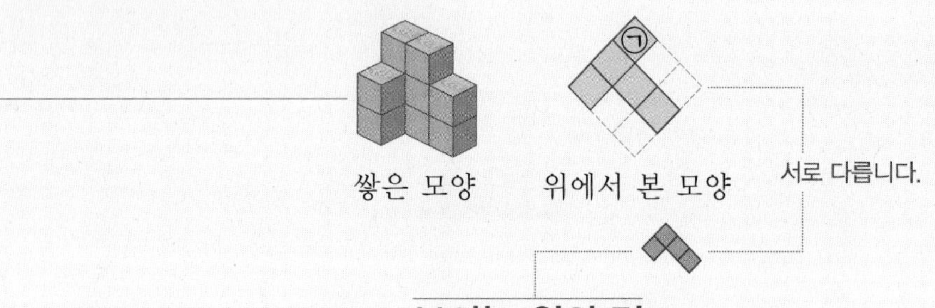

➡ 쌓기나무로 쌓은 모양에서 **보이는 위의 면**과
위에서 본 모양이 **다르므로**
보이지 않는 부분인 ㉠에 **숨겨진 쌓기나무가 1개** 또는 **2개 있습니다.**
따라서 **쌓기나무 11개** 또는 **12개**로 쌓은 모양입니다.

• (쌓기나무의 개수) = (쌓은 모양에서 본 개수) + (숨겨진 쌓기나무의 개수)

→ 쌓은 모양을 뒤쪽에서 본 모양

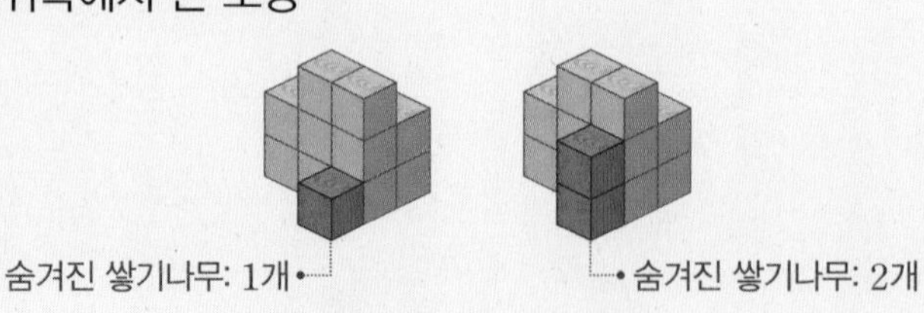

숨겨진 쌓기나무가 없는 경우

① 쌓기나무로 쌓은 모양에서 보이는 위의 면

② 위에서 본 모양

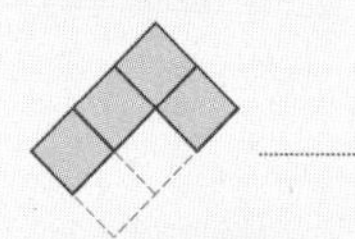

➡ ① = ②이면 숨겨진 쌓기나무가 없으므로 쌓은 모양이 항상 같습니다.

숨겨진 쌓기나무가 있는 경우

③ 쌓기나무로 쌓은 모양에서 보이는 위의 면

④ 위에서 본 모양

➡ ③과 ④가 같지 않으므로 숨겨진 쌓기나무가 있습니다.

!

● 쌓기나무로 쌓은 모양을 앞과 옆에서 볼 때 보이지 않는 부분이 있기 때문에 쌓은 모양과 쌓기나무의 개수가 여러 가지로 나올 수 (있습니다 , 없습니다).

1 쌓기나무를 보기 와 같은 모양으로 쌓았습니다. 돌렸을 때 보기 와 같은 모양을 만들 수 <u>없는</u> 것에 ○표 하세요.

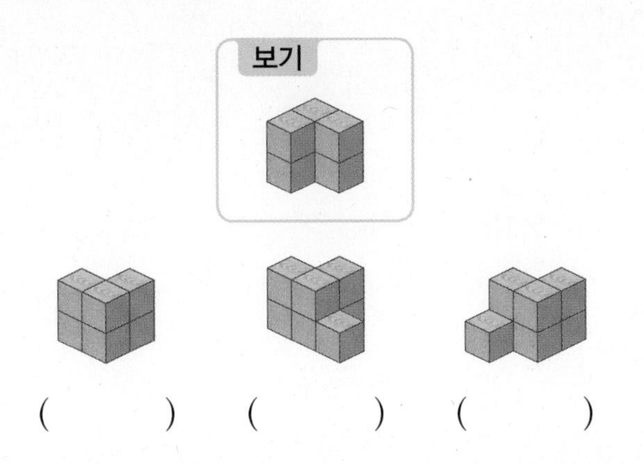

( ) ( ) ( )

2 쌓기나무로 쌓은 모양을 보고 위에서 본 모양을 그렸습니다. 관계있는 것끼리 이어 보세요.

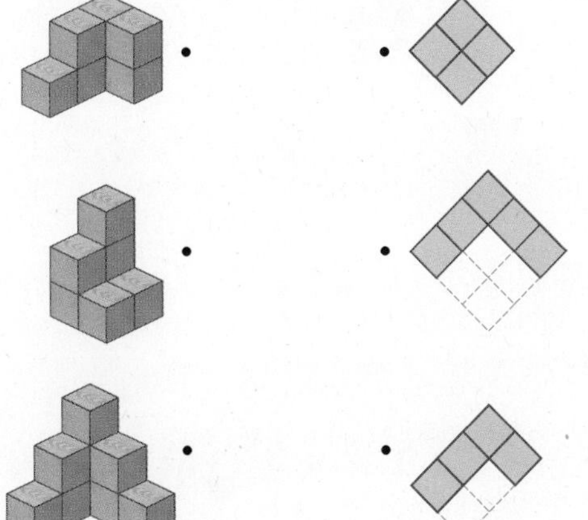

3 쌓기나무로 쌓은 모양을 보고 위에서 본 모양이 될 수 있는 것을 찾아 기호를 써 보세요.

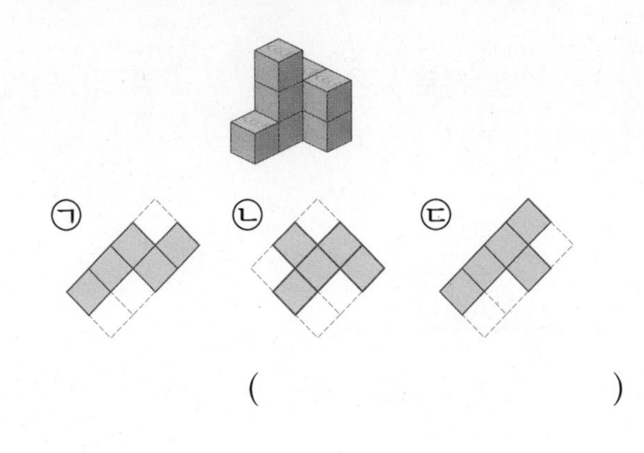

( )

[4~5] 주어진 모양과 똑같이 쌓는 데 필요한 쌓기나무의 개수를 구해 보세요.

4

위에서 본 모양

( )

5

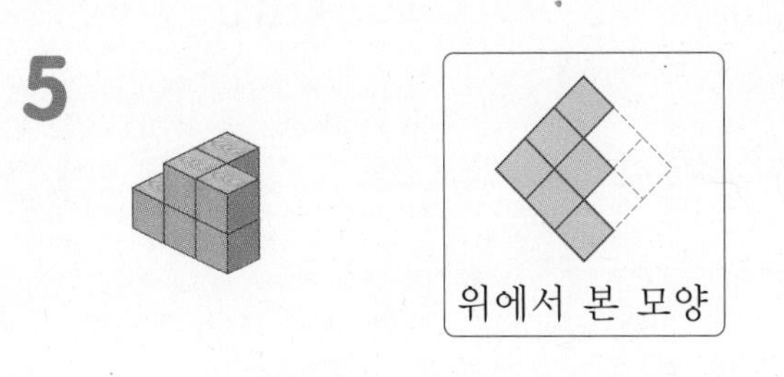

( )

3 쌓은 모양과 쌓기나무의 개수를 알아볼까요(2)

● 쌓기나무로 쌓은 모양을 보고 위, 앞, 옆에서 본 모양 그리기

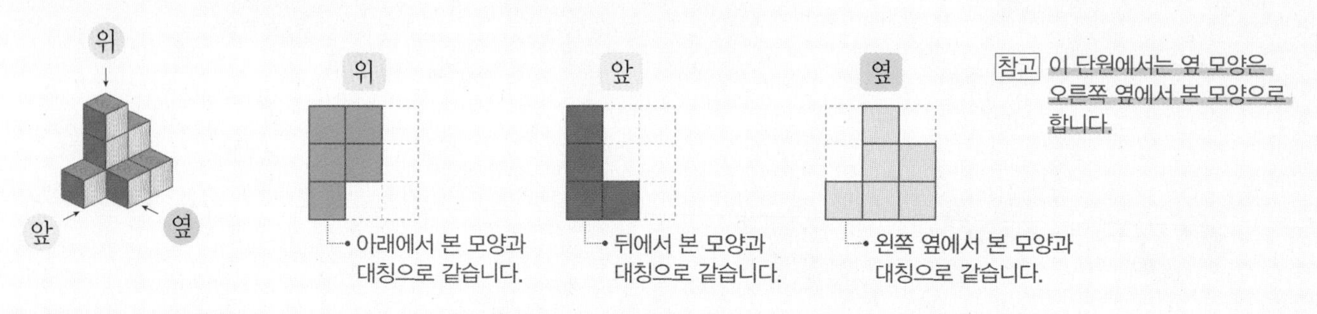
위
앞
옆
위
앞
옆
아래에서 본 모양과 대칭으로 같습니다.
뒤에서 본 모양과 대칭으로 같습니다.
왼쪽 옆에서 본 모양과 대칭으로 같습니다.
참고 이 단원에서는 옆 모양은 오른쪽 옆에서 본 모양으로 합니다.

● 위, 앞, 옆에서 본 모양을 보고 쌓은 모양을 추측하고 쌓기나무의 개수 구하기

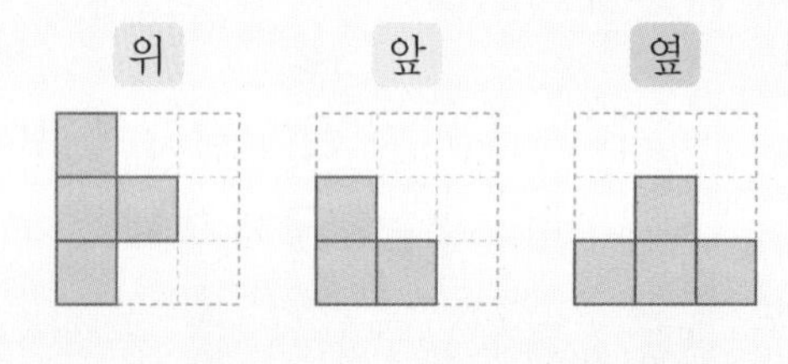
위
앞
옆

① 위에서 본 모양을 보면 1층의 쌓기나무는 4개입니다. ➡

② 앞에서 본 모양을 보면 ○ 표시 부분 중 한 곳이 2층입니다. ➡

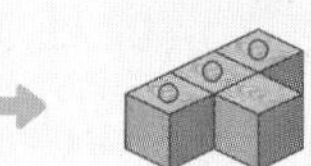

③ 옆에서 본 모양을 보고 쌓기나무를 바르게 쌓습니다. ➡

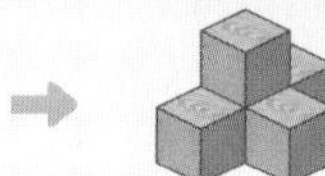

④ 똑같은 모양으로 쌓는 데 필요한 쌓기나무는 5개입니다.

● 위, 앞, 옆에서 본 모양을 보고 가능한 쌓기나무의 개수 구하기

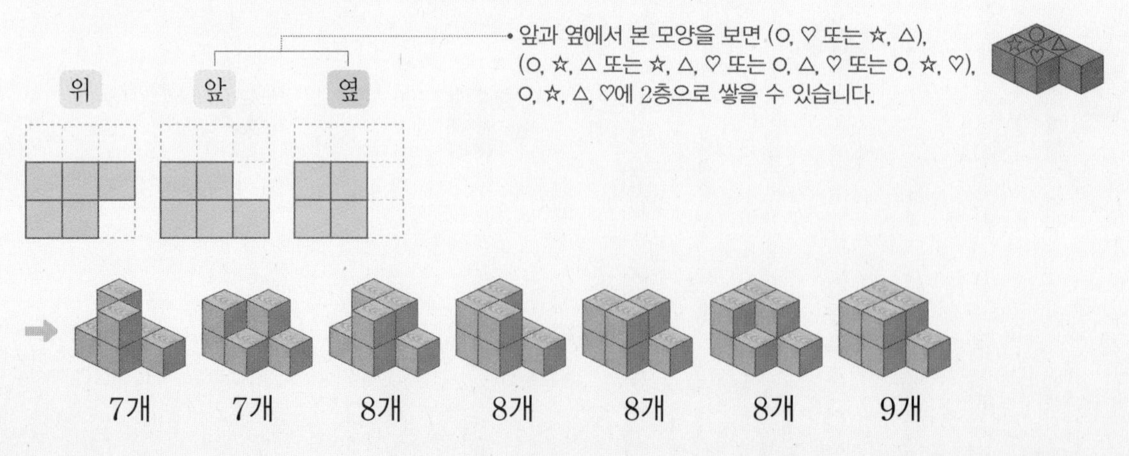
앞과 옆에서 본 모양을 보면 (○, ♡ 또는 ☆, △), (○, ☆, △ 또는 ☆, △, ♡ 또는 ○, △, ♡ 또는 ○, ☆, ♡), ○, ☆, △, ♡에 2층으로 쌓을 수 있습니다.
위
앞
옆
7개
7개
8개
8개
8개
8개
9개

1 쌓기나무 8개로 쌓은 오른쪽 모양의 위, 앞, 옆에서 본 모양을 알아보려고 합니다. □ 안에 알맞은 기호를 써넣으세요.

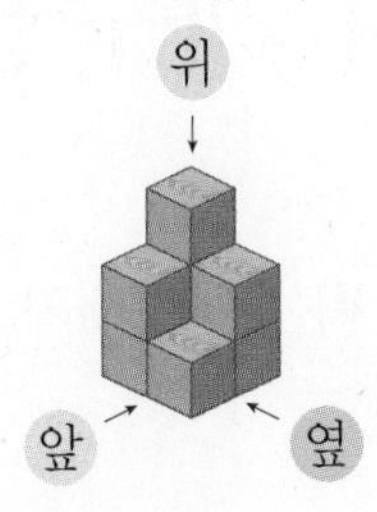

㉠ 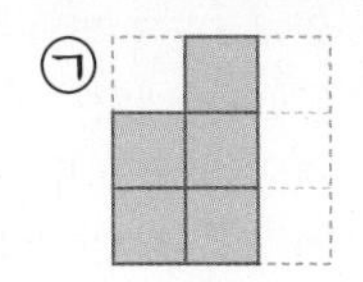 ㉡ 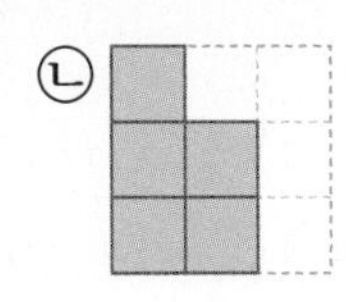 ㉢ 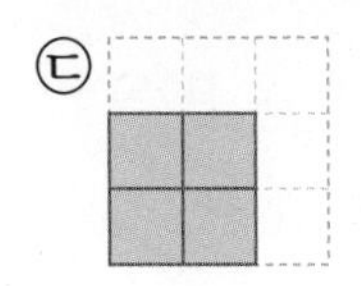

(1) 위에서 본 모양은 □입니다.

(2) 앞에서 본 모양은 □입니다.

(3) 옆에서 본 모양은 □입니다.

[2~3] 쌓기나무로 쌓은 모양을 위에서 본 모양입니다. 앞과 옆에서 본 모양을 각각 그려 보세요.

2

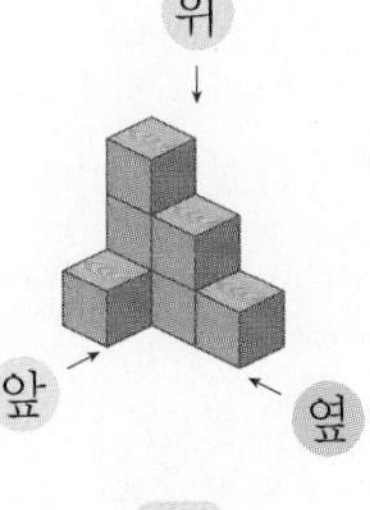

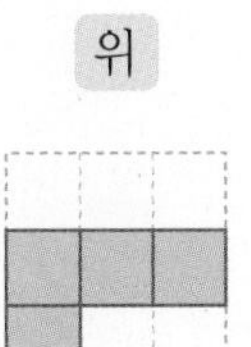

앞 옆

3

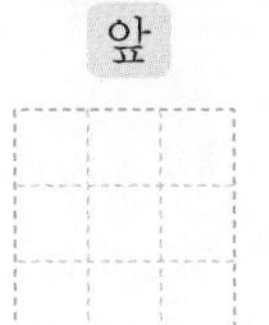

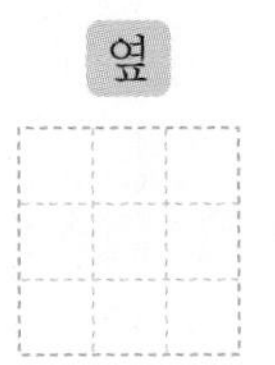

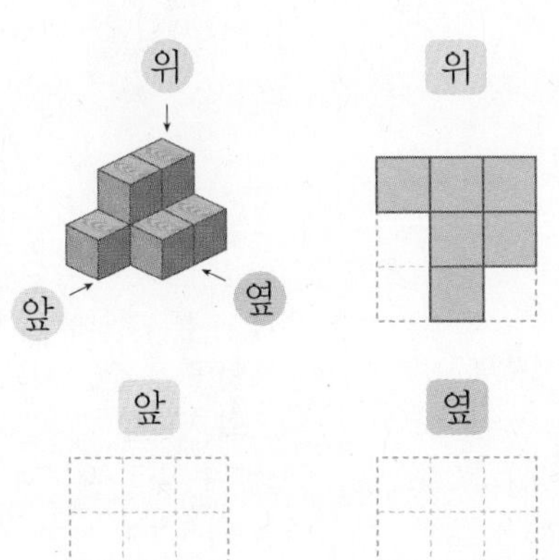

[4~5] 쌓기나무로 쌓은 모양을 위, 앞, 옆에서 본 모양입니다. 똑같은 모양으로 쌓는 데 필요한 쌓기나무의 개수를 구해 보세요.

4

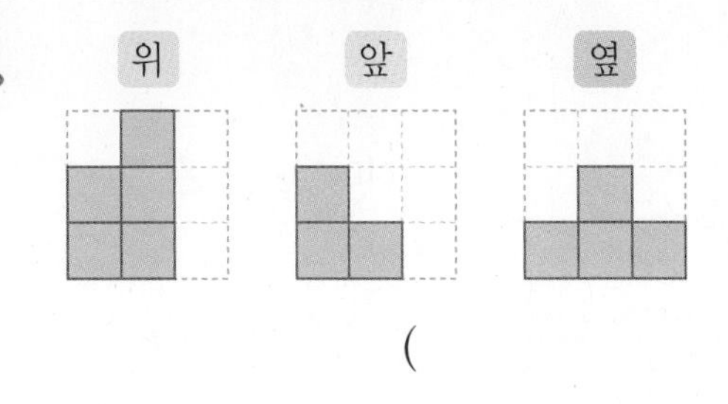

( )

5

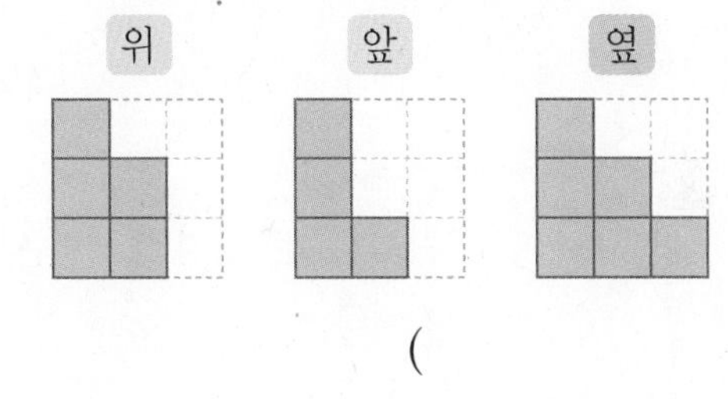

( )

6 쌓기나무 8개로 쌓은 모양을 위와 옆에서 본 모양입니다. 앞에서 본 모양을 두 가지로 그려 보세요.

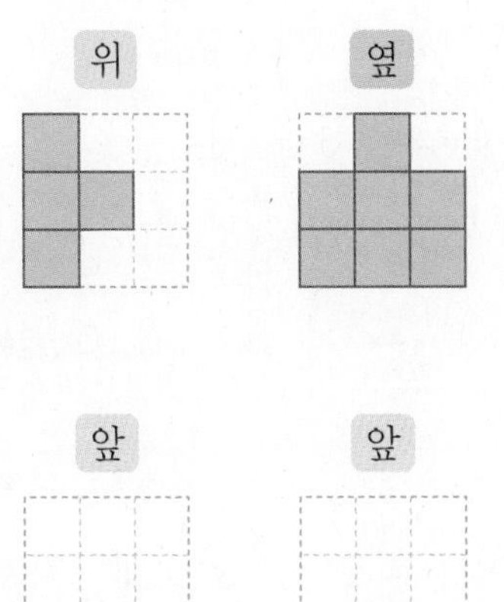

3

4 쌓은 모양과 쌓기나무의 개수를 알아볼까요(3)

● **쌓기나무로 쌓은 모양을 보고 위에서 본 모양에 수를 써서 나타내기**

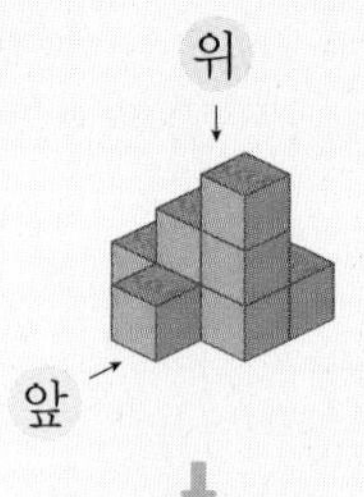

쌓기나무로 쌓은 모양의 **위에서 보이는 면**을 알아봅니다.

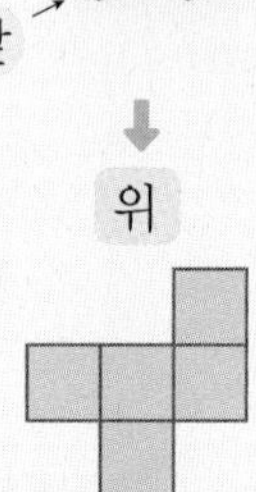

위에서 본 모양을 그립니다.
- 앞에 있는 쌓기나무에 가려서 보이지 않는 쌓기나무를 알 수 있습니다.

위 — 쌓은 모양을 정확하게 알 수 있습니다.

		1
1	2	3
	1	

앞

위에서 본 모양의 **각 자리에 쌓은 쌓기나무의 개수**를 씁니다.

➡ 사용된 쌓기나무는 **8개**입니다.
- $1+1+2+3+1=8$(개)

● **위에서 본 모양에 수를 쓴 것을 보고 쌓은 모양 알아보기**

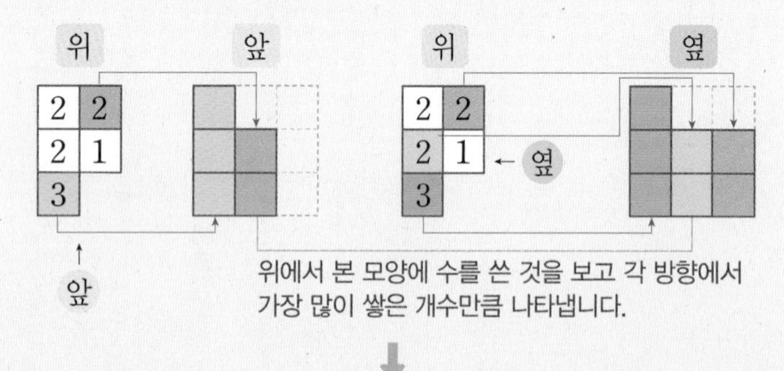

위에서 본 모양에 수를 쓴 것을 보고 각 방향에서 가장 많이 쌓은 개수만큼 나타냅니다.

↓

위에서 본 모양을 보고 바닥에 쌓기나무를 놓습니다.

↓

각 자리에 위에서 본 모양의 수만큼 쌓기나무를 쌓아 올립니다.

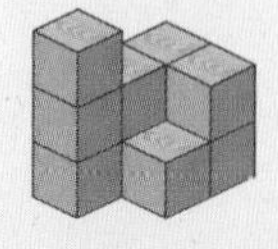

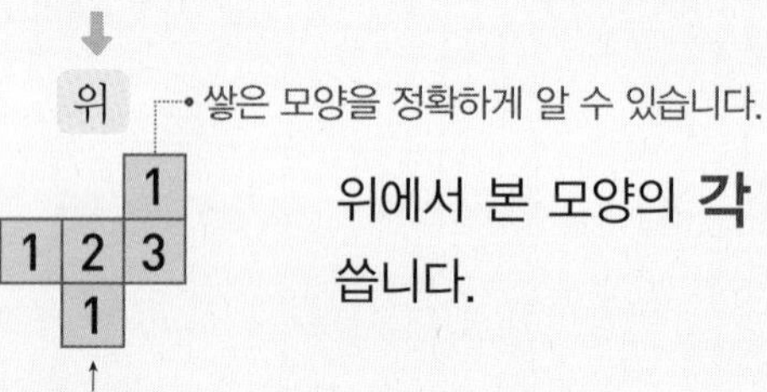

쌓기나무로 쌓은 모양을 잘못 나타내는 경우

① 쌓기나무로 쌓은 모양과 쌓은 모양에서 보이는 위의 면으로 나타내는 방법은 앞에 있는 쌓기나무에 가려서 뒤에 있는 쌓기나무가 보이지 않을 수 있어서 쌓은 모양을 알지 못할 수도 있습니다.

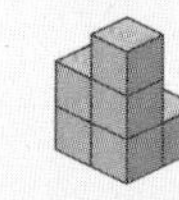

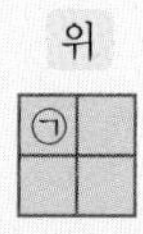

➡ ㉠의 위치에 1개 또는 2개의 쌓기나무가 있을 수 있습니다.

② 위, 앞, 옆에서 본 모양으로 나타내는 방법은 여러 가지 모양으로 쌓을 수 있어서 정확하게 쌓은 모양을 알 수 없을 수도 있습니다.

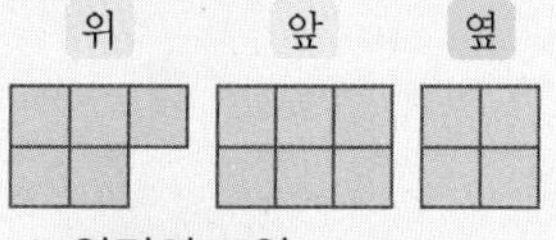

➡ 앞면의 모양

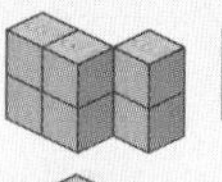

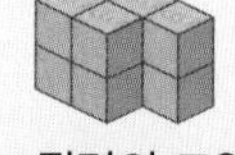

뒷면의 모양

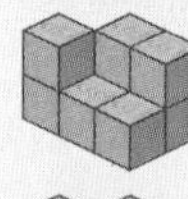
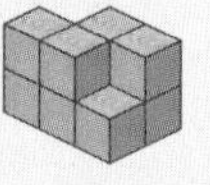

위에서 본 모양에 수를 쓰는 방법의 좋은 점은 사용된 쌓기나무의 개수를 한 가지 경우로만 알 수 있기 때문에 쌓은 모양을 정확하게 알 수 있습니다.

[1~2] 쌓기나무로 쌓은 모양을 보고 위에서 본 모양의 각 자리에 수를 써넣고 똑같은 모양으로 쌓는 데 필요한 쌓기나무의 개수를 구해 보세요.

1

위

앞 앞

(　　　　　　　　　　)

2

위

앞 앞

(　　　　　　　　　　)

3 쌓기나무로 쌓은 모양을 보고 위에서 본 모양의 각 자리에 수를 썼습니다. 앞에서 본 모양을 그려 보세요.

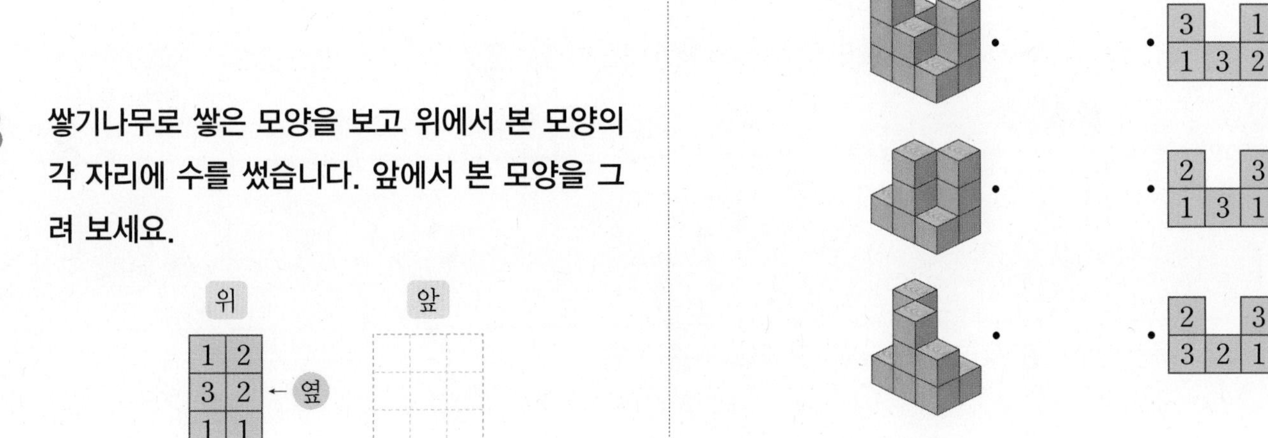

4 쌓기나무로 쌓은 모양을 보고 위에서 본 모양의 각 자리에 수를 썼습니다. 쌓기나무로 쌓은 모양으로 가능한 모양에 ○표 하세요.

위
2
1 3
2 1
옆
앞

(　　　)　　(　　　)

5 쌓기나무로 쌓은 모양을 보고 위에서 본 모양의 각 자리에 수를 썼습니다. 관계있는 것끼리 이어 보세요.

5 쌓은 모양과 쌓기나무의 개수를 알아볼까요(4)

● **쌓기나무로 쌓은 모양을 보고 층별로 나타낸 모양 그리기**

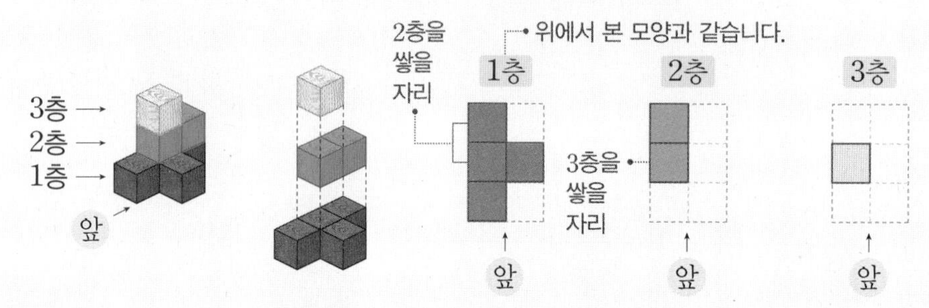

➡ 사용된 쌓기나무는 1층에 4개, 2층에 2개, 3층에 1개로 모두 7개입니다.

층별로 나타낼 때 2층과 3층은 위에서 본 모양과 같은 위치에 그립니다.

2층

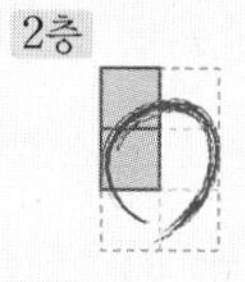
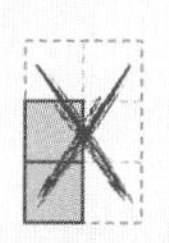

3층

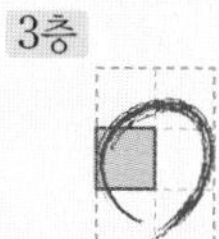
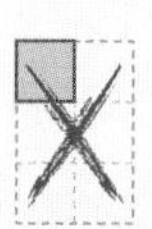

● **층별로 나타낸 모양을 보고 쌓기나무로 쌓은 모양과 개수를 알고 위, 앞, 옆에서 본 모양 그리기**

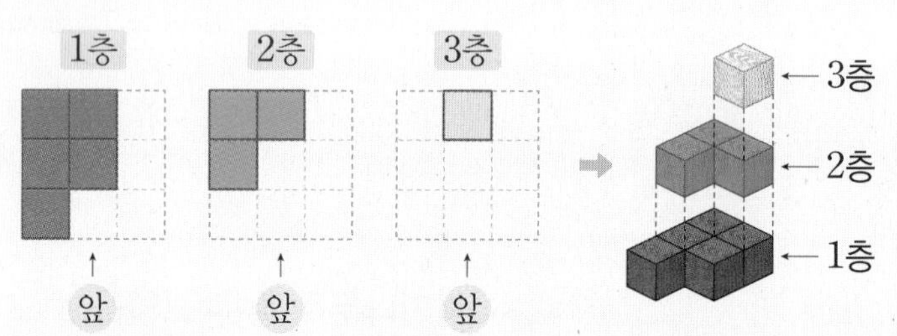

➡ 1층에 5개, 2층에 3개, 3층에 1개이므로 똑같은 모양으로 쌓는 데 필요한 쌓기나무는 9개입니다.

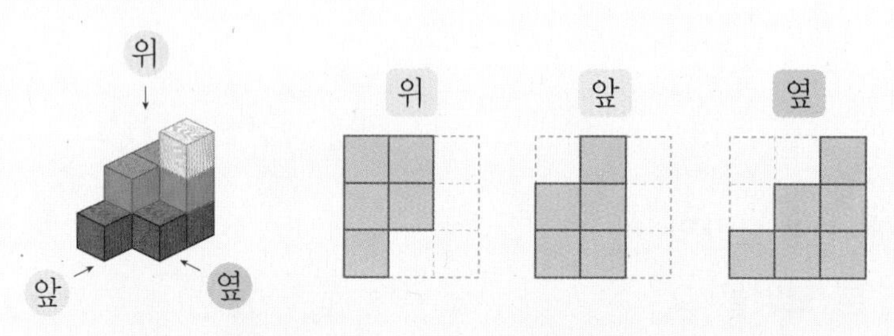

1층 모양 위에 각 층별로 쌓은 모양을 표시하며 각 자리에 쌓은 쌓기나무의 개수를 씁니다.

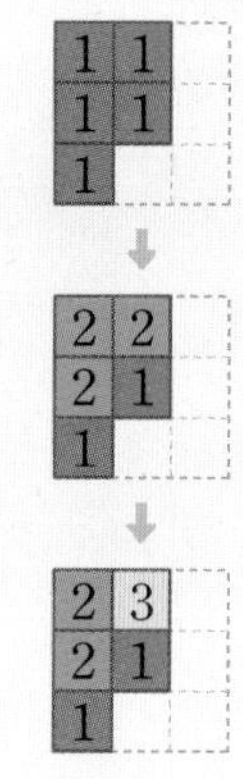

● **층별로 나타낸 모양을 보고 위에서 본 모양에 수를 쓰기**

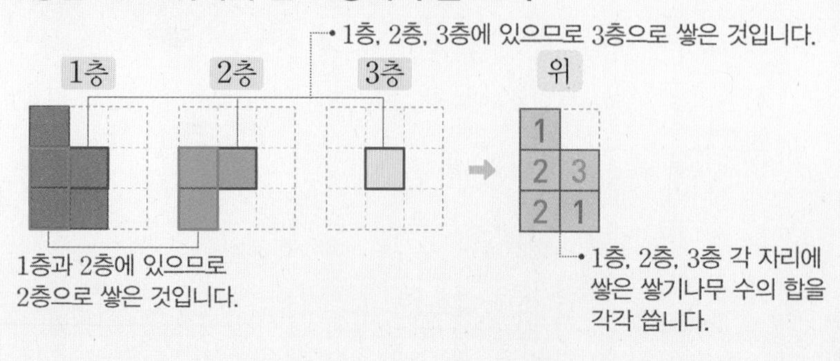

1 쌓기나무 7개로 쌓은 모양을 보고 1층과 2층 모양을 각각 그려 보세요.

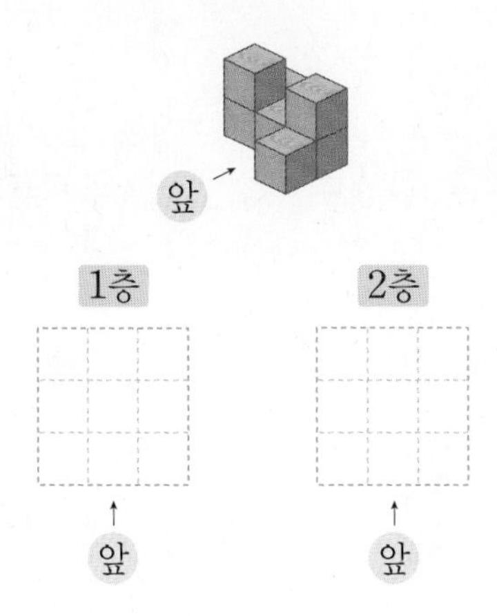

2 쌓기나무로 쌓은 모양을 층별로 나타낸 모양입니다. 잘못 나타낸 것은 몇 층일까요?

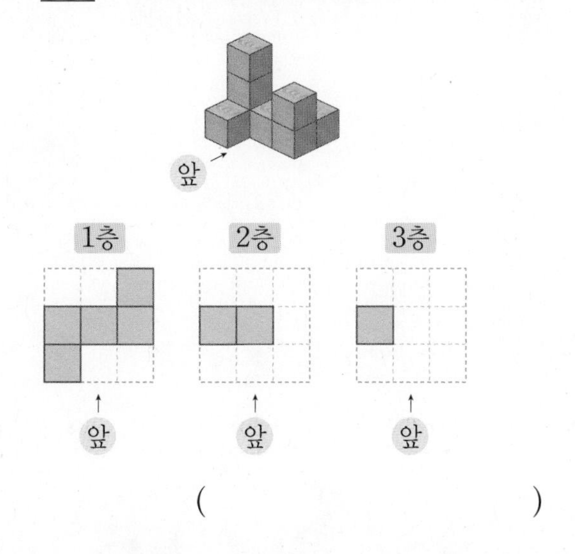

( )

3 쌓기나무로 쌓은 모양과 1층 모양을 보고 2층과 3층 모양을 각각 그려 보세요.

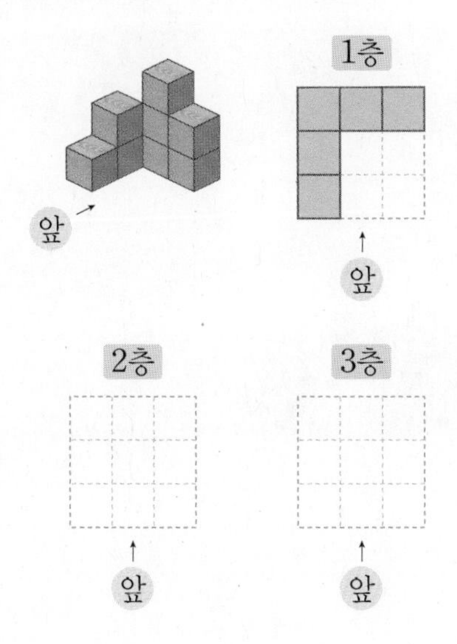

4 쌓기나무로 쌓은 모양을 층별로 나타낸 모양을 보고 위에서 본 모양에 알맞은 수를 써넣으세요.

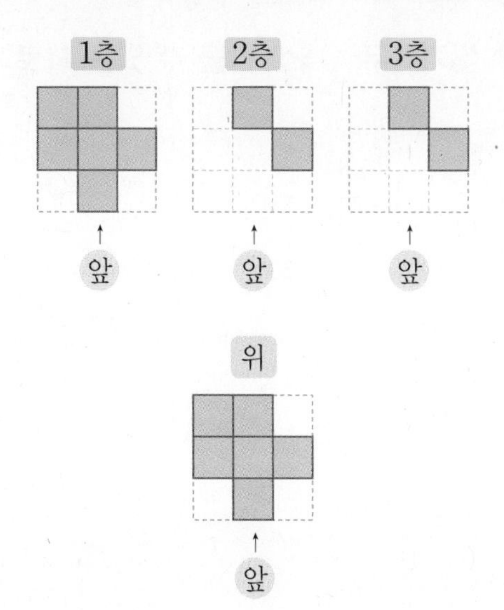

[5~6] 쌓기나무로 쌓은 모양을 층별로 나타낸 모양을 보고 쌓은 모양을 찾아 기호를 써 보세요.

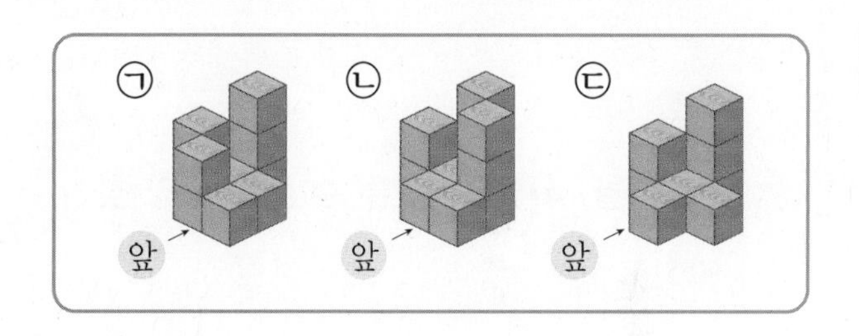

5

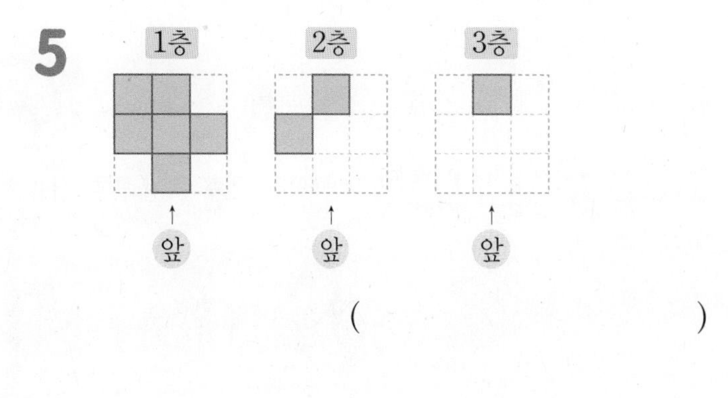

( )

6

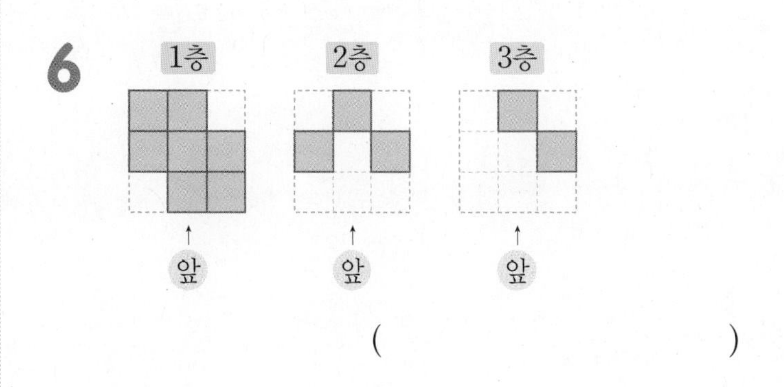

( )

6 여러 가지 모양을 만들어 볼까요

● 쌓기나무 4개로 만들 수 있는 서로 다른 모양 찾기

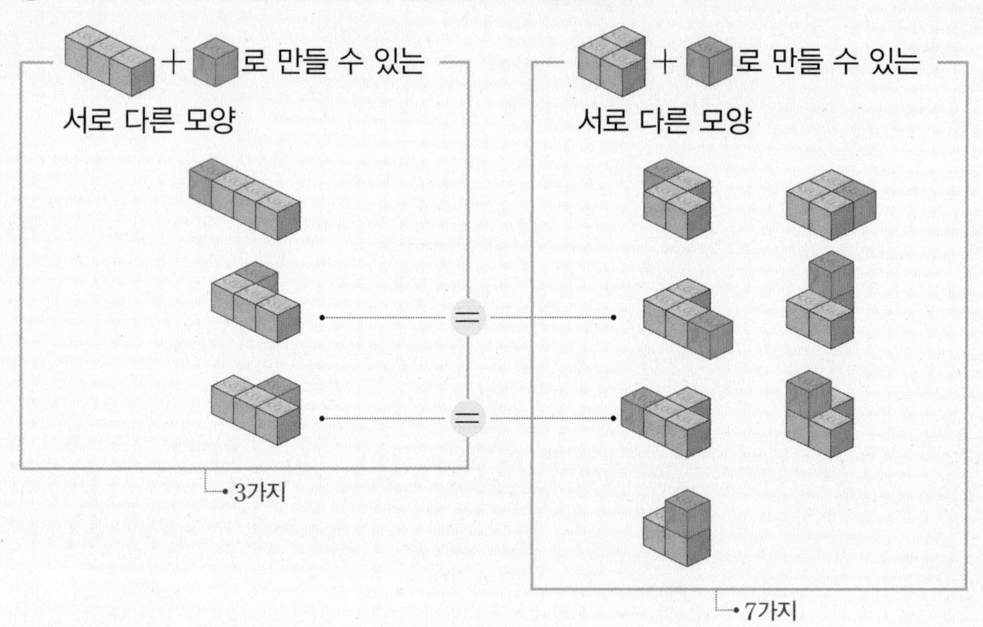

➡ 쌓기나무 4개로 만들 수 있는 서로 다른 모양은 8가지입니다.

쌓기나무 4개로 만들 수 있는 서로 다른 모양 찾는 방법

① 돌리거나 뒤집었을 때 같은 모양은 1가지로 합니다.

 =  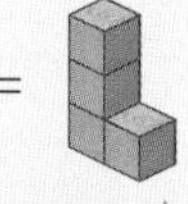

② 먼저 3개로 만들 수 있는 모양부터 알아봅니다.

, 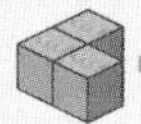 ➡ 2가지

③ 3개로 만들 수 있는 모양에 1개를 붙여 가면서 만듭니다.

 모양에 쌓기나무 1개를 더 붙이는 순서

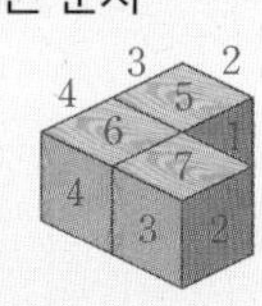

● 두 모양을 사용하여 만들 수 있는 모양 찾기

•  + 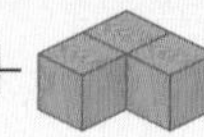 모양으로 1층 모양 만들기

➡ 예 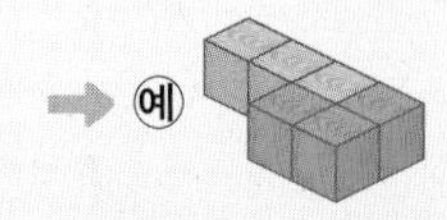    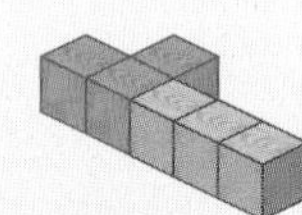 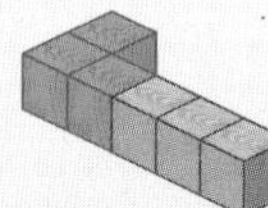   등

• 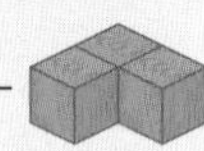 모양으로 2층 모양 만들기

➡ 예 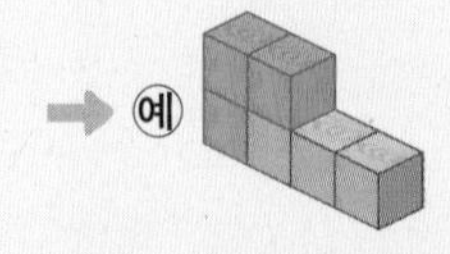   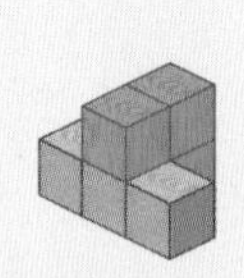    등

• 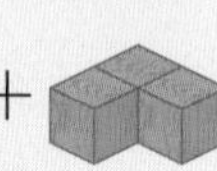 모양으로 3층 모양 만들기

➡ 예 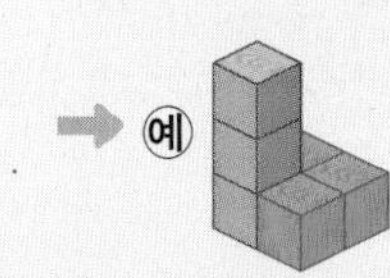 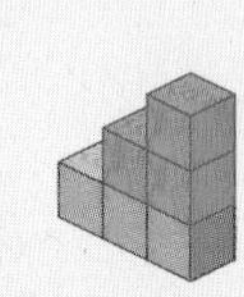  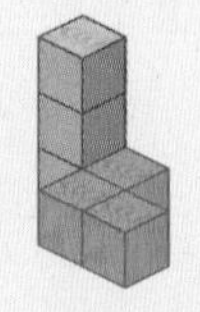  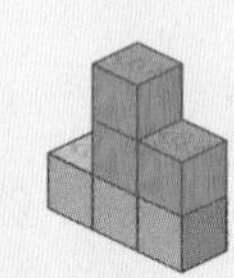  등

1 쌓기나무 4개로 쌓은 모양에 1개를 더 붙여서 만들 수 있는 모양을 찾으려고 합니다. □ 안에 알맞은 기호를 써넣으세요.

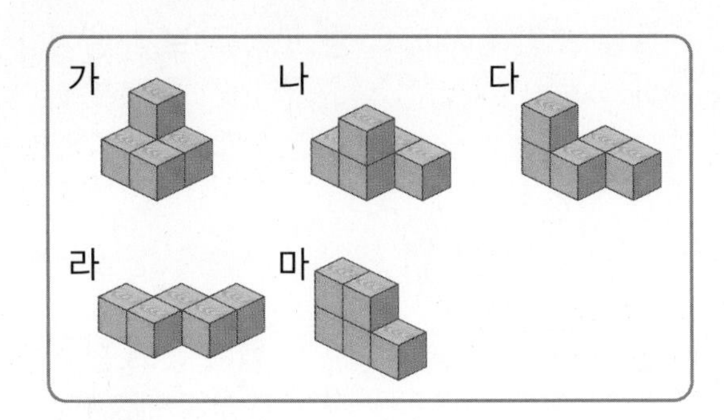

(1) 모양에 쌓기나무 1개를 더 붙여서 만들 수 있는 모양은 □, □입니다.

(2) 모양에 쌓기나무 1개를 더 붙여서 만들 수 있는 모양은 □, □, □, □입니다.

2 쌓기나무 5개로 만든 모양입니다. 서로 같은 모양끼리 이어 보세요.

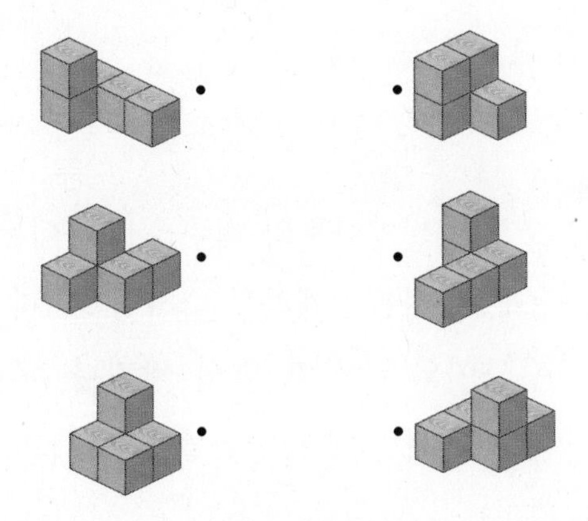

3 쌓기나무로 쌓은 모양을 돌렸을 때 보기 와 같은 모양이 아닌 것을 찾아 기호를 써 보세요.

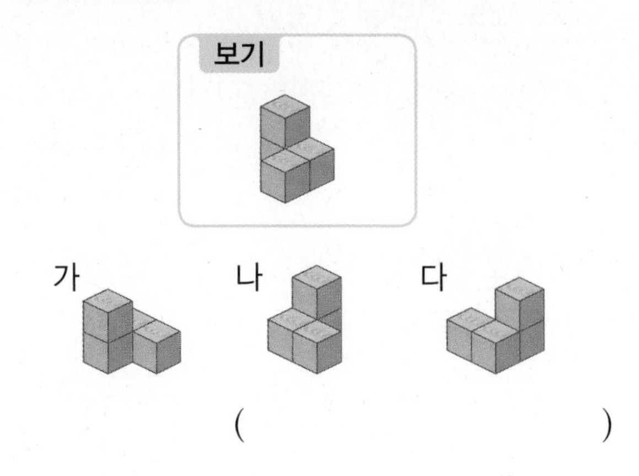

(　　　　　　)

4 쌓기나무를 각각 4개씩 붙여서 만든 왼쪽 두 가지 모양을 사용하여 만들 수 있는 새로운 모양을 모두 찾아 기호를 써 보세요.

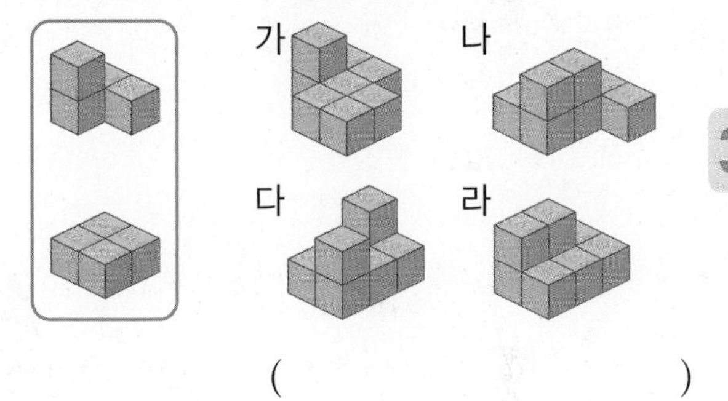

(　　　　　　)

5 오른쪽 모양에 쌓기나무 2개를 더 붙여서 만들 수 있는 모양이 아닌 것을 찾아 기호를 써 보세요.

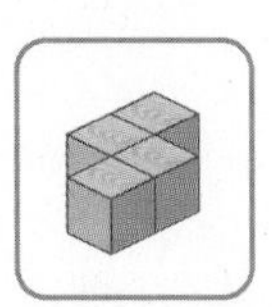

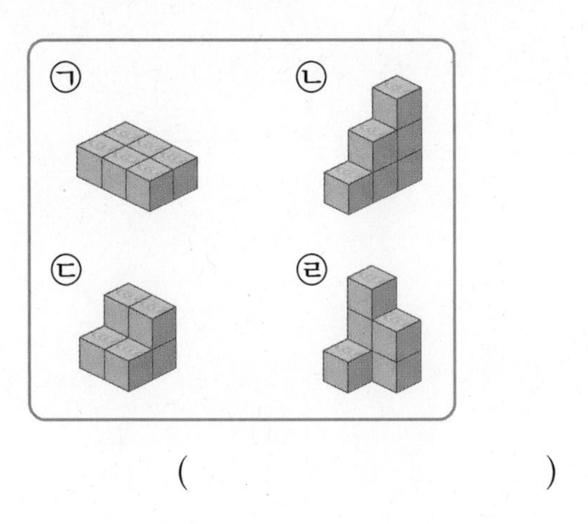

(　　　　　　)

3

개념 적용

기본기 다지기

1 어느 방향에서 보았는지 알아보기

• 여러 방향에서 본 모양 알아보기

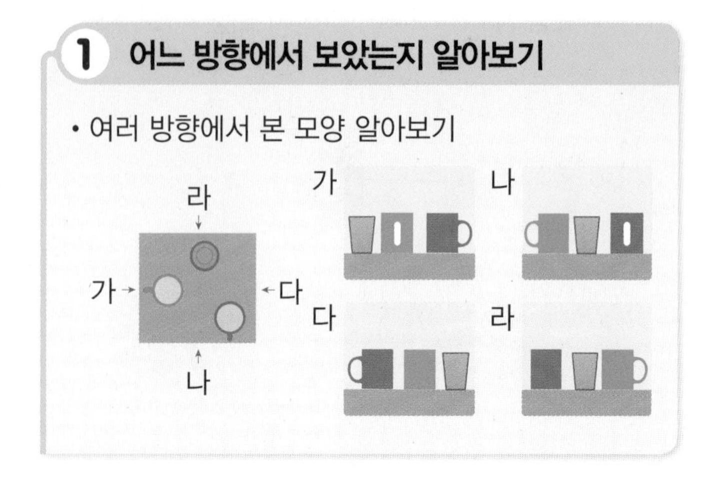

2 쌓은 모양과 쌓기나무의 개수 알아보기(1)

• 쌓은 모양과 위에서 본 모양을 보고 쌓기나무의 개수 구하기

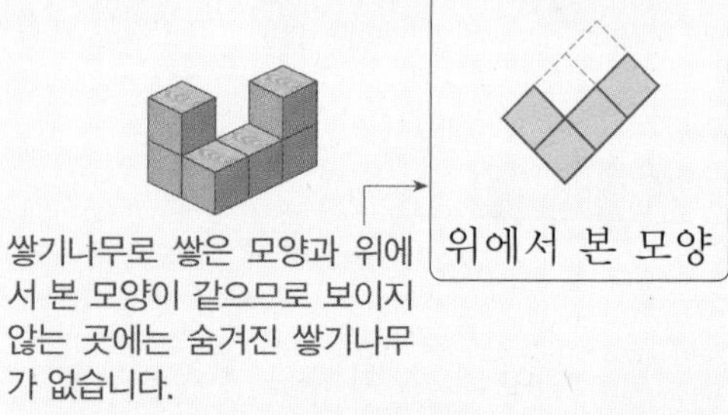

쌓기나무로 쌓은 모양과 위에서 본 모양이 같으므로 보이지 않는 곳에는 숨겨진 쌓기나무가 없습니다.

➡ 1층에 4개, 2층에 2개이므로 주어진 모양과 똑같이 쌓는 데 필요한 쌓기나무는 6개입니다.

1 ㉠과 ㉡은 각각 어느 방향에서 찍은 사진인지 골라 써 보세요.

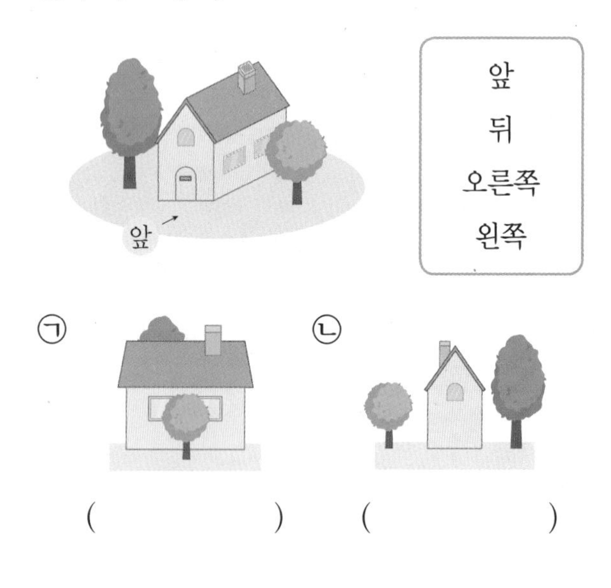

㉠ (　　　　) ㉡ (　　　　)

2 윤지는 조형물 사진을 찍었습니다. 각 사진을 찍은 위치를 찾아 기호를 써 보세요.

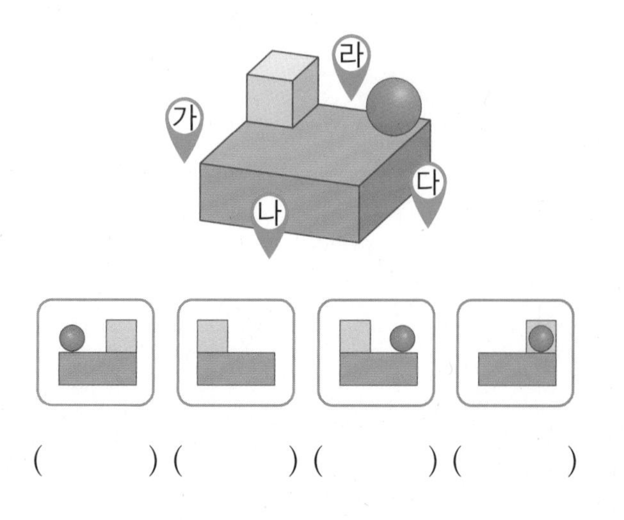

(　　) (　　) (　　) (　　)

3 쌓기나무를 보기 와 같은 모양으로 쌓았습니다. 돌렸을 때 보기 와 같은 모양을 만들 수 없는 것을 찾아 기호를 써 보세요.

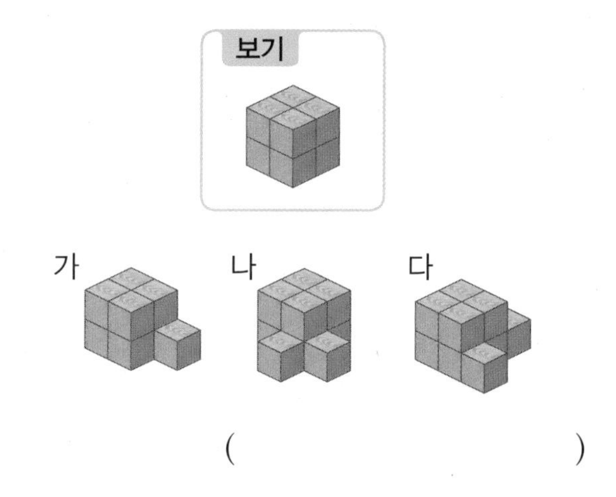

(　　　　)

서술형

4 오른쪽 쌓기나무의 개수를 수근이는 8개, 종하는 9개라고 답하였습니다. 수근이와 종하가 답한 쌓기나무의 개수가 서로 다른 이유를 써 보세요.

이유 ....

5 쌓기나무 9개로 쌓은 모양을 보고 위에서 본 모양을 그려 보세요.

6 주어진 모양과 똑같이 쌓는 데 필요한 쌓기나무의 개수를 구해 보세요.

(1)

(2)

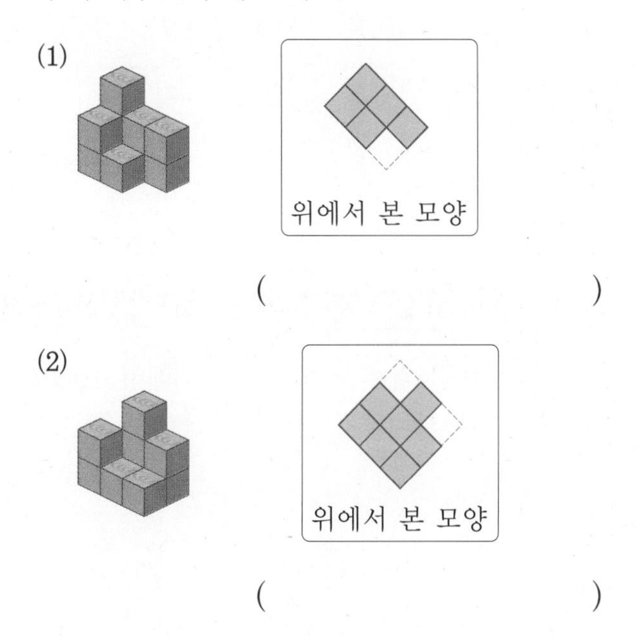

(1) (　　　　　　　　)

(2) (　　　　　　　　)

7 쌓기나무로 쌓은 모양과 위에서 본 모양이 다음과 같을 때 쌓기나무의 개수가 <u>다른</u> 하나를 찾아 기호를 써 보세요.

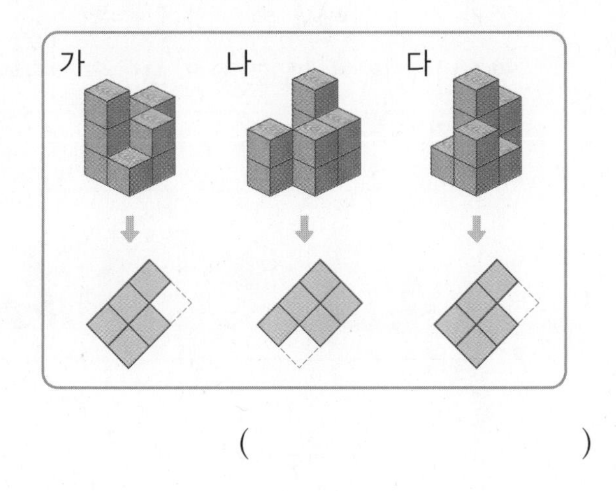

(　　　　　　　　)

8 유준이는 쌓기나무를 15개 가지고 있습니다. 다음 모양과 똑같이 만들고 남은 쌓기나무는 몇 개인지 구해 보세요.

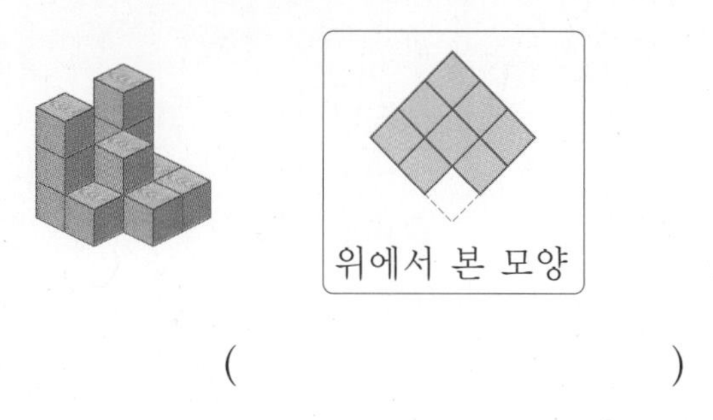

(　　　　　　　　)

3 쌓은 모양과 쌓기나무의 개수 알아보기(2)

• 쌓기나무로 쌓은 모양을 보고 위, 앞, 옆에서 본 모양 그리기

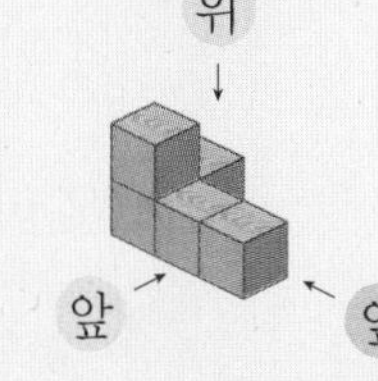

① 위에서 본 모양은 바닥에 닿는 면의 모양과 같습니다.

② 앞과 옆에서 본 모양은 각 방향에서 각 줄의 가장 높은 층만큼 그립니다.

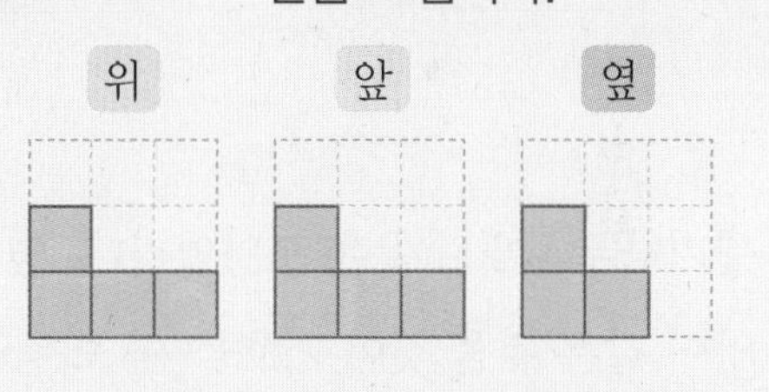

9 쌓기나무로 쌓은 모양과 위에서 본 모양입니다. 앞과 옆에서 본 모양을 각각 그려 보세요.

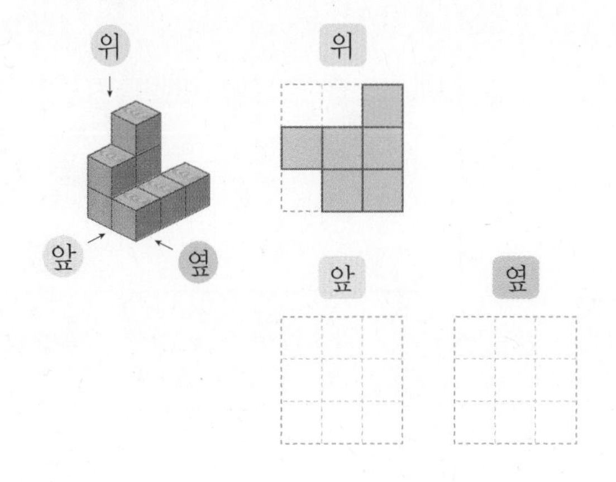

10 쌓기나무로 쌓은 모양을 위, 앞, 옆에서 본 모양입니다. 똑같은 모양으로 쌓는 데 필요한 쌓기나무는 몇 개일까요?

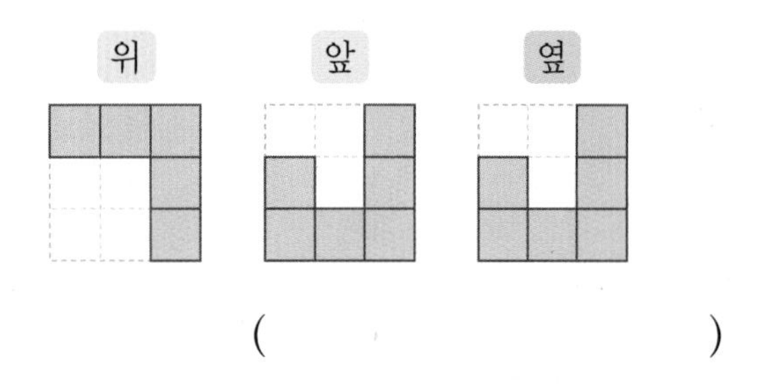

( )

11 쌓기나무 10개로 쌓은 모양을 위와 앞에서 본 모양입니다. 옆에서 본 모양을 그려 보세요.

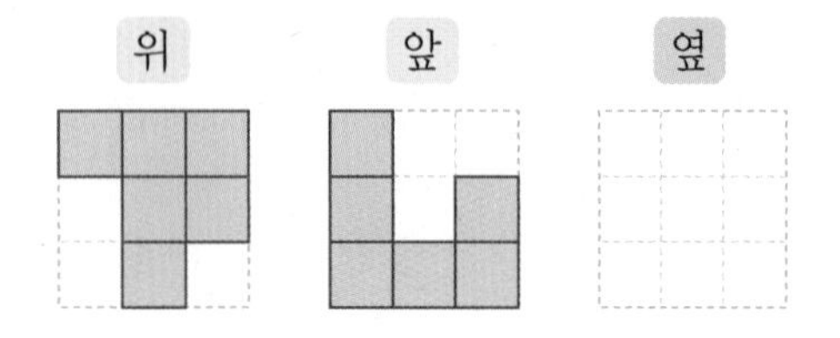

12 쌓기나무 9개로 쌓은 모양입니다. 옆에서 본 모양이 같은 것을 찾아 기호를 써 보세요.

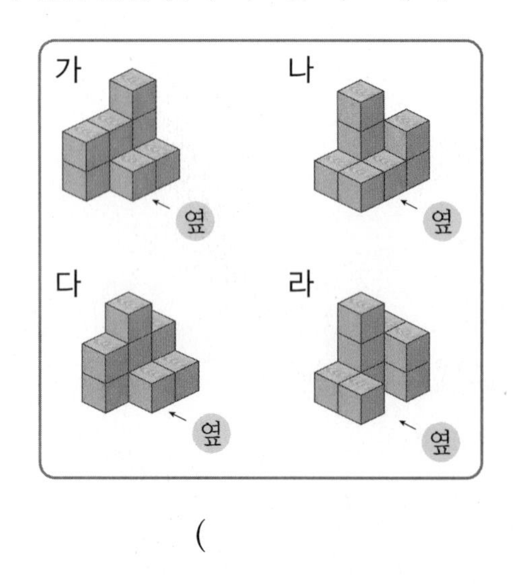

( )

13 쌓기나무를 붙여서 만든 모양을 구멍이 있는 상자에 넣으려고 합니다. 상자에 넣을 수 <u>없는</u> 모양을 찾아 기호를 써 보세요.

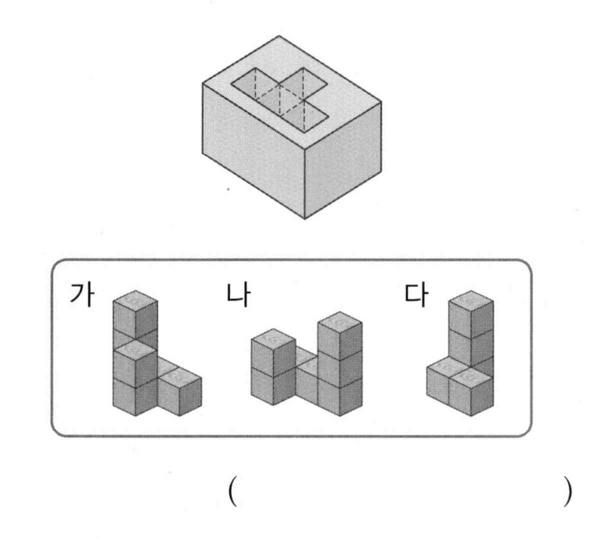

( )

4 쌓은 모양과 쌓기나무의 개수 알아보기(3)

• 쌓기나무로 쌓은 모양을 보고 위에서 본 모양에 수를 써서 나타내기

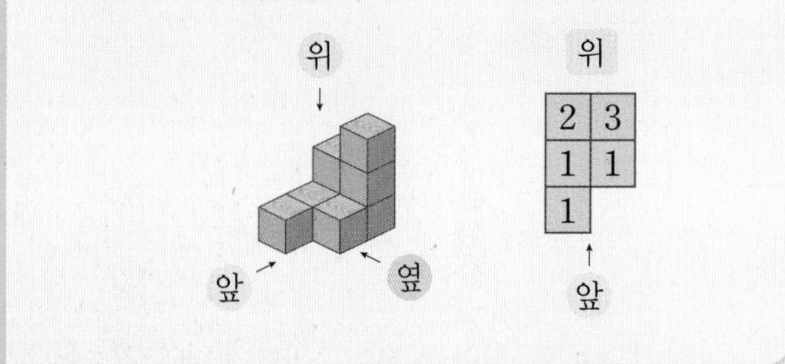

14 쌓기나무로 쌓은 모양을 보고 오른쪽과 같이 위에서 본 모양에 수를 썼습니다. 쌓기나무로 쌓은 모양을 찾아 기호를 써 보세요.

위

	2	3
1	1	

앞

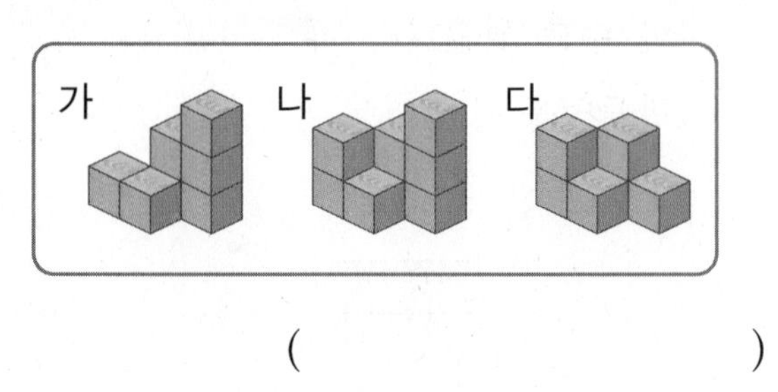

( )

15 쌓기나무로 쌓은 모양을 보고 위에서 본 모양에 수를 썼습니다. 관계있는 것끼리 이어 보세요.

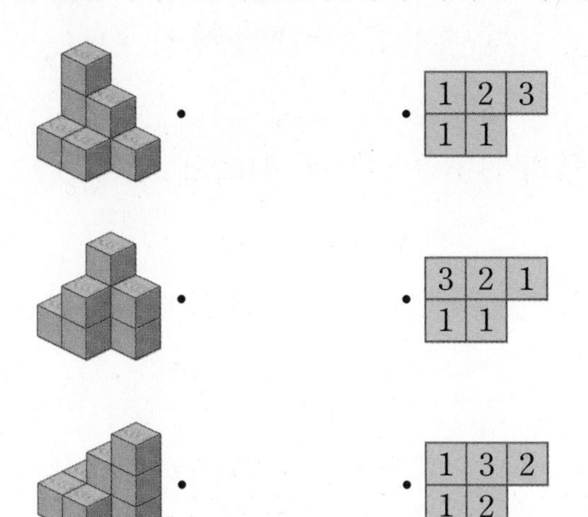

16 쌓기나무로 쌓은 모양을 위, 앞, 옆에서 본 모양입니다. 물음에 답하세요.

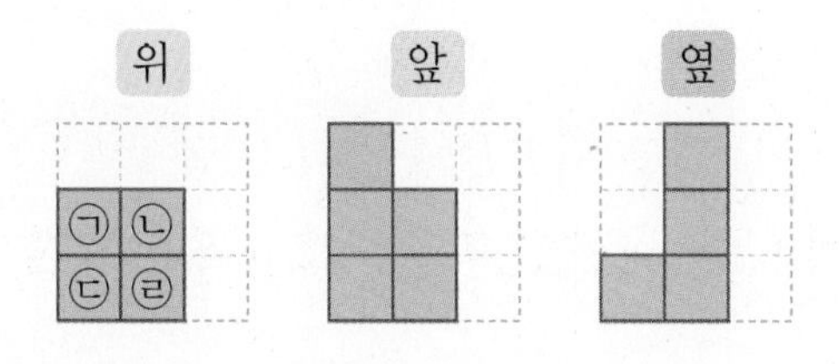

(1) ㉢과 ㉣에 쌓인 쌓기나무는 각각 몇 개일까요?

㉢ (   ), ㉣ (   )

(2) ㉠과 ㉡에 쌓인 쌓기나무는 각각 몇 개일까요?

㉠ (   ), ㉡ (   )

(3) 똑같은 모양으로 쌓는 데 필요한 쌓기나무는 몇 개일까요?

(   )

17 쌓기나무로 쌓은 모양을 보고 위에서 본 모양에 수를 썼습니다. 쌓기나무 11개로 모양을 만들었을 때 앞에서 본 모양을 그려 보세요.

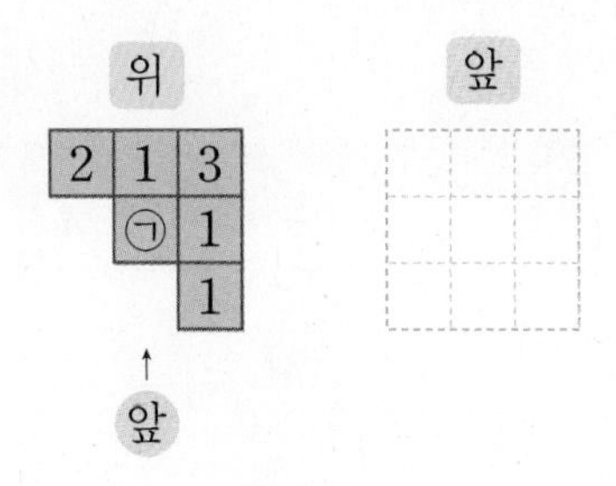

18 쌓기나무를 11개씩 사용하여 조건을 만족하도록 쌓았을 때 위에서 본 모양에 수를 쓰는 방법으로 나타내어 보세요.

조건
- 가와 나의 쌓은 모양은 서로 다릅니다.
- 위에서 본 모양이 서로 같습니다.
- 앞에서 본 모양이 서로 같습니다.
- 옆에서 본 모양이 서로 같습니다.

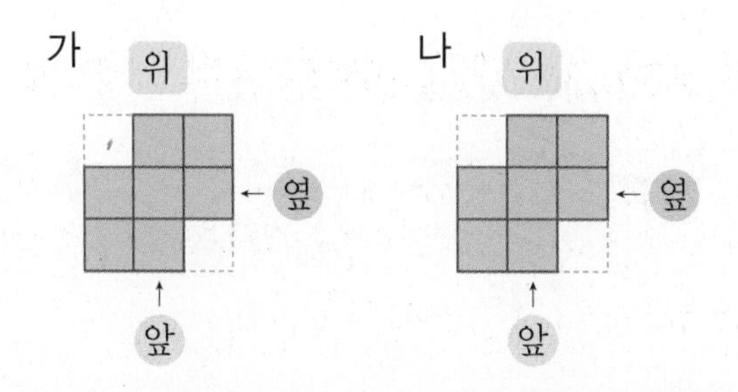

5 쌓은 모양과 쌓기나무의 개수 알아보기(4)

- 쌓기나무로 쌓은 모양을 보고 층별로 나타낸 모양 그리기

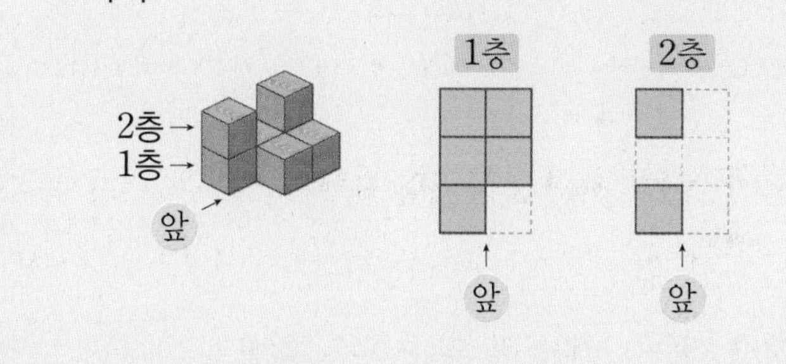

19 쌓기나무로 쌓은 모양을 층별로 나타낸 모양을 보고 쌓은 모양을 찾아 기호를 써 보세요.

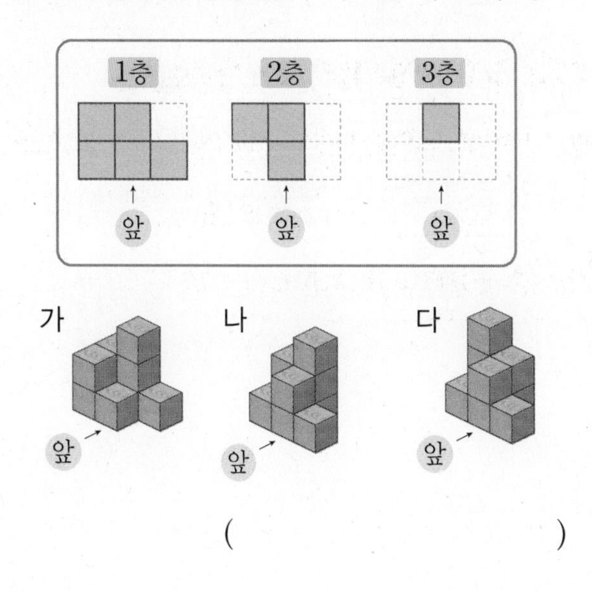

(   )

20 오른쪽 그림은 쌓기나무로 쌓은 모양을 보고 위에서 본 모양에 수를 쓴 것입니다. 2층에 놓인 쌓기나무는 몇 개일까요?

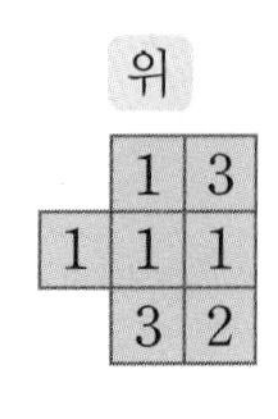

(　　　　　　　　)

21 쌓기나무로 쌓은 모양을 층별로 나타낸 모양을 보고 위에서 본 모양에 수를 쓰는 방법으로 나타내고, 똑같은 모양으로 쌓는 데 필요한 쌓기나무의 개수를 구해 보세요.

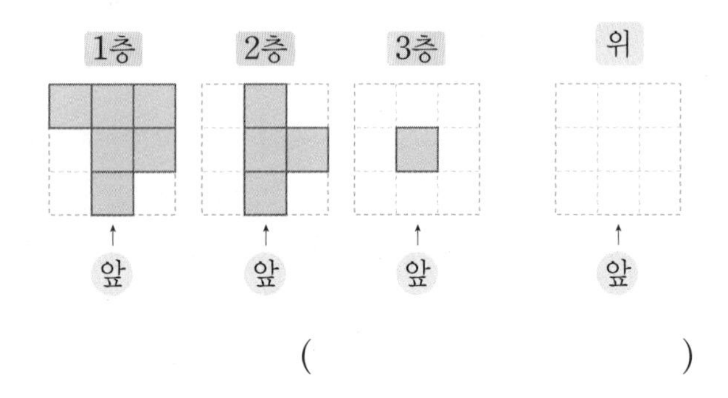

(　　　　　　　　)

22 쌓기나무로 쌓은 모양을 층별로 나타낸 모양을 보고 앞에서 본 모양을 그려 보고, 똑같은 모양으로 쌓는 데 필요한 쌓기나무의 개수를 구해 보세요.

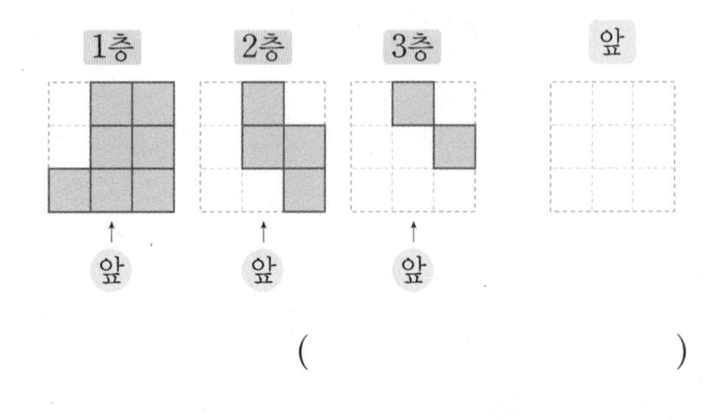

(　　　　　　　　)

23 쌓기나무로 1층 위에 2층과 3층을 쌓으려고 합니다. 1층 모양을 보고 2층과 3층으로 알맞은 모양을 각각 찾아 기호를 써 보세요.

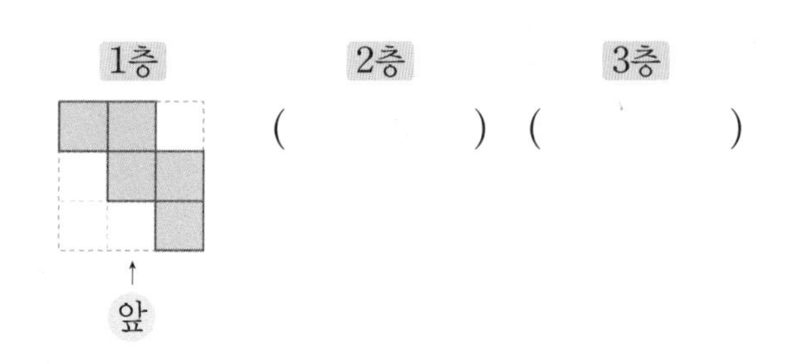

2층 (　　　　) 3층 (　　　　)

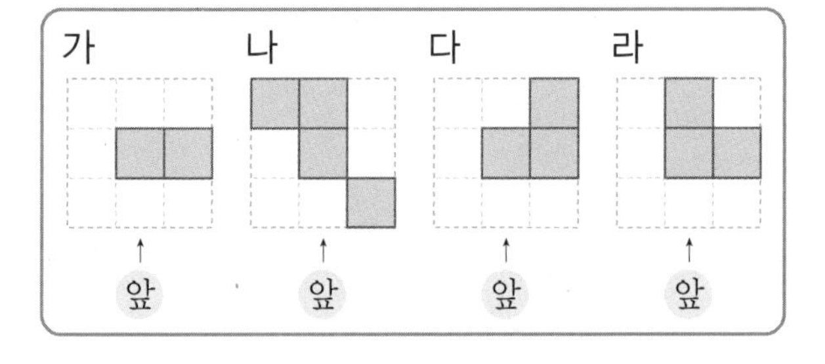

6 여러 가지 모양 만들어 보기

• 쌓기나무 3개로 만들 수 있는 모양

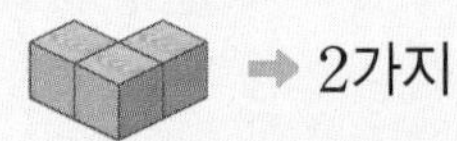
➡ 2가지

돌리거나 뒤집어서 같은 것은 같은 모양입니다.

• 두 가지 모양을 사용하여 다양한 모양 만들기

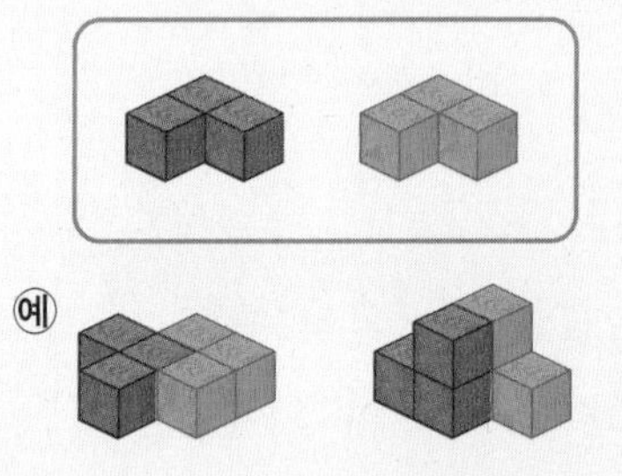

24 모양에 쌓기나무 1개를 붙여서 만들 수 있는 모양을 모두 찾아 기호를 써 보세요.

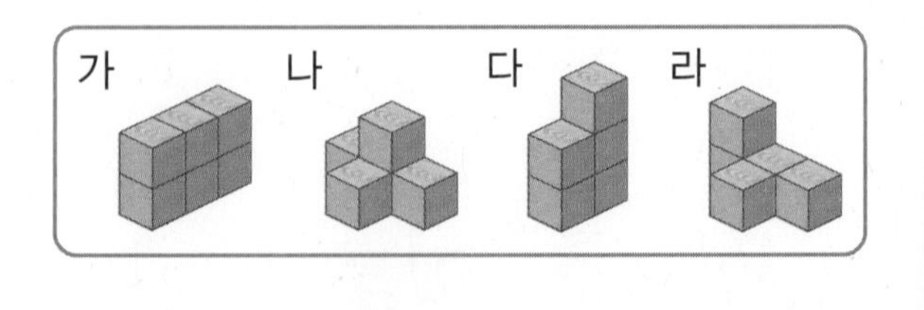

(　　　　　　　　)

25 뒤집거나 돌렸을 때 오른쪽과 같은 모양이 되는 것을 찾아 ○표 하세요.

 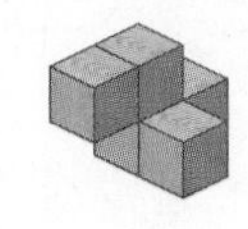 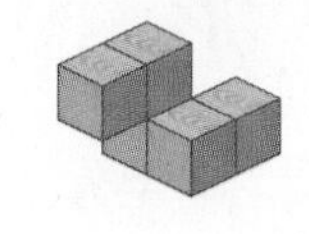

( ) ( ) ( )

26 가, 나, 다 모양 중에서 두 가지 모양을 사용하여 오른쪽 모양을 만들었습니다. 사용한 두 가지 모양을 찾아 기호를 써 보세요.

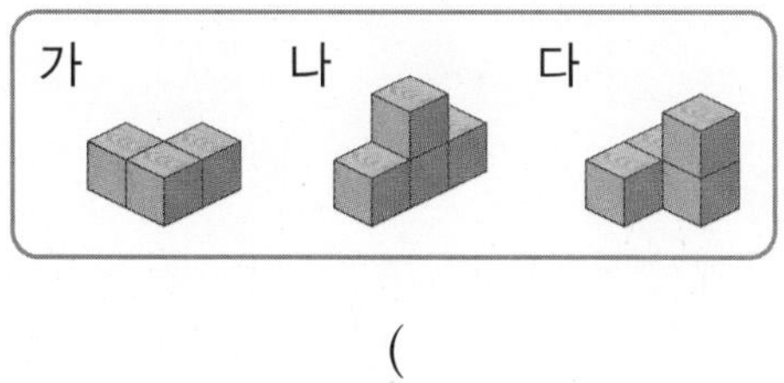

( )

27 쌓기나무를 4개씩 붙여서 만든 두 가지 모양을 사용하여 새로운 모양을 만들었습니다. 어떻게 만들었는지 구분하여 색칠해 보세요.

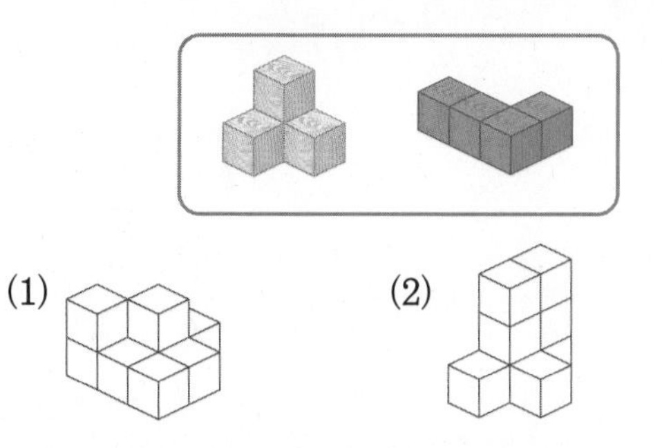

28 쌓기나무를 4개씩 붙여서 만든 세 가지 모양을 사용하여 새로운 모양을 만들었습니다. 어떻게 만들었는지 구분하여 색칠해 보세요.

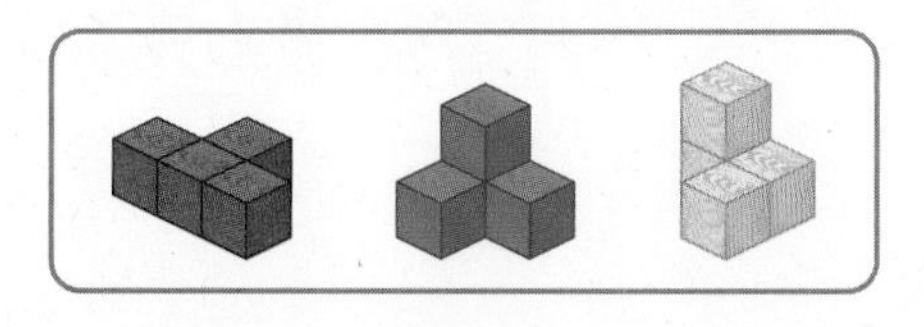

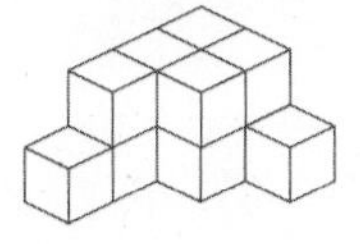

7 쌓기나무로 쌓은 모양의 겉넓이 구하기

• 한 모서리의 길이가 1 cm인 쌓기나무로 쌓은 모양의 겉넓이 구하기

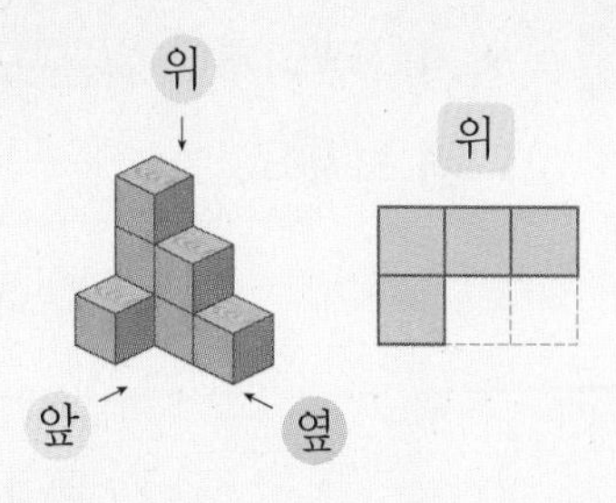

(위와 아래에 있는 면의 수) $= 4 \times 2 = 8$(개)
(앞과 뒤에 있는 면의 수) $= 6 \times 2 = 12$(개)
(오른쪽과 왼쪽 옆에 있는 면의 수)
$= 4 \times 2 = 8$(개)
쌓기나무 1개의 한 면의 넓이: $1\ cm^2$
➡ 쌓기나무로 쌓은 모양의 겉넓이는
$8 + 12 + 8 = 28\ (cm^2)$입니다.

[29~30] 한 모서리의 길이가 1 cm인 쌓기나무로 쌓은 모양의 겉넓이를 구하려고 합니다. 물음에 답하세요.

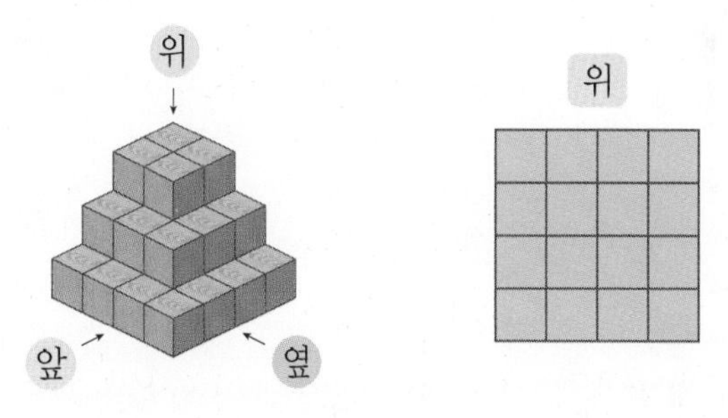

29 쌓기나무의 각 방향에 있는 면의 수를 빈칸에 알맞게 써넣으세요.

방향	위와 아래	앞과 뒤	오른쪽과 왼쪽
면의 수(개)			

30 쌓기나무로 쌓은 모양의 겉넓이는 몇 cm^2일까요?

( )

응용력 기르기

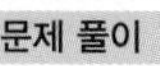

심화유형 1 빼내거나 더 쌓았을 때 앞, 옆에서 본 모양 그리기

쌓기나무 8개로 쌓은 모양입니다. ㉠의 자리에 쌓기나무를 2개 더 쌓았을 때 앞에서 본 모양을 그려 보세요.

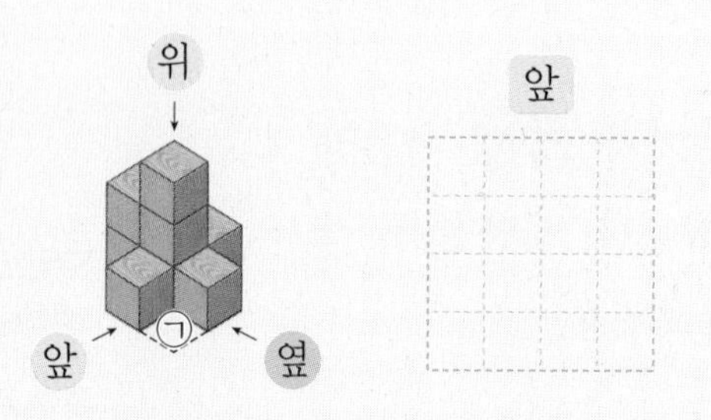

● 핵심 NOTE
- 쌓기나무의 수를 이용하여 뒤에 숨겨진 쌓기나무가 있는지 확인합니다.
- ㉠의 자리에 쌓기나무를 더 쌓았을 때의 모양을 생각하여 앞에서 본 모양을 그립니다.

1-1 쌓기나무 10개로 쌓은 모양입니다. ㉠의 자리에 쌓기나무를 3개 더 쌓았을 때 옆에서 본 모양을 그려 보세요.

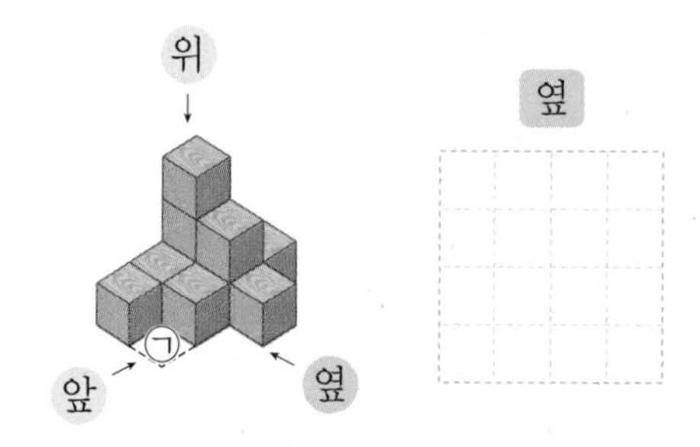

1-2 쌓기나무 12개로 쌓은 모양입니다. 빨간색 쌓기나무 3개를 빼냈을 때 앞에서 본 모양을 그려 보세요.

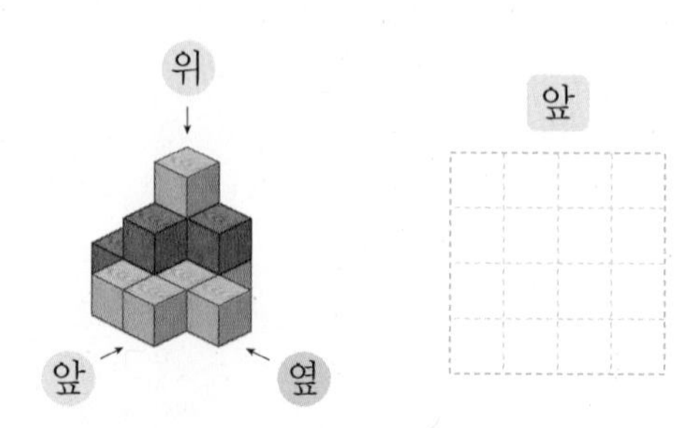

쌓기나무를 더 쌓아 정육면체 모양 만들기

쌓기나무로 쌓은 모양과 위에서 본 모양이 오른쪽과 같을 때 쌓기나무를 더 쌓아서 가장 작은 정육면체 모양을 만들려고 합니다. 더 필요한 쌓기나무는 몇 개일까요?

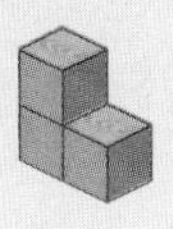

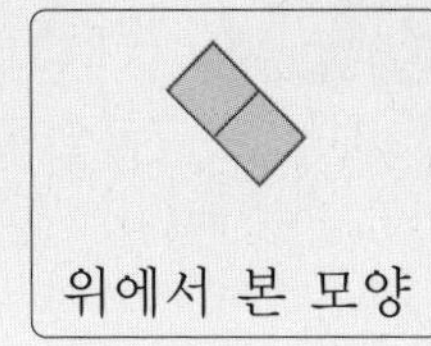

위에서 본 모양

(　　　　　　　　)

● 핵심 NOTE

- 정육면체는 모든 모서리의 길이가 같으므로 가로, 세로, 높이 중 가장 긴 쪽을 한 모서리로 정합니다.
- (더 필요한 쌓기나무의 수) = (정육면체 모양의 쌓기나무의 수) − (쌓인 쌓기나무의 수)

2-1 쌓기나무로 쌓은 모양과 위에서 본 모양이 오른쪽과 같을 때 쌓기나무를 더 쌓아서 가장 작은 정육면체 모양을 만들려고 합니다. 더 필요한 쌓기나무는 몇 개일까요?

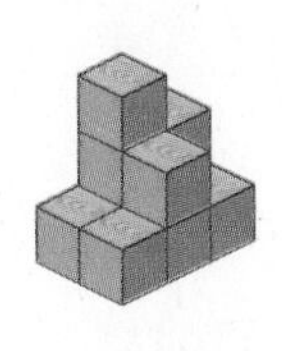

위에서 본 모양

(　　　　　　　　)

2-2 쌓기나무로 쌓은 모양과 위에서 본 모양이 왼쪽과 같습니다. 만든 모양에 쌓기나무를 더 쌓아서 오른쪽과 같은 정육면체 모양의 상자 안에 빈틈없이 넣으려고 합니다. 더 필요한 쌓기나무는 몇 개일까요? (단, 상자 안에 들어 있는 쌓기나무는 생각하지 않습니다.)

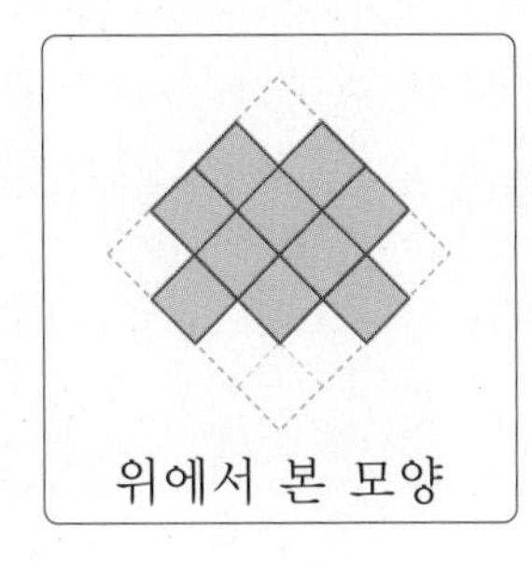

위에서 본 모양

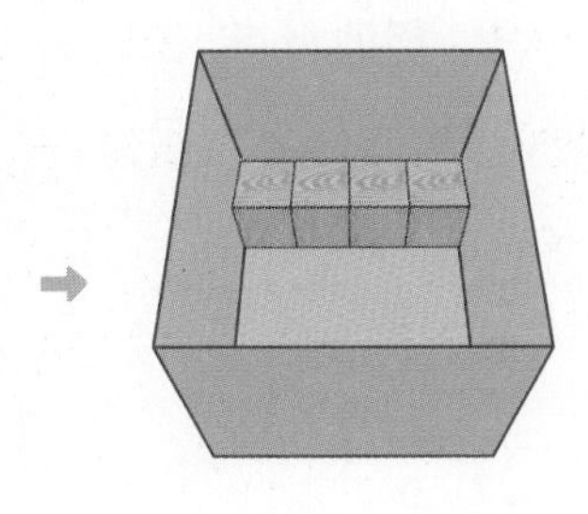

(　　　　　　　　)

위, 앞, 옆에서 본 모양을 이용하여 최대, 최소로 쌓을 수 있는 쌓기나무의 개수 구하기

위, 앞, 옆에서 본 모양이 다음과 같은 쌓기나무 모양을 만들려고 합니다. 쌓기나무를 최대로 사용할 때 필요한 쌓기나무는 몇 개인지 구해 보세요.

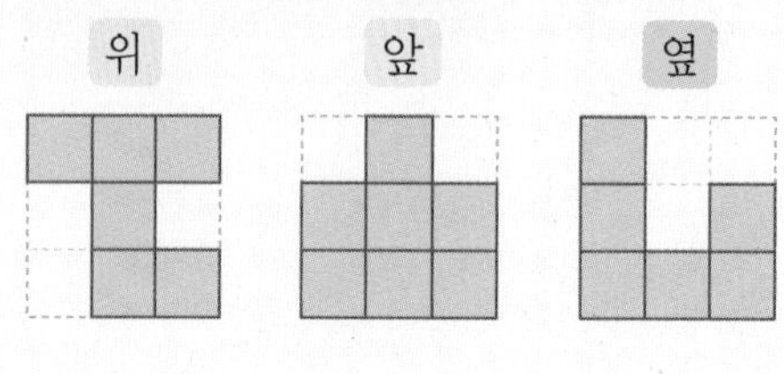

(　　　　　　　　　　)

핵심 NOTE
- 위에서 본 모양의 각 자리에 앞과 옆에서 본 모양을 이용하여 알 수 있는 쌓기나무의 수를 먼저 씁니다.
- 각 줄의 가장 높은 층수를 생각하면서 최대 또는 최소로 쌓을 수 있는 쌓기나무의 수를 알아봅니다.

3-1 위, 앞, 옆에서 본 모양이 다음과 같은 쌓기나무 모양을 만들려고 합니다. 쌓기나무를 최대로 사용할 때 필요한 쌓기나무는 몇 개인지 구해 보세요.

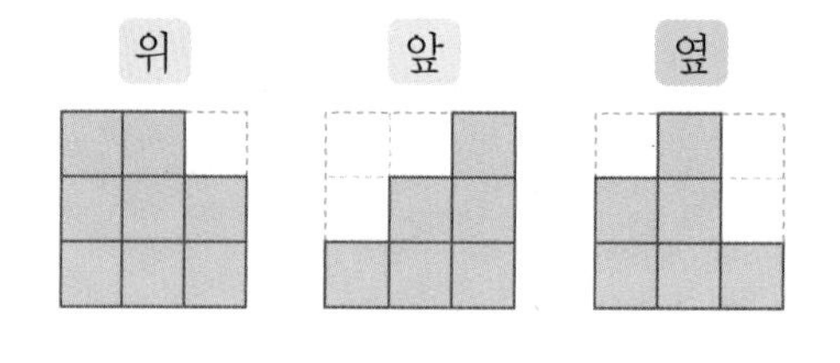

(　　　　　　　　　　)

3-2 위, 앞, 옆에서 본 모양이 다음과 같은 쌓기나무 모양을 만들려고 합니다. 쌓기나무를 최대로 사용할 때와 최소로 사용할 때 필요한 쌓기나무의 수를 각각 구해 보세요.

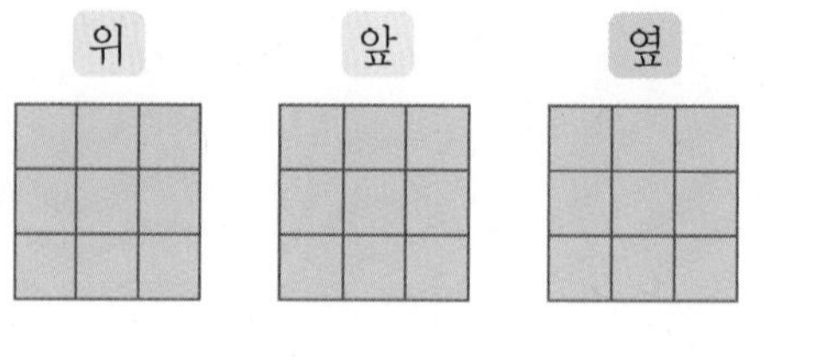

최대 (　　　　　　　　　　)
최소 (　　　　　　　　　　)

빛을 비출 때 그림자의 모양이 바뀌는 쌓기나무 찾기

빛은 매우 빠른 속도로 곧게 나아갑니다. 이러한 빛의 성질을 빛의 직진이라고 합니다. 빛이 직진하다가 물체를 만나면 더 이상 나아가지 못하고 물체의 뒤쪽에 그림자가 생기게 됩니다. 오른쪽과 같이 쌓기나무 14개로 만든 모양의 앞에서 빛을 비출 때 ㉠~㉣ 중에서 하나를 빼면 그림자의 모양이 바뀌는 쌓기나무를 찾아 기호를 써 보세요.

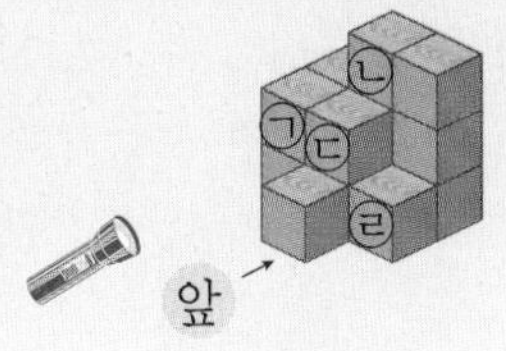

1단계 쌓기나무를 빼내기 전 앞에서 빛을 비출 때 생기는 그림자의 모양 알기

2단계 쌓기나무를 빼낸 후 앞에서 빛을 비출 때 생기는 그림자의 모양을 알고 그림자의 모양이 바뀌는 쌓기나무 찾기

㉠을 빼낼 때

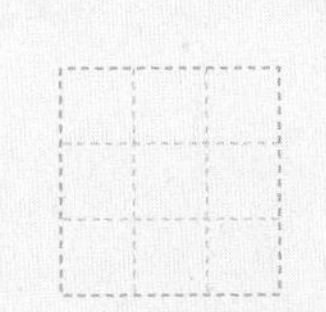
㉡을 빼낼 때

㉢을 빼낼 때

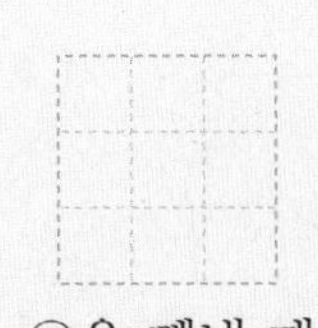
㉣을 빼낼 때

(　　　　　　　　)

● 핵심 NOTE

1단계 앞에서 본 모양을 이용하여 그림자의 모양을 그립니다.

2단계 쌓기나무를 한 개씩 빼내었을 때 앞에서 본 모양을 이용하여 그림자의 모양을 그리고 처음 모양과 다른 모양인 쌓기나무를 찾습니다.

4-1

오른쪽과 같이 쌓기나무 15개로 만든 모양을 옆에서 빛을 비출 때 ㉠~㉤ 중에서 하나를 빼내어도 그림자의 모양이 바뀌지 않는 쌓기나무를 모두 찾아 기호를 써 보세요.

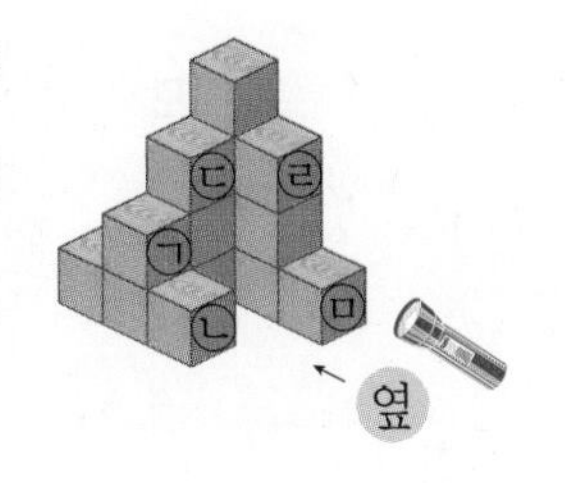

(　　　　　　　　)

단원 평가 Level ❶

점수

확인

1 오른쪽 쌓기나무로 쌓은 모양과 같은 모양은 어느 것일까요? (　　　)

①
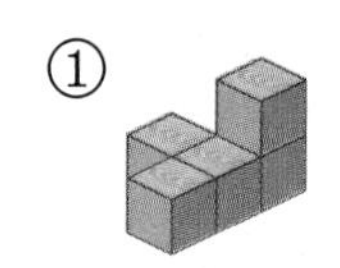

②
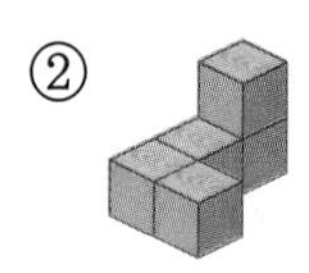

③
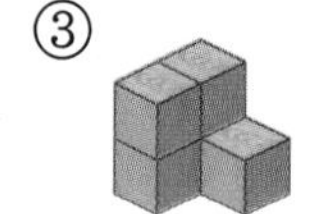

④
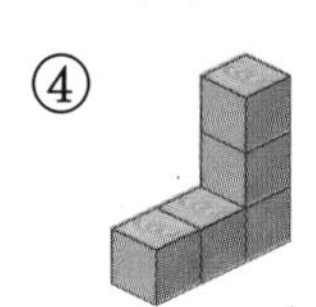

⑤
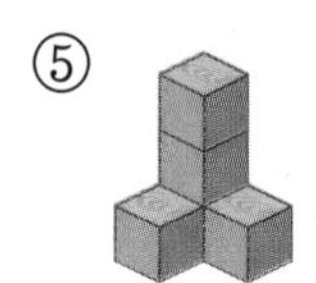

2 쌓기나무로 쌓은 모양을 보고 위에서 본 모양이 될 수 있는 것을 모두 찾아 기호를 써 보세요.

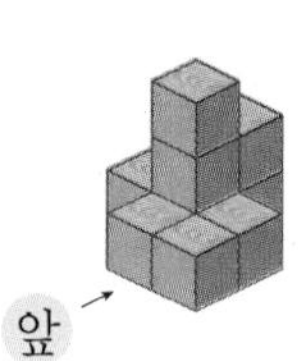

㉠
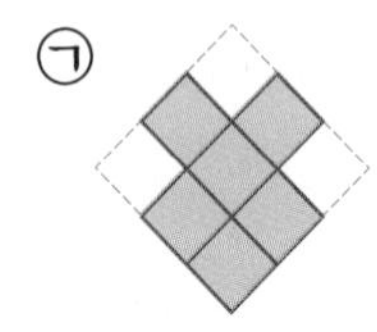

㉡
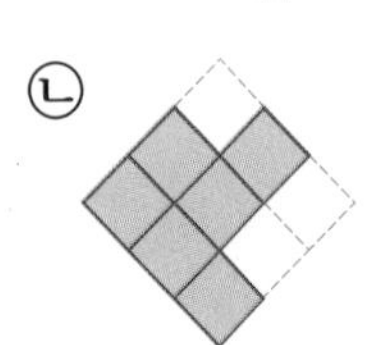

㉢
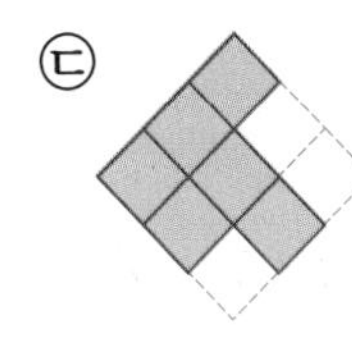

㉣
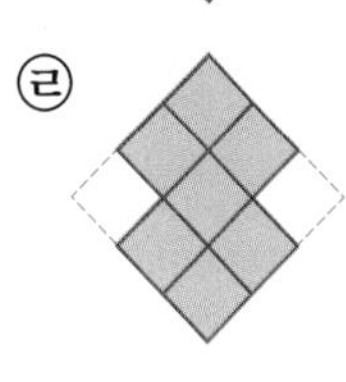

(　　　　　　　　　　)

3 모양에 쌓기나무 1개를 붙여서 만들 수 있는 모양을 찾아 기호를 써 보세요.

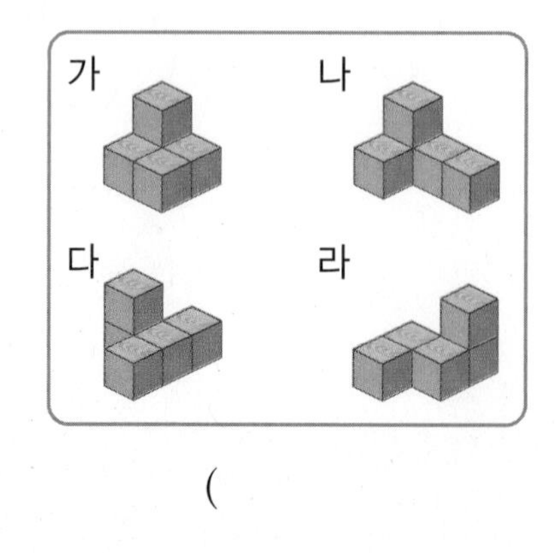

(　　　　　　　　　　)

4 쌓기나무로 쌓은 모양을 보고 위에서 본 모양에 수를 썼습니다. 관계있는 것끼리 이어 보세요.

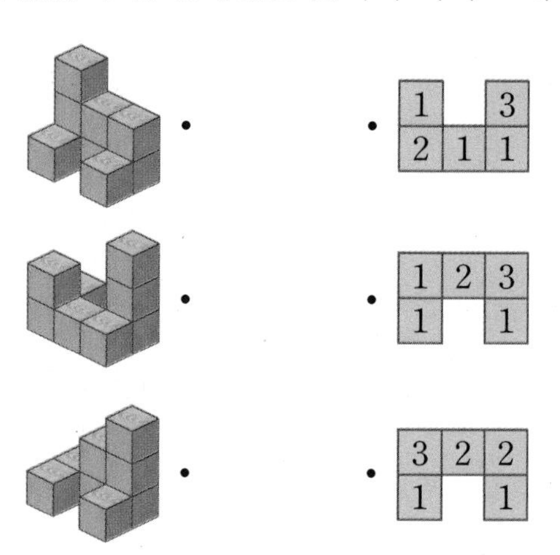

5 쌓기나무로 쌓은 모양과 1층 모양을 보고 2층과 3층 모양을 각각 그려 보세요.

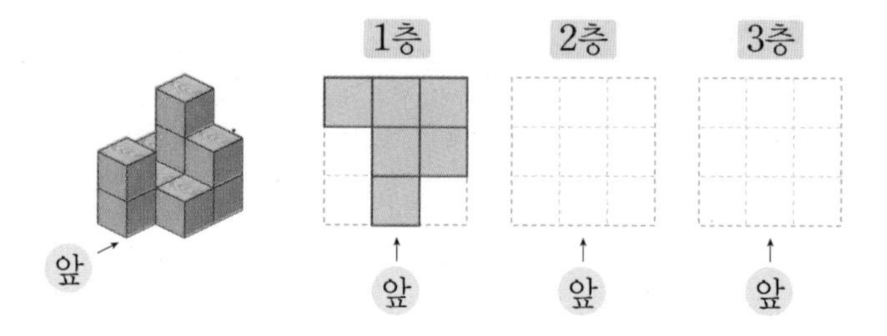

6 쌓기나무로 쌓은 모양과 위에서 본 모양입니다. ㉠에 쌓은 쌓기나무는 몇 개일까요?

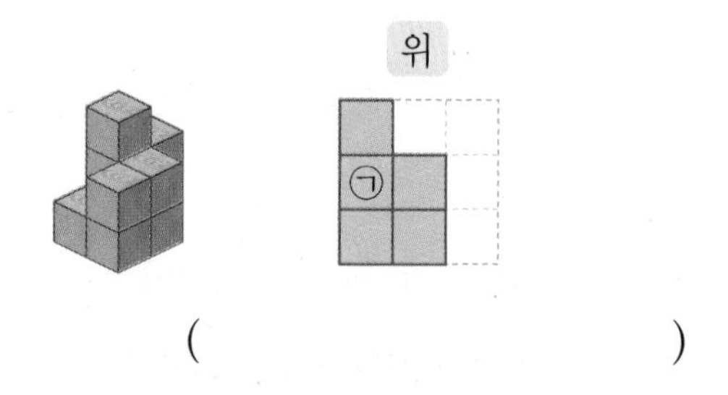

(　　　　　　　　　　)

7 쌓기나무로 쌓은 모양을 보고 위에서 본 모양에 수를 썼습니다. 앞과 옆에서 본 모양을 각각 그려 보세요.

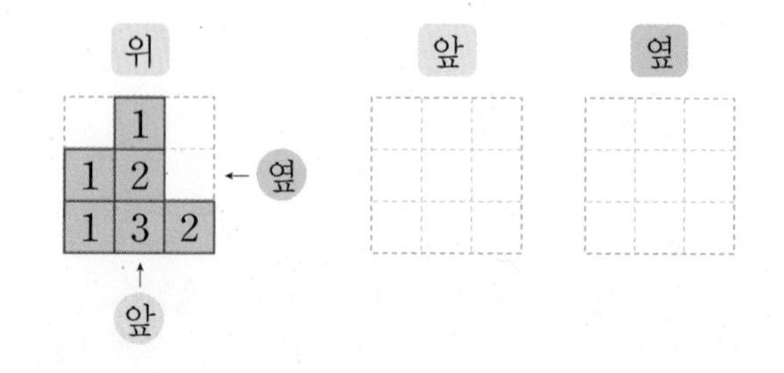

8 쌓기나무를 각각 4개씩 붙여서 만든 두 모양을 사용하여 만든 모양을 모두 찾아 기호를 써 보세요.

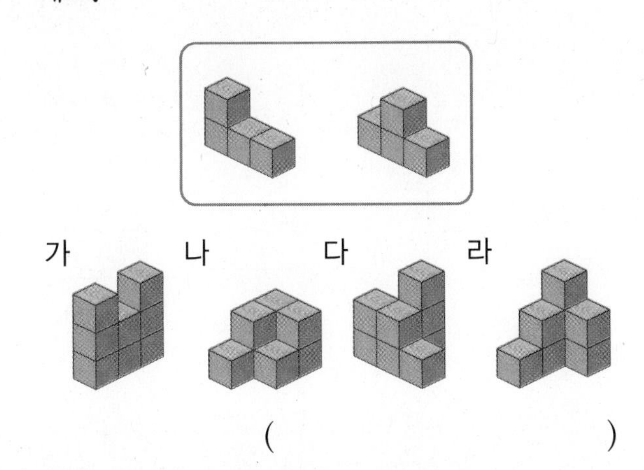

(　　　　　　　　　　)

[9~10] 가와 나를 보고 물음에 답하세요.

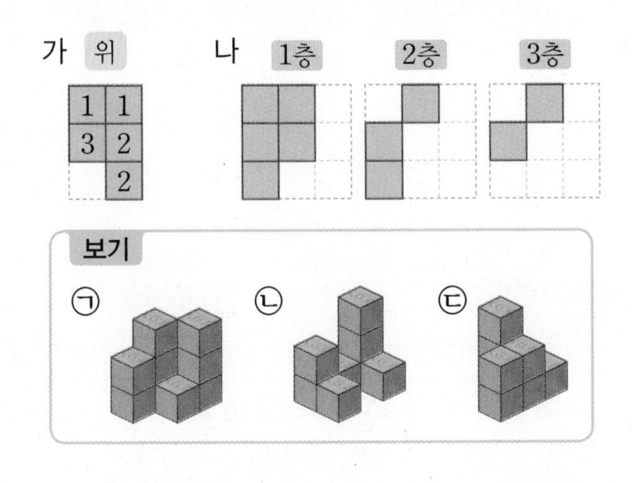

9 가와 같은 모양으로 쌓은 쌓기나무를 보기 에서 찾아 기호를 써 보세요.

(　　　　　　　　　　)

10 나와 같은 모양으로 쌓은 쌓기나무를 보기 에서 찾아 기호를 써 보세요.

(　　　　　　　　　　)

11 왼쪽 쌓기나무로 쌓은 모양을 위에서 본 모양이 될 수 <u>없는</u> 것을 찾아 기호를 써 보세요.

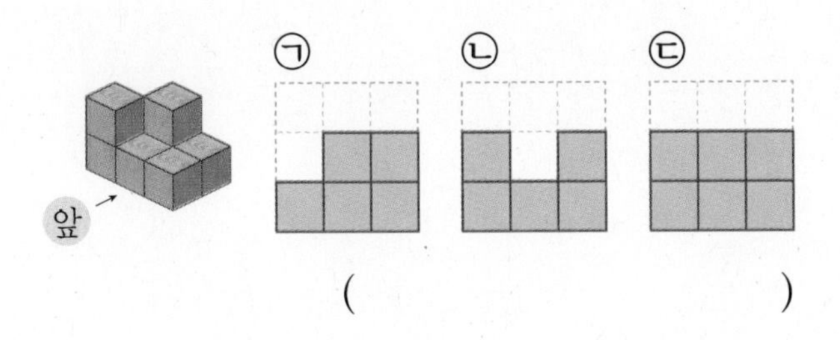

(　　　　　　　　　　)

12 쌓기나무로 쌓은 모양과 위에서 본 모양입니다. 똑같은 모양으로 쌓는 데 필요한 쌓기나무는 몇 개일까요?

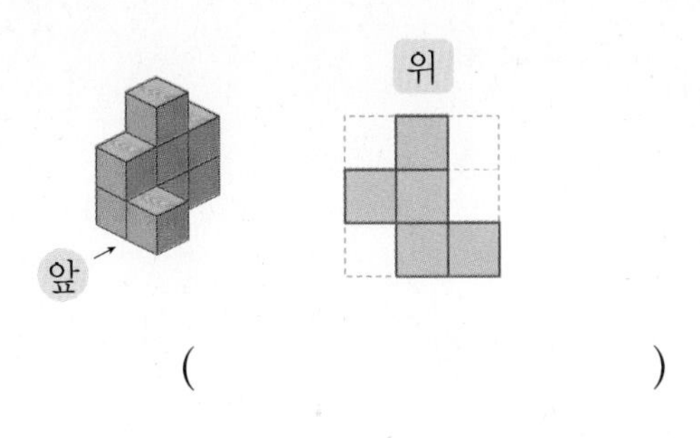

(　　　　　　　　　　)

13 쌓기나무로 쌓은 모양과 위에서 본 모양입니다. 앞과 옆에서 본 모양을 그려 보세요.

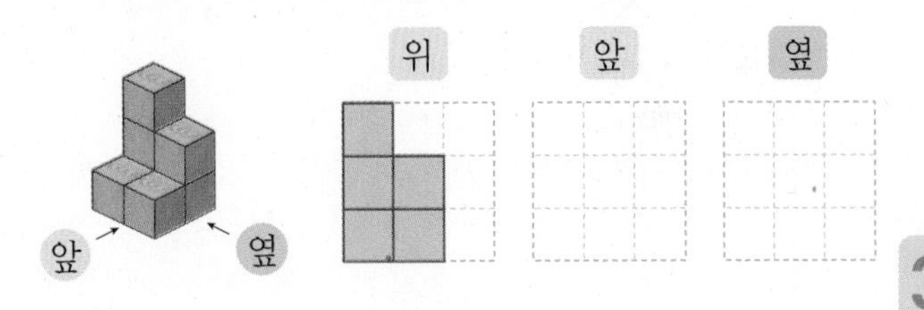

[14~15] 쌓기나무 8개로 쌓은 모양입니다. 위에서 본 모양을 그리고 수를 써넣으세요.

14

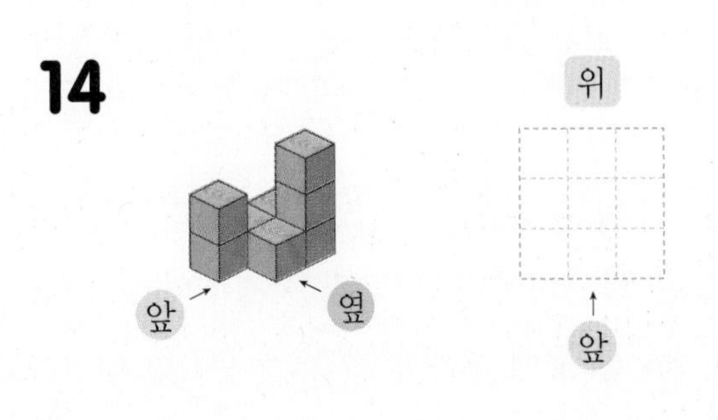

15

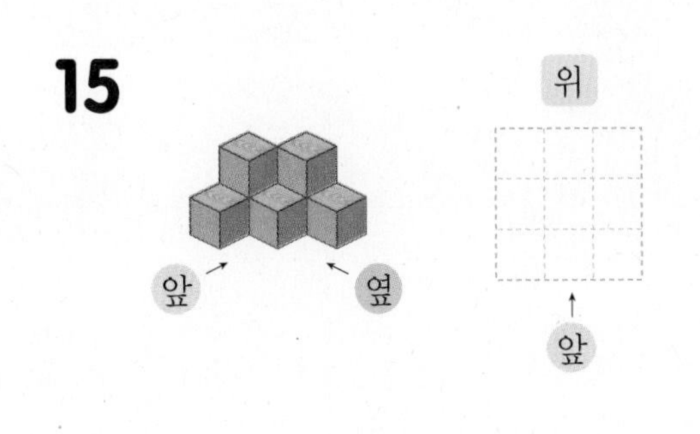

16 쌓기나무로 쌓은 모양을 위, 앞, 옆에서 본 모양입니다. 쌓은 쌓기나무가 가장 많은 경우와 가장 적은 경우의 개수의 차는 몇 개인지 구해 보세요.

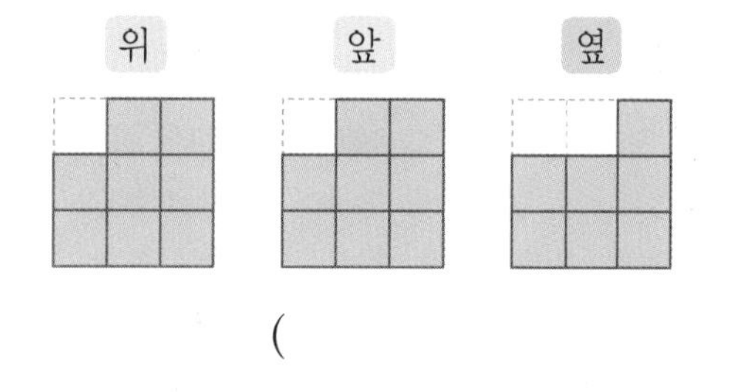

( )

17 쌓기나무 8개를 사용하여 조건 을 만족하도록 쌓은 모양을 위에서 본 모양에 수를 써넣으세요.

조건
- 앞에서 본 모양과 옆에서 본 모양이 서로 같습니다.
- 3층짜리 모양입니다.

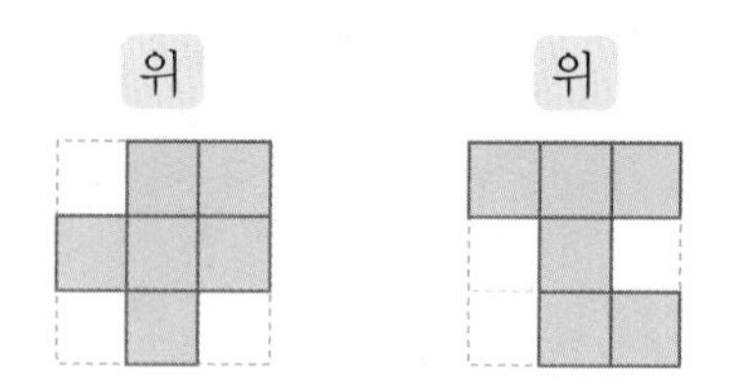

18 주어진 모양과 똑같은 모양으로 쌓으려고 합니다. 쌓은 쌓기나무가 가장 많은 경우의 쌓기나무의 개수를 구해 보세요.

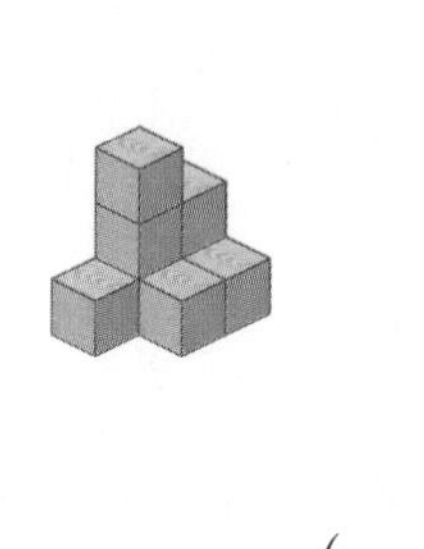

( )

19 쌓기나무로 쌓은 모양을 위, 앞, 옆에서 본 모양입니다. 똑같은 모양으로 쌓는 데 필요한 쌓기나무는 몇 개인지 풀이 과정을 쓰고 답을 구해 보세요.

위 앞 옆

풀이

답

20 진경이가 가지고 있는 쌓기나무 10개로 모양을 쌓고 위에서 본 모양을 그린 것입니다. 모양을 쌓고 남은 쌓기나무는 몇 개인지 풀이 과정을 쓰고 답을 구해 보세요.

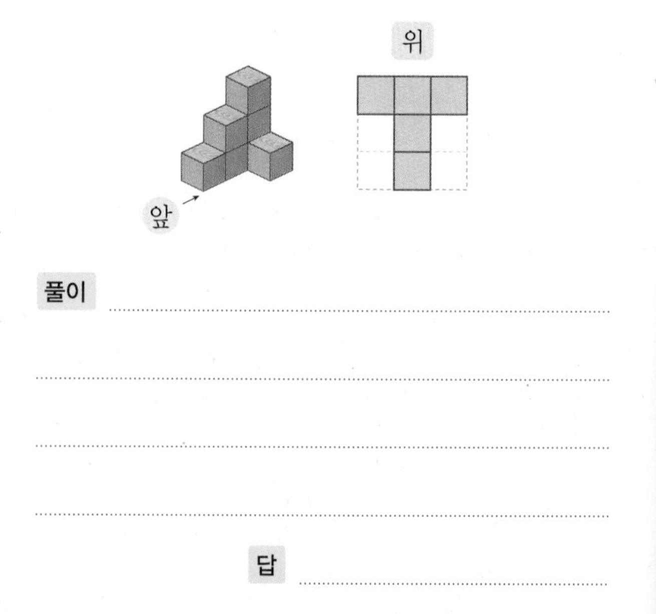

풀이

답

단원 평가 Level 2

점수

확인

1 쌓기나무 10개를 이용하여 쌓은 모양입니다. 위에서 본 모양에 수를 쓰는 방법으로 나타내어 보세요.

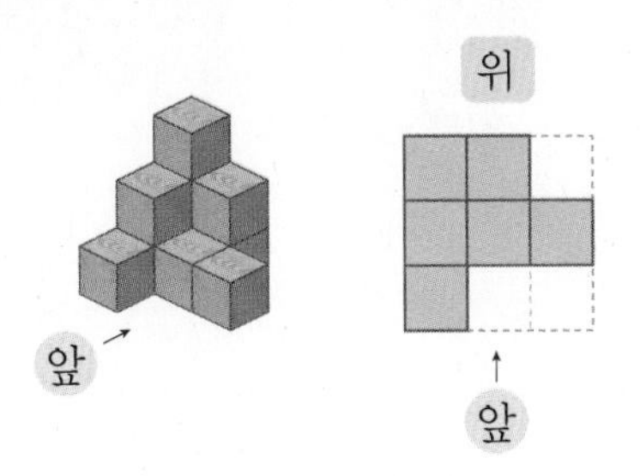

2 주어진 모양과 똑같이 쌓는 데 필요한 쌓기나무의 개수를 구해 보세요.

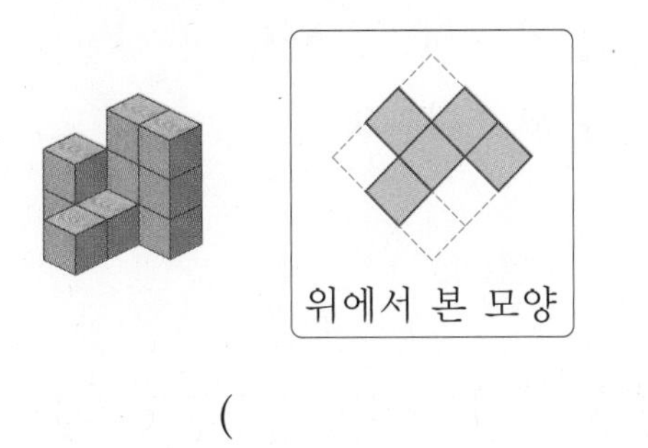

(　　　　　　　　)

3 쌓기나무로 쌓은 모양과 1층 모양을 보고, 2층과 3층 모양을 그려 보세요.

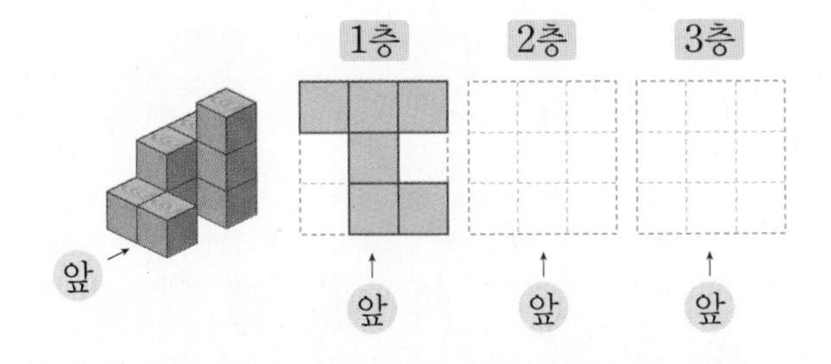

4 쌓기나무 6개로 쌓은 모양입니다. 앞에서 본 모양이 다른 하나를 찾아 기호를 써 보세요.

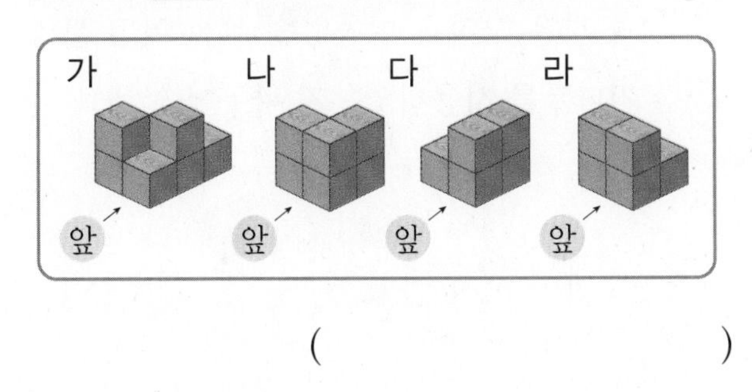

(　　　　　　　　)

5 쌓기나무로 쌓은 모양과 1층 모양을 보고, 틀린 설명을 찾아 기호를 써 보세요.

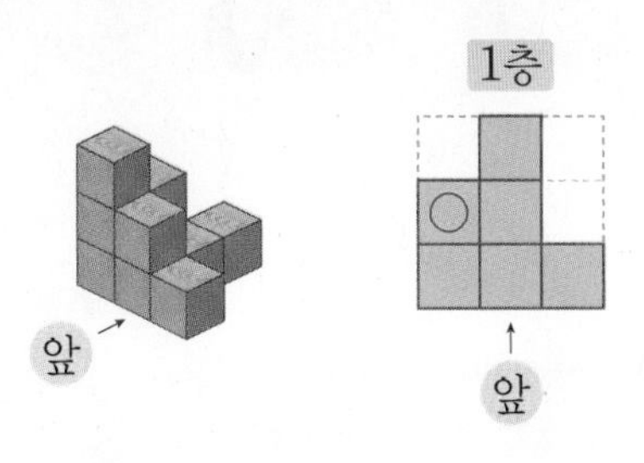

㉠ 1층에 쌓은 쌓기나무는 6개입니다.
㉡ ○ 부분에 쌓은 쌓기나무는 3개입니다.
㉢ 똑같은 모양으로 쌓는 데 필요한 쌓기나무는 10개입니다.

(　　　　　　　　)

6 오른쪽 그림은 쌓기나무 9개로 쌓은 모양을 어느 방향에서 본 것인지 써 보세요.

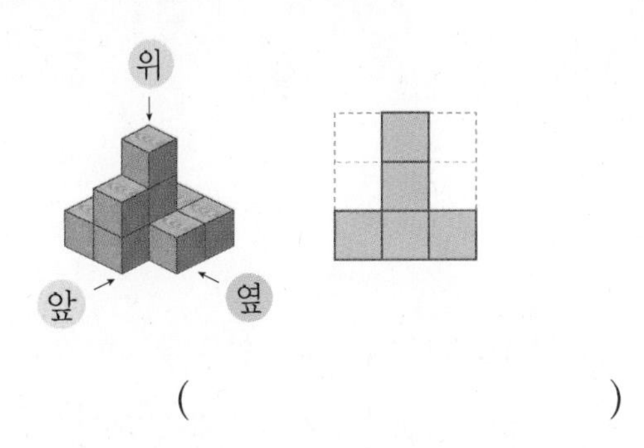

(　　　　　　　　)

7 쌓기나무로 쌓은 모양을 보고 위에서 본 모양에 수를 썼습니다. 앞과 옆에서 본 모양을 각각 그려 보세요.

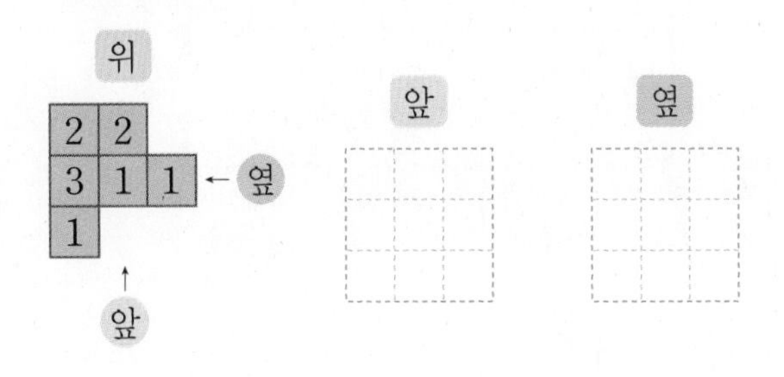

3

8 뒤집거나 돌렸을 때 모양이 같은 것끼리 이어 보세요.

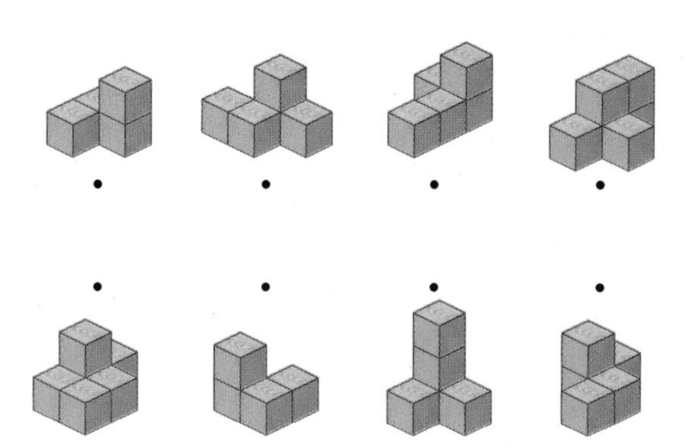

9 쌓기나무로 쌓은 모양을 위, 앞, 옆에서 본 모양입니다. 똑같은 모양으로 쌓는 데 필요한 쌓기나무는 몇 개일까요?

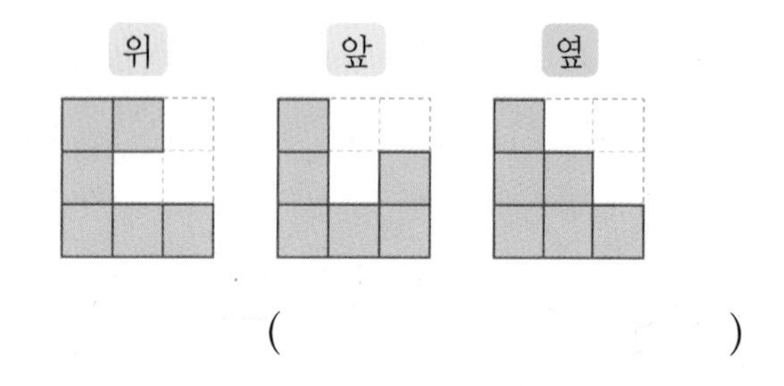

(　　　　　　　)

10 쌓기나무로 1층 위에 2층과 3층을 쌓으려고 합니다. 1층 모양을 보고 2층과 3층으로 알맞은 모양을 각각 찾아 기호를 써 보세요.

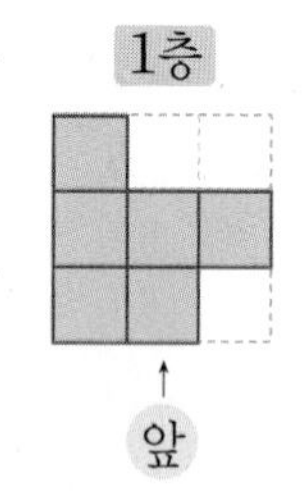

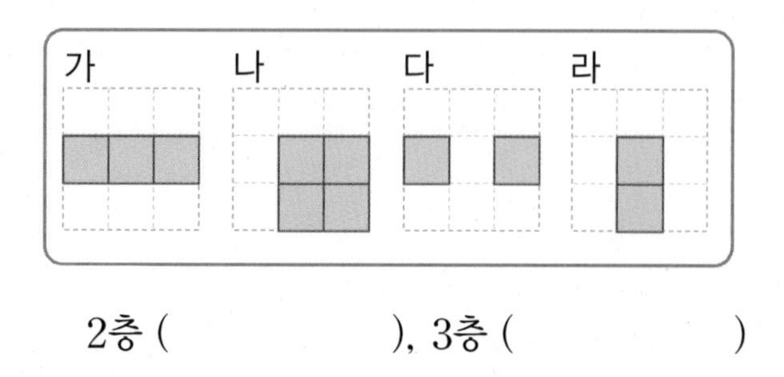

2층 (　　　　　　), 3층 (　　　　　　)

11 윤석이는 쌓기나무를 15개 가지고 있습니다. 다음 모양과 똑같이 만들고 남은 쌓기나무는 몇 개일까요?

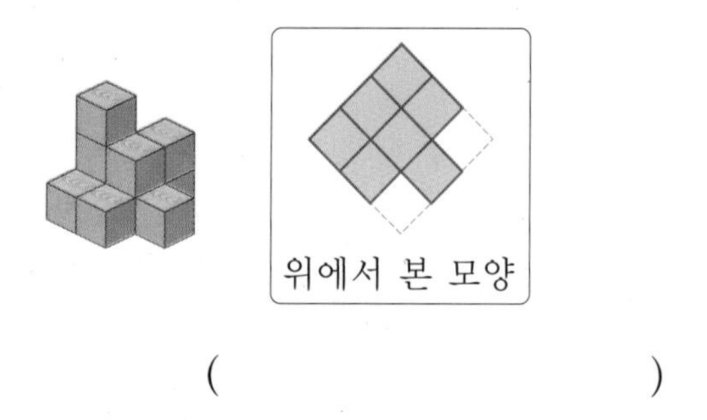

(　　　　　　　)

12 오른쪽 그림은 쌓기나무로 쌓은 모양을 보고 위에서 본 모양에 수를 쓴 것입니다. 2층에 놓인 쌓기나무는 몇 개일까요?

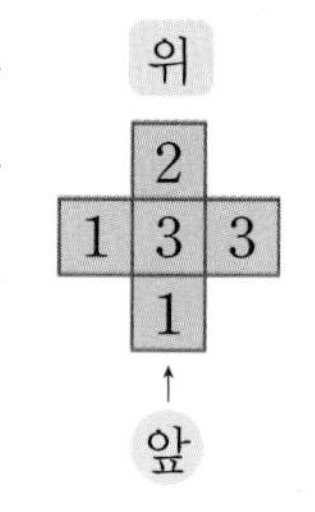

(　　　　　　　)

13 다음 쌓기나무 모양의 ㉠과 ㉡ 자리에 쌓기나무를 하나씩 더 쌓은 후 옆에서 본 모양을 그려 보세요.

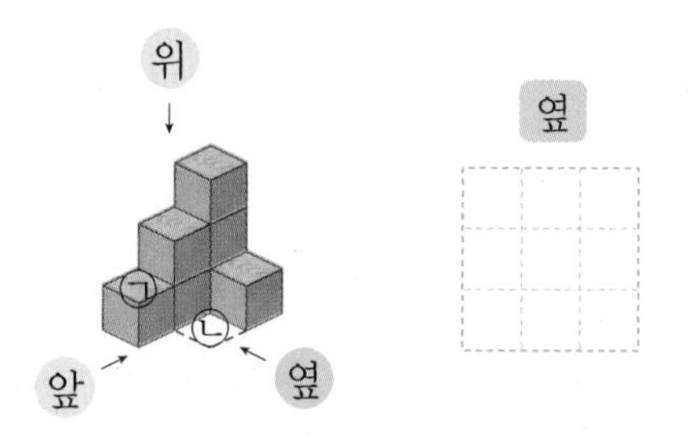

14 똑같은 쌓기나무 모양 두 개를 사용하여 다음과 같은 모양을 만들었습니다. 어떤 모양의 쌓기나무를 사용하였는지 나누어 보세요.

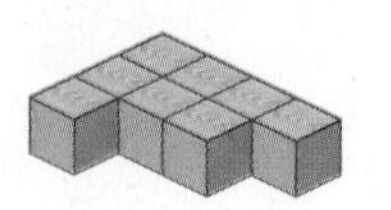

15 쌓기나무로 쌓은 모양을 위, 앞, 옆에서 본 모양이 모두 오른쪽과 같을 때 쌓기나무는 몇 개일까요?

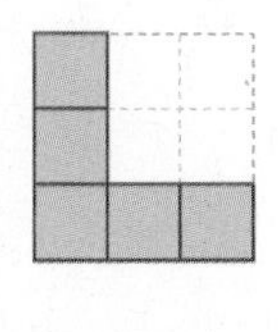

( )

16 쌓기나무를 4개씩 붙여서 만든 두 가지 모양을 사용하여 새로운 모양을 만들었습니다. 어떻게 만들었는지 구분하여 색칠해 보세요.

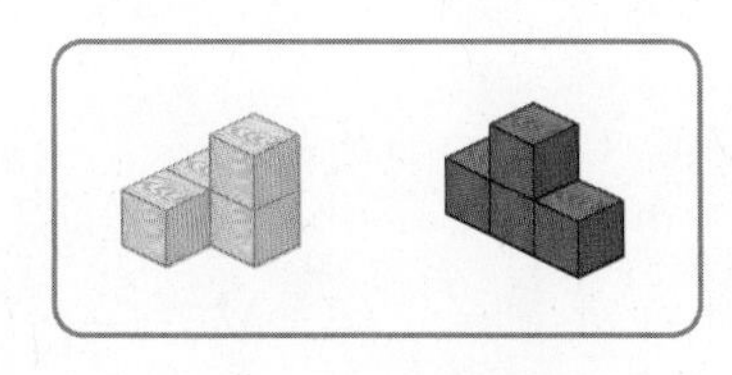

(1) 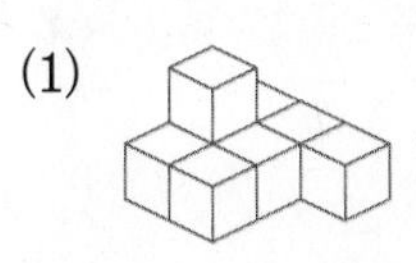

(2) 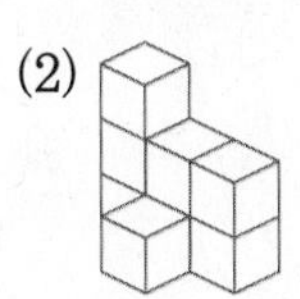

17 쌓기나무 9개로 쌓은 모양입니다. ㉠의 자리에 쌓기나무를 2개 더 쌓았을 때 옆에서 본 모양을 그려 보세요.

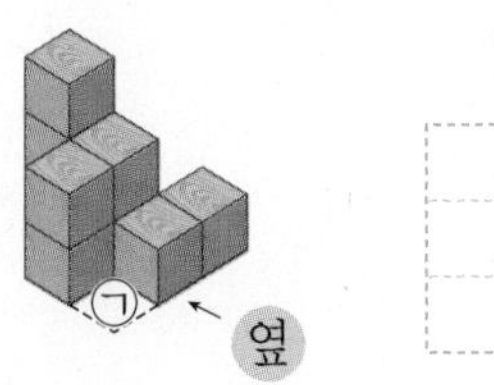

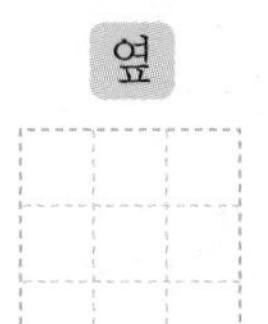

18 위, 앞, 옆에서 본 모양이 다음과 같은 쌓기나무 모양을 만들려고 합니다. 최대로 사용할 때와 최소로 사용할 때 필요한 쌓기나무의 개수를 각각 구해 보세요.

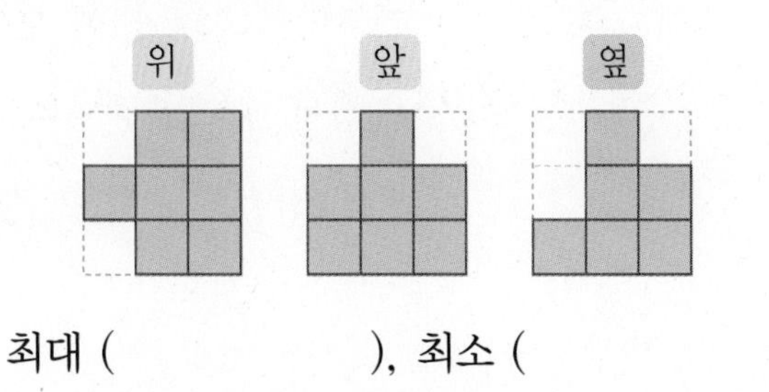

최대 ( ), 최소 ( )

19 다음 모양에 쌓기나무를 더 쌓아 가장 작은 정육면체 모양을 만들려고 합니다. 더 필요한 쌓기나무는 몇 개인지 풀이 과정을 쓰고 답을 구해 보세요.

위

풀이

답

20 한 모서리의 길이가 1 cm인 쌓기나무로 다음 그림과 같이 쌓았습니다. 쌓은 모양의 겉넓이는 몇 cm^2인지 풀이 과정을 쓰고 답을 구해 보세요.

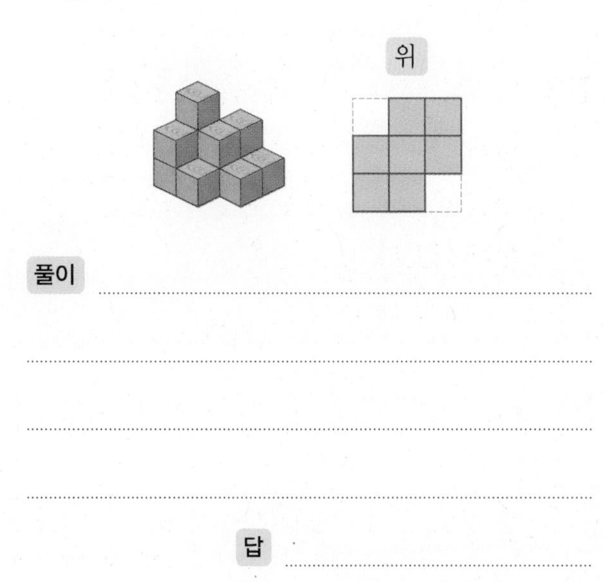

풀이

답

비례식과 비례배분

1:3은 비율로 $\frac{1}{3}$, 10:30은 비율로 $\frac{10}{30}=\frac{1}{3}$. 비율이 같네!

그럼 **하나의 식으로 나타내 볼래?**

비율이 같은 두 비를 하나의 식으로 나타낼 수 있어!

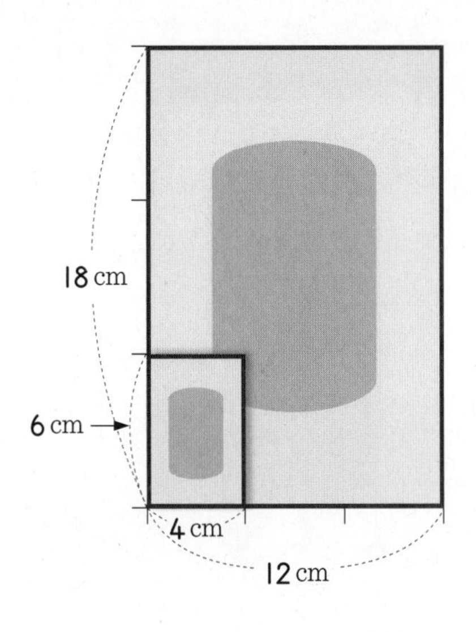

4 : 6	12 : 18
가로 세로	가로 세로

$\frac{4}{6} = \frac{2}{3}$ $\frac{12}{18} = \frac{2}{3}$

비는 다른데
비율은 같네!

비례식으로 나타내자!

$$4 : 6 = 12 : 18$$

1 비의 성질을 알아볼까요

- 비 **2 : 3**에서 기호 ' : ' 앞에 있는 **2**를 **전항**, 뒤에 있는 **3**을 **후항**이라고 합니다.

- **비의 전항과 후항에 0이 아닌 같은 수를 곱하여도 비율은 같습니다.**

$2:3 \rightarrow \frac{2}{3}$

$6:9 \rightarrow \frac{6}{9}=\frac{2}{3}$ (=)

2 : 3 → 6 : 9 (×3, ×3)

2 : 3의 전항과 후항에 3을 곱하였습니다.

- **비의 전항과 후항을 0이 아닌 같은 수로 나누어도 비율은 같습니다.**

$12:16 \rightarrow \frac{12}{16}=\frac{3}{4}$

$3:4 \rightarrow \frac{3}{4}$ (=)

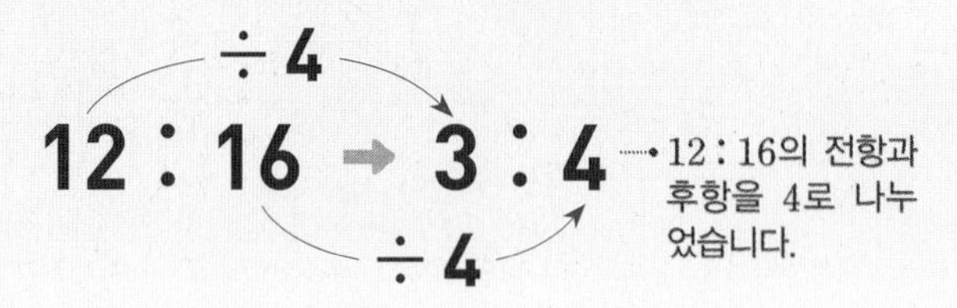

÷4
12 : 16 → 3 : 4
÷4
12 : 16의 전항과 후항을 4로 나누었습니다.

비의 전항과 후항에 0을 곱하면

2 : 3 → 0 : 0 (×0, ×0)

으로 0 : 0이 되므로 0을 곱할 수 없습니다.

0으로는 나눌 수가 없으므로 0으로 나누는 것은 생각하지 않습니다.

- 10 : 15의 비율은 $\frac{\square}{\square}$이고 2 : 3의 비율은 $\frac{\square}{\square}$이므로 두 비의 비율은 (같습니다 , 다릅니다).

1 □ 안에 알맞은 말을 써넣으세요.

(1) 3 : 2
　□　 후항

(2) 3 : 4
　전항　 □

2 □ 안에 알맞은 말을 써넣으세요.

(1) 비의 전항과 후항에 0이 아닌 같은 수를 □ 비율은 같습니다.

(2) 비의 전항과 후항을 0이 아닌 같은 수로 □ 비율은 같습니다.

3 비의 성질을 이용하여 비율이 같은 비를 찾아 기호를 써 보세요.

㉠ 15 : 18	㉡ 4 : 14
㉢ 3 : 5	㉣ 4 : 5

(1) 2 : 7 (　　　　)

(2) 15 : 25 (　　　　)

(3) 5 : 6 (　　　　)

(4) 28 : 35 (　　　　)

4 비의 성질을 이용하여 비율이 같은 비를 만든 것입니다. □ 안에 알맞은 수를 써넣으세요.

(1) $5:7$ ➡ $(5\times\square):(7\times4)$
➡ □ : □

(2) $48:64$ ➡ $(48\div8):(64\div\square)$
➡ □ : □

5 □ 안에 알맞은 수를 써넣으세요.

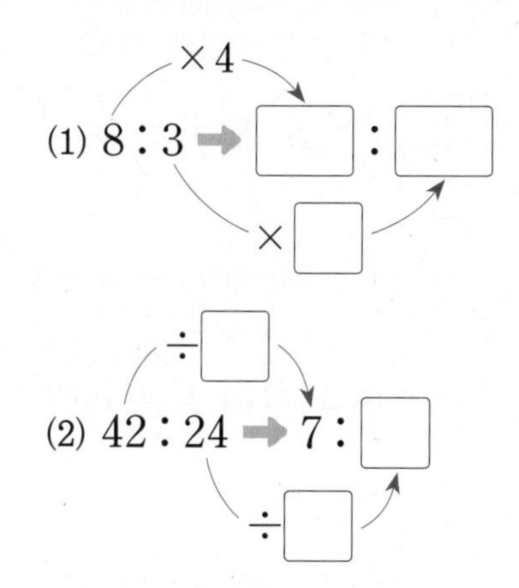

6 비의 성질을 이용하여 □ 안에 알맞은 수를 써넣으세요.

(1) $6:4$ ➡ $12:\square$, $\square:12$

(2) $20:16$ ➡ $\square:8$, $5:\square$

7 비의 전항과 후항에 0이 아닌 같은 수를 곱하여 비율이 같은 비를 2개씩 써 보세요.

(1) $2:3$ ➡ ....

(2) $4:7$ ➡ ....

8 비의 전항과 후항을 0이 아닌 같은 수로 나누어 비율이 같은 비를 2개씩 써 보세요.

(1) $10:30$ ➡ ....

(2) $20:32$ ➡ ....

9 가로와 세로의 비가 $5:4$와 비율이 같은 그림을 모두 찾아 기호를 써 보세요.

가 10 cm, 8 cm
나 12 cm, 10 cm
다 15 cm, 10 cm
라 20 cm, 16 cm

(   )

2 간단한 자연수의 비로 나타내어 볼까요

● 소수의 비를 간단한 자연수의 비로 나타내기

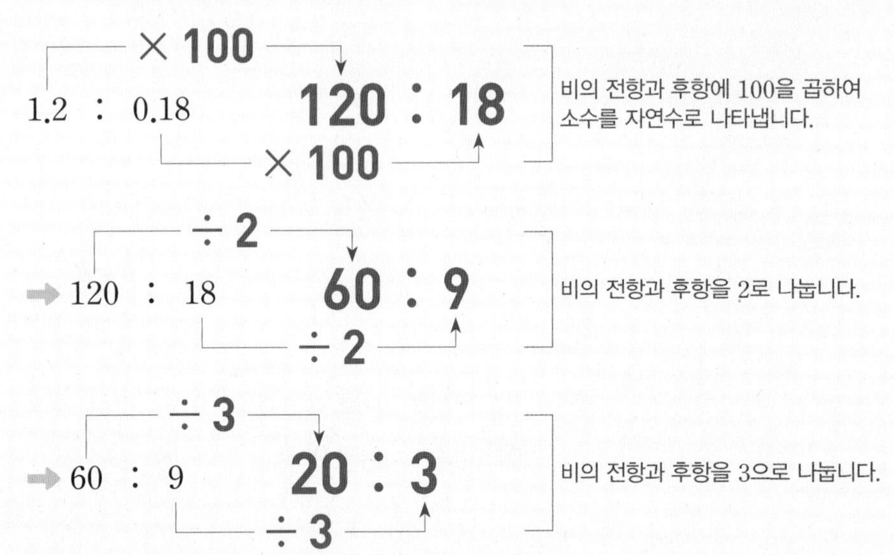

● 분수의 비를 간단한 자연수의 비로 나타내기

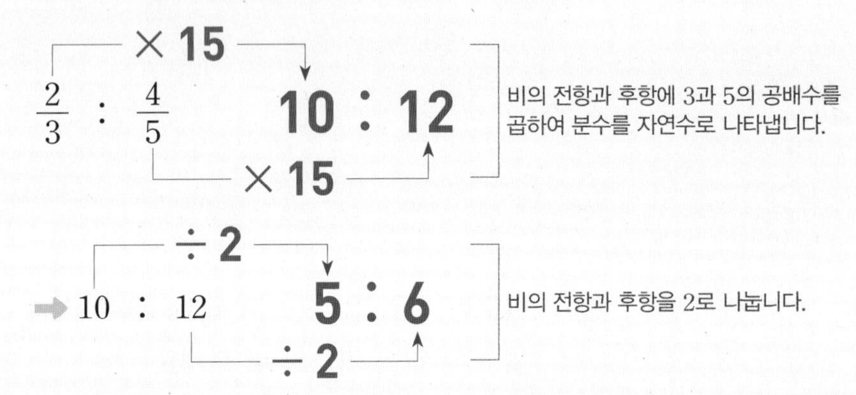

● 분수와 소수의 비를 간단한 자연수의 비로 나타내기

• 전항을 분수로 고치기

$0.2 : \frac{1}{4}$ ➡ $\frac{2}{10} : \frac{1}{4}$

➡ $\frac{2}{10} : \frac{1}{4}$ (×20) $4 : 5$

• 후항을 소수로 고치기

$0.2 : \frac{1}{4}$ ➡ $0.2 : 0.25$

➡ $0.2 : 0.25$ (×100) $20 : 25$

➡ $20 : 25$ (÷5) $4 : 5$

- 소수의 비는 전항과 후항에 10, 100, 1000을 곱하여 자연수의 비로 나타낸 다음 전항과 후항을 두 수의 공약수로 나눕니다.

예 1.2 : 0.18 (×100, ×100) ➡ 120 : 18 (÷6, ÷6) ➡ 20 : 3

- 분수의 비는 전항과 후항에 두 분모의 공배수를 곱하여 자연수의 비로 나타냅니다.

- 자연수의 비를 간단한 비로 나타내려면 전항과 후항을 두 수의 공약수로 나눕니다.

예 12 : 30 (÷6, ÷6) ➡ 2 : 5

❗

● 분수의 비를 간단한 자연수의 비로 나타내려면 전항과 후항에 두 분모의 [ ] 을/를 곱합니다.

1 $0.13:0.8$을 간단한 자연수의 비로 나타내려고 합니다. □ 안에 알맞은 수를 써넣으세요.

(1) $0.13:0.8$의 전항과 후항에 □을/를 곱합니다.

(2) $0.13:0.8$ → ×□ → □ : □

2 $\frac{2}{3}:\frac{1}{4}$을 간단한 자연수의 비로 나타내려고 합니다. □ 안에 알맞은 수를 써넣으세요.

(1) $\frac{2}{3}:\frac{1}{4}$의 전항과 후항에 3과 4의 공배수 □을/를 곱합니다.

(2)

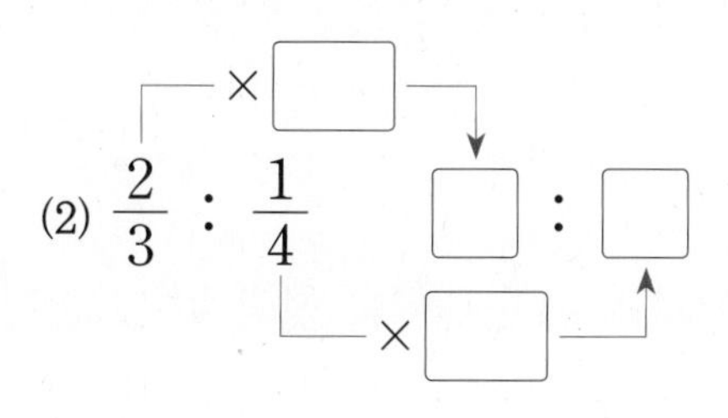

[3~4] 간단한 자연수의 비로 나타내려고 합니다. □ 안에 알맞은 수를 써넣으세요.

3

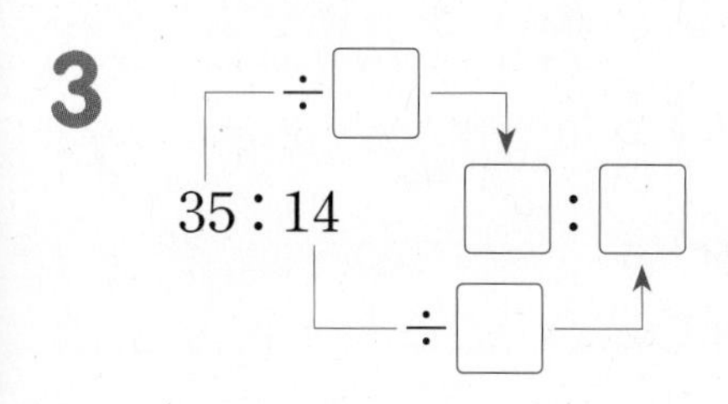

4

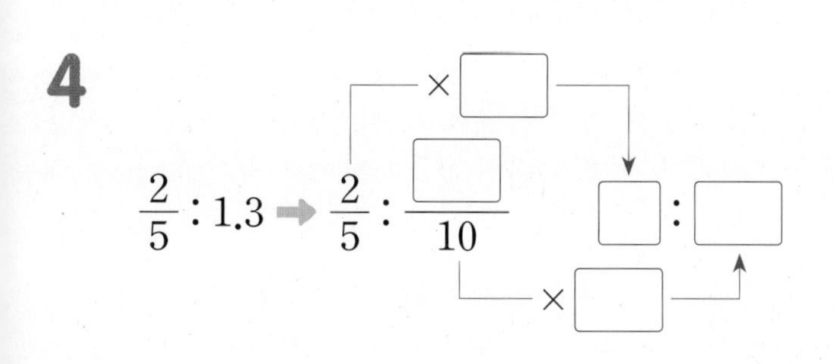

5 간단한 자연수의 비로 바르게 나타낸 것을 찾아 기호를 써 보세요.

> ㉠ $0.15:0.4$ ➡ $15:4$
> ㉡ $10.2:3.1$ ➡ $102:31$

( )

6 간단한 자연수의 비로 나타내려고 합니다. □ 안에 알맞은 수를 써넣으세요.

(1) $0.8:1.2$ ➡ □ $:3$

(2) $\frac{5}{6}:\frac{3}{4}$ ➡ $10:$ □

(3) $27:90$ ➡ □ $:10$

7 간단한 자연수의 비로 나타내어 보세요.

(1) $\frac{1}{7}:\frac{1}{5}$ ➡ ( )

(2) $0.7:\frac{2}{3}$ ➡ ( )

8 우유 $\frac{9}{10}$ L와 주스 $\frac{5}{6}$ L가 있습니다. 우유의 양과 주스의 양을 간단한 자연수의 비로 나타내어 보세요.

( )

3 비례식을 알아볼까요

- **비례식**: 비율이 같은 두 비를 기호 '='를 사용하여 **3 : 5 = 9 : 15**와 같이 나타내는 식

3 : 5의 비율 ➡ $\frac{3}{5}$

9 : 15의 비율 ➡ $\frac{9}{15} = \frac{3}{5}$

= ➡ 3 : 5 = 9 : 15

1학기 때 배웠어요

비율은 기준량에 대한 비교하는 양의 크기입니다.
(비율) = (비교하는 양) ÷ (기준량)
$= \frac{(\text{비교하는 양})}{(\text{기준량})}$

- 비례식 3 : 5 = 9 : 15에서
바깥쪽에 있는 **3**과 **15**를 **외항**, 안쪽에 있는 **5**와 **9**를 **내항**이라 합니다.

외항

3 : 5 = 9 : 15

내항

비율을 분수로 나타낼 수 있으므로 분수식으로 비례식을 세울 수 있습니다.
예 $\frac{2}{3} = \frac{4}{6}$
➡ 2 : 3 = 4 : 6

- 외항이 4와 18이고 내항이 6과 12인 비례식은 4 : ☐ = 12 : ☐입니다.

1 ☐ 안에 알맞은 수나 말을 써넣고, 알맞은 말에 ○표 하세요.

3 : 4 = 6 : 8

(1) 3 : 4의 비율은 $\frac{☐}{☐}$입니다.

(2) 6 : 8의 비율은 $\frac{☐}{8} = \frac{☐}{4}$입니다.

(3) 3 : 4와 6 : 8의 비율은
(같습니다 , 다릅니다).

(4) 비율이 같은 두 비를 기호 '='를 사용하여 나타낸 식을 ☐이라고 합니다.

2 비례식에서 외항과 내항을 찾아 써 보세요.

(1) 1 : 4 = 8 : 32

외항 ( )
내항 ( )

(2) 20 : 3 = 60 : 9

외항 ( )
내항 ( )

(3) 21 : 14 = 3 : 2

외항 ( )
내항 ( )

3 비례식은 어느 것일까요? (　　　)

① 5 : 9　② 3×2=6
③ 3 : 4=9 : 12　④ 2×4=1×8
⑤ 63÷7=9

4 비례식을 보고 옳은 설명에 ○표, 잘못된 설명에 ×표 하세요.

4 : 5=20 : 25

(1) 비율은 $\frac{4}{5}$입니다. (　　　)

(2) 내항은 5와 25입니다. (　　　)

(3) 외항은 4와 25입니다. (　　　)

5 비율이 같은 비를 찾아 비례식을 세우려고 합니다. □ 안에 알맞은 비를 찾아 기호를 써 보세요.

2 : 3=□

㉠ 2 : 5　㉡ 6 : 9　㉢ 12 : 14

(　　　)

6 비율이 같은 두 비를 찾아 비례식을 세워 보세요.

3 : 5　$\frac{1}{4}$: $\frac{1}{3}$　4 : 5
9 : 10　0.9 : 1.5　8 : 10

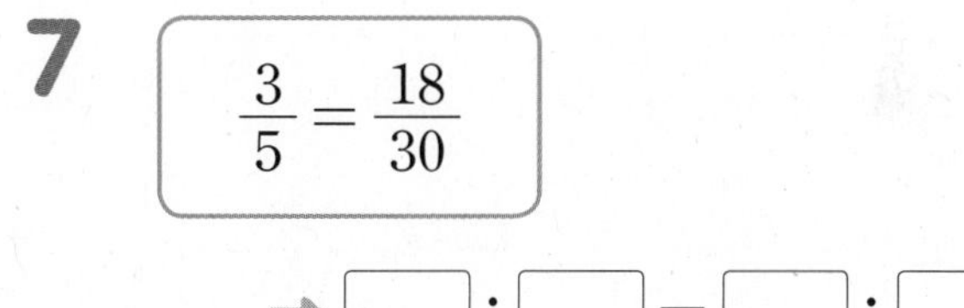

[7~8] 두 비율로 비례식을 세워 보세요.

7 $\frac{3}{5}=\frac{18}{30}$

➡ □ : □=□ : □

8 $\frac{5}{8}=\frac{15}{24}$

➡ □ : □=□ : □

9 빵과 달걀의 수를 보고 비례식을 세워 보세요.

- 빵 3개를 만들 때 달걀 5개가 필요합니다.
- 빵 6개를 만들 때 달걀 10개가 필요합니다.

(빵) : (달걀)

➡ □ : □=□ : □

4 비례식의 성질을 알아볼까요

- 비례식에서 **외항의 곱과 내항의 곱은 같습니다.**

$3\times15=45$

3 : 5 = 9 : 15 **같습니다.**

$5\times9=45$

- **비례식의 성질 활용하기**

가로가 10 cm인 직사각형이 있습니다. 이 직사각형의 가로와 세로의 비가 5 : 3일 때 세로는 몇 cm인지 알아보세요.

세로의 길이를 □ cm라 하면

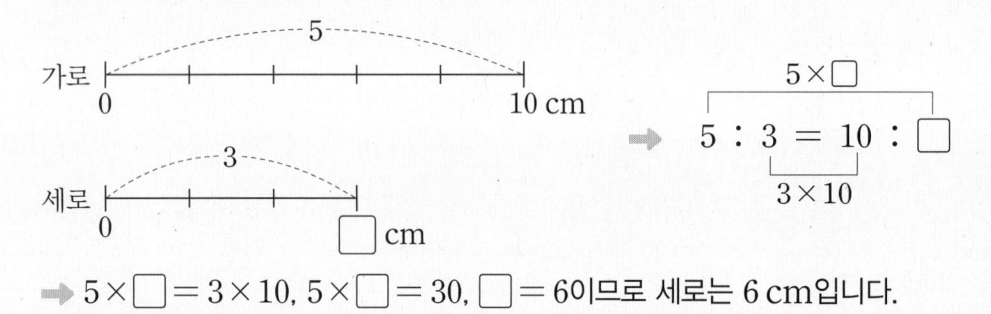

➡ $5\times\square=3\times10$, $5\times\square=30$, $\square=6$이므로 세로는 6 cm입니다.

- **비례식 활용하기**

자동차가 일정한 빠르기로 8 km를 달리는 데 6분이 걸렸습니다. 같은 빠르기로 30분 동안 몇 km를 달리는지 알아보세요.

방법 1 비례식의 성질 이용하기

30분 동안 달리는 거리: □ km

8×30

8 : 6 = □ : 30 → 외항의 곱과 내항의 곱은 같습니다.

$6\times\square$

➡ $8\times30=6\times\square$, $\square=40$이므로 30분 동안 40 km를 달립니다.

방법 2 비의 성질 이용하기

30분 동안 달리는 거리: □ km

8 : 6 □ : 30 (×5, ×5) → 비의 전항과 후항에 0이 아닌 같은 수를 곱하여도 비율은 같습니다.

➡ $\square=8\times5=40$이므로 30분 동안 40 km를 달립니다.

외항 / 내항
■ : ▲ = ★ : ♥
➡ ■×♥ = ▲×★

비례식이 옳은지 찾는 방법

① 외항의 곱과 내항의 곱이 같은지 알아봅니다.

$2\times9=18$, 2 : 5 = 4 : 9, $5\times4=20$ (✕)

$3\times8=24$, 3 : 4 = 6 : 8, $4\times6=24$ (○)

② 전항과 후항에 0이 아닌 같은 수를 곱하거나 전항과 후항을 0이 아닌 같은 수로 나누어도 비율이 같은지 알아봅니다.

$(\text{비율})=\dfrac{(\text{비교하는 양})}{(\text{기준량})}$을 이용하여 $\dfrac{8}{6}=\dfrac{\square}{30}$이므로 $\square=\dfrac{8}{6}\times30=40$입니다.

8 : 6 = □ : 30에서 □ : 30의 후항 30이 8 : 6의 후항 6의 5배이므로 □는 8의 5배입니다.
➡ □ = 40

1 비례식의 성질을 이용하여 다음 식이 비례식인지 알아보려고 합니다. 물음에 답하세요.

6 : 5 = 18 : 15

(1) 외항의 곱은 얼마일까요?

( )

(2) 내항의 곱은 얼마일까요?

( )

(3) 6 : 5 = 18 : 15는 비례식일까요? 그 이유를 써 보세요.

( )

이유 ……………………………………

2 비례식인 것을 모두 찾아 기호를 써 보세요.

㉠ 2 : 1 = 5 : 10　㉡ 15 : 10 = 3 : 2
㉢ 30 : 3 = 10 : 3　㉣ 9 : 2 = 27 : 6

( )

3 비례식의 성질을 이용하여 □ 안에 알맞은 수를 써넣으세요.

(1) 6 : 5 = 24 : □

(2) 2 : 7 = □ : 35

(3) 27 : □ = 9 : 13

(4) □ : 75 = 4 : 3

4 문제를 읽고 물음에 답하세요.

8분 동안 20 L의 물이 일정하게 나오는 수도로 80 L들이의 물통에 물을 가득 채우려면 몇 분 동안 물을 받아야 할까요?

(1) 물통에 물을 가득 채우는 데 걸리는 시간을 □분이라 하고 비례식을 세운 것에 ○표 하세요.

8 : 20 = □ : 80 ( )

8 : 20 = 80 : □ ( )

(2) 80 L들이의 물통에 물을 가득 채우려면 몇 분 동안 물을 받아야 할까요?

( )

5 동화책의 가로와 세로의 비는 5 : 7입니다. 세로가 28 cm일 때 가로는 몇 cm인지 구하려고 합니다. 물음에 답하세요.

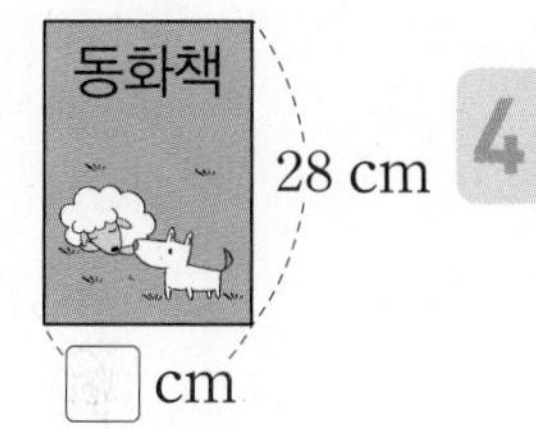

(1) 가로를 □ cm라 하고 비례식을 세워 보세요.

식 ……………………………………

(2) 가로는 몇 cm일까요?

( )

6 꽃 가게에 있는 장미와 튤립 수의 비는 5 : 3입니다. 장미가 150송이일 때 튤립은 몇 송이일까요?

( )

5 비례배분을 해 볼까요

● **비례배분**: 전체를 주어진 비로 배분하는 것

● **전체를 ㉮ : ㉯인 ● : ▲로 나누기**

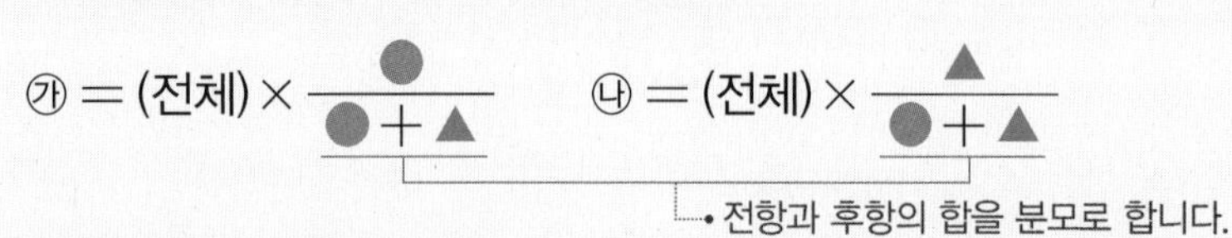

㉮ $=$ (전체) $\times \frac{●}{●+▲}$ ㉯ $=$ (전체) $\times \frac{▲}{●+▲}$

전항과 후항의 합을 분모로 합니다.

예 15를 2 : 3으로 나누기

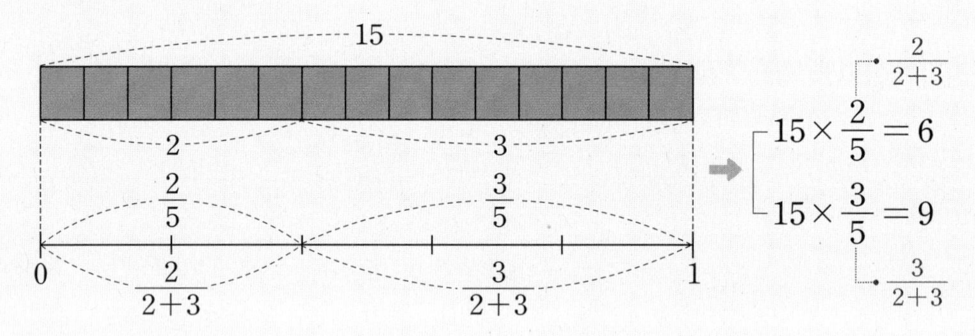

$15 \times \frac{2}{5} = 6$ ← $\frac{2}{2+3}$

$15 \times \frac{3}{5} = 9$ ← $\frac{3}{2+3}$

- 2 : 3으로 나누어 가진다는 것은 만약 구슬이 5개라면 2개, 3개로 나누어 가진다는 것입니다.
- 비례배분을 할 때에는 주어진 비의 전항과 후항의 합을 분모로 하는 분수의 비로 고쳐서 계산하면 편리합니다.
  예 15를 2 : 3으로 나누면 $15 \times \frac{2}{2+3} = 6$, $15 \times \frac{3}{2+3} = 9$ 로 나눌 수 있습니다.

● **비례배분 문제 해결 방법**

> 지민이와 원경이가 연필 28자루를 4 : 3으로 나누어 가지려고 합니다.
> 연필을 어떻게 나누어 가져야 하는지 알아보세요.

방법 1 **비례배분하기**

[지민] $28 \times \frac{4}{4+3} = 28 \times \frac{4}{7} = 16$(자루)

[원경] $28 \times \frac{3}{4+3} = 28 \times \frac{3}{7} = 12$(자루)

방법 2 **비의 성질 이용하기**

지민이는 전체의 $\frac{4}{7}$를, 원경이는 전체의 $\frac{3}{7}$을 가집니다.

(전체: 4+3=7, $\frac{4}{7}$: 4 : 7, $\frac{3}{7}$: 3 : 7)

[지민] 4 : 7 (×4) □ : 28 ➡ □ $= 4 \times 4 = 16$(자루)

[원경] 3 : 7 (×4) □ : 28 ➡ □ $= 3 \times 4 = 12$(자루)

- 방법 1 은 전체를 주어진 비로 배분하여 부분의 양을 구한 것입니다.
  방법 2 는 각 항이 무엇을 의미하는지 알고 전항과 후항에 0이 아닌 같은 수를 곱하여도 비율은 같다는 비의 성질을 이용하여 비례배분을 한 것입니다.
- 비례식 4 : 7 = □ : 28을 비례식의 성질을 이용하면
  $4 \times 28 = 7 \times$ □,
  $112 = 7 \times$ □,
  □ $= 16$입니다.
- 비례식 3 : 7 = □ : 28을 비례식의 성질을 이용하면
  $3 \times 28 = 7 \times$ □,
  $84 = 7 \times$ □,
  □ $= 12$입니다.

1 연필 35자루를 재석이와 명수가 2 : 5로 나누어 가지려고 합니다. □ 안에 알맞은 수를 써넣으세요.

(1) 재석이는 전체의 $\frac{\square}{2+5}=\frac{\square}{7}$을/를 가지고 명수는 전체의 $\frac{\square}{2+5}=\frac{\square}{7}$을/를 가지게 됩니다.

(2) 재석이와 명수가 나누어 가지는 연필 수

➡ 재석: $35\times\frac{\square}{7}=\square$(자루)

명수: $35\times\frac{\square}{7}=\square$(자루)

2 50을 3 : 7로 나누려고 합니다. □ 안에 알맞은 수를 써넣으세요.

$50\times\frac{3}{3+7}=50\times\frac{\square}{\square}=\square$

$50\times\frac{7}{\square+7}=50\times\frac{\square}{\square}=\square$

3 지성이와 연아가 군밤 54개를 4 : 5로 나누어 가지려고 합니다. 지성이와 연아는 각각 몇 개씩 가져야 할까요?

지성 (　　　　　)
연아 (　　　　　)

4 책 180권을 책장과 책꽂이에 17 : 13으로 나누어 꽂으려고 합니다. 책장과 책꽂이에 꽂은 책은 각각 몇 권씩일까요?

책장	책꽂이

5 어느 날 낮과 밤의 길이의 비가 5 : 7이라면 낮은 몇 시간인지 구해 보세요.

(　　　　　)

6 진아와 무영이는 할머니의 생신 선물로 6000원짜리 손수건을 사려고 합니다. 진아와 무영이가 8 : 7로 돈을 내서 산다면 진아는 얼마를 내야 할까요?

(　　　　　)

7 사탕 48개를 은서와 시원이가 나누어 가지려고 합니다. 물음에 답하세요.

(1) 사탕을 은서와 시원이가 5 : 3으로 나누어 가지면 각각 몇 개씩 가질 수 있을까요?

은서 (　　　　　)
시원 (　　　　　)

(2) 사탕을 은서와 시원이가 10 : 6으로 나누어 가지면 각각 몇 개씩 가질 수 있을까요?

은서 (　　　　　)
시원 (　　　　　)

기본기 다지기

1 비의 성질

비의 전항과 후항에 0이 아닌 같은 수를 곱하거나 비의 전항과 후항을 0이 아닌 같은 수로 나누어도 비율은 같습니다.

$2:3 \Rightarrow 4:6$ (전항과 후항에 $\times 2$)　　$8:12 \Rightarrow 2:3$ (전항과 후항에 $\div 4$)

1 □ 안에 공통으로 들어갈 수 없는 수는 어느 것일까요? (　　　)

$5:8 \Rightarrow (5\times\square):(8\times\square)$

① 0　② 1　③ 5
④ 8　⑤ 10

2 비의 성질을 이용하여 □ 안에 알맞은 수를 써넣으세요.

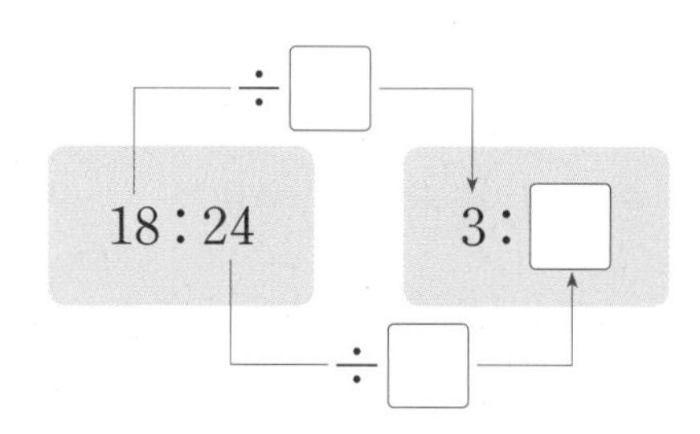

3 7 : 3과 비율이 같은 자연수의 비 중에서 전항이 30보다 작은 비를 모두 써 보세요.

(　　　　　　　　　　)

서술형

4 가로와 세로의 비가 2 : 9이고, 가로가 40 cm인 직사각형의 넓이는 몇 cm^2인지 구하려고 합니다. 풀이 과정을 쓰고 답을 구해 보세요.

풀이 ....

답 ....

2 간단한 자연수의 비로 나타내기

- (소수) : (소수)
  ➡ 전항과 후항에 10, 100, 1000, ...을 곱합니다.
- (분수) : (분수)
  ➡ 전항과 후항에 두 분모의 공배수를 곱합니다.
- (자연수) : (자연수)
  ➡ 전항과 후항을 두 수의 공약수로 나누면 간단하게 나타낼 수 있습니다.

5 간단한 자연수의 비로 나타내어 보세요.

(1) $0.3:\frac{1}{5}$ ➡ (　　　　　　)

(2) $1\frac{1}{4}:2\frac{2}{3}$ ➡ (　　　　　　)

6 비 $\frac{1}{6}:\frac{3}{8}$을 간단한 자연수의 비로 나타내었을 때 전항과 후항의 합을 구해 보세요.

(　　　　　　)

7 비율이 0.4인 간단한 자연수의 비를 구해 보세요. (단, 각 항의 수는 10보다 작습니다.)

(　　　　　　)

8 직각삼각형의 밑변의 길이가 36 cm일 때 밑변의 길이와 높이의 비를 간단한 자연수의 비로 나타내어 보세요.

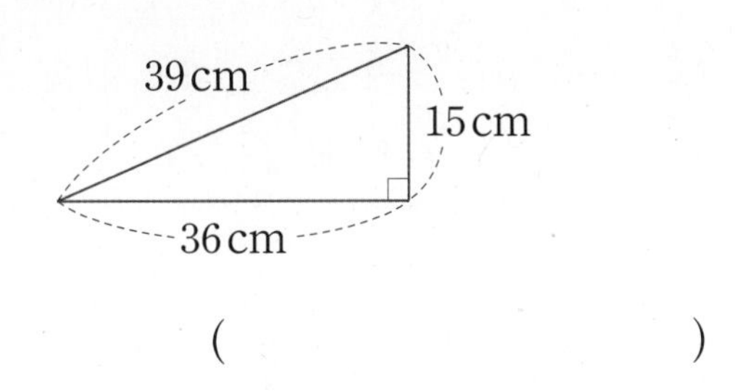

( )

9 $2\frac{1}{2}:1.4$를 간단한 자연수의 비로 나타내려고 합니다. 다음 두 가지 방법으로 나타내어 보세요.

전항을 소수로 바꾸어 나타내기	
후항을 분수로 바꾸어 나타내기	

10 같은 양의 타자를 치는 데 동수는 20분, 유빈이는 15분이 걸렸습니다. 각각 일정한 빠르기로 타자를 칠 때 동수와 유빈이가 1분 동안에 친 타자 수의 비를 간단한 자연수의 비로 나타내어 보세요.

( )

11 비 $\frac{\square}{7}:\frac{7}{4}$을 간단한 자연수의 비로 나타내면 24 : 49입니다. □ 안에 알맞은 수를 구해 보세요.

( )

서술형

12 채린이와 성호가 다음과 같이 유자차를 만들었습니다. 두 사람이 유자차를 만들 때 사용한 유자청과 물의 양의 비를 간단한 자연수의 비로 나타내고 두 유자차의 진하기를 비교해 보세요.

채린	유자청 0.2 L에 물 0.9 L를 넣었어.
성호	유자청 $\frac{1}{5}$컵에 물 $\frac{9}{10}$컵을 넣었어.

채린 ( ), 성호 ( )

비교

3 비례식

• 비례식: 비율이 같은 두 비를 기호 '='를 사용하여 나타낸 식

외항

$2:3=4:6$

내항

13 비율이 같은 두 비를 찾아 비례식을 세워 보세요.

$4:3$ $3:4$ $6:10$ $\frac{1}{4}:\frac{1}{3}$

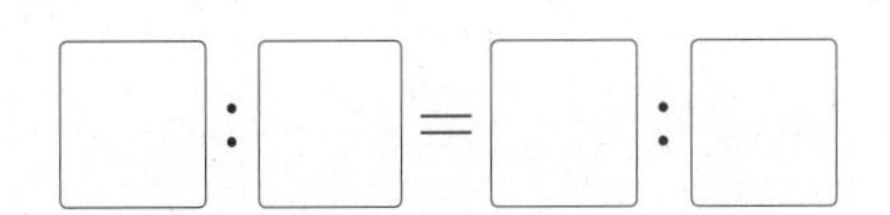

14 두 비율을 보고 비례식으로 나타내어 보세요.

(1) $\frac{5}{8}=\frac{10}{16}$ ➡ (　　　　　　　　)

(2) $\frac{4}{9}=\frac{12}{27}$ ➡ (　　　　　　　　)

15 비례식이 바르게 적힌 표지판을 따라가면 나오는 곳을 찾아 기호를 써 보세요.

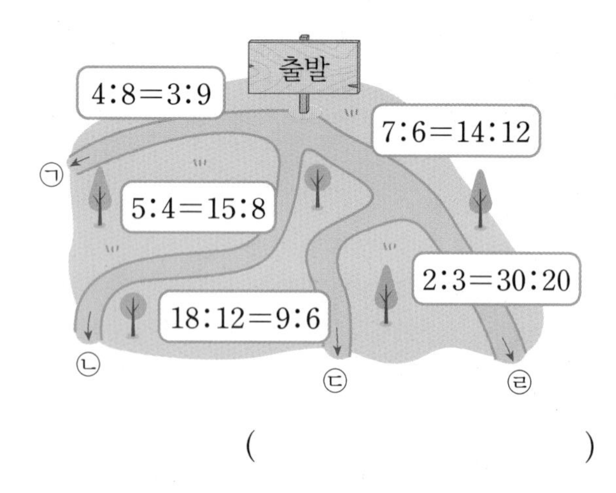

(　　　　　　　　)

서술형

16 진서와 유라가 비례식에 대해 말한 것입니다. <u>틀리게</u> 말한 사람의 이름을 쓰고, 바르게 고쳐 보세요.

진서	비례식 $3:2=9:6$에서 외항은 3과 9이고, 내항은 2와 6입니다.
유라	두 비 $2:5$와 $4:10$은 비율이 같으므로 $4:10=2:5$로 나타낼 수 있습니다.

이름 (　　　　　　　　)

바르게 고치기 ....

4 비례식의 성질

• 비례식에서 외항의 곱과 내항의 곱은 같습니다.

외항의 곱: $2\times21=42$

$2:7=6:21$

내항의 곱: $7\times6=42$

17 <u>틀린</u> 비례식을 찾아 ×표 하세요.

$3:4=30:40$ (　　)

$\frac{2}{7}:\frac{5}{7}=2:5$ (　　)

$0.5:1=2:3$ (　　)

18 비례식에서 $24\times\square$의 값을 구해 보세요.

$15:24=\square:6$

(　　　　　　　　)

19 비례식에서 □ 안에 알맞은 수를 찾아 이어 보세요.

$\frac{1}{2}:\square=\frac{2}{5}:8$ •　　　　• 10

$\square:0.6=5:1$ •　　　　• 5

　　　　• 3

20 □ 안에 알맞은 수가 가장 큰 비례식을 찾아 기호를 써 보세요.

㉠ $3:1=18:\square$

㉡ $2.5:1.5=\square:6$

㉢ $1\frac{2}{3}:\frac{5}{7}=\square:9$

(　　　　　　　　)

정답과 풀이 34쪽

21 수 카드 중에서 4장을 골라 비례식을 1개 만들어 보세요.

2 3 8 12 16 18

( )

5 비례식의 활용

① 구하려는 것을 □로 하고 비례식을 세웁니다.
② 비례식의 성질을 이용하여 □를 구합니다.
③ 답이 맞는지 확인합니다.

22 부침가루와 물을 9 : 4의 비로 섞어 부침가루 반죽을 하려고 합니다. 부침가루를 45컵 넣었다면 물은 몇 컵을 넣어야 할까요?

( )

23 500 mL 주스 5병은 3500원입니다. 주스 7병을 사려면 얼마가 필요할까요?

( )

24 어느 은행에서는 1년 동안 5000원을 예금하면 이자가 300원이라고 합니다. 이 은행에 1년 동안 120000원을 예금하면 이자는 얼마일까요?

( )

25 KTX 열차는 우리나라의 고속열차로 1시간에 300 km를 달릴 수 있습니다. KTX 열차가 일정한 빠르기로 240 km를 가는 데 걸리는 시간은 몇 분일까요?

( )

서술형

26 오렌지가 6개에 5100원입니다. 오렌지 30개의 가격은 얼마인지 비의 성질과 비례식의 성질을 이용하여 두 가지 방법으로 설명해 보세요.

비의 성질

비례식의 성질

6 비례배분

• 비례배분: 전체를 주어진 비로 배분하는 것

전체를 ㉮ : ㉯ = ■ : ▲로 비례배분하기

㉮ = (전체) × $\frac{■}{■+▲}$, ㉯ = (전체) × $\frac{▲}{■+▲}$

27 길이가 20 m인 색 테이프를 운석이와 지호에게 2 : 3으로 나누어 줄 때 두 사람이 가지게 되는 색 테이프는 각각 몇 m인지 구해 보세요.

운석 ( )
지호 ( )

4

28 세은이와 동생이 어머니의 생신에 27000원짜리 선물을 사려고 합니다. 세은이와 동생이 5 : 4로 돈을 낸다면 세은이와 동생은 각각 얼마씩 내야 할까요?

세은 (　　　　　　　　)
동생 (　　　　　　　　)

29 한 가지 물질이 다른 물질에 고르게 섞여 있는 혼합물을 용액이라고 합니다. 현준이는 설탕물 용액 300 g을 만들기 위해 설탕과 물을 3 : 7로 섞었습니다. 설탕은 몇 g을 넣었는지 구해 보세요.

(　　　　　　　　)

30 구슬 140개를 학생 수의 비에 따라 두 반에 나누어 주려고 합니다. 두 반의 학생 수가 다음과 같을 때 구슬을 각각 몇 개씩 나누어 주어야 할까요?

1반	2반
20명	15명

1반 (　　　　　　　　)
2반 (　　　　　　　　)

31 종하와 지우는 길이가 990 m인 길의 양 끝에서 마주 보고 달리다가 서로 만났습니다. 종하와 지우의 빠르기가 5 : 6이라면 종하와 지우는 각각 몇 m씩 달렸을까요?

종하 (　　　　　　　　)
지우 (　　　　　　　　)

서술형

32 가로와 세로의 비가 1 : 3이고 둘레가 40 cm인 직사각형이 있습니다. 직사각형의 세로는 몇 cm인지 풀이 과정을 쓰고 답을 구해 보세요.

풀이

답

33 삼각형 ㄱㄴㄷ의 넓이가 60 cm^2일 때 삼각형 ㄱㄴㄹ의 넓이는 몇 cm^2일까요?

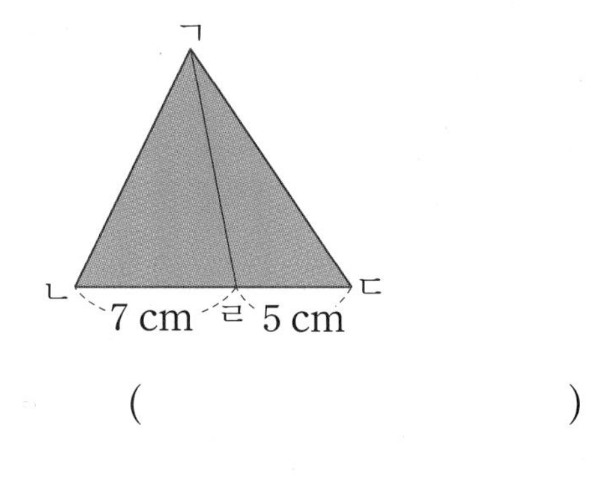

(　　　　　　　　)

34 인사를 잘하면 칭찬 붙임 딱지를 한 개씩 받습니다. 동호와 재빈이가 $\frac{1}{2}$: $\frac{1}{3}$의 비로 칭찬 붙임 딱지를 모두 40장 모았습니다. 재빈이가 모은 칭찬 붙임 딱지는 몇 장일까요?

(　　　　　　　　)

7 두 곱셈식을 간단한 자연수의 비로 나타내기

(외항의 곱) = (내항의 곱)을 거꾸로 이용하여 비례식으로 나타낸 후 간단한 자연수의 비로 나타냅니다.

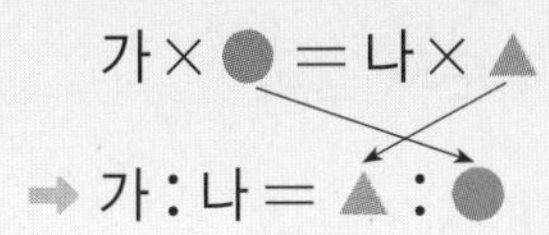

35 다음을 보고 ㉮ : ㉯를 간단한 자연수의 비로 나타내어 보세요.

$$㉮ \times \frac{1}{2} = ㉯ \times \frac{2}{5}$$

(　　　　　　　　　　)

36 다음을 보고 ㉮ : ㉯의 비율을 분수로 나타내어 보세요.

$$㉮ \times \frac{3}{8} = ㉯ \times \frac{1}{4}$$

(　　　　　　　　　　)

37 ㉮의 $\frac{3}{10}$배인 수와 ㉯의 1.2배인 수가 같을 때 ㉮와 ㉯의 비를 간단한 자연수의 비로 나타내어 보세요.

(　　　　　　　　　　)

8 비례배분을 이용하여 전체의 양 구하기

① 전체의 양을 □라 합니다.
② □를 사용하여 조건에 맞는 식을 세웁니다.
③ □의 값을 구합니다.

38 초콜릿을 서준이와 윤하가 3 : 5로 나누어 가졌습니다. 윤하가 가진 초콜릿이 25개라면 처음에 있던 초콜릿은 몇 개일까요?

(　　　　　　　　　　)

39 투호는 항아리에 화살을 던져 넣는 전통 놀이입니다. 재빈이와 서우가 화살을 던졌더니 4 : 7의 비로 들어갔고, 재빈이가 던져 들어간 화살은 28개입니다. 두 사람이 넣은 화살은 모두 몇 개일까요?

(　　　　　　　　　　)

40 공을 사기 위해 민석이와 형이 $\frac{2}{3} : \frac{4}{5}$로 돈을 모았습니다. 형이 모은 돈이 3600원일 때 두 사람이 모은 돈은 모두 얼마일까요?

(　　　　　　　　　　)

응용력 기르기

심화유형 1

겹쳐진 두 도형의 넓이의 비 구하기

두 원 ㉮와 ㉯가 오른쪽 그림과 같이 겹쳐져 있습니다. 겹쳐진 부분의 넓이는 ㉮의 $\frac{1}{3}$이고, ㉯의 $\frac{3}{4}$입니다. ㉮와 ㉯의 넓이의 비를 간단한 자연수의 비로 나타내어 보세요.

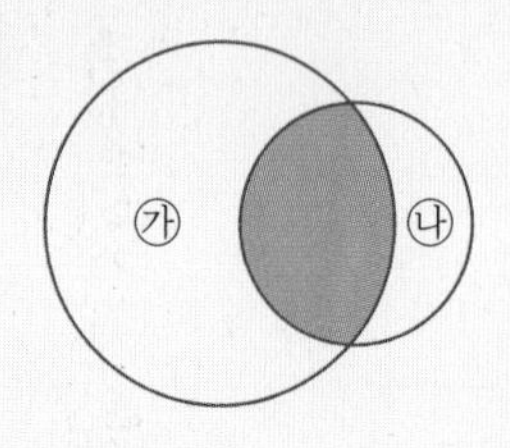

(　　　　　　　　)

● 핵심 NOTE 두 도형의 겹쳐진 부분의 넓이가 같음을 이용하여 곱셈식을 만들고 비례식으로 나타냅니다.

㉮ × ■ = ㉯ × ▲ ➡ ㉮ : ㉯ = ▲ : ■

(외항의 곱) = (내항의 곱)

1-1 두 원 ㉮와 ㉯가 오른쪽 그림과 같이 겹쳐져 있습니다. 겹쳐진 부분의 넓이는 ㉮의 $\frac{2}{5}$이고, ㉯의 $\frac{1}{2}$입니다. ㉮와 ㉯의 넓이의 비를 간단한 자연수의 비로 나타내어 보세요.

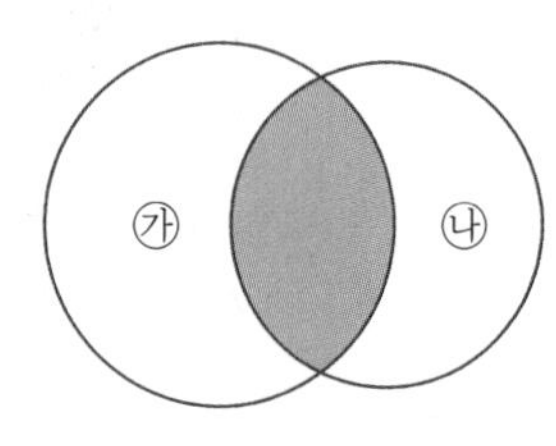

(　　　　　　　　)

1-2 삼각형 ㉮와 사각형 ㉯가 오른쪽 그림과 같이 겹쳐져 있습니다. 겹쳐진 부분의 넓이는 ㉮의 $\frac{4}{9}$이고, ㉯의 $\frac{1}{6}$입니다. ㉮의 넓이가 $27\ cm^2$일 때 ㉯의 넓이를 구해 보세요.

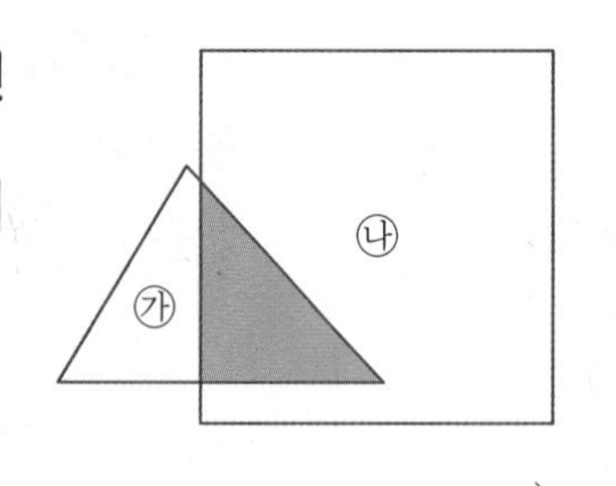

(　　　　　　　　)

톱니 수에 따른 회전수의 비 알아보기

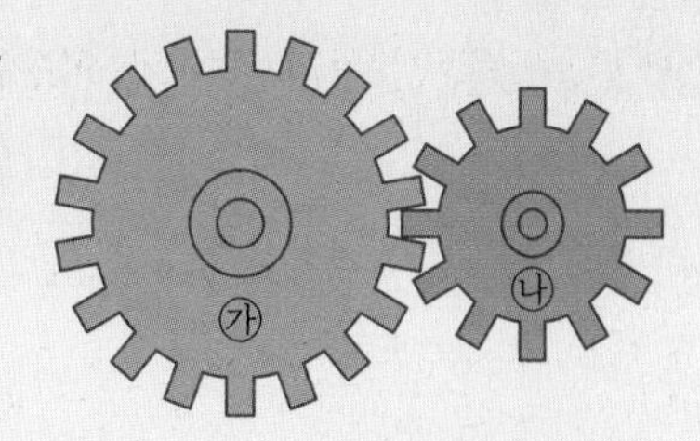

오른쪽 그림과 같이 맞물려 돌아가는 두 톱니바퀴 ㉮와 ㉯가 있습니다. ㉮의 톱니는 18개이고, ㉯의 톱니는 12개입니다. 톱니바퀴 ㉮와 ㉯의 회전수의 비를 간단한 자연수의 비로 나타내어 보세요.

(　　　　　　　　　　)

● **핵심 NOTE**
- 두 톱니바퀴는 한 개씩 맞물려 돌아가므로 서로 맞물린 전체 톱니 수는 같습니다.
- 톱니 수의 비가 ▲ : ■인 두 톱니바퀴의 회전수의 비는 ■ : ▲입니다.

2-1

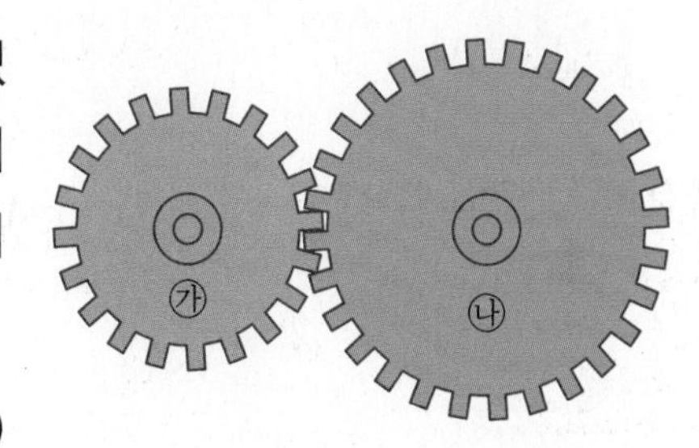

오른쪽 그림과 같이 맞물려 돌아가는 두 톱니바퀴 ㉮와 ㉯가 있습니다. ㉮의 톱니는 20개이고, ㉯의 톱니는 28개입니다. 톱니바퀴 ㉮와 ㉯의 회전수의 비를 간단한 자연수의 비로 나타내어 보세요.

(　　　　　　　　　　)

2-2

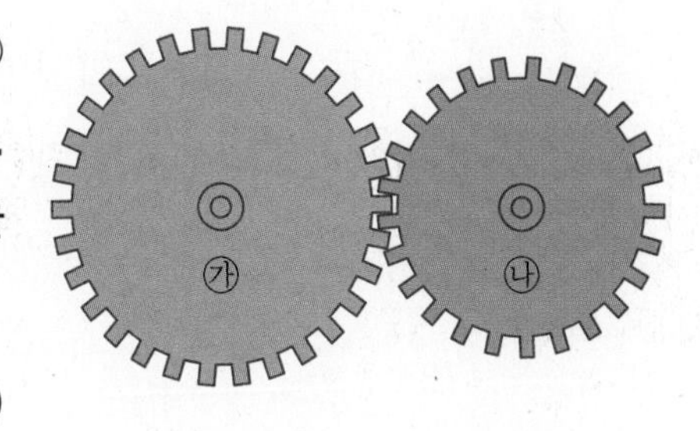

오른쪽 그림과 같이 서로 맞물려 돌아가는 두 톱니바퀴 ㉮와 ㉯가 있습니다. ㉮의 톱니는 30개이고, ㉯의 톱니는 25개입니다. 톱니바퀴 ㉮가 15바퀴 도는 동안 톱니바퀴 ㉯는 몇 바퀴를 돌까요?

(　　　　　　　　　　)

비로 나타내어 비례배분 활용하기

갑과 을 두 사람이 각각 60만 원, 120만 원을 투자하여 얻은 이익금을 투자한 금액의 비로 나누어 가졌습니다. 갑이 이익금으로 10만 원을 받았다면 두 사람이 받은 이익금은 모두 얼마일까요?

(　　　　　　　　)

핵심 NOTE
- 비의 성질을 이용하여 투자한 금액의 비를 간단한 자연수의 비로 나타냅니다.
- 전체의 양을 □라 하여 조건에 맞는 비례배분 식을 세웁니다.

3-1 A와 B 두 사람이 각각 18시간, 30시간 동안 일을 하여 받은 쌀을 일한 시간의 비로 나누어 가졌습니다. A가 받은 쌀이 150 kg이라면 두 사람이 받은 쌀은 모두 몇 kg일까요?

(　　　　　　　　)

3-2 지성이와 수하가 고구마를 각각 56 kg, 40 kg 캤습니다. 이 고구마를 팔아서 얻은 이익금을 캔 고구마의 무게의 비로 나누어 가졌습니다. 수하가 받은 이익금이 10만 원이라면 지성이가 받은 이익금은 수하가 받은 이익금보다 얼마 더 많을까요?

(　　　　　　　　)

지도에서 축척을 보고 실제 거리 구하기

실제 땅의 모습을 일정한 비율로 줄여서 지도에 나타낼 때 그 비율을 축척이라고 합니다. 즉, 축척을 보면 실제 거리를 알 수 있습니다. 예를 들어 지도의 축척이 1 : 10000이면 지도 위에서 1 cm는 실제로 10000 cm를 나타냅니다. 오른쪽은 축척이 1 : 50000인 지도입니다. 학교에서 소방서까지 실제 거리는 몇 km인지 구해 보세요.

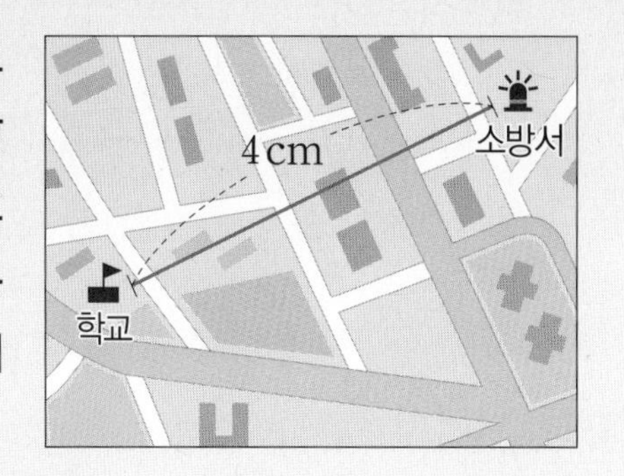

1단계 지도 위에서 거리가 1 cm일 때 실제 거리는 몇 m인지 구하기

2단계 학교에서 소방서까지의 실제 거리는 몇 km인지 구하기

( )

● **핵심 NOTE**

1단계 축척을 이용하여 지도 위에서 1 cm가 나타내는 실제 거리를 구합니다.

2단계 지도 위에서의 거리를 이용하여 비례식을 세운 후 학교에서 소방서까지의 실제 거리를 구합니다.

4-1

축척이 1 : 60000인 지도에서 A 갯벌과 B 갯벌 사이의 실제 거리는 몇 km일까요?

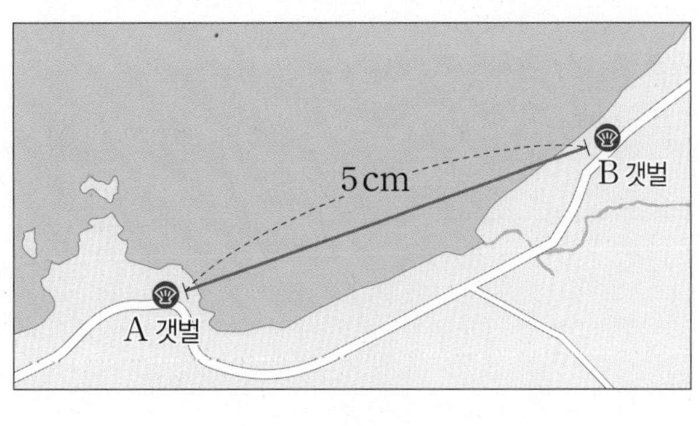

( )

단원 평가 Level 1

점수

확인

1 비례식은 어느 것일까요? (　　　)

① $5:8$　　② $\frac{1}{4}:\frac{1}{5}$

③ $2:3=5$　　④ $5:7=10:14$

⑤ $12\times3=36$

2 비례식에서 외항의 곱과 내항의 곱을 차례로 써 보세요.

$4:5=8:10$

(　　　　), (　　　　)

3 □ 안에 알맞은 수를 써넣으세요.

(1) 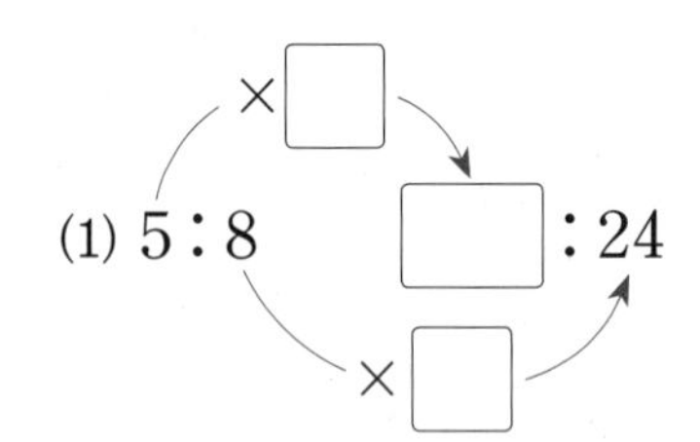

(2) 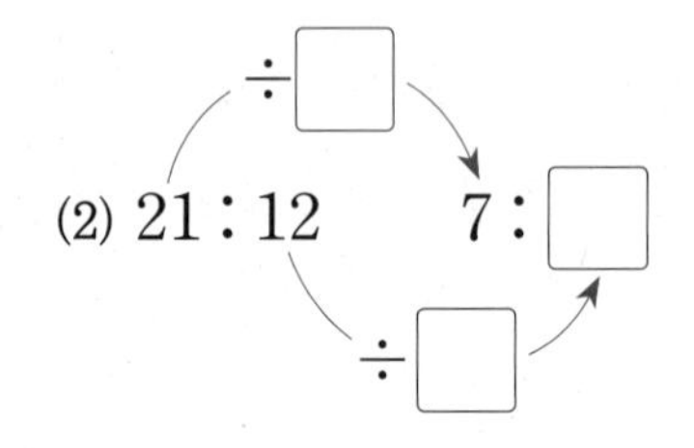

4 간단한 자연수의 비로 나타내어 보세요.

(1) $0.8:1.5$ ➡ (　　　　)

(2) $\frac{3}{7}:\frac{2}{3}$ ➡ (　　　　)

(3) $0.25:\frac{3}{5}$ ➡ (　　　　)

5 비례식에서 $8\times$㉠의 값을 구해 보세요.

$24:8=$㉠$:6$

(　　　　)

6 두 비율을 보고 비례식을 세워 보세요.

(1) $\frac{3}{5}=\frac{18}{30}$ ➡ ....

(2) $\frac{5}{8}=\frac{15}{24}$ ➡ ....

7 비율이 같은 두 비를 찾아 비례식을 세워 보세요.

$3:5$　　$\frac{3}{5}:\frac{5}{6}$　　$6:8$

$0.6:1$　　$9:21$

□ : □ = □ : □

8 집에서 학교를 거쳐서 우체국까지의 거리는 1400 m입니다. 집에서 학교까지의 거리와 학교에서 우체국까지의 거리의 비가 4 : 3일 때 집에서 학교까지의 거리와 학교에서 우체국까지의 거리는 각각 몇 m일까요?

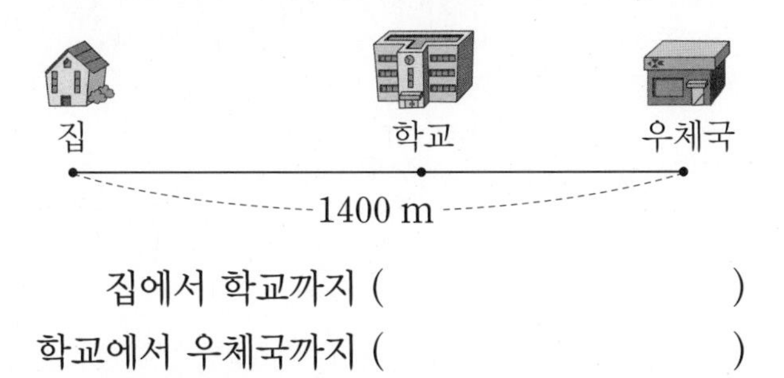

집에서 학교까지 (　　　　　　　)

학교에서 우체국까지 (　　　　　　　)

9 전항이 5와 15이고 후항이 6과 18인 비례식을 모두 써 보세요.

(　　　　　　　　　　　　)

10 간단한 자연수의 비로 나타내려고 합니다. □ 안에 알맞은 수를 써넣으세요.

$$1.2 : \frac{3}{8} = 16 : \square$$

11 직사각형 모양의 수영장의 가로와 세로의 비는 4 : 3입니다. 가로가 8 m라면 세로는 몇 m일까요?

(　　　　　　　)

12 사과 4개의 값은 3000원입니다. 같은 사과 10개의 값은 얼마일까요?

(　　　　　　　)

13 □ 안에 알맞은 기약분수를 구해 보세요.

$$3 : \square = 10 : \frac{5}{6}$$

(　　　　　　　)

14 일정하게 3분 동안 15 L씩 물이 나오는 수도로 120 L들이의 통에 물을 가득 채우려고 합니다. 이 수도로 물을 몇 분 동안 받아야 하는지 주어진 방법으로 알아보세요.

(1) 비의 성질 이용하기

(2) 비례식의 성질 이용하기

15 색종이 98장을 각 모둠 학생 수에 따라 나누어 주려고 합니다. 두리네 모둠은 6명, 윤아네 모둠은 8명입니다. 각 모둠에 색종이를 몇 장씩 나누어 주어야 할까요?

두리네 모둠 (　　　　　　　)

윤아네 모둠 (　　　　　　　)

16 지혜가 5시간 동안, 슬기가 4시간 동안 일을 하고 모두 27000원을 받았습니다. 받은 돈을 일한 시간의 비에 따라 나누어 가진다면 두 사람이 가지는 돈의 차는 얼마일까요?

(　　　　　　　　　　)

17 가로와 세로의 비가 4 : 5인 직사각형을 모두 찾아 기호를 쓰고 그렇게 생각한 이유를 써 보세요.

직사각형	가로	세로
㉠	12 cm	15 cm
㉡	18 cm	45 cm
㉢	44 cm	50 cm
㉣	60 cm	75 cm

(　　　　　　　　　　)

이유 ....

18 ㉠에서 ㉢까지의 거리와 ㉢에서 ㉣까지의 거리의 비는 8 : 5입니다. ㉠에서 ㉡까지의 거리는 몇 m일까요?

(　　　　　　　　　　)

19 직사각형의 가로와 세로의 비를 간단한 자연수의 비로 나타내려고 합니다. 풀이 과정을 쓰고 답을 구해 보세요.

풀이 ....

답 ....

20 과일 가게에서 사과 7개를 3000원에 팔고 있습니다. 12000원으로 사과를 몇 개 살 수 있는지 풀이 과정을 쓰고 답을 구해 보세요.

풀이 ....

답 ....

단원 평가 Level ❷

점수

확인

1 연필 4자루의 값은 500원이고, 연필 8자루의 값은 1000원입니다. 연필의 수와 가격을 비례식으로 나타낸 것입니다. □ 안에 알맞은 수를 써넣으세요.

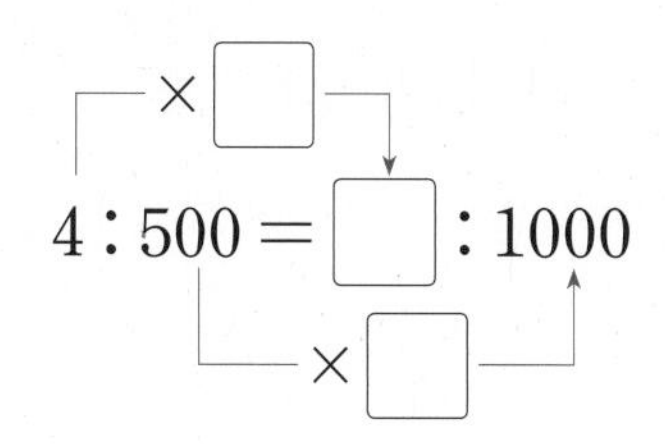

2 간단한 자연수의 비로 나타내어 보세요.

(1) 1.6 : 4 ➡ (　　　　　　)

(2) $3\frac{1}{3}$: 5 ➡ (　　　　　　)

3 6 : 5와 비례식으로 나타낼 수 있는 비를 모두 고르세요. (　　　　)

① 5 : 6　② $\frac{1}{5}:\frac{1}{6}$　③ $\frac{1}{6}:\frac{1}{5}$

④ 24 : 20　⑤ 30 : 24

4 간단한 자연수의 비로 나타내었을 때 3 : 4가 <u>아닌</u> 것을 찾아 기호를 써 보세요.

㉠ 1.5 : 2　㉡ $\frac{1}{4}:\frac{1}{3}$　㉢ 12 : 15

(　　　　　　)

5 비례식에서 외항의 곱이 63일 때 ㉠에 알맞은 수를 구해 보세요.

3 : 7 = ㉠ : ㉡

(　　　　　　)

6 비의 성질을 이용하여 ㉠, ㉡에 알맞은 수를 각각 구해 보세요.

2 : 3 = ㉠ : 21　　5 : ㉡ = 45 : 81

㉠ (　　　　), ㉡ (　　　　)

7 오른쪽 삼각형의 밑변의 길이와 높이의 비를 간단한 자연수의 비로 나타내어 보세요.

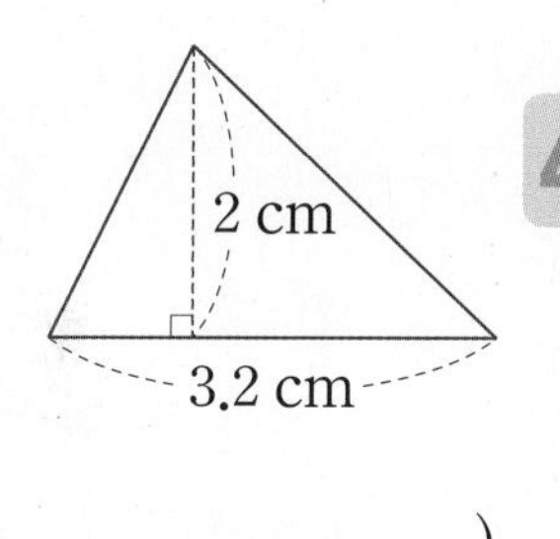

(　　　　　　)

8 비례식에서 □ 안에 알맞은 수가 가장 큰 것을 찾아 기호를 써 보세요.

㉠ 5 : 2 = □ : 8

㉡ 84 : 21 = 16 : □

㉢ 8 : □ = $\frac{3}{7}:1\frac{1}{8}$

(　　　　　　)

9 색종이 100장을 정은이와 연호에게 4 : 1로 나누어 주려고 합니다. 연호는 몇 장을 가져야 할지 다음과 같이 계산했을 때 잘못 계산한 부분을 찾아 바르게 계산해 보세요.

$$100\times\frac{1}{4\times1}=100\times\frac{1}{4}=25(\text{장})$$

→

10 비 $\frac{\square}{4}:\frac{5}{6}$를 간단한 자연수의 비로 나타내면 9 : 10입니다. □ 안에 알맞은 수를 구해 보세요.

( )

11 휘발유 4 L로 36 km를 가는 자동차가 있습니다. 이 자동차에 휘발유 7 L를 넣으면 몇 km를 갈 수 있는지 구해 보세요.

( )

12 같은 일을 혼자 하는 데 재민이는 6일, 윤수는 9일이 걸렸습니다. 재민이와 윤수가 하루에 한 일의 양을 간단한 자연수의 비로 나타내어 보세요. (단, 두 사람이 하루에 하는 일의 양은 각각 같습니다.)

( )

13 조건에 맞게 비례식을 완성해 보세요.

조건
- 비율은 $\frac{3}{4}$입니다.
- 내항의 곱은 48입니다.

□ : 16 = □ : □

14 준호는 신라시대에 만들어진 동양에서 가장 오래된 천문대인 첨성대의 모형을 만들려고 합니다. 모형과 실물의 크기의 비가 1 : 60이 되도록 만들 때 실제 첨성대의 높이가 9 m라면 모형의 높이는 몇 cm로 해야 할까요?

( )

15 아버지 생신 선물로 26000원짜리 모자를 사려고 합니다. 서준이와 동생이 $\frac{4}{5}:\frac{1}{2}$로 나누어 돈을 내기로 했다면 서준이는 얼마를 내야 할까요?

( )

16 직선 가와 나는 서로 평행합니다. 직사각형과 삼각형의 넓이의 비를 간단한 자연수의 비로 나타내어 보세요.

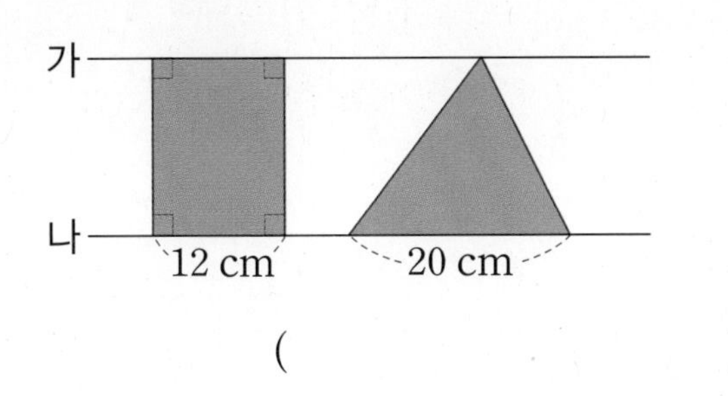

( )

17 어느 공장에서 기계의 톱니바퀴들이 맞물려 돌아가고 있습니다. 그중 톱니바퀴 ㉮의 톱니는 63개이고, 톱니바퀴 ㉯의 톱니는 45개입니다. 톱니바퀴 ㉮와 ㉯의 회전수의 비를 간단한 자연수의 비로 나타내어 보세요.

( )

18 기훈이와 지아가 각각 12시간, 9시간 동안 일을 하여 돈을 받았습니다. 이 돈을 두 사람이 일한 시간의 비로 나누었더니 지아가 받은 돈이 12만 원이었습니다. 두 사람이 받은 돈은 모두 얼마일까요?

( )

19 가로와 세로의 비가 3 : 2이고 가로와 세로의 합이 10 cm인 직사각형이 있습니다. 이 직사각형의 넓이는 몇 cm^2인지 풀이 과정을 쓰고 답을 구해 보세요.

풀이

답

20 두 직사각형 ㉮와 ㉯가 다음과 같이 겹쳐져 있습니다. 겹쳐진 부분의 넓이는 ㉮의 $\frac{1}{4}$이고, ㉯의 $\frac{3}{5}$입니다. ㉮와 ㉯의 넓이의 비를 간단한 자연수의 비로 나타내려고 합니다. 풀이 과정을 쓰고 답을 구해 보세요.

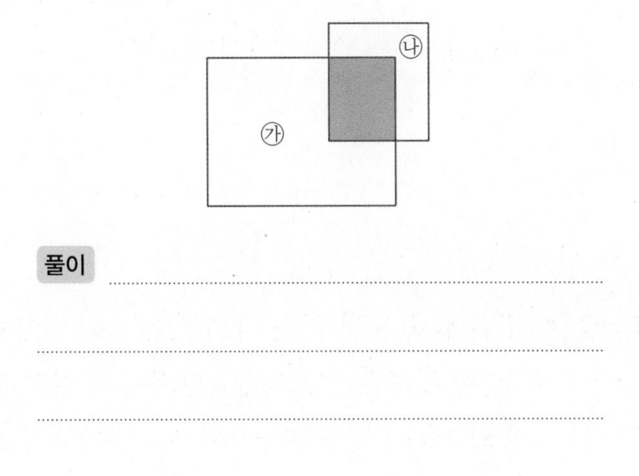

풀이

답

5 원의 넓이

반듯반듯 사각형의 둘레와 넓이는 알겠는데,

곡선으로 이루어진 원의 둘레와 넓이는 어떻게 구하지?

원의 지름을 알면 둘레와 넓이를 구할 수 있어!

● 원의 둘레: 원주

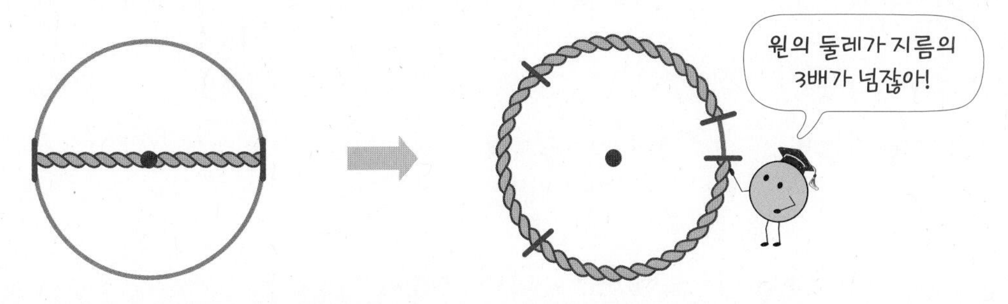

원주율: 원의 지름에 대한 원주의 비율

$$(\text{원주율}) = (\text{원주}) \div (\text{지름}) = \frac{(\text{원주})}{(\text{지름})} \Rightarrow \text{약 } 3.14$$

$$(\text{원주}) = (\text{원주율}) \times (\text{지름})$$

● 원의 넓이

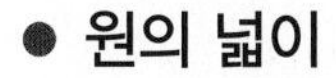

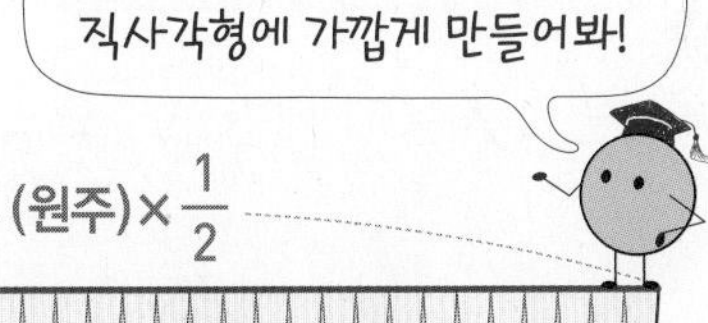

원을 한없이 잘라 이어 붙여서
직사각형에 가깝게 만들어봐!

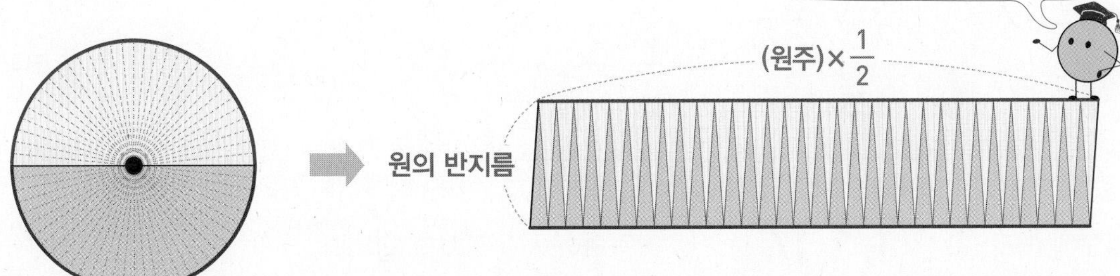

$$(\text{원의 넓이}) = (\text{원주}) \times \frac{1}{2} \times (\text{반지름})$$

$$= (\text{원주율}) \times (\text{지름}) \times \frac{1}{2} \times (\text{반지름})$$

$$= (\text{반지름}) \times (\text{반지름}) \times (\text{원주율})$$

1 원주와 지름의 관계, 원주율을 알아볼까요

● **원주**: 원의 둘레

• 원주와 지름의 관계

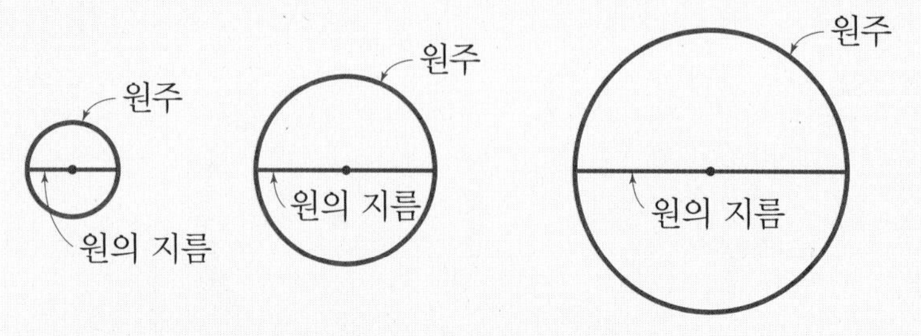

➡ 원의 **지름**이 **길어지면 원주**도 **길어집니다**.

• 지름과 원주의 길이 비교하기

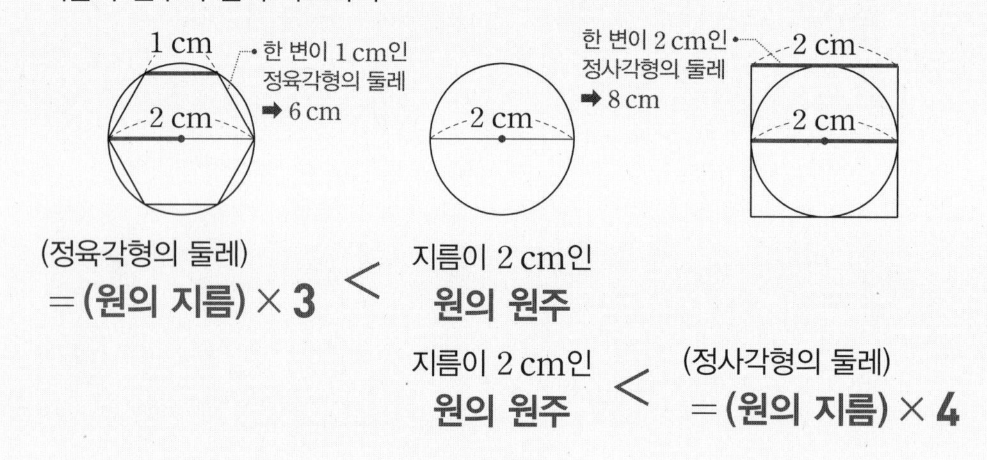

(정육각형의 둘레) = **(원의 지름) × 3** < 지름이 2 cm인 **원의 원주**

지름이 2 cm인 **원의 원주** < (정사각형의 둘레) = **(원의 지름) × 4**

● **원주율**: 원의 지름에 대한 원주의 비율

(원주율) = (원주) ÷ (지름)

• 원주율을 소수로 나타내면 3.1415926535897932…와 같이 끝없이 이어지므로 필요에 따라 **3, 3.1, 3.14** 등으로 어림하여 사용하기도 합니다.

• 원주와 지름의 관계

원	지름(cm)	원주(cm)	(원주) ÷ (지름)
㉠	4	12.56	3.14
㉡	5	15.7	3.14
㉢	6	18.84	3.14

➡ 원의 크기와 관계없이 **(원주) ÷ (지름)의 값은 일정합니다**.
(원주) ÷ (지름) → 원주율

원의 구성 요소

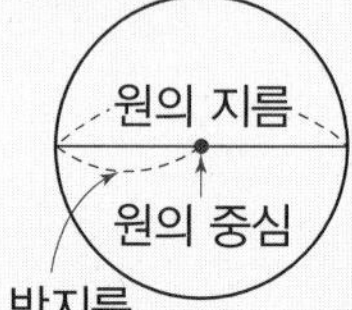

• 원의 지름: 원 위의 두 점을 이은 선분 중에서 원의 중심을 지나는 선분
• 원의 중심: 원의 가장 안쪽에 있는 점
• 원의 반지름: 원의 중심에서 원 위의 한 점을 이은 선분

원주는 지름의 3배보다 길고, 지름의 4배보다 짧습니다.

원주율 대신 쓰는 수들

3, 3.1 → 간단하게 계산할 때 사용
3.14 → 가장 많이 사용
π → 중학교 때부터 사용

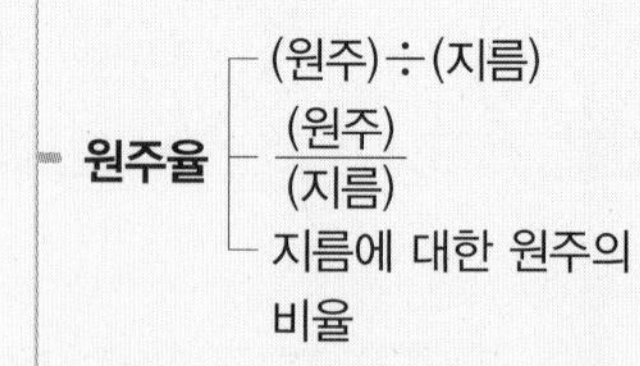

(원주) ÷ (지름)의 값은 끝없이 이어집니다.

1 원의 지름은 파란색으로, 원의 둘레는 빨간색으로 나타내어 보세요.

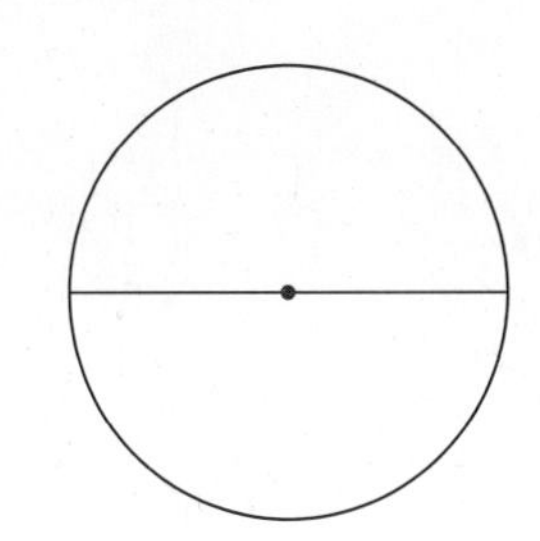

2 □ 안에 알맞은 말을 써넣으세요.

(1) 원의 둘레를 □(이)라고 합니다.

(2) 원의 지름에 대한 원주의 비율을 □(이)라고 합니다.

(3) (원주율) = (□) ÷ (□)

3 알맞은 말에 ○표 하세요.

(1) 원의 (둘레 , 넓이)를 원주라고 합니다.

(2) 원의 지름이 길어지면 원주도 (길어집니다 , 짧아집니다).

(3) 원주가 길어지면 지름도 (길어집니다 , 짧아집니다).

(4) 원의 크기와 관계없이 지름에 대한 원주의 비율은 (일정합니다 , 일정하지 않습니다).

4 원주와 지름의 관계를 나타낸 표입니다. 빈칸에 알맞은 수를 써넣으세요.

물건	원주(cm)	지름(cm)	(원주)÷(지름)
음료수 캔	18.6	6	
벽시계	93	30	

5 원주율을 소수로 나타내면 3.1415926535897932⋯와 같이 끝없이 이어집니다. 원주율을 반올림하여 주어진 자리까지 나타내어 보세요.

일의 자리까지	소수 첫째 자리까지	소수 둘째 자리까지	소수 셋째 자리까지

6 그림을 보고 설명이 맞으면 ○표, 틀리면 ×표 하세요.

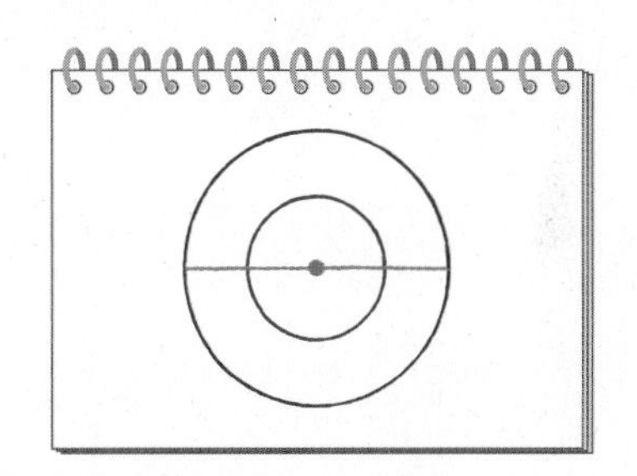

(1) 주황색 선분은 원의 지름입니다. (　　)

(2) 주황색 선분의 길이가 길어지면 빨간색 원의 둘레도 길어집니다. (　　)

(3) 파란색 원의 원주율은 빨간색 원의 원주율보다 더 작습니다. (　　)

7 그림과 같이 크기가 다른 고리가 있습니다. 각 고리의 (원주)÷(지름)의 값을 비교하여 ○ 안에 >, =, <를 알맞게 써넣으세요.

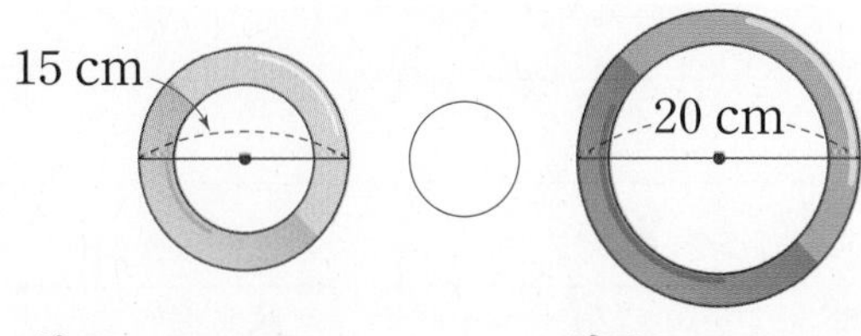

원주: 47.1 cm　　원주: 62.8 cm

5

2 원주와 지름을 구해 볼까요

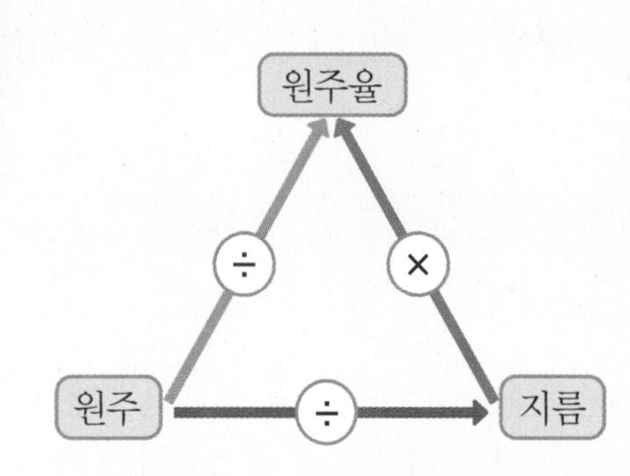

(원주율) = (원주) ÷ (지름)

➡ (원주) = (지름) × (원주율)
(지름) = (원주) ÷ (원주율)

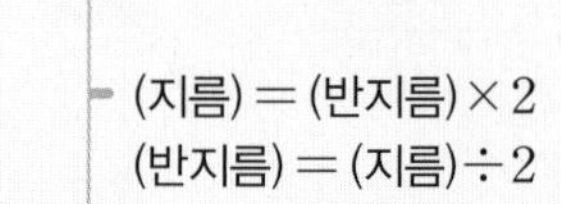

(원주율) = (원주) ÷ (지름)
➡ (원주) = (지름) × (원주율)

(원주율) = (원주) ÷ (지름)
➡ (지름) = (원주) ÷ (원주율)

- 원주율과 원주를 알면 □을/를 구할 수 있습니다.
- 원주율과 지름을 알면 □을/를 구할 수 있습니다.

1 □ 안에 알맞은 말을 써넣으세요.

(원주율) = (원주) ÷ (지름)

➡ (지름) = (□) ÷ (원주율)
(원주) = (□) × (원주율)

2 반지름, 지름, 원주의 관계를 나타낸 표입니다. 빈칸에 알맞은 수를 써넣으세요. (원주율: 3)

반지름(cm)	지름(cm)	원주(cm)
2	4	
4		
8		

➡ 원주가 2배가 되면 지름도 □배가 됩니다.

3 지름과 원주를 구하려고 합니다. □ 안에 알맞은 수를 써넣으세요. (원주율: 3.1)

(1)

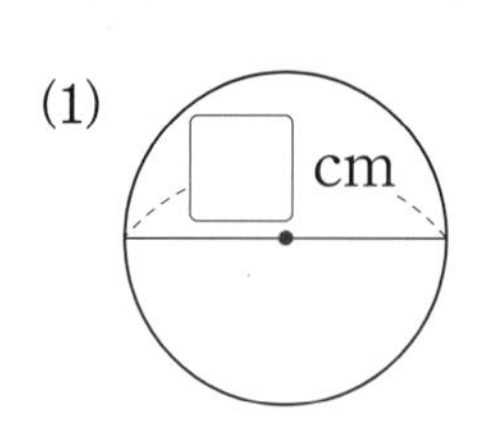

원주: 15.5 cm

(지름) = 15.5 ÷ □
= □ (cm)

(2)

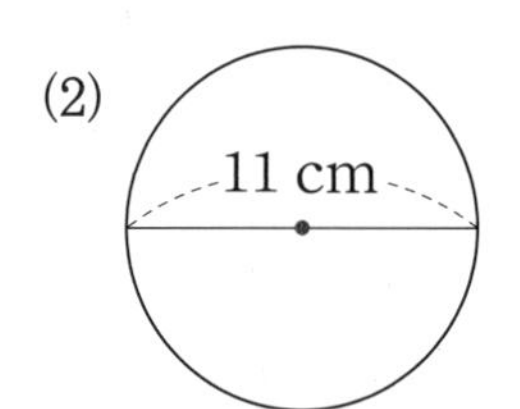

(원주) = □ × 3.1
= □ (cm)

4 원주를 구해 보세요. (원주율: 3.14)

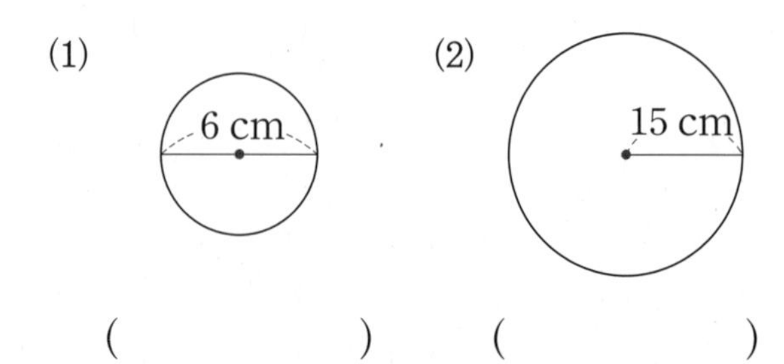

(1) (　　　　)　(2) (　　　　)

5 지름이 7 cm인 원의 원주는 몇 cm일까요? (원주율: 3.1)

( )

6 원의 둘레는 몇 cm인지 식을 쓰고 답을 구해 보세요. (원주율: 3.1)

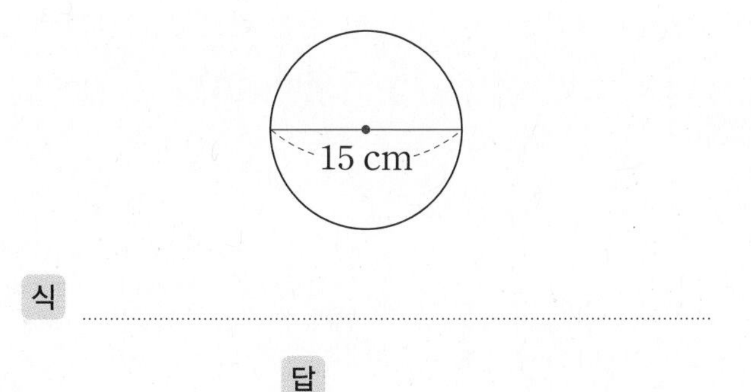

식

답

7 반지름을 구해 보세요. (원주율: 3)

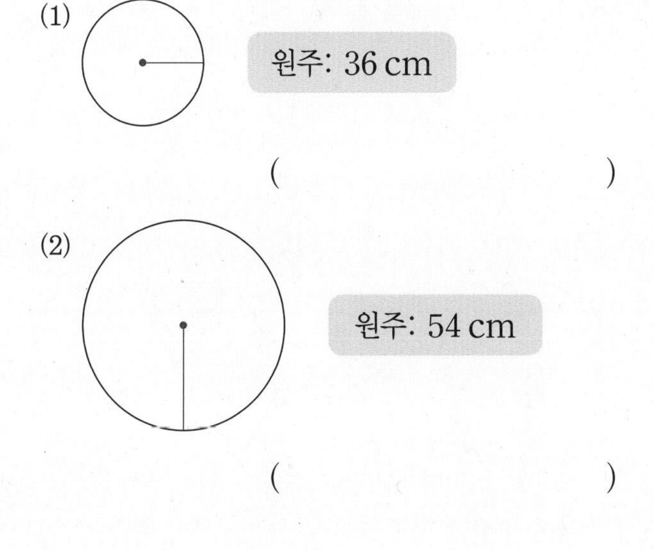

(1) ( )

(2) ( )

8 길이가 43.4 cm인 철사를 겹치지 않게 이어 붙여서 원 1개를 만들었습니다. 만든 원의 지름은 몇 cm인지 구해 보세요. (원주율: 3.1)

( )

9 지름이 50 cm인 원을 똑바로 10바퀴 굴렸습니다. 원이 굴러간 거리는 몇 cm일까요? (원주율: 3.14)

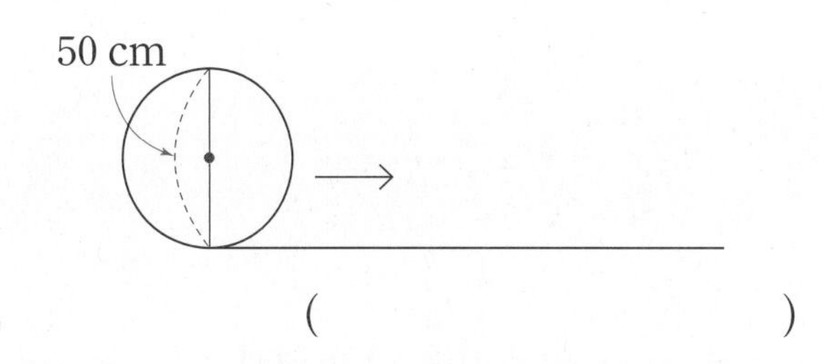

( )

10 그림과 같이 정사각형 모양 접시에 원 모양 부침개를 담으려고 합니다. 접시의 한 변의 길이는 몇 cm 이상이어야 하는지 구해 보세요. (원주율: 3.14)

부침개의 원주: 100.48 cm

( )

11 원의 지름이 가장 긴 것을 찾아 기호를 써 보세요. (원주율: 3.14)

㉠ 둘레가 62.8 cm인 원
㉡ 반지름이 11 cm인 원
㉢ 지름이 18 cm인 원

( )

3 원의 넓이를 어림해 볼까요

● 원 안의 정사각형과 원 밖의 정사각형으로 원의 넓이 어림하기

10 cm

10 cm

10 cm

•(마름모의 넓이) $= 20 \times 20 \div 2 = 200\,(\text{cm}^2)$

10 cm

10 cm

• $20 \times 20 = 400\,(\text{cm}^2)$

20 cm

20 cm

(원 안에 있는 정사각형의 넓이) < (반지름이 10 cm인 원의 넓이)
$= 200\text{ cm}^2$

(반지름이 10 cm인 원의 넓이) < (원 밖에 있는 정사각형의 넓이)
$= 400\text{ cm}^2$

● 모눈종이를 이용하여 원의 넓이 어림하기

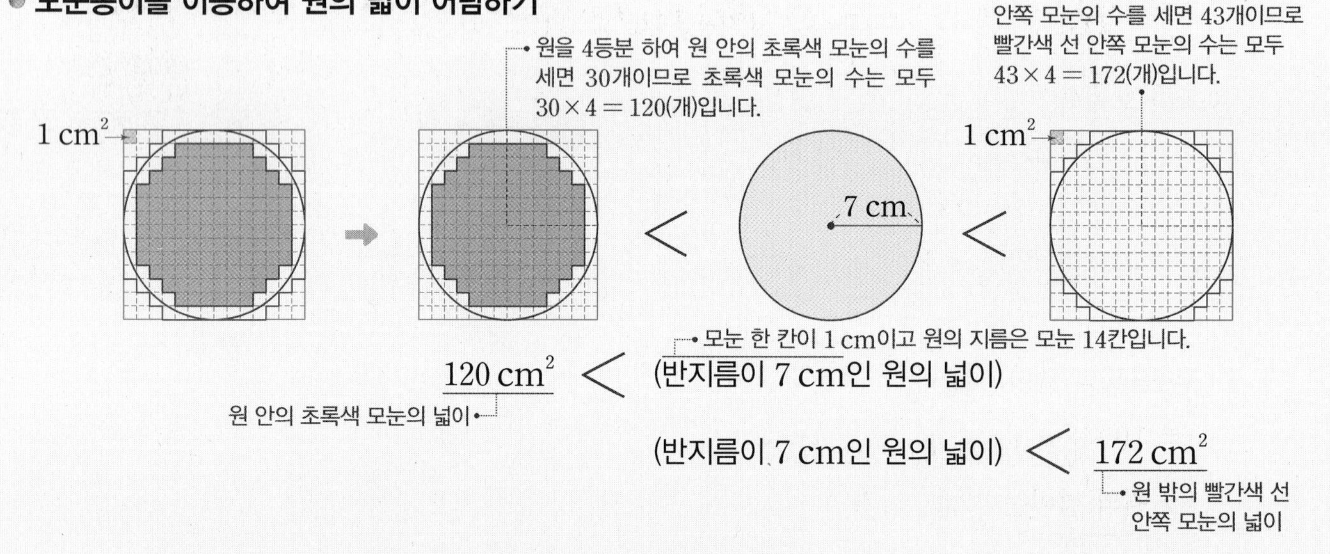
원을 4등분 하여 원 밖의 빨간색 선 안쪽 모눈의 수를 세면 43개이므로 빨간색 선 안쪽 모눈의 수는 모두 43 × 4 = 172(개)입니다.
원을 4등분 하여 원 안의 초록색 모눈의 수를 세면 30개이므로 초록색 모눈의 수는 모두 30 × 4 = 120(개)입니다.
1 cm²
7 cm
1 cm²
모눈 한 칸이 1 cm이고 원의 지름은 모눈 14칸입니다.
원 안의 초록색 모눈의 넓이
원 밖의 빨간색 선 안쪽 모눈의 넓이

120 cm^2 < (반지름이 7 cm인 원의 넓이)

(반지름이 7 cm인 원의 넓이) < 172 cm^2

● 정육각형의 넓이를 이용하여 원의 넓이 어림하기

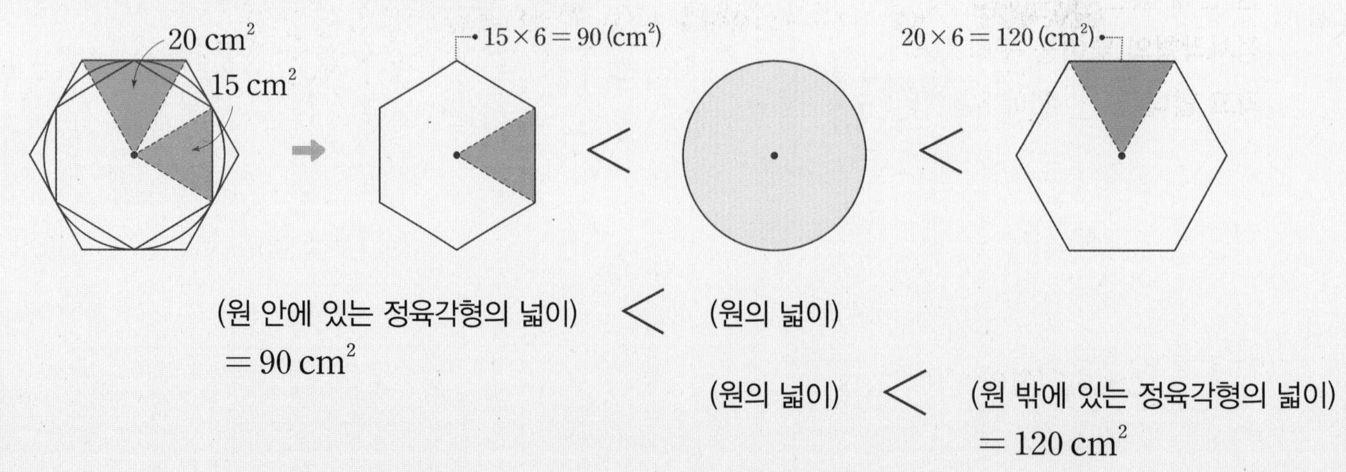
20 cm²
15 cm²
15 × 6 = 90 (cm²)
20 × 6 = 120 (cm²)

(원 안에 있는 정육각형의 넓이) < (원의 넓이)
$= 90\text{ cm}^2$

(원의 넓이) < (원 밖에 있는 정육각형의 넓이)
$= 120\text{ cm}^2$

1 □ 안에 알맞은 수를 써넣으세요.

(1) 반지름이 5 cm인 원의 넓이와 한 변의 길이가 10 cm인 정사각형의 넓이를 비교해 보세요.

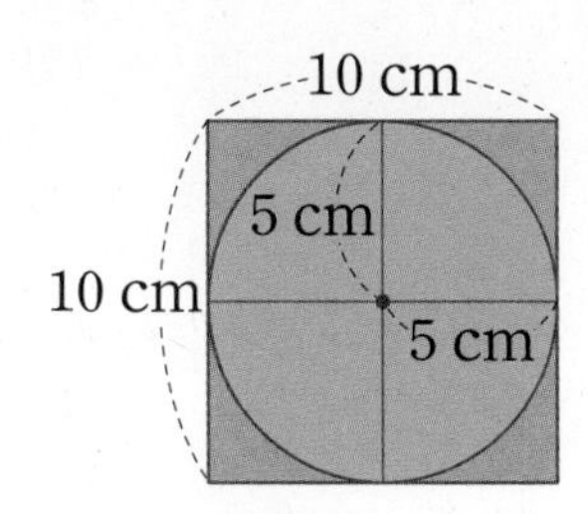

(정사각형의 넓이)

$=10\times$ □ $=$ □ (cm^2)

➡ 원의 넓이는 정사각형의 넓이 □ cm^2보다 작습니다.

(2) 반지름이 5 cm인 원의 넓이와 두 대각선의 길이가 각각 10 cm인 마름모의 넓이를 비교해 보세요.

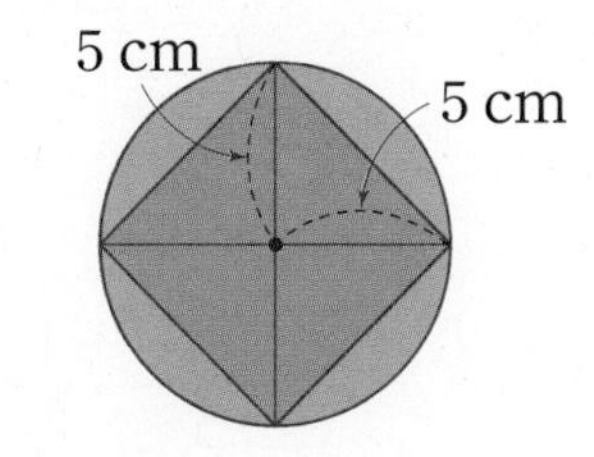

(마름모의 넓이)

$=10\times$ □ $\div 2=$ □ (cm^2)

➡ 원의 넓이는 마름모의 넓이 □ cm^2보다 큽니다.

2 원 안에 있는 정사각형의 넓이와 원 밖에 있는 정사각형의 넓이를 구하여 원의 넓이를 어림하려고 합니다. □ 안에 알맞은 수를 써넣으세요.

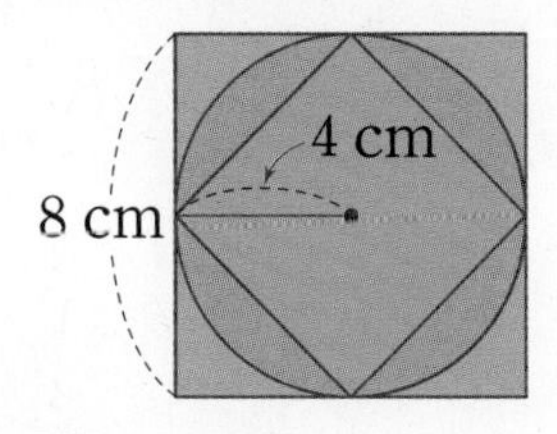

□ cm^2 < (원의 넓이)

(원의 넓이) < □ cm^2

3 반지름이 6 cm인 원의 넓이를 어림하려고 합니다. □ 안에 알맞은 수를 써넣으세요.

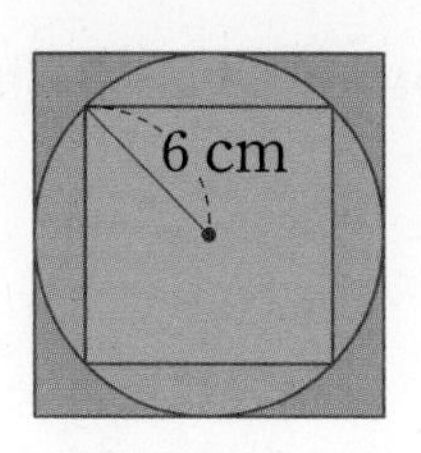

원 안의 정사각형의 넓이는 □ cm^2이고

원 밖의 정사각형의 넓이는 □ cm^2입니다.

➡ □ cm^2 < (원의 넓이)

(원의 넓이) < □ cm^2

4 그림과 같이 한 변의 길이가 10 cm인 정사각형에 지름이 10 cm인 원을 그리고, 1 cm 간격으로 모눈을 그렸습니다. 물음에 답하세요.

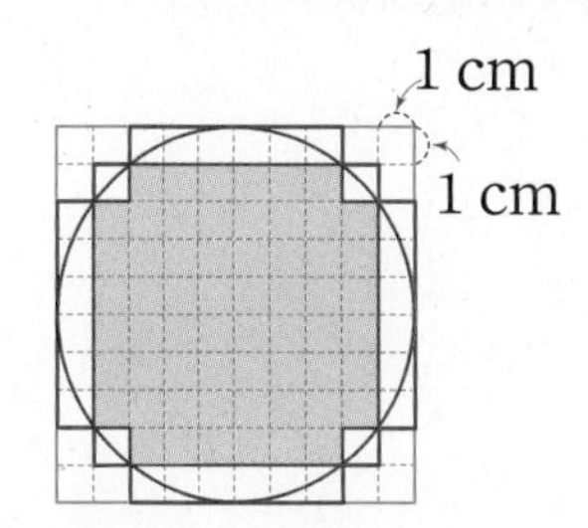

(1) 원 안의 색칠한 모눈의 수는 몇 개일까요?

(　　　　　　)

(2) 원 밖의 빨간색 선 안쪽 모눈의 수는 몇 개일까요?

(　　　　　　)

(3) □ 안에 알맞은 수를 써넣으세요.

□ cm^2 < (원의 넓이)

(원의 넓이) < □ cm^2

4 원의 넓이를 구하는 방법을 알아볼까요

● 원의 넓이 구하는 방법 알아보기

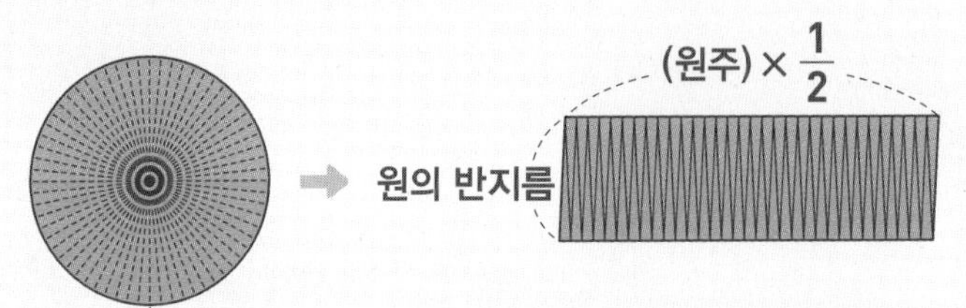

원을 한없이 잘라 이어 붙이면 점점 직사각형에 가까워지는 도형이 됩니다.

(원의 넓이) $=$ (원주) $\times \frac{1}{2} \times$ (반지름)

$=$ (원주율) $\times$ (지름) $\times \frac{1}{2} \times$ (반지름)

$=$ (반지름) $\times$ (반지름) $\times$ (원주율)

● 반지름과 원의 넓이의 관계 알아보기(원주율: 3)

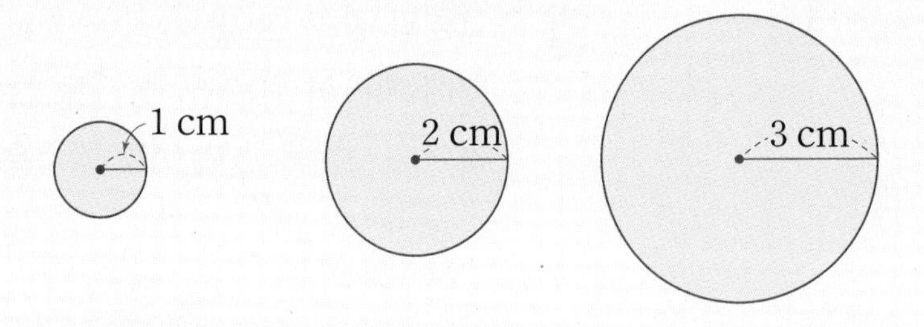

반지름(cm)	원의 넓이 구하는 식	원의 넓이(cm^2)
1	$1\times1\times3$	3
2	$2\times2\times3$	12
3	$3\times3\times3$	27

2배 3배 4배 9배

➡ 반지름이 2배가 되면 넓이는 4배가 됩니다.
반지름이 3배가 되면 넓이는 9배가 됩니다.

● 여러 가지 원의 넓이 구하기(원주율: 3.1)

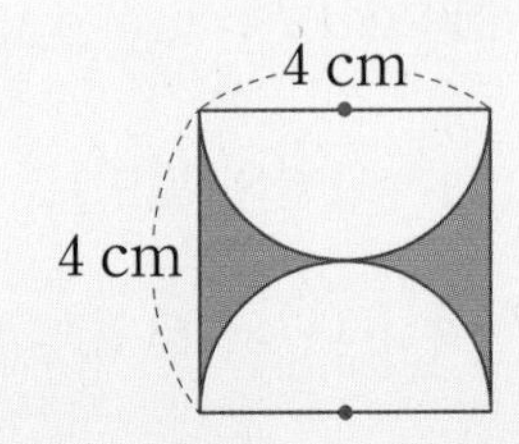

(색칠한 부분의 넓이)
$=$ (정사각형의 넓이) $-$ (원의 넓이)
$= 4\times4-2\times2\times3.1$
$= 16-12.4=3.6\,(cm^2)$

- 원의 넓이는 평행사변형, 직사각형, 삼각형 등 다른 모양의 도형으로 바꿔서 구할 수 있습니다.
- 원을 다른 도형으로 만들기 위해 원의 중심을 지나는 선분을 그어서 원을 여러 개의 조각으로 등분하고 다시 배열하면 됩니다.
- **지름이 4 cm인 원의 넓이 구하기(원주율: 3.14)**
  (원의 넓이)
  $= \underbrace{4\times3.14}_{원주}\times\frac{1}{2}\times\underbrace{2}_{반지름}$
  $= 3.14\times\underbrace{4}_{지름}\times\frac{1}{2}\times\underbrace{2}_{반지름}$
  $= \underbrace{2\times2}_{반지름}\times3.14$
  $= 12.56\,(cm^2)$
- 반지름이 길어지면 원의 넓이도 넓어집니다.

1 원을 한없이 잘라 이어 붙이면 점점 직사각형에 가까워지는 도형이 됩니다. 보기 에서 알맞은 말을 골라 □ 안에 써넣으세요.

보기			
지름	원주	반지름	원주율

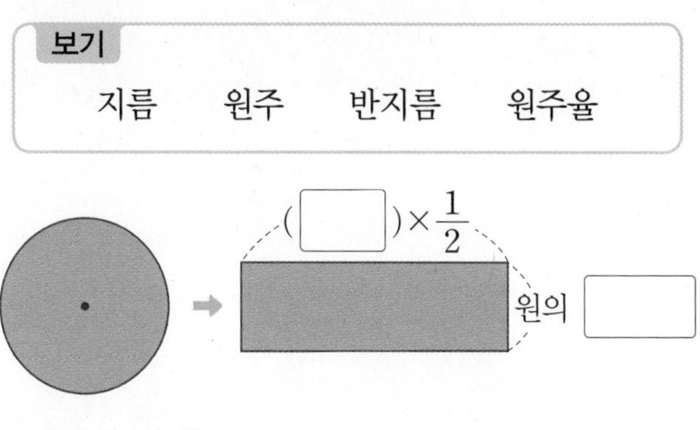

(원의 넓이)

$=(\square)\times\frac{1}{2}\times(\square)$

$=(\text{원주율})\times(\square)\times\frac{1}{2}\times(\square)$

$=(\square)\times(\square)\times(\square)$

2 원을 한없이 잘라 이어 붙이면 점점 직사각형에 가까워지는 도형이 됩니다. □ 안에 알맞은 수를 써넣으세요. (원주율: 3.1)

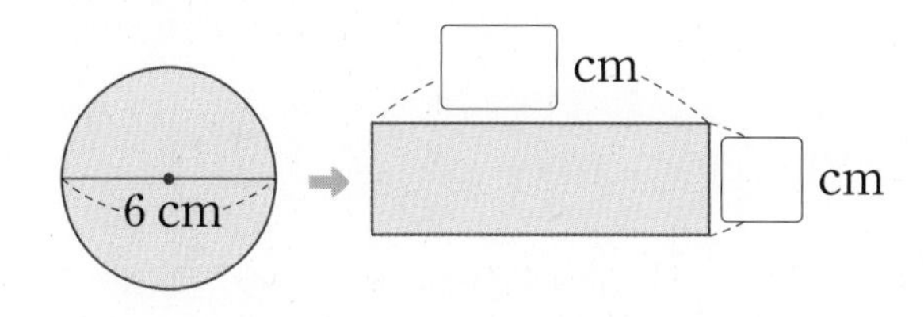

3 원의 넓이를 구해 보세요. (원주율: 3.1)

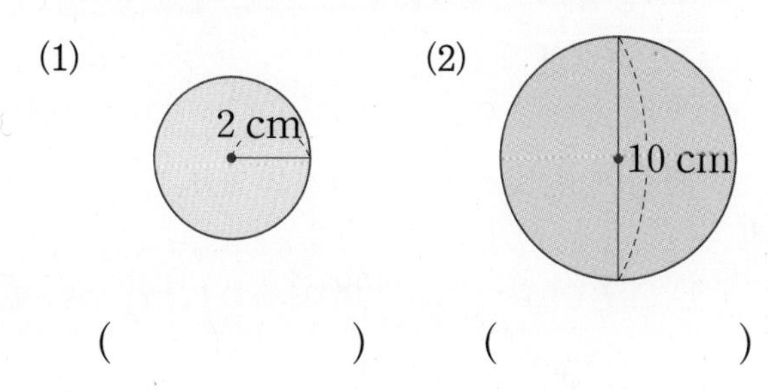

( ) ( )

4 반지름이 3 m인 원의 넓이는 몇 m^2일까요? (원주율: 3)

( )

5 그림과 같이 컴퍼스를 벌려 원을 그렸을 때 그린 원의 넓이를 구해 보세요. (원주율: 3.14)

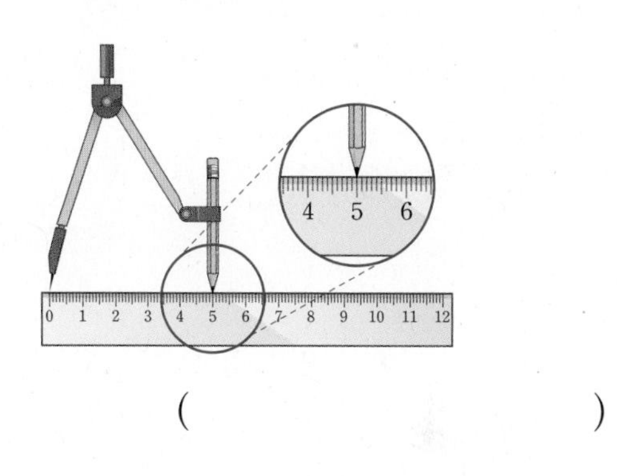

( )

[6~7] 색칠한 부분의 넓이를 구해 보세요. (원주율: 3.14)

6

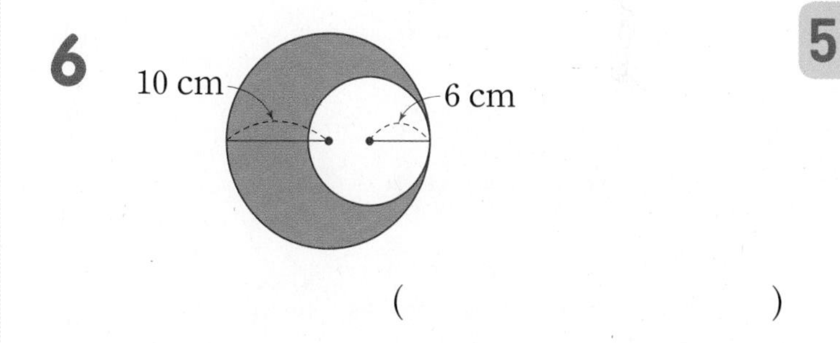

( )

7

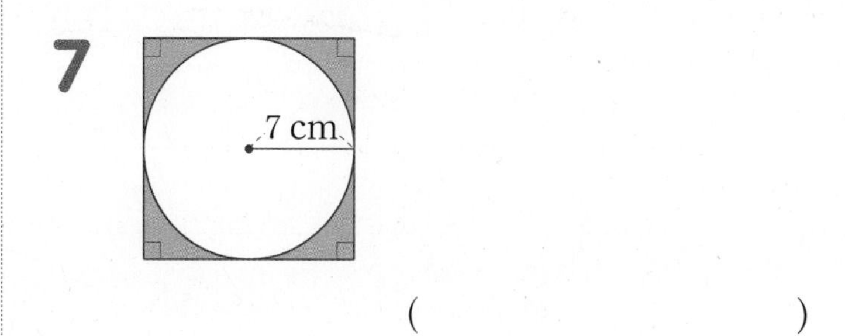

( )

5

개념 적용

기본기 다지기

1 원주와 지름의 관계

• 원주: 원의 둘레

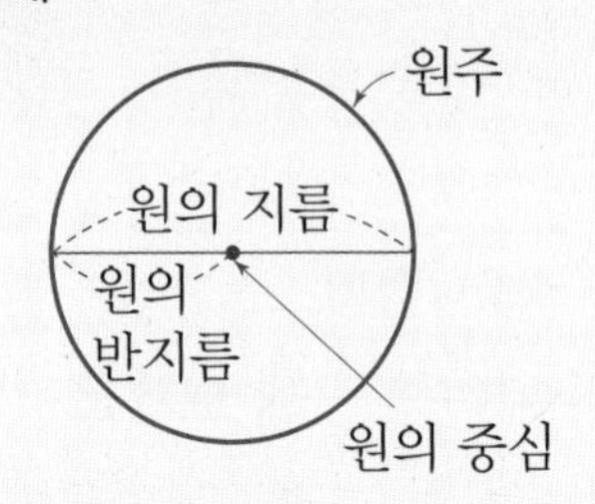

• 원의 지름이 길어지면 원주도 길어집니다.
• 원주는 원의 지름의 3배보다 길고, 원의 지름의 4배보다 짧습니다.

1 원에 대한 설명이 맞으면 ○표, 틀리면 ×표 하세요.

(1) 반지름은 지름의 2배입니다. ( )

(2) 원주는 지름의 2배입니다. ( )

(3) 큰 원일수록 원주가 깁니다. ( )

2 지름이 3 cm인 원의 원주와 가장 비슷한 길이를 찾아 기호를 써 보세요.

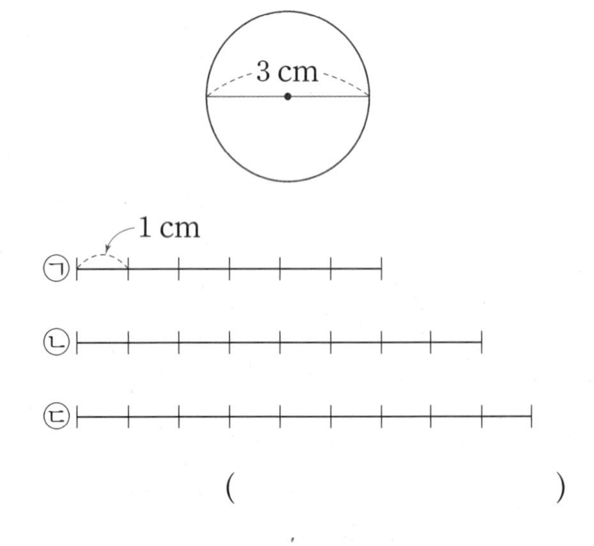

( )

3 원주가 가장 긴 원을 찾아 기호를 써 보세요.

㉠ 지름이 6 cm인 원
㉡ 반지름이 2 cm인 원
㉢ 반지름이 5 cm인 원

( )

2 원주율

• 원주율: 원의 지름에 대한 원주의 비율

(원주율) = (원주) ÷ (지름)

• 원주율을 소수로 나타내면 3.1415926535897932…와 같이 끝없이 이어집니다. 따라서 필요에 따라 3, 3.1, 3.14 등으로 어림하여 사용하기도 합니다.

4 그림에 대한 설명으로 맞으면 ○표, 틀리면 ×표 하세요.

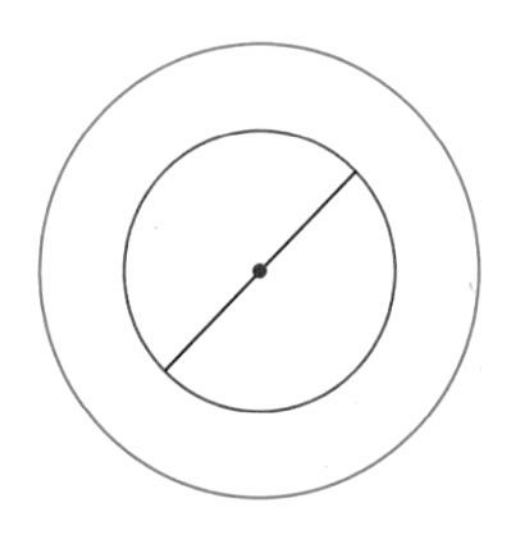

(1) 빨간색 원의 원주율은 초록색 원의 원주율보다 작습니다. ( )

(2) 빨간색 원의 원주는 검은색 선분의 길이의 약 3.1배입니다. ( )

5 빈칸에 알맞은 수를 써넣으세요.

원주(cm)	지름(cm)	(원주) ÷ (지름)
12.56	4	
31.4	10	

6 원주율에 대해 바르게 말한 사람은 누구인지 써 보세요.

원의 지름이 길어질수록 원주율도 커져.
진석
아니야. 원주율은 원의 크기에 상관없이 일정해.
윤하

( )

7 원 모양의 접시를 일직선으로 한 바퀴 굴린 것입니다. 접시의 원주는 지름의 몇 배일까요?

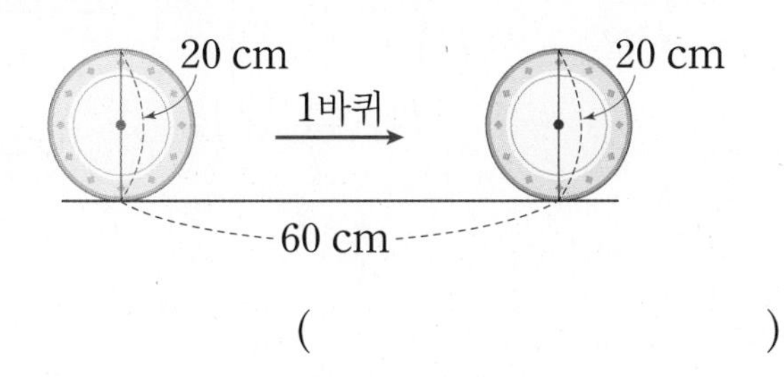

( )

8 종욱이가 지름이 30 cm인 원 모양의 거울의 둘레를 재어 보니 94 cm였습니다. 거울의 둘레는 지름의 몇 배인지 반올림하여 소수 첫째 자리까지 나타내어 보세요.

( )

9 크기가 다른 두 원의 (원주)÷(지름)을 비교하여 ○ 안에 >, =, <를 알맞게 써넣으세요.

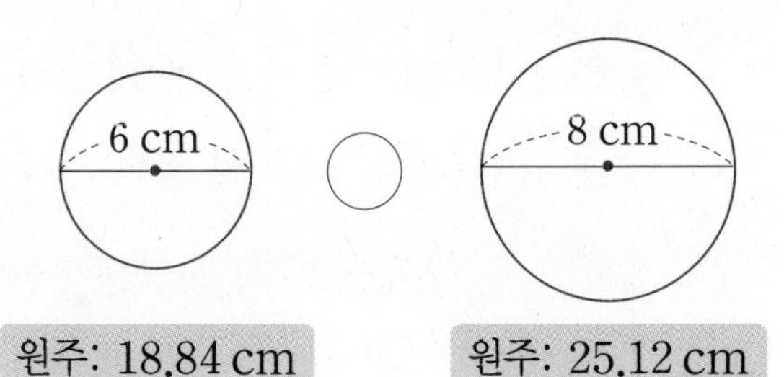

3 원주와 지름 구하기

- (원주율) = (원주) ÷ (지름)
  ➡ (원주) = (지름) × (원주율)
  = (반지름) × 2 × (원주율)
- (원주율) = (원주) ÷ (지름)
  ➡ (지름) = (원주) ÷ (원주율)

10 원주를 구해 보세요. (원주율: 3)

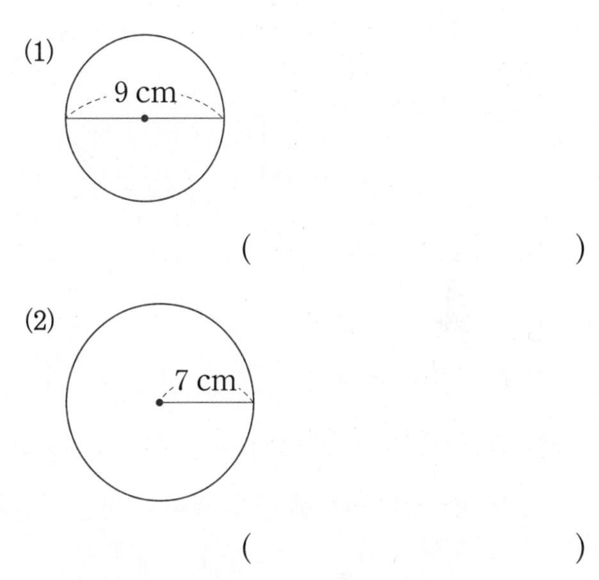

(1) ( )

(2) ( )

11 지름과 원주의 관계를 이용하여 표를 완성해 보세요.

원주율	지름(cm)	원주(cm)
3.1		15.5
3.14	6	

12 원주가 124 cm인 원 모양의 쟁반이 있습니다. 쟁반의 지름과 반지름을 각각 구해 보세요.
(원주율: 3.1)

지름 ( )
반지름 ( )

13 큰 원의 원주를 구해 보세요. (원주율: 3)

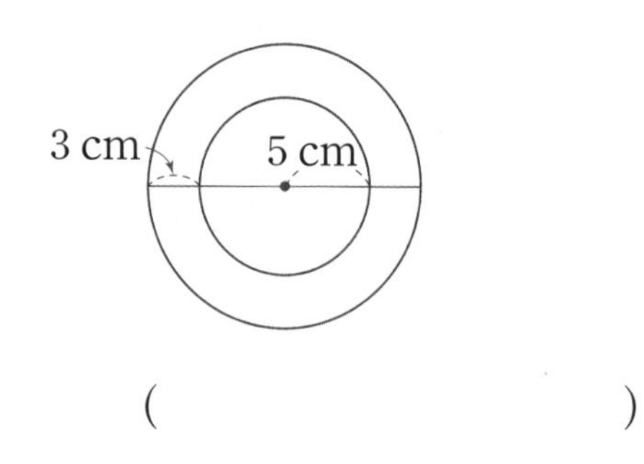

(　　　　　　　　)

14 더 큰 원의 기호를 써 보세요. (원주율: 3.1)

㉠ 원주가 9.3 cm인 원
㉡ 지름이 4 cm인 원

(　　　　　　　　)

서술형
15 끈으로 반지름이 50 cm인 원 한 개를 만들려고 합니다. 필요한 끈은 적어도 몇 cm인지 풀이 과정을 쓰고 답을 구해 보세요.
(원주율: 3.14)

풀이

답

16 길이가 219.8 cm인 종이 띠를 겹치지 않게 남김없이 이어 붙여서 원을 만들었습니다. 만들어진 원의 지름을 구해 보세요. (원주율: 3.14)

(　　　　　　　　)

17 진수는 바닥면의 모양이 원 모양인 상자를 사러 갔습니다. 둘레가 52 cm인 원 모양의 시계를 넣을 수 있는 상자를 모두 찾아 기호를 써 보세요. (원주율: 3)

㉠ 바닥면의 지름이 20 cm인 상자
㉡ 바닥면의 반지름이 8 cm인 상자
㉢ 바닥면의 지름이 18 cm인 상자

(　　　　　　　　)

18 작은 원의 원주는 49.6 cm입니다. 두 원의 반지름의 합을 구해 보세요.
(원주율: 3.1)

(　　　　　　　　)

4 원의 넓이 어림하기

① 원 안에 그릴 수 있는 가장 큰 정사각형의 넓이 구하기
② 원 밖에 그릴 수 있는 가장 작은 정사각형의 넓이 구하기
③ ①과 ② 사이의 값으로 원의 넓이 어림하기

19 반지름이 5 cm인 원의 넓이를 어림하려고 합니다. □ 안에 알맞은 수를 써넣으세요.

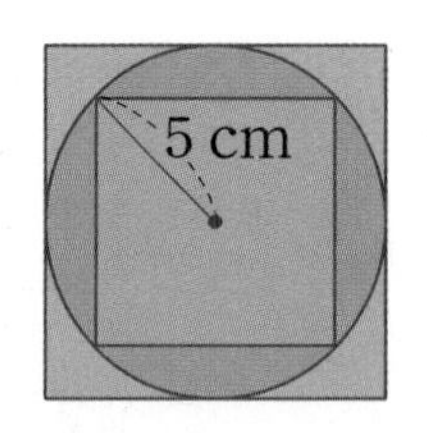

원의 넓이는 원 안의 정사각형의 넓이 □ cm^2보다 크고, 원 밖의 정사각형의 넓이 □ cm^2보다 작습니다.

➡ □ cm^2 < (원의 넓이) < □ cm^2

20 반지름이 7 cm인 원의 넓이를 어림하려고 합니다. □ 안에 알맞은 수를 써넣으세요.

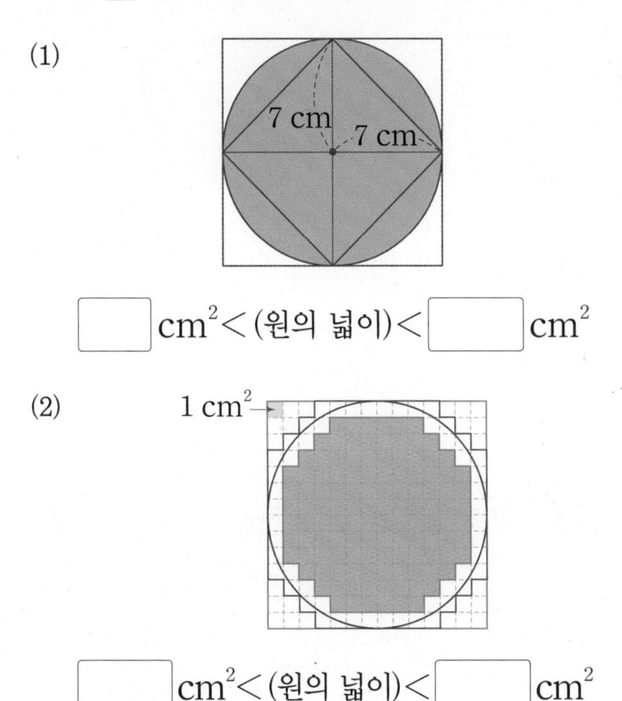

21 정육각형의 넓이를 이용하여 원의 넓이를 어림하려고 합니다. 물음에 답하세요.

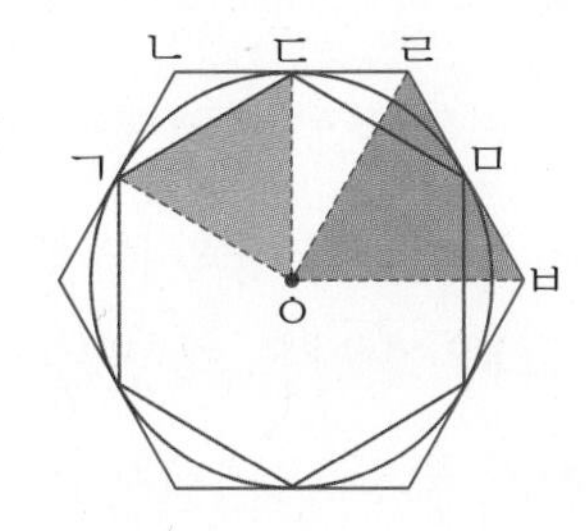

(1) 삼각형 ㄱㅇㄷ의 넓이가 $36\ cm^2$이면 원 안의 정육각형의 넓이는 몇 cm^2일까요?

(　　　　　　　　　　)

(2) 삼각형 ㄹㅇㅂ의 넓이가 $48\ cm^2$이면 원 밖의 정육각형의 넓이는 몇 cm^2일까요?

(　　　　　　　　　　)

(3) 원의 넓이는 몇 cm^2라고 어림할 수 있을까요?

(　　　　　　　　　　)

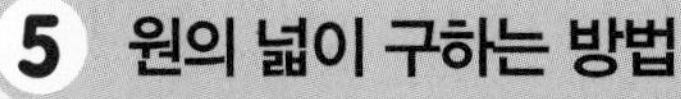

5 원의 넓이 구하는 방법

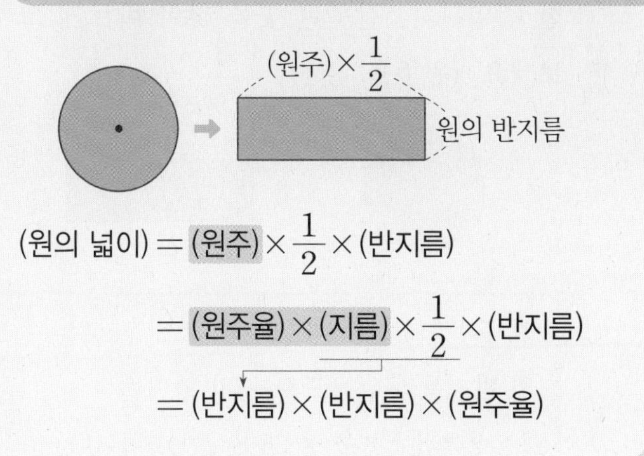

(원의 넓이) $=$ (원주) $\times \frac{1}{2} \times$ (반지름)

$=$ (원주율) $\times$ (지름) $\times \frac{1}{2} \times$ (반지름)

$=$ (반지름) $\times$ (반지름) $\times$ (원주율)

22 원의 넓이를 구해 보세요. (원주율: 3)

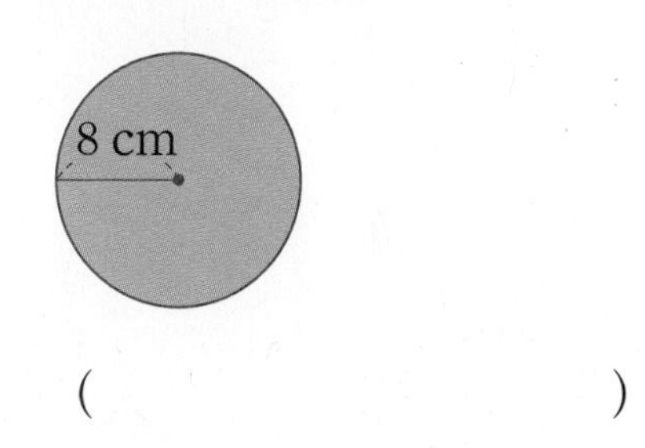

(　　　　　　　　　　)

23 그림과 같이 컴퍼스를 벌려 원을 그렸습니다. 그린 원의 넓이를 구해 보세요. (원주율: 3.1)

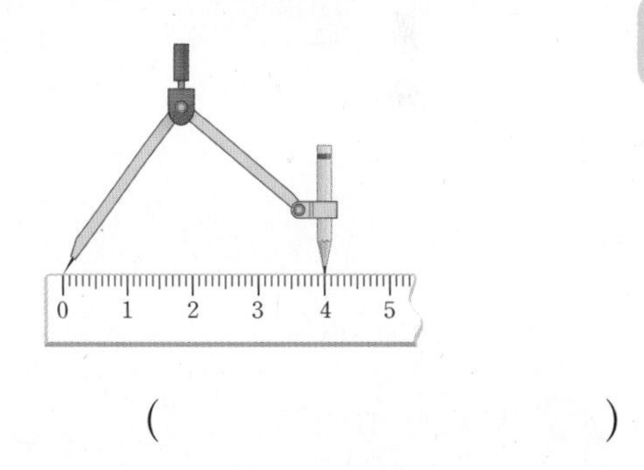

(　　　　　　　　　　)

24 정사각형과 원의 넓이의 차를 구해 보세요.

(원주율: 3.14)

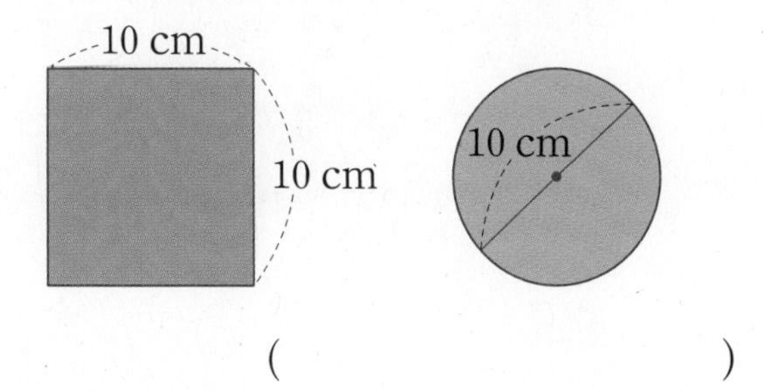

(　　　　　　　　　　)

5

서술형

25 직사각형의 넓이를 이용하여 원의 넓이를 구한 것입니다. 잘못된 곳을 찾아 바르게 고쳐 보세요. (원주율: 3.1)

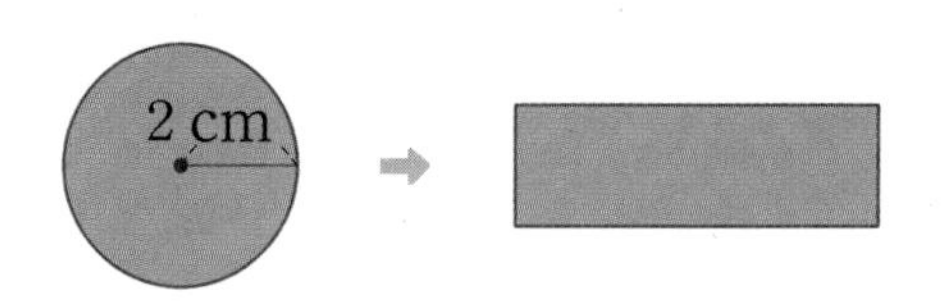

직사각형의 가로는 원주와 같고, 세로는 원의 반지름과 같으므로 원의 넓이는 $2 \times 2 \times 3.1 \times 2 = 24.8\,(cm^2)$입니다.

바르게 고치기

26 반원의 넓이를 구해 보세요. (원주율: 3)

(반원: 원을 반으로 자른 도형)

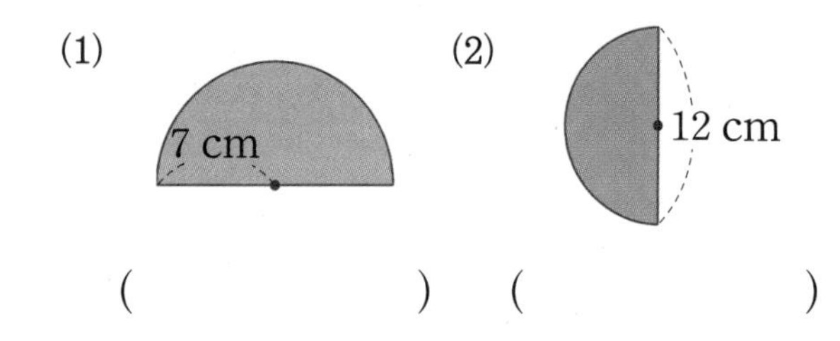

( ) ( )

27 다음과 같이 원 안에 대각선의 길이가 20 cm인 정사각형을 그렸습니다. 원의 넓이는 몇 cm^2일까요? (원주율: 3.14)

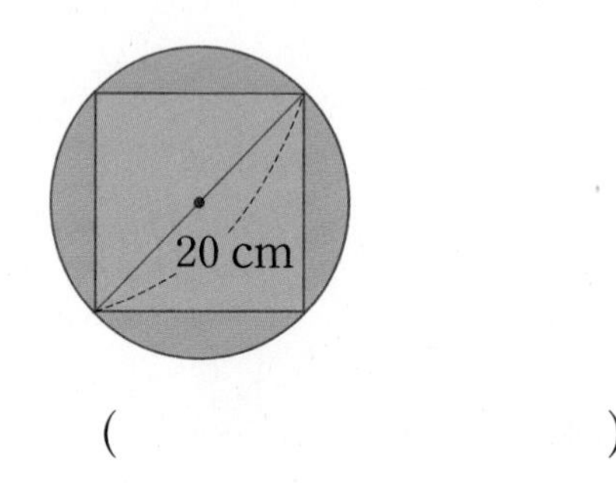

( )

28 다음과 같은 직사각형 안에 그릴 수 있는 가장 큰 원의 넓이는 몇 cm^2일까요? (원주율: 3.14)

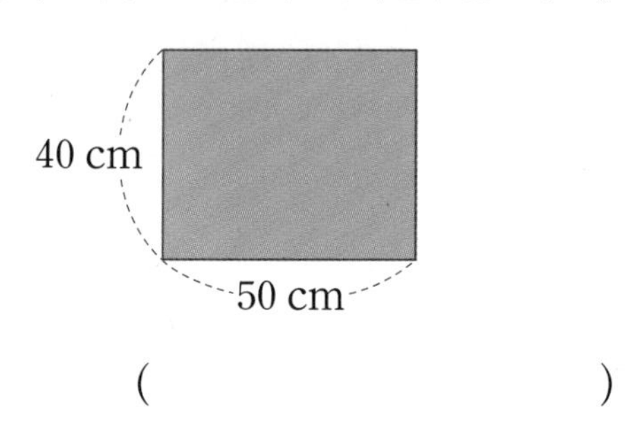

( )

29 원의 넓이가 $27.9\,cm^2$일 때 □ 안에 알맞은 수를 써넣으세요. (원주율: 3.1)

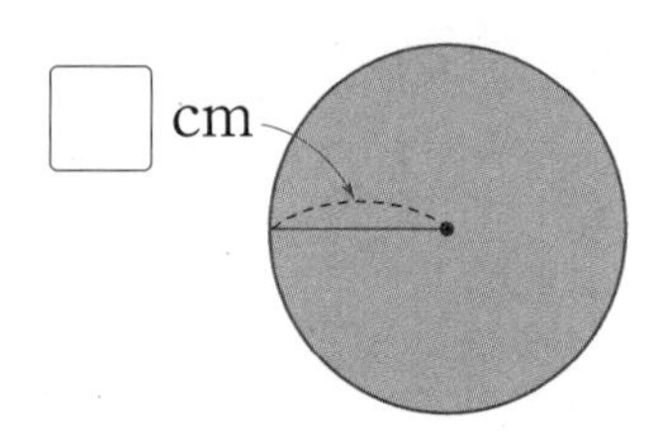

30 성민이는 엄마와 함께 팬 케이크를 만들려고 합니다. 원 모양의 프라이팬의 내부 바닥면의 크기가 다음과 같을 때 만들 수 있는 팬 케이크의 크기가 큰 프라이팬부터 차례로 기호를 써 보세요. (원주율: 3)

㉠ 반지름이 9 cm인 프라이팬
㉡ 지름이 22 cm인 프라이팬
㉢ 원주가 48 cm인 프라이팬
㉣ 넓이가 432 cm^2인 프라이팬

( )

31 탬버린은 리듬 악기의 하나로 리듬에 대한 감각이나 능력을 키워 주는 악기입니다. 탬버린의 원 모양의 면의 둘레가 94.2 cm일 때 이 면의 넓이는 몇 cm^2일까요? (원주율: 3.14)

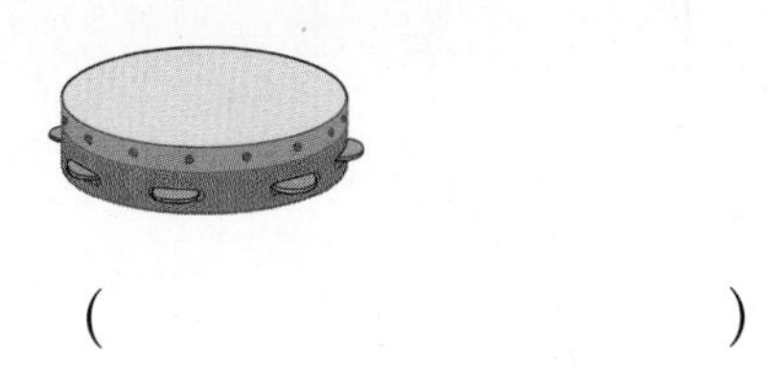

( )

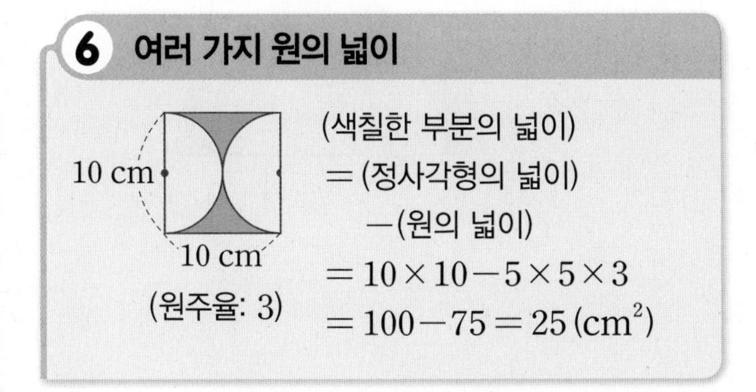

6 여러 가지 원의 넓이
10 cm
10 cm
(원주율: 3)
(색칠한 부분의 넓이)
=(정사각형의 넓이)
−(원의 넓이)
=10×10−5×5×3
=100−75=25 (cm²)

32 원 나의 반지름은 원 가의 반지름의 3배입니다. 원 나의 넓이는 원 가의 넓이의 몇 배인지 구해 보세요. (원주율: 3)

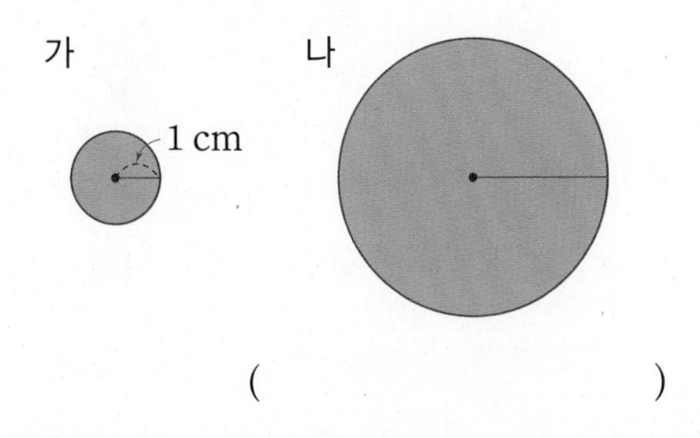

( )

33 색칠한 부분의 넓이를 구해 보세요. (원주율: 3.1)

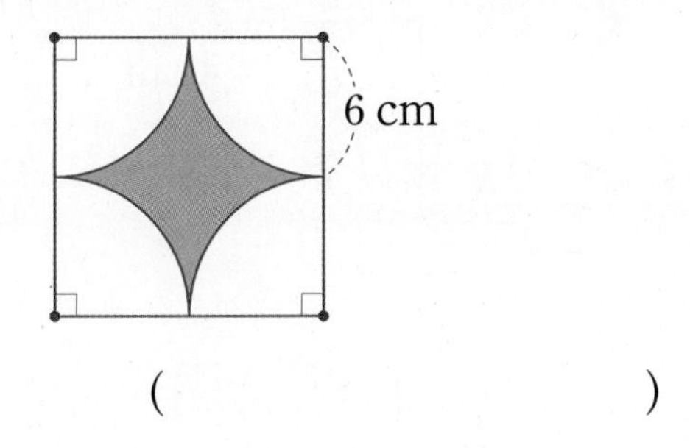

( )

34 색칠한 부분의 넓이를 구해 보세요. (원주율: 3)

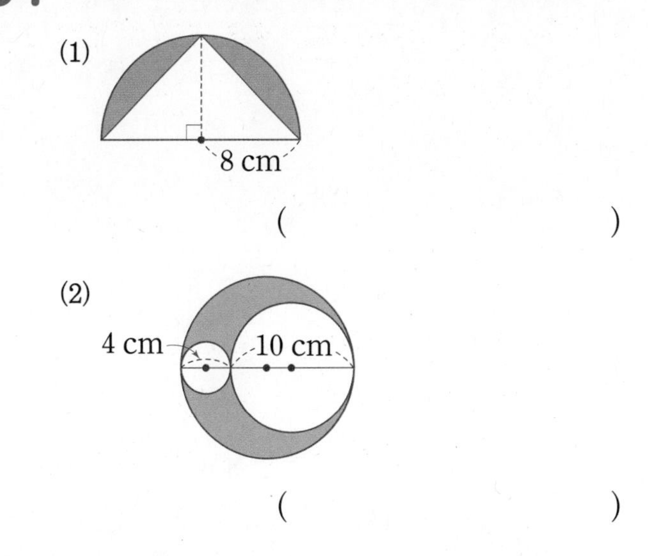

(1) ( )

(2) ( )

35 다음과 같은 모양의 운동장의 넓이를 구해 보세요. (원주율: 3.14)

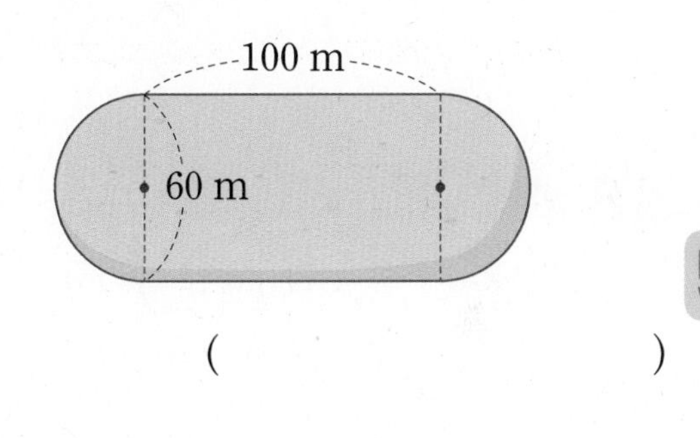

( )

36 태극 문양에서 파란색 부분의 넓이를 구해 보세요. (원주율: 3.14)

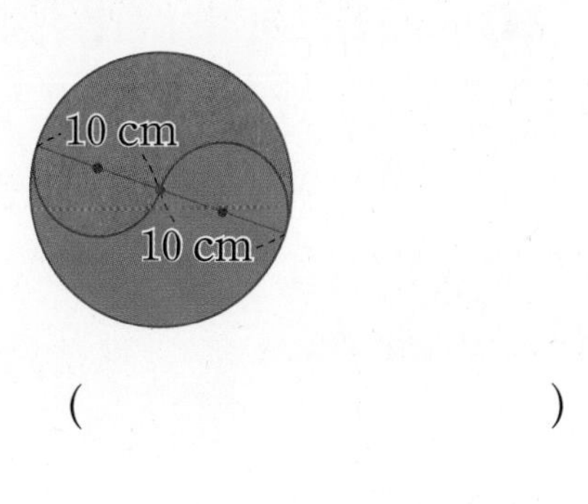

( )

7 원이 굴러간 거리로 원의 회전수 구하기

원이 ■바퀴 굴러간 거리는 원주의 ■배와 같습니다.

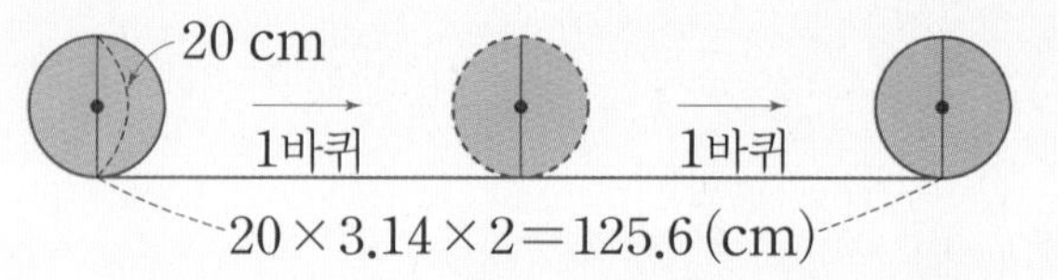

(원주율: 3.14)

37 범석이가 집에서 문구점까지의 거리를 알아보기 위해 반지름이 0.3 m인 굴렁쇠를 굴렸더니 100바퀴를 굴러갔습니다. 집에서 문구점까지의 거리는 몇 m일까요? (원주율: 3.1)

(　　　　　　　　)

38 반지름이 60 cm인 훌라후프를 몇 바퀴 굴렸더니 앞으로 18 m만큼 굴러갔습니다. 훌라후프는 몇 바퀴 굴렀을까요? (원주율: 3)

(　　　　　　　　)

39 재영이는 바퀴의 지름이 40 cm인 외발자전거를 타고 3 m 72 cm를 달렸습니다. 외발자전거의 바퀴는 몇 바퀴 굴렀을까요? (원주율: 3.1)

(　　　　　　　　)

8 색칠한 부분의 둘레 구하기

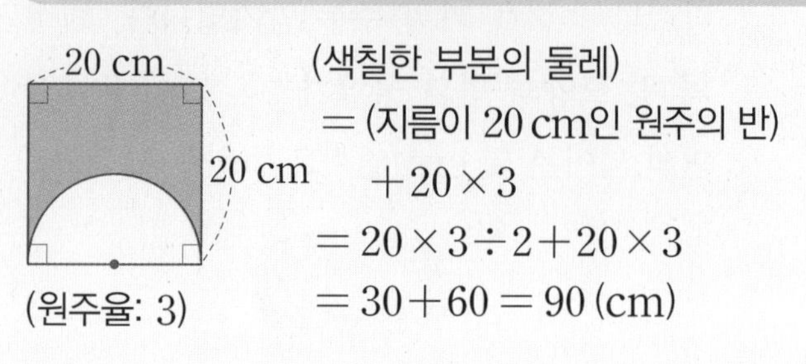

(색칠한 부분의 둘레)
$= $(지름이 20 cm인 원주의 반) $+ 20 \times 3$
$= 20 \times 3 \div 2 + 20 \times 3$
$= 30 + 60 = 90$ (cm)

40 색칠한 부분의 둘레를 구해 보세요. (원주율: 3)

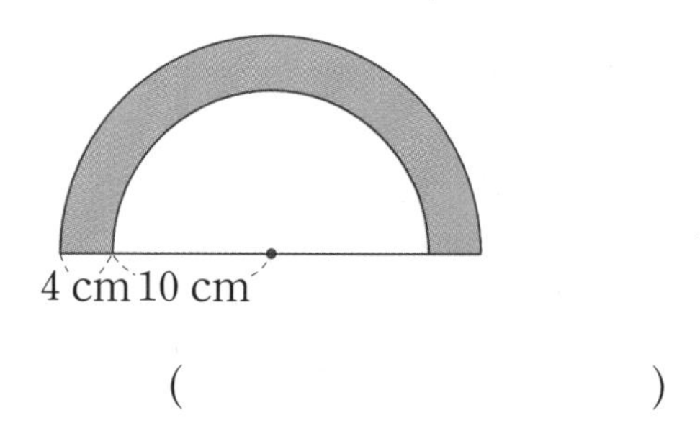

(　　　　　　　　)

41 색칠한 부분의 둘레를 구해 보세요. (원주율: 3)

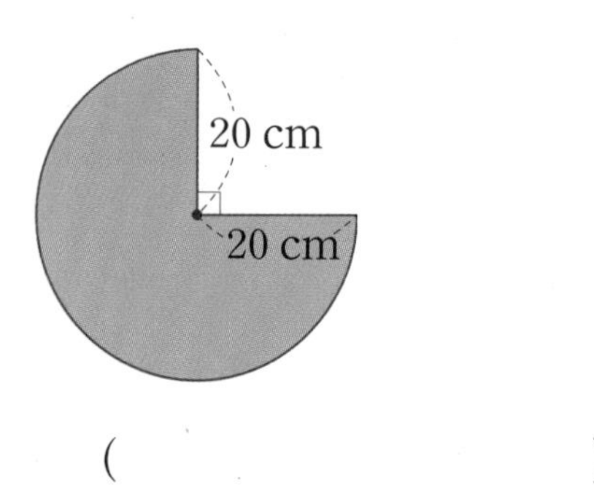

(　　　　　　　　)

42 두 도형에서 색칠한 부분의 둘레의 차를 구해 보세요. (원주율: 3)

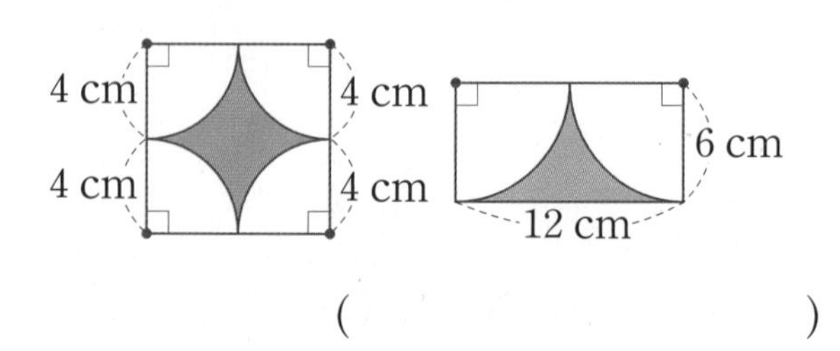

(　　　　　　　　)

응용력 기르기

심화유형 1 원의 일부분의 넓이, 둘레 구하기

오른쪽은 왼쪽 원의 일부분입니다. 오른쪽 도형의 넓이를 구해 보세요. (원주율: 3)

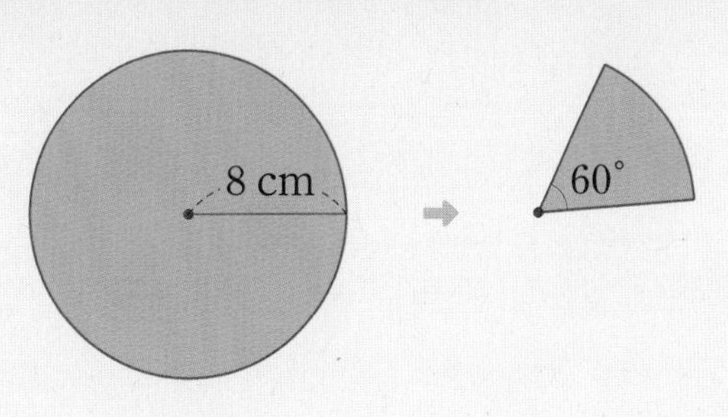

(　　　　　　　　　　)

● 핵심 NOTE　각도를 이용하여 원의 일부분의 넓이가 원의 넓이의 몇 분의 몇인지 알아봅니다.

1-1 오른쪽은 왼쪽 원의 일부분입니다. 오른쪽 도형의 넓이를 구해 보세요. (원주율: 3.14)

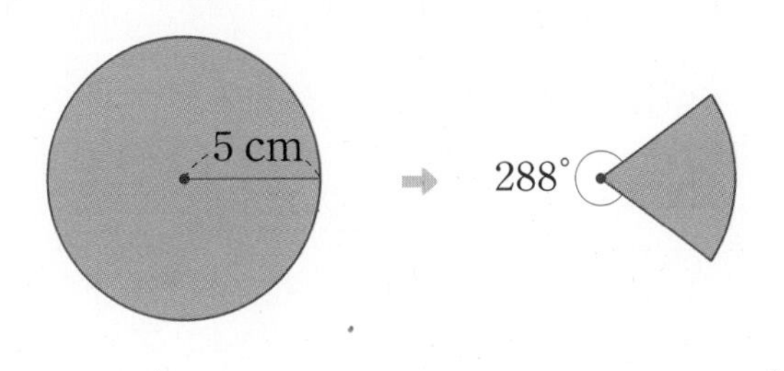

(　　　　　　　　　　)

1-2 오른쪽은 왼쪽 원의 일부분입니다. 오른쪽 도형의 둘레를 구해 보세요. (원주율: 3.1)

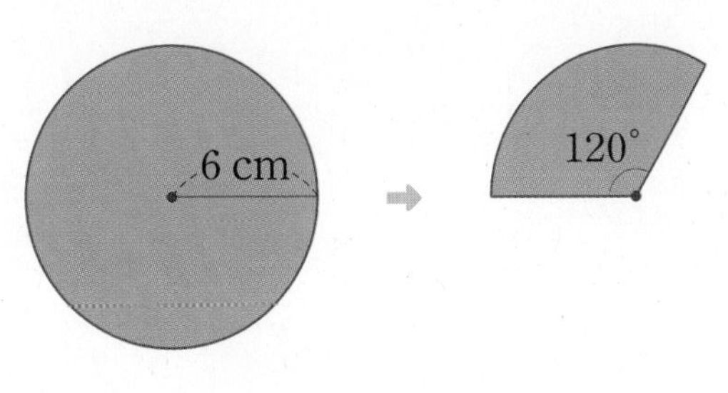

(　　　　　　　　　　)

여러 가지 도형에서 색칠한 부분의 둘레 구하기

오른쪽 정사각형에서 색칠한 부분의 둘레는 몇 cm일까요? (원주율: 3)

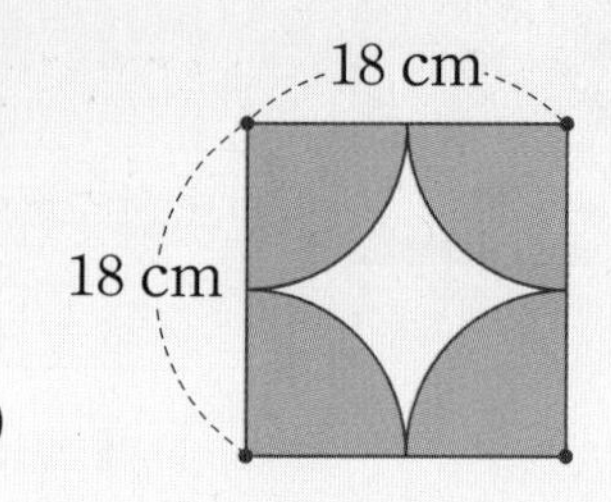

(　　　　　　　　　　)

● 핵심 NOTE　색칠한 부분의 둘레에 있는 선분 또는 곡선 부분의 길이를 합한 것은 어떤 도형의 둘레와 같은지 알아봅니다.

- (색칠한 부분을 둘러싸고 있는 곡선 부분의 길이의 합) = (지름이 18 cm인 원의 원주)
- (색칠한 부분을 둘러싸고 있는 선분의 길이의 합) = (정사각형의 둘레)

2-1　오른쪽 정사각형에서 색칠한 부분의 둘레는 몇 cm일까요? (원주율: 3.1)

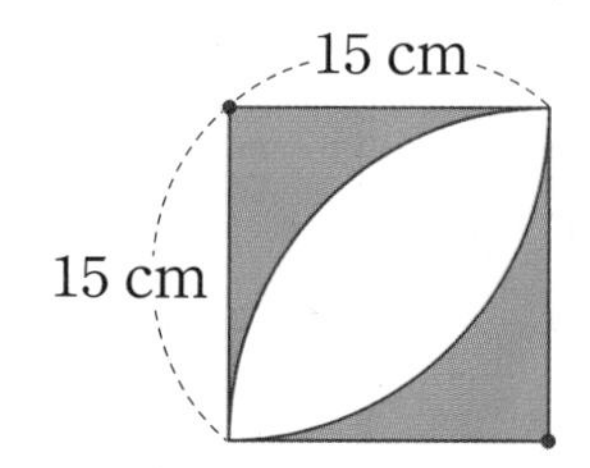

(　　　　　　　　　　)

2-2　오른쪽 도형에서 색칠한 부분의 둘레는 몇 cm일까요? (원주율: 3)

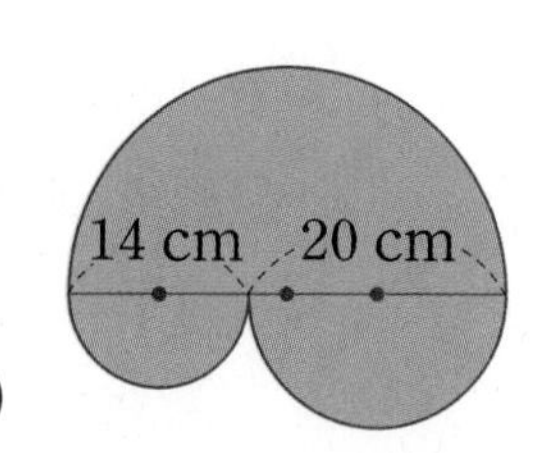

(　　　　　　　　　　)

정답과 풀이 47쪽

3 둥근 통을 묶는 데 사용한 끈의 길이 구하기

심화유형

원 모양 밑면 한 개의 넓이가 $314\ \text{cm}^2$인 둥근 통 2개를 다음과 같이 끈으로 묶었습니다. 끈을 묶는 매듭의 길이는 생각하지 않을 때 사용한 끈의 길이는 몇 cm일까요? (원주율: 3.14)

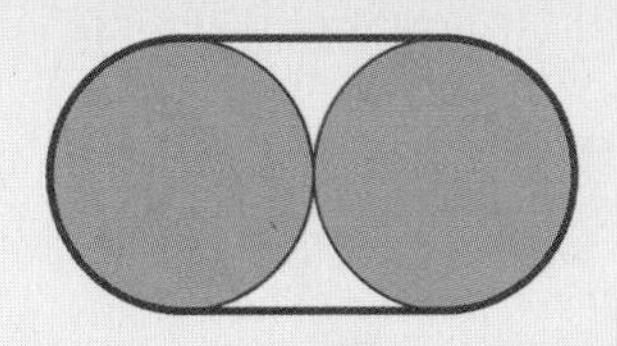

(　　　　　　　　　　)

● 핵심 NOTE (사용한 끈의 길이) = (곡선 부분의 길이의 합) + (선분의 길이의 합)
= (원 한 개의 원주) + (선분의 길이의 합)

3-1 원 모양 밑면 한 개의 넓이가 $432\ \text{cm}^2$인 둥근 통 2개를 다음과 같이 끈으로 묶었습니다. 끈을 묶는 매듭의 길이는 생각하지 않을 때 사용한 끈의 길이는 몇 cm일까요? (원주율: 3)

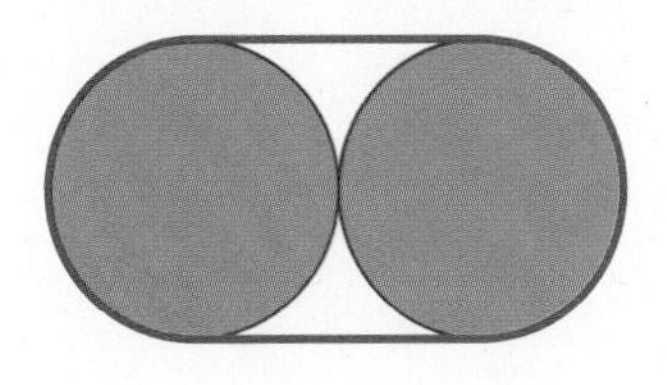

(　　　　　　　　　　)

3-2 마트에서 원 모양 캔 뚜껑 한 개의 넓이가 $49.6\ \text{cm}^2$인 통조림 캔 4개를 오른쪽 그림과 같이 테이프로 묶어 팔고 있습니다. 테이프를 겹쳐지지 않게 붙였다면 사용한 테이프의 길이는 몇 cm일까요? (원주율: 3.1)

(　　　　　　　　　　)

정답과 풀이 47쪽

수학 + 체육

원이 겹쳐진 모양에서 부분의 넓이 구하기

컬링은 얼음판 위에서 하는 운동 경기입니다. 하우스라고 불리는 표적을 향해 스톤을 던져 점수를 겨루는 경기로 빙판을 닦아 스톤의 이동 거리를 조절합니다. 다음과 같은 하우스에서 빨간색 부분의 넓이는 몇 cm^2인지 구해 보세요. (원주율: 3)

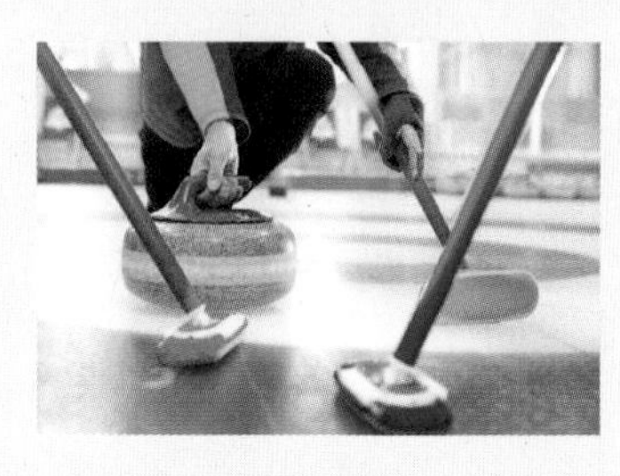

컬링 경기

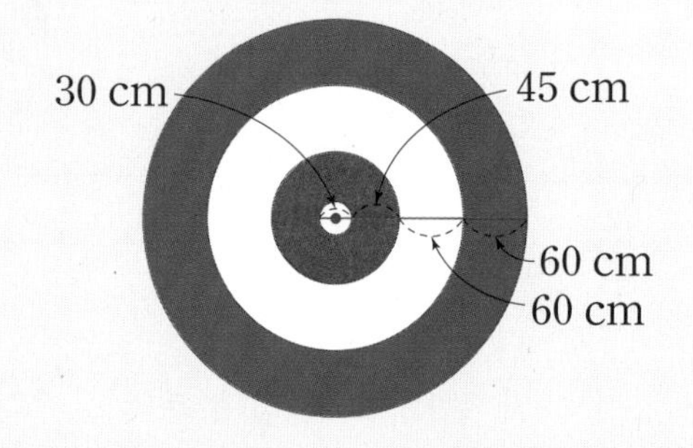

1단계 두 번째로 작은 원의 반지름의 길이 구하기

2단계 빨간색 부분의 넓이 구하기

( )

핵심 NOTE

1단계 가장 작은 흰색 원의 반지름을 이용하여 두 번째로 작은 원의 반지름을 구합니다.

2단계 두 원의 넓이의 차를 이용하여 빨간색 부분의 넓이를 구합니다.

4-1

오른쪽 과녁은 중심이 같은 여러 개의 원으로 되어 있고 원의 중심에서 벗어날수록 점수가 낮아집니다. 가장 작은 원의 반지름은 3 cm이고, 각 원의 반지름은 안에 있는 원의 반지름보다 2 cm씩 더 길다고 할 때 과녁에 화살을 한 번 쏘아 6점을 받을 수 있는 부분의 넓이는 몇 cm^2인지 구해 보세요.

(원주율: 3.1)

( )

단원 평가 Level 1

점수

확인

[1~2] 그림을 보고 물음에 답하세요.

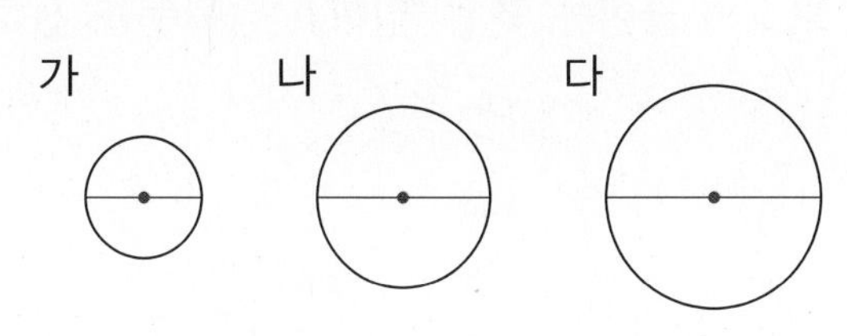

1 원주가 가장 긴 원을 찾아 기호를 써 보세요.

(　　　　　　　　　)

2 다음 설명 중 옳은 것을 찾아 기호를 써 보세요.

> ㉠ 원주가 가장 짧은 것은 나입니다.
> ㉡ 지름은 원주의 약 3배입니다.
> ㉢ 지름에 대한 원주의 비율은 일정합니다.

(　　　　　　　　　)

3 원주를 구해 보세요. (원주율: 3.14)

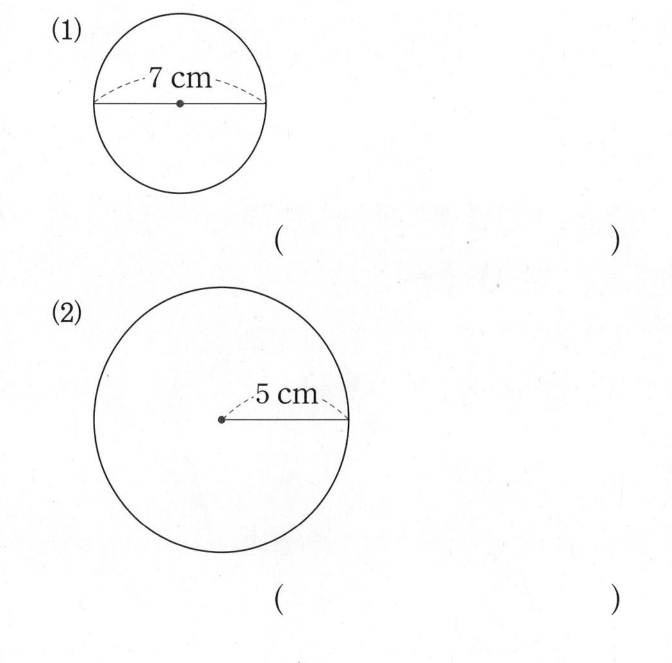

(1) (　　　　　　　　　)

(2) (　　　　　　　　　)

4 원의 넓이를 구해 보세요. (원주율: 3.1)

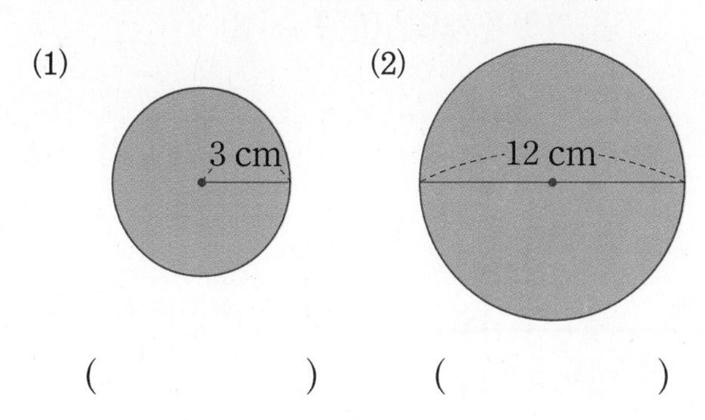

(1) (　　　　　) (2) (　　　　　)

5 반지름이 9 cm인 원을 한없이 잘라 이어 붙여서 점점 직사각형에 가까워지는 도형을 만들었습니다. □ 안에 알맞은 수를 써넣으세요.

(원주율: 3.1)

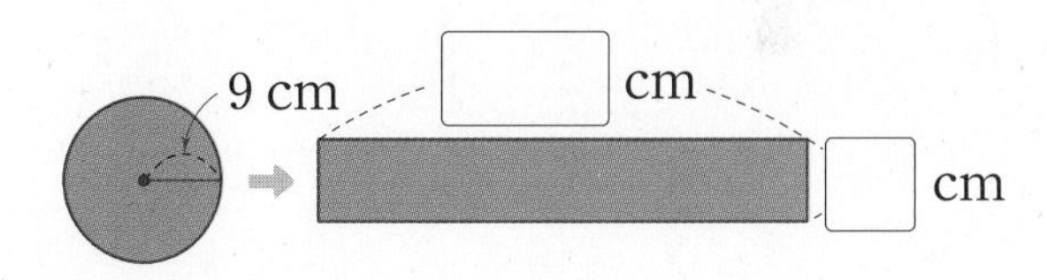

[6~7] 원주가 다음과 같을 때 □ 안에 알맞은 수를 써넣으세요. (원주율: 3.1)

6

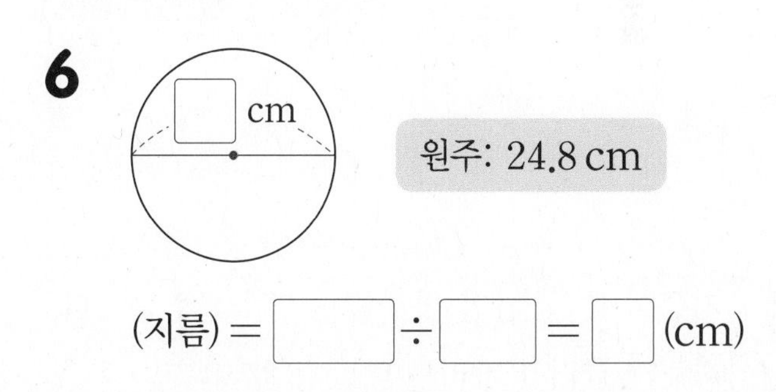

(지름) = □ ÷ □ = □ (cm)

7

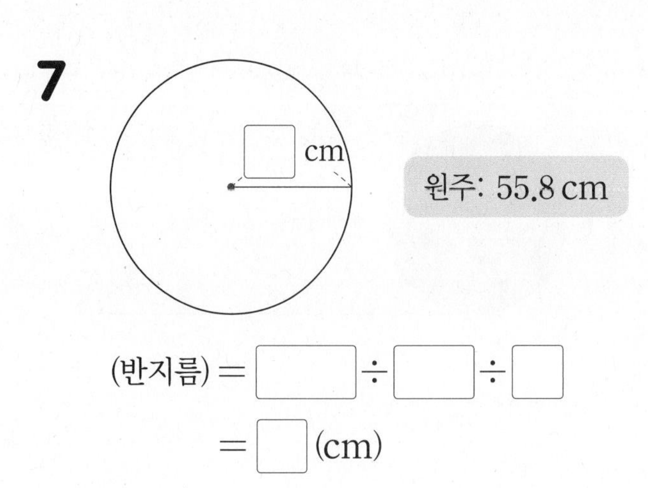

(반지름) = □ ÷ □ ÷ □

= □ (cm)

8 지름이 30 cm인 원 모양의 고리에 6 cm 간격으로 눈금을 그었습니다. 모두 몇 개의 눈금을 그었을까요? (원주율: 3)

(　　　　　　　　　　)

9 원주가 다음과 같을 때 ㉠과 ㉡은 각각 몇 cm일까요? (원주율: 3)

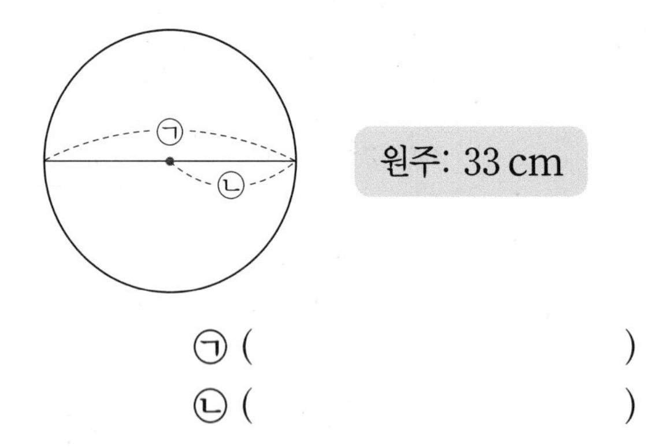

㉠ (　　　　　　　　　　)
㉡ (　　　　　　　　　　)

10 반지름이 8 cm인 원의 원주와 넓이를 각각 구해 보세요. (원주율: 3.14)

원주 (　　　　　　　　　　)
넓이 (　　　　　　　　　　)

11 지름이 24 cm인 바퀴를 3바퀴 굴렸습니다. 바퀴가 굴러간 거리는 몇 cm일까요? (원주율: 3.1)

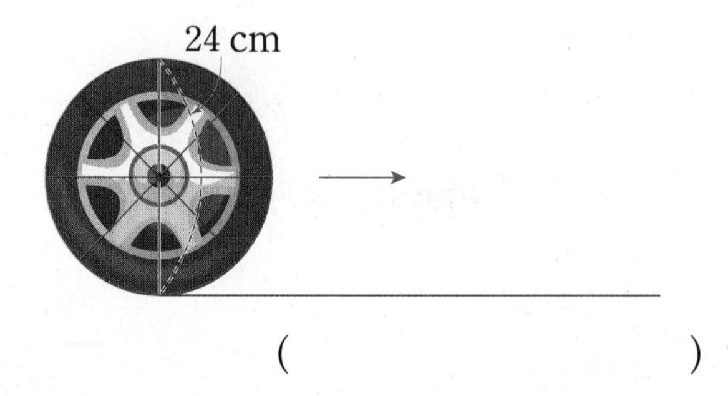

(　　　　　　　　　　)

12 반지름이 16 m인 원 모양의 땅에 폭이 2 m인 길 안쪽으로 원 모양의 호수를 만들었습니다. 호수의 넓이는 몇 m^2일까요? (원주율: 3.1)

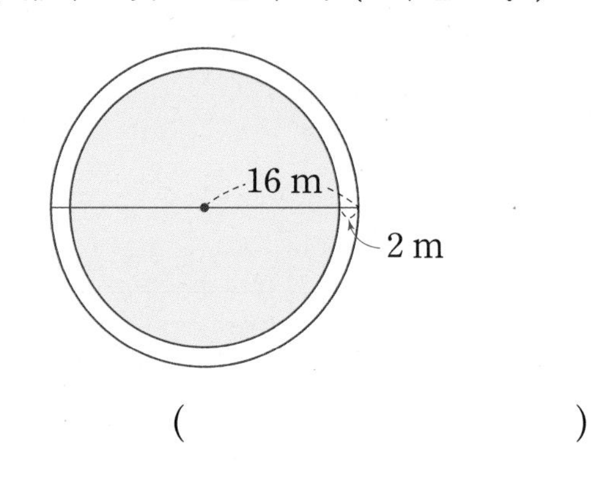

(　　　　　　　　　　)

13 원주가 124 cm인 케이크를 밑면이 정사각형인 사각기둥 모양의 상자에 담으려고 합니다. 상자의 밑면의 한 변의 길이는 몇 cm 이상이어야 할까요? (원주율: 3.1)

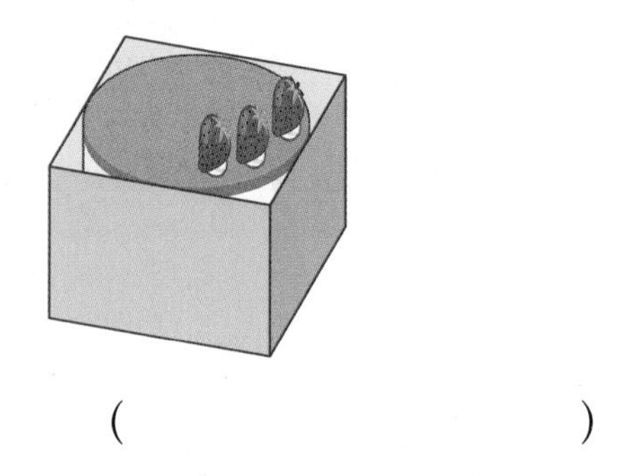

(　　　　　　　　　　)

14 색칠한 부분의 넓이는 몇 cm^2인지 구해 보세요. (원주율: 3.1)

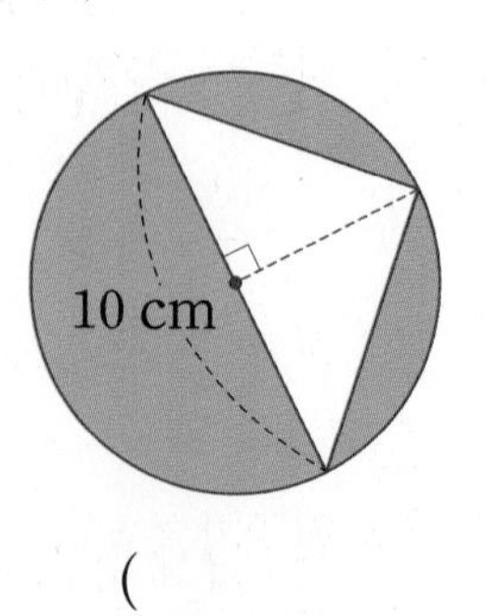

(　　　　　　　　　　)

15 색칠한 부분의 둘레와 넓이를 각각 구해 보세요. (원주율: 3)

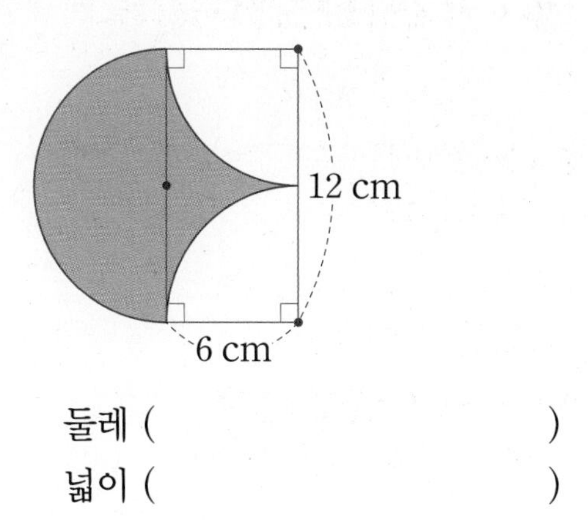

둘레 ( )
넓이 ( )

16 위와 아래에 있는 면이 원 모양이고 합동인 기둥의 둘레가 다음과 같을 때 이 기둥의 밑면의 지름은 몇 cm일까요? (단, 자의 큰 눈금 한 칸은 1 cm이고, 원주율은 3.14입니다.)

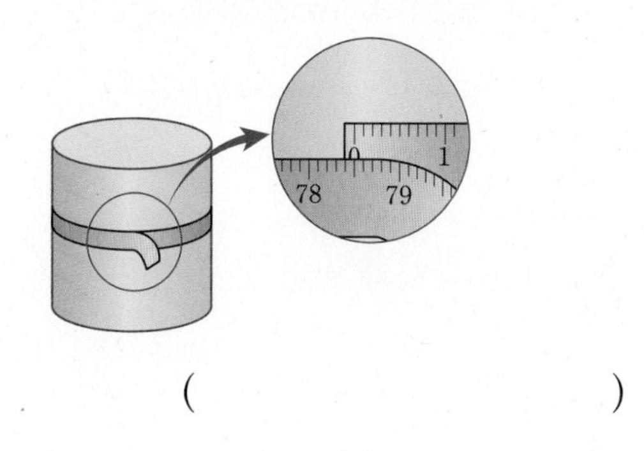

( )

17 원 가의 지름은 2 cm, 원 나의 지름은 6 cm입니다. 원 나의 원주는 원 가의 원주의 몇 배인지 구해 보세요. (원주율: 3.1)

( )

18 넓이가 넓은 원부터 차례로 기호를 써 보세요. (원주율: 3.1)

㉠ 지름이 10 cm인 원
㉡ 넓이가 198.4 cm^2인 원
㉢ 원주가 43.4 cm인 원
㉣ 반지름이 6 cm인 원

( )

19 두 원의 넓이의 차는 몇 cm^2인지 풀이 과정을 쓰고 답을 구해 보세요. (원주율: 3.14)

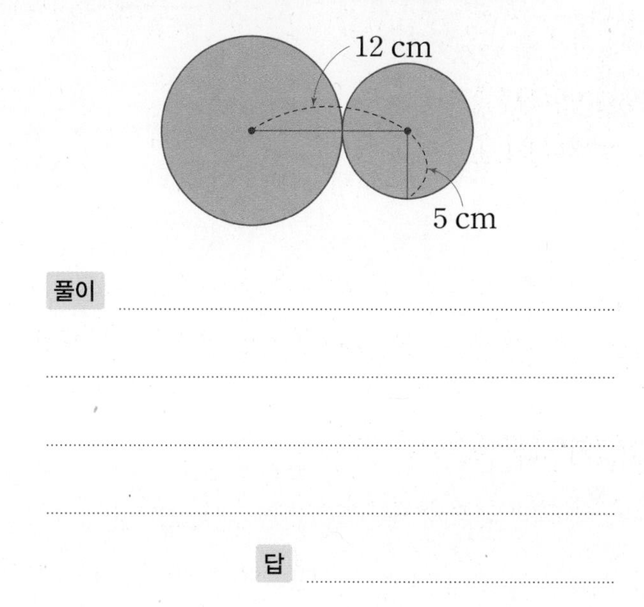

풀이

답

20 넓이가 49.6 cm^2인 원이 있습니다. 이 원의 원주는 몇 cm인지 풀이 과정을 쓰고 답을 구해 보세요. (원주율: 3.1)

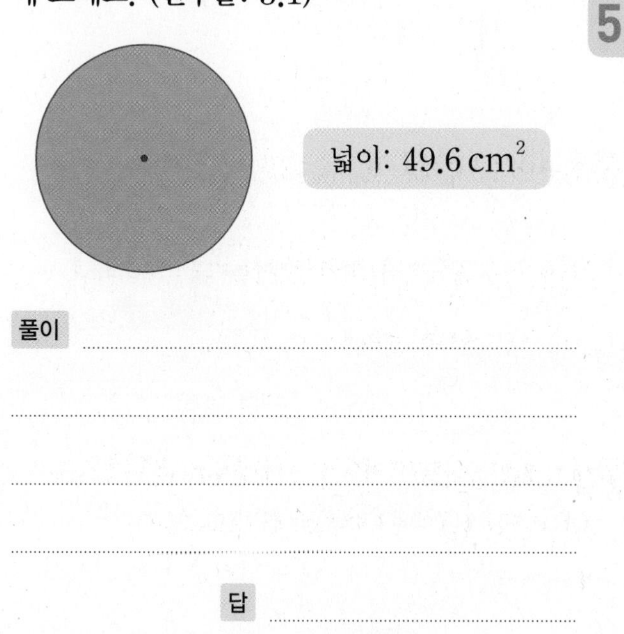

풀이

답

단원 평가 Level 2

점수

확인

1 원주와 원주율에 대한 설명으로 틀린 것을 모두 고르세요. (　　　　)

① 원의 둘레를 원주라고 합니다.
② 원주율은 원의 크기와 상관없이 일정합니다.
③ (원주율) = (지름) × (원주)입니다.
④ 원이 커지면 원주도 길어집니다.
⑤ 원주율은 원주에 대한 원의 지름의 비율입니다.

2 굴렁쇠가 한 바퀴 굴러간 모습입니다. 굴렁쇠의 지름을 구해 보세요. (원주율: 3)

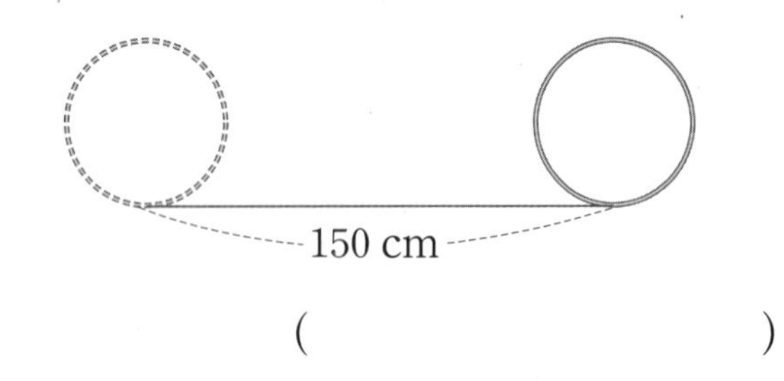

(　　　　　　　　)

3 모눈의 수를 세어 반지름이 6 cm인 원의 넓이를 어림하려고 합니다. □ 안에 알맞은 수를 써넣으세요.

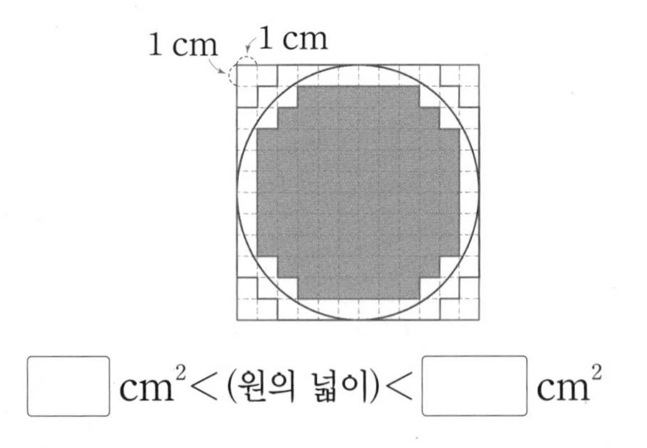

□ cm^2 < (원의 넓이) < □ cm^2

4 원을 한없이 잘라 이어 붙여 직사각형 모양으로 만들었습니다. 원의 넓이를 구해 보세요.

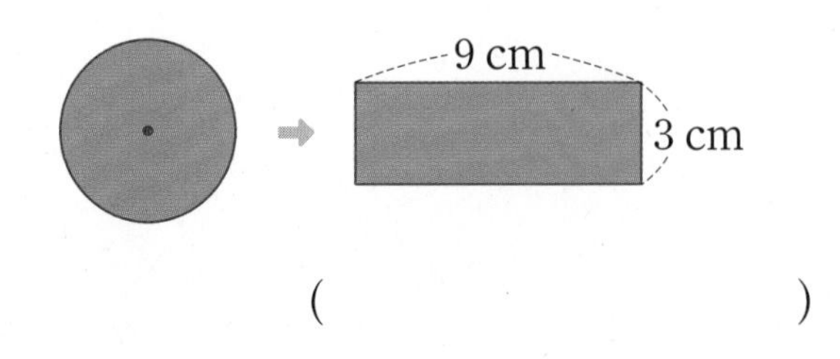

(　　　　　　　　)

5 원 가와 나의 지름의 차를 구해 보세요.
(원주율: 3)

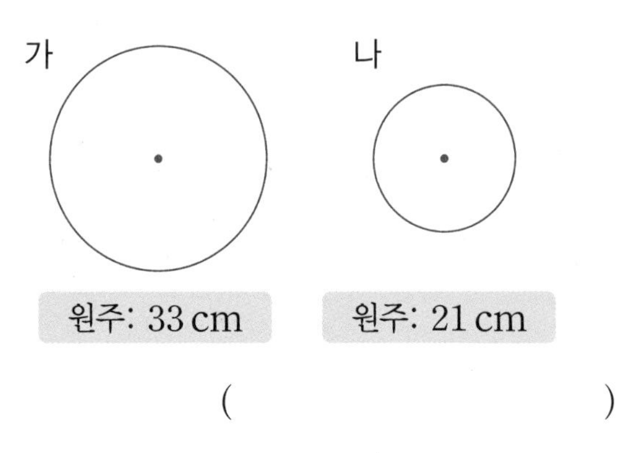

(　　　　　　　　)

6 지민이는 컴퍼스를 6 cm만큼 벌려서 원을 그렸습니다. 지민이가 그린 원의 원주를 구해 보세요. (원주율: 3.1)

(　　　　　　　　)

7 직사각형과 원의 넓이의 차를 구해 보세요.
(원주율: 3.14)

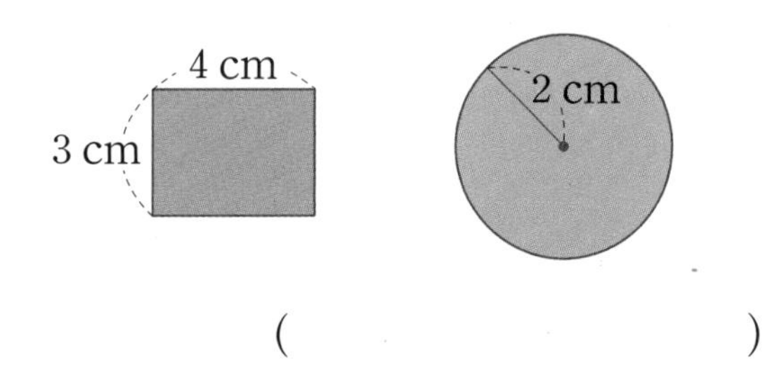

(　　　　　　　　)

8 가장 큰 원을 찾아 기호를 쓰고, 넓이를 구해 보세요. (원주율: 3)

㉠ 지름이 14 cm인 원
㉡ 원주가 48 cm인 원
㉢ 반지름이 6 cm인 원

(　　　　　　), (　　　　　　)

9 원주가 132 cm인 원 모양의 접시가 있습니다. 이 접시의 넓이를 구해 보세요. (원주율: 3)

(　　　　　　　　　　)

10 작은 원의 원주는 31.4 cm입니다. 큰 원과 작은 원의 반지름의 차를 구해 보세요.

(원주율: 3.14)

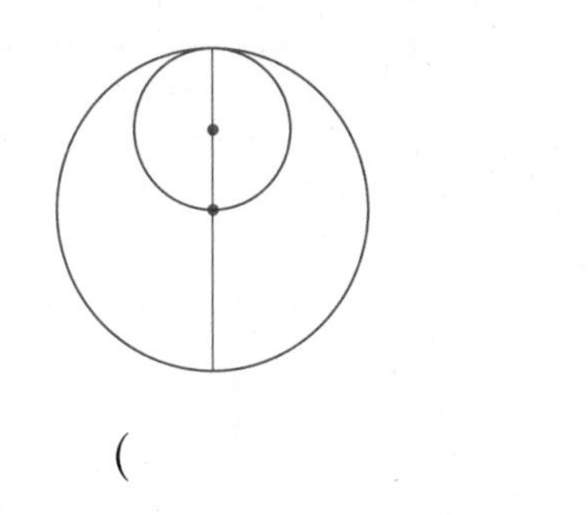

(　　　　　　　　　　)

11 원 나의 넓이는 원 가의 넓이의 몇 배인지 구해 보세요. (원주율: 3)

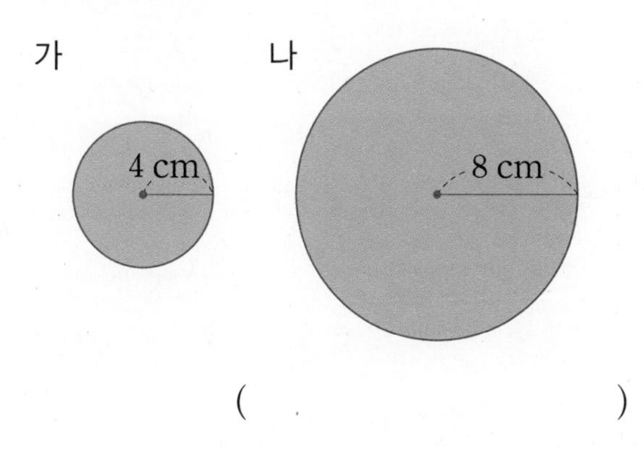

(　　　　　　　　　　)

12 원의 넓이가 다음과 같을 때 □ 안에 알맞은 수를 써넣으세요. (원주율: 3.1)

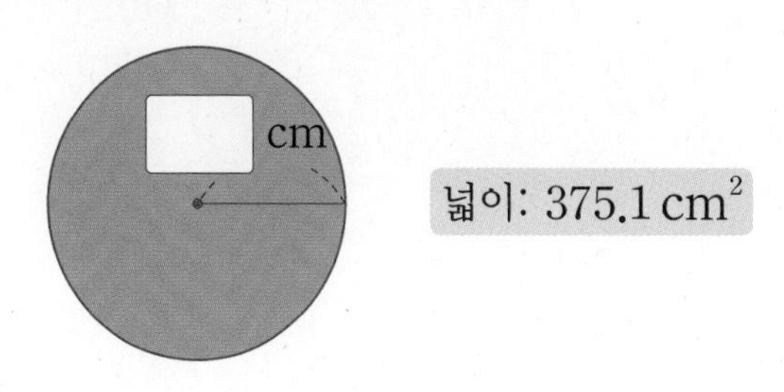

13 원주가 62.8 cm인 호두 파이를 밑면이 정사각형 모양인 직육면체 모양의 상자에 담으려고 합니다. 상자의 밑면의 한 변의 길이는 몇 cm 이상이어야 하는지 구해 보세요.

(원주율: 3.14)

(　　　　　　　　　　)

14 지구의 반지름은 약 6400 km입니다. 지상에서 600 km 떨어진 인공위성이 원궤도로 공전한다고 할 때 인공위성이 한 바퀴 돈 거리를 구해 보세요. (원주율: 3.14)

(　　　　　　　　　　)

15 색칠한 부분의 둘레를 구해 보세요. (원주율: 3)

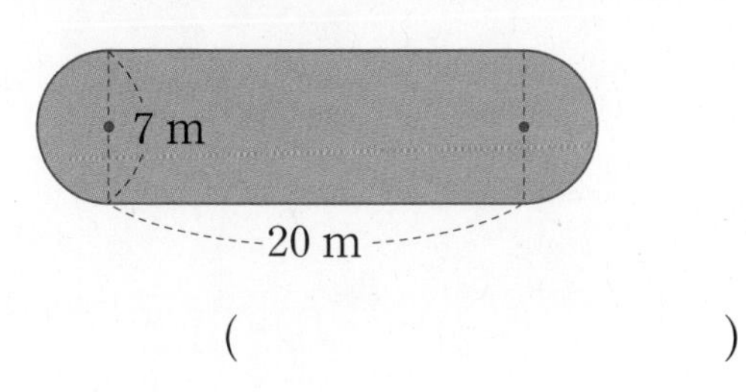

(　　　　　　　　　　)

5

16 색칠한 부분의 넓이를 구해 보세요. (원주율: 3)

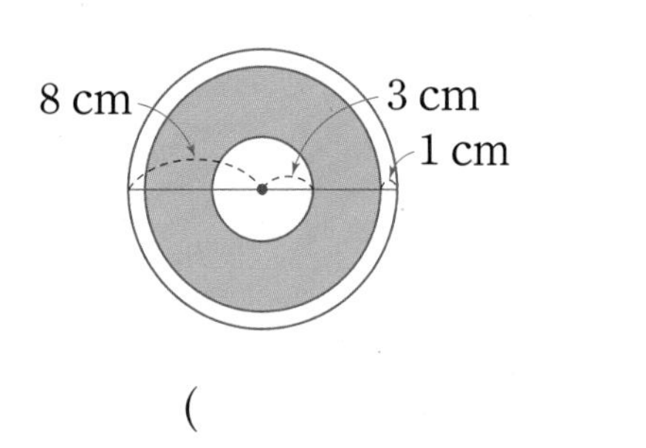

(　　　　　　　　)

17 직사각형에서 색칠한 부분의 둘레를 구해 보세요. (원주율: 3.14)

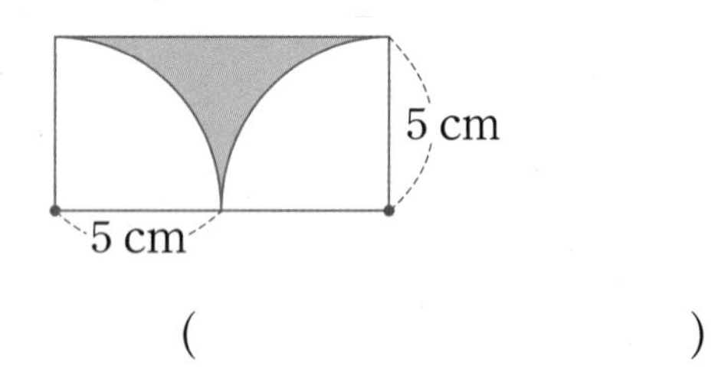

(　　　　　　　　)

18 원 모양 밑면 한 개의 넓이가 251.1 cm^2인 둥근 통 3개를 다음과 같이 끈으로 묶었습니다. 끈을 묶은 매듭의 길이는 생각하지 않을 때 사용한 끈의 길이는 몇 cm일까요? (원주율: 3.1)

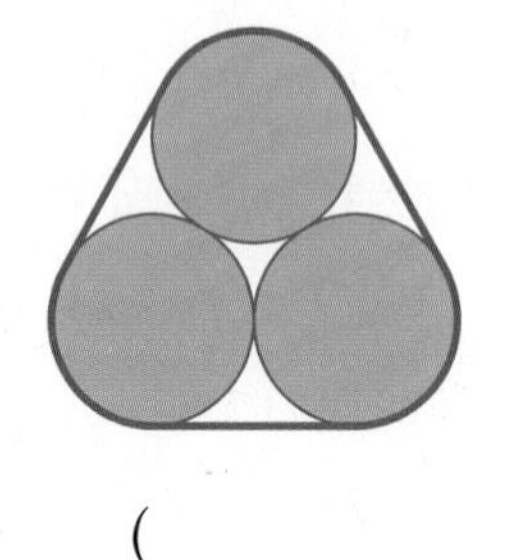

(　　　　　　　　)

19 현석이는 반지름이 32 cm인 원 모양의 바퀴 자를 거리가 768 cm인 길을 따라 처음부터 끝까지 굴리려고 합니다. 바퀴 자는 모두 몇 바퀴 굴러가게 되는지 풀이 과정을 쓰고 답을 구해 보세요. (원주율: 3)

풀이

답

20 참외밭의 넓이는 몇 m^2인지 풀이 과정을 쓰고 답을 구해 보세요. (원주율: 3.1)

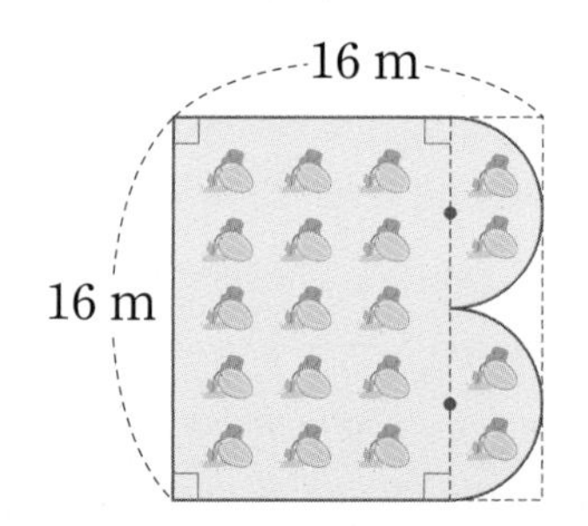

풀이

답

사고력이 반짝

● 규칙에 맞게 빈칸에 알맞은 그림을 그려 넣어 보세요.

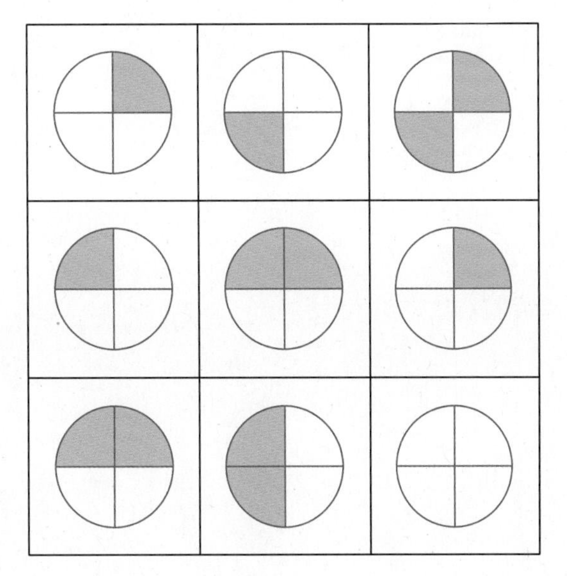

* **최상위 사고력** 2A 147쪽을 활용하였습니다.

6 원기둥, 원뿔, 구

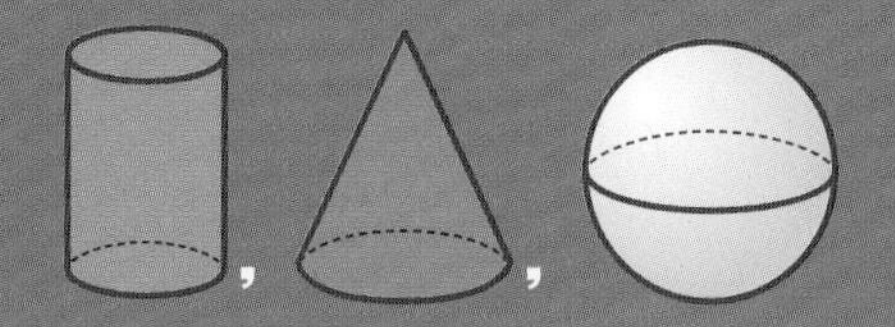

어? 위에서 보니 모두 원 모양이네.

직사각형, 직각삼각형, 반원을 돌려!

	원기둥	원뿔	구
	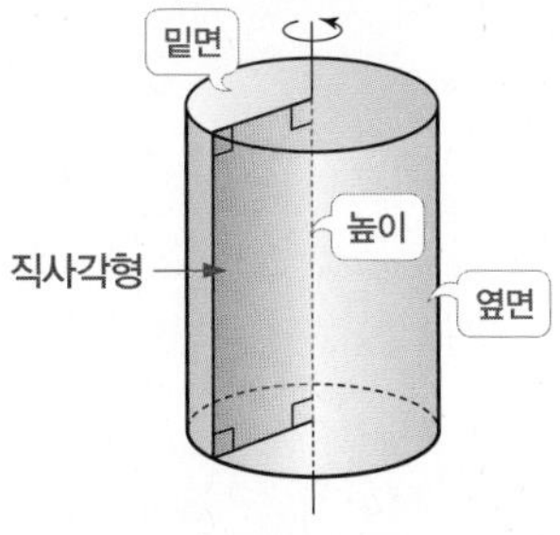 밑면, 직사각형, 높이, 옆면	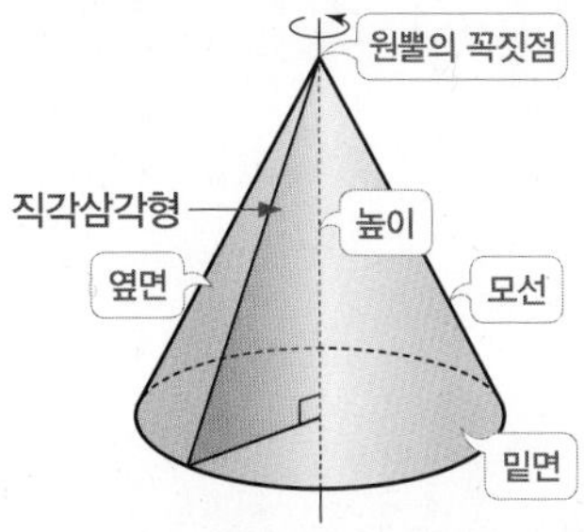 원뿔의 꼭짓점, 직각삼각형, 높이, 옆면, 모선, 밑면	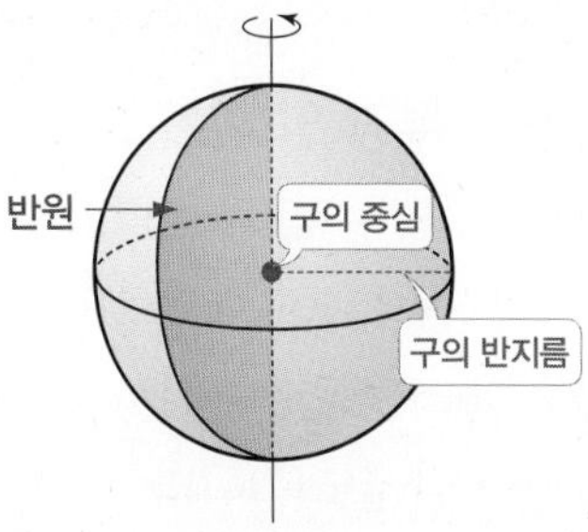 반원, 구의 중심, 구의 반지름
위에서 본 모양	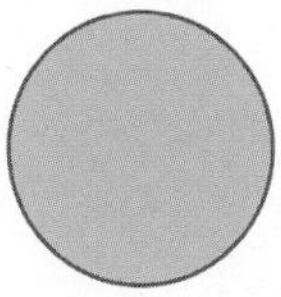		
앞에서 본 모양		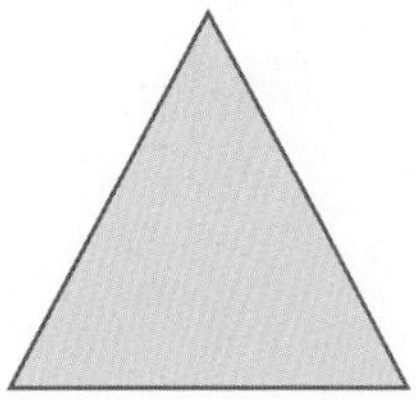	
옆에서 본 모양		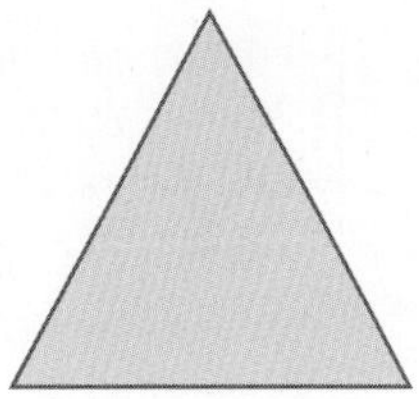	

1 원기둥을 알아볼까요

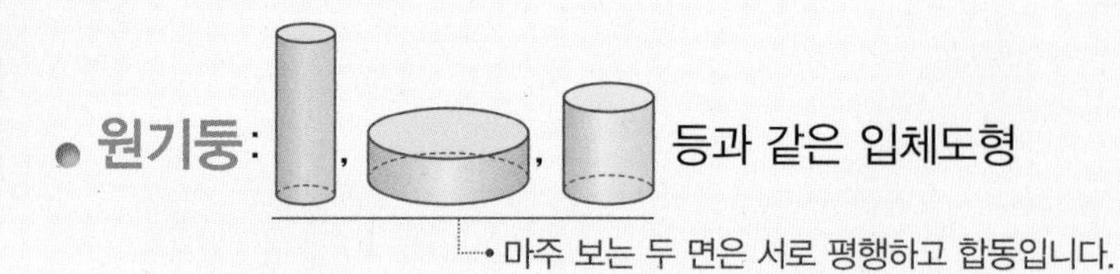

● **원기둥**: 등과 같은 입체도형

마주 보는 두 면은 서로 평행하고 합동입니다.

● **원기둥의 특징 알아보기**

- 마주 보는 두 면이 평평한 원입니다.
- 마주 보는 두 면은 서로 평행하고 합동입니다.
- 옆을 둘러싼 면은 굽은 면입니다.
- 굴리면 잘 굴러갑니다.

● **원기둥의 구성 요소 알아보기**

- **밑면**: 서로 **평행**하고 **합동**인 두 면
- **옆면**: 두 밑면과 만나는 면으로 **굽은 면**
- **높이**: 두 밑면에 **수직**인 선분의 길이

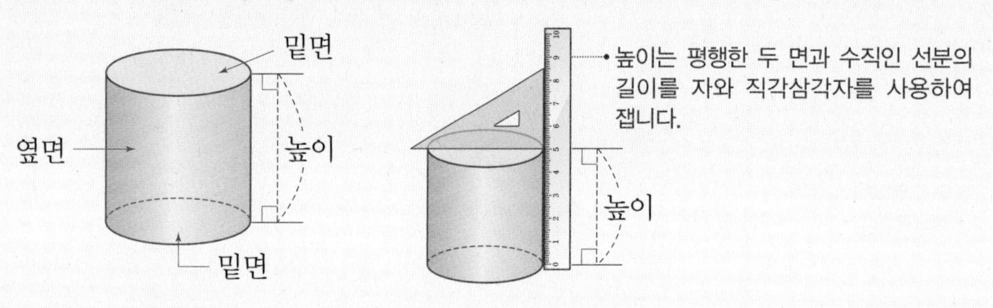

높이는 평행한 두 면과 수직인 선분의 길이를 자와 직각삼각자를 사용하여 잽니다.

● **한 변을 기준으로 직사각형 모양의 종이를 돌려 원기둥 만들기**

회전체

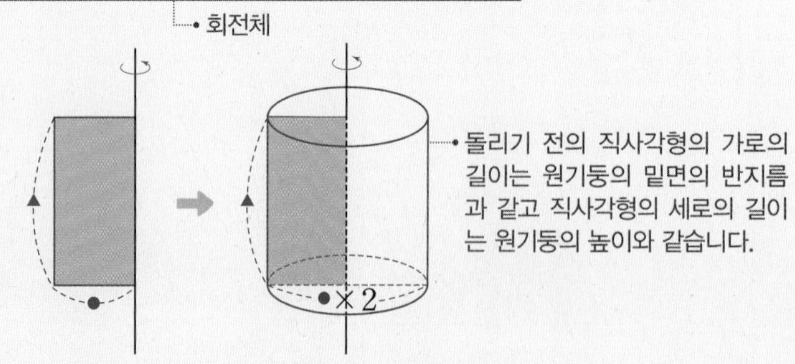

돌리기 전의 직사각형의 가로의 길이는 원기둥의 밑면의 반지름과 같고 직사각형의 세로의 길이는 원기둥의 높이와 같습니다.

- 원기둥을 옆에서 본 모양은 직사각형입니다.
- 원기둥의 옆면은 굽은 면이므로 굴리면 잘 굴러갑니다.

원기둥과 각기둥

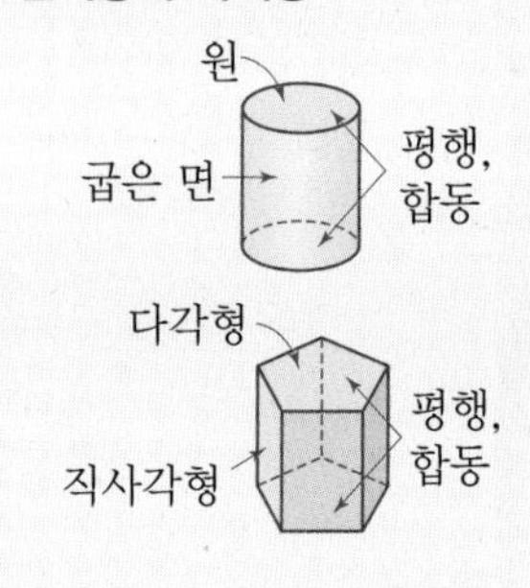

● 원기둥의 밑면은 ☐ 모양이고 ☐ 개입니다.

1 원기둥을 모두 찾아 기호를 써 보세요.

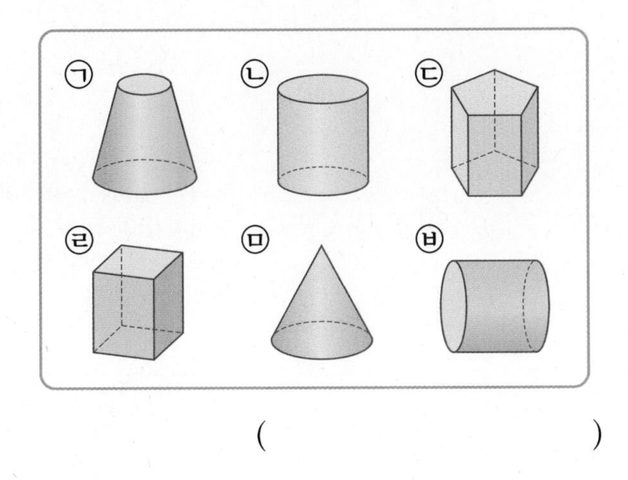

( )

2 보기 에서 알맞은 말을 찾아 □ 안에 써넣으세요.

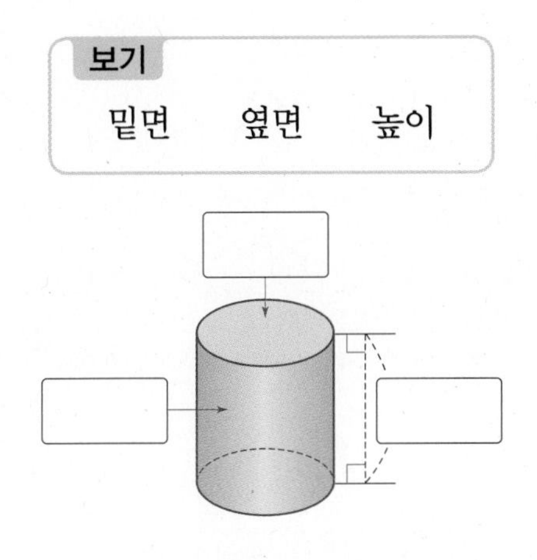

3 한 변을 기준으로 직사각형 모양의 종이를 돌려 만든 입체도형의 이름을 써 보세요.

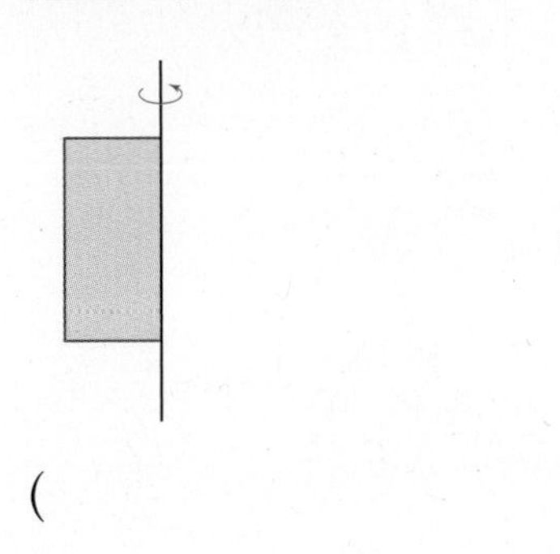

( )

4 원기둥의 높이는 몇 cm일까요?

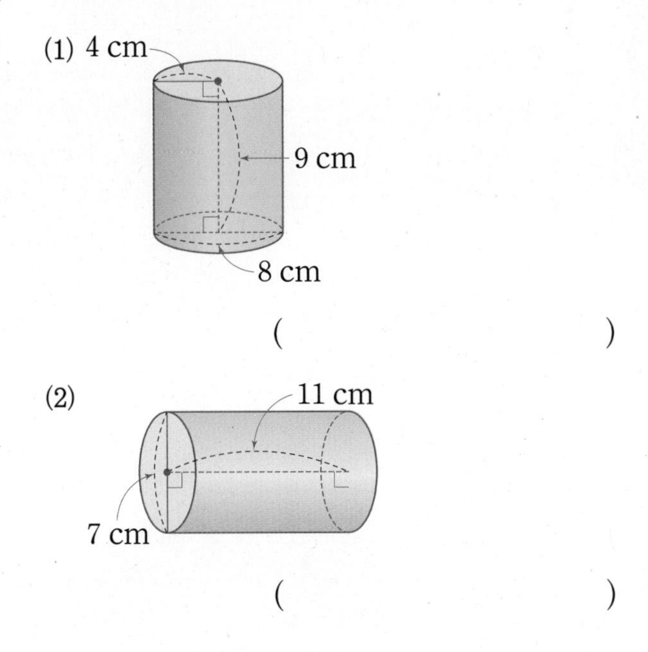

(1) ( )

(2) ( )

5 오른쪽 직사각형 모양의 종이를 한 변을 기준으로 돌려 만든 입체도형의 높이는 몇 cm일까요?

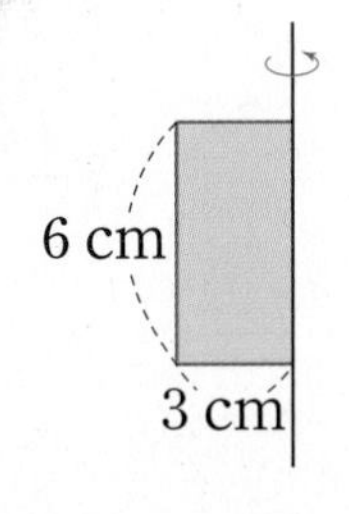

( )

6 원기둥 가와 각기둥 나의 공통점을 잘못 설명한 것을 모두 고르세요. ( )

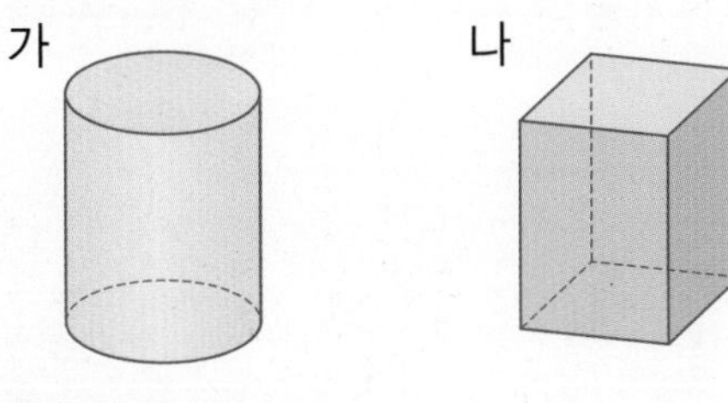

① 입체도형입니다.
② 밑면은 2개입니다.
③ 옆면은 굽은 면입니다.
④ 밑면은 서로 평행합니다.
⑤ 밑면은 합동인 다각형입니다.

6

2 원기둥의 전개도를 알아볼까요

- **원기둥의 전개도**: 원기둥을 잘라서 펼쳐 놓은 그림

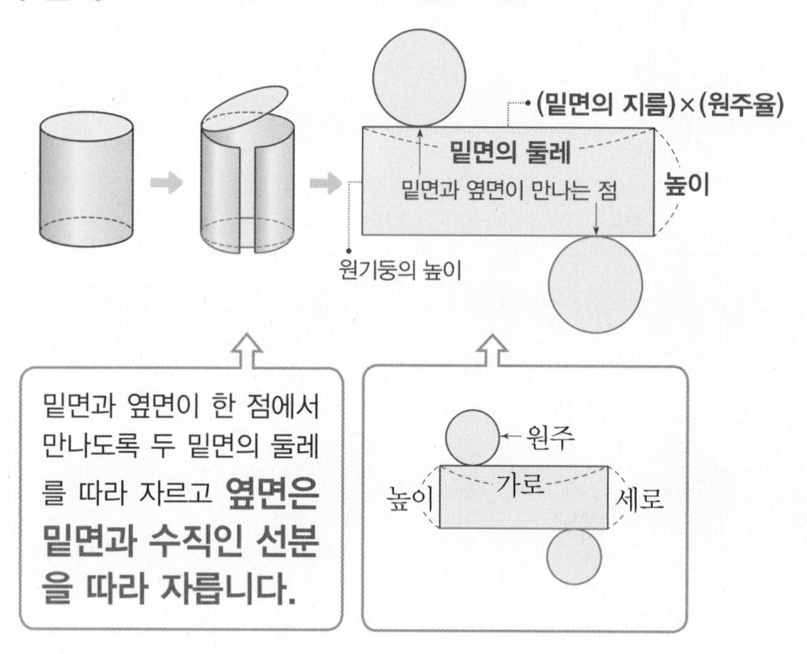

입체도형의 전개도는 모서리를 잘라서 펼치지만 원기둥에는 모서리가 없으므로 밑면의 둘레와 밑면에 수직인 선분을 따라 잘라서 펼칩니다.

원기둥의 옆면을 자르는 방법에 따라 옆면의 모양이 다양해질 수 있으나 **옆면이 직사각형이 되는 경우만 원기둥의 전개도**로 다룹니다.

- **원기둥의 전개도 알아보기**

① 원기둥을 펼치면 **옆면**의 모양은 **직사각형**이 됩니다.
② 원기둥을 펼치면 두 **밑면**은 합동인 **원**이 됩니다.
③ 옆면의 **가로의 길이**는 **밑면의 둘레**와 같습니다.
④ 옆면의 **세로의 길이**는 원기둥의 **높이**와 같습니다.

- **원기둥의 겉넓이 알아보기 (원주율: 3.1)**

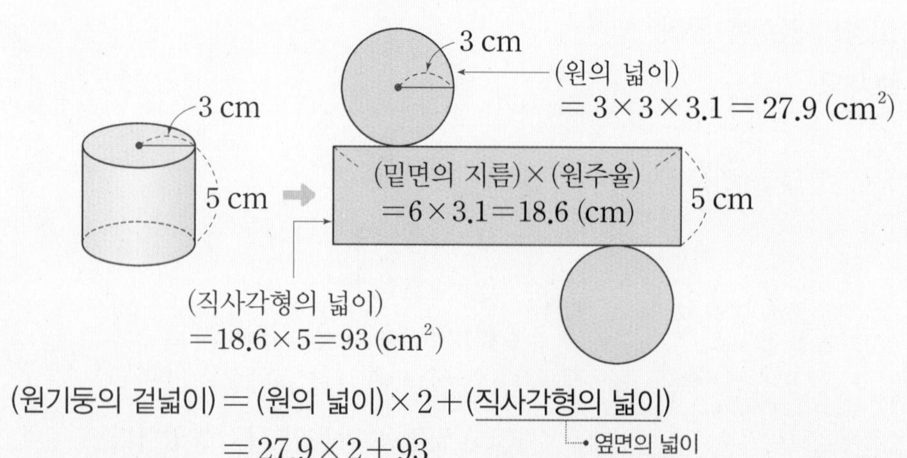

(원기둥의 겉넓이) $=$ (원의 넓이) $\times 2+$ (직사각형의 넓이) ← 옆면의 넓이
$=27.9\times2+93$
$=148.8\,(\text{cm}^2)$

5단원에서 배웠어요
(원주) = (지름) × (원주율)
(원의 넓이)
= (반지름) × (반지름) × (원주율)

1 그림을 보고 □ 안에 알맞은 수나 말을 써넣으세요.

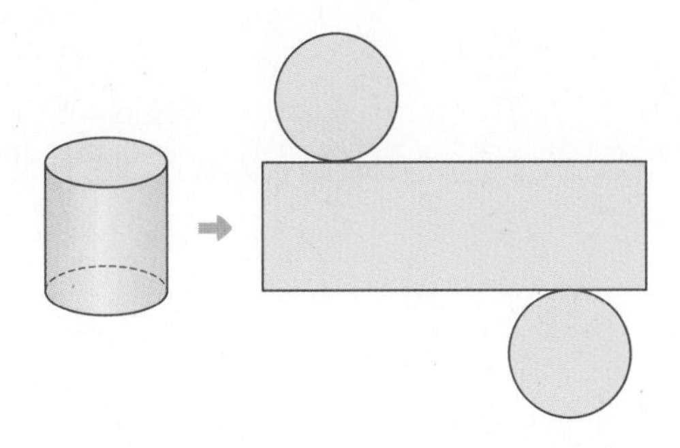

(1) 위 그림과 같이 원기둥을 잘라서 펼쳐 놓은 그림을 □(이)라고 합니다.

(2) 원기둥을 잘라서 펼치면 옆면의 모양은 □이고 □개입니다.

(3) 원기둥을 잘라서 펼치면 밑면의 모양은 합동인 □이고 □개입니다.

2 □ 안에 알맞은 말을 보기 에서 찾아 써넣으세요.

보기		
밑면	옆면	높이

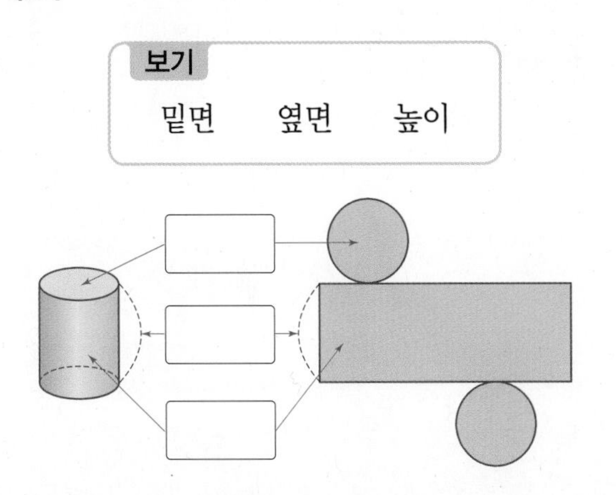

3 원기둥의 전개도를 바르게 그린 사람의 이름을 써 보세요.

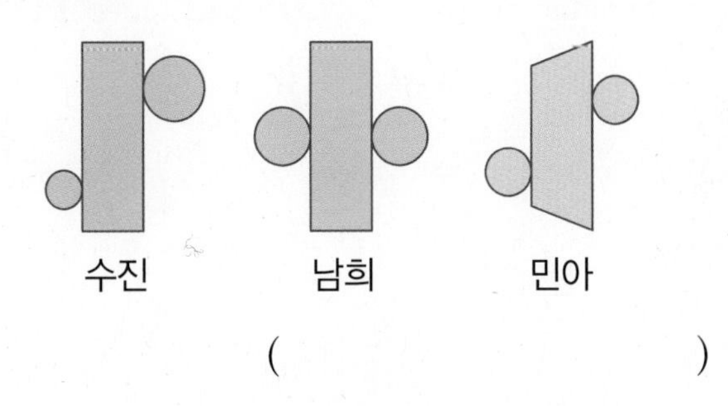

( )

4 원기둥과 원기둥의 전개도를 보고 물음에 답하세요.

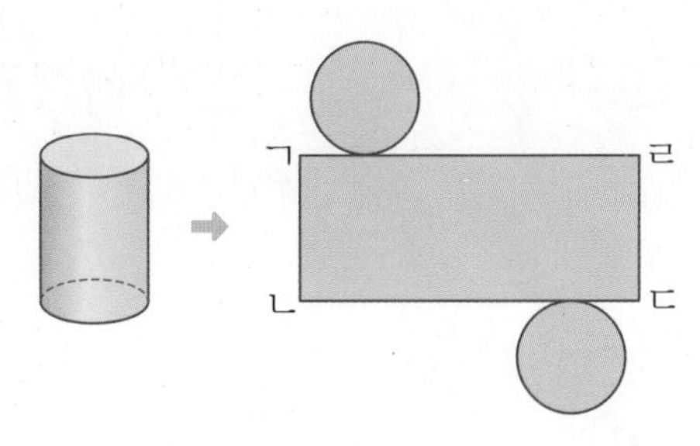

(1) 선분 ㄱㄹ의 길이는 밑면의 무엇과 길이가 같을까요?

( )

(2) 선분 ㄹㄷ의 길이는 원기둥의 무엇과 길이가 같을까요?

( )

[5~6] 원기둥과 원기둥의 전개도를 보고 □ 안에 알맞은 수를 써넣으세요.

5 원주율: 3.14

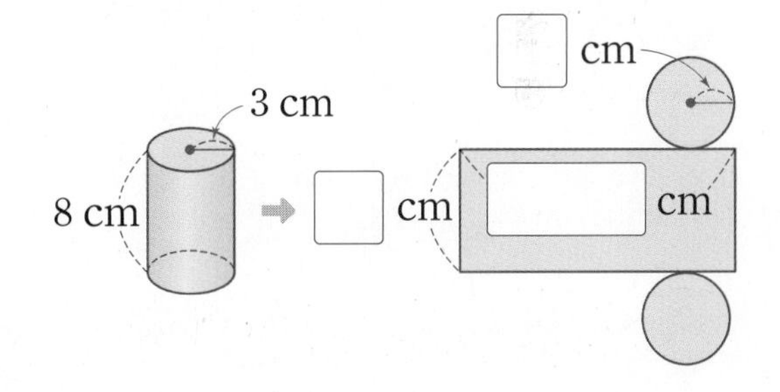

6 원주율: 3.1

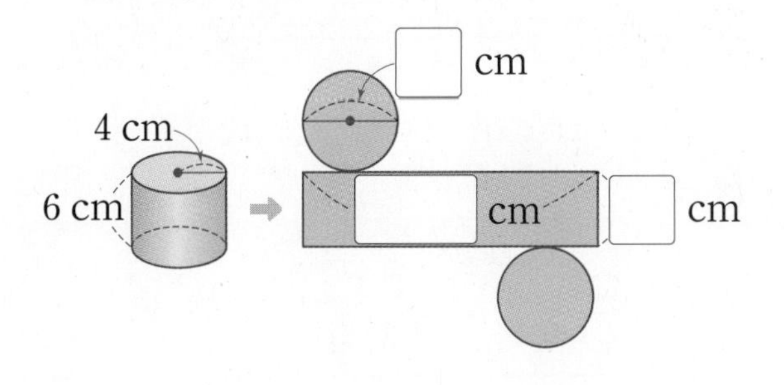

3 원뿔을 알아볼까요

- **원뿔**: , , 등과 같은 입체도형
  - 평평한 면이 원이고 옆을 둘러싼 면이 굽은 면인 뾰족한 뿔 모양의 입체도형

원뿔을 굴리면 제자리에서 원을 그리며 구릅니다.

- **원뿔의 구성 요소 알아보기**
  - **밑면**: 평평한 면
  - **옆면**: 옆을 둘러싼 굽은 면
  - **원뿔의 꼭짓점**: 뾰족한 부분의 점
  - **모선**: 원뿔의 꼭짓점과 밑면인 원의 둘레의 한 점을 이은 선분
  - **높이**: 원뿔의 꼭짓점에서 밑면에 수직인 선분의 길이

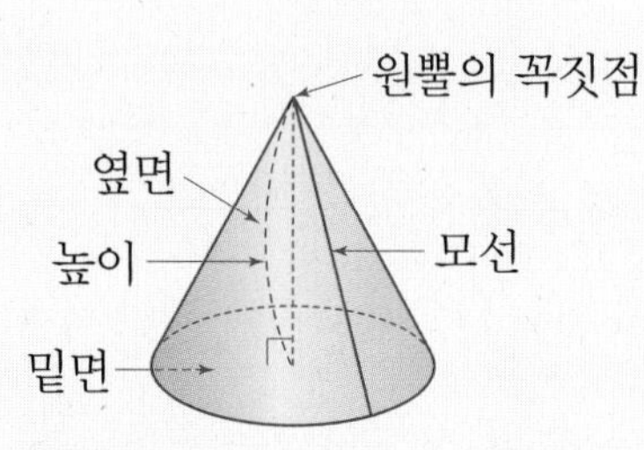

모선의 길이 재는 방법

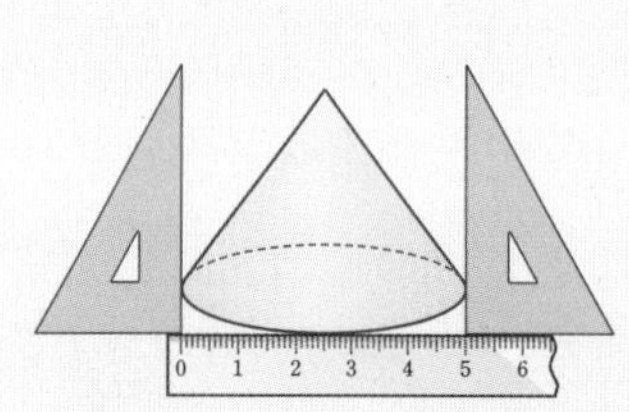

밑면의 지름 재는 방법

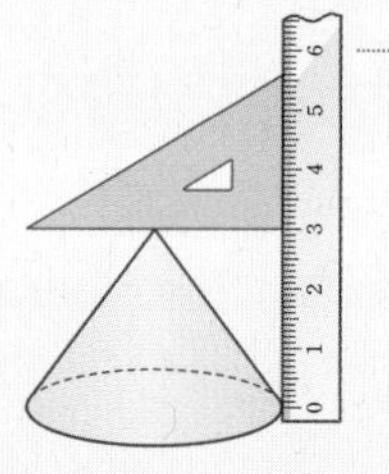

높이 재는 방법

높이는 직각삼각자를 원뿔의 꼭짓점에 맞추고 자의 눈금 0을 밑면에 맞추어 직각삼각자와 자가 직각으로 만나는 눈금을 읽습니다.

- **한 변을 기준으로 직각삼각형 모양의 종이를 돌려 원뿔 만들기**

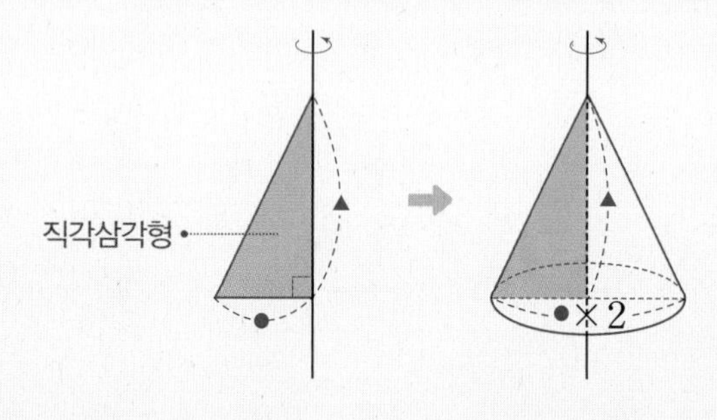

돌리기 전의 직각삼각형의 밑변의 길이는 원뿔의 밑면의 반지름과 같고 직각삼각형의 높이는 원뿔의 높이와 같습니다.

- **원기둥과 원뿔 비교하기**
  - 원기둥과 원뿔의 공통점: 위에서 본 모양이 **원**이고 옆면이 **굽은 면**입니다.
  - 원기둥과 원뿔의 차이점

	원기둥	원뿔
꼭짓점	없음	있음
밑면의 수	2개	1개
앞에서 본 모양	직사각형	삼각형

원기둥은 직사각형 모양의 종이를 돌려서 만들 수 있고 원뿔은 직각삼각형 모양의 종이를 돌려서 만들 수 있습니다.

1 그림을 보고 보기 에서 알맞은 말을 찾아 □ 안에 써넣으세요.

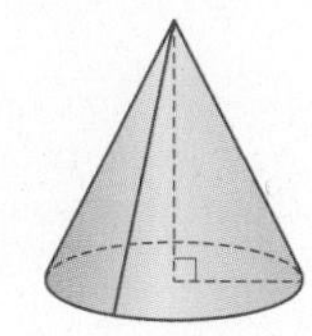

보기

옆면 높이
꼭짓점 모선

(1) 원뿔의 뾰족한 부분의 점을
원뿔의 □(이)라고 합니다.

(2) 원뿔의 꼭짓점과 밑면인 원의 둘레의 한 점을 이은 선분을 □(이)라고 합니다.

(3) 원뿔의 꼭짓점에서 밑면에 수직인 선분의 길이를 □(이)라고 합니다.

2 원뿔의 무엇을 재는 것인지 이어 보세요.

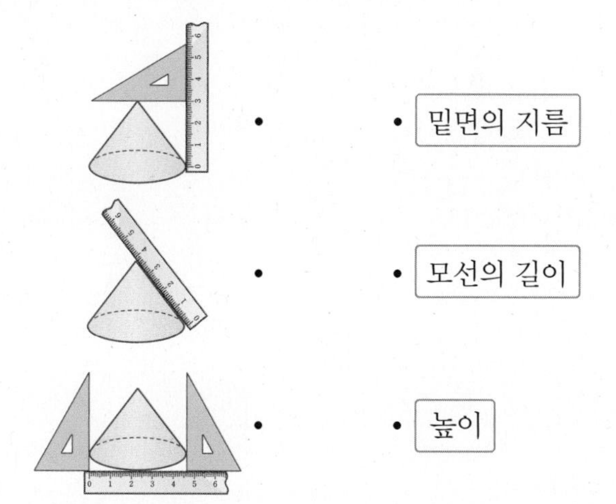

3 원뿔에 대한 설명으로 틀린 것을 찾아 기호를 써 보세요.

㉠ 원뿔의 밑면은 1개입니다.
㉡ 원뿔의 모선의 길이를 잴 수 있는 선분은 1개입니다.
㉢ 원뿔의 꼭짓점은 1개입니다.

( )

4 원뿔에서 모선의 길이는 몇 cm일까요?

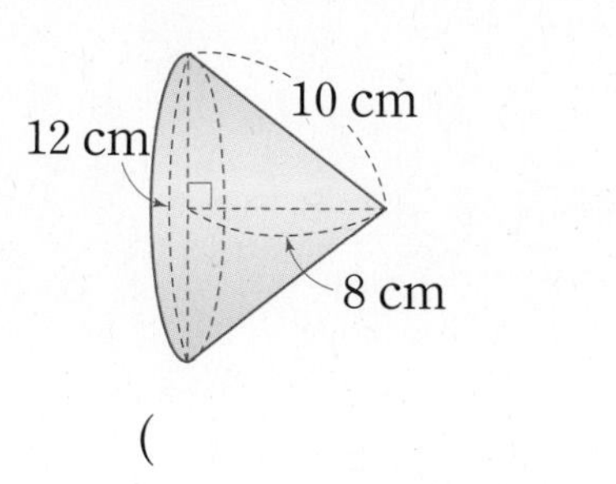

( )

5 한 변을 기준으로 직각삼각형 모양의 종이를 돌려 만든 입체도형의 밑면의 지름과 높이는 각각 몇 cm인지 구해 보세요.

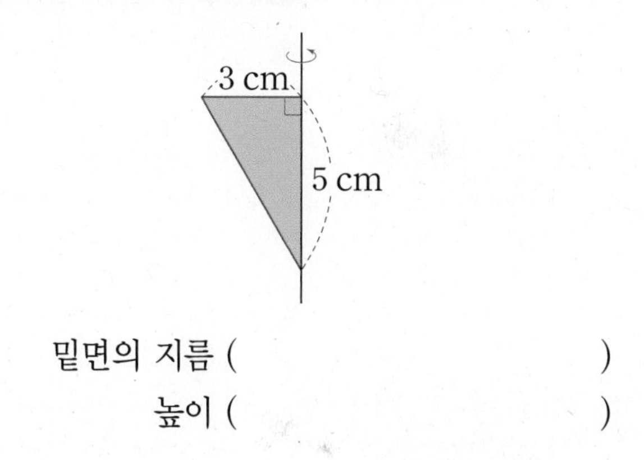

밑면의 지름 ( )
높이 ( )

6 원뿔과 오각뿔의 공통점과 차이점을 알아보려고 합니다. 빈칸에 알맞게 써넣으세요.

도형	(원뿔)	(오각뿔)
밑면의 모양		오각형
위에서 본 모양		오각형
앞에서 본 모양		
밑면의 수(개)		

4 구를 알아볼까요

- 구: ⚪, ⚪, ⚪ 등과 같은 입체도형

- 구의 중심은 구를 반으로 잘랐을 때 생기는 면의 가장 중간에 있는 부분입니다.
- 구의 중심에서 구의 겉면에 있는 어느 점까지 이르는 거리는 모두 같습니다.

구의 구성 요소 알아보기

- **구의 중심**: 가장 안쪽에 있는 점
- **구의 반지름**: 구의 중심에서 구의 겉면의 한 점을 이은 선분
  - 구의 반지름은 모두 같고 무수히 많습니다.

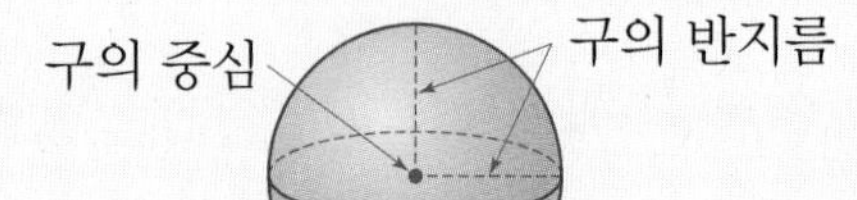

지름을 기준으로 반원 모양의 종이를 돌려 구 만들기

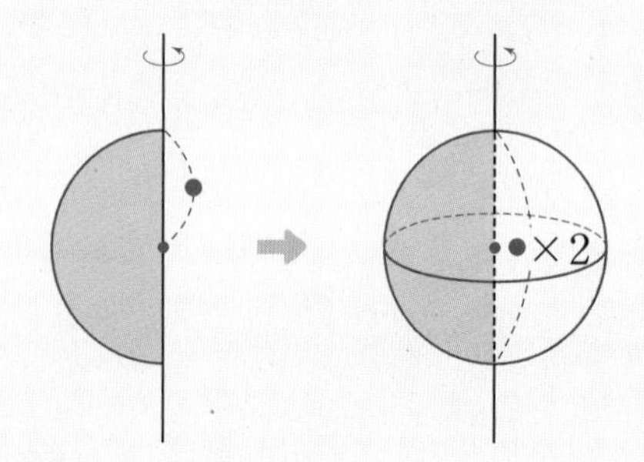

원기둥, 원뿔, 구 비교하기

	원기둥	원뿔	구
전체 모양	기둥 모양	뿔 모양	공 모양
뾰족한 부분	없음	있음	없음
밑면의 모양	원	원	밑면이 없음
곡면	있음	있음	있음
꼭짓점	없음	있음	없음
위에서 본 모양	원	원	원
앞에서 본 모양	직사각형	삼각형	원
옆에서 본 모양	직사각형	삼각형	원

- 구는 어느 방향에서 보아도 모양이 같습니다.

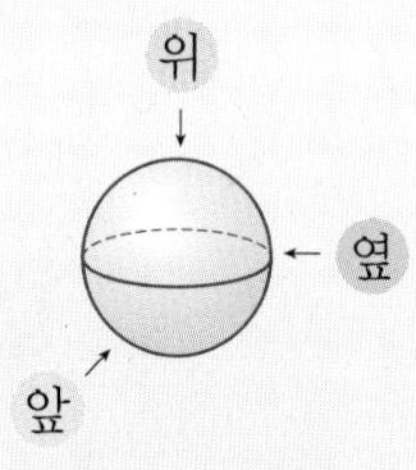

방향	모양
위	○
앞	○
옆	○

!

- 구는 어느 방향에서 보아도 모양이 (같습니다 , 다릅니다).

1 입체도형의 각 부분의 이름을 □ 안에 써넣으세요.

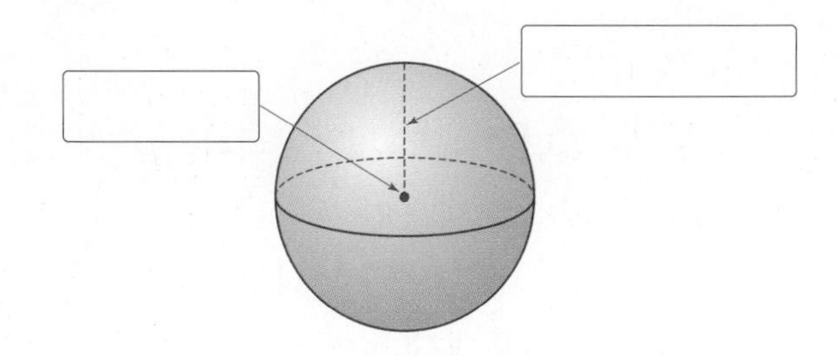

[2~3] 지름을 기준으로 반원 모양의 종이를 돌렸습니다. 물음에 답하세요.

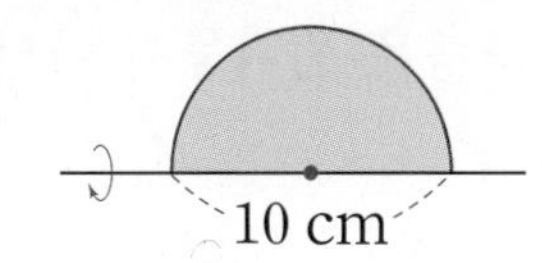

2 지름을 기준으로 반원 모양의 종이를 돌려 만들 수 있는 입체도형의 이름을 써 보세요.

( )

3 지름을 기준으로 반원 모양의 종이를 돌려 만든 입체도형의 반지름은 몇 cm일까요?

( )

4 구의 지름은 몇 cm일까요?

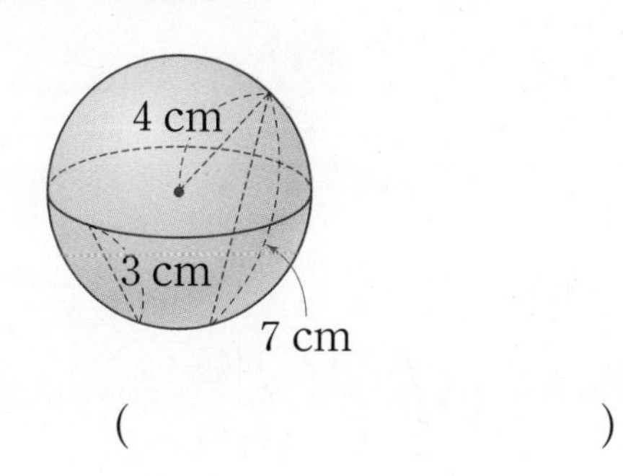

( )

5 그림을 보고 물음에 답하세요.

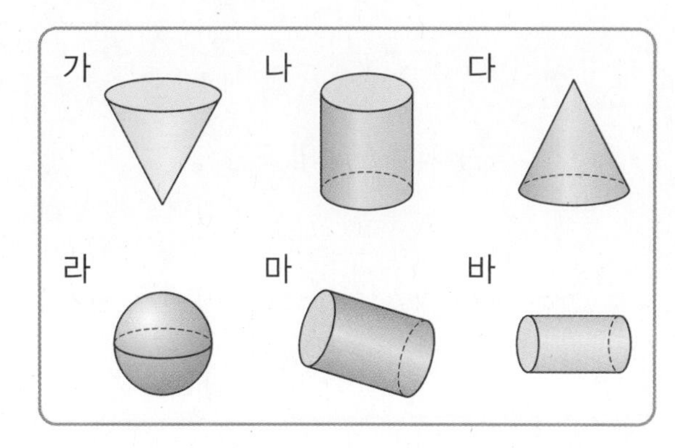

(1) 도형의 이름에 맞게 빈칸에 알맞은 기호를 써넣으세요.

원기둥	원뿔	구

(2) 위 도형의 공통점을 한 가지 써 보세요.

6 오른쪽과 같은 지름이 8 cm인 반원 모양의 종이를 지름을 기준으로 돌려 구를 만들려고 합니다. 물음에 답하세요.

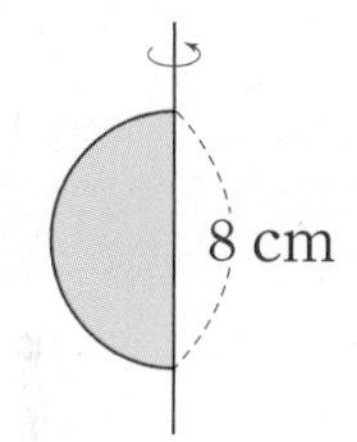

(1) 만든 구의 반지름은 몇 cm일까요?

( )

(2) 반원 모양에 구의 중심을 찾아 표시해 보세요.

7 구에 대한 설명으로 틀린 것은 어느 것일까요?

( )

① 구의 중심은 1개입니다.
② 구의 꼭짓점은 1개입니다.
③ 구의 지름은 무수히 많습니다.
④ 구는 공 모양의 입체도형입니다.
⑤ 구는 어느 방향에서 보아도 모양이 같습니다.

개념 적용

기본기 다지기

1 원기둥

• 원기둥: 둥근 기둥 모양의 도형

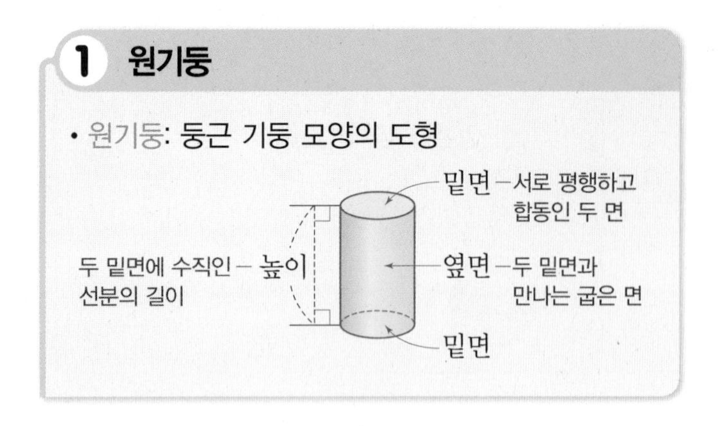

1 원기둥은 어느 것일까요? (　　　)

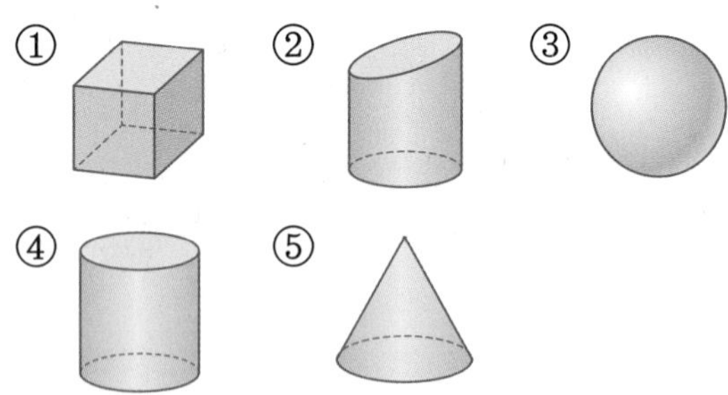

2 원기둥에서 밑면을 모두 찾아 색칠해 보세요.

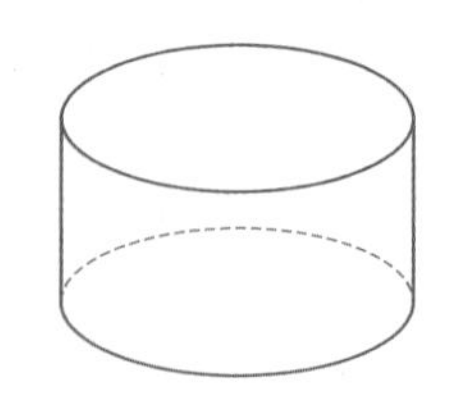

3 □ 안에 알맞은 수를 써넣으세요.

원기둥의 밑면은 □개이고,

옆면은 □개입니다.

4 한 변을 기준으로 직사각형 모양의 종이를 돌려 만든 입체도형의 밑면의 지름은 몇 cm일까요?

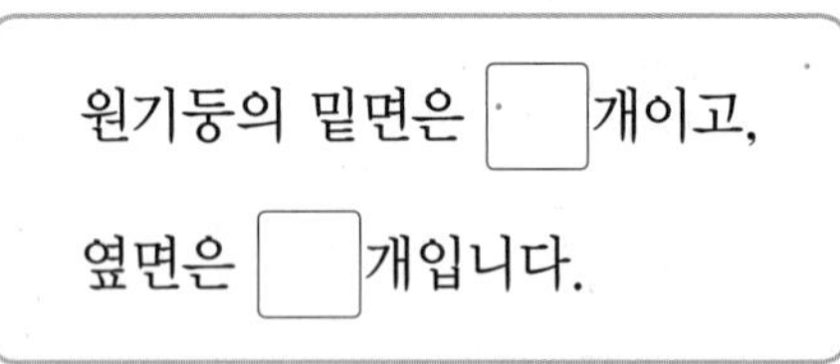

(　　　　　　　　)

5 원기둥에 대한 설명으로 틀린 것은 어느 것일까요? (　　　)

① 두 밑면은 서로 평행합니다.

② 두 밑면은 합동인 원입니다.

③ 옆면은 두 밑면과 만나는 굽은 면입니다.

④ 한 원기둥에서 높이는 항상 일정합니다.

⑤ 두 밑면에 평행한 선분의 길이는 높이입니다.

6 다음 입체도형은 원기둥이 아닙니다. 그 이유를 써 보세요.

이유 ....

....

7 선호와 재영이가 나눈 대화를 보고 원기둥의 밑면의 지름과 높이를 구해 보세요.

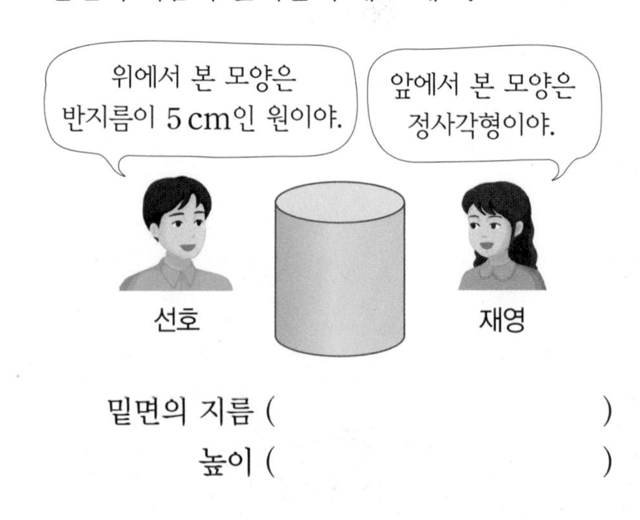

위에서 본 모양은 반지름이 5 cm인 원이야.
앞에서 본 모양은 정사각형이야.
선호
재영

밑면의 지름 (　　　　　　　　)

높이 (　　　　　　　　)

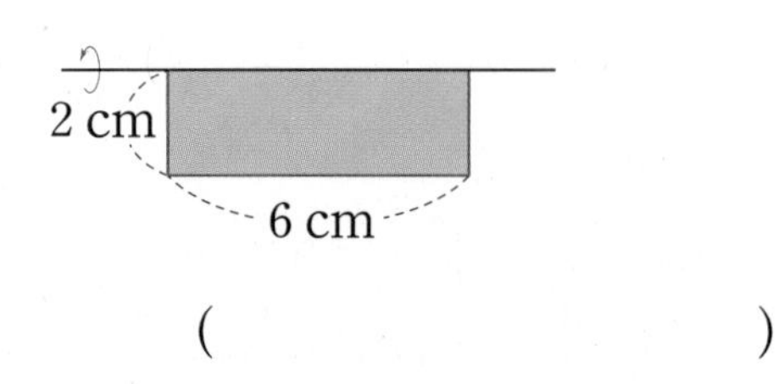

서술형

8 두 입체도형의 같은 점과 다른 점을 각각 한 가지씩 써 보세요.

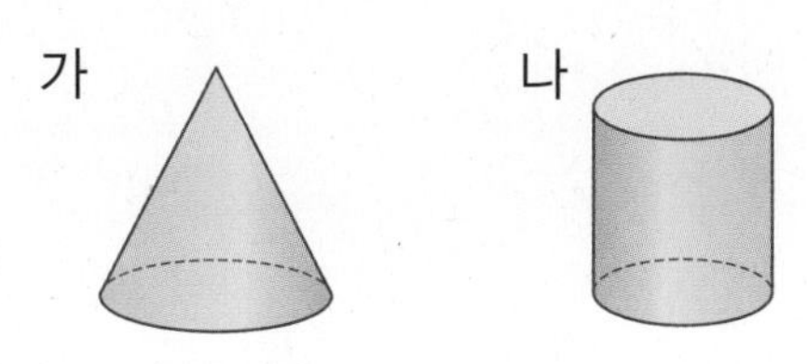

같은 점 ……………………………………

……………………………………

다른 점 ……………………………………

……………………………………

2 원기둥의 전개도

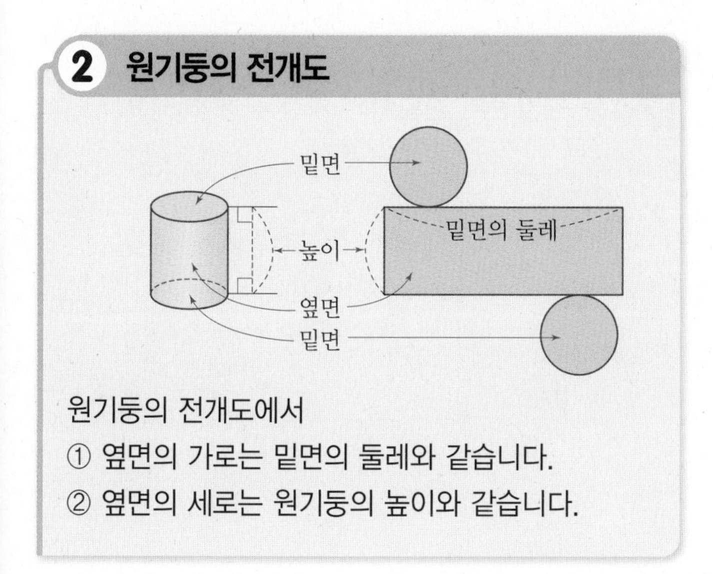

원기둥의 전개도에서
① 옆면의 가로는 밑면의 둘레와 같습니다.
② 옆면의 세로는 원기둥의 높이와 같습니다.

9 원기둥 모양의 상자를 잘라 펼쳐서 전개도를 만든 것입니다. 전개도를 보고 빈칸에 알맞게 써넣으세요.

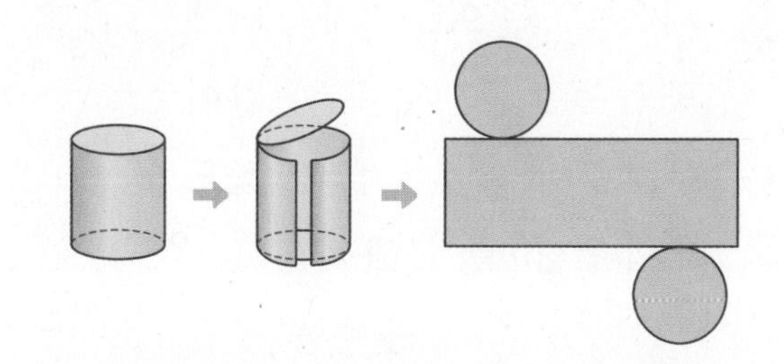

	모양	수(개)
밑면		
옆면		

10 오른쪽 그림이 원기둥의 전개도가 아닌 이유를 써 보세요.

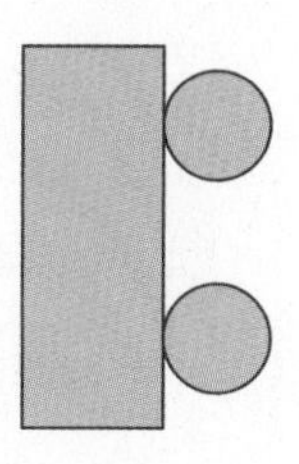

이유 ……………………………………

……………………………………

11 원기둥과 전개도를 보고 □ 안에 알맞은 수를 써넣으세요. (원주율: 3.1)

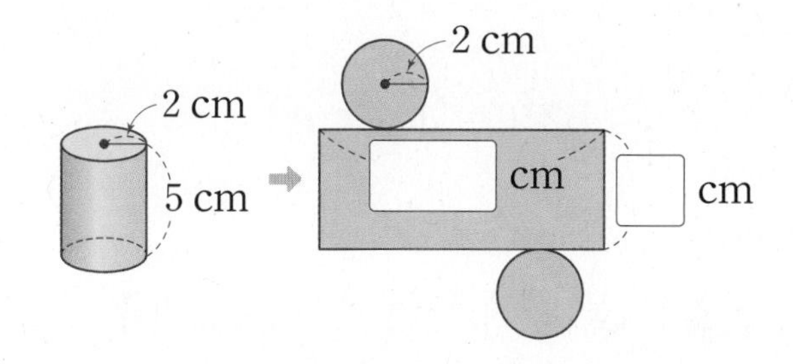

12 오른쪽 원기둥의 전개도를 그리고 밑면의 반지름과 옆면의 가로, 세로의 길이를 나타내어 보세요. (원주율: 3)

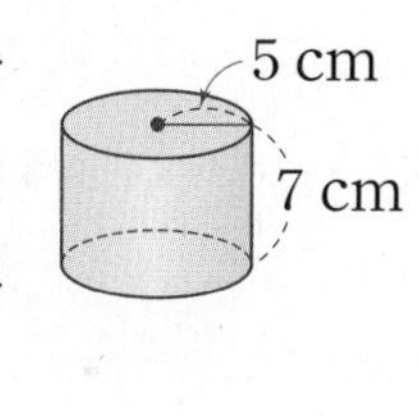

13 지아는 원기둥 모양의 상자를 만들기 위해 전개도를 그리려고 합니다. 지아가 그릴 전개도에서 옆면의 세로를 15 cm로 할 때 옆면의 가로는 몇 cm인지 구해 보세요. (원주율: 3.14)

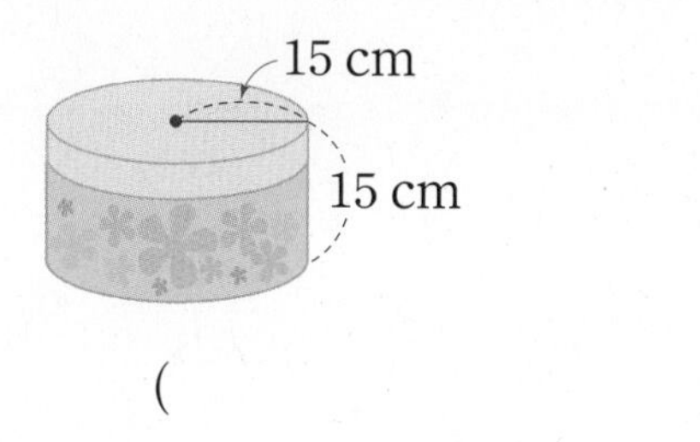

( )

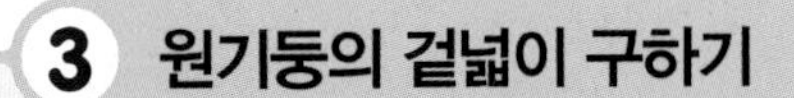

3 원기둥의 겉넓이 구하기

• 원기둥의 겉넓이는 두 밑면의 넓이의 합과 옆면의 넓이의 합으로 구할 수 있습니다.

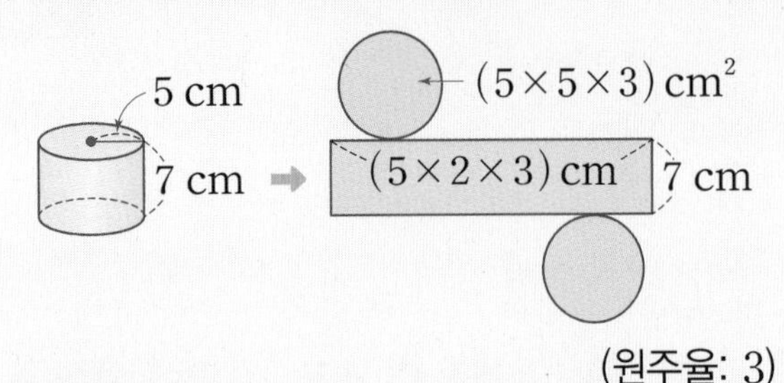

(원주율: 3)

(원기둥의 겉넓이)
=(한 밑면의 넓이)×2+(옆면의 넓이)
$=(5\times5\times3)\times2+(5\times2\times3)\times7$
$=150+210=360\ (\text{cm}^2)$

14 원기둥의 전개도를 보고 겉넓이를 구하려고 합니다. 물음에 답하세요. (원주율: 3)

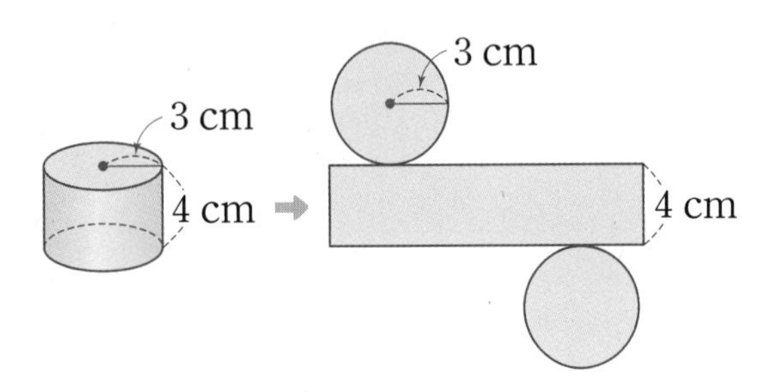

(1) 한 밑면의 넓이를 구해 보세요.

( )

(2) 옆면의 넓이를 구해 보세요.

( )

(3) 원기둥의 겉넓이를 구해 보세요.

( )

15 오른쪽 원기둥의 겉넓이를 구해 보세요. (원주율: 3.14)

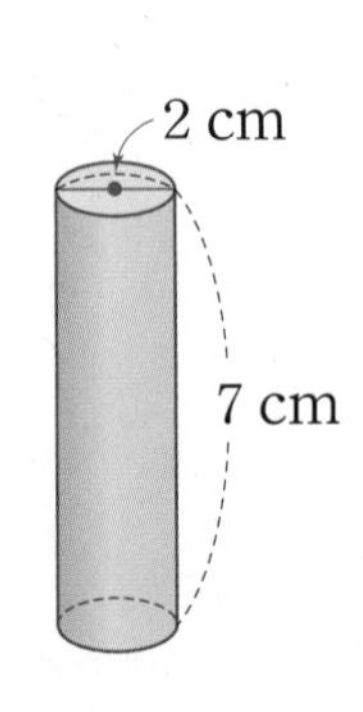

( )

16 원기둥의 전개도를 접었을 때 만들어지는 원기둥의 겉넓이를 구해 보세요. (원주율: 3)

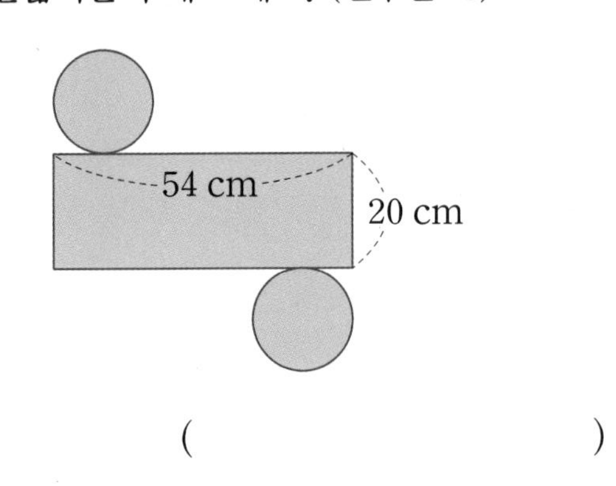

( )

17 두 원기둥의 겉넓이의 차를 구해 보세요.

(원주율: 3)

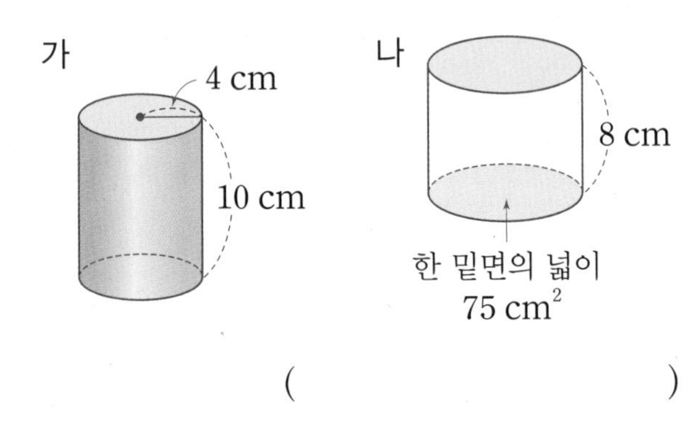

( )

18 세로를 기준으로 직사각형 모양의 종이를 오른쪽과 같이 돌렸을 때 만들어지는 입체도형의 겉넓이를 구해 보세요.

(원주율: 3.1)

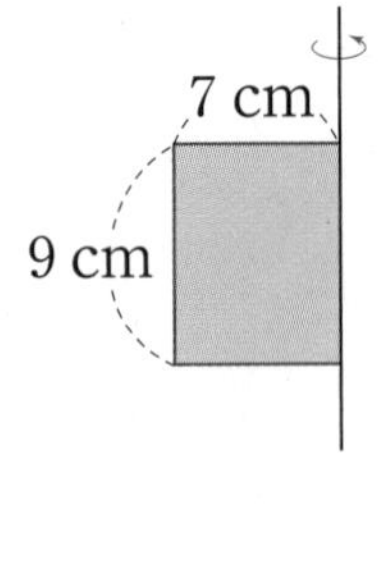

( )

4 원뿔

• 원뿔: 둥근 뿔 모양의 도형

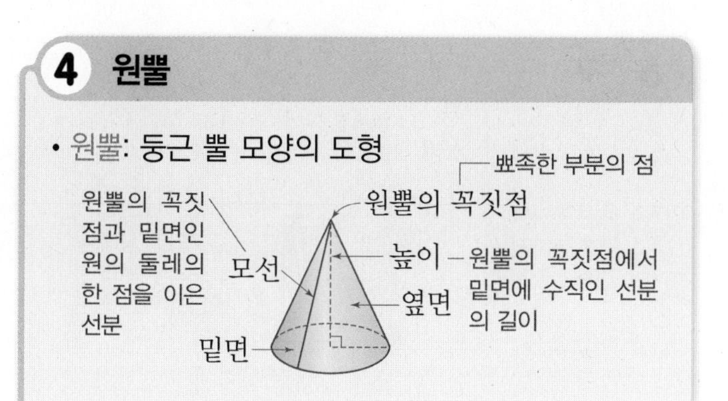

19 원뿔은 어느 것일까요? (   )

① ② ③ ④ ⑤

20 원뿔의 모선의 길이를 재고 있는 것에 ○표 하세요.

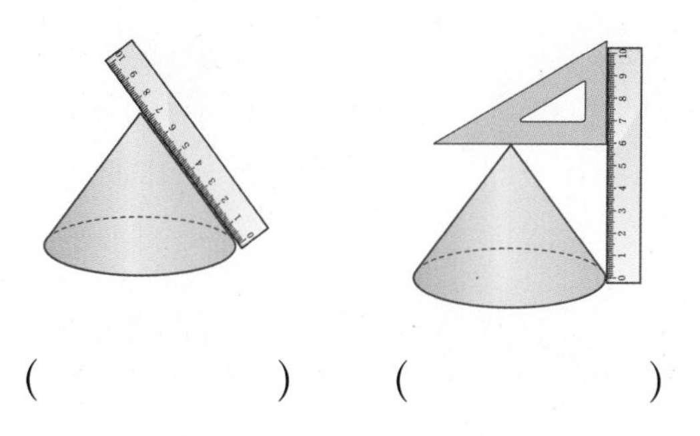

(   ) (   )

21 한 변을 기준으로 직각삼각형 모양의 종이를 돌려 만든 입체도형을 보고 밑면의 지름과 높이를 각각 구해 보세요.

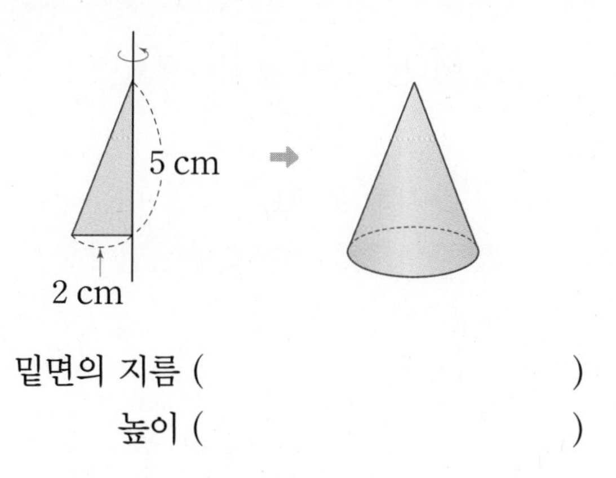

밑면의 지름 (   )

높이 (   )

22 오른쪽 원뿔에서 선분 ㄱㄴ과 길이가 같은 선분을 모두 써 보세요.

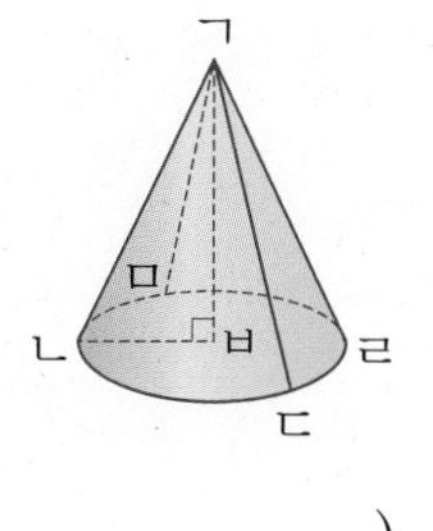

(   )

23 원뿔에 대한 설명으로 틀린 것을 모두 고르세요. (   )

① 옆면은 평평한 면입니다.
② 꼭짓점은 1개 있습니다.
③ 밑면의 모양이 정사각형입니다.
④ 밑면은 평평한 면입니다.
⑤ 모선의 수는 무수히 많습니다.

24 다음 도형이 원뿔이 아닌 이유를 써 보세요.

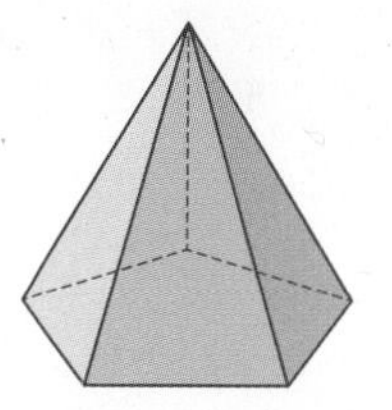

이유 ....

25 오른쪽 원뿔에서 모선의 길이와 높이는 각각 몇 cm인지 구해 보세요.

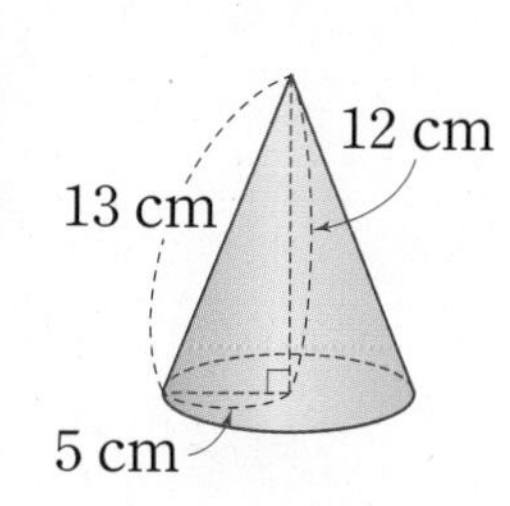

모선의 길이 (   )

높이 (   )

26 원뿔에 대해 설명한 것입니다. 맞으면 ○표, 틀리면 ×표 하세요.

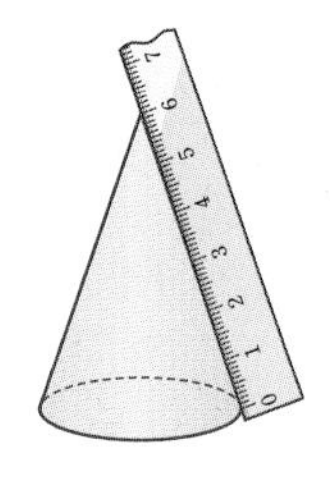

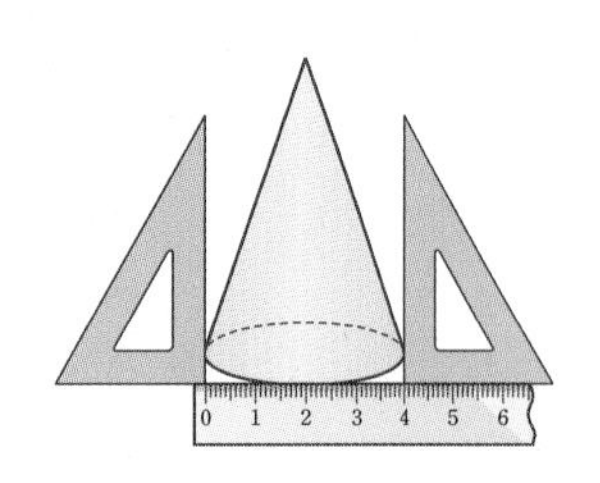

(1) 밑면은 반지름이 4 cm인 원입니다. ( )

(2) 모선의 길이는 6 cm입니다. ( )

(3) 모선의 길이는 항상 높이보다 짧습니다. ( )

27 원기둥과 원뿔 중 어느 도형의 높이가 몇 cm 더 높을까요?

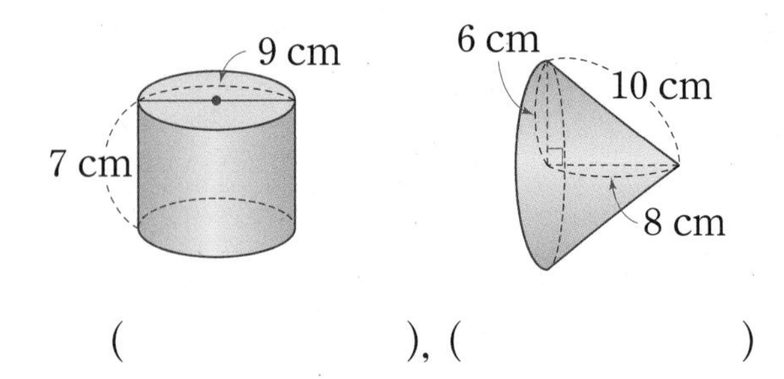

( ), ( )

서술형

28 각뿔과 원뿔의 같은 점과 다른 점을 각각 한 가지씩 써 보세요.

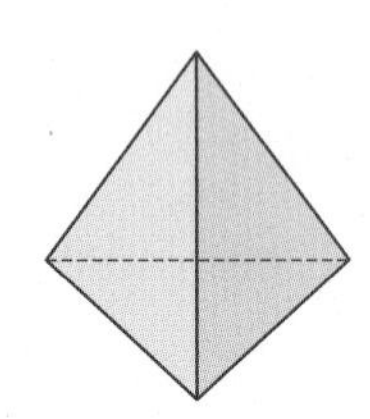

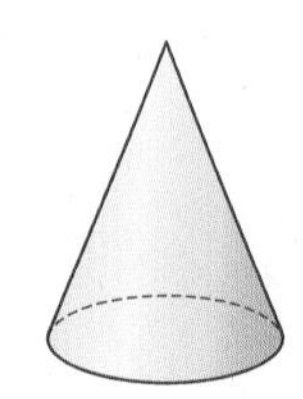

같은 점 ....

....

다른 점 ....

....

5 구

• 구: 공 모양의 도형

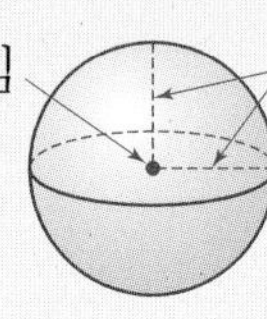

구의 중심: 구에서 가장 안쪽에 있는 점

구의 반지름: 구의 중심에서 구의 겉면의 한 점을 이은 선분

29 구는 어느 것일까요? ( )

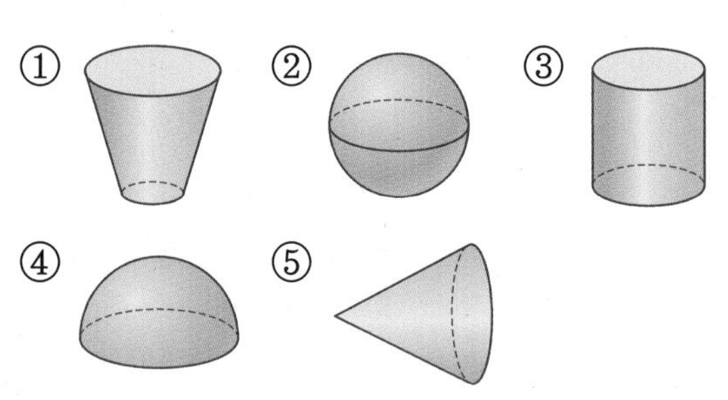

30 구의 반지름은 몇 cm일까요?

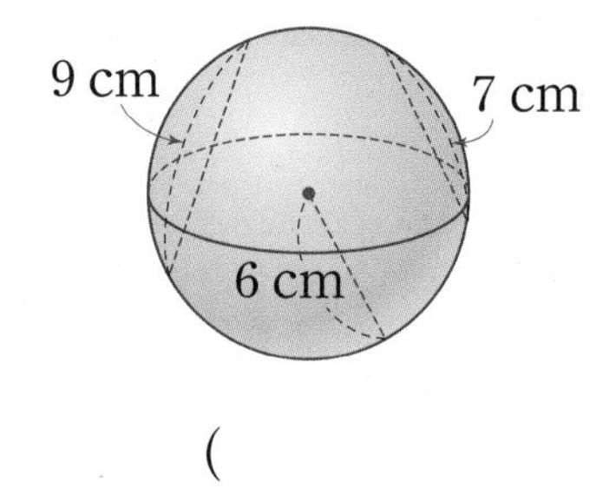

( )

31 오른쪽 그림과 같이 지름을 기준으로 지름이 30 cm인 반원 모양의 종이를 돌리면 구 모양이 됩니다. 물음에 답하세요.

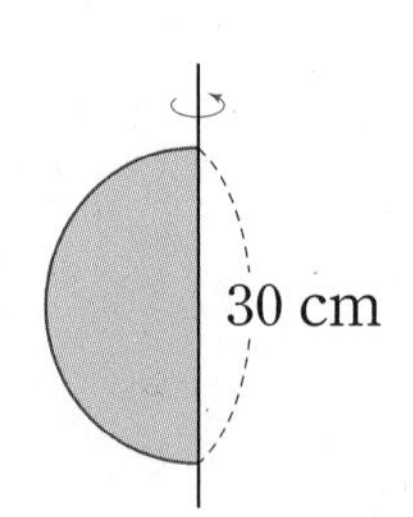

(1) 구의 중심을 반원 모양에 표시해 보세요.

(2) 구의 반지름은 몇 cm일까요?

( )

6 원기둥, 원뿔, 구의 비교

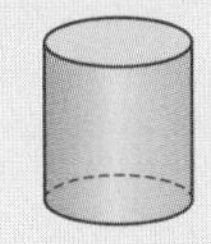
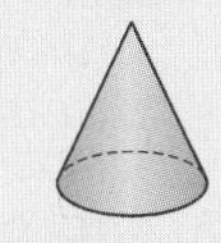
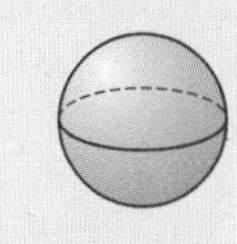

같은 점 굽은 면으로 둘러싸여 있습니다.

다른 점 원기둥과 원뿔은 보는 방향에 따라 모양이 다르지만 구는 어느 방향에서 보아도 모양이 같습니다.

[32~33] 입체도형을 보고 물음에 답하세요.

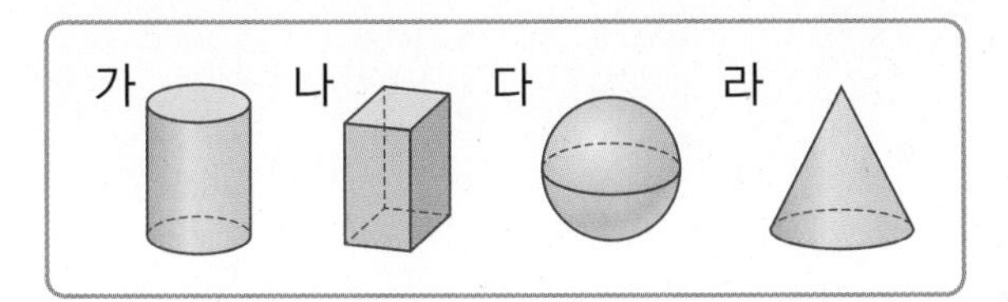

32 밑면의 모양이 원인 도형을 모두 찾아 기호를 써 보세요.

( )

33 위의 도형을 다음과 같이 분류했습니다. 분류한 기준을 써 보세요.

가, 다, 라	나

기준 ....

34 오른쪽 원뿔을 위, 앞, 옆에서 본 모양을 각각 그려 보세요.

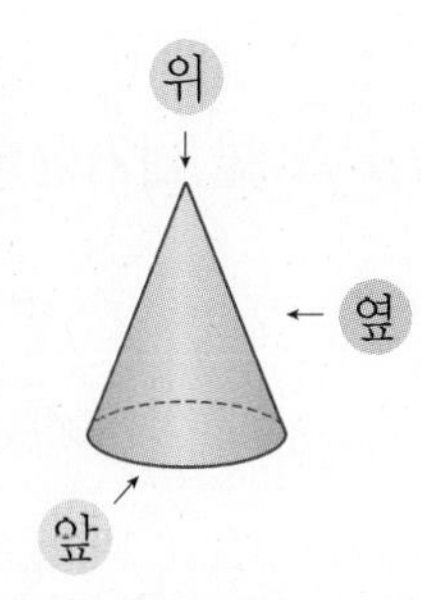

위에서 본 모양	앞에서 본 모양	옆에서 본 모양

35 다음 도형 중에서 어느 방향에서 보아도 모양이 같은 입체도형을 찾아 이름을 써 보세요.

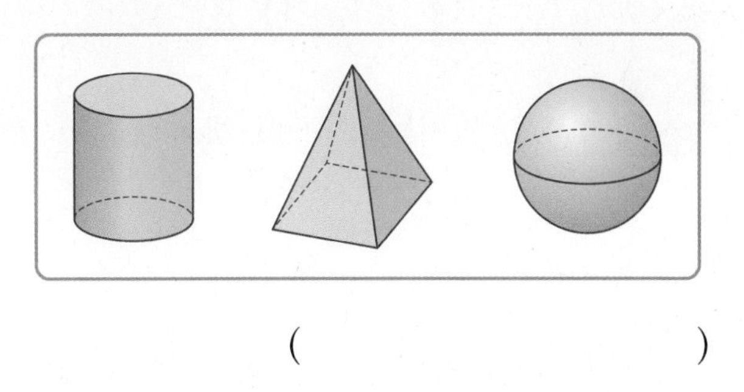

( )

서술형

36 세 입체도형의 같은 점과 다른 점을 각각 한 가지씩 써 보세요.

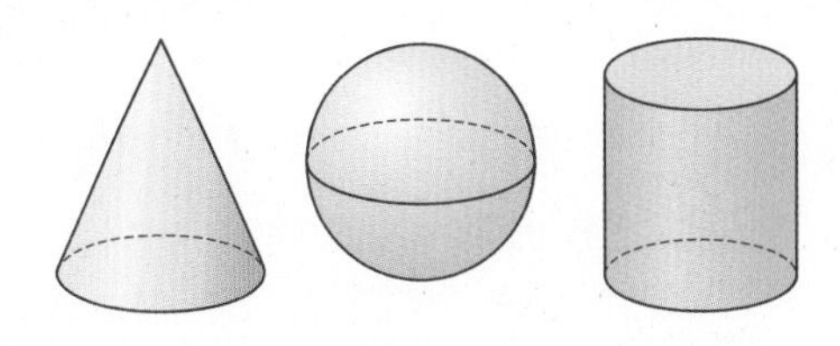

같은 점 ....

....

다른 점 ....

....

37 오른쪽과 같은 조형물을 위, 앞, 옆에서 본 모양을 각각 그려 보세요.

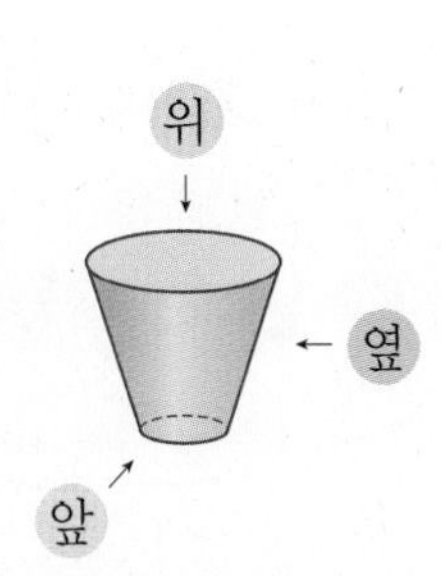

위에서 본 모양	앞에서 본 모양	옆에서 본 모양

응용력 기르기

심화유형 1 전개도의 각 부분의 길이, 넓이 구하기

원기둥의 전개도에서 옆면의 넓이가 $168\ \text{cm}^2$일 때 이 원기둥의 한 밑면의 넓이는 몇 cm^2일까요? (원주율: 3)

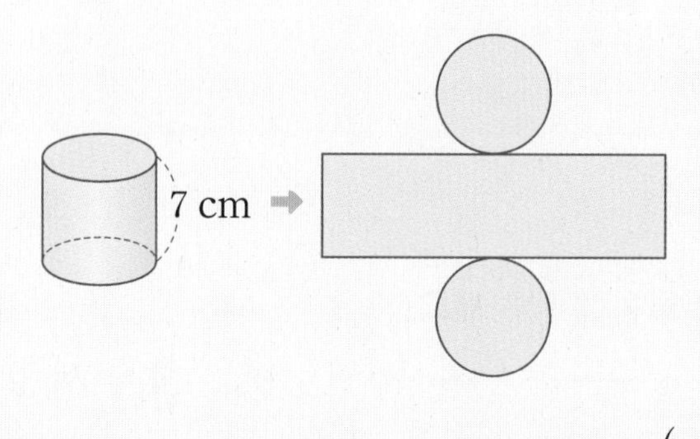

( )

● 핵심 NOTE 원기둥의 전개도에서 옆면은 직사각형입니다.
이때 옆면의 가로는 원기둥의 밑면의 둘레와 같고, 옆면의 세로는 원기둥의 높이와 같습니다.

1-1 재우는 높이가 $10\ \text{cm}$인 원기둥 모양의 저금통을 만들기 위해 오른쪽과 같이 전개도를 그렸습니다. 전개도에서 옆면의 넓이가 $124\ \text{cm}^2$일 때 전개도로 만든 저금통의 한 밑면의 둘레는 몇 cm일까요? (원주율: 3.1)

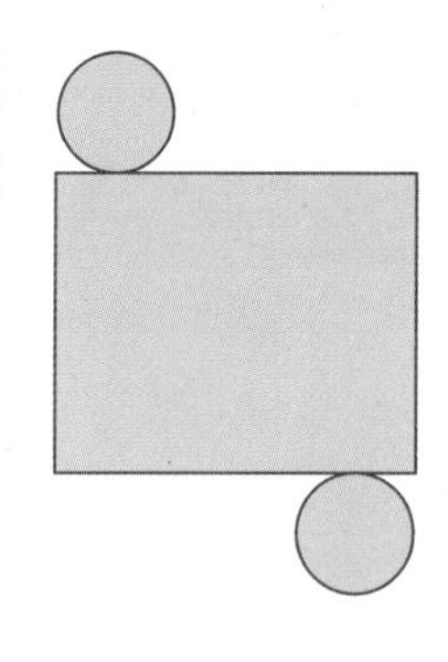

( )

1-2 원기둥의 전개도에서 옆면의 넓이가 $188.4\ \text{cm}^2$일 때 원기둥의 높이는 몇 cm일까요? (원주율: 3.14)

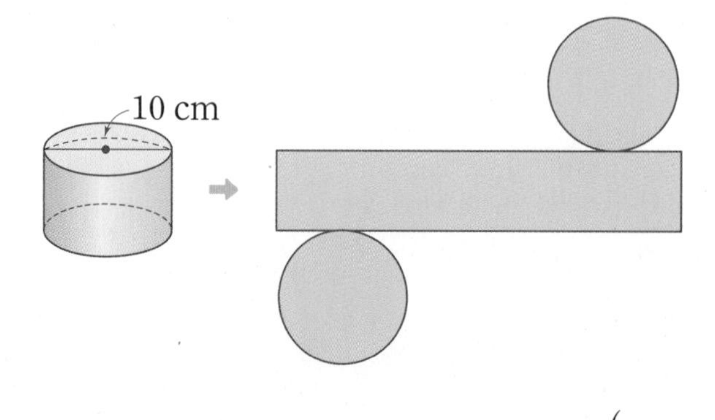

( )

돌리기 전의 평면도형의 넓이 구하기

오른쪽 그림은 어떤 평면도형을 한 변을 기준으로 돌려 만든 입체도형입니다. 돌리기 전의 평면도형의 넓이는 몇 cm^2일까요?

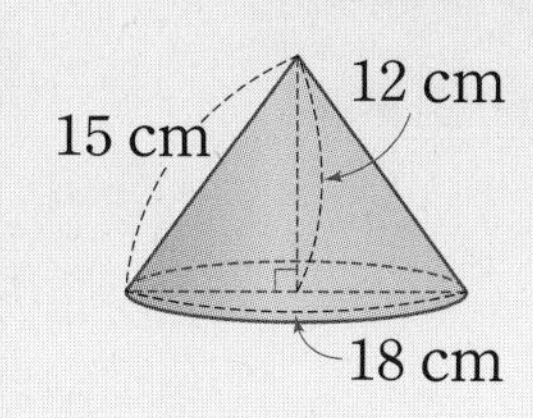

(　　　　　　　　)

● 핵심 NOTE 돌리기 전의 평면도형은 입체도형의 앞에서 본 모양을 왼쪽과 오른쪽으로 나누었을 때 한쪽에 있는 도형과 같습니다.

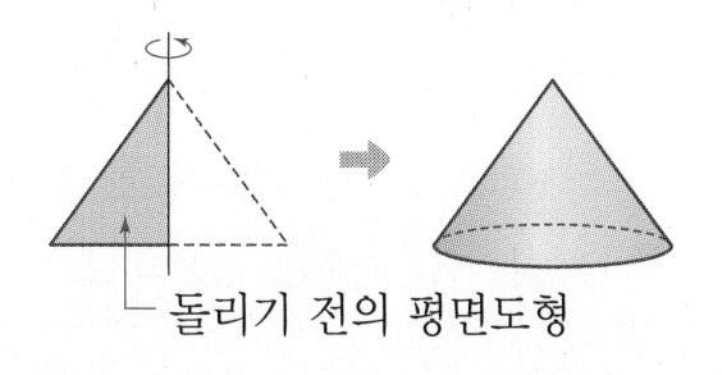

2-1 오른쪽 그림은 어떤 평면도형을 한 변을 기준으로 돌려 만든 입체도형입니다. 돌리기 전의 평면도형의 넓이는 몇 cm^2일까요?

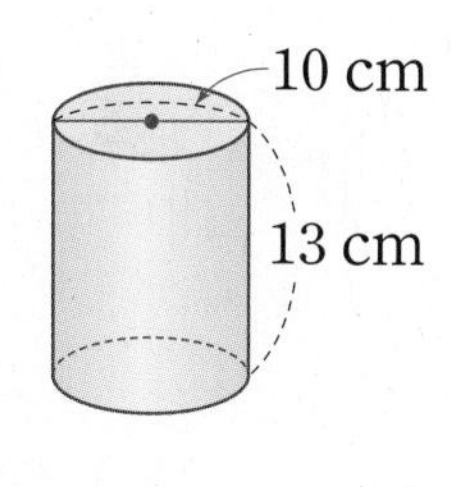

(　　　　　　　　)

2-2 평면도형을 오른쪽 그림과 같이 돌려 만든 입체도형을 중심이 지나도록 반으로 잘랐습니다. 이때 생긴 한쪽 면의 넓이는 몇 cm^2일까요? (원주율: 3)

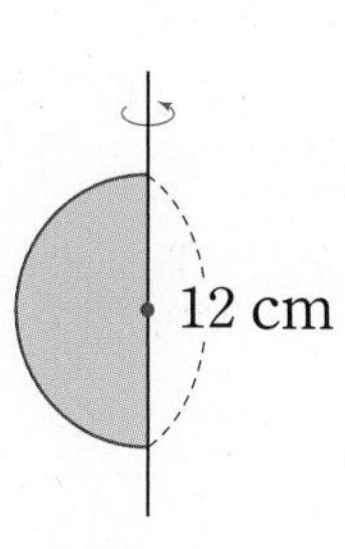

(　　　　　　　　)

직사각형 모양의 종이로 만들 수 있는 원기둥의 높이 구하기

가로가 20 cm, 세로가 18 cm인 직사각형 모양의 종이에 밑면의 반지름이 3 cm인 원기둥의 전개도를 그리고 오려 붙여 원기둥 모양의 상자를 만들려고 합니다. 최대한 높은 상자를 만들려면 상자의 높이를 몇 cm로 해야 할까요? (원주율: 3)

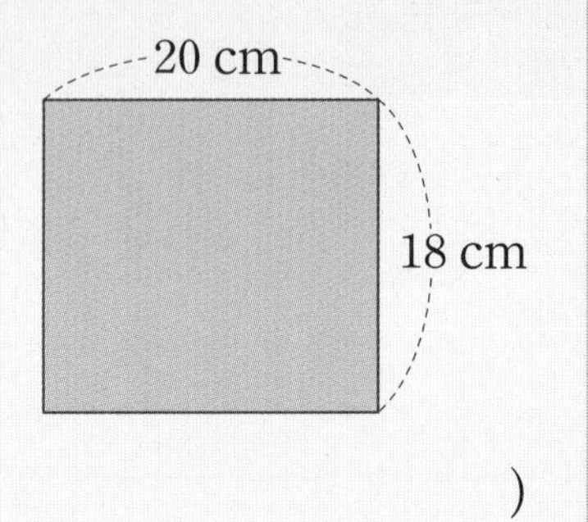

(　　　　　　)

● 핵심 NOTE　원기둥의 전개도에서 옆면의 가로와 세로를 구하는 식을 세워 해결합니다.
이때 (높이)+(밑면의 지름)×2가 직사각형 모양의 종이의 가로 또는 세로를 넘지 않는 범위에서 최대 높이를 구해야 합니다.

3-1

은석이와 민서는 가로가 38 cm, 세로가 30 cm인 직사각형 모양의 종이에 원기둥의 전개도를 그리고 오려 붙여 원기둥 모양의 상자를 만들려고 합니다. 밑면의 반지름을 은석이는 6 cm, 민서는 5 cm로 하여 최대한 높은 상자를 만든다면 누가 만든 상자의 높이가 몇 cm 더 높은지 구해 보세요. (원주율: 3)

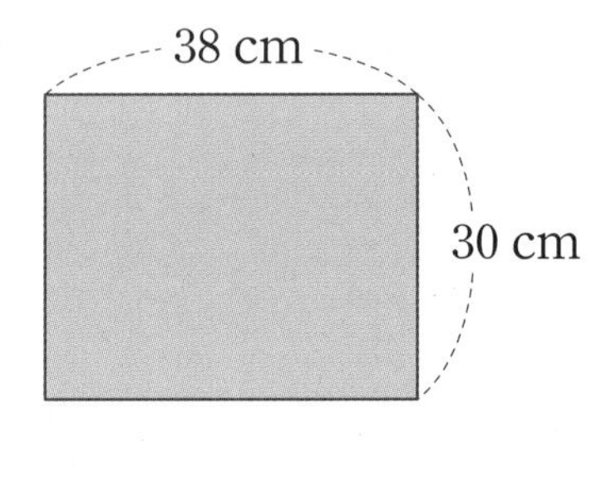

(　　　　　　), (　　　　　　)

3-2

가로가 55 cm, 세로가 35 cm인 직사각형 모양의 종이에 원기둥의 전개도를 그리고 오려 붙여 원기둥 모양의 상자를 만들려고 합니다. 밑면의 반지름과 높이가 다음과 같을 때 만들 수 없는 원기둥을 찾아 기호를 써 보세요. (원주율: 3)

원기둥	밑면의 반지름(cm)	높이(cm)
가	4	30
나	7	7
다	9	2

(　　　　　　)

원뿔과 구가 들어가 있는 원기둥의 겉넓이 구하기

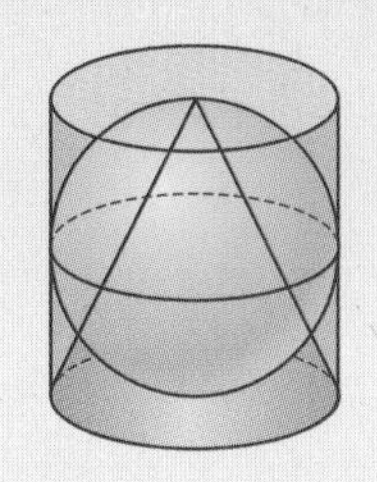

고대 그리스의 수학자, 물리학자인 아르키메데스는 욕조 안에 들어간 순간 몸이 가볍게 느껴지고, 물이 넘치는 것을 보고 "유레카(알았다)!"를 외치며 벌거벗은 채 거리로 뛰어 나왔다고 합니다. 이때 아르키메데스는 물 속에 물체를 넣으면 그 물체와 같은 부피만큼의 물이 흘러 넘친다는 것과 흘러 넘친 물의 무게만큼 물체의 무게도 가벼워진다는 것을 알아냈습니다. 오른쪽은 아르키메데스의 묘비에 그려진 도형으로 원기둥 안에 원뿔, 구가 꼭 맞게 들어가 있습니다. 원뿔을 앞에서 본 모양의 넓이가 $18\ \mathrm{cm}^2$일 때 원기둥의 겉넓이는 몇 cm^2인지 구해 보세요. (원주율: 3)

1단계 원뿔의 밑면의 지름과 높이 구하기

2단계 원기둥의 겉넓이 구하기

( )

● 핵심 NOTE

1단계 원뿔을 앞에서 본 모양을 이용하여 원뿔의 밑면의 지름과 높이를 구합니다.

2단계 원기둥의 밑면의 반지름과 높이를 알아보고 겉넓이를 구합니다.

6

4-1

오른쪽 원기둥 안에 꼭 맞게 들어가는 원뿔, 구가 그려져 있습니다. 구를 앞에서 본 모양의 넓이가 $77.5\ \mathrm{cm}^2$일 때 원기둥의 겉넓이는 몇 cm^2인지 구해 보세요.

(원주율: 3.1)

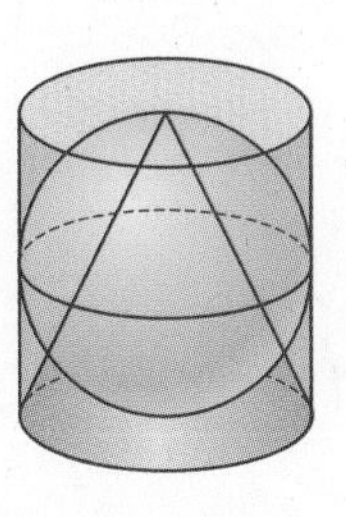

( )

단원 평가 Level 1

점수

확인

[1~2] 입체도형을 보고 물음에 답하세요.

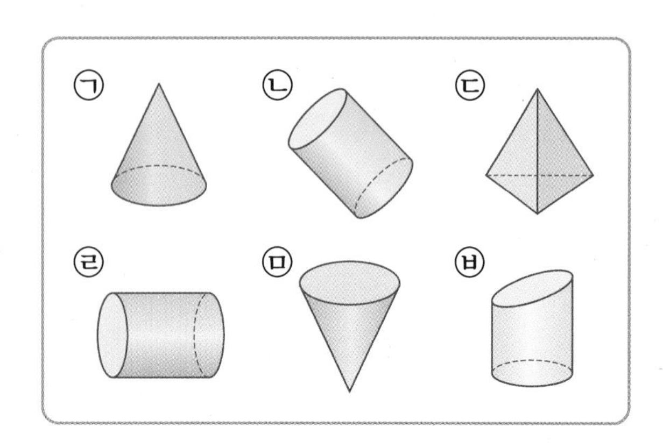

1 원기둥을 모두 찾아 기호를 써 보세요.

( )

2 원뿔을 모두 찾아 기호를 써 보세요.

( )

3 원기둥을 만들 수 있는 전개도는 어느 것일까요? ( )

①
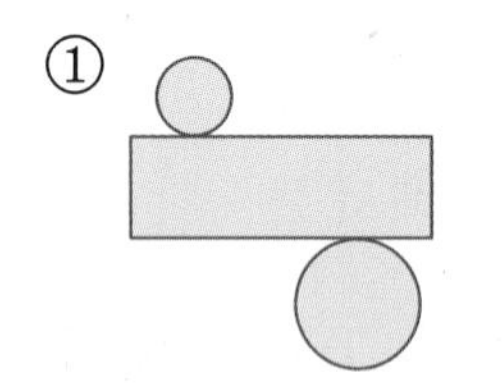

②
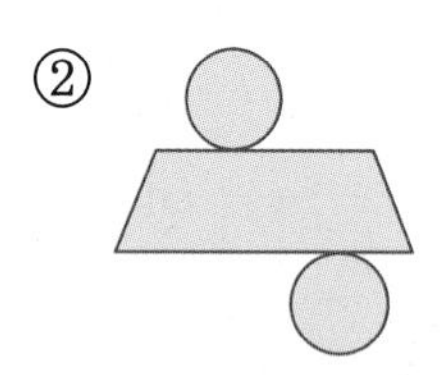

③
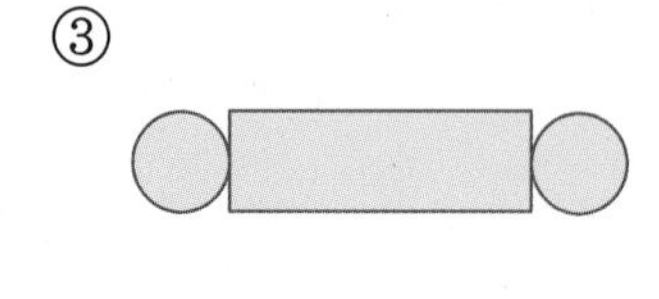

④
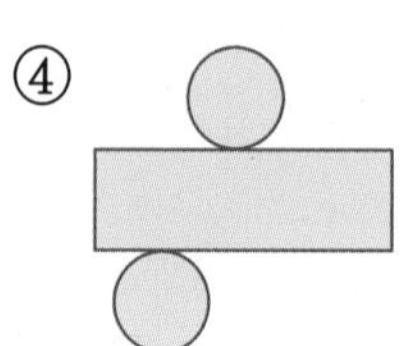

⑤
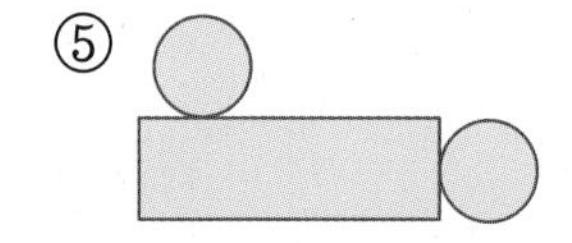

4 오른쪽 원뿔을 보고 □ 안에 알맞은 기호를 써넣으세요.

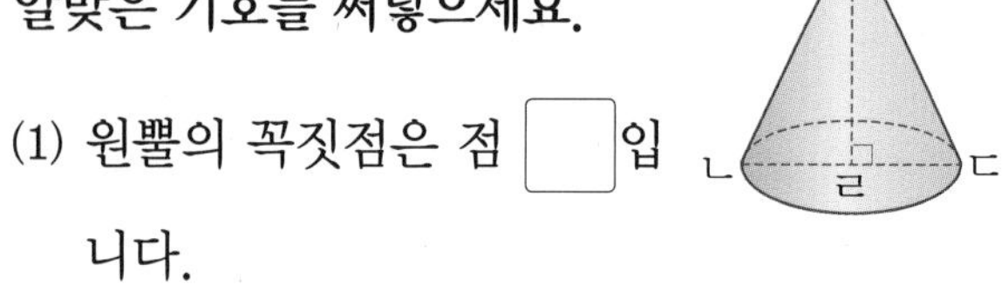

(1) 원뿔의 꼭짓점은 점 □입니다.

(2) 원뿔의 높이는 선분 □입니다.

(3) 원뿔의 모선은 선분 □, 선분 □입니다.

5 구에 대해 바르게 설명한 것은 어느 것일까요?

( )

① 밑면의 모양이 원입니다.
② 뾰족한 부분이 있습니다.
③ 옆에서 본 모양은 직사각형입니다.
④ 높이와 모선이 있습니다.
⑤ 어느 방향에서 보아도 모양이 같습니다.

6 원기둥과 원기둥의 전개도입니다. 원기둥의 밑면의 둘레와 길이가 같은 선분을 전개도에서 모두 찾아 써 보세요.

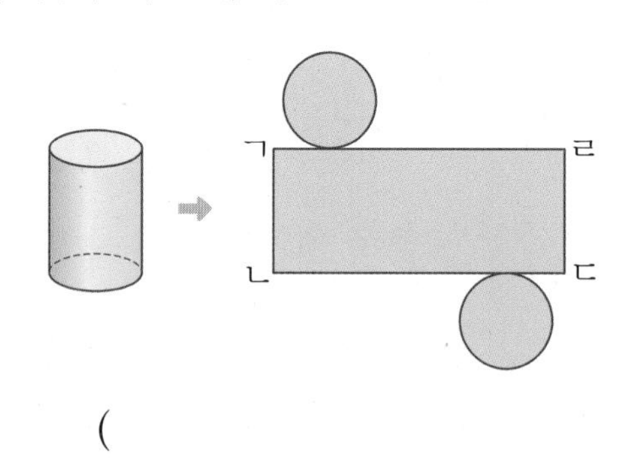

( )

7 다음 원뿔에서 모선이 아닌 선분은 어느 것일까요? ( )

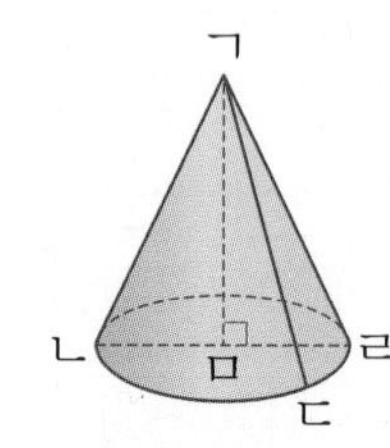

① 선분 ㄱㄴ
② 선분 ㄱㄷ
③ 선분 ㄱㄹ
④ 선분 ㄱㅁ

8 지름을 기준으로 반원 모양의 종이를 돌려 구를 만들었습니다. □ 안에 알맞은 수를 써넣으세요.

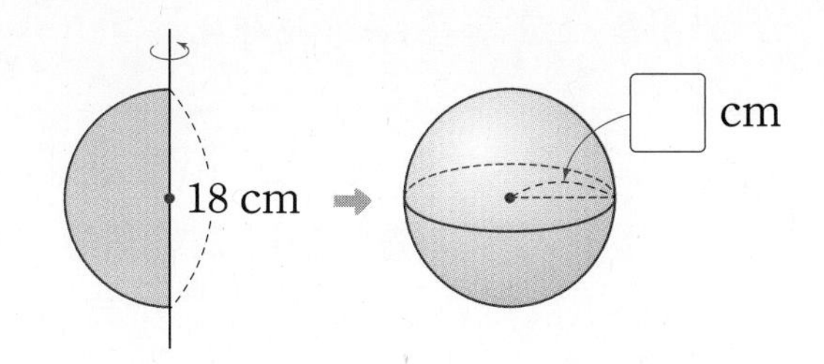

9 원기둥에 대한 설명이 틀린 것은 어느 것일까요? (　　　)

① 밑면은 2개입니다.
② 옆면은 굽은 면입니다.
③ 굴리면 잘 굴러갑니다.
④ 두 밑면의 모양은 원입니다.
⑤ 위에서 본 모양은 직사각형입니다.

10 어느 방향에서 보아도 모양이 같은 입체도형을 찾아 기호를 써 보세요.

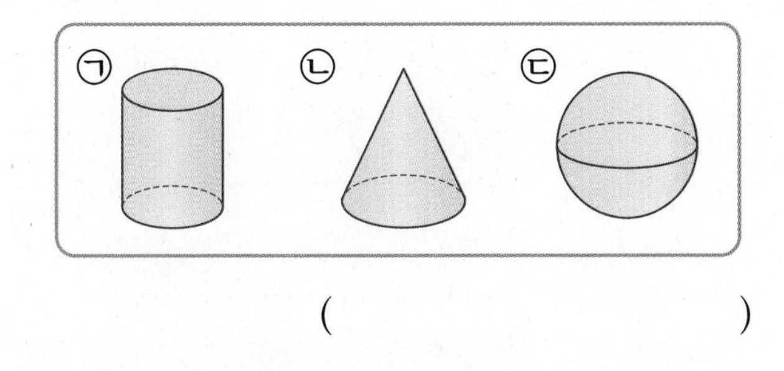

(　　　　　　　　)

11 원뿔과 구의 공통점이 아닌 것을 찾아 기호를 써 보세요.

㉠ 굽은 면으로 둘러싸여 있습니다.
㉡ 위에서 본 모양은 원입니다.
㉢ 위와 앞에서 본 모양이 같습니다.

(　　　　　　　　)

12 □ 안에 알맞은 수를 써넣으세요. (원주율: 3.1)

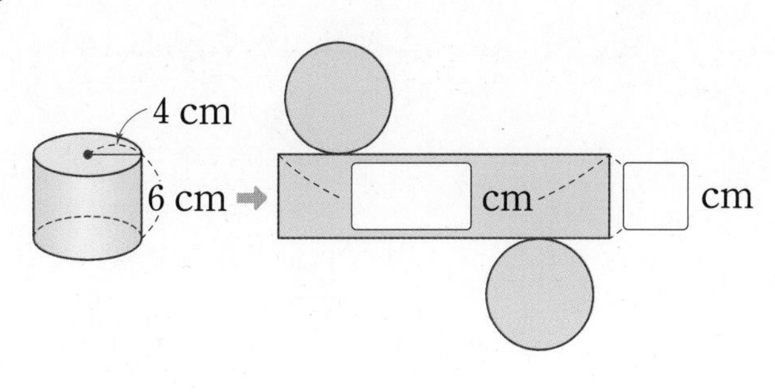

13 두 입체도형의 높이의 차는 몇 cm일까요?

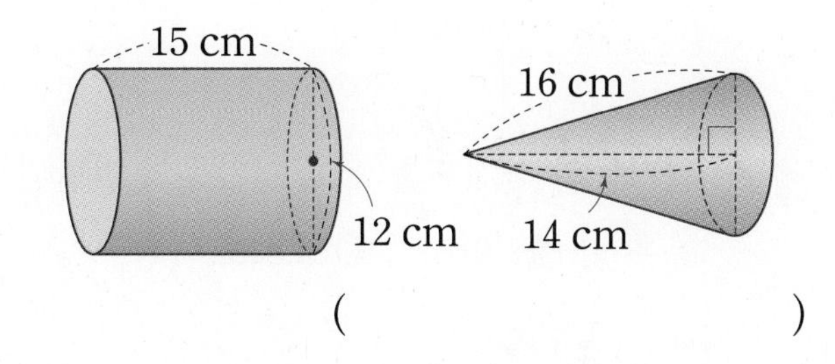

(　　　　　　　　)

14 원기둥과 원뿔의 공통점을 모두 찾아 기호를 써 보세요.

㉠ 위에서 본 모양은 원입니다.
㉡ 밑면은 2개입니다.
㉢ 옆면은 굽은 면입니다.
㉣ 높이를 잴 수 있는 선분은 1개입니다.

(　　　　　　　　)

15 다음 입체도형이 원기둥이 아닌 이유를 써 보세요.

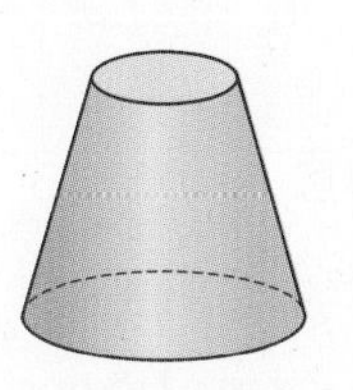

16 원기둥과 원기둥의 전개도를 보고 □ 안에 알맞은 수를 써넣으세요. (원주율: 3.14)

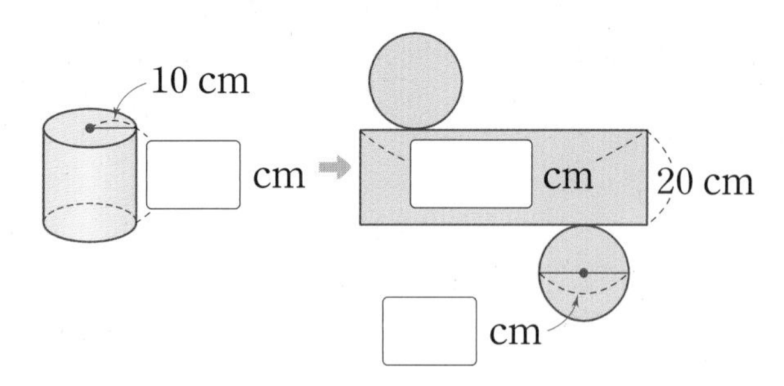

17 원기둥의 전개도를 보고 원기둥의 밑면의 반지름은 몇 cm인지 구해 보세요. (원주율: 3.1)

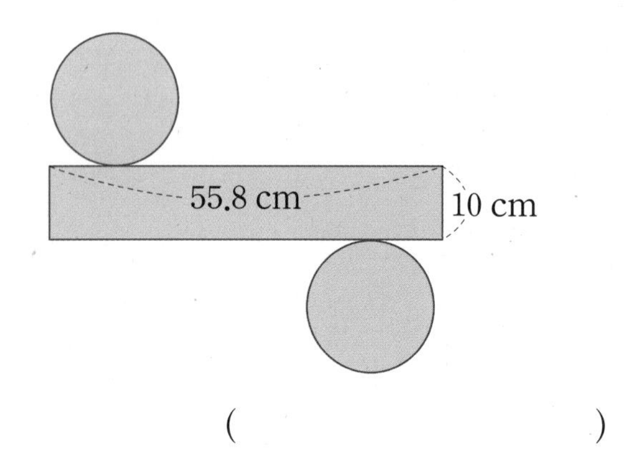

(　　　　　　　　)

18 오른쪽 원기둥의 한 밑면의 넓이, 옆면의 넓이, 겉넓이를 각각 구해 보세요.

(원주율: 3.14)

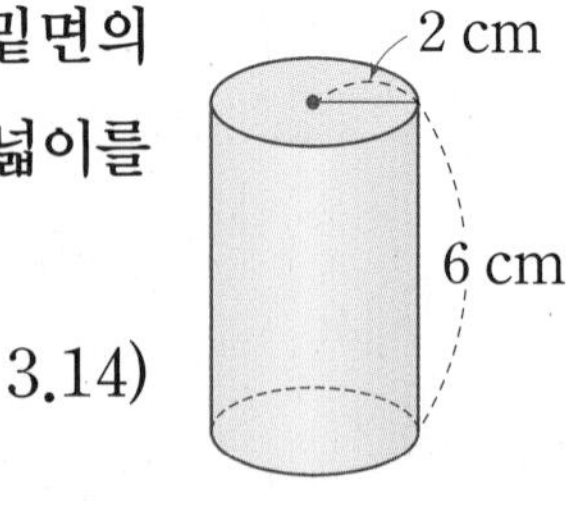

한 밑면의 넓이 (　　　　　　　　)

옆면의 넓이 (　　　　　　　　)

겉넓이 (　　　　　　　　)

19 은서와 시원이는 각각 가지고 있는 반원 모양의 종이를 지름을 기준으로 돌려 구를 만들었습니다. 더 큰 구를 만든 사람은 누구인지 풀이 과정을 쓰고 답을 구해 보세요.

- 은서: 반지름이 9 cm인 반원
- 시원: 지름이 16 cm인 반원

풀이

답

20 직사각형 모양의 종이에 다음과 같이 원기둥의 전개도를 그렸습니다. ㉠과 ㉡에 알맞은 수는 얼마인지 풀이 과정을 쓰고 답을 구해 보세요.

(원주율: 3.14)

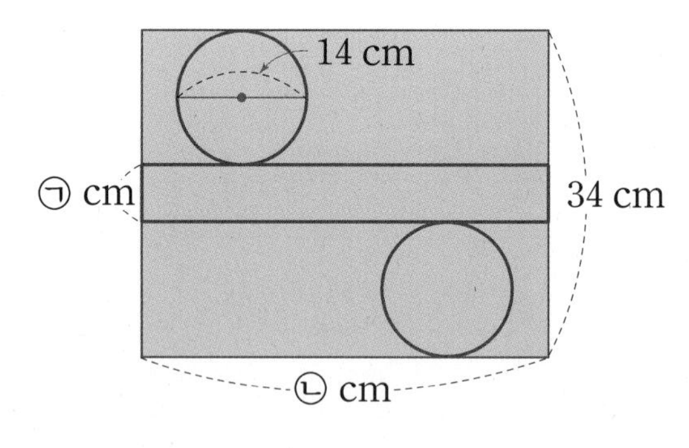

풀이

답 ㉠: 　　　　, ㉡:

단원 평가 Level 2

점수

확인

1 입체도형을 원기둥, 원뿔, 구로 분류하여 빈칸에 알맞은 기호를 써넣으세요.

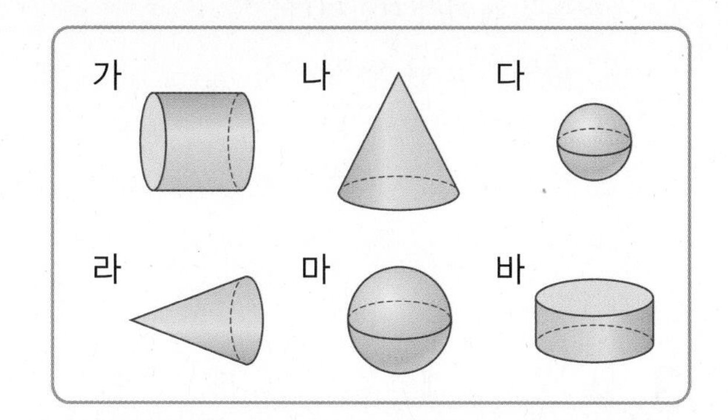

입체도형	원기둥	원뿔	구
기호			

2 원뿔의 밑면의 반지름은 몇 cm일까요?

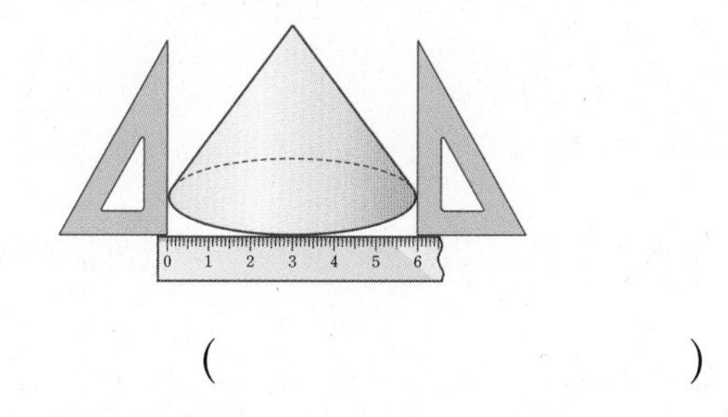

( )

3 다음 전개도를 접어 만들어지는 입체도형의 높이는 몇 cm일까요? (원주율: 3)

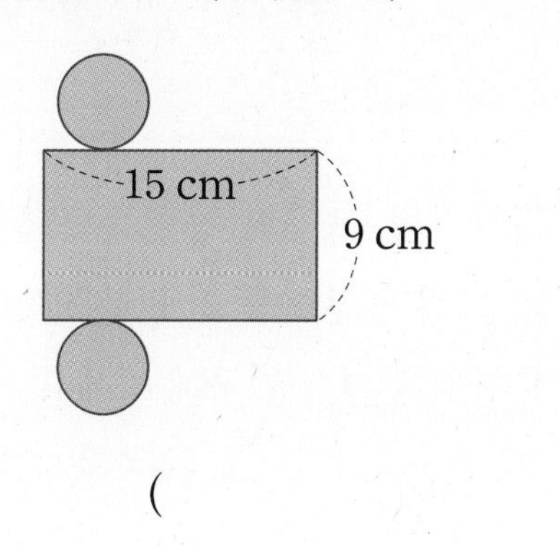

( )

4 입체도형에 대한 설명으로 맞으면 ○표, 틀리면 ×표 하세요.

(1) 원기둥의 두 밑면은 합동인 원입니다. ( )

(2) 원뿔의 밑면은 없습니다. ( )

(3) 원뿔을 앞에서 본 모양은 삼각형입니다. ( )

5 원뿔의 높이와 모선의 길이, 밑면의 지름을 각각 구해 보세요.

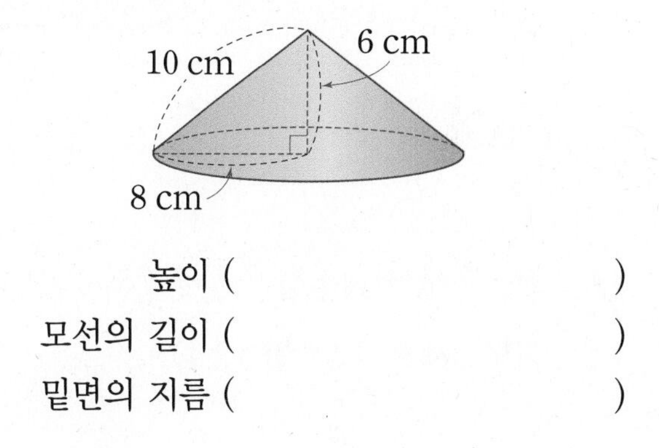

높이 ( )

모선의 길이 ( )

밑면의 지름 ( )

6 원기둥의 전개도인 것에 ○표 하세요.

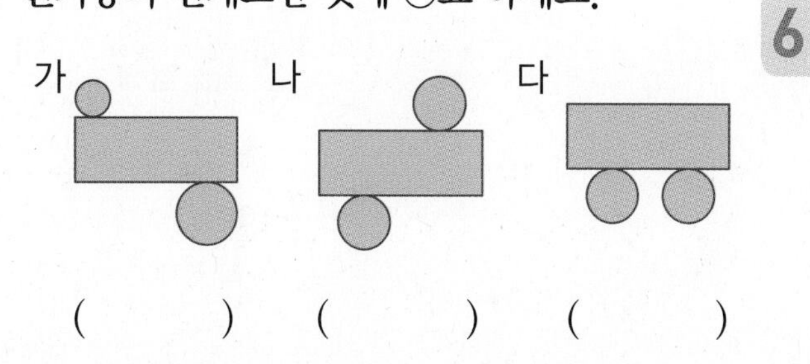

( ) ( ) ( )

7 한 변을 기준으로 직사각형 모양의 종이를 돌려 만든 입체도형의 높이는 몇 cm일까요?

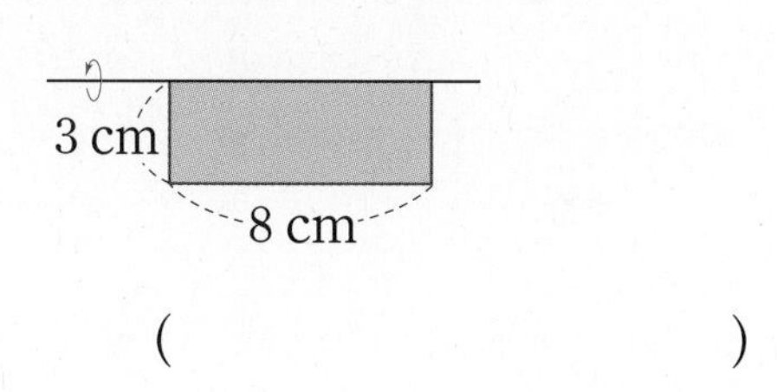

( )

8 수가 많은 것부터 차례로 기호를 써 보세요.

㉠ 원기둥의 밑면의 수
㉡ 원뿔의 꼭짓점의 수
㉢ 원뿔의 모선의 수

( )

9 입체도형을 다음과 같이 분류하였습니다. 분류한 기준을 써 보세요.

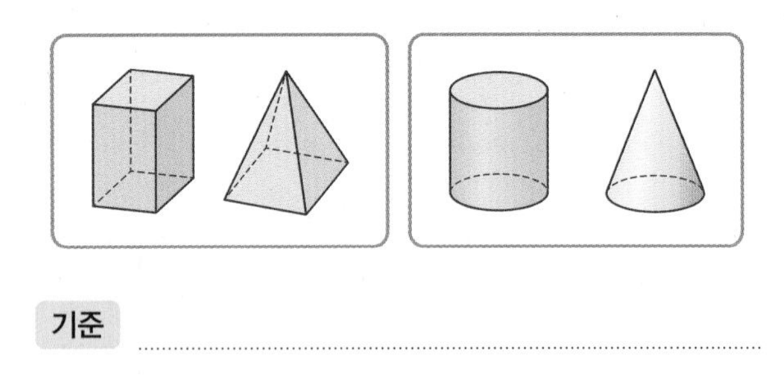

기준

10 원기둥의 전개도입니다. □ 안에 알맞은 수를 써넣으세요. (원주율: 3.1)

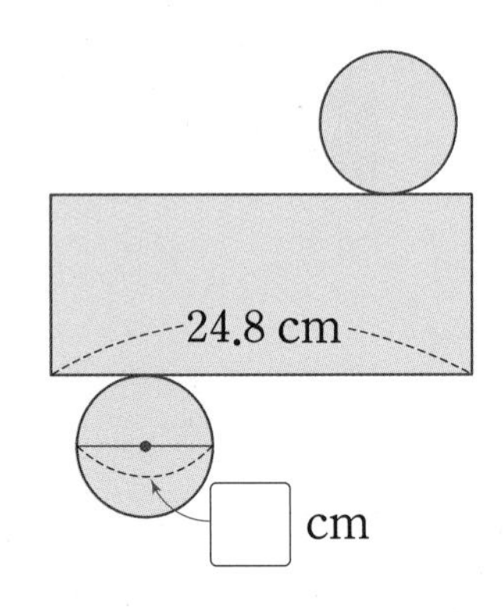

11 다음 입체도형이 원뿔이 아닌 이유를 써 보세요.

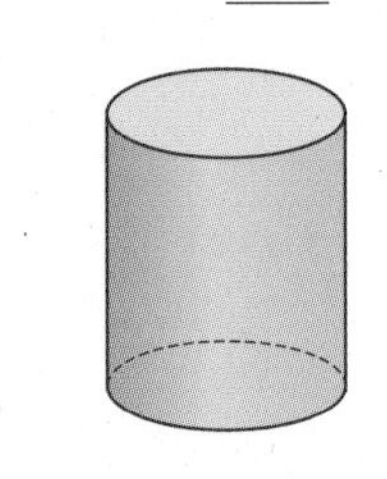

이유

12 원뿔과 각뿔의 같은 점을 모두 고르세요.

( )

① 밑면이 1개입니다.
② 꼭짓점이 1개입니다.
③ 옆면이 굽은 면입니다.
④ 밑면이 원입니다.
⑤ 앞에서 본 모양은 삼각형입니다.

13 원기둥의 전개도를 접었을 때 만들어지는 원기둥의 겉넓이를 구해 보세요. (원주율: 3)

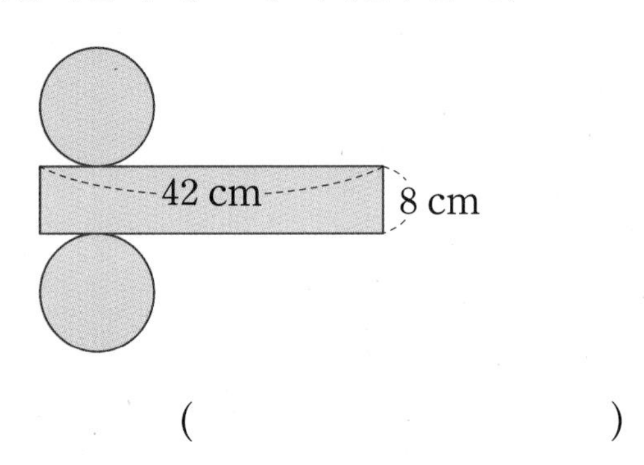

( )

14 원뿔을 앞에서 본 모양의 둘레를 구해 보세요.

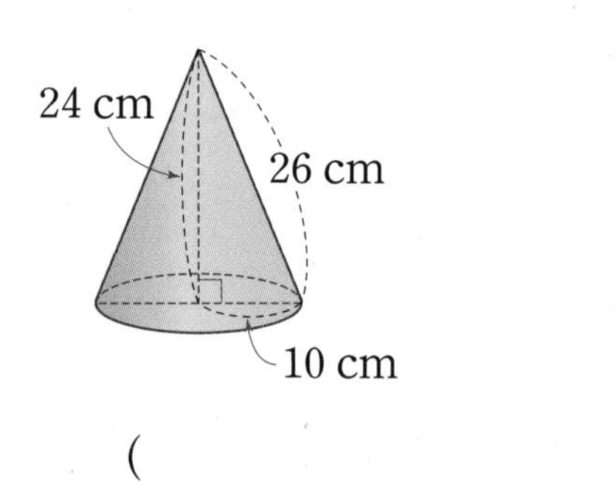

( )

15 직사각형 모양의 종이를 오른쪽 그림과 같이 돌려 만든 입체도형의 겉넓이를 구해 보세요.
(원주율: 3)

5 cm
2 cm

( )

16 다음 조건을 만족하는 원기둥의 높이를 구해 보세요. (원주율: 3)

조건
- 전개도에서 옆면의 둘레는 88 cm입니다.
- 원기둥의 높이와 밑면의 지름은 같습니다.

( )

17 그림과 같이 두 밑면이 반원 모양인 입체도형의 겉면에 물감을 칠하려고 합니다. 물감을 칠해야 할 부분의 넓이는 모두 몇 cm^2일까요? (원주율: 3.1)

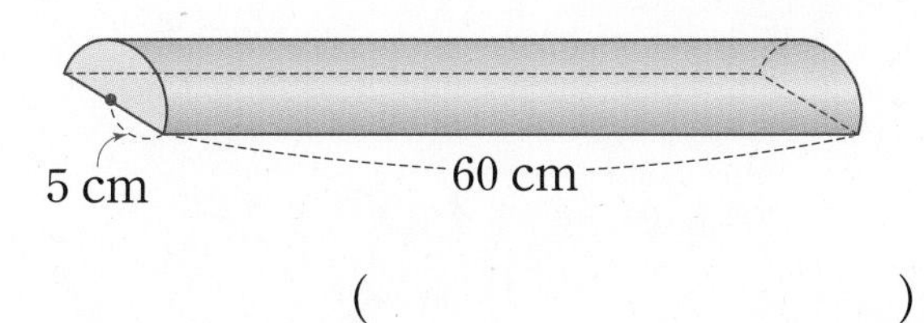

( )

18 직각삼각형 모양의 종이를 그림과 같이 돌려 만든 입체도형의 밑면의 넓이는 몇 cm^2일까요? (원주율: 3.14)

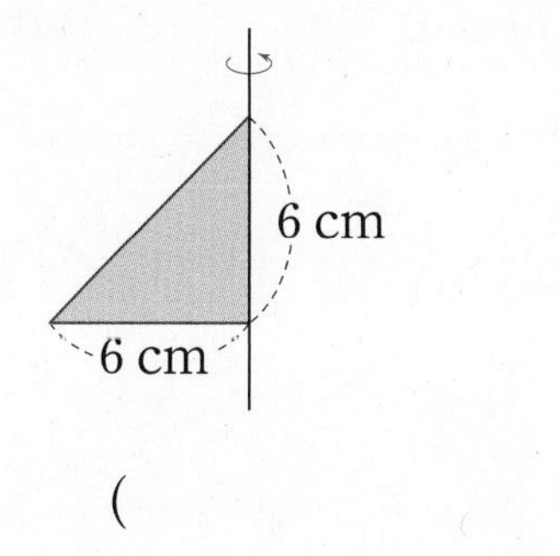

( )

19 원기둥 모양의 상자에 빈틈없이 겹치지 않게 색종이를 붙이려고 합니다. 밑면에는 초록색 색종이를 붙이고, 옆면에는 파란색 색종이를 붙일 때 어느 색 색종이가 몇 cm^2 더 필요한지 풀이 과정을 쓰고 답을 구해 보세요. (원주율: 3)

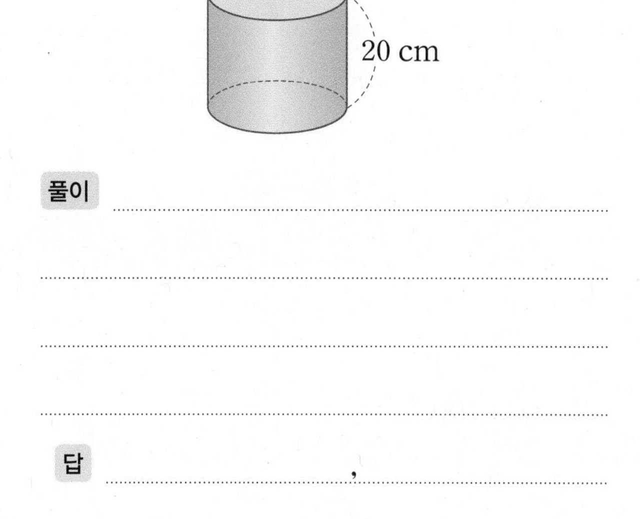

풀이

답 ,

20 원기둥의 옆면의 넓이가 1004.4 cm^2일 때 밑면의 반지름은 몇 cm인지 풀이 과정을 쓰고 답을 구해 보세요. (원주율: 3.1)

18 cm

풀이

답

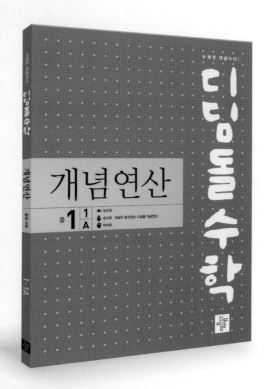

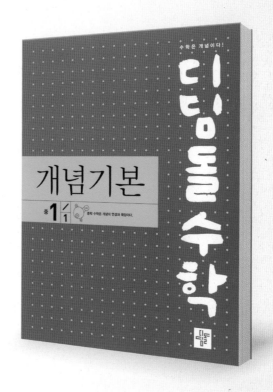

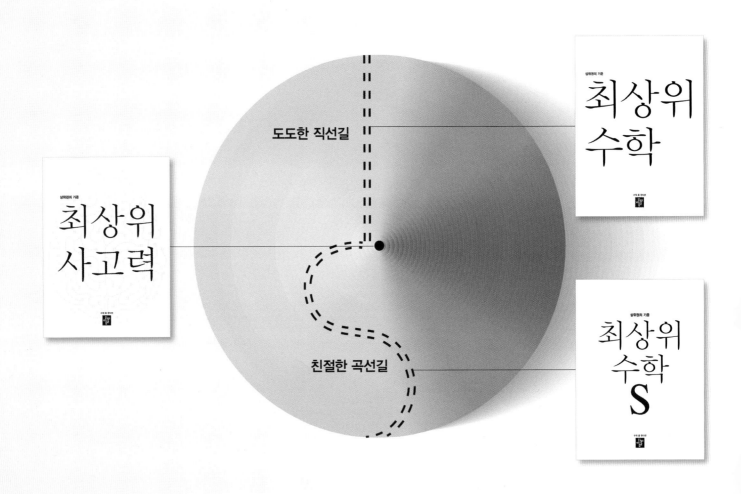

수학 좀 한다면

실력 보강 자료집

6-2

수학 좀 한다면

초등수학

실력 보강 자료집

6-2

• **서술형 문제** | 서술형 문제를 집중 연습해 보세요.

• **단원 평가** | 시험에 잘 나오는 문제를 한번 더 풀어 단원을 확실하게 마무리해요.

서술형 문제

1 □ 안에 들어갈 수 있는 자연수는 모두 몇 개인지 풀이 과정을 쓰고 답을 구해 보세요.

$$\frac{14}{15} \div \frac{7}{15} < \square < \frac{16}{23} \div \frac{3}{23}$$

풀이 예) $\frac{14}{15} \div \frac{7}{15} = 14 \div 7 = 2$이고

$\frac{16}{23} \div \frac{3}{23} = 16 \div 3 = \frac{16}{3} = 5\frac{1}{3}$입니다.

따라서 $2 < \square < 5\frac{1}{3}$이므로 □ 안에 들어갈 수 있는 자연수는 3, 4, 5로 모두 3개입니다.

답 3개

1+ □ 안에 들어갈 수 있는 자연수는 모두 몇 개인지 풀이 과정을 쓰고 답을 구해 보세요.

$$5 \div \frac{1}{2} < \square < 3 \div \frac{1}{5}$$

풀이

답

2 어떤 수를 $\frac{4}{7}$로 나누어야 할 것을 잘못하여 곱하였더니 $3\frac{1}{5}$이 되었습니다. 바르게 계산하면 얼마인지 풀이 과정을 쓰고 답을 구해 보세요.

풀이 예) 어떤 수를 □라 하면 $\square \times \frac{4}{7} = 3\frac{1}{5}$이므로

$\square = 3\frac{1}{5} \div \frac{4}{7} = \frac{16}{5} \div \frac{4}{7} = \frac{\overset{4}{\cancel{16}}}{5} \times \frac{7}{\underset{1}{\cancel{4}}}$

$= \frac{28}{5} = 5\frac{3}{5}$입니다. 따라서 바르게 계산하면

$5\frac{3}{5} \div \frac{4}{7} = \frac{28}{5} \div \frac{4}{7} = \frac{\overset{7}{\cancel{28}}}{5} \times \frac{7}{\underset{1}{\cancel{4}}}$

$= \frac{49}{5} = 9\frac{4}{5}$입니다.

답 $9\frac{4}{5}$

2+ 어떤 수를 $1\frac{4}{5}$로 나누어야 할 것을 잘못하여 곱하였더니 81이 되었습니다. 바르게 계산하면 얼마인지 풀이 과정을 쓰고 답을 구해 보세요.

풀이

답

3 $\square$ 안에 알맞은 수를 구하려고 합니다. 풀이 과정을 쓰고 답을 구해 보세요.

$$\frac{5}{19}\times\square=\frac{17}{19}$$

풀이

답

▶ ●×■=▲
➡ ■=▲÷●

4 ㉠은 ㉡의 몇 배인지 풀이 과정을 쓰고 답을 구해 보세요.

㉠ $\frac{1}{10}$이 3개인 수　　㉡ $\frac{1}{5}\div\frac{7}{9}$

풀이

답

▶ '몇 배'인지 구하는 문제는 나눗셈식을 이용합니다.
예 ■는 ▲의 몇 배인지 구하기
➡ ■÷▲

5 수직선을 보고 ㉡ ÷ ㉠의 계산 결과는 얼마인지 풀이 과정을 쓰고 답을 구해 보세요.

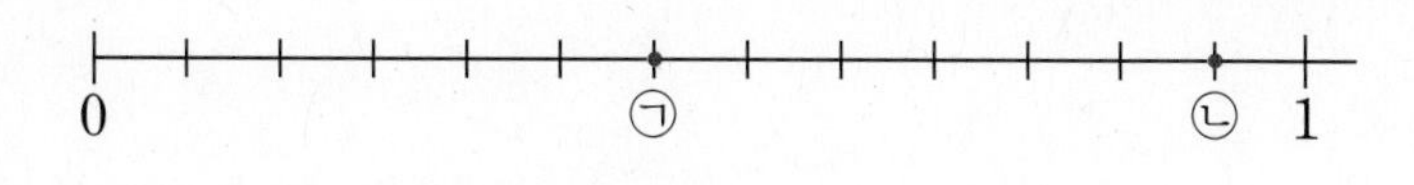

풀이

답

▶ 수직선에서 0에서 1까지 몇 칸으로 나누어졌는지 알아봅니다.

6 한 변의 길이가 $\frac{3}{7}$ m인 정사각형 모양의 널빤지의 무게는 $\frac{27}{49}$ kg입니다. 이 널빤지 $1\,m^2$의 무게는 몇 kg인지 풀이 과정을 쓰고 답을 구해 보세요.

▶ 널빤지의 넓이를 먼저 구합니다.

풀이

답

7 4장의 수 카드를 한 번씩만 사용하여 계산 결과가 가장 큰 (가분수) ÷ (진분수)의 값을 구하려고 합니다. 풀이 과정을 쓰고 답을 구해 보세요.

2 9 3 5

▶ 몫이 가장 크려면 가분수를 가장 크게, 또는 진분수를 가장 작게 만들어야 합니다.

풀이

답

8 $1\frac{1}{2}$ L짜리 주스가 2병 있습니다. 이 주스를 한 사람에게 $\frac{3}{5}$ L씩 똑같이 나누어 주면 모두 몇 명에게 나누어 줄 수 있는지 풀이 과정을 쓰고 답을 구해 보세요.

▶ 대분수를 가분수로 나타내어 계산합니다.

풀이

답

9 석현이는 과학 시간에 $9\frac{1}{3}$ L의 용액을 $1\frac{2}{5}$ L씩 병에 모두 나누어 담으려고 합니다. 필요한 병은 적어도 몇 개인지 풀이 과정을 쓰고 답을 구해 보세요.

풀이

답

▶ 모두 담으려면 남은 용액을 담을 병도 있어야 합니다.

10 길이가 5 km인 도로 양쪽에 $\frac{1}{4}$ km마다 나무를 한 그루씩 심으려고 합니다. 도로의 처음과 끝에도 나무를 심는다면 필요한 나무는 모두 몇 그루인지 풀이 과정을 쓰고 답을 구해 보세요. (단, 나무의 두께는 생각하지 않습니다.)

풀이

답

▶ (도로 한쪽에 필요한 나무 수)
=(간격 수)+1

11 물이 일정하게 계속 나오는 수도가 있습니다. 이 수도에서 12 L의 물이 나오는 데 4분 40초가 걸렸다면 1분 동안 나오는 물의 양은 몇 L인지 풀이 과정을 쓰고 답을 구해 보세요.

풀이

답

▶ ●초 $=\frac{●}{60}$분입니다.

단원 평가 Level 1

점수

확인

1 ㉠과 ㉡의 차를 구해 보세요.

㉠ $7 \div \frac{1}{4}$ ㉡ $6 \div \frac{1}{9}$

( )

2 빈칸에 알맞은 수를 써넣으세요.

÷ →

8	$\frac{2}{5}$	
14	$\frac{6}{7}$	
20	$\frac{4}{9}$	

3 □ 안에 알맞은 수를 써넣으세요.

$\frac{5}{7} \times \square = 1\frac{1}{14}$

4 □ 안에 알맞은 수를 구해 보세요.

$3 \div \frac{1}{\square} = 18$

( )

5 계산 결과가 다른 하나는 어느 것일까요?

( )

① $\frac{8}{15} \div \frac{2}{15}$ ② $\frac{24}{29} \div \frac{6}{29}$

③ $\frac{16}{17} \div \frac{4}{17}$ ④ $\frac{9}{10} \div \frac{3}{10}$

⑤ $\frac{20}{23} \div \frac{5}{23}$

6 계산 결과가 자연수인 것을 모두 찾아 기호를 써 보세요.

㉠ $6 \div \frac{3}{5}$ ㉡ $4 \div \frac{8}{9}$

㉢ $9 \div \frac{6}{11}$ ㉣ $15 \div \frac{5}{7}$

( )

7 계산 결과를 비교하여 ○ 안에 >, =, <를 알맞게 써넣으세요.

(1) $\frac{5}{9} \div \frac{2}{3}$ ○ $\frac{1}{4} \div \frac{3}{14}$

(2) $\frac{3}{8} \div \frac{2}{9}$ ○ $\frac{7}{12} \div \frac{4}{9}$

8 ㉠, ㉡, ㉢, ㉣에 알맞은 수의 합을 구해 보세요.

$$\frac{2}{3} \div \frac{3}{5} = \frac{2}{3} \times \frac{㉠}{㉡} = ㉢\frac{1}{㉣}$$

(　　　　　　　　)

9 계산 결과가 1보다 작은 것은 어느 것일까요?

(　　　)

① $4\frac{2}{7} \div \frac{10}{21}$　② $3\frac{1}{3} \div \frac{4}{9}$

③ $6\frac{4}{5} \div \frac{17}{18}$　④ $\frac{4}{9} \div \frac{5}{6}$

⑤ $2\frac{5}{8} \div \frac{7}{9}$

10 ㉠은 ㉡의 몇 배일까요?

㉠ $3\frac{3}{8} \div \frac{3}{4}$　㉡ $\frac{7}{9} \div \frac{2}{9}$

(　　　　　　　　)

11 $\frac{12}{13}$ L의 우유를 하루에 $\frac{4}{13}$ L씩 마시려고 합니다. 며칠 동안 마실 수 있을까요?

(　　　　　　　　)

12 6월 어느 날 낮과 밤의 길이를 재었더니 하루 중 낮의 길이는 $\frac{5}{8}$이고 밤의 길이는 $\frac{3}{8}$이었습니다. 이날 낮의 길이는 밤의 길이의 몇 배일까요?

(　　　　　　　　)

13 어떤 수에 $\frac{13}{15}$을 곱하였더니 $2\frac{8}{9}$이 되었습니다. 어떤 수를 구해 보세요.

(　　　　　　　　)

14 재민이는 2 km를 걷는 데 $\frac{7}{8}$시간이 걸렸습니다. 같은 빠르기로 걷는다면 한 시간에 몇 km를 갈 수 있을까요?

(　　　　　　　　)

15 계산에서 잘못된 부분을 찾아 바르게 계산해 보세요.

$$\frac{5}{6} \div \frac{4}{5} = \frac{\overset{3}{\cancel{6}}}{\underset{1}{\cancel{5}}} \times \frac{\overset{1}{\cancel{5}}}{\underset{2}{\cancel{4}}} = \frac{3}{2} = 1\frac{1}{2}$$

↓

16 우리나라는 장마와 태풍의 영향으로 연평균 강수량의 약 $\frac{7}{10}$이 여름에 집중된다고 합니다. 어느 지역의 여름 동안의 평균 강수량이 약 840 mm였다면 이 지역의 연평균 강수량은 약 몇 mm일까요?

( )

17 아이스크림 $\frac{5}{8}$ kg의 가격이 7000원입니다. 아이스크림 1 kg의 가격은 얼마인지 식을 쓰고 답을 구해 보세요.

식 ....

답 ....

18 초등학교 여학생의 표준 체중은 다음과 같은 방법으로 구할 수 있습니다. 초등학생인 지연이의 키가 146 cm일 때 지연이의 표준 체중은 몇 kg일까요?

〈표준 체중을 구하는 방법〉

(표준 체중) $=$ (키(cm) $-$ 100) $\div 1\frac{1}{9}$

( )

19 가장 큰 수를 가장 작은 수로 나눈 계산 결과는 얼마인지 풀이 과정을 쓰고 답을 구해 보세요.

$1\frac{3}{4}$ $\frac{8}{9}$ $3\frac{1}{5}$ $2\frac{2}{3}$

풀이 ....

답 ....

20 $2\frac{4}{9} \div 1\frac{5}{6}$를 서로 다른 2가지 방법으로 계산해 보세요.

방법 1 ....

방법 2 ....

단원 평가 Level 2

점수

확인

1 □ 안에 알맞은 수를 써넣으세요.

$\frac{6}{7}$은 $\frac{1}{7}$이 □개이고, $\frac{3}{7}$은 $\frac{1}{7}$이 □개 이므로 $\frac{6}{7} \div \frac{3}{7} =$ □입니다.

2 □ 안에 알맞은 수를 써넣으세요.

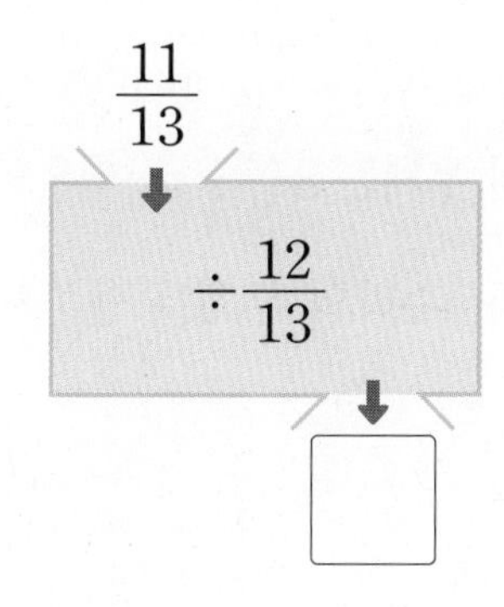

3 보기 와 같이 계산해 보세요.

보기

$$\frac{8}{9} \div \frac{4}{7} = \frac{\overset{2}{\cancel{8}}}{9} \times \frac{7}{\underset{1}{\cancel{4}}} = \frac{14}{9} = 1\frac{5}{9}$$

$\frac{5}{12} \div \frac{10}{11}$ ....

4 관계있는 것끼리 이어 보세요.

$\frac{4}{5} \div \frac{3}{4}$ •

$\frac{1}{5} \div \frac{1}{3}$ •

• $\frac{3}{5}$

• $1\frac{1}{15}$

• $\frac{4}{5}$

5 잘못 계산한 곳을 찾아 바르게 계산해 보세요.

$$3 \div \frac{2}{5} = \frac{3}{5} \div \frac{2}{5} = 3 \div 2 = \frac{3}{2} = 1\frac{1}{2}$$

↓

6 빈칸에 알맞은 수를 써넣으세요.

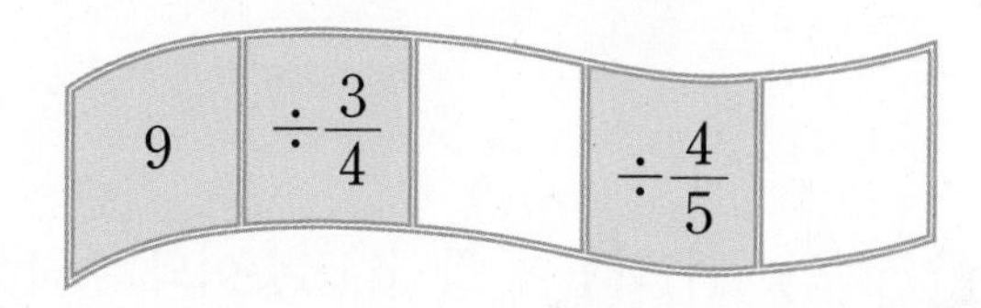

7 빈칸에 알맞은 수를 써넣으세요.

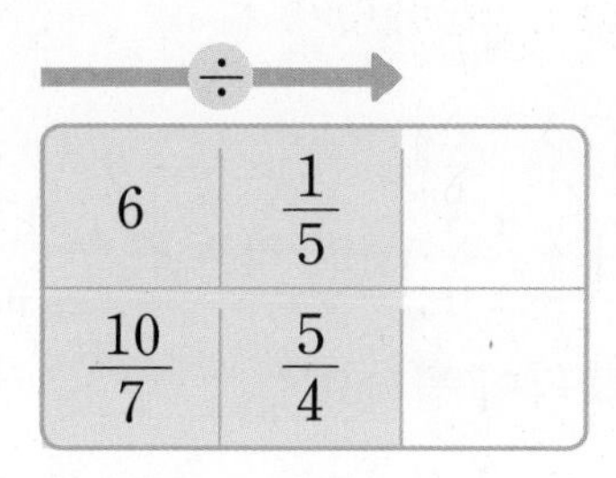

1

8 계산 결과를 비교하여 ○ 안에 >, =, <를 알맞게 써넣으세요.

$$1\frac{1}{15} \div \frac{2}{5} \bigcirc 1\frac{3}{7} \div \frac{5}{6}$$

9 계산 결과가 다른 하나를 찾아 기호를 써 보세요.

㉠ $\frac{4}{5} \div \frac{2}{3}$ ㉡ $\frac{12}{25} \div \frac{3}{10}$ ㉢ $\frac{8}{15} \div \frac{4}{9}$

( )

10 재민이가 화단에 장미 15송이와 수국을 심었습니다. 장미를 수국의 $\frac{1}{4}$만큼 심었을 때 수국은 몇 송이 심었을까요?

( )

11 길이가 $5\frac{5}{6}$ m인 리본 끈을 $\frac{5}{12}$ m씩 자르면 몇 도막이 될까요?

( )

12 □ 안에 알맞은 수가 더 큰 것의 기호를 써 보세요.

㉠ $\square \times 1\frac{2}{9} = 3\frac{1}{7}$

㉡ $2\frac{1}{6} \times \square = 4\frac{1}{3}$

( )

13 수박의 무게는 $8\frac{8}{9}$ kg, 멜론의 무게는 $2\frac{2}{7}$ kg입니다. 수박의 무게는 멜론의 무게의 몇 배일까요?

( )

14 넓이가 $40\frac{1}{3}$ m^2인 직사각형 모양의 감자밭에 $1\frac{5}{6}$ kg의 거름을 고르게 뿌렸습니다. 1 m^2의 감자밭에 뿌린 거름은 몇 kg인 셈일까요?

( )

15 □ 안에 알맞은 수를 구해 보세요.

$$\square \times \frac{3}{7} = 9\frac{1}{3} \div 1\frac{1}{6}$$

( )

16 가★나$=$(가$+$나)$\div$(가$-$나)일 때 다음을 계산해 보세요.

$$\frac{3}{8}★\frac{1}{6}$$

(   )

17 밑변의 길이가 $\frac{9}{5}$ m인 삼각형의 넓이가 $\frac{27}{28}$ m^2입니다. 이 삼각형의 높이는 몇 m일까요?

(   )

18 □ 안에 들어갈 수 있는 자연수를 모두 구해 보세요.

$$\frac{9}{16}\div\frac{1}{4}<1\frac{2}{7}\div\frac{\square}{7}$$

(   )

19 승우는 집에서 학교까지 $4\frac{1}{8}$ km를 가는 데 45분이 걸렸습니다. 같은 빠르기로 간다면 한 시간에 몇 km를 갈 수 있는지 풀이 과정을 쓰고 답을 구해 보세요.

풀이

답

20 들이가 $19\frac{1}{2}$ L인 물통에 물이 $\frac{2}{5}$만큼 들어 있습니다. 이 물통에 물을 가득 채우려면 들이가 $\frac{9}{20}$ L인 그릇에 물을 가득 담아 적어도 몇 번 부어야 하는지 풀이 과정을 쓰고 답을 구해 보세요.

풀이

답

서술형 문제

1 1부터 9까지의 수 중에서 □ 안에 들어갈 수 있는 자연수를 모두 구하려고 합니다. 풀이 과정을 쓰고 답을 구해 보세요.

$22.4 \div 3.2 < \square$

풀이 예 $22.4 \div 3.2 = 224 \div 32 = 7$이므로 $7 < \square$입니다.
따라서 □ 안에 들어갈 수 있는 자연수는 8, 9입니다.

답 8, 9

1⁺ 1부터 9까지의 수 중에서 □ 안에 들어갈 수 있는 자연수를 모두 구하려고 합니다. 풀이 과정을 쓰고 답을 구해 보세요.

$8.84 \div 3.4 > 2.\square$

풀이

답

2 나눗셈의 몫을 구할 때 몫의 소수 43째 자리 숫자는 무엇인지 풀이 과정을 쓰고 답을 구해 보세요.

$41.5 \div 3.3$

풀이 예 $41.5 \div 3.3 = 12.575757\cdots$이고 소수점 아래 자릿수가 홀수이면 5, 짝수이면 7인 규칙입니다.
따라서 몫의 소수 43째 자리 숫자는 홀수 번째이므로 5입니다.

답 5

2⁺ 나눗셈의 몫을 구할 때 몫의 소수 29째 자리 숫자는 무엇인지 풀이 과정을 쓰고 답을 구해 보세요.

$31.9 \div 2.7$

풀이

답

3 가장 큰 수를 가장 작은 수로 나눈 몫을 구하려고 합니다. 풀이 과정을 쓰고 답을 구해 보세요.

2.17	1.38	8.28

풀이

답

▶ 소수는 자연수 부분이 큰 쪽이 더 큰 수입니다.

4 어떤 수를 1.7로 나누어야 하는데 잘못하여 곱했더니 10.54가 되었습니다. 어떤 수는 얼마인지 풀이 과정을 쓰고 답을 구해 보세요.

풀이

답

▶ 어떤 수를 □라 하여 식을 세웁니다.

5 입구에서 산 정상까지의 거리가 10.92 km인 등산로가 있습니다. 이 등산로 입구에서 출발하여 한 시간에 2.8 km씩 걸어서 올라간다면 산 정상까지 몇 시간 걸리는지 풀이 과정을 쓰고 답을 구해 보세요.

풀이

답

▶ (시간) = (거리) ÷ (속력)

6 밀가루 28.8 kg이 있습니다. 이 밀가루를 1.2 kg씩 봉지에 똑같이 나누어 담는다면 필요한 봉지는 몇 봉지인지 풀이 과정을 쓰고 답을 구해 보세요.

풀이

답

▶ (필요한 봉지 수) = (전체 밀가루의 무게) ÷ (한 봉지에 들어가는 밀가루의 무게)

7 가로가 2.8 cm인 직사각형의 넓이가 11.76 cm^2입니다. 이 직사각형의 세로는 몇 cm인지 풀이 과정을 쓰고 답을 구해 보세요.

풀이

답

▶ (직사각형의 넓이)
= (가로) × (세로)
➡ (세로)
= (직사각형의 넓이) ÷ (가로)

8 둘레가 228 m인 원 모양의 공원 둘레에 나무를 14.25 m 간격으로 심었습니다. 심은 나무는 몇 그루인지 풀이 과정을 쓰고 답을 구해 보세요.
(단, 나무의 두께는 생각하지 않습니다.)

풀이

답

▶ (심은 나무의 수)
= (둘레) ÷ (간격의 길이)

9 집에서 학교까지의 거리는 1.8 km이고, 집에서 도서관까지의 거리는 2.88 km입니다. 집에서 도서관까지의 거리는 집에서 학교까지의 거리의 몇 배인지 풀이 과정을 쓰고 답을 구해 보세요.

집
1.8 km
2.88 km
학교
도서관

풀이

답

▶ 나누어지는 수와 나누는 수를 각각 10배 또는 100배 하거나 소수점을 같은 자리씩 옮겨 계산합니다.

10 어느 가게에서 콩 253.6 kg을 한 봉지에 6 kg씩 나누어 담아 팔려고 합니다. 몇 봉지까지 팔 수 있는지 풀이 과정을 쓰고 답을 구해 보세요.

풀이

답

▶ ① 6 kg이 되지 않는 봉지는 팔 수 없습니다.
② 253.6÷6의 몫을 일의 자리까지 구하고 나머지는 팔 수 없습니다.

11 노란색 끈의 길이는 51.29 m이고 빨간색 끈의 길이는 4.3 m입니다. 노란색 끈의 길이는 빨간색 끈의 길이의 몇 배인지 풀이 과정을 쓰고 답을 반올림하여 소수 첫째 자리까지 나타내어 보세요.

풀이

답

▶ 몫을 소수 첫째 자리까지 나타내려면 소수 둘째 자리에서 반올림하여 나타냅니다.

단원 평가 Level 1

점수

확인

1 □ 안에 알맞은 수를 써넣으세요.

3.84÷2.4는 3.84와 2.4를 각각 100배씩 해서 계산하면 □÷□=□입니다.

2 빈칸에 알맞은 수를 써넣으세요.

18.72 →(÷3.6)→ □ →(÷1.3)→ □

3 □ 안에 알맞은 수를 써넣으세요.

(1) 35÷5=□

35÷0.5=□

35÷0.05=□

(2) 1.38÷0.06=□

13.8÷0.06=□

138÷0.06=□

4 1311÷57과 몫이 같은 나눗셈을 모두 찾아 기호를 써 보세요.

㉠ 13.11÷5.7	㉡ 131.1÷0.57
㉢ 131.1÷5.7	㉣ 13.11÷0.57

( )

5 나눗셈의 몫을 일의 자리까지 구하여 □ 안에 쓰고 남는 수를 ◯ 안에 써넣으세요.

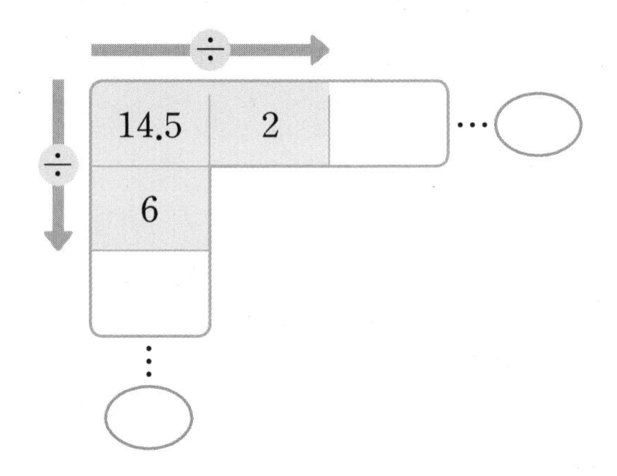

6 미영이네 과수원의 사과 수확량은 408.4 kg입니다. 한 상자에 5 kg씩 담아서 판다면 모두 몇 상자를 팔 수 있을지 어림해 보고 계산해 보세요.

어림한 값 ....

계산한 값 ....

7 몫이 가장 작은 것을 찾아 기호를 써 보세요.

㉠ 39.2÷4.9
㉡ 162.5÷32.5
㉢ 83.93÷11.99

( )

8 넓이가 9.52 cm^2인 직사각형이 있습니다. 세로가 2.8 cm일 때 가로는 몇 cm일까요?

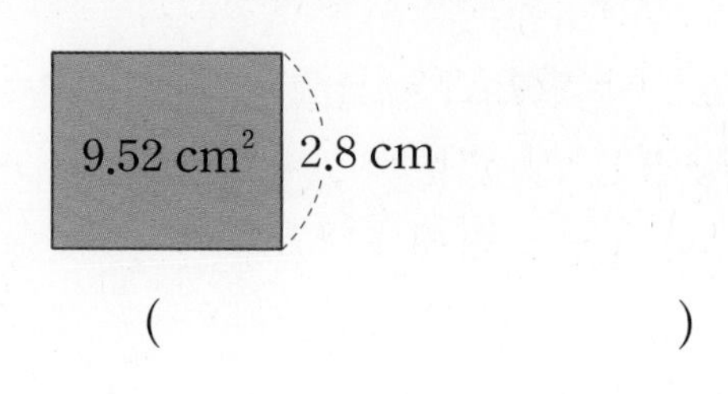

(　　　　　　　　)

9 사과 46.52 kg을 한 사람당 9 kg씩 나누어 줄 때 나누어 줄 수 있는 사람 수와 남는 사과는 몇 kg인지 구해 보세요.

나누어 줄 수 있는 사람 수 (　　　　　　　　)

남는 사과 (　　　　　　　　)

10 산도는 산성이나 알칼리성의 정도를 나타내는 수치입니다. 우영이의 입 안의 산도가 7.08이었는데 사이다를 마셨더니 5.9로 낮아졌습니다. 우영이의 처음 입 안의 산도는 사이다를 마셨을 때보다 몇 배 높았을까요?

(　　　　　　　　)

11 어떤 수를 3.5로 나누어야 할 것을 잘못하여 곱하였더니 24.5가 되었습니다. 바르게 계산한 값을 구해 보세요.

(　　　　　　　　)

12 나눗셈의 몫을 반올림하여 소수 첫째 자리까지 나타낸 몫과 소수 둘째 자리까지 나타낸 몫의 차는 얼마일까요? (　　　　)

$75.32 \div 4.7$

① 0.01　② 0.02　③ 0.03
④ 0.1　⑤ 0.2

13 $33.5 \div 2.7$의 몫을 구했을 때 몫의 소수 14째 자리 숫자를 구해 보세요.

(　　　　　　　　)

14 2 t까지 실을 수 있는 트럭에 12.5 kg짜리 벽돌을 실으려고 합니다. 벽돌을 몇 개까지 실을 수 있을까요?

(　　　　　　　　)

15 무궁화호 열차가 3시간 15분 동안 416 km를 달렸습니다. 이 열차는 한 시간 동안 몇 km씩 달린 셈일까요?

(　　　　　　　　)

16 승아와 영주는 같은 시각에 같은 등산로의 서로 반대 방향에서 출발하였습니다. 승아는 2시간 15분 동안 4.725 km를 가고 영주는 1시간 30분 동안 3.9 km를 간다고 할 때 한 시간 뒤에 두 사람은 어디에서 만날까요? (단, 두 사람의 빠르기는 각각 일정합니다.)

1.1 km, 1 km, 0.4 km, 1.3 km, 0.9 km
승아, 희망봉, 여우봉, 최고봉, 팔각정, 영주

( )

17 길이가 35.7 m인 색 테이프를 11 m씩 자르려고 합니다. 자른 색 테이프는 몇 개이고 남는 색 테이프는 몇 m인지 차례로 써 보세요.

( ), ( )

18 서울역에서 부산역까지의 거리는 441.2 km입니다. 서울역에서 출발하는 기차는 2시간 45분 후에 부산역에 도착할 예정입니다. 이 기차가 일정한 빠르기로 달린다면 한 시간 동안 몇 km씩 가야 하는지 반올림하여 소수 첫째 자리까지 나타내어 보세요.

( )

19 13.5÷2.7의 몫을 서로 다른 2가지 방법으로 구해 보세요.

방법 1

방법 2

20 수 카드 2, 4, 6을 한 번씩 사용하여 몫이 가장 크게 되는 나눗셈식을 만들려고 합니다. 나눗셈식을 완성하는 풀이 과정을 쓰고 몫을 구해 보세요.

0.□) □□

풀이

답

단원 평가 Level 2

점수

확인

1 보기 와 같이 계산해 보세요.

보기

$$4.62 \div 3.3 = \frac{46.2}{10} \div \frac{33}{10}$$
$$= 46.2 \div 33 = 1.4$$

$10.35 \div 4.5$

2 관계있는 것끼리 이어 보세요.

$4.8 \div 0.8$ •	• 5
$9.1 \div 1.3$ •	• 6
$23.5 \div 4.7$ •	• 7

3 □ 안에 알맞은 수를 써넣으세요.

$456 \div 8 = 57$

$456 \div 0.8 = $ □

$456 \div 0.08 = $ □

4 가장 큰 수를 가장 작은 수로 나눈 몫을 구해 보세요.

8.68　2.17　6.51

(　　　　　　)

5 계산 결과를 비교하여 ○ 안에 >, =, <를 알맞게 써넣으세요.

$42 \div 2.8$ ○ $63 \div 3.5$

6 나눗셈의 몫을 반올림하여 소수 첫째 자리까지 나타내어 보세요.

$9.26 \div 3.14$

(　　　　　　)

7 계산 결과가 다른 하나는 어느 것일까요?

(　　　)

① $35 \div 1.4$　② $3.5 \div 0.14$

③ $350 \div 14$　④ $0.35 \div 0.014$

⑤ $3.5 \div 0.014$

8 빈칸에 알맞은 수를 써넣으세요.

(→ ÷, ↓ ÷)

6.84	1.52	
3.8		

2

9 □ 안에 들어갈 수 있는 자연수를 모두 구해 보세요.

$16.45 \div 3.5 > \square$

( )

10 집에서 학교까지의 거리는 집에서 서점까지의 거리의 몇 배일까요?

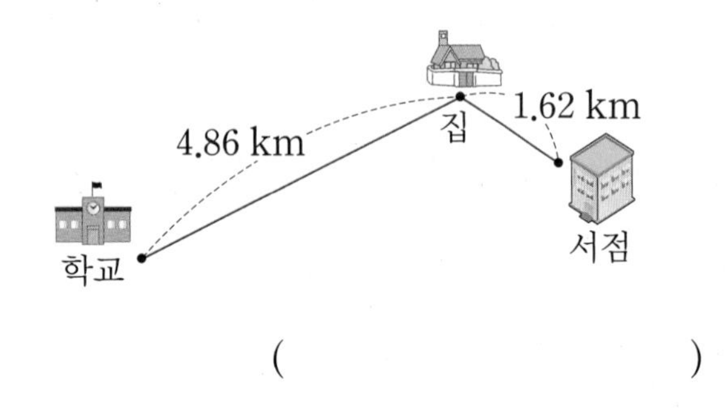

( )

11 계산 결과가 작은 것부터 차례로 기호를 써 보세요.

㉠ $21.7 \div 0.7$ ㉡ $32 \div 1.6$
㉢ $45.6 \div 2.4$ ㉣ $66.75 \div 2.67$

( )

12 어떤 수를 3.8로 나누어야 할 것을 잘못하여 곱하였더니 34.656이 되었습니다. 바르게 계산했을 때의 몫을 구해 보세요.

( )

13 고구마 174 kg을 한 상자에 14.5 kg씩 나누어 담으면 몇 상자가 될까요?

( )

14 다음 나눗셈의 몫을 구할 때 몫의 소수 12째 자리 숫자를 구해 보세요.

$9.4 \div 2.2$

( )

15 64.9 L 들이의 빈 수조에 물을 가득 채우려면 들이가 2 L인 그릇에 물을 가득 채워 적어도 몇 번 부어야 할까요?

( )

16 굵기가 일정한 나무 막대 9 m 45 cm의 무게가 38.62 kg이라고 합니다. 나무 막대 1 m의 무게는 몇 kg인지 반올림하여 소수 둘째 자리까지 나타내어 보세요.

( )

17 한 대각선의 길이가 7.2 cm인 마름모의 넓이가 42.48 cm^2입니다. 이 마름모의 다른 대각선의 길이는 몇 cm일까요?

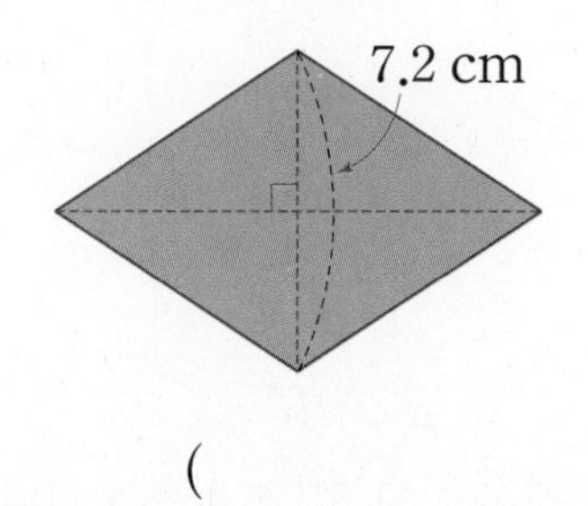

( )

18 수 카드 8, 5, 9, 2, 6을 모두 한 번씩만 사용하여 다음 나눗셈식을 만들려고 합니다. 만들 수 있는 나눗셈식 중에서 몫이 가장 클 때의 몫을 구해 보세요.

□.□□÷□.□

( )

19 길이가 40 m인 다리 양쪽에 1.25 m 간격으로 처음부터 끝까지 깃발을 꽂으려고 합니다. 필요한 깃발은 모두 몇 개인지 풀이 과정을 쓰고 답을 구해 보세요. (단, 깃발의 두께는 생각하지 않습니다.)

풀이

답

20 휘발유 1.5 L로 18.45 km를 갈 수 있는 자동차가 있습니다. 휘발유 1 L의 값이 2050원이라면 이 자동차가 86.1 km를 가는 데 필요한 휘발유의 값은 모두 얼마인지 풀이 과정을 쓰고 답을 구해 보세요.

풀이

답

서술형 문제

1 쌓기나무로 쌓은 모양과 위에서 본 모양입니다. 똑같은 모양으로 쌓는 데 필요한 쌓기나무는 몇 개인지 풀이 과정을 쓰고 답을 구해 보세요.

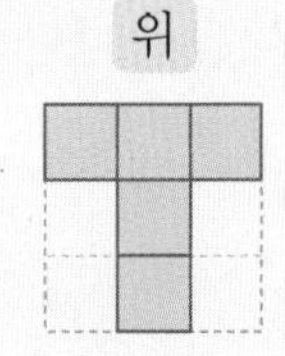

풀이 예 쌓기나무로 쌓은 모양과 위에서 본 모양이 같으므로 뒤에 숨겨진 쌓기나무가 없습니다.
따라서 똑같이 쌓는 데 필요한 쌓기나무는
$2+2+2+2+1=9$(개)입니다.

답 9개

1⁺ 쌓기나무로 쌓은 모양과 위에서 본 모양입니다. 똑같은 모양으로 쌓는 데 필요한 쌓기나무는 몇 개인지 풀이 과정을 쓰고 답을 구해 보세요.

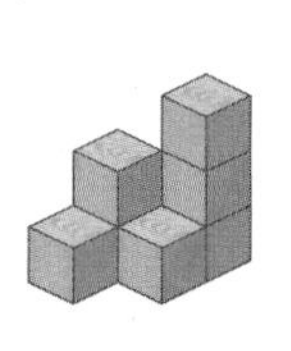

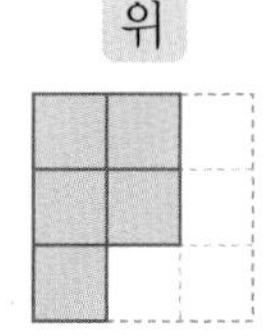

풀이

답

2 왼쪽의 정육면체 모양에서 쌓기나무 몇 개를 빼었더니 오른쪽과 같은 모양이 되었습니다. 빼낸 쌓기나무는 몇 개인지 풀이 과정을 쓰고 답을 구해 보세요.

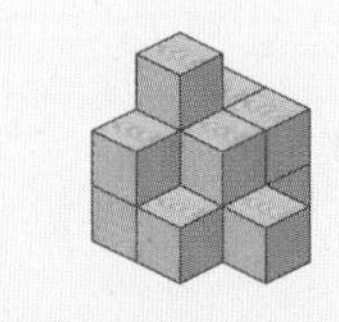

풀이 예 정육면체에 사용된 쌓기나무는 27개이고, 오른쪽 모양에 사용된 쌓기나무는 1층에 7개, 2층에 5개, 3층에 1개이므로 모두
$7+5+1=13$(개)입니다.
따라서 빼낸 쌓기나무는 $27-13=14$(개)입니다.

답 14개

2⁺ 왼쪽의 직육면체 모양에서 쌓기나무 몇 개를 빼었더니 오른쪽과 같은 모양이 되었습니다. 빼낸 쌓기나무는 몇 개인지 풀이 과정을 쓰고 답을 구해 보세요.

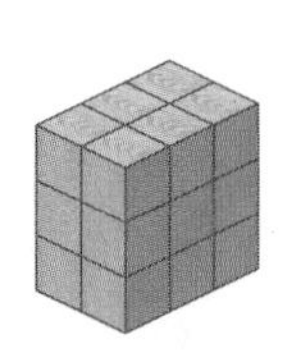

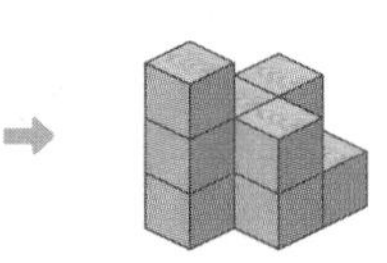

풀이

답

3 똑같은 모양으로 쌓는 데 필요한 쌓기나무는 모두 몇 개인지 알아보는 2가지 방법을 쓰고 답을 구해 보세요.

위

방법 1

방법 2

답

▶ 각 자리별 쌓은 쌓기나무의 개수의 합과 각 층에 쌓은 쌓기나무의 개수의 합을 구해 봅니다.

4 쌓기나무로 쌓은 모양과 위에서 본 모양이 오른쪽과 같을 때 쌓기나무의 개수가 더 많은 것을 찾아 기호를 써 보세요.

가 나

풀이

답

▶ 각 층에 쌓은 쌓기나무의 개수의 합을 구해 비교합니다.

5 민유는 쌓기나무를 13개 가지고 있습니다. 오른쪽과 똑같이 만들고 남은 쌓기나무는 몇 개인지 구하려고 합니다. 풀이 과정을 쓰고 답을 구해 보세요.

위에서 본 모양

풀이

답

▶ 쌓기나무로 쌓은 모양과 위에서 본 모양이 같으므로 뒤에 숨겨진 쌓기나무가 없습니다.

6 쌓기나무로 쌓은 모양을 보고 위에서 본 모양에 수를 쓴 것입니다. 2층에 쌓은 쌓기나무는 3층에 쌓은 쌓기나무보다 몇 개 더 많은지 풀이 과정을 쓰고 답을 구해 보세요.

위

2	3	2	3
1	3	2	
3			
3			

▶ 2층에 쌓은 쌓기나무는 각 자리에 쓴 수가 2 이상인 곳입니다.

풀이

답

7 쌓기나무로 쌓은 모양을 앞에서 보았을 때 보이는 쌓기나무의 개수를 구하려고 합니다. 풀이 과정을 쓰고 답을 구해 보세요.

앞

▶ 앞에서 본 모양은 각 줄의 가장 높은 층의 모양입니다.

풀이

답

8 쌓기나무로 쌓은 모양을 위, 앞, 옆에서 본 모양입니다. 똑같은 모양으로 쌓는 데 필요한 쌓기나무는 몇 개인지 풀이 과정을 쓰고 답을 구해 보세요.

위 앞 옆

▶ 위에서 본 모양의 각 자리별로 가장 큰 수를 기준으로 알아봅니다.

풀이

답

9 쌓기나무로 쌓은 모양을 위, 앞, 옆에서 본 모양이 모두 오른쪽과 같은 쌓기나무 모양을 만들려고 합니다. 필요한 쌓기나무는 모두 몇 개인지 풀이 과정을 쓰고 답을 구해 보세요.

▶ 위에서 본 모양의 각 자리에 쌓은 쌓기나무의 수를 써 봅니다.

풀이

답

10 에 쌓기나무 1개를 붙여서 만들 수 있는 모양은 모두 몇 가지인지 풀이 과정을 쓰고 답을 구해 보세요.

▶ 돌리거나 뒤집었을 때 같은 모양은 1가지로 생각합니다.

풀이

답

11 쌓기나무로 쌓은 모양과 이를 위에서 본 모양입니다. 똑같은 모양으로 쌓는 데 필요한 쌓기나무가 가장 많은 경우의 쌓기나무는 몇 개인지 풀이 과정을 쓰고 답을 구해 보세요.

위에서 본 모양

▶ 보이지 않는 뒤쪽 부분에 있을 수 있는 쌓기나무의 개수를 생각합니다.

예 1 2 1 1 — 2층 뒤에 보이지 않는 1층 쌓기나무

풀이

답

단원 평가 Level 1

점수

확인

1 쌓기나무를 왼쪽과 같은 모양으로 쌓았습니다. 돌렸을 때 왼쪽 그림과 같은 모양을 만들 수 없는 경우를 찾아 기호를 써 보세요.

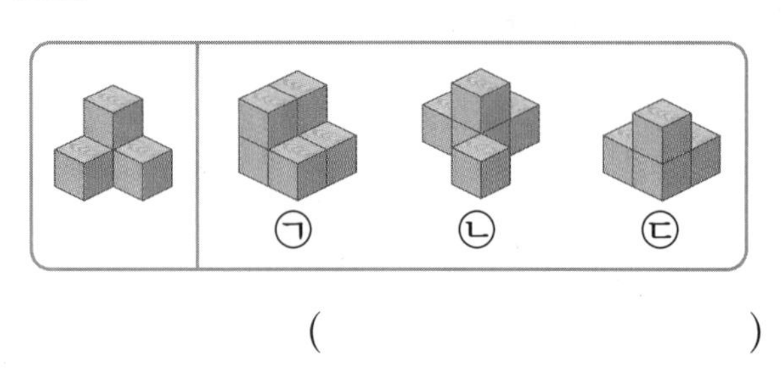

( )

2 쌓기나무 7개로 만든 모양입니다. ( ) 안에 앞에서 본 모양은 '앞', 옆에서 본 모양은 '옆'이라고 써넣으세요.

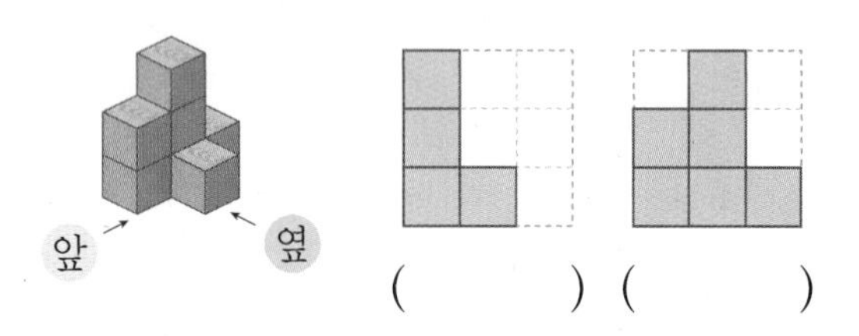

( ) ( )

[3~4] 쌓기나무로 쌓은 모양을 보고 위에서 본 모양에 수를 써넣으세요.

3

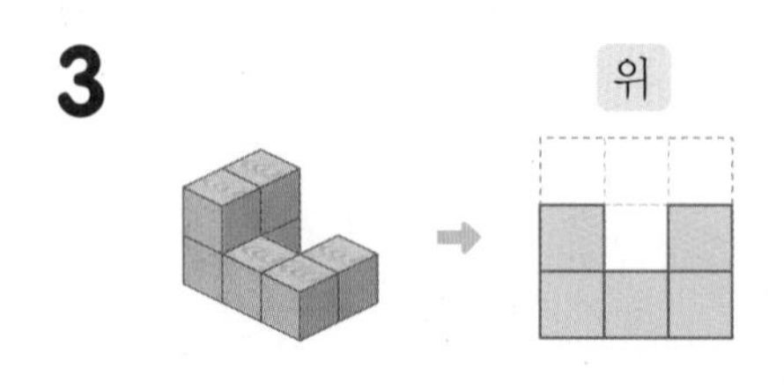

4

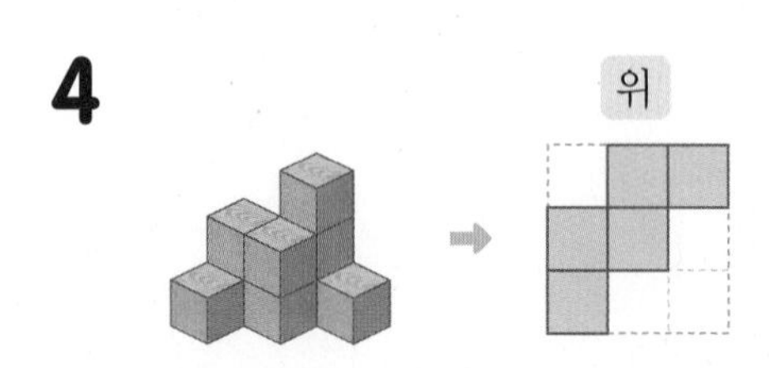

[5~6] 쌓기나무로 쌓은 모양과 1층 모양을 보고 물음에 답하세요.

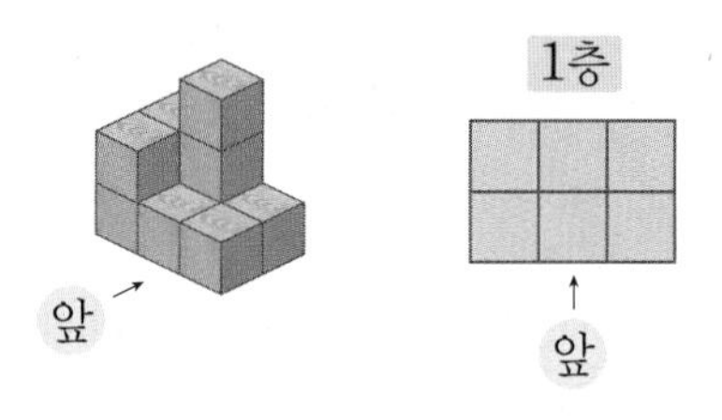

5 2층과 3층 모양을 각각 그려 보세요.

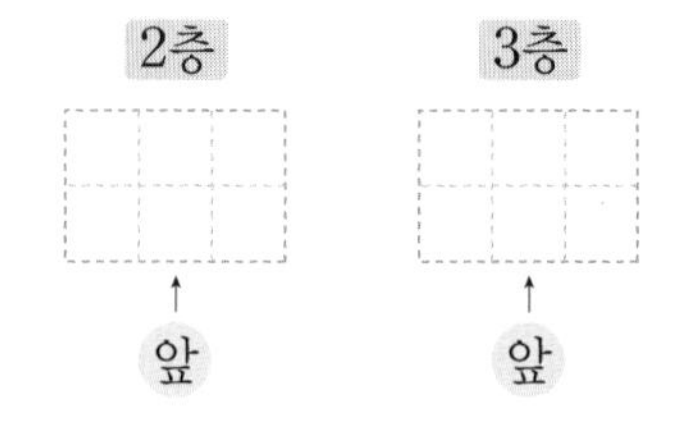

6 똑같은 모양으로 쌓는 데 필요한 쌓기나무의 개수를 구해 보세요.

( )

[7~8] 쌓기나무로 쌓은 모양과 위에서 본 모양을 보고 똑같은 모양으로 쌓는 데 필요한 쌓기나무의 개수를 구해 보세요.

7

위

( )

8

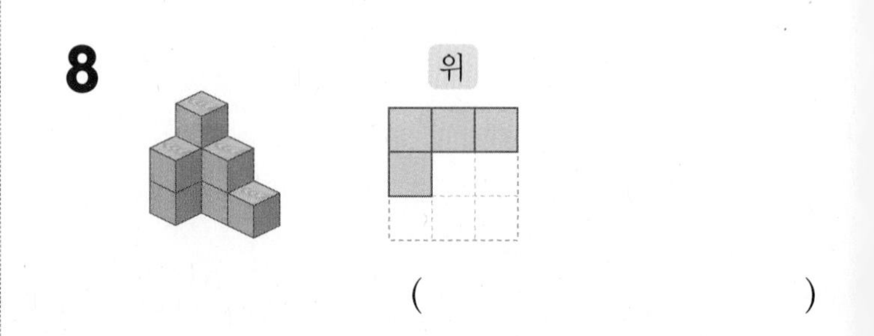

( )

9 쌓기나무 4개로 쌓은 모양입니다. 서로 같은 모양끼리 찾아 기호를 써 보세요.

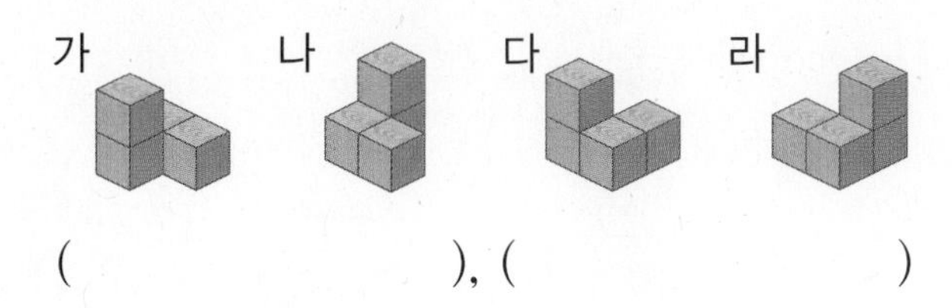

(　　　　　　), (　　　　　　)

[10~12] 쌓기나무로 쌓은 모양을 위, 앞, 옆에서 본 모양입니다. 물음에 답하세요.

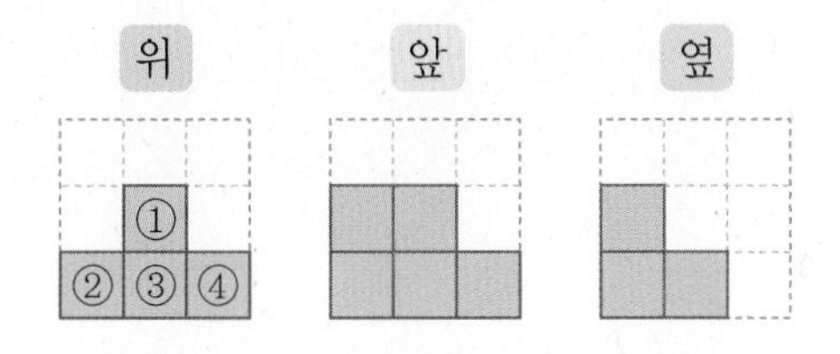

10 표의 빈칸에 각 자리에 쌓은 쌓기나무의 개수를 써넣으세요.

①	②	③	④

11 똑같은 모양으로 쌓는 데 필요한 쌓기나무는 몇 개일까요?

(　　　　　　)

12 가와 나 중 가능한 모양을 찾아 기호를 써 보세요.

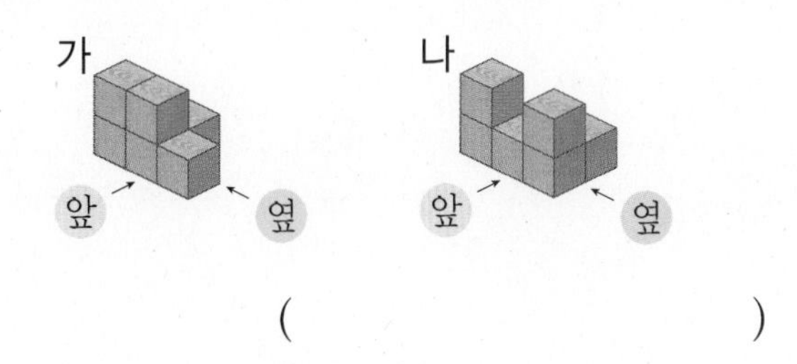

(　　　　　　)

13 쌓기나무로 쌓은 모양을 보고 위에서 본 모양에 수를 썼습니다. 관계있는 것끼리 이어 보세요.

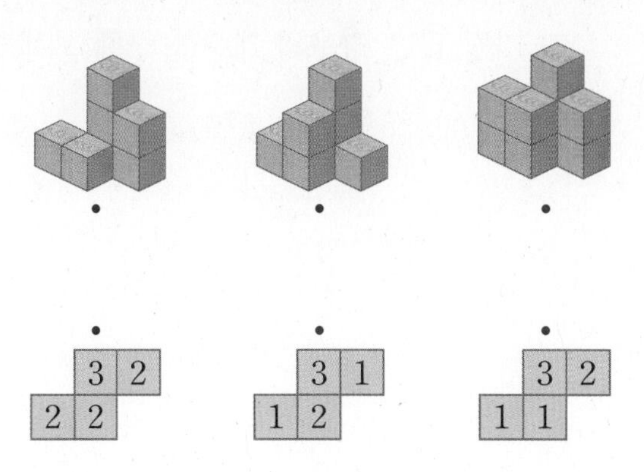

14 쌓기나무로 쌓은 모양과 위에서 본 모양입니다. 앞과 옆에서 본 모양을 각각 그려 보세요.

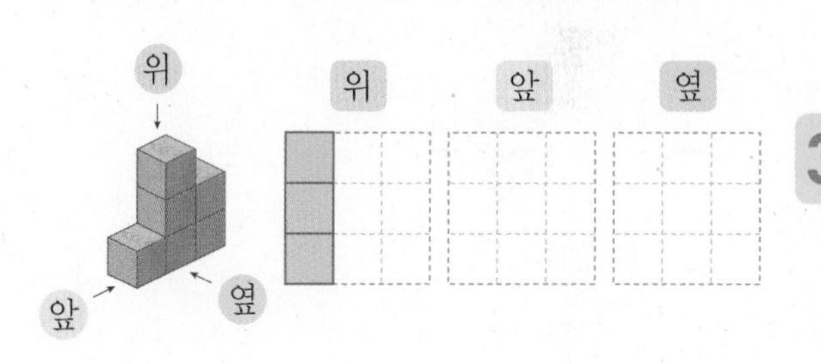

15 왼쪽의 정육면체 모양에서 쌓기나무를 몇 개 빼었더니 오른쪽과 같은 모양이 되었습니다. 빼낸 쌓기나무는 몇 개일까요?

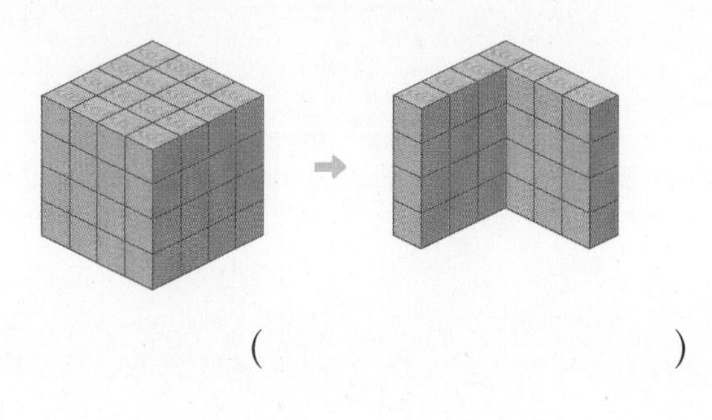

(　　　　　　)

16 쌓기나무로 쌓은 모양에서 뒤쪽에 보이지 않는 쌓기나무가 있을 수 있습니다. 쌓은 쌓기나무가 가장 많은 경우의 개수를 구해 보세요.

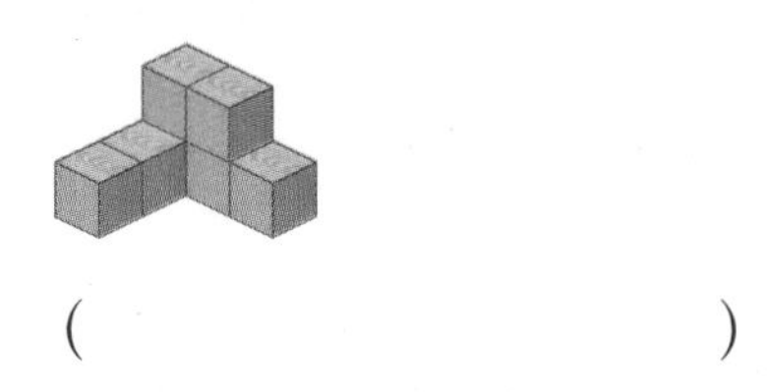

( )

17 쌓기나무로 쌓은 모양을 위, 앞, 옆에서 본 모양입니다. 똑같은 모양으로 쌓는 데 필요한 쌓기나무의 개수를 구해 보세요.

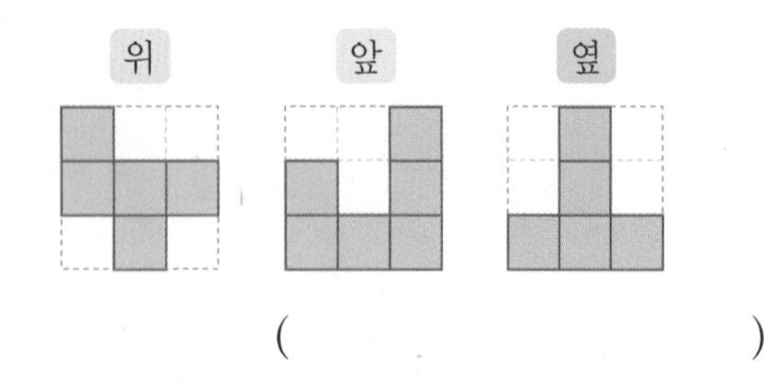

( )

18 쌓기나무를 4개씩 붙여서 만든 모양을 사용하여 다음 모양을 만들었습니다. 어떻게 만들었는지 구분하여 색칠해 보세요.

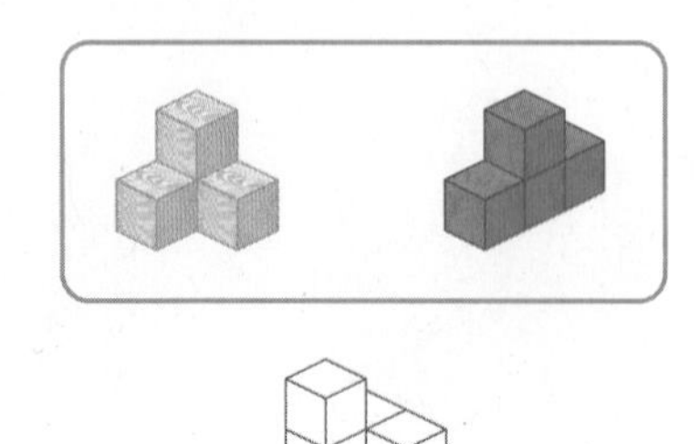

19 앞에서 본 모양이 다른 하나를 찾으려고 합니다. 풀이 과정을 쓰고 답을 구해 보세요.

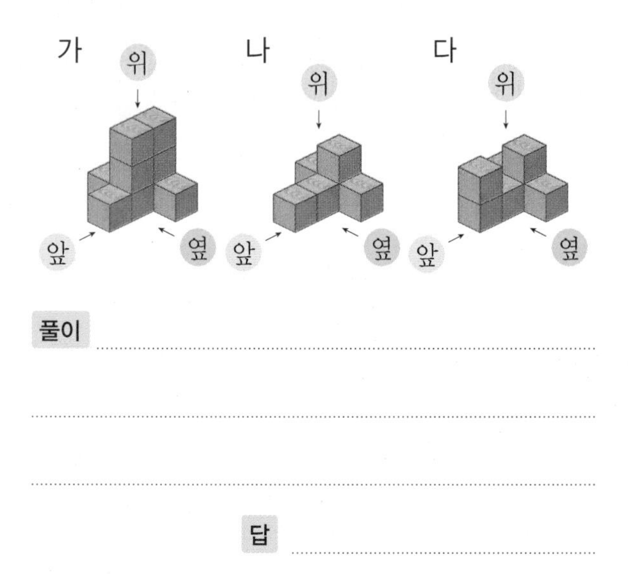

풀이

답

20 민아가 가지고 있는 쌓기나무 10개로 쌓은 모양의 위, 앞, 옆에서 본 모양이 다음과 같습니다. 쌓고 남은 쌓기나무는 몇 개인지 풀이 과정을 쓰고 답을 구해 보세요.

위 앞 옆

풀이

답

단원 평가 Level ❷

점수

확인

1 쌓기나무로 쌓은 모양을 보고 위에서 본 모양을 그렸습니다. 관계있는 것끼리 이어 보세요.

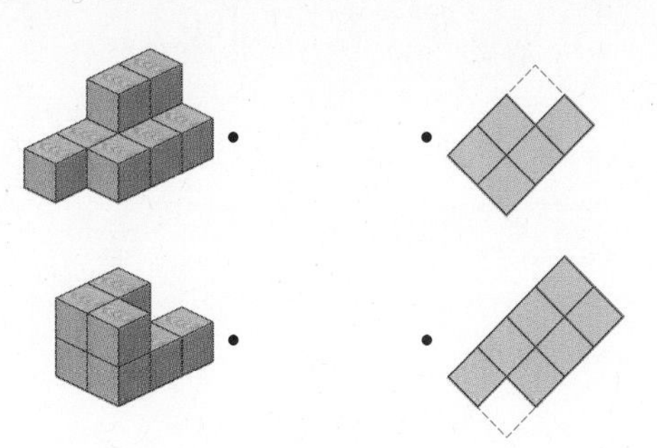

[2~3] 주어진 모양과 똑같이 쌓는 데 필요한 쌓기나무의 개수를 구해 보세요.

2

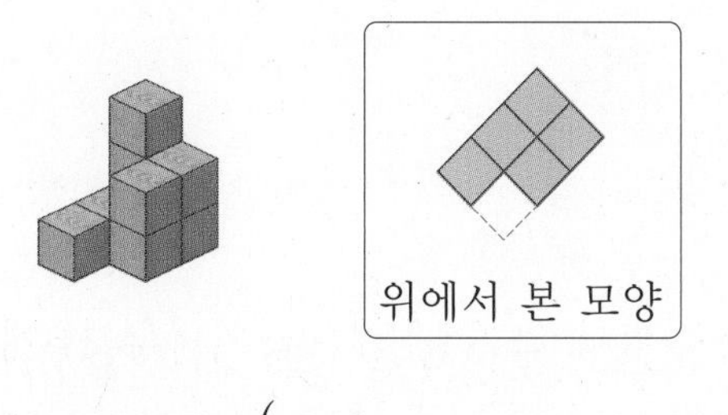

(　　　　　　　　)

3

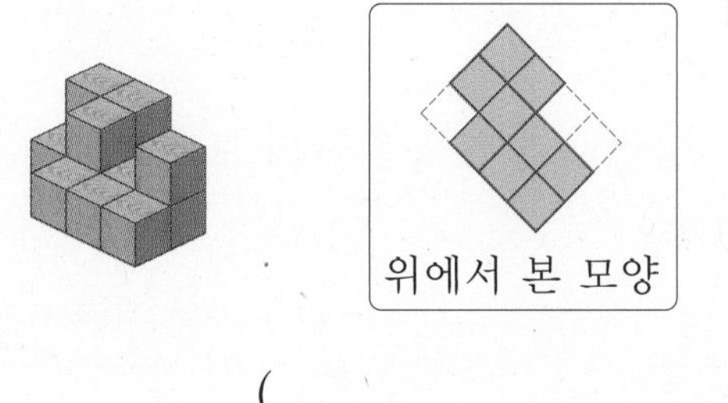

(　　　　　　　　)

4 오른쪽과 같이 쌓기나무 8개로 쌓은 모양을 보고 위, 앞, 옆에서 본 모양을 각각 그려 보세요.

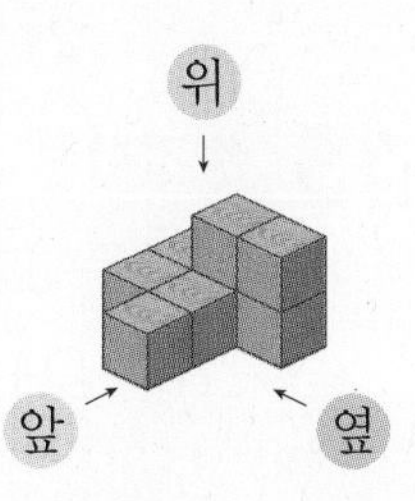

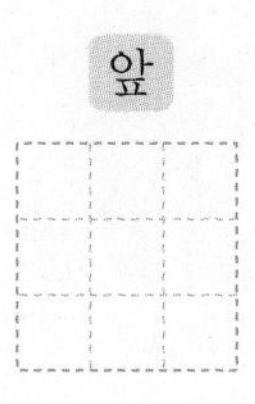

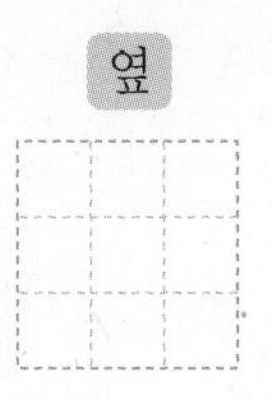

옆

[5~6] 쌓기나무로 쌓은 모양과 이를 위에서 본 모양입니다. 물음에 답하세요.

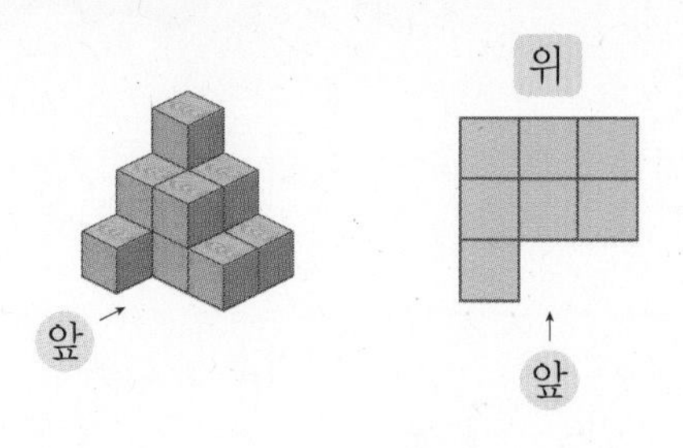

5 쌓기나무로 쌓은 모양을 보고 위에서 본 모양에 수를 써 보세요.

6 똑같은 모양으로 쌓는 데 필요한 쌓기나무는 몇 개일까요?

(　　　　　　　　)

7 쌓기나무로 쌓은 모양과 이를 위에서 본 모양입니다. 옆에서 보았을 때 가능한 모양을 두 가지 그려 보세요.

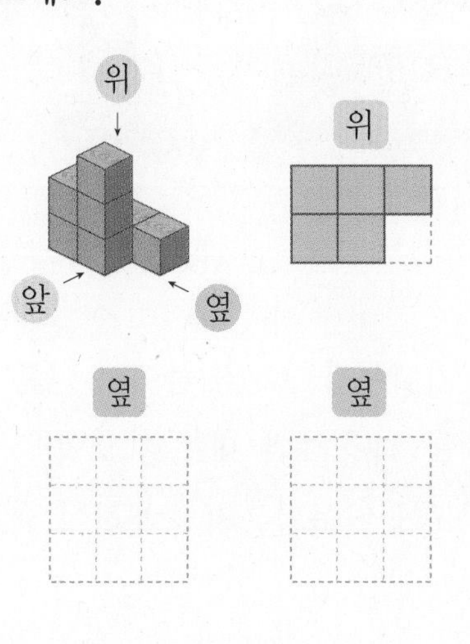

8 모양에 쌓기나무 1개를 더 붙여서 만들 수 있는 모양을 2가지 그려 보세요.

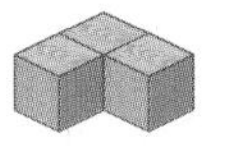
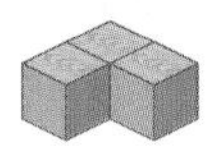

9 쌓기나무로 쌓은 모양과 1층 모양을 보고 2층과 3층 모양을 각각 그려 보세요.

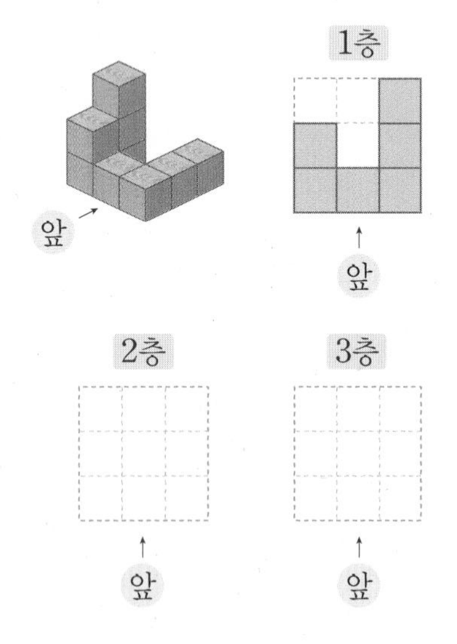

10 쌓기나무를 위, 앞, 옆에서 본 모양입니다. 가능한 모양을 찾아 기호를 써 보세요.

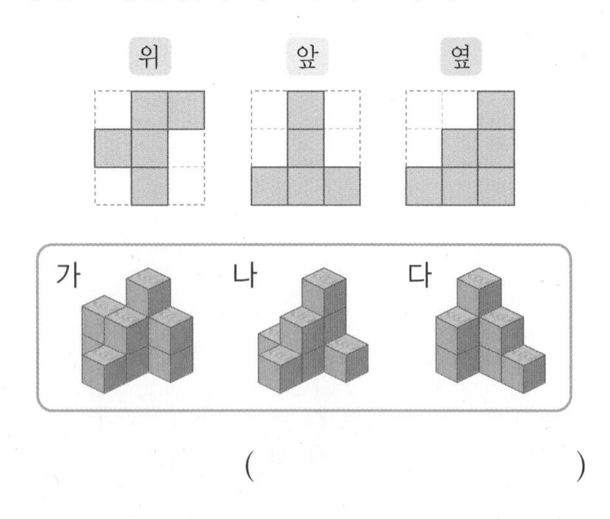

( )

11 쌓기나무를 3개씩 붙여서 만든 똑같은 모양 3개를 사용하여 새로운 모양을 만들었습니다. 어떻게 만들었는지 구분하여 색칠해 보세요.

12 쌓기나무로 쌓은 모양을 보고 위에서 본 모양에 수를 썼습니다. 앞과 옆에서 본 모양을 각각 그려 보세요.

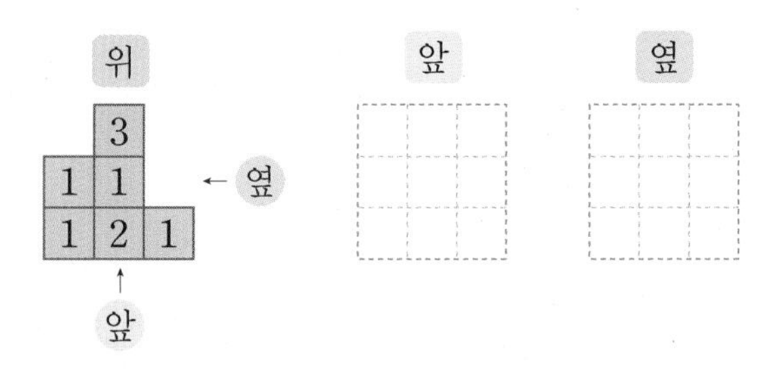

[13~14] 쌓기나무로 쌓은 모양을 층별로 나타낸 모양을 보고 물음에 답하세요.

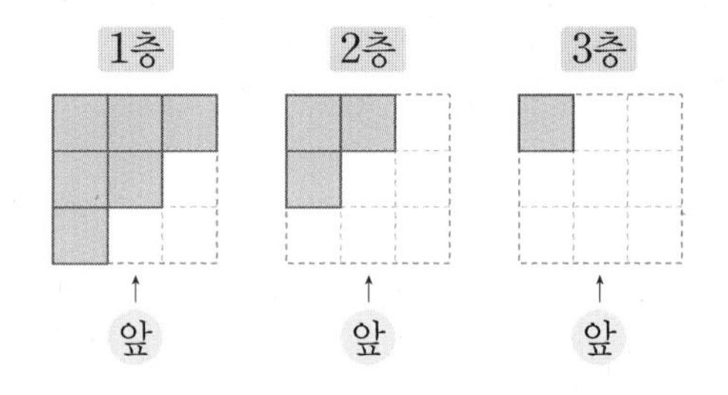

13 똑같은 모양으로 쌓는 데 필요한 쌓기나무는 몇 개일까요?

( )

14 앞에서 본 모양을 그려 보세요.

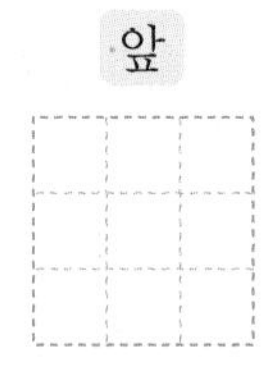

15 쌓기나무 12개로 만든 모양입니다. 색칠한 쌓기나무 3개를 빼내었을 때 앞에서 본 모양을 그려 보세요.

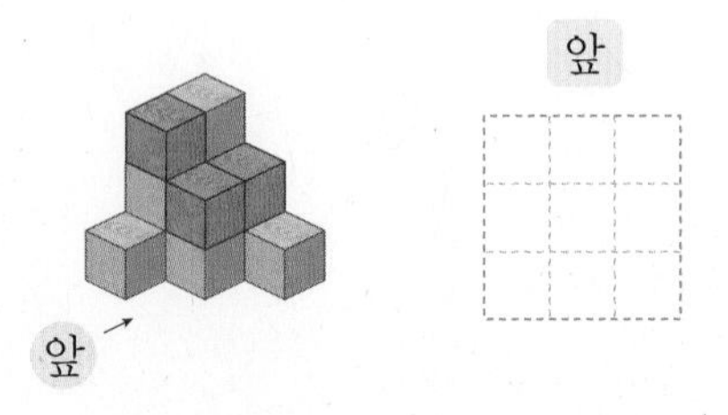

16 위, 앞, 옆에서 본 모양이 다음과 같은 쌓기나무 모양을 만들려고 합니다. 쌓기나무를 최대로 사용할 때 필요한 개수를 구해 보세요.

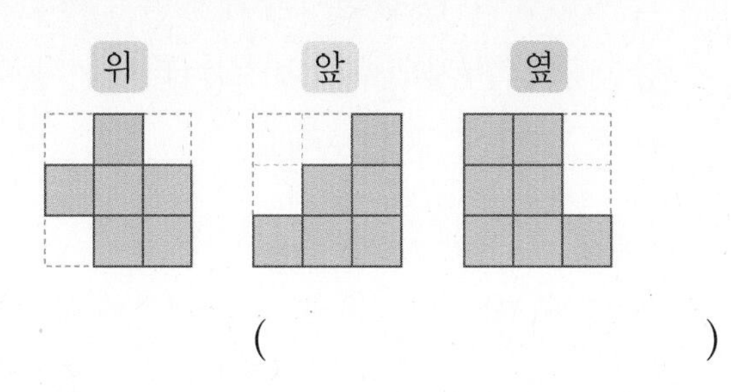

( )

17 쌓기나무를 4개씩 붙여서 만든 두 가지 모양을 사용하여 만들 수 있는 모양을 찾아 기호를 써 보세요.

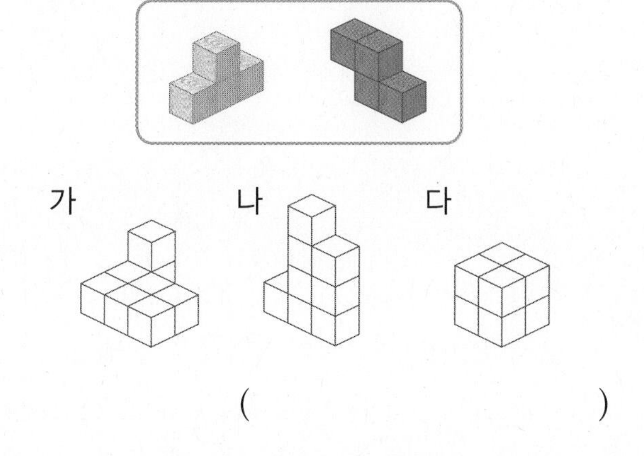

( )

18 쌓기나무로 쌓은 모양을 보고 위에서 본 모양에 수를 쓴 것입니다. 3층에 놓인 쌓기나무가 더 많은 것은 가와 나 중 어느 것일까요?

가

	3	
3	4	4
2	1	3
	3	

나

3	3	3	
	1	4	2
	4	1	

( )

19 그림과 같은 모양에 쌓기나무를 더 쌓아서 가장 작은 정육면체를 만들려고 합니다. 더 필요한 쌓기나무는 몇 개인지 풀이 과정을 쓰고 답을 구해 보세요.

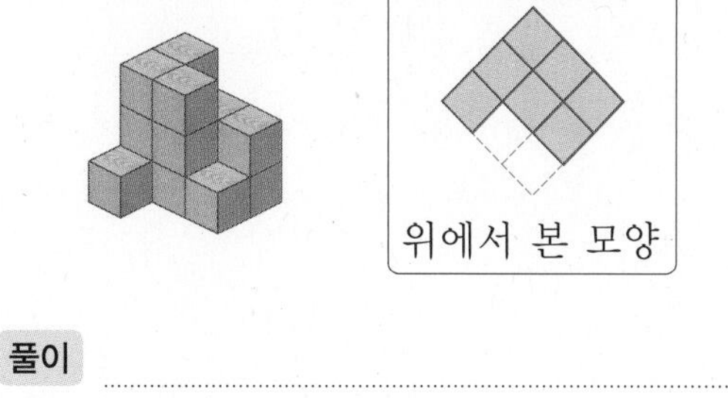

풀이

답

20 한 모서리의 길이가 1 cm인 쌓기나무로 다음 그림과 같이 쌓았습니다. 쌓은 모양의 겉넓이는 몇 cm^2인지 풀이 과정을 쓰고 답을 구해 보세요.

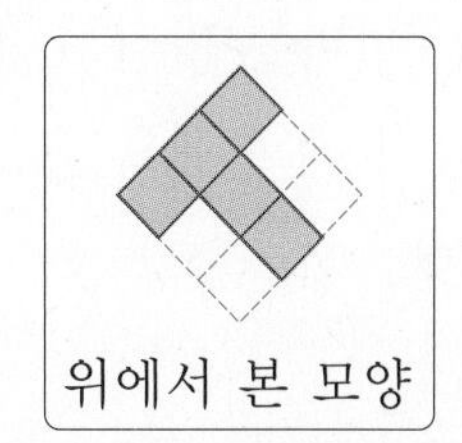

풀이

답

서술형 문제

1 재석이는 우유를 $\frac{3}{4}$ L 마셨고 혜성이는 $\frac{2}{3}$ L를 마셨습니다. 재석이와 혜성이가 마신 우유의 양을 간단한 자연수의 비로 나타내는 풀이 과정을 쓰고 답을 구해 보세요.

풀이 예 재석이와 혜성이가 마신 우유의 양을 비로 나타내면 $\frac{3}{4} : \frac{2}{3}$입니다.

따라서 전항과 후항에 분모의 공배수인 12를 곱하여 $9 : 8$로 나타낼 수 있습니다.

답 예 $9 : 8$

1+ 송연이는 주스를 0.5 L 마셨고 수민이는 0.7 L를 마셨습니다. 송연이와 수민이가 마신 주스의 양을 간단한 자연수의 비로 나타내는 풀이 과정을 쓰고 답을 구해 보세요.

풀이

답

2 지영이와 은미는 각각 24만 원, 21만 원을 투자하여 60만 원의 이익금을 얻었습니다. 투자한 금액의 비로 이익금을 나누어 가지려면 은미는 얼마를 가질 수 있는지 풀이 과정을 쓰고 답을 구해 보세요.

풀이 예 $24 : 21 = 8 : 7$이므로

은미가 가질 수 있는 금액은

$60만 \times \frac{7}{8+7} = 60만 \times \frac{7}{15} = 28만$ (원)

입니다.

답 28만 원

2+ 혜민이와 서윤이는 각각 18만 원, 45만 원을 투자하여 84만 원의 이익금을 얻었습니다. 투자한 금액의 비로 이익금을 나누어 가지려면 서윤이는 얼마를 가질 수 있는지 풀이 과정을 쓰고 답을 구해 보세요.

풀이

답

3 비율이 같은 두 비를 찾아 비례식으로 나타내려고 합니다. 풀이 과정을 쓰고 답을 구해 보세요.

2 : 3   3 : 4   8 : 12   9 : 15

풀이

답

▶ 각각의 비율을 구한 뒤 비율이 같은 비를 찾아봅니다.

4 비례식에서 ㉠과 ㉡의 곱이 75일 때 □ 안에 알맞은 수를 구하려고 합니다. 풀이 과정을 쓰고 답을 구해 보세요.

㉠ : 5 = □ : ㉡

풀이

답

▶ 비례식에서 외항의 곱과 내항의 곱은 같습니다.

5 스케치북의 가로와 세로의 비는 4 : 7입니다. 세로가 35 cm일 때, 가로는 몇 cm인지 풀이 과정을 쓰고 답을 구해 보세요.

풀이

답

▶ 가로를 □cm라 하고 비례식을 세워 봅니다.

6 어느 날 낮과 밤의 길이의 비가 $5:3$이라면 밤은 몇 시간인지 풀이 과정을 쓰고 답을 구해 보세요.

▶ 하루는 24시간입니다.

풀이

답

7 민아가 자전거를 타고 15분 동안 2 km를 달렸습니다. 민아가 자전거를 타고 같은 빠르기로 1시간 15분 동안 쉬지 않고 달린다면 몇 km를 달리는지 풀이 과정을 쓰고 답을 구해 보세요.

▶ 1시간 15분 = 75분입니다.

풀이

답

8 비례식에서 외항의 곱이 48일 때 ㉠+㉡은 얼마인지 풀이 과정을 쓰고 답을 구해 보세요.

▶ 비례식에서 외항의 곱과 내항의 곱은 같습니다.

8 : ㉠ = 4 : ㉡

풀이

답

9 어떤 비를 간단한 자연수의 비로 나타내었더니 4 : 3이 되었습니다. 어떤 비의 전항과 후항의 합이 84일 때 어떤 비를 구하려고 합니다. 풀이 과정을 쓰고 답을 구해 보세요.

풀이

답

▶ 비의 전항과 후항에 0이 아닌 같은 수를 곱하여도 비율은 같습니다.

10 예경이네 반 학생의 25 %는 수학을 좋아합니다. 수학을 좋아하는 학생이 9명일 때 예경이네 반 전체 학생은 몇 명인지 풀이 과정을 쓰고 답을 구해 보세요.

풀이

답

▶ 25 %는 기준량이 100이므로 비율은 $\frac{25}{100}$입니다.

11 우민이는 한 달 용돈 24000원을 학용품과 간식을 사는 데 모두 사용했습니다. 학용품과 간식을 사는 데 사용한 금액의 비가 3 : 5일 때 간식을 사는 데 사용한 금액은 학용품을 사는 데 사용한 금액보다 얼마 더 많은지 풀이 과정을 쓰고 답을 구해 보세요.

풀이

답

▶ 전체 $3+5=8$ 중 학용품을 사는 데 3을, 간식을 사는 데 5를 사용했습니다.

단원 평가 Level 1

점수

확인

1 비례식에 ○표 하세요.

$2:7=6:20$	$3:5=15:25$
(　　　)	(　　　)

2 비율이 같은 비를 2개씩 써 보세요.

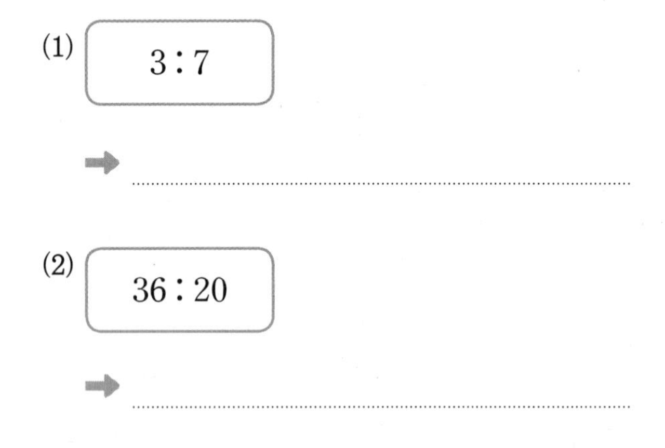

3 비의 성질을 이용하여 □ 안에 알맞은 수를 써넣으세요.

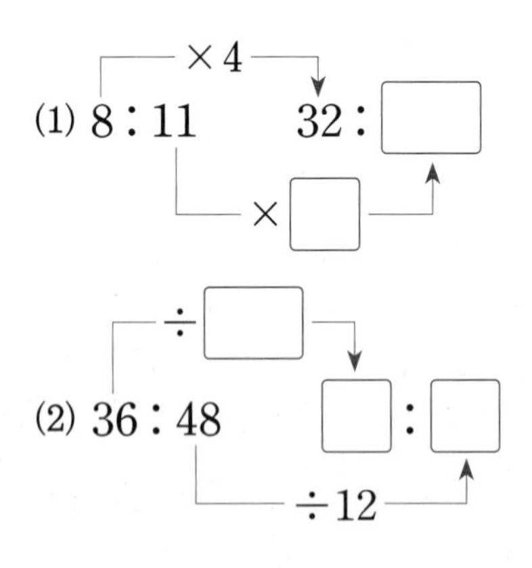

4 비례식에서 외항의 곱이 50일 때 ㉠과 ㉡의 값을 각각 구해 보세요.

㉠ : 25 = ㉡ : 5

㉠ (　　　　　), ㉡ (　　　　　)

5 간단한 자연수의 비로 나타낸 것을 찾아 이어 보세요.

$\frac{5}{6}:\frac{3}{4}$ •	• 15 : 28
1.5 : 2.8 •	• 4 : 3
$2:1\frac{1}{2}$ •	• 10 : 9

6 조건에 맞게 비를 완성해 보세요.

- 전항이 18입니다.
- 9 : 7과 비율이 같습니다.

□ : □

7 같은 일을 하는 데 지영이는 6시간, 준현이는 8시간이 걸렸습니다. 지영이와 준현이가 한 시간 동안 한 일의 양을 간단한 자연수의 비로 나타내어 보세요. (단, 두 사람이 한 시간에 하는 일의 양은 각각 같습니다.)

(지영) : (준현) = □ : □

8 두 변의 길이의 비가 1 : 1.6인 직사각형 모양의 종이로 엽서를 만들었습니다. 세로가 가로보다 더 길 때 가로가 15 cm라면 세로는 몇 cm일까요?

(　　　　　　)

9 소금물 5 L를 증발시켜 소금 135 g을 얻었습니다. 소금 189 g을 얻으려면 소금물 몇 L를 증발시켜야 할까요?

( )

10 지도에서 실제 거리를 줄인 정도를 축척이라고 합니다. 1 : 50000 축척의 지도에서는 1 cm가 실제 50000 cm = 0.5 km를 나타낸다고 합니다. 이 지도에서 4.5 cm로 나타낸 거리의 실제 거리는 몇 km일까요?

( )

11 혜리네 집에서 미술관까지의 거리는 72 km이고 지하철을 타고 간 거리와 버스를 타고 간 거리의 비가 7 : 5입니다. 지하철을 타고 간 거리와 버스를 타고 간 거리는 각각 몇 km일까요?

지하철을 타고 간 거리 ( )
버스를 타고 간 거리 ( )

12 색종이 81장을 성민이와 지유가 4 : 5로 나누어 가지려고 합니다. 색종이를 더 많이 가지는 사람은 누구이고, 몇 장을 가지는지 차례로 써 보세요.

( ), ( )

13 유정이네 반에서는 책 40권을 모둠원의 수에 따라 모으기로 했습니다. 각 모둠은 책을 몇 권씩 모아야 할까요?

모둠	가	나
모둠원(명)	5	3

가 모둠 ( )
나 모둠 ( )

14 둘레가 88 cm인 직사각형이 있습니다. 이 직사각형의 가로와 세로의 비가 6 : 5라면 가로는 몇 cm일까요?

( )

15 선생님께서 색종이 36장을 각 모둠 학생 수에 따라 나누어 주려고 합니다. 혜수네 모둠은 4명, 지아네 모둠은 5명일 때 각 모둠에 색종이를 몇 장씩 나누어 주어야 할까요?

혜수네 모둠 ( )
지아네 모둠 ( )

16 우유 1.5 L를 선우와 재범이가 $1\frac{3}{5}:2.4$로 나누어 마셨습니다. 선우와 재범이가 마신 우유는 각각 몇 mL일까요?

선우 (　　　　　　　　)
재범 (　　　　　　　　)

17 가로와 세로의 비가 $3\frac{1}{3}:2.5$인 직사각형이 있습니다. 이 직사각형의 세로가 12 cm일 때 넓이는 몇 cm^2일까요?

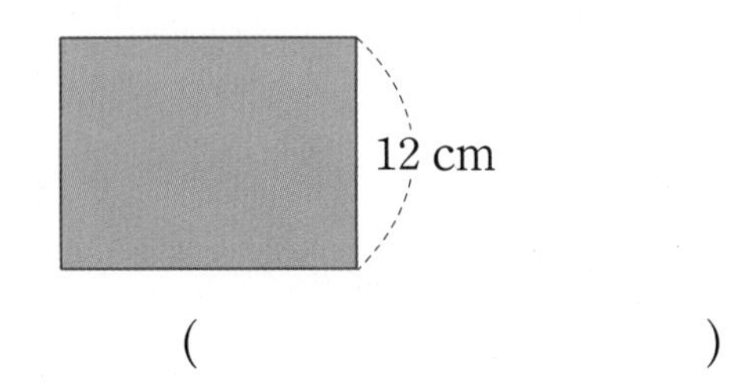

(　　　　　　　　)

18 직사각형 ㉮와 정사각형 ㉯가 그림과 같이 겹쳐져 있습니다. 겹쳐진 부분의 넓이는 ㉮의 $\frac{2}{3}$배이고, ㉯의 $\frac{4}{9}$배입니다. ㉮와 ㉯의 넓이의 비를 간단한 자연수의 비로 나타내어 보세요.

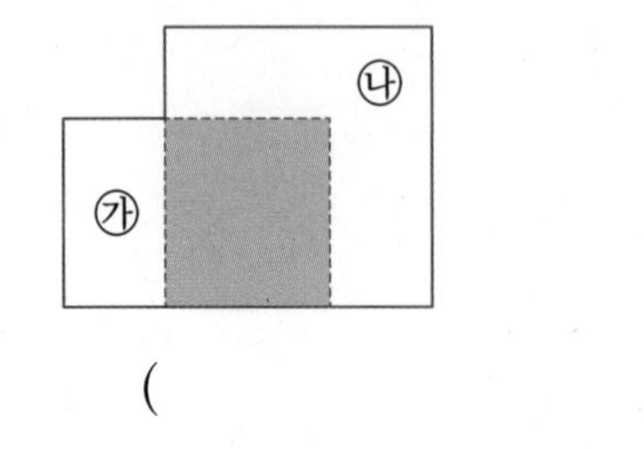

(　　　　　　　　)

19 수 카드 중에서 4장을 골라 비례식을 세우는 방법과 비례식을 써 보세요.

2　5　7　8　18　28

방법

비례식

20 어느 날 낮과 밤의 길이의 비는 $6.5:5\frac{1}{2}$이었습니다. 이 날 낮의 길이는 몇 시간이었는지 풀이 과정을 쓰고 답을 구해 보세요.

풀이

답

단원 평가 Level 2

점수

확인

1 외항이 4와 6이고 내항이 3과 8인 비례식입니다. □ 안에 알맞은 수를 써넣으세요.

$4 : \square = 8 : \square$

2 비의 성질을 이용하여 □ 안에 알맞은 수를 써넣으세요.

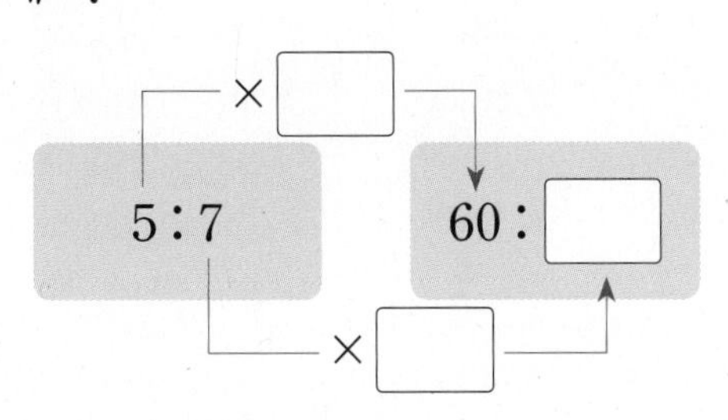

3 간단한 자연수의 비로 나타내려고 합니다. □ 안에 알맞은 수를 써넣으세요.

$$\frac{2}{5} : 3 = \left(\frac{2}{5} \times \square\right) : (3 \times \square)$$
$$= \square : \square$$

4 가장 간단한 자연수의 비로 나타내어 보세요.

3.2 : 16

(　　　　　　　　)

5 비례식이 아닌 것은 어느 것일까요? (　　　)

① $6 : 2 = 3 : 1$　② $10 : 25 = 2 : 5$
③ $3 : 7 = 6 : 14$　④ $5 : 8 = 15 : 16$
⑤ $11 : 12 = \frac{1}{12} : \frac{1}{11}$

6 비례식에서 외항의 합이 20일 때 내항의 차는 얼마일까요?

6 : 7 = ㉠ : ㉡

(　　　　　　　　)

7 직사각형의 가로와 세로의 비를 간단한 자연수의 비로 나타내어 보세요.

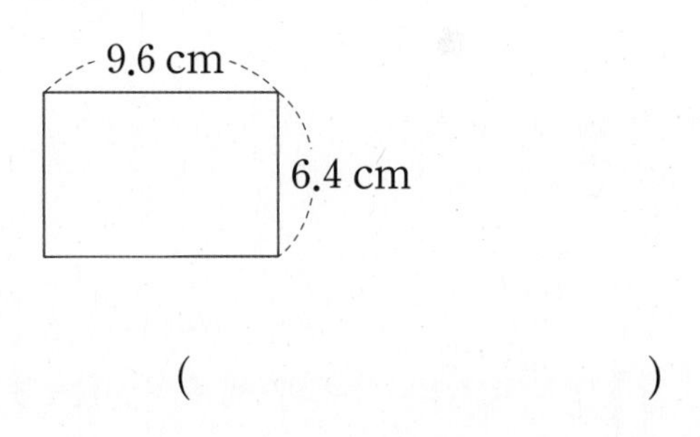

(　　　　　　　　)

8 길이가 42 m인 색 테이프를 6 : 1로 나누어 보세요.

(　　　　　), (　　　　　)

9 비례식에서 □ 안에 알맞은 수의 합을 구해 보세요.

㉠ $5.4 : 3\frac{3}{5} = \square : 2$

㉡ $28 : \square = 4 : 7$

( )

10 비율이 $\frac{5}{8}$이고 외항의 곱이 240인 비례식이 있습니다. □ 안에 알맞은 수를 써넣어 비례식을 완성해 보세요.

$\square : 16 = \square : \square$

11 태극기의 가로와 세로의 비는 3 : 2입니다. 태극기의 가로를 48 cm로 하면 세로는 몇 cm로 해야 할까요?

( )

12 수정이네 반 전체 학생의 40 %가 여학생이라고 합니다. 수정이네 반 여학생이 14명이라면 남학생은 몇 명일까요?

( )

13 6에 어떤 수를 더한 수와 8의 비는 5 : 4와 비율이 같습니다. 어떤 수를 구해 보세요.

( )

14 둘레가 280 cm이고 가로와 세로의 비가 9 : 5인 직사각형이 있습니다. 이 직사각형의 가로와 세로는 각각 몇 cm일까요?

가로 ( )

세로 ( )

15 A와 B 두 사람이 각각 420만 원, 300만 원을 투자하여 얻은 이익금을 투자한 금액의 비로 나누었습니다. A가 이익금으로 49만 원을 받았다면 두 사람이 얻은 총 이익금은 얼마일까요?

( )

16 사다리꼴의 윗변의 길이와 아랫변의 길이의 비는 5 : 6이고, 높이는 윗변의 길이의 3배입니다. 아랫변의 길이가 12 cm일 때 사다리꼴의 넓이는 몇 cm^2일까요?

(　　　　　　　　　)

17 맞물려 돌아가는 두 톱니바퀴 ㉮와 ㉯가 있습니다. 톱니바퀴 ㉮가 42바퀴 도는 동안 톱니바퀴 ㉯는 28바퀴 돕니다. 톱니바퀴 ㉯의 톱니가 24개라면 톱니바퀴 ㉮의 톱니는 몇 개일까요?

(　　　　　　　　　)

18 오른쪽 그림과 같은 물통에 1413 L의 물을 더 부으면 가득 차게 됩니다. 이 물통에 담긴 물의 높이가 1.2 m일 때 물통에 담긴 물의 양은 몇 L일까요?

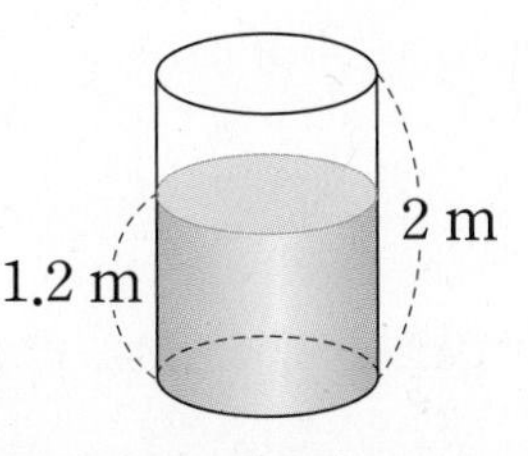

(　　　　　　　　　)

19 유빈이와 지우는 고구마 75 kg을 캤습니다. 유빈이와 지우가 캔 고구마의 무게의 비가 11 : 14일 때 유빈이와 지우가 캔 고구마의 무게의 차는 몇 kg인지 풀이 과정을 쓰고 답을 구해 보세요.

풀이

답

20 동훈이는 누나와 동생에게 구슬을 똑같이 나누어 주어야 할 것을 잘못하여 2 : 5의 비로 나누어 주었더니 누나가 가진 구슬이 20개였습니다. 바르게 나누어 줄 때 누나가 가지게 되는 구슬은 몇 개인지 풀이 과정을 쓰고 답을 구해 보세요.

풀이

답

서술형 문제

1 반원의 둘레는 몇 cm인지 풀이 과정을 쓰고 답을 구해 보세요. (원주율: 3)

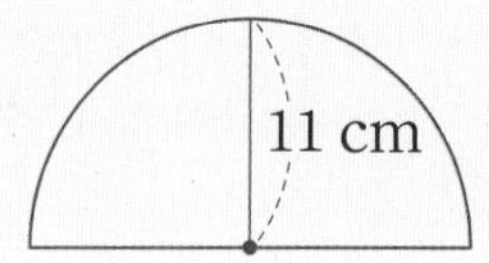

풀이 예 반원의 둘레는 반지름이 11 cm인 원의 원주의 $\frac{1}{2}$과 지름의 합입니다.

따라서 반원의 둘레는

$11 \times 2 \times 3 \times \frac{1}{2} + 11 \times 2 = 55$ (cm)입니다.

답 55 cm

1+ 반원의 둘레는 몇 cm인지 풀이 과정을 쓰고 답을 구해 보세요. (원주율: 3.14)

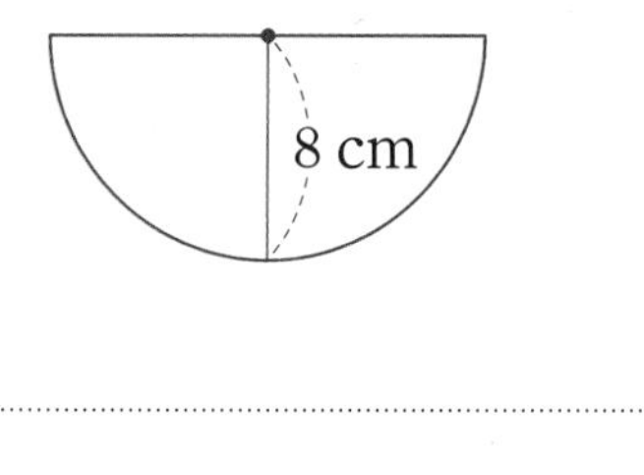

풀이

답

2 원주가 56.52 cm인 원의 넓이는 몇 cm^2인지 풀이 과정을 쓰고 답을 구해 보세요. (원주율: 3.14)

풀이 예 원의 반지름을 □ cm라 하면

$\square \times 2 \times 3.14 = 56.52$에서

$\square = 56.52 \div 3.14 \div 2 = 9$입니다.

따라서 원의 넓이는

$9 \times 9 \times 3.14 = 254.34$ (cm^2)입니다.

답 254.34 cm^2

2+ 원주가 80.6 cm인 원의 넓이는 몇 cm^2인지 풀이 과정을 쓰고 답을 구해 보세요. (원주율: 3.1)

풀이

답

3 원 가, 나의 원주의 합은 몇 cm인지 풀이 과정을 쓰고 답을 구해 보세요. (원주율: 3.1)

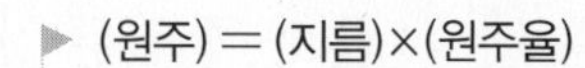

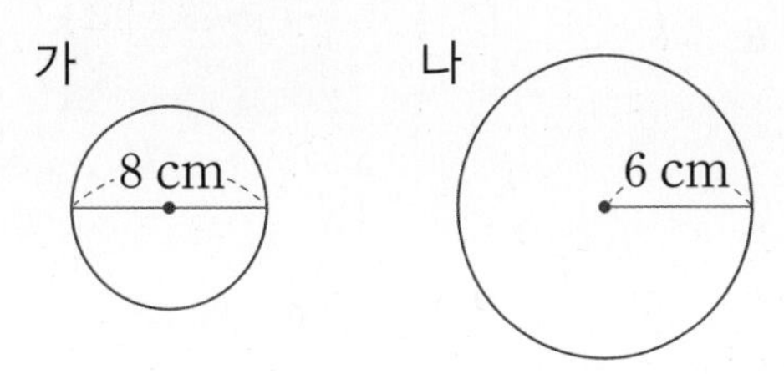

풀이

답

큰 원의 원주는 몇 cm인지 풀이 과정을 쓰고 답을 구해 보세요.

(원주율: 3.1)

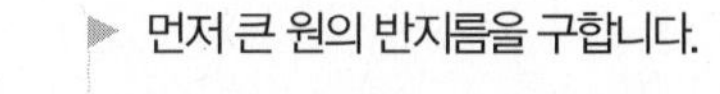

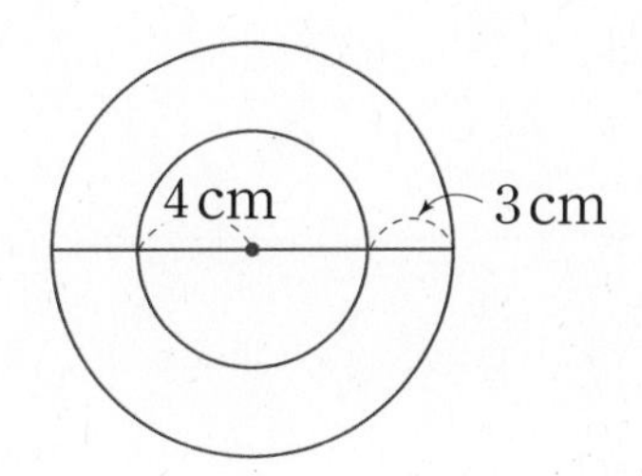

풀이

답

5 장난감 자동차 바퀴를 5바퀴 굴렸더니 움직인 거리가 94.2 cm였습니다. 장난감 자동차 바퀴의 반지름은 몇 cm인지 풀이 과정을 쓰고 답을 구해 보세요. (원주율: 3.14)

▶ 먼저 장난감 자동차 바퀴의 둘레를 구합니다.

풀이

답

6 원 안에 있는 정사각형의 넓이와 원 밖에 있는 정사각형의 넓이를 구하여 원의 넓이를 어림하려고 합니다. 풀이 과정을 쓰고 원의 넓이를 어림해 보세요.

14 cm

풀이

답

▶ (원 안에 있는 정사각형의 넓이)<(원의 넓이)
(원의 넓이)<(원 밖에 있는 정사각형의 넓이)

7 어느 원의 넓이가 더 넓은지 알아보려고 합니다. 풀이 과정을 쓰고 답을 기호로 써 보세요. (원주율: 3)

㉠ 지름이 16 cm인 원
㉡ 넓이가 182.52 cm^2인 원

풀이

답

▶ (원의 넓이)=(반지름)×(반지름)×(원주율)

8 오른쪽 과녁에서 가장 작은 원의 지름은 4 cm이고 각 원의 반지름은 안에 있는 원의 반지름보다 2 cm씩 깁니다. 과녁판에서 보이는 점수가 8점 이상인 부분의 넓이는 몇 cm^2인지 풀이 과정을 쓰고 답을 구해 보세요. (원주율: 3)

6점
8점
10점

풀이

답

▶ 점수가 8점 이상인 부분은 중간 원입니다.

9 다음과 같은 직사각형 안에 그릴 수 있는 가장 큰 원의 넓이는 몇 cm^2인지 풀이 과정을 쓰고 답을 구해 보세요. (원주율: 3.14)

16 cm
28 cm

풀이

답

▶ 직사각형 안에 그릴 수 있는 원의 지름은 직사각형의 가로나 세로보다 짧습니다.

10 색칠한 부분의 둘레를 구하려고 합니다. 풀이 과정을 쓰고 답을 구해 보세요. (원주율: 3)

19 cm
19 cm

풀이

답

▶ 색칠한 부분의 둘레는 원주의 $\frac{3}{4}$과 반지름 2개의 합과 같습니다.

11 색칠한 부분의 넓이는 몇 cm^2인지 풀이 과정을 쓰고 답을 구해 보세요. (원주율: 3.1)

10 cm
10 cm

풀이

답

▶ 색칠하지 않은 부분의 넓이는 반지름이 10 cm인 원의 넓이의 $\frac{1}{4}$과 같습니다.

단원 평가 Level 1

점수

확인

1 설명이 잘못된 것을 찾아 기호를 써 보세요.

㉠ 원의 지름에 대한 원주의 비율을 원주율이라고 합니다.
㉡ 원주율은 원의 크기에 따라 다릅니다.
㉢ 원주는 (지름)×(원주율)입니다.
㉣ 원에서 원주와 지름의 비는 일정합니다.

(　　　　　　　　)

2 원주와 지름의 관계를 나타낸 표입니다. 빈칸에 알맞은 수를 써넣고 알맞은 말에 ○표 하세요.

원주(cm)	지름(cm)	(원주)÷(지름)
6.28	2	
12.56	4	

(원주)÷(지름)의 값은 모두
(같습니다 , 다릅니다).

3 원주는 몇 cm인지 식을 쓰고 답을 구해 보세요. (원주율: 3)

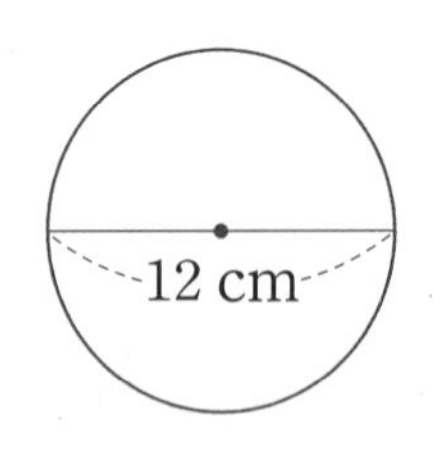

식

답

4 지름이 14 cm인 원의 원주는 몇 cm인지 구해 보세요. (원주율: 3.14)

(　　　　　　　　)

5 원 안에 있는 정사각형의 넓이와 원 밖에 있는 정사각형의 넓이를 구하여 원의 넓이를 어림하려고 합니다. □ 안에 알맞은 수를 써넣으세요.

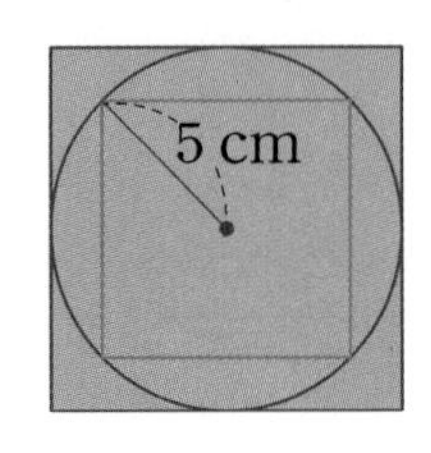

원의 넓이는 원 안에 있는 정사각형의 넓이 □ cm^2보다 크고 원 밖에 있는 정사각형의 넓이 □ cm^2보다 작습니다.

➡ □ cm^2 < (원의 넓이)

(원의 넓이) < □ cm^2

6 반지름과 원의 넓이의 관계를 나타낸 표입니다. 빈칸에 알맞게 써넣으세요. (원주율: 3.14)

반지름 (cm)	원의 넓이를 구하는 식	원의 넓이 (cm^2)
4	4×4×3.14	50.24
7		
11		

7 원주가 37.68 cm일 때 □ 안에 알맞은 수를 써넣으세요. (원주율: 3.14)

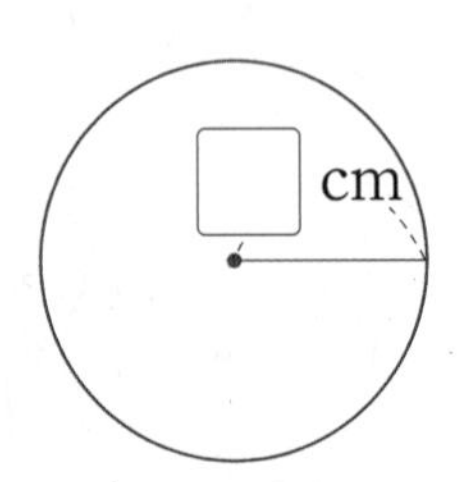

8 큰 원과 작은 원의 원주의 차는 몇 cm일까요? (원주율: 3)

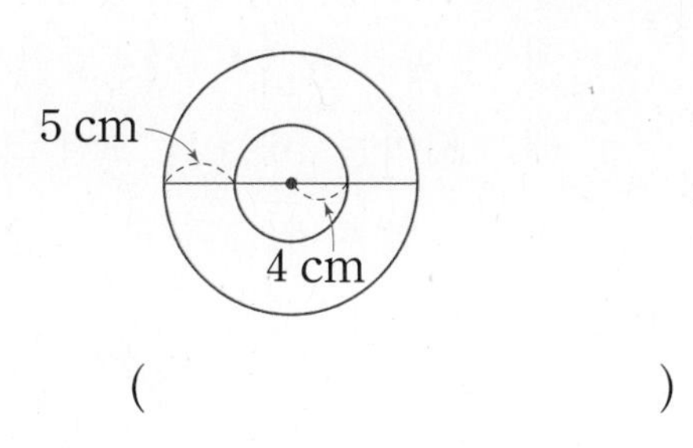

( )

9 세영이는 그림과 같은 컵에 뚜껑을 만들어 덮으려고 합니다. 뚜껑의 둘레는 적어도 몇 cm보다 커야 하는지 구해 보세요. (원주율: 3.1)

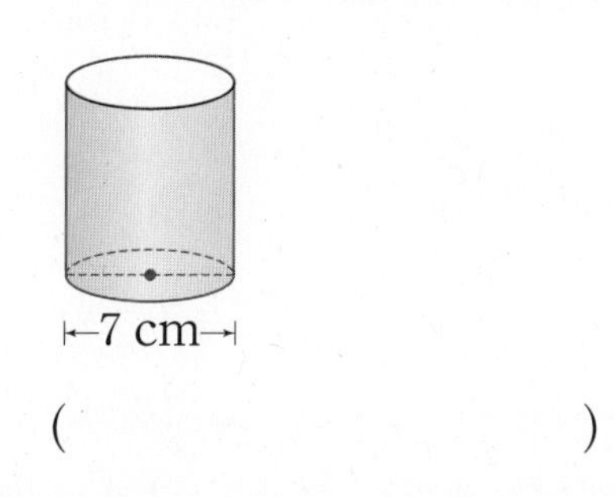

( )

10 길이가 15.5 cm인 끈을 겹치지 않게 남김없이 이어 붙여 지름이 5cm인 원을 만들었습니다. 이 원의 원주율을 구해 보세요.

( )

11 지름이 5 cm인 모형 동전을 세워서 직선으로 굴렸더니 움직인 거리가 45 cm였습니다. 모형 동전을 몇 바퀴 굴렸을까요? (원주율: 3)

( )

12 우영이는 강낭콩이 싹을 틔우는 모습을 관찰하기 위해 젖은 탈지면을 페트리 접시에 꼭 맞게 깔고 강낭콩을 놓아 두었습니다. 우영이가 사용한 탈지면의 넓이는 몇 cm^2일까요? (원주율: 3.1)

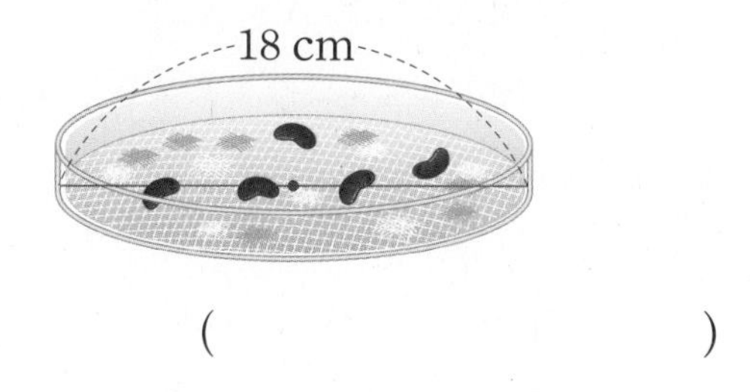

( )

13 색칠한 부분의 둘레는 몇 cm일까요? (원주율: 3.14)

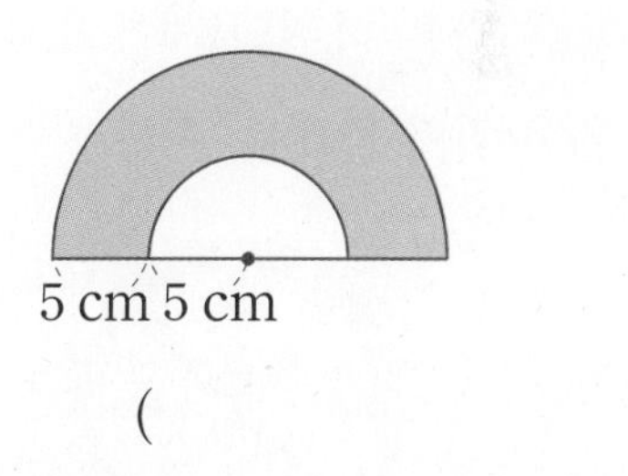

( )

14 그림은 형석이네 학교 운동장입니다. 형석이네 학교 운동장의 넓이는 몇 m^2일까요? (원주율: 3.1)

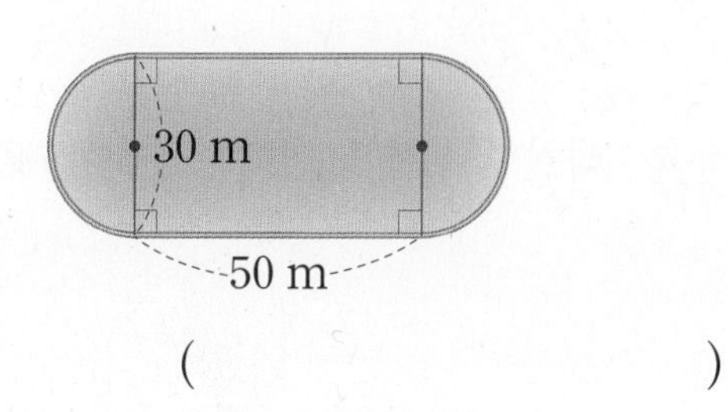

( )

15 넓이가 113.04 cm^2인 원이 있습니다. 이 원의 원주는 몇 cm일까요? (원주율: 3.14)

( )

5

16 반지름이 5 cm인 원 모양의 통조림 3개를 그림과 같이 테이프로 겹치지 않게 감으려고 합니다. 필요한 테이프의 길이는 적어도 몇 cm일까요? (원주율: 3.1)

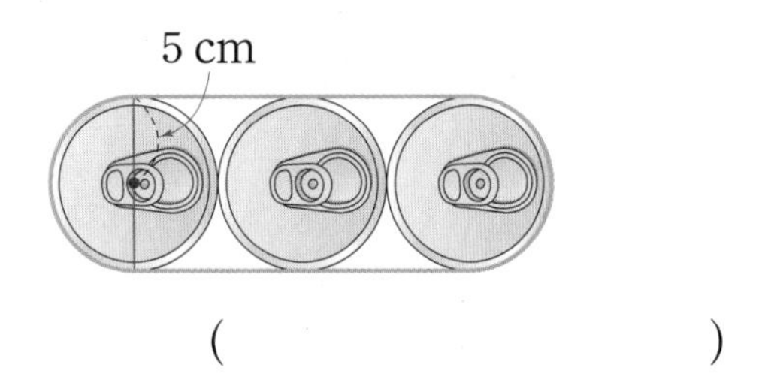

(   )

17 큰 바퀴의 둘레는 46.5 cm이고 큰 바퀴의 지름은 작은 바퀴의 지름의 3배입니다. 이때 작은 바퀴의 둘레를 구해 보세요. (원주율: 3.1)

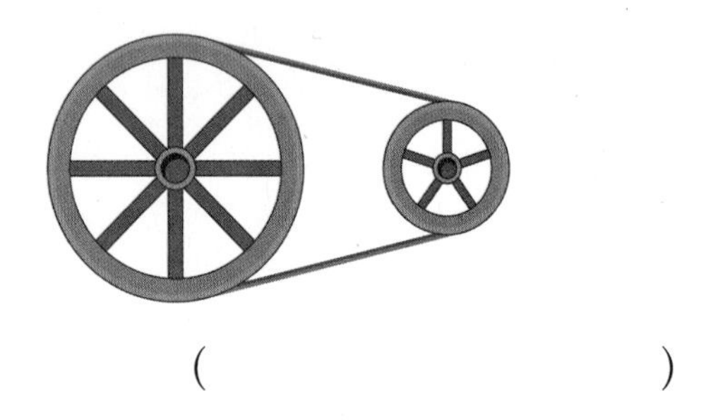

(   )

18 색칠한 부분의 넓이는 몇 cm^2일까요?
(원주율: 3)

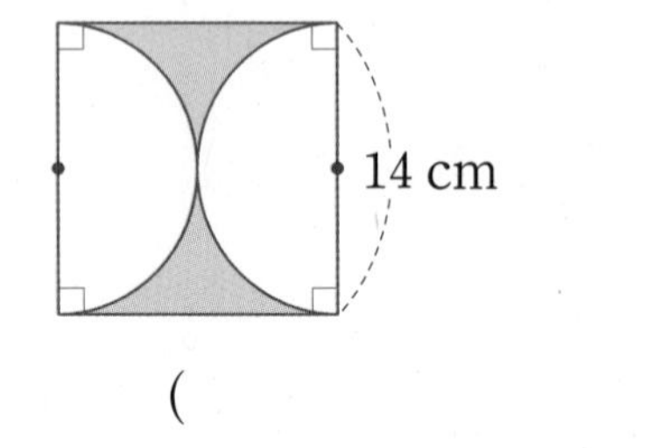

(   )

19 정육각형의 넓이를 이용하여 원의 넓이를 어림하려고 합니다. 삼각형 ㄹㅇㅂ의 넓이가 27 cm^2이고, 삼각형 ㄱㅇㄷ의 넓이가 36 cm^2일 때, 원의 넓이는 162 cm^2보다 크고 216 cm^2보다 작다고 할 수 있습니다. 그 이유를 써 보세요.

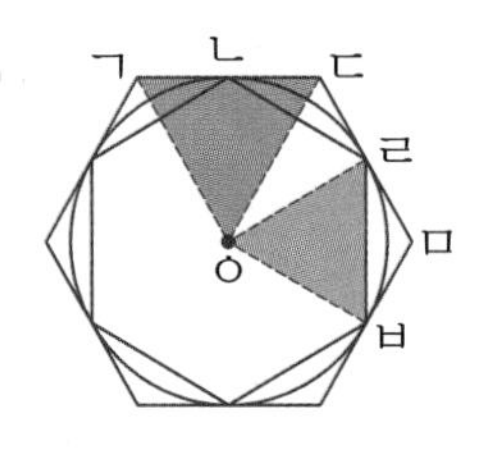

이유 ....

20 색칠한 부분의 넓이는 몇 cm^2인지 풀이 과정을 쓰고 답을 구해 보세요. (원주율: 3.14)

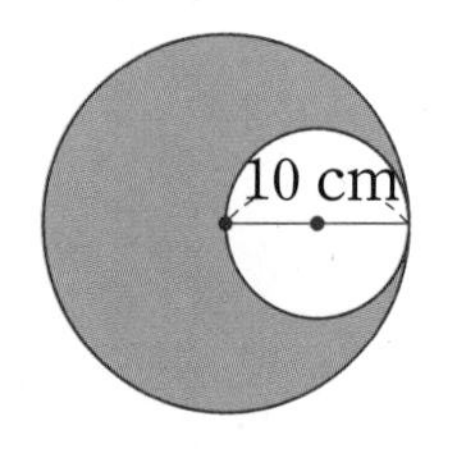

풀이 ....

답 ....

단원 평가 Level 2

점수

확인

1 설명이 맞으면 ○표, 틀리면 ×표 하세요.

(1) 원주는 지름의 약 3배입니다.
( )

(2) 원의 지름이 길어져도 원주는 변하지 않습니다. ( )

(3) 원주율은 원주를 지름으로 나눈 값입니다.
( )

2 원주를 구해 보세요. (원주율: 3.14)

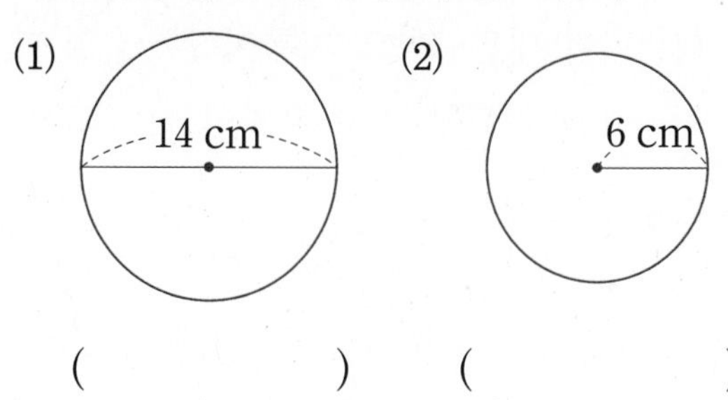

( ) ( )

3 원주가 27 cm일 때 □ 안에 알맞은 수를 구해 보세요. (원주율: 3)

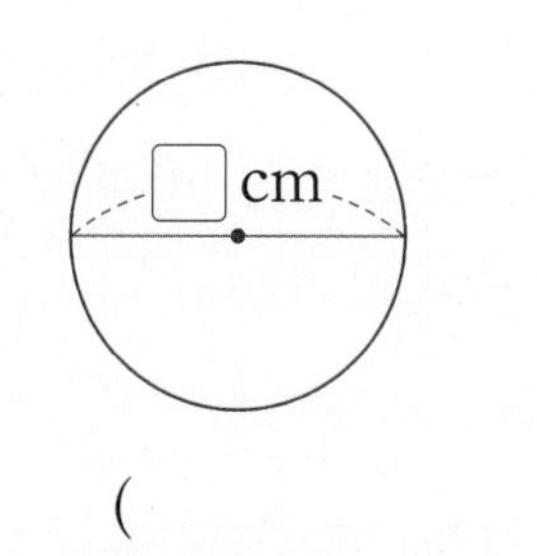

( )

4 원을 한없이 잘게 잘라 이어 붙여서 직사각형 모양을 만들었습니다. □ 안에 알맞은 수를 써넣으세요. (원주율: 3)

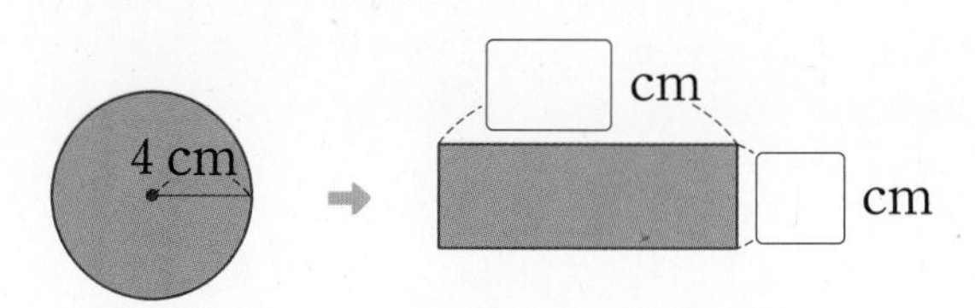

5 빈칸에 알맞은 수를 써넣으세요. (원주율: 3.1)

반지름(cm)	원주(cm)
1	
5	

6 두 원의 넓이의 합은 몇 cm^2일까요?
(원주율: 3)

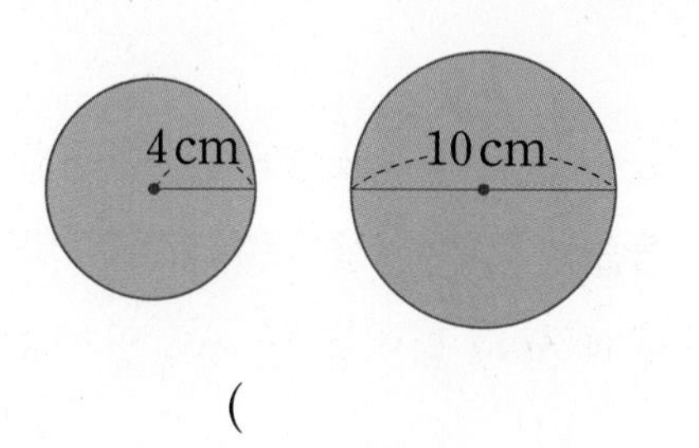

( )

7 진모는 지름이 14 cm인 원 모양의 냄비 뚜껑으로 원을 그렸습니다. 진모가 그린 원의 원주는 몇 cm일까요? (원주율: 3.14)

( )

8 원의 넓이가 446.4 cm^2일 때 □ 안에 알맞은 수를 써넣으세요. (원주율: 3.1)

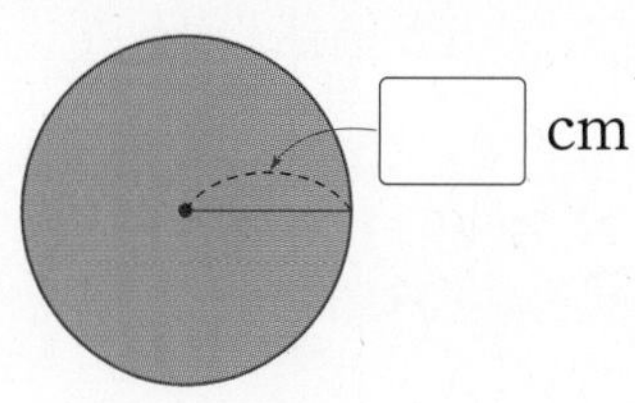

9 정미와 규성이가 가지고 있는 접시의 원주의 합은 몇 cm일까요? (원주율: 3)

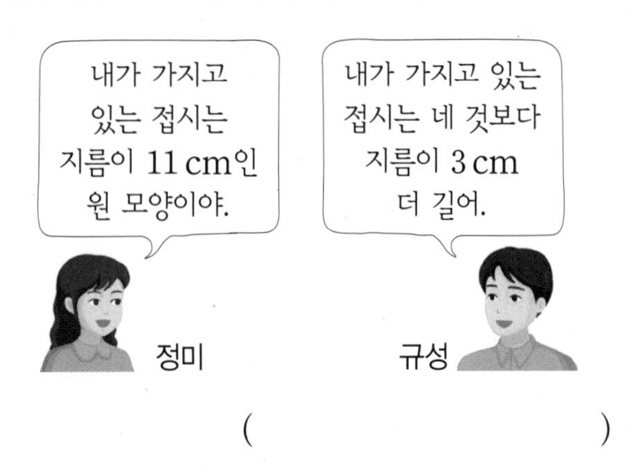

( )

10 소정이는 반원 모양의 달을 관찰하여 달을 그렸습니다. 소정이가 그린 달의 반지름이 5 cm일 때 달의 넓이는 몇 cm^2일까요? (원주율: 3.14)

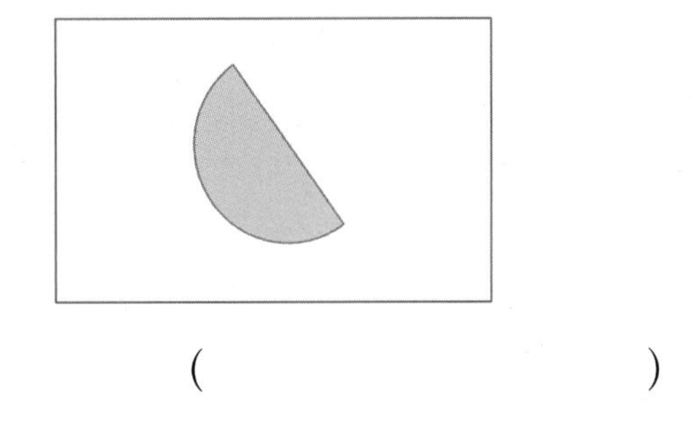

( )

11 그림과 같은 직사각형 안에 그릴 수 있는 가장 큰 원의 넓이는 몇 cm^2일까요? (원주율: 3)

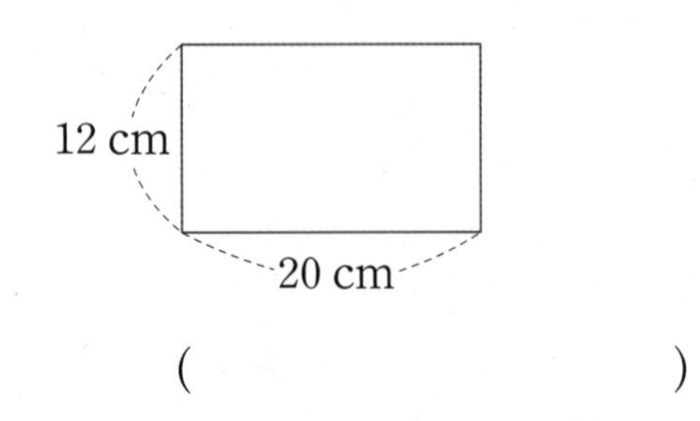

( )

12 길이가 80 cm인 끈으로 원을 만들고 나니 10.92 cm의 끈이 남았습니다. 만든 원의 반지름은 몇 cm일까요? (원주율: 3.14)

( )

13 대관람차는 원 모양으로 도는 놀이 기구입니다. 동훈이는 대관람차를 타고 2바퀴를 돌았습니다. 이 대관람차의 지름이 77 m일 때 동훈이가 대관람차를 타고 움직인 거리는 몇 m일까요? (원주율: 3.1)

( )

14 육상 경기 종목 중 하나인 400 m 달리기는 400 m 트랙을 한 바퀴 도는 동안 직선 코스와 곡선 코스를 연이어 달리는 경기입니다. 다음 400 m 트랙을 보고 □ 안에 알맞은 수를 구해 보세요. (원주율: 3.1)

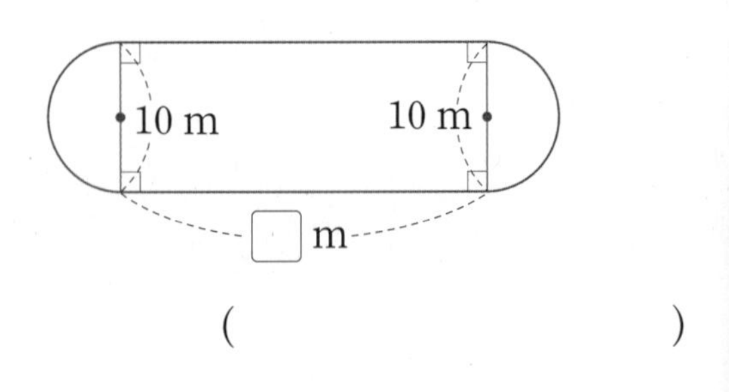

( )

15 가로가 157 cm이고 세로가 8 cm인 직사각형과 넓이가 같은 원이 있습니다. 이 원의 지름은 몇 cm일까요? (원주율: 3.14)

( )

16 지름이 30 cm인 원 모양 종이의 가격은 25000원입니다. 종이 1 cm^2의 가격은 약 얼마인 셈인지 반올림하여 일의 자리까지 나타내어 보세요. (원주율: 3.14)

( )

17 색칠한 부분의 넓이를 구해 보세요. (원주율: 3)

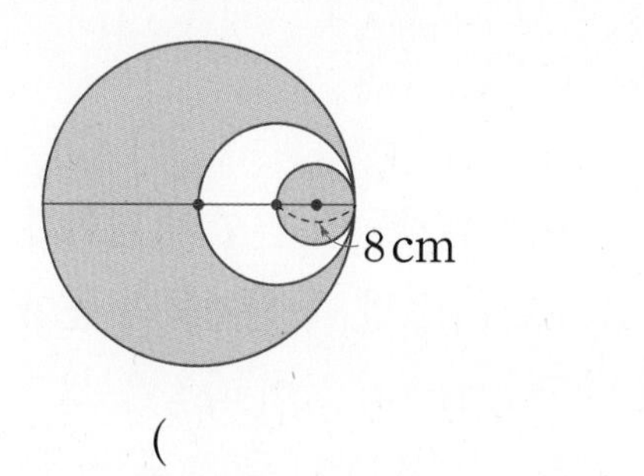

( )

18 두 원 ㉮, ㉯가 있습니다. ㉮의 반지름이 ㉯의 반지름의 3배일 때 ㉮의 넓이는 ㉯의 넓이의 몇 배일까요? (원주율: 3.1)

( )

19 찬성이는 반지름이 10.5 cm인 접시를 세워서 굴렸더니 접시가 움직인 거리가 189 cm였습니다. 접시를 몇 바퀴 굴렸는지 풀이 과정을 쓰고 답을 구해 보세요. (원주율: 3)

풀이

답

20 넓이가 가장 넓은 원을 찾아 기호를 쓰려고 합니다. 풀이 과정을 쓰고 답을 구해 보세요. (원주율: 3.1)

㉠ 반지름이 10 cm인 원
㉡ 원주가 86.8 cm인 원
㉢ 원의 넓이가 375.1 cm^2인 원

풀이

답

서술형 문제

1 두 입체도형의 높이의 차는 몇 cm인지 풀이 과정을 쓰고 답을 구해 보세요.

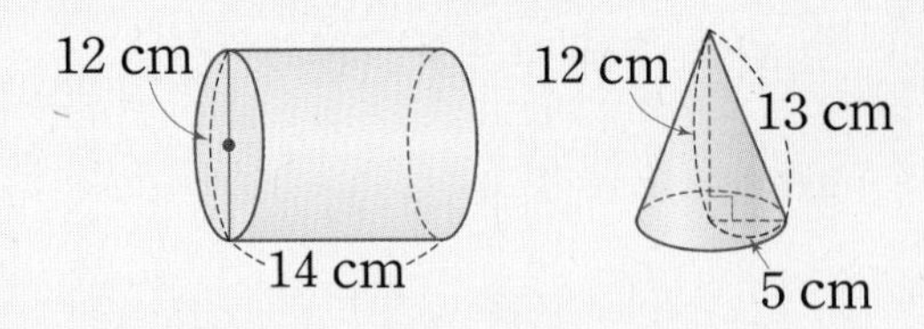

풀이 예 원기둥의 높이는 두 밑면에 수직인 선분의 길이, 원뿔의 높이는 원뿔의 꼭짓점에서 밑면에 수직인 선분의 길이이므로 원기둥의 높이는 14 cm, 원뿔의 높이는 12 cm입니다. 따라서 두 입체도형의 높이의 차는 $14-12=2$ (cm)입니다.

답 2 cm

1+ 두 입체도형의 높이의 차는 몇 cm인지 풀이 과정을 쓰고 답을 구해 보세요.

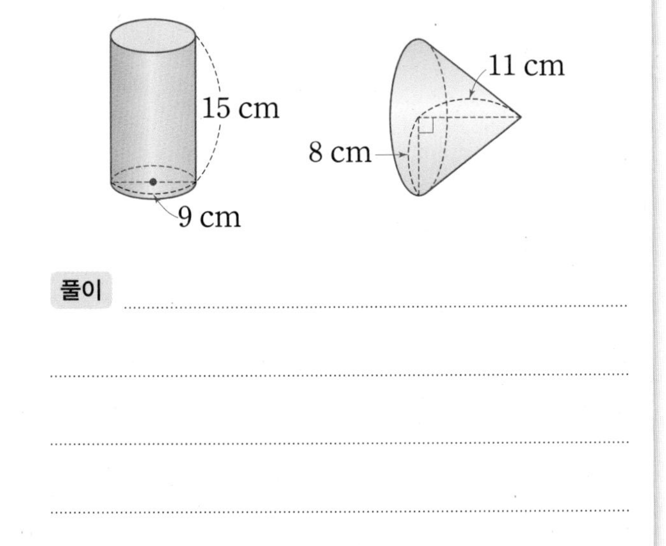

풀이

답

2 오른쪽 원기둥의 옆면의 넓이가 414.48 cm^2일 때 원기둥의 높이는 몇 cm인지 풀이 과정을 쓰고 답을 구해 보세요. (원주율: 3.14)

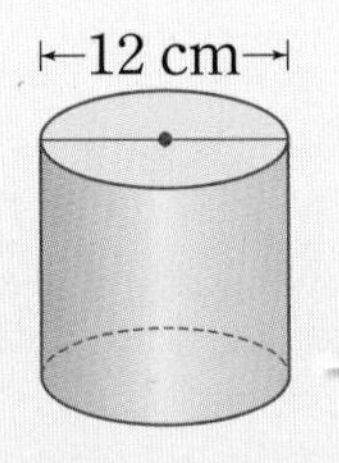

풀이 예 원기둥의 높이를 □ cm라 하면 $12 \times 3.14 \times \square = 414.48$, $\square = 11$입니다. 따라서 원기둥의 높이는 11 cm입니다.

답 11 cm

2+ 오른쪽 원기둥의 옆면의 넓이가 347.2 cm^2일 때 원기둥의 높이는 몇 cm인지 풀이 과정을 쓰고 답을 구해 보세요. (원주율: 3.1)

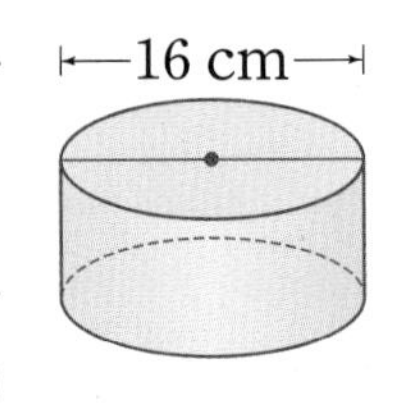

풀이

답

3 원뿔과 원기둥의 공통점과 차이점을 각각 1가지씩 써 보세요.

▶ 밑면과 옆면을 살펴봅니다.

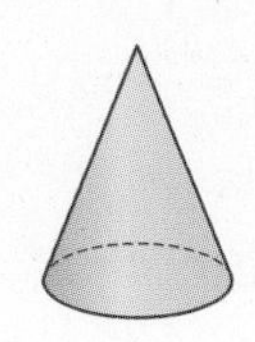
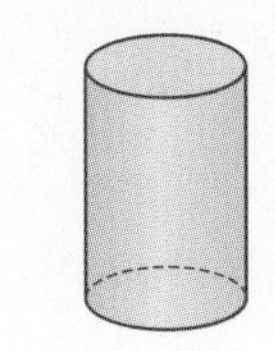

공통점 ....

....

차이점 ....

....

4 세 입체도형의 높이의 합은 몇 cm인지 풀이 과정을 쓰고 답을 구해 보세요.

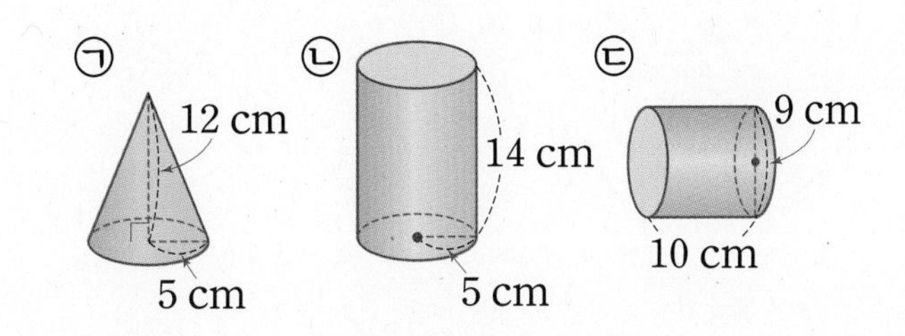

▶
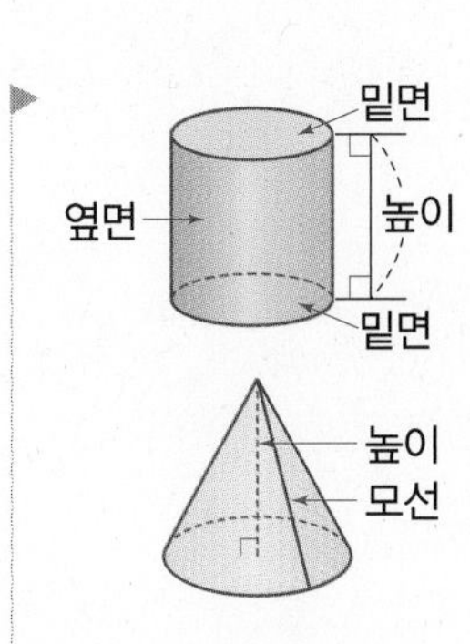

풀이 ....

....

....

답 ....

5 어떤 원뿔을 위에서 본 모양의 반지름이 5 cm이고, 옆에서 본 모양의 둘레는 36 cm입니다. 이 원뿔의 모선의 길이는 몇 cm인지 풀이 과정을 쓰고 답을 구해 보세요.

▶ 원뿔을 옆에서 본 모양은 이등변삼각형입니다.

풀이 ....

....

....

답 ....

6

6 구에 대해 잘못 설명한 사람의 이름을 쓰고 그렇게 생각한 이유를 써 보세요.

> 지수: 구의 반지름은 모두 같고 무수히 많습니다.
> 은희: 구의 중심은 1개입니다.
> 민호: 구의 중심에서 구의 겉면의 한 점을 이은 선분을 구의 지름이라고 합니다.

답 ......

이유 ......

7 원기둥의 전개도에서 옆면의 넓이는 몇 cm^2인지 풀이 과정을 쓰고 답을 구해 보세요. (원주율: 3)

▶ 옆면의 가로의 길이는 밑면의 둘레입니다.

3 cm
8 cm

풀이 ......

답 ......

8 원기둥의 전개도를 보고 이 원기둥의 밑면의 반지름은 몇 cm인지 구하려고 합니다. 풀이 과정을 쓰고 답을 구해 보세요. (원주율: 3.1)

▶ 옆면의 가로의 길이는 밑면의 둘레와 같습니다.

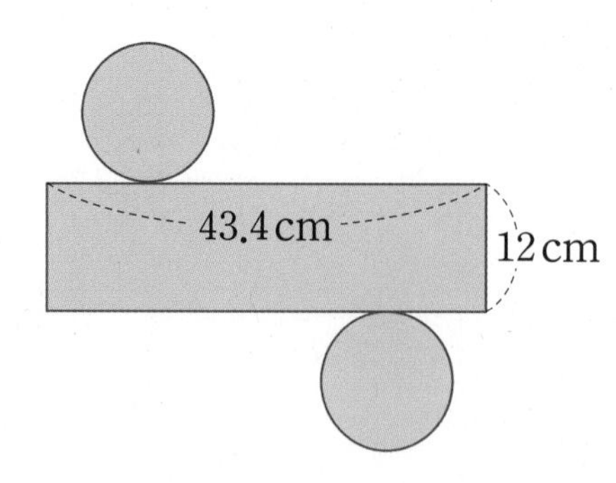

풀이 ......

답 ......

9 직사각형 모양의 종이를 세로를 기준으로 오른쪽과 같이 돌렸을 때 만들어지는 입체도형의 겉넓이를 구하려고 합니다. 풀이 과정을 쓰고 답을 구해 보세요.(원주율: 3.1)

6 cm
9 cm

▶ 직사각형 모양의 종이를 세로를 기준으로 돌리면 원기둥이 만들어집니다.

풀이

답

10 오른쪽은 어떤 평면도형을 한 변을 기준으로 한 바퀴 돌려 만든 입체도형입니다. 돌리기 전의 평면도형의 넓이는 몇 cm^2인지 풀이 과정을 쓰고 답을 구해 보세요.

10 cm
13 cm
12 cm

▶ 돌리기 전의 평면도형은 직각삼각형입니다.

풀이

답

11 높이가 20 cm인 원기둥을 한 바퀴 굴렸더니 원기둥이 지나간 부분의 넓이가 1004.8 cm^2였습니다. 원기둥의 밑면의 반지름은 몇 cm인지 풀이 과정을 쓰고 답을 구해 보세요. (원주율: 3.14)

20 cm

▶ 한 바퀴 굴렸을 때 지나간 부분의 넓이는 옆면의 넓이입니다.

풀이

답

단원 평가 Level ❶

점수

확인

[1~3] 도형을 보고 물음에 답하세요.

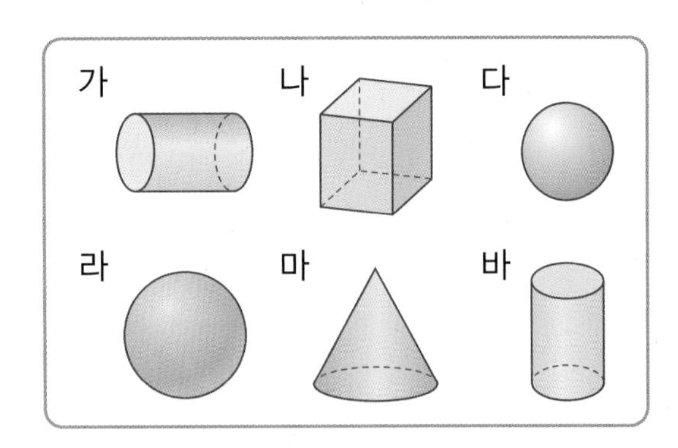

1 원기둥을 모두 찾아 기호를 써 보세요.

( )

2 원뿔을 찾아 기호를 써 보세요.

( )

3 구를 모두 찾아 기호를 써 보세요.

( )

4 유미네 모둠은 원기둥, 원뿔에 대하여 이야기하고 있습니다. 잘못 말한 사람을 찾아 이름을 써 보세요.

유미: 밑면이 원기둥은 2개이고, 원뿔은 1개입니다.
은우: 옆면이 원기둥은 평평한 면이고, 원뿔은 굽은 면입니다.
지우: 꼭짓점이 원기둥은 없고, 원뿔은 1개 있습니다.

( )

5 오른쪽 입체도형은 어떤 평면도형을 한 변을 기준으로 한 바퀴 돌려 만든 것입니다. 어떤 평면도형을 돌린 것인지 빈 곳에 그려 보세요.

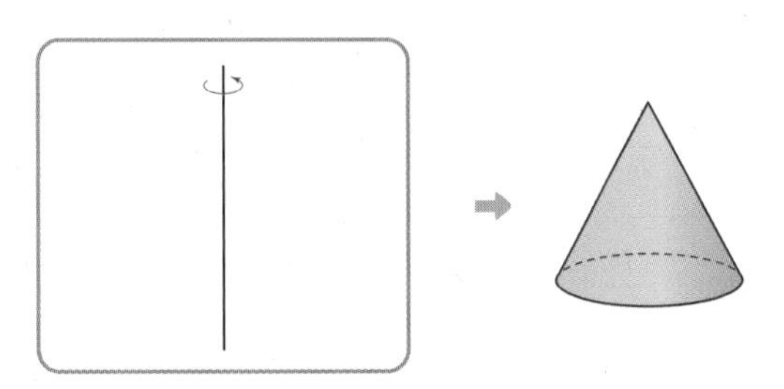

6 다음 모양의 종이를 한 변을 기준으로 한 바퀴 돌리면 어떤 입체도형이 될까요?

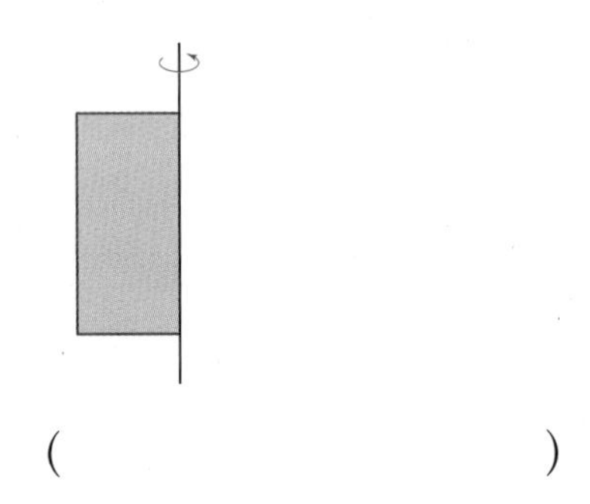

( )

7 원뿔의 높이는 몇 cm일까요?

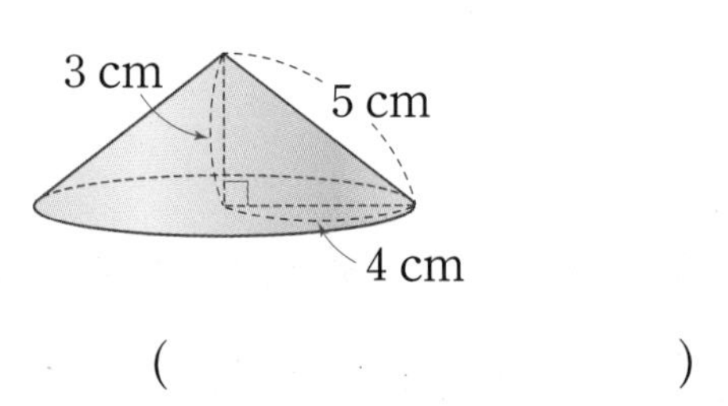

( )

8 반원 모양의 종이를 지름을 기준으로 한 바퀴 돌려 만든 것입니다. □ 안에 알맞은 수를 써넣으세요.

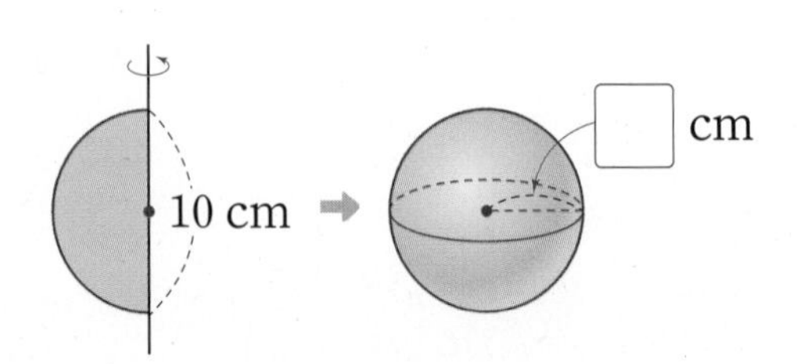

9 입체도형을 위, 앞, 옆에서 본 모양을 그려 보세요.

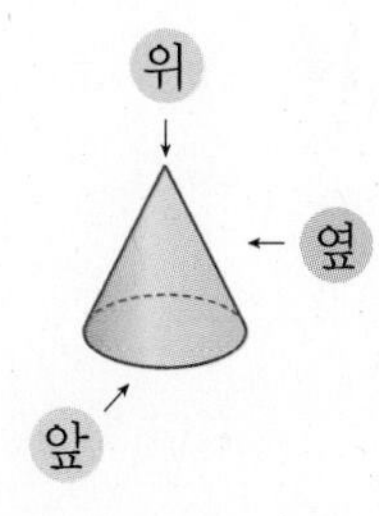

위에서 본 모양	앞에서 본 모양	옆에서 본 모양

10 원기둥의 전개도에서 직사각형의 가로와 세로의 차는 몇 cm일까요? (원주율: 3)

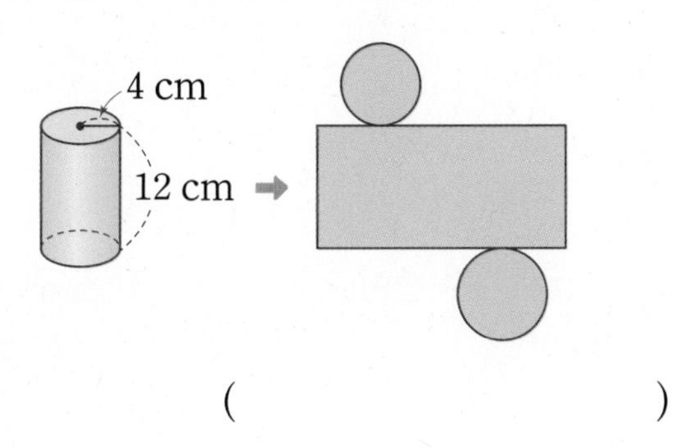

( )

11 원기둥과 원기둥의 전개도입니다. 전개도의 둘레는 몇 cm일까요? (원주율: 3.1)

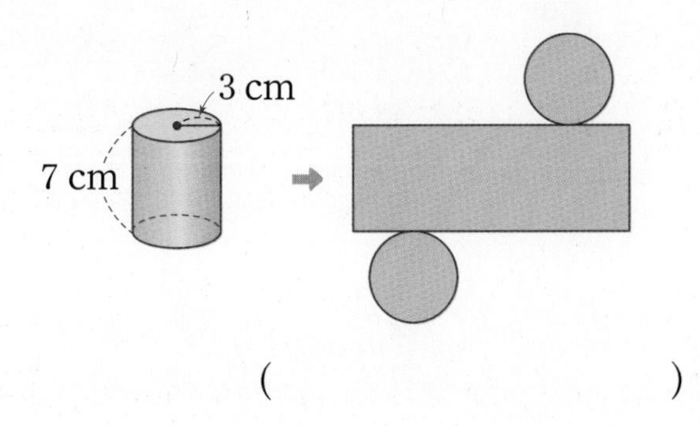

( )

12 원기둥의 옆면의 넓이를 구해 보세요.

(원주율: 3.14)

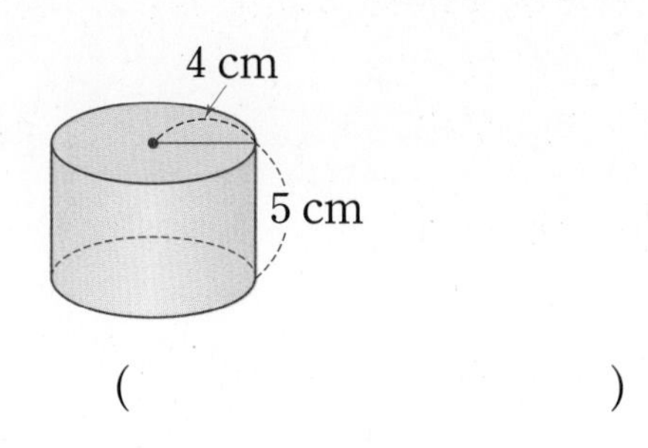

( )

13 철사로 그림과 같은 원기둥 모양의 모빌을 만들었습니다. 모빌을 만드는 데 사용한 철사의 길이는 몇 cm일까요? (원주율: 3.14)

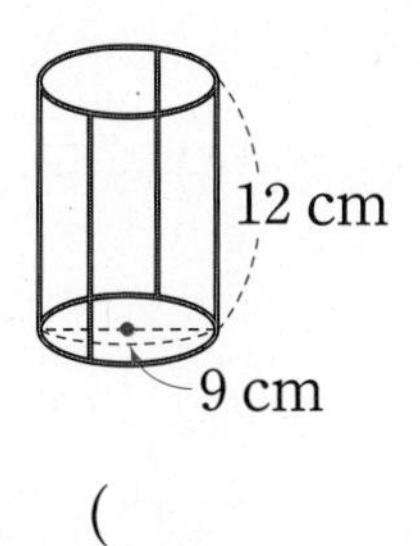

( )

14 오른쪽 원기둥의 옆면의 넓이는 99.2 cm^2입니다. 이 원기둥의 높이는 몇 cm일까요?

(원주율: 3.1)

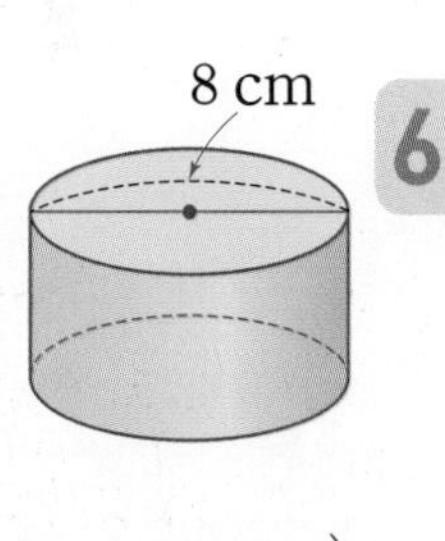

( )

15 밑면의 반지름이 7 cm이고 높이가 12 cm인 원기둥의 옆면의 넓이를 구해 보세요.

(원주율: 3)

( )

16 원기둥의 겉넓이를 구해 보세요. (원주율: 3)

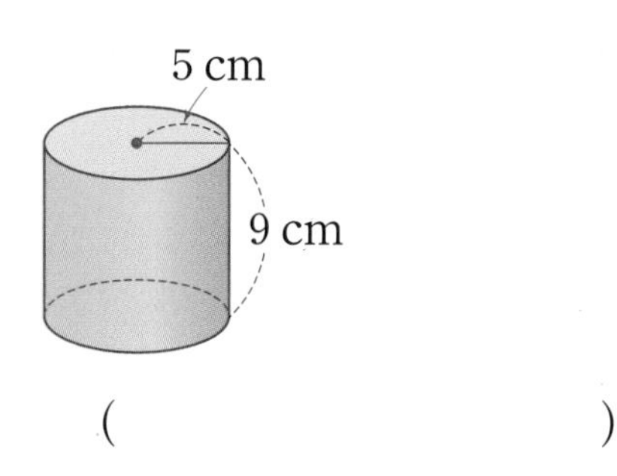

(　　　　　　　　)

17 높이가 9 cm인 원기둥을 3바퀴 굴렸더니 원기둥이 지나간 부분의 넓이가 678.24 cm^2였습니다. 원기둥의 밑면의 반지름을 구해 보세요. (원주율: 3.14)

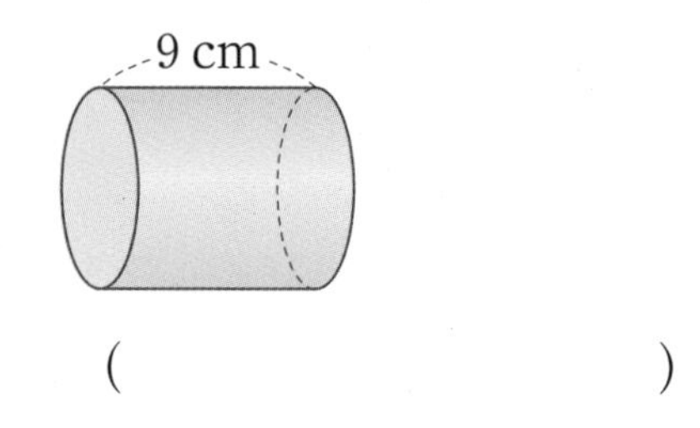

(　　　　　　　　)

18 직사각형의 모양의 종이를 한 변을 기준으로 한 바퀴 돌려 만든 입체도형의 옆면의 넓이는 몇 cm^2일까요? (원주율: 3.1)

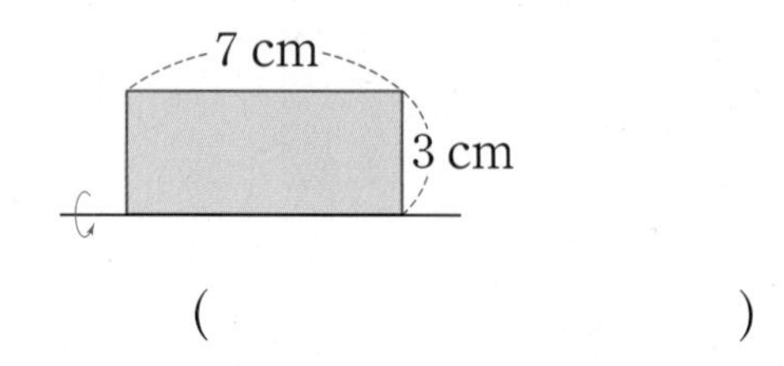

(　　　　　　　　)

19 원기둥의 전개도가 아닌 이유를 두 가지 써 보세요.

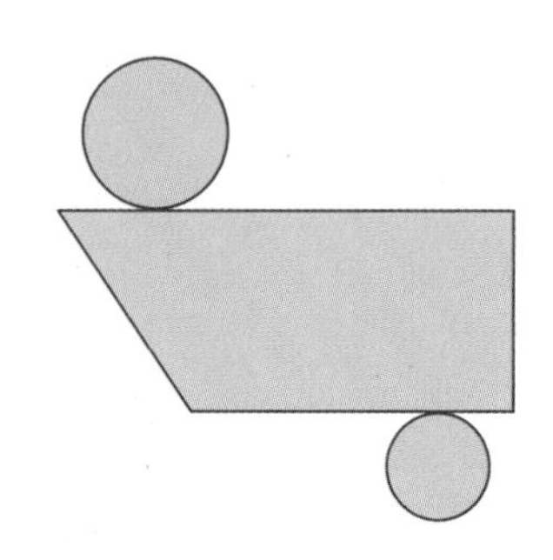

이유 ....

....

20 원기둥의 전개도에서 직사각형의 둘레는 몇 cm인지 풀이 과정을 쓰고 답을 구해 보세요. (원주율: 3.14)

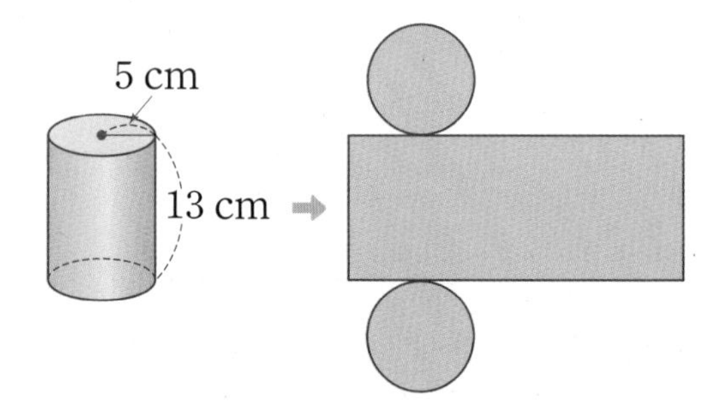

풀이 ....

....

....

....

답 ....

단원 평가 Level ❷

점수

확인

1 원기둥을 모두 찾아 기호를 써 보세요.

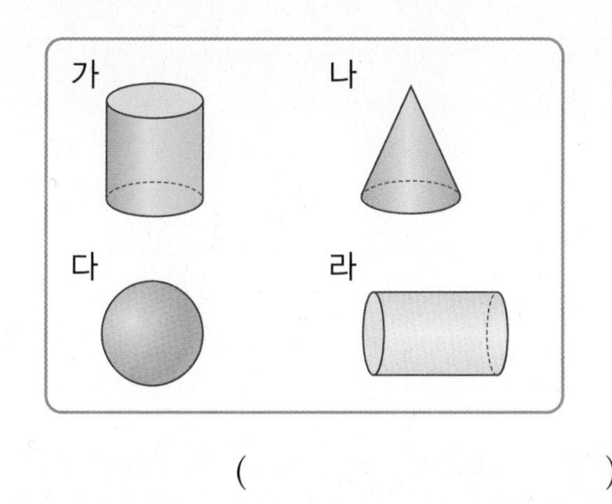

( )

2 오른쪽 입체도형은 원기둥이 아닙니다. 원기둥이 아닌 이유를 써 보세요.

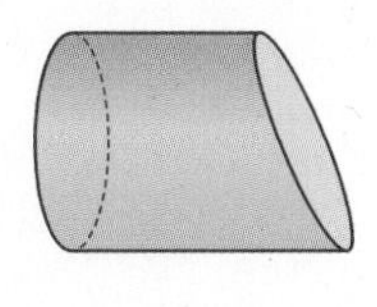

이유

3 원기둥 모양인 음료수 캔의 높이는 몇 cm일까요?

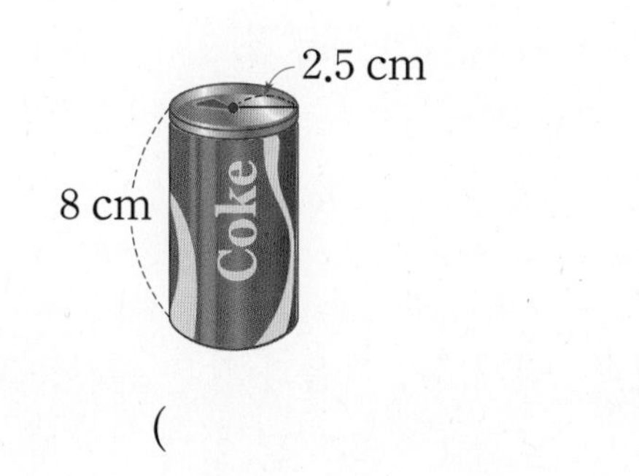

( )

4 원기둥의 전개도로 알맞은 것에 ○표 하세요.

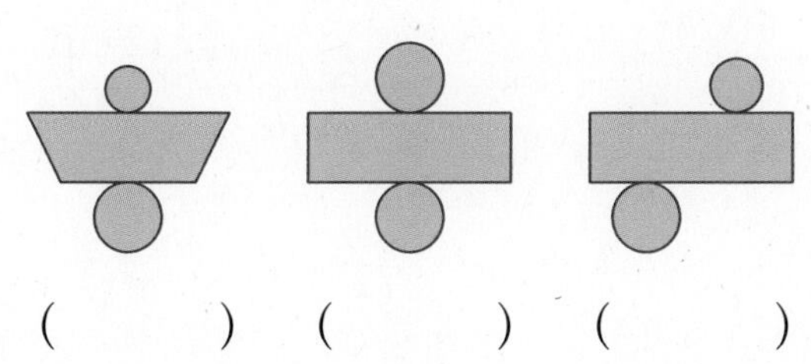

( ) ( ) ( )

5 원뿔에서 높이와 모선의 길이를 각각 구해 보세요.

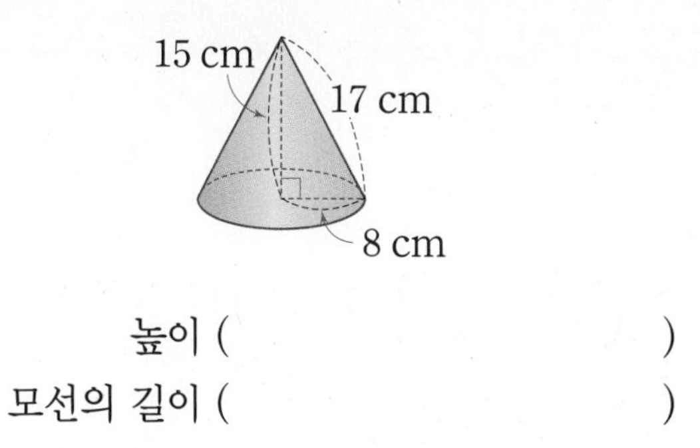

높이 ( )

모선의 길이 ( )

6 직사각형 모양의 종이를 오른쪽 그림과 같이 한 변을 기준으로 돌렸을 때 만들어지는 입체도형은 어느 것일까요?

( )

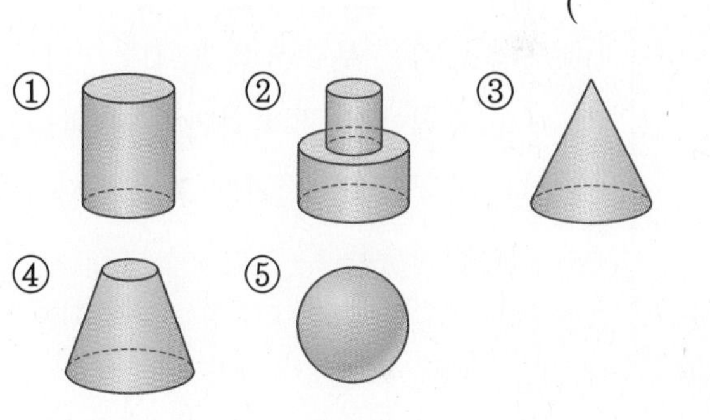

7 반원 모양의 종이를 한 바퀴 돌려 만든 입체도형입니다. □ 안에 알맞은 수를 써넣으세요.

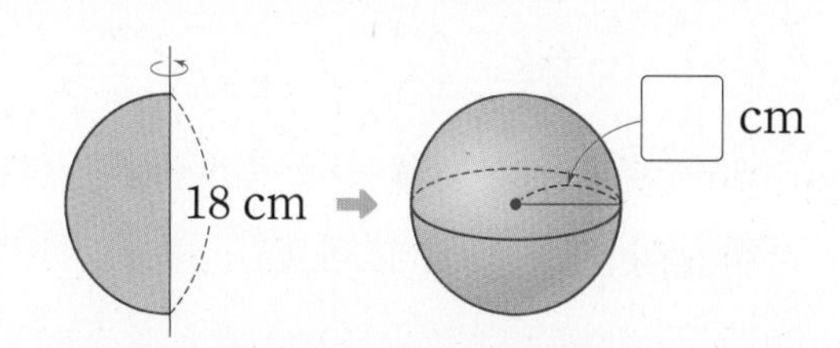

8 빈칸에 알맞은 말을 써넣으세요.

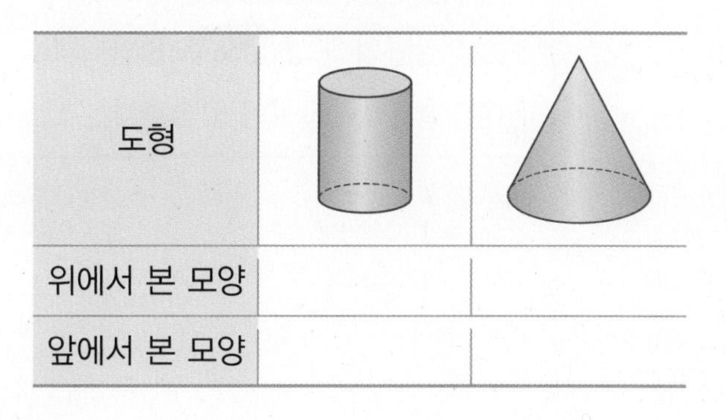

도형		
위에서 본 모양		
앞에서 본 모양		

9 원뿔을 보고 모선을 나타내는 선분을 모두 찾아 써 보세요.

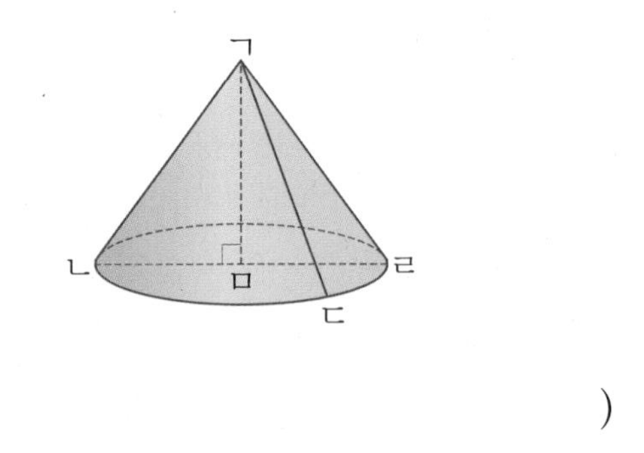

( )

10 구에 대한 설명으로 잘못된 것을 찾아 기호를 써 보세요.

> ㉠ 구의 중심은 무수히 많습니다.
> ㉡ 구의 중심에서 구의 겉면의 한 점을 잇는 선분을 구의 반지름이라고 합니다.
> ㉢ 구의 반지름은 무수히 많습니다.

( )

11 혜리네 모둠은 원기둥과 원뿔의 공통점에 대하여 이야기하고 있습니다. 잘못 말한 사람을 모두 찾아 이름을 써 보세요.

> 혜리: 밑면은 모두 2개씩 있습니다.
> 민우: 옆면은 굽은 면입니다.
> 석호: 밑면의 모양은 모두 원입니다.
> 지영: 둘 다 꼭짓점이 있습니다.

( )

12 원기둥의 밑면의 둘레를 구해 보세요. (원주율: 3.14)

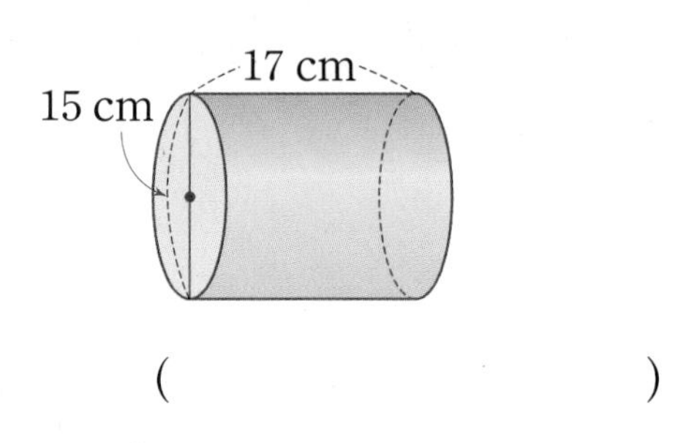

( )

13 구를 앞에서 본 모양의 둘레는 몇 cm일까요? (원주율: 3)

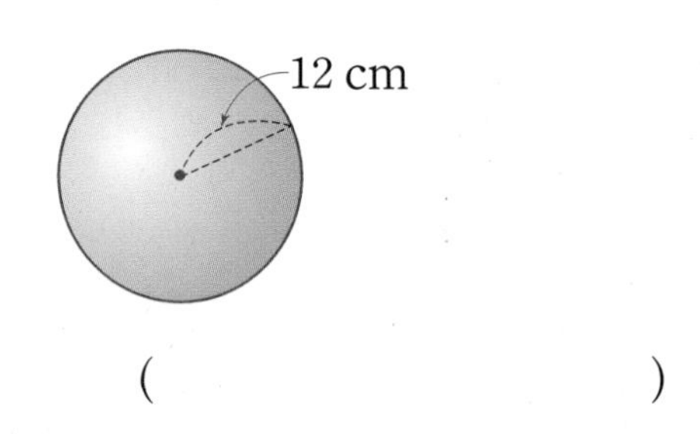

( )

14 원기둥의 한 밑면의 넓이는 27 cm^2이고, 옆면의 넓이는 162 cm^2입니다. 이 원기둥의 겉넓이는 몇 cm^2일까요? (원주율: 3)

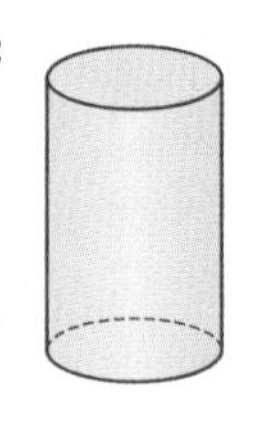

( )

15 전개도가 다음과 같은 원기둥의 겉넓이를 구해 보세요. (원주율: 3.1)

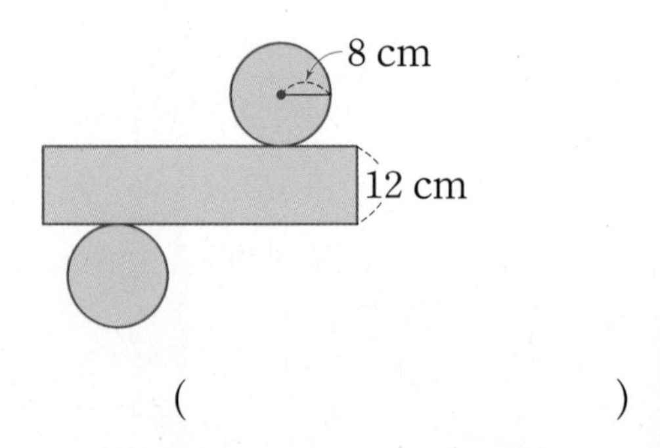

( )

16 원뿔을 위에서 본 모양은 반지름이 6 cm인 원이고, 옆에서 본 모양의 둘레는 40 cm입니다. 이 원뿔의 모선의 길이는 몇 cm인지 구해 보세요.

(　　　　　　　　　　)

17 높이가 16 cm인 원기둥 모양의 롤러에 페인트를 묻힌 후 한 바퀴 굴렸더니 색칠된 부분의 넓이가 301.44 cm^2였습니다. 롤러의 밑면의 지름은 몇 cm일까요? (원주율: 3.14)

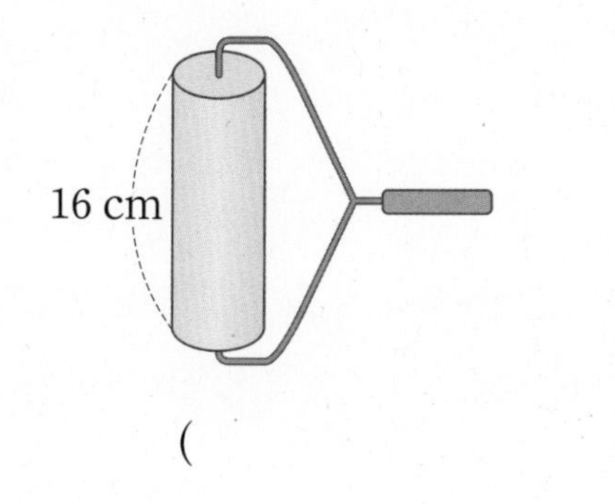

(　　　　　　　　　　)

18 직사각형 모양의 종이를 한 변을 기준으로 돌려 만든 입체도형의 겉넓이를 구해 보세요. (원주율: 3.1)

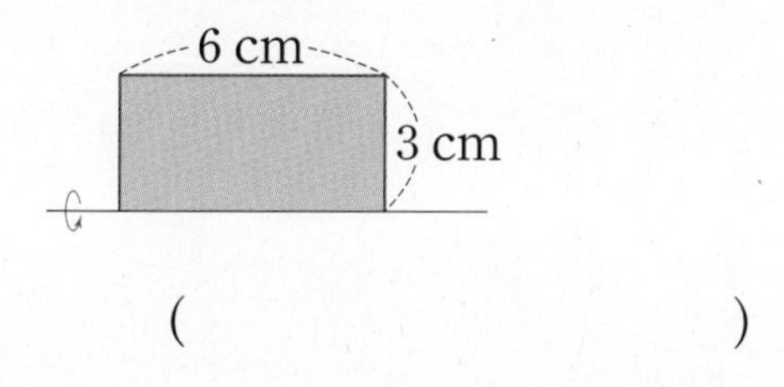

(　　　　　　　　　　)

19 원기둥의 전개도에서 옆면의 가로와 세로의 차는 몇 cm인지 풀이 과정을 쓰고 답을 구해 보세요. (원주율: 3.1)

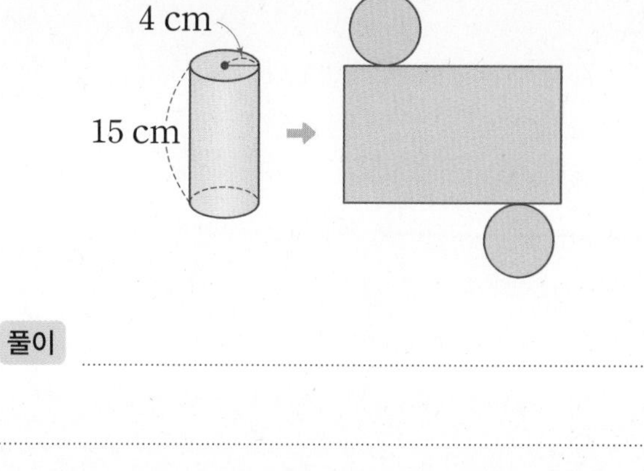

풀이

답

20 다음은 원기둥 모양의 통나무를 반으로 잘라 만든 것입니다. 이 통나무의 모든 면에 하얀색 페인트를 칠할 때 페인트가 칠해질 부분의 넓이는 몇 cm^2인지 풀이 과정을 쓰고 답을 구해 보세요. (원주율: 3.1)

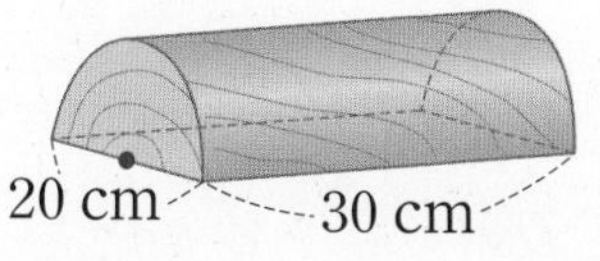

풀이

답

한걸음 한걸음 디딤돌을 걷다 보면 수학이 완성됩니다.

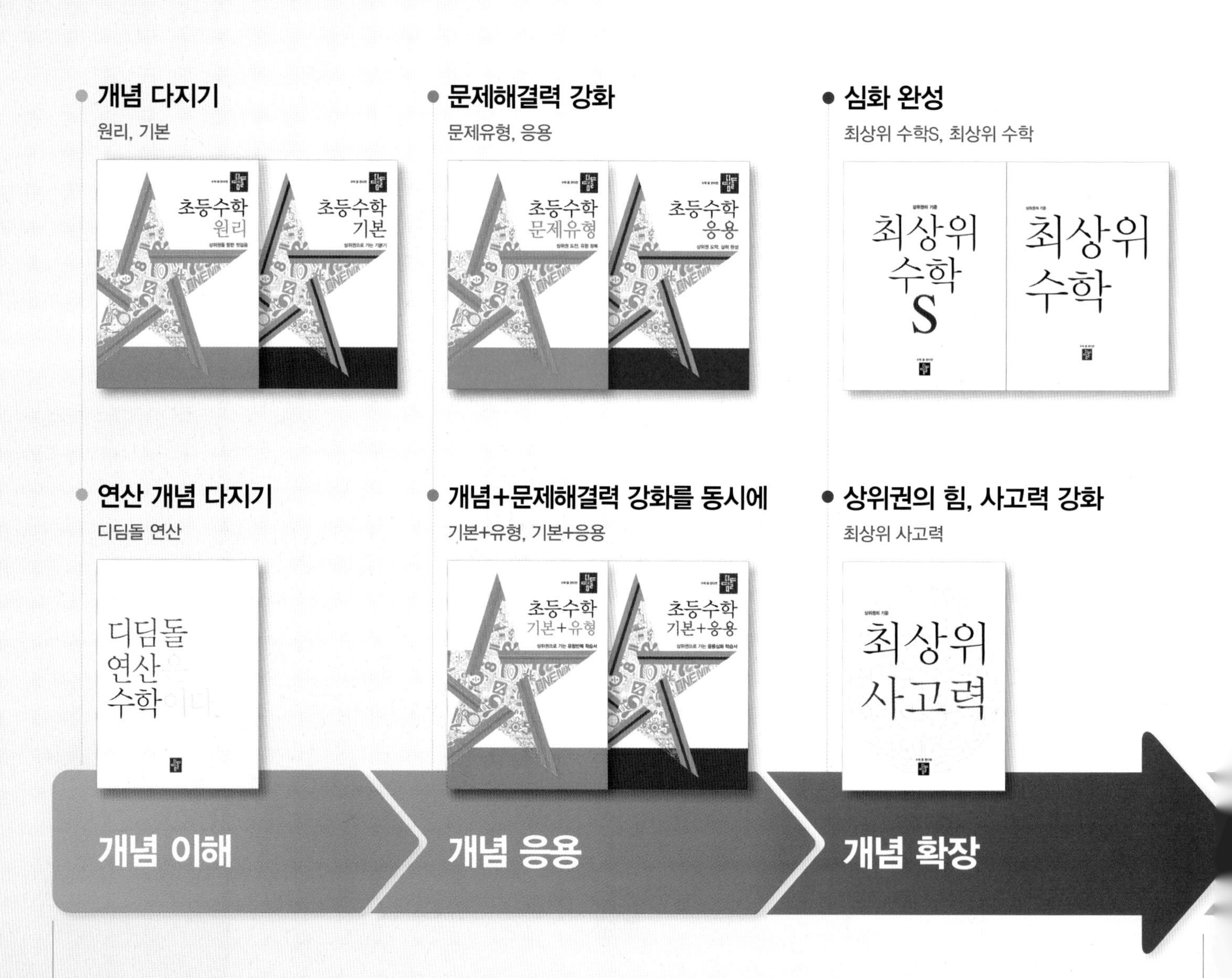

학습 능력과 목표에 따라
맞춤형이 가능한 디딤돌 초등 수학

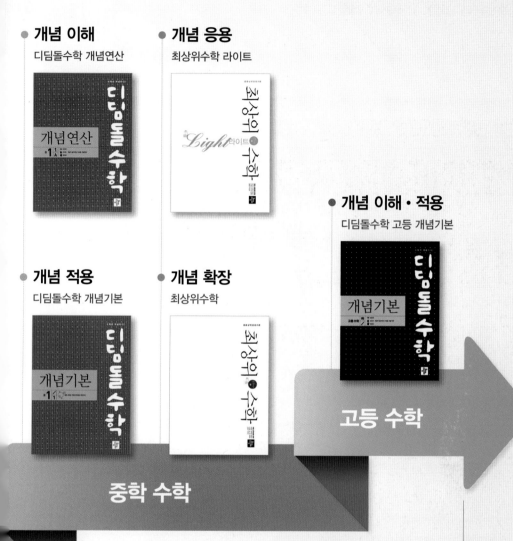

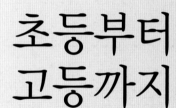

수능까지 연결되는 독해 로드맵

디딤돌 독해력은 수능까지 연결되는 체계적인 라인업을 통하여
수능에서 요구하는 핵심 독해 원리에 대한 이해는 물론,
단계 별로 심화되며 연결되는 학습의 과정을 통해
깊이 있고 종합적인 독해 사고의 능력까지 기를 수 있도록 도와줍니다.

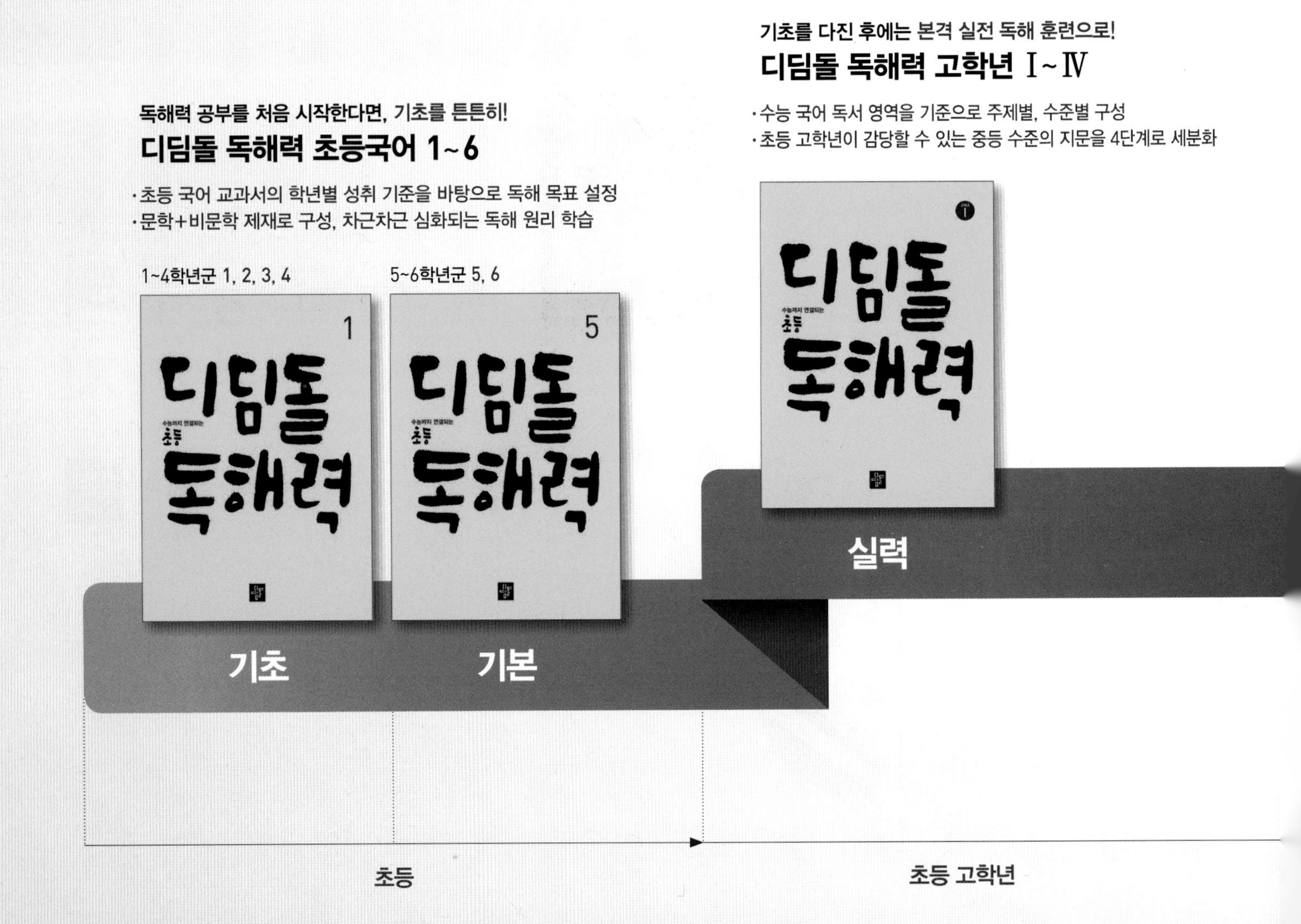

기초를 다진 후에는 본격 실전 독해 훈련으로!
디딤돌 독해력 고학년 Ⅰ~Ⅳ
· 수능 국어 독서 영역을 기준으로 주제별, 수준별 구성
· 초등 고학년이 감당할 수 있는 중등 수준의 지문을 4단계로 세분화
독해력 공부를 처음 시작한다면, 기초를 튼튼히!
디딤돌 독해력 초등국어 1~6
· 초등 국어 교과서의 학년별 성취 기준을 바탕으로 독해 목표 설정
· 문학+비문학 제재로 구성, 차근차근 심화되는 독해 원리 학습
1~4학년군 1, 2, 3, 4
5~6학년군 5, 6
1
디딤돌
초등
독해력
5
디딤돌
초등
독해력
디딤돌
초등
독해력
기초
기본
실력
초등
초등 고학년

기본+응용 | 정답과 풀이

6-2

수학 좀 한다면

디딤돌

정답과 풀이

1 분수의 나눗셈

일상생활에서 분수의 나눗셈이 필요한 경우가 흔하지 않지만, 분수의 나눗셈은 초등학교에서 학습하는 소수의 나눗셈과 중학교 이후에 학습하는 유리수, 유리수의 계산, 문자와 식 등을 학습하는 데 토대가 되는 매우 중요한 내용입니다. 이 단원에서는 분모가 같은 분수의 나눗셈을 먼저 다룹니다. 분모가 같을 때에는 분자의 나눗셈으로 생각할 수 있고, 이는 두 자연수의 나눗셈이 되기 때문입니다. 다음에 분모가 다른 분수의 나눗셈을 단위 비율 결정 상황에서 도입하고, 이를 통해 분수의 나눗셈을 분수의 곱셈으로 나타낼 수 있는 원리를 지도하고 있습니다. 분수의 나눗셈은 분수의 곱셈만큼 간단한 방법으로 해결하기 위해서는 분수의 나눗셈 지도의 각 단계에서 나눗셈의 의미와 분수의 개념, 그리고 자연수 나눗셈의 의미를 바탕으로 충분히 비형식적으로 계산하는 과정이 필요합니다. 이런 비형식적인 계산 방법이 수학화된 것이 분수의 나눗셈 방법이기 때문입니다.

교과서 개념 이해 1 (분수)÷(분수)를 알아볼까요 (1) 9쪽

1 (1) 5 (2) 5
2 (1) 8, 4 (2) 2
3 $11 \div 3 = \frac{11}{3} = 3\frac{2}{3}$
4 (1) 3 (2) $2\frac{3}{4}$
5 $2\frac{1}{5}$
6 =
7 ㉡
8 7개

1 $\frac{5}{6}$를 $\frac{1}{6}$씩 자르면 자른 조각 수는 5입니다.

2 $\frac{8}{9}$에서 $\frac{4}{9}$를 2번 덜어 낼 수 있습니다.

3 분모가 같은 분수의 나눗셈은 분자끼리 나누어 구합니다.

4 (1) $\frac{9}{10} \div \frac{3}{10} = 9 \div 3 = 3$
(2) $\frac{11}{13} \div \frac{4}{13} = 11 \div 4 = \frac{11}{4} = 2\frac{3}{4}$

5 $\frac{11}{14} > \frac{5}{14}$이므로 $\frac{11}{14} \div \frac{5}{14} = 11 \div 5 = \frac{11}{5} = 2\frac{1}{5}$입니다.

6 $\frac{6}{7} \div \frac{2}{7} = 6 \div 2 = 3$
$\frac{6}{13} \div \frac{2}{13} = 6 \div 2 = 3$
⊜

7 ㉠ $\frac{8}{11} \div \frac{4}{11} = 8 \div 4 = 2$
㉡ $\frac{18}{19} \div \frac{6}{19} = 18 \div 6 = 3$
㉢ $\frac{14}{17} \div \frac{7}{17} = 14 \div 7 = 2$
➡ 계산 결과가 다른 하나는 ㉡입니다.

8 $\frac{7}{12}$에서 $\frac{1}{12}$을 7번 덜어 낼 수 있습니다.
따라서 페인트 $\frac{7}{12}$ L를 한 통에 $\frac{1}{12}$ L씩 7개의 통에 담을 수 있습니다.

교과서 개념 이해 2 (분수)÷(분수)를 알아볼까요 (2) 10~11쪽

! • 분모

1 6
2 (1) 6, 6, 8, 6, 3 (2) 28, 15, 28, 15, $\frac{28}{15}$, $1\frac{13}{15}$
3 ㉢
4 (1) 6 (2) $1\frac{2}{25}$
5 $1\frac{7}{9}$
6 ㉡
7 $1\frac{4}{21}$배

1 $\frac{3}{5} = \frac{6}{10}$이므로 $\frac{1}{10}$이 6번 들어갑니다.

2 분모가 다른 분수의 나눗셈은 통분하여 분자끼리 나누어 구합니다.

3 분모가 다른 분수의 나눗셈은 통분하여 분자끼리 나누어 구합니다.

㉠ $\frac{5}{6} \div \frac{3}{4} = \frac{10}{12} \div \frac{9}{12} = 10 \div 9 = \frac{10}{9} = 1\frac{1}{9}$

㉡ $\frac{2}{5} \div \frac{5}{6} = \frac{12}{30} \div \frac{25}{30} = 12 \div 25 = \frac{12}{25}$

㉢ $\frac{3}{4} \div \frac{3}{8} = \frac{6}{8} \div \frac{3}{8} = 6 \div 3 = 2$

따라서 계산을 바르게 한 것은 ㉢입니다.

4 (1) $\frac{15}{16} \div \frac{5}{32} = \frac{30}{32} \div \frac{5}{32} = 30 \div 5 = 6$

(2) $\frac{9}{10} \div \frac{5}{6} = \frac{27}{30} \div \frac{25}{30} = 27 \div 25 = \frac{27}{25} = 1\frac{2}{25}$

5 $\frac{8}{15} \div \frac{3}{10} = \frac{16}{30} \div \frac{9}{30} = 16 \div 9 = \frac{16}{9} = 1\frac{7}{9}$

6 ㉠ $\frac{7}{12} \div \frac{14}{15} = \frac{35}{60} \div \frac{56}{60} = 35 \div 56 = \frac{35}{56} = \frac{5}{8}$

㉡ $\frac{1}{6} \div \frac{1}{8} = \frac{4}{24} \div \frac{3}{24} = 4 \div 3 = \frac{4}{3} = 1\frac{1}{3}$

➡ $\frac{5}{8} < 1\frac{1}{3}$이므로 계산 결과가 더 큰 것은 ㉡입니다.

7 $\frac{5}{14} \div \frac{3}{10} = \frac{25}{70} \div \frac{21}{70} = 25 \div 21 = \frac{25}{21}$

$= 1\frac{4}{21}$(배)

교과서 개념 이해 **3 (자연수)÷(분수)를 알아볼까요** 12~13쪽

1 (위에서부터) 2, 3, 1260 / 2, 3, 1260

2 $(6 \div 3) \times 8 = 16$ **3** (1) 27 (2) 24

4 (위에서부터) 42, 48, 60

5 15 **6** 24

7 = **8** ㉡

9 28명

1 $\left(\text{배추 } \frac{1}{3}\text{포기의 무게}\right) = 840 \div 2 = 420$ (g)

(배추 1포기의 무게)$= 420 \times 3 = 1260$ (g)

2 $6 \div \frac{3}{8} = (6 \div 3) \times 8 = 2 \times 8 = 16$

3 (1) $15 \div \frac{5}{9} = (15 \div 5) \times 9 = 3 \times 9 = 27$

(2) $21 \div \frac{7}{8} = (21 \div 7) \times 8 = 3 \times 8 = 24$

4 $18 \div \frac{3}{7} = (18 \div 3) \times 7 = 42$

$18 \div \frac{3}{8} = (18 \div 3) \times 8 = 48$

$18 \div \frac{3}{10} = (18 \div 3) \times 10 = 60$

참고 | 나누어지는 수가 같을 때 나누는 수가 작을수록 계산 결과는 커집니다.

5 $\square \times \frac{2}{5} = 6$에서

$\square = 6 \div \frac{2}{5} = (6 \div 2) \times 5 = 15$입니다.

6 $10 > \frac{5}{12}$이므로

$10 \div \frac{5}{12} = (10 \div 5) \times 12 = 24$입니다.

7 $15 \div \frac{5}{6} = (15 \div 5) \times 6 = 3 \times 6 = 18$

$12 \div \frac{2}{3} = (12 \div 2) \times 3 = 6 \times 3 = 18$

➡ $18 = 18$

8 ㉠ $4 \div \frac{4}{7} = (4 \div 4) \times 7 = 7$

㉡ $8 \div \frac{2}{9} = (8 \div 2) \times 9 = 36$

㉢ $6 \div \frac{3}{5} = (6 \div 3) \times 5 = 10$

➡ ㉡>㉢>㉠이므로 계산 결과가 가장 큰 것은 ㉡입니다.

9 (나누어 줄 수 있는 사람 수)

$= 20 \div \frac{5}{7} = (20 \div 5) \times 7 = 28$(명)

교과서 개념 이해 4 (분수)÷(분수)를 (분수)×(분수)로 나타내어 볼까요 15쪽

1 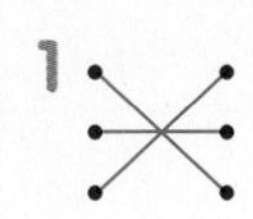

2 $\frac{\overset{2}{\cancel{8}}}{9}\times\frac{5}{\underset{1}{\cancel{4}}}=\frac{10}{9}=1\frac{1}{9}$

3 $\frac{3}{\underset{2}{\cancel{4}}}\times\overset{3}{\cancel{6}}=\frac{9}{2}=4\frac{1}{2}$

4 $\frac{5}{\underset{4}{\cancel{8}}}\times\frac{\overset{5}{\cancel{10}}}{3}=\frac{25}{12}=2\frac{1}{12}$

5 ㉢

6 ( )(○)

7 ㉢

8 $1\frac{1}{2}$

1 분수의 나눗셈을 나누는 분수의 분모와 분자를 바꾸어 분수의 곱셈으로 나타내어 계산합니다.

2 $\frac{8}{9}\div\frac{4}{5}=\frac{\overset{2}{\cancel{8}}}{9}\times\frac{1}{\underset{1}{\cancel{4}}}\times5=\frac{2}{9}\times5=\frac{10}{9}=1\frac{1}{9}$

3 $\frac{3}{4}\div\frac{1}{6}=\frac{3}{4}\times1\times6=\frac{3}{\underset{2}{\cancel{4}}}\times\overset{3}{\cancel{6}}=\frac{9}{2}=4\frac{1}{2}$

4 $\frac{5}{8}\div\frac{3}{10}=\frac{5}{8}\times\frac{1}{3}\times10=\frac{5}{\underset{4}{\cancel{8}}}\times\frac{\overset{5}{\cancel{10}}}{3}=\frac{25}{12}=2\frac{1}{12}$

5 ㉢ $\frac{4}{5}\div\frac{3}{4}=\frac{4}{5}\times\frac{4}{3}=\frac{16}{15}=1\frac{1}{15}$

따라서 계산 결과가 틀린 것은 ㉢입니다.

6 $\frac{4}{9}\div\frac{4}{5}=\frac{\overset{1}{\cancel{4}}}{9}\times\frac{5}{\underset{1}{\cancel{4}}}=\frac{5}{9}$

$\frac{3}{5}\div\frac{3}{10}=\frac{\overset{1}{\cancel{3}}}{\underset{1}{\cancel{5}}}\times\frac{\overset{2}{\cancel{10}}}{\underset{1}{\cancel{3}}}=2$

7 ㉠ $\frac{9}{16}\div\frac{3}{10}=\frac{\overset{3}{\cancel{9}}}{\underset{8}{\cancel{16}}}\times\frac{\overset{5}{\cancel{10}}}{\underset{1}{\cancel{3}}}=\frac{15}{8}=1\frac{7}{8}$

㉡ $\frac{3}{8}\div\frac{2}{9}=\frac{3}{8}\times\frac{9}{2}=\frac{27}{16}=1\frac{11}{16}$

㉢ $\frac{8}{13}\div\frac{2}{3}=\frac{\overset{4}{\cancel{8}}}{13}\times\frac{3}{\underset{1}{\cancel{2}}}=\frac{12}{13}$

따라서 계산 결과가 1보다 작은 것은 ㉢입니다.

다른 풀이 |

나누는 수가 나누어지는 수보다 크면 몫은 1보다 작습니다.

㉠ $\frac{9}{16}>\frac{3}{10}$ ➡ 몫>1

㉡ $\frac{3}{8}>\frac{2}{9}$ ➡ 몫>1

㉢ $\frac{8}{13}<\frac{2}{3}$ ➡ 몫<1

8 $\frac{5}{6}>\frac{5}{7}>\frac{5}{9}$이므로

$\frac{5}{6}\div\frac{5}{9}=\frac{\overset{1}{\cancel{5}}}{\underset{2}{\cancel{6}}}\times\frac{\overset{3}{\cancel{9}}}{\underset{1}{\cancel{5}}}=\frac{3}{2}=1\frac{1}{2}$입니다.

참고 | 분자가 같을 때 분모가 작을수록 더 큰 분수입니다.

교과서 개념 이해 5 (분수)÷(분수)를 계산해 볼까요 17쪽

1 7, 21, 21, 21, 2, 5

2 7, 7, $\frac{3}{2}$, 21, 2, 5

3 (1) $4\frac{4}{5}$ (2) $3\frac{1}{3}$ (3) $2\frac{4}{5}$ (4) $1\frac{1}{49}$

4 $\frac{7}{5}\div\frac{3}{7}=\frac{7}{5}\times\frac{7}{3}=\frac{49}{15}=3\frac{4}{15}$

5 $9\frac{1}{3}$

6 <

7 5덩어리

1 대분수를 가분수로 바꾼 후 통분합니다.

2 대분수를 가분수로 바꾼 후 나누는 분수의 분모와 분자를 바꾸어 분수의 곱셈으로 나타냅니다.

3 (1) $4\div\frac{5}{6}=4\times\frac{6}{5}=\frac{24}{5}=4\frac{4}{5}$

(2) $\frac{5}{2}\div\frac{3}{4}=\frac{5}{\underset{1}{\cancel{2}}}\times\frac{\overset{2}{\cancel{4}}}{3}=\frac{10}{3}=3\frac{1}{3}$

(3) $2\frac{1}{3}\div\frac{5}{6}=\frac{7}{3}\div\frac{5}{6}=\frac{7}{\underset{1}{\cancel{3}}}\times\frac{\overset{2}{\cancel{6}}}{5}=\frac{14}{5}=2\frac{4}{5}$

(4) $1\frac{3}{7}\div1\frac{2}{5}=\frac{10}{7}\div\frac{7}{5}=\frac{10}{7}\times\frac{5}{7}=\frac{50}{49}=1\frac{1}{49}$

4 대분수를 가분수로 바꾸어 계산해야 합니다.

5 $5\frac{5}{6}\div\frac{5}{8}=\frac{35}{6}\div\frac{5}{8}=\frac{\overset{7}{\cancel{35}}}{\underset{3}{\cancel{6}}}\times\frac{\overset{4}{\cancel{8}}}{\underset{1}{\cancel{5}}}=\frac{28}{3}=9\frac{1}{3}$

6 $1\frac{2}{9}\div\frac{3}{4}=\frac{11}{9}\div\frac{3}{4}=\frac{11}{9}\times\frac{4}{3}=\frac{44}{27}=1\frac{17}{27}$

$\frac{11}{7}\div\frac{3}{4}=\frac{11}{7}\times\frac{4}{3}=\frac{44}{21}=2\frac{2}{21}$

➡ $1\frac{17}{27}<2\frac{2}{21}$

7 $2\frac{2}{3}\div\frac{8}{15}=\frac{8}{3}\div\frac{8}{15}=\frac{40}{15}\div\frac{8}{15}$

$=40\div8=5$(덩어리)

기본기 다지기 (개념 적용) 18~24쪽

1 ㉡ **2** 3

3 5 **4** ( )(○)( )

5 2배 **6** $1\frac{2}{3}$

7 ㉡ **8** $3\frac{1}{4}$

9 $\frac{7}{9}$ **10** $\frac{6}{8}\div\frac{7}{8}$, $\frac{6}{9}\div\frac{7}{9}$

11 1, 2, 3, 4

12 (1) $\frac{12}{15}\div\frac{2}{15}=12\div2=6$

(2) $\frac{20}{28}\div\frac{21}{28}=20\div21=\frac{20}{21}$

13 >

14 $\frac{1}{20}\div\frac{1}{4}=\frac{1}{20}\div\frac{5}{20}=1\div5=\frac{1}{5}$

15 $2\frac{1}{4}$배 **16** $\frac{6}{7}$

17 $\frac{7}{9}\div\frac{1}{2}=1\frac{5}{9}$ / $1\frac{5}{9}$배

18 $\frac{9}{10}$ m

19 (1) $(9\div3)\times4=12$ (2) $(8\div4)\times7=14$

20 (1) 27 (2) 22 **21** ㉢, ㉠, ㉡

22 $3\div\frac{3}{7}=7$ / 7컵 **23** $16\div\frac{4}{9}=36$ / 36 g

24 3, 4, 5 **25** (선 잇기)

26 $\frac{4}{\underset{1}{\cancel{5}}}\times\frac{\overset{3}{\cancel{15}}}{7}=\frac{12}{7}=1\frac{5}{7}$

27 ㉠ / ㉑ $\frac{7}{12}\div\frac{5}{6}=\frac{7}{\underset{2}{\cancel{12}}}\times\frac{\overset{1}{\cancel{6}}}{5}=\frac{7}{10}$

28 ㉡ **29** $2\frac{7}{10}$

30 $\frac{9}{10}$ m

31 $\frac{15}{16}\div\frac{5}{12}=2\frac{1}{4}$ / $2\frac{1}{4}$ kg

32 ( )( )(○)

33 4 **34** $\frac{9}{35}$ m

35 (위에서부터) 7, $20\frac{1}{4}$

36 방법 1 ㉑ $2\frac{2}{3}\div1\frac{5}{9}=\frac{8}{3}\div\frac{14}{9}=\frac{24}{9}\div\frac{14}{9}$

$=24\div14=\frac{\overset{12}{\cancel{24}}}{\underset{7}{\cancel{14}}}=\frac{12}{7}$

$=1\frac{5}{7}$

방법 2 ㉑ $2\frac{2}{3}\div1\frac{5}{9}=\frac{8}{3}\div\frac{14}{9}$

$=\frac{\overset{4}{\cancel{8}}}{\underset{1}{\cancel{3}}}\times\frac{\overset{3}{\cancel{9}}}{\underset{7}{\cancel{14}}}=\frac{12}{7}=1\frac{5}{7}$

37 ㉑ 케이크 1개를 한 명이 $\frac{1}{5}$개씩 나누어 먹으면 몇 명이 먹을 수 있을까요? / ㉑ 5명

38 1, 2, 3, 4 **39** 2도막, $\frac{1}{3}$ m

40 3병, $\frac{16}{21}$ L **41** 6개

42 4 **43** $12\frac{4}{5}$

44 36봉지

45 $1\frac{1}{2}$ km

46 $4\frac{4}{5}$ L

47 $\frac{7}{80}$시간

1 ㉠ $\frac{3}{5}\div\frac{1}{5}=3$, ㉡ $\frac{6}{7}\div\frac{3}{7}=2$, ㉢ $\frac{8}{13}\div\frac{2}{13}=4$
이므로 계산 결과가 가장 작은 것은 ㉡입니다.

2 1을 10등분 한 것이므로 작은 눈금 한 칸의 크기는 $\frac{1}{10}$입니다.
따라서 ㉠은 $\frac{3}{10}$, ㉡은 $\frac{9}{10}$이므로
㉡÷㉠$=\frac{9}{10}\div\frac{3}{10}=9\div3=3$입니다.

3 가장 큰 수는 $\frac{15}{17}$이고, 가장 작은 수는 $\frac{3}{17}$입니다.
➡ $\frac{15}{17}\div\frac{3}{17}=15\div3=5$

4 $\frac{10}{11}\div\frac{5}{11}=10\div5=2$
$\frac{4}{9}\div\frac{1}{9}=4\div1=4$
$\frac{12}{19}\div\frac{6}{19}=12\div6=2$

서술형
5 예 커피 1잔의 카페인 함량은 $\frac{12}{19}$ g이고,
에너지 음료 1캔의 카페인 함량은 $\frac{6}{19}$ g이므로
$\frac{12}{19}\div\frac{6}{19}=12\div6=2$(배)입니다.

단계	문제 해결 과정
①	분수의 나눗셈식을 바르게 세웠나요?
②	커피 1잔의 카페인 함량은 에너지 음료 1캔의 카페인 함량의 몇 배인지 구했나요?

6 $\frac{1}{8}$이 5개인 수는 $\frac{5}{8}$이므로
$\frac{5}{8}\div\frac{3}{8}=5\div3=\frac{5}{3}=1\frac{2}{3}$입니다.

7 ㉠ $\frac{9}{10}\div\frac{5}{10}=9\div5=\frac{9}{5}=1\frac{4}{5}$
㉡ $\frac{5}{12}\div\frac{7}{12}=5\div7=\frac{5}{7}$
㉢ $\frac{6}{11}\div\frac{2}{11}=6\div2=3$
따라서 계산 결과가 진분수인 것은 ㉡입니다.

8 ㉠ $\frac{5}{7}\div\frac{4}{7}=5\div4=\frac{5}{4}=1\frac{1}{4}$
㉡ $\frac{4}{9}\div\frac{2}{9}=4\div2=2$
➡ $1\frac{1}{4}+2=3\frac{1}{4}$

9 곱셈과 나눗셈의 관계를 이용합니다.
$\square\times\frac{9}{16}=\frac{7}{16}$ ➡ $\square=\frac{7}{16}\div\frac{9}{16}=7\div9=\frac{7}{9}$

10 분모가 1보다 크고 10보다 작은 진분수의 나눗셈이고, 6÷7을 이용하여 계산할 수 있으므로 분모는 8, 9가 될 수 있습니다.
➡ $\frac{6}{8}\div\frac{7}{8}=6\div7=\frac{6}{7}$
$\frac{6}{9}\div\frac{7}{9}=6\div7=\frac{6}{7}$

서술형
11 예 $\frac{9}{13}\div\frac{2}{13}=9\div2=\frac{9}{2}=4\frac{1}{2}$이므로 $4\frac{1}{2}>\square$입니다.
따라서 □ 안에 들어갈 수 있는 자연수는 1, 2, 3, 4입니다.

단계	문제 해결 과정
①	$\frac{9}{13}\div\frac{2}{13}$를 계산했나요?
②	□ 안에 들어갈 수 있는 자연수를 모두 구했나요?

13 $\frac{3}{5}\div\frac{1}{3}=\frac{9}{15}\div\frac{5}{15}=9\div5=\frac{9}{5}=1\frac{4}{5}$
$\frac{3}{8}\div\frac{1}{3}=\frac{9}{24}\div\frac{8}{24}=9\div8=\frac{9}{8}=1\frac{1}{8}$
➡ $1\frac{4}{5}>1\frac{1}{8}$

다른 풀이 |
나누는 수가 $\frac{1}{3}$로 같으므로 나누어지는 수를 비교하면
$\frac{3}{5}>\frac{3}{8}$입니다.
따라서 나누어지는 수가 더 큰 $\frac{3}{5}\div\frac{1}{3}$이 더 큽니다.

14 분모가 다른 분수의 나눗셈은 분모를 같게 통분하여 계산해야 합니다.

15 ㉠은 $\frac{1}{5}$이 3개이므로 $\frac{3}{5}$이고,

㉡은 $\frac{2}{9}\div\frac{5}{6}=\frac{4}{18}\div\frac{15}{18}=4\div15=\frac{4}{15}$입니다.

따라서 ㉠은 ㉡의

$\frac{3}{5}\div\frac{4}{15}=\frac{9}{15}\div\frac{4}{15}=9\div4=\frac{9}{4}=2\frac{1}{4}$(배)

입니다.

16 어떤 수를 □라 하면 $\frac{4}{7}\div□=\frac{2}{3}$이므로

$□=\frac{4}{7}\div\frac{2}{3}=\frac{12}{21}\div\frac{14}{21}=12\div14=\frac{\overset{6}{\cancel{12}}}{\underset{7}{\cancel{14}}}=\frac{6}{7}$

입니다.

17 $\frac{7}{9}\div\frac{1}{2}=\frac{14}{18}\div\frac{9}{18}=14\div9=\frac{14}{9}=1\frac{5}{9}$(배)

서술형

18 예 (밑변의 길이)=(삼각형의 넓이)×2÷(높이)이므로

(밑변의 길이)$=\frac{3}{8}\times2\div\frac{5}{6}=\frac{3}{4}\div\frac{5}{6}=\frac{9}{12}\div\frac{10}{12}$

$=9\div10=\frac{9}{10}$ (m)

입니다.

단계	문제 해결 과정
①	삼각형의 밑변의 길이를 구하는 식을 바르게 세웠나요?
②	삼각형의 밑변의 길이는 몇 m인지 구했나요?

20 (1) ㉠÷㉡$=6\div\frac{2}{9}=(6\div2)\times9=27$

(2) ㉣÷㉢$=16\div\frac{8}{11}=(16\div8)\times11=22$

21 ㉠ $8\div\frac{2}{5}=(8\div2)\times5=20$

㉡ $15\div\frac{5}{9}=(15\div5)\times9=27$

㉢ $12\div\frac{2}{3}=(12\div2)\times3=18$

➡ $18<20<27$

22 $3\div\frac{3}{7}=(3\div3)\times7=7$(컵)

23 $16\div\frac{4}{9}=(16\div4)\times9=36$ (g)

서술형

24 예 $20\div\frac{4}{□}=(20\div4)\times□=5\times□$이므로

$10<5\times□<30$입니다.

$5\times3=15$, $5\times4=20$, $5\times5=25$이므로 □ 안에 들어갈 수 있는 자연수는 3, 4, 5입니다.

단계	문제 해결 과정
①	$20\div\frac{4}{□}$를 곱셈식으로 나타냈나요?
②	□ 안에 들어갈 수 있는 자연수를 모두 구했나요?

25 $\frac{\bigstar}{\blacksquare}\div\frac{\blacktriangle}{\bullet}=\frac{\bigstar}{\blacksquare}\times\frac{\bullet}{\blacktriangle}$

26 나누는 분수의 분모와 분자를 바꾸어 곱합니다.

27 나눗셈을 곱셈으로 바꾸고 나누는 분수의 분모와 분자를 바꾸어 줍니다.

28 ㉠ $\frac{4}{7}\div\frac{1}{3}=\frac{4}{7}\times3=\frac{12}{7}=1\frac{5}{7}$

㉡ $\frac{3}{5}\div\frac{9}{10}=\frac{\overset{1}{\cancel{3}}}{\underset{1}{\cancel{5}}}\times\frac{\overset{2}{\cancel{10}}}{\underset{3}{\cancel{9}}}=\frac{2}{3}$

㉢ $\frac{1}{2}\div\frac{3}{8}=\frac{1}{\underset{1}{\cancel{2}}}\times\frac{\overset{4}{\cancel{8}}}{3}=\frac{4}{3}=1\frac{1}{3}$

따라서 계산 결과가 1보다 작은 것은 ㉡입니다.

29 곱셈과 나눗셈의 관계를 이용합니다.

$\frac{4}{15}\times□=\frac{18}{25}$

➡ $□=\frac{18}{25}\div\frac{4}{15}=\frac{\overset{9}{\cancel{18}}}{\underset{5}{\cancel{25}}}\times\frac{\overset{3}{\cancel{15}}}{\underset{2}{\cancel{4}}}=\frac{27}{10}=2\frac{7}{10}$

30 (세로)=(직사각형의 넓이)÷(가로)

$=\frac{4}{5}\div\frac{8}{9}=\frac{\overset{1}{\cancel{4}}}{5}\times\frac{9}{\underset{2}{\cancel{8}}}=\frac{9}{10}$ (m)

31 $\frac{15}{16}\div\frac{5}{12}=\frac{\overset{3}{\cancel{15}}}{\underset{4}{\cancel{16}}}\times\frac{\overset{3}{\cancel{12}}}{\underset{1}{\cancel{5}}}=\frac{9}{4}=2\frac{1}{4}$ (kg)

32 $3\div\frac{1}{4}=3\times4=12$, $2\div\frac{1}{6}=2\times6=12$,

$4\div\frac{1}{5}=4\times5=20$

33 $2\frac{1}{2}\div\frac{5}{8}=\frac{5}{2}\div\frac{5}{8}=\frac{\overset{1}{\cancel{5}}}{\underset{1}{\cancel{2}}}\times\frac{\overset{4}{\cancel{8}}}{\underset{1}{\cancel{5}}}=4$

34 (높이)=(평행사변형의 넓이)÷(밑변의 길이)

$=\frac{9}{20}\div1\frac{3}{4}=\frac{9}{20}\div\frac{7}{4}$

$=\frac{9}{20}\times\frac{4}{7}=\frac{9}{35}$ (m)

35 $4\div\frac{4}{7}=4\times\frac{7}{4}=7$

$18\div\square=\frac{8}{9}$

➡ $\square=18\div\frac{8}{9}=18\times\frac{9}{8}=\frac{81}{4}=20\frac{1}{4}$

서술형

36

단계	문제 해결 과정
①	한 가지 방법으로 계산했나요?
②	다른 한 가지 방법으로 계산했나요?

37 $1\div\frac{1}{5}=1\times5=5$

38 $\frac{7}{10}\div\frac{1}{2}=\frac{7}{10}\times2=\frac{7}{5}$,

$1\frac{2}{5}\div\frac{\square}{5}=\frac{7}{5}\div\frac{\square}{5}=7\div\square=\frac{7}{\square}$이므로

$\frac{7}{5}<\frac{7}{\square}$입니다.

따라서 □ 안에 들어갈 수 있는 자연수는 5보다 작은 1, 2, 3, 4입니다.

39 $1\frac{1}{3}\div\frac{1}{2}=\frac{4}{3}\div\frac{1}{2}=\frac{4}{3}\times2=\frac{8}{3}=2\frac{2}{3}$이므로

2도막이 되고, 남는 색 테이프는 $\frac{1}{2}$ m의 $\frac{2}{3}$입니다.

$\frac{1}{2}\times\frac{2}{3}=\frac{1}{3}$이므로 남는 색 테이프는 $\frac{1}{3}$ m입니다.

40 $3\frac{3}{7}\div\frac{8}{9}=\frac{24}{7}\div\frac{8}{9}=\frac{24}{7}\times\frac{9}{8}=\frac{27}{7}=3\frac{6}{7}$이므로

3병이 되고 남는 물은 $\frac{8}{9}$ L의 $\frac{6}{7}$입니다.

$\frac{8}{9}\times\frac{6}{7}=\frac{16}{21}$이므로 남는 물은 $\frac{16}{21}$ L입니다.

41 $4\frac{1}{8}\div\frac{3}{4}=\frac{33}{8}\div\frac{3}{4}=\frac{33}{8}\times\frac{4}{3}=\frac{11}{2}=5\frac{1}{2}$

우유를 모두 담아야 하므로 작은 병은 적어도 6개가 있어야 합니다.

42 어떤 수를 □라 하면 $\square\times\frac{4}{7}=2\frac{2}{7}$,

$\square=2\frac{2}{7}\div\frac{4}{7}=\frac{16}{7}\div\frac{4}{7}=16\div4=4$입니다.

43 어떤 수를 □라 하면 $\square\times\frac{3}{8}=1\frac{4}{5}$,

$\square=1\frac{4}{5}\div\frac{3}{8}=\frac{9}{5}\div\frac{3}{8}=\frac{9}{5}\times\frac{8}{3}=\frac{24}{5}=4\frac{4}{5}$

입니다. 따라서 바르게 계산하면

$4\frac{4}{5}\div\frac{3}{8}=\frac{24}{5}\div\frac{3}{8}=\frac{24}{5}\times\frac{8}{3}=\frac{64}{5}=12\frac{4}{5}$

입니다.

44 $1\frac{5}{6}$ kg씩 8봉지는

$1\frac{5}{6}\times8=\frac{11}{6}\times8=\frac{44}{3}=14\frac{2}{3}$ (kg)이므로

구슬 전체의 무게는

$14\frac{2}{3}+1\frac{1}{3}=15\frac{3}{3}=16$ (kg)입니다.

따라서 바르게 담으면

$16\div\frac{4}{9}=(16\div4)\times9=36$(봉지)가 됩니다.

45 15분$=\frac{15}{60}$시간$=\frac{1}{4}$시간

(1시간 동안 갈 수 있는 거리)

$=\frac{3}{8}\div\frac{1}{4}=\frac{3}{8}\div\frac{2}{8}=3\div2=\frac{3}{2}=1\frac{1}{2}$ (km)

46 40분$=\frac{40}{60}$시간$=\frac{2}{3}$시간

(1시간 동안 나오는 물의 양)

$=3\frac{1}{5}\div\frac{2}{3}=\frac{16}{5}\div\frac{2}{3}=\frac{16}{5}\times\frac{3}{2}=\frac{24}{5}=4\frac{4}{5}$ (L)

47 1시간 48분$=1\frac{48}{60}$시간$=1\frac{4}{5}$시간

(1 km를 가는 데 걸린 시간)

$=1\frac{4}{5}\div20\frac{4}{7}=\frac{9}{5}\div\frac{144}{7}$

$=\frac{9}{5}\times\frac{7}{144}=\frac{7}{80}$(시간)

응용력 기르기 25~28쪽

1 $3\frac{1}{2}$ **1-1** $2\frac{1}{4}$ **1-2** $3\frac{6}{7}$, $\frac{7}{27}$

2 $1\frac{3}{5}$ m **2-1** $3\frac{9}{13}$ cm **2-2** $3\frac{3}{8}$ m

3 81 km

3-1 $6\frac{2}{3}$ km **3-2** $\frac{14}{15}$ kg **3-3** $\frac{1}{5}$ L

4 1단계 예 $7\frac{1}{3}-5=2\frac{1}{3}$ (cm)

2단계 예 $2\frac{1}{3}\times 2=\frac{7}{3}\times 2=\frac{14}{3}=4\frac{2}{3}$이므로 추 2개를 달았을 때 용수철의 길이는 $5+4\frac{2}{3}=9\frac{2}{3}$ (cm)입니다.

3단계 예 $9\frac{2}{3}\div 7\frac{1}{3}=\frac{29}{3}\div\frac{22}{3}$
$=29\div 22=\frac{29}{22}=1\frac{7}{22}$(배)

/ $1\frac{7}{22}$배

4-1 $1\frac{7}{30}$배

1 몫이 가장 작으려면 나누어지는 수를 가장 작게, 나누는 수를 가장 크게 해야 합니다.
나누어지는 수는 3이고, 나누는 수는 4, 6, 7 중에서 2장으로 만들 수 있는 가장 큰 진분수인 $\frac{6}{7}$입니다.
➡ $3\div\frac{6}{7}=\overset{1}{\cancel{3}}\times\frac{7}{\underset{2}{\cancel{6}}}=\frac{7}{2}=3\frac{1}{2}$

1-1 몫이 가장 작으려면 나누어지는 수를 가장 작게, 나누는 수를 가장 크게 해야 합니다.
나누어지는 수는 2이고, 나누는 수는 5, 8, 9 중에서 2장으로 만들 수 있는 가장 큰 진분수인 $\frac{8}{9}$입니다.
➡ $2\div\frac{8}{9}=\overset{1}{\cancel{2}}\times\frac{9}{\underset{4}{\cancel{8}}}=\frac{9}{4}=2\frac{1}{4}$

1-2 만들 수 있는 진분수는 $\frac{2}{6}$, $\frac{2}{7}$, $\frac{6}{7}$, $\frac{2}{9}$, $\frac{6}{9}$, $\frac{7}{9}$이고
이 중에서 가장 큰 수는 $\frac{6}{7}$, 가장 작은 수는 $\frac{2}{9}$입니다.

• 몫이 가장 크려면 나누어지는 수를 가장 크게, 나누는 수를 가장 작게 해야 하므로
$\frac{6}{7}\div\frac{2}{9}=\frac{\overset{3}{\cancel{6}}}{7}\times\frac{9}{\underset{1}{\cancel{2}}}=\frac{27}{7}=3\frac{6}{7}$입니다.

• 몫이 가장 작으려면 나누어지는 수를 가장 작게, 나누는 수를 가장 크게 해야 하므로
$\frac{2}{9}\div\frac{6}{7}=\frac{\overset{1}{\cancel{2}}}{9}\times\frac{7}{\underset{3}{\cancel{6}}}=\frac{7}{27}$입니다.

2 (사다리꼴의 넓이)=((윗변)+(아랫변))×(높이)÷2이므로 사다리꼴의 높이를 □m라 하면
$\left(2\frac{1}{2}+3\frac{1}{4}\right)\times\square\div 2=4\frac{3}{5}$, $5\frac{3}{4}\times\square\div 2=4\frac{3}{5}$,
$5\frac{3}{4}\times\square=4\frac{3}{5}\times 2$, $\frac{23}{4}\times\square=\frac{23}{5}\times 2$,
$\frac{23}{4}\times\square=\frac{46}{5}$,
$\square=\frac{46}{5}\div\frac{23}{4}=\frac{\overset{2}{\cancel{46}}}{5}\times\frac{4}{\underset{1}{\cancel{23}}}=\frac{8}{5}=1\frac{3}{5}$입니다.

2-1 사다리꼴의 높이를 □cm라 하면
$\left(3\frac{4}{9}+2\frac{1}{3}\right)\times\square\div 2=10\frac{2}{3}$, $5\frac{7}{9}\times\square\div 2=10\frac{2}{3}$,
$5\frac{7}{9}\times\square=10\frac{2}{3}\times 2$, $\frac{52}{9}\times\square=\frac{32}{3}\times 2$,
$\frac{52}{9}\times\square=\frac{64}{3}$,
$\square=\frac{64}{3}\div\frac{52}{9}=\frac{\overset{16}{\cancel{64}}}{\underset{1}{\cancel{3}}}\times\frac{\overset{3}{\cancel{9}}}{\underset{13}{\cancel{52}}}=\frac{48}{13}=3\frac{9}{13}$입니다.

2-2 사다리꼴의 아랫변의 길이를 □m라 하면
$\left(1\frac{7}{8}+\square\right)\times 4\frac{4}{5}\div 2=12\frac{3}{5}$,
$\left(1\frac{7}{8}+\square\right)\times 4\frac{4}{5}=12\frac{3}{5}\times 2=25\frac{1}{5}$,
$1\frac{7}{8}+\square=25\frac{1}{5}\div 4\frac{4}{5}=\frac{126}{5}\div\frac{24}{5}=126\div 24$
$=\frac{\overset{21}{\cancel{126}}}{\underset{4}{\cancel{24}}}=\frac{21}{4}=5\frac{1}{4}$,
$\square=5\frac{1}{4}-1\frac{7}{8}=5\frac{2}{8}-1\frac{7}{8}=3\frac{3}{8}$입니다.

3 $50분=\frac{50}{60}시간=\frac{5}{6}시간$,

$1시간\ 30분=1\frac{30}{60}시간=1\frac{1}{2}시간$

(1시간 동안 갈 수 있는 거리)

$=45\div\frac{5}{6}=(45\div5)\times6=54\ (km)$

(1시간 30분 동안 갈 수 있는 거리)

$=54\times1\frac{1}{2}=\overset{27}{\cancel{54}}\times\frac{3}{\underset{1}{\cancel{2}}}=81\ (km)$

3-1 $36분=\frac{36}{60}시간=\frac{3}{5}시간$

(1시간 동안 갈 수 있는 거리)

$=2\div\frac{3}{5}=2\times\frac{5}{3}=\frac{10}{3}=3\frac{1}{3}\ (km)$

(2시간 동안 갈 수 있는 거리)

$=3\frac{1}{3}\times2=\frac{10}{3}\times2=\frac{20}{3}=6\frac{2}{3}\ (km)$

3-2 (막대 1 m의 무게)

$=4\frac{4}{5}\div1\frac{2}{7}=\frac{24}{5}\div\frac{9}{7}=\frac{\overset{8}{\cancel{24}}}{5}\times\frac{7}{\underset{3}{\cancel{9}}}=\frac{56}{15}$

$=3\frac{11}{15}\ (kg)$

$\left(막대\ \frac{1}{4}\ m의\ 무게\right)$

$=3\frac{11}{15}\times\frac{1}{4}=\frac{\overset{14}{\cancel{56}}}{15}\times\frac{1}{\underset{1}{\cancel{4}}}=\frac{14}{15}\ (kg)$

3-3 1 m^2의 벽을 칠하는 데 사용한 페인트의 양을 구하려면 페인트의 양을 벽의 넓이로 나누면 됩니다.

$(벽의\ 넓이)=2\frac{7}{9}\times3=\frac{25}{\underset{3}{\cancel{9}}}\times\overset{1}{\cancel{3}}=\frac{25}{3}=8\frac{1}{3}\ (m^2)$

따라서 1 m^2의 벽을 칠하는 데 사용한 페인트의 양은

$1\frac{2}{3}\div8\frac{1}{3}=\frac{5}{3}\div\frac{25}{3}=5\div25=\frac{\overset{1}{\cancel{5}}}{\underset{5}{\cancel{25}}}=\frac{1}{5}\ (L)$

입니다.

4-1 (추를 6개 달았을 때 용수철의 길이)

$=4+\frac{7}{\underset{4}{\cancel{8}}}\times\overset{3}{\cancel{6}}=4+\frac{21}{4}=4+5\frac{1}{4}=9\frac{1}{4}\ (cm)$

(추를 4개 달았을 때 용수철의 길이)

$=4+\frac{7}{\underset{2}{\cancel{8}}}\times\overset{1}{\cancel{4}}=4+\frac{7}{2}=4+3\frac{1}{2}=7\frac{1}{2}\ (cm)$

$\Rightarrow 9\frac{1}{4}\div7\frac{1}{2}=\frac{37}{4}\div\frac{15}{2}=\frac{37}{\underset{2}{\cancel{4}}}\times\frac{\overset{1}{\cancel{2}}}{15}=\frac{37}{30}$

$=1\frac{7}{30}(배)$

1단원 단원 평가 Level 1

29~31쪽

1 (1) 5 (2) 5	**2** $\frac{5}{\underset{3}{\cancel{6}}}\times\frac{\overset{4}{\cancel{8}}}{3}=\frac{20}{9}=2\frac{2}{9}$
3 (1) 2 (2) 9	**4** 8, 8, $\frac{4}{3}$, 32, 3, 5
5 $3\frac{1}{2}$, $3\frac{3}{4}$	**6** $1\frac{13}{15}$
7 ㉣	**8** $1\frac{5}{7}$배
9 $1\frac{1}{14}$	**10** $\frac{12}{35}$ kg
11 10	**12** ㉡
13 15	**14** $4\frac{2}{3}\div\frac{7}{9}=6$ / 6배
15 14명	**16** $1\frac{13}{14}$ m
17 예 $\frac{9}{2}$, $\frac{5}{7}$ / $6\frac{3}{10}$	**18** $17\frac{1}{2}$ km
19 $\frac{14}{15}$	**20** 4배

1 $\frac{5}{8}$는 $\frac{1}{8}$이 5개이므로 $\frac{5}{8}$는 $\frac{1}{8}$의 5배입니다.

2 나눗셈을 곱셈으로 바꾸고 나누는 분수의 분모와 분자를 바꾸어 줍니다.

3 (1) $\frac{8}{9}\div\frac{4}{9}=8\div4=2$

(2) $\frac{6}{7}\div\frac{2}{21}=\frac{18}{21}\div\frac{2}{21}=18\div2=9$

4 대분수를 가분수로 바꾼 후 나눗셈을 곱셈으로 나타내고 나누는 분수의 분모와 분자를 바꾸어 줍니다.

5 $2\frac{11}{12} \div \frac{5}{6} = \frac{35}{12} \div \frac{5}{6} = \frac{\overset{7}{\cancel{35}}}{\underset{2}{\cancel{12}}} \times \frac{\overset{1}{\cancel{6}}}{\underset{1}{\cancel{5}}} = \frac{7}{2} = 3\frac{1}{2}$

$2\frac{11}{12} \div \frac{7}{9} = \frac{35}{12} \div \frac{7}{9} = \frac{\overset{5}{\cancel{35}}}{\underset{4}{\cancel{12}}} \times \frac{\overset{3}{\cancel{9}}}{\underset{1}{\cancel{7}}} = \frac{15}{4} = 3\frac{3}{4}$

6 $\frac{14}{9} > \frac{5}{6}$이므로

$\frac{14}{9} \div \frac{5}{6} = \frac{14}{\underset{3}{\cancel{9}}} \times \frac{\overset{2}{\cancel{6}}}{5} = \frac{28}{15} = 1\frac{13}{15}$입니다.

7 ㉠ $9 \div \frac{3}{4} = (9 \div 3) \times 4 = 12$

㉡ $\frac{24}{25} \div \frac{2}{25} = 24 \div 2 = 12$

㉢ $6 \div \frac{1}{2} = 6 \times 2 = 12$

㉣ $15 \div \frac{3}{5} = (15 \div 3) \times 5 = 25$

따라서 계산 결과가 다른 하나는 ㉣입니다.

8 $1\frac{3}{7} \div \frac{5}{6} = \frac{10}{7} \div \frac{5}{6} = \frac{\overset{2}{\cancel{10}}}{7} \times \frac{6}{\underset{1}{\cancel{5}}} = \frac{12}{7} = 1\frac{5}{7}$(배)

9 $\square \times \frac{7}{12} = \frac{5}{8}$,

$\square = \frac{5}{8} \div \frac{7}{12} = \frac{5}{\underset{2}{\cancel{8}}} \times \frac{\overset{3}{\cancel{12}}}{7} = \frac{15}{14} = 1\frac{1}{14}$

참고 | 곱셈과 나눗셈의 관계를 이용하여 □의 값을 구합니다.

10 $\frac{3}{10} \div \frac{7}{8} = \frac{3}{\underset{5}{\cancel{10}}} \times \frac{\overset{4}{\cancel{8}}}{7} = \frac{12}{35}$ (kg)

보충 개념 | 1 m의 무게를 구하는 것이므로 길이를 나타내는 수가 나누는 수가 됩니다.

11 어떤 수를 □라 하면

$\frac{4}{5} \times \square = 8$, $\square = 8 \div \frac{4}{5} = (8 \div 4) \times 5 = 10$입니다.

12 • $\frac{1}{8} \div ㉠ = \frac{5}{7}$, $㉠ = \frac{1}{8} \div \frac{5}{7} = \frac{1}{8} \times \frac{7}{5} = \frac{7}{40}$

• $\frac{8}{15} \times ㉡ = \frac{4}{7}$,

$㉡ = \frac{4}{7} \div \frac{8}{15} = \frac{\overset{1}{\cancel{4}}}{7} \times \frac{15}{\underset{2}{\cancel{8}}} = \frac{15}{14} = 1\frac{1}{14}$

➡ $\frac{7}{40} < 1\frac{1}{14}$이므로 ㉡이 더 큰 수입니다.

13 $\frac{㉠}{16} \div \frac{3}{16} = ㉠ \div 3$이므로

$㉠ \div 3 = 5$, $㉠ = 5 \times 3 = 15$입니다.

14 $4\frac{2}{3} \div \frac{7}{9} = \frac{14}{3} \div \frac{7}{9} = \frac{\overset{2}{\cancel{14}}}{\underset{1}{\cancel{3}}} \times \frac{\overset{3}{\cancel{9}}}{\underset{1}{\cancel{7}}} = 6$(배)

15 (전체 우유의 양)$=1.5 \times 4 = 6$ (L)

(우유를 마신 사람 수)$=6 \div \frac{3}{7} = (6 \div 3) \times 7 = 14$(명)

16 (평행사변형의 넓이)=(밑변의 길이)×(높이)이므로

(밑변의 길이)=(평행사변형의 넓이)÷(높이)

$= 1\frac{5}{7} \div \frac{8}{9} = \frac{12}{7} \div \frac{8}{9} = \frac{\overset{3}{\cancel{12}}}{7} \times \frac{9}{\underset{2}{\cancel{8}}}$

$= \frac{27}{14} = 1\frac{13}{14}$ (m)

17 $\frac{9}{2} \div \frac{5}{7} = \frac{9}{2} \times \frac{7}{5} = \frac{63}{10} = 6\frac{3}{10}$

다른 답 |

• $\frac{7}{2} \div \frac{5}{9} = \frac{7}{2} \times \frac{9}{5} = \frac{63}{10} = 6\frac{3}{10}$

• $\frac{9}{5} \div \frac{2}{7} = \frac{9}{5} \times \frac{7}{2} = \frac{63}{10} = 6\frac{3}{10}$

• $\frac{7}{5} \div \frac{2}{9} = \frac{7}{5} \times \frac{9}{2} = \frac{63}{10} = 6\frac{3}{10}$

18 24분$=\frac{24}{60}$시간$=\frac{2}{5}$시간

(1시간 동안 갈 수 있는 거리)

$= 7 \div \frac{2}{5} = 7 \times \frac{5}{2} = \frac{35}{2} = 17\frac{1}{2}$ (km)

서술형

19 예 어떤 수를 □라 하면 $\square \times \frac{3}{4} = \frac{7}{12}$이므로

$\square = \frac{7}{12} \div \frac{3}{4} = \frac{7}{\underset{3}{\cancel{12}}} \times \frac{\overset{1}{\cancel{4}}}{3} = \frac{7}{9}$입니다.

따라서 어떤 수를 $\frac{5}{6}$로 나누면

$\frac{7}{9} \div \frac{5}{6} = \frac{7}{\underset{3}{\cancel{9}}} \times \frac{\overset{2}{\cancel{6}}}{5} = \frac{14}{15}$입니다.

평가 기준	배점(5점)
어떤 수를 구했나요?	3점
어떤 수를 $\frac{5}{6}$로 나눈 몫을 구했나요?	2점

서술형

20 예 ㉠$=3\frac{1}{5}\div\frac{8}{9}=\frac{16}{5}\div\frac{8}{9}=\frac{\overset{2}{\cancel{16}}}{5}\times\frac{9}{\underset{1}{\cancel{8}}}=\frac{18}{5}=3\frac{3}{5}$

㉡$=\frac{3}{4}\div\frac{5}{6}=\frac{3}{\underset{2}{\cancel{4}}}\times\frac{\overset{3}{\cancel{6}}}{5}=\frac{9}{10}$

따라서 ㉠은 ㉡의

$3\frac{3}{5}\div\frac{9}{10}=\frac{18}{5}\div\frac{9}{10}=\frac{\overset{2}{\cancel{18}}}{\underset{1}{\cancel{5}}}\times\frac{\overset{2}{\cancel{10}}}{\underset{1}{\cancel{9}}}=4$(배)입니다.

평가 기준	배점(5점)
㉠과 ㉡의 계산 결과를 각각 구했나요?	3점
㉠은 ㉡의 몇 배인지 구했나요?	2점

1단원 단원 평가 Level ❷ 32~34쪽

1 6, 5 / 5, $\frac{6}{5}$, $1\frac{1}{5}$ **2** 20, 40
3 ㉠ **4** (1) $1\frac{1}{6}$ (2) $\frac{2}{3}$
5 ②, ⑤ **6** 5
7 $\frac{8}{9}\div\frac{4}{9}=2$ **8** ㉢
9 6배 **10** $3\frac{1}{5}$배
11 > **12** $\frac{32}{35}$
13 $4\frac{1}{2}$ **14** 16 m
15 7, 8, 9 **16** $\frac{6}{25}$
17 $3\frac{3}{7}$ **18** $2\frac{1}{23}$ cm
19 5병, $\frac{1}{6}$ L **20** $66\frac{2}{3}$ km

2 $4\div\frac{1}{5}=4\times5=20$, $20\div\frac{1}{2}=20\times2=40$

3 ㉠ $\frac{4}{5}\div\frac{2}{5}=4\div2=2$

㉡ $\frac{6}{7}\div\frac{2}{7}=6\div2=3$

㉢ $\frac{3}{8}\div\frac{1}{8}=3\div1=3$

따라서 계산 결과가 다른 하나는 ㉠입니다.

4 (1) $\frac{7}{10}\div\frac{3}{5}=\frac{7}{10}\div\frac{6}{10}=7\div6=\frac{7}{6}=1\frac{1}{6}$

(2) $2\frac{1}{4}\div3\frac{3}{8}=\frac{9}{4}\div\frac{27}{8}=\frac{\overset{1}{\cancel{9}}}{\underset{1}{\cancel{4}}}\times\frac{\overset{2}{\cancel{8}}}{\underset{3}{\cancel{27}}}=\frac{2}{3}$

5 $3\div\frac{1}{8}=3\times8=24$

① $5\div\frac{1}{6}=5\times6=30$

② $6\div\frac{1}{4}=6\times4=24$

③ $9\div\frac{1}{3}=9\times3=27$

④ $4\div\frac{1}{4}=4\times4=16$

⑤ $8\div\frac{1}{3}=8\times3=24$

6 $\frac{10}{13}\div\square=\frac{2}{13}$에서

$\square=\frac{10}{13}\div\frac{2}{13}=10\div2=5$입니다.

8 ㉠ $\frac{5}{7}\div\frac{2}{7}=5\div2=\frac{5}{2}=2\frac{1}{2}$

㉡ $\frac{3}{4}\div\frac{1}{4}=3\div1=3$

㉢ $\frac{4}{11}\div\frac{8}{11}=4\div8=\frac{\overset{1}{\cancel{4}}}{\underset{2}{\cancel{8}}}=\frac{1}{2}$

따라서 계산 결과가 진분수인 것은 ㉢입니다.

9 $\frac{4}{5}\div\frac{2}{15}=\frac{12}{15}\div\frac{2}{15}=12\div2=6$(배)

10 ㉠은 $\frac{1}{3}$이 8개이므로 $\frac{8}{3}$이고,

㉡은 $\frac{5}{9}\div\frac{2}{3}=\frac{5}{9}\div\frac{6}{9}=5\div6=\frac{5}{6}$입니다.

따라서 ㉠은 ㉡의 $\frac{8}{3}\div\frac{5}{6}=\frac{8}{\underset{1}{\cancel{3}}}\times\frac{\overset{2}{\cancel{6}}}{5}=\frac{16}{5}=3\frac{1}{5}$(배)

입니다.

11 $3\frac{5}{9}\div1\frac{3}{5}=\frac{32}{9}\div\frac{8}{5}=\frac{\overset{4}{\cancel{32}}}{9}\times\frac{5}{\underset{1}{\cancel{8}}}=\frac{20}{9}=2\frac{2}{9}$

$4\frac{1}{2}\div2\frac{5}{8}=\frac{9}{2}\div\frac{21}{8}=\frac{\overset{3}{\cancel{9}}}{\underset{1}{\cancel{2}}}\times\frac{\overset{4}{\cancel{8}}}{\underset{7}{\cancel{21}}}=\frac{12}{7}=1\frac{5}{7}$

12 $2\frac{2}{5}\div1\frac{1}{4}\div2\frac{1}{10}=\frac{12}{5}\div\frac{5}{4}\div\frac{21}{10}$

$=\frac{12}{5}\times\frac{4}{5}\div\frac{21}{10}$

$=\frac{\overset{16}{\cancel{48}}}{\underset{5}{\cancel{25}}}\times\frac{\overset{2}{\cancel{10}}}{\underset{7}{\cancel{21}}}=\frac{32}{35}$

13 $\square\times\frac{5}{6}=3\frac{3}{4}$

➡ $\square=3\frac{3}{4}\div\frac{5}{6}=\frac{15}{4}\div\frac{5}{6}=\frac{\overset{3}{\cancel{15}}}{\underset{2}{\cancel{4}}}\times\frac{\overset{3}{\cancel{6}}}{\underset{1}{\cancel{5}}}=\frac{9}{2}=4\frac{1}{2}$

14 나무의 높이를 $\square$m라 하면 $\square\times\frac{7}{8}=14$,

$\square=14\div\frac{7}{8}=(14\div7)\times8=16$입니다.

15 $24\div\frac{8}{\square}=(24\div8)\times\square=3\times\square$이므로

$20<3\times\square<30$입니다.

$3\times7=21$, $3\times8=24$, $3\times9=27$이므로

$\square$ 안에 들어갈 수 있는 자연수는 7, 8, 9입니다.

16 어떤 수를 $\square$라 하면 $\square\times3\frac{3}{4}=3\frac{3}{8}$,

$\square=3\frac{3}{8}\div3\frac{3}{4}=\frac{27}{8}\div\frac{15}{4}=\frac{\overset{9}{\cancel{27}}}{\underset{2}{\cancel{8}}}\times\frac{\overset{1}{\cancel{4}}}{\underset{5}{\cancel{15}}}=\frac{9}{10}$

입니다.

따라서 바르게 계산하면

$\frac{9}{10}\div3\frac{3}{4}=\frac{9}{10}\div\frac{15}{4}=\frac{\overset{3}{\cancel{9}}}{\underset{5}{\cancel{10}}}\times\frac{\overset{2}{\cancel{4}}}{\underset{5}{\cancel{15}}}=\frac{6}{25}$입니다.

17 몫이 가장 작으려면 나누어지는 수를 가장 작게, 나누는 수를 가장 크게 해야 합니다.

나누어지는 수는 3이고, 나누는 수는 4, 7, 8 중에서 2장으로 만들 수 있는 가장 큰 진분수인 $\frac{7}{8}$입니다.

➡ $3\div\frac{7}{8}=3\times\frac{8}{7}=\frac{24}{7}=3\frac{3}{7}$

18 사다리꼴의 높이를 $\square$cm라 하면

$\left(3\frac{1}{2}+4\frac{1}{6}\right)\times\square\div2=7\frac{5}{6}$,

$7\frac{2}{3}\times\square\div2=7\frac{5}{6}$, $7\frac{2}{3}\times\square=7\frac{5}{6}\times2=15\frac{2}{3}$,

$\square=15\frac{2}{3}\div7\frac{2}{3}=\frac{47}{3}\div\frac{23}{3}=47\div23$

$=\frac{47}{23}=2\frac{1}{23}$입니다.

서술형

19 예 $2\frac{1}{4}\div\frac{5}{12}=\frac{9}{4}\div\frac{5}{12}=\frac{27}{12}\div\frac{5}{12}$

$=27\div5=\frac{27}{5}=5\frac{2}{5}$이므로

5병이 되고, 남는 두유는 $\frac{5}{12}$L의 $\frac{2}{5}$입니다.

$\frac{\overset{1}{\cancel{5}}}{\underset{6}{\cancel{12}}}\times\frac{\overset{1}{\cancel{2}}}{\underset{1}{\cancel{5}}}=\frac{1}{6}$이므로 남는 두유는 $\frac{1}{6}$L입니다.

평가 기준	배점(5점)
두유는 몇 병이 되는지 구했나요?	2점
남는 두유는 몇 L인지 구했나요?	3점

서술형

20 예 55분$=\frac{55}{60}$시간$=\frac{11}{12}$시간이므로

1시간 동안 갈 수 있는 거리는

$61\frac{1}{9}\div\frac{11}{12}=\frac{\overset{50}{\cancel{550}}}{\underset{3}{\cancel{9}}}\times\frac{\overset{4}{\cancel{12}}}{\underset{1}{\cancel{11}}}=\frac{200}{3}=66\frac{2}{3}$(km)

입니다.

평가 기준	배점(5점)
분 단위를 시간 단위의 분수로 고쳤나요?	2점
1시간 동안 갈 수 있는 거리를 구했나요?	3점

사고력이 반짝 35쪽

2 소수의 나눗셈

소수의 나눗셈의 계산 방법의 핵심은 나누는 수와 나누어지는 수의 소수점 위치를 적절히 이동하여 자연수의 나눗셈의 계산 원리를 적용하는 것입니다. 소수의 표현은 십진법에 따른 위치적 기수법이 확장된 결과이므로 소수의 나눗셈은 자연수의 나눗셈 방법을 이용하여 접근하는 것이 최종 학습 목표이지만 계산 원리의 이해를 위하여 소수를 분수로 바꾸어 분수의 나눗셈을 이용하는 것도 좋은 방법입니다. 이 단원에서는 자연수를 이용하여 소수의 나눗셈의 원리를 터득하고 소수의 나눗셈의 계산 방법은 물론 기본적인 계산 원리를 학습하도록 하였습니다.

교과서 개념 이해 1 (소수)÷(소수)를 알아볼까요 (1) 39쪽

1 1.6 m ➡ (0, 1, 1.6) / 4개

2 368, 8, 368, 8 / 368, 368, 46, 46

3 624, 6, 624, 6 / 624, 624, 104, 104

4 (위에서부터) 10, 10, 232, 4, 58 / 58

5 (위에서부터) 100, 100, 518, 7, 74 / 74

6 $\frac{192}{10} \div \frac{16}{10} = 192 \div 16 = 12$

7
```
        1 1
0.17)1.8 7
     1 7
       1 7
       1 7
         0
```

1 1.6 m는 0.4 m씩 4번 자를 수 있습니다.

2 36.8÷0.8을 자연수의 나눗셈을 이용하여 계산하기 위해 나누어지는 수와 나누는 수에 똑같이 10배 하면 368÷8=46이므로 36.8÷0.8=46입니다.

3 6.24÷0.06을 자연수의 나눗셈을 이용하여 계산하기 위해 나누어지는 수와 나누는 수에 똑같이 100배 하면 624÷6=104이므로 6.24÷0.06=104입니다.

4 나누어지는 수와 나누는 수에 똑같이 10배 하면 232÷4가 되고 계산하면 58입니다.

5 나누어지는 수와 나누는 수에 똑같이 100배 하면 518÷7이 되고 계산하면 74입니다.

6 소수 한 자리 수는 분모가 10인 분수로 계산할 수 있습니다.

7 나누는 수와 나누어지는 수를 똑같이 100배씩 하므로 소수점을 각각 오른쪽으로 두 자리씩 옮겨서 계산하는 것에 주의합니다.

교과서 개념 이해 2 (소수)÷(소수)를 알아볼까요 (2) 41쪽

1 100, 408, 240, 1.7　**2** 10, 40.8, 24, 1.7

3 (1) 1.4 (2) 1.6　**4** (위에서부터) 9.12, 15.2

5 <　**6** 3.7

7 (왼쪽에서부터) 1.9, 3.8　**8** ㉠

1 나누어지는 수 4.08을 자연수로 만들려면 나누어지는 수와 나누는 수에 각각 100배씩 합니다.

2 나누는 수 2.4를 자연수로 만들려면 나누어지는 수와 나누는 수에 각각 10배씩 합니다.

3
```
(1)            1.4        (2)      1.6
     3.20)4.4 8 0           6.2)9.9 2
          3 2 0                 6 2
          1 2 8 0               3 7 2
          1 2 8 0               3 7 2
                0                   0
```

4 4.56÷0.5=45.6÷5=9.12
9.12÷0.6=91.2÷6=15.2
4.56÷0.3=45.6÷3=15.2

5
```
        3.1          3.8
   2.7)8.3 7    1.9)7.2 2
       8 1          5 7
         2 7        1 5 2
         2 7        1 5 2
           0            0
```
➡ 3.1<3.8

6 2.96>0.8이므로 2.96÷0.8입니다.
2.96과 0.8을 각각 100배씩 하면 296÷80=3.7이므로 2.96÷0.8=3.7입니다.

7

```
       1.9              3.8
3.6)6.8 4      1.8 0)6.8 4 0
    3 6               5 4 0
    3 2 4            1 4 4 0
    3 2 4            1 4 4 0
        0                  0
```

8

```
㉠       1.8     ㉡       1.7     ㉢       1.7
   3.2)5.7 6       4.5)7.6 5       2.2)3.7 4
       3 2             4 5             2 2
       2 5 6           3 1 5           1 5 4
       2 5 6           3 1 5           1 5 4
           0               0               0
```

따라서 몫이 다른 것은 ㉠입니다.

교과서 개념 이해 3 (자연수)÷(소수)를 알아볼까요 43쪽

1 (1) 180, 5 (2) 7000, 8

2 (1) 210, 14, 210, 14, 15
(2) 900, 45, 900, 45, 20

3 (1) $\frac{650}{10} \div \frac{26}{10} = 650 \div 26 = 25$
(2) $\frac{3900}{100} \div \frac{325}{100} = 3900 \div 325 = 12$

4 (1) 95 (2) 20

5 (1) 7, 70, 700 (2) 36, 360, 3600

6 (1) $>$ (2) $<$

1 (1) $18 \div 3.6$에서 18과 3.6을 각각 10배씩 하면 소수점이 오른쪽으로 한 칸씩 이동하여 자연수가 됩니다.
(2) $70 \div 8.75$에서 70과 8.75를 각각 100배씩 하면 소수점이 오른쪽으로 두 칸씩 이동하여 자연수가 됩니다.

2 나누는 수에 따라 분모가 10 또는 100인 분수로 바꾸어 계산합니다.

3 보기 는 분수의 나눗셈으로 계산한 것입니다.

4

```
(1)       9 5      (2)          2 0
    0.4)3 8.0          1.0 5)2 1.0 0
        3 6                  2 1 0
          2 0                    0
          2 0
            0
```

5 (1) 나누는 수가 $\frac{1}{10}$배, $\frac{1}{100}$배가 되면 몫도 10배, 100배가 됩니다.
(2) 나누어지는 수가 10배, 100배가 되면 몫도 10배, 100배가 됩니다.

참고 | 나누어지는 수와 나누는 수의 소수점의 위치에 주의하여 몫을 구합니다.

6 (1) $17 \div 3.4 = 170 \div 34 = 5$, $10 \div 2.5 = 100 \div 25 = 4$ ➡ $5 > 4$
(2) $33 \div 5.5 = 330 \div 55 = 6$, $18 \div 2.25 = 1800 \div 225 = 8$ ➡ $6 < 8$

교과서 개념 이해 4 몫을 반올림하여 나타내어 볼까요 44~45쪽

1

```
      1.8 3 3
  6)1 1.0 0 0
    6
    5 0
    4 8
      2 0
      1 8
        2 0
        1 8
          2
```

2 (1) 2 (2) 1.8 (3) 1.83

3

```
      3.4 6 6
  3)1 0.4 0 0
    9
    1 4
    1 2
      2 0
      1 8
        2 0
        1 8
          2
```

/ (1) 3 (2) 3.5 (3) 3.47

4 (1) 2.8 (2) 2.5

5 1.22

6 (1) 2.2 (2) 1.37

7 1.8

8 1.86 kg

1 몫을 소수 셋째 자리까지 구하려면 소수점 아래 0을 3번 내려 계산합니다.

2 (1) $11 \div 6 = 1.8\cdots$이고 몫의 소수 첫째 자리 숫자가 8이므로 올림합니다.
(2) $11 \div 6 = 1.83\cdots$이고 몫의 소수 둘째 자리 숫자가 3이므로 버림합니다.

(3) $11 \div 6 = 1.833\cdots$이고 몫의 소수 셋째 자리 숫자가 3이므로 버림합니다.

3 (1) $10.4 \div 3 = 3.4\cdots$이고 몫의 소수 첫째 자리 숫자가 4이므로 버림하여 일의 자리까지 나타내면 3입니다.

(2) $10.4 \div 3 = 3.46\cdots$이고 몫의 소수 둘째 자리 숫자가 6이므로 올림하여 소수 첫째 자리까지 나타내면 3.5입니다.

(3) $10.4 \div 3 = 3.466\cdots$이고 몫의 소수 셋째 자리 숫자가 6이므로 올림하여 소수 둘째 자리까지 나타내면 3.47입니다.

4 (1)

$$\begin{array}{r} 2.83 \\ 6\overline{)17.00} \\ 12 \\ \hline 5\,0 \\ 4\,8 \\ \hline 2\,0 \\ 1\,8 \\ \hline 2 \end{array}$$

➡ $17 \div 6 = 2.83\cdots$이고 몫의 소수 둘째 자리 숫자가 3이므로 버림하여 소수 첫째 자리까지 나타내면 2.8입니다.

(2)

$$\begin{array}{r} 2.45 \\ 9\overline{)22.10} \\ 18 \\ \hline 4\,1 \\ 3\,6 \\ \hline 5\,0 \\ 4\,5 \\ \hline 5 \end{array}$$

➡ $22.1 \div 9 = 2.45\cdots$이고 몫의 소수 둘째 자리 숫자가 5이므로 올림하여 소수 첫째 자리까지 나타내면 2.5입니다.

5 $7.3 \div 6 = 1.216\cdots$이고 몫의 소수 셋째 자리 숫자가 6이므로 올림하여 소수 둘째 자리까지 나타내면 1.22입니다.

6 (1) $6.7 \div 3 = 2.23\cdots$이고 몫의 소수 둘째 자리 숫자가 3이므로 버림하여 소수 첫째 자리까지 나타내면 2.2입니다.

(2) $8.2 \div 6 = 1.366\cdots$이고 몫의 소수 셋째 자리 숫자가 6이므로 올림하여 소수 둘째 자리까지 나타내면 1.37입니다.

7 $12.4 \div 7 = 1.77\cdots$이고 몫의 소수 둘째 자리 숫자가 7이므로 올림하여 소수 첫째 자리까지 나타내면 1.8입니다.

8 $5.6 \div 3 = 1.866\cdots$이고 몫의 소수 둘째 자리 아래 수를 버려서 나타내면 1.86이므로 한 사람이 가질 수 있는 밀가루는 1.86 kg입니다.

보충 개념 | 버림은 구하려는 자리 아래 수를 버려서 나타내는 방법입니다.
㉮ 283을 버림하여 십의 자리까지 나타내면 280이고 버림하여 백의 자리까지 나타내면 200입니다.

교과서 개념 이해 5 나누어 주고 남는 양을 알아볼까요 46~47쪽

1 (1) 3, 3, 3, 3, 0.8 (2) 4, 0.8

2 4, 12, 0.8 / 4, 0.8

3 3, 0.5

4 4, 3.8

5 ③, ④

6 6, 36, 2, 6

7 방법 1 6, 6, 6, 6, 1.2 / 4, 1.2
방법 2 4, 24, 1.2 / 4, 1.2

8 5명, 0.8 kg

1 $12.8 - 3 - 3 - 3 - 3 = 0.8$ (4번 뺍니다. / 0.8: 남는 수)

2

$$\begin{array}{r} 4 \\ 3\overline{)12.8} \\ 12 \\ \hline 0.8 \end{array}$$

4 ← 몫, 0.8 ← 남는 수

3 $21.5 - 7 - 7 - 7 = 0.5$ (3번 뺍니다. / 0.5: 남는 수)

4 $23.8 - 5 - 5 - 5 - 5 = 3.8$ (4번 뺍니다. / 3.8: 남는 수)

5

$$\begin{array}{r} 4 \\ 8\overline{)35.2} \\ 32 \\ \hline 3.2 \end{array}$$

참고 | 몫을 자연수 부분까지 구하고 남는 수의 소수점은 나누어지는 수의 소수점과 같은 위치에 내려 찍습니다.

6 **참고** | $38.6 - 6 - 6 - 6 - 6 - 6 - 6 = 2.6$

7 방법 1 은 덜어 내는 방법으로 나누어 담을 수 있는 봉지 수와 남는 설탕의 양을 구했습니다.
방법 2 는 세로로 계산하여 나누어 담을 수 있는 봉지 수와 남는 설탕의 양을 구했습니다.

8
5 ← 나누어 줄 수 있는 사람 수
3)1 5.8
1 5
0.8 ← 남는 감자의 양

기본기 다지기 (개념 적용) 48~53쪽

1 (1) 3, 3 (2) 206, 206 **2** (1) 5 (2) 8

3 237 / 예 94.8, 0.4에 각각 10을 곱하면 948, 4이므로 $94.8 \div 0.4 = 237$입니다.

4 $29.4 \div 0.6 = 49$ / 49도막

5 3 **6** 15개

7 (1) $<$ (2) $>$ **8** 8

9 12 **10** 19그루

11 ㉠, ㉣ **12** 1, 2, 3, 4

13 3.6 cm **14** 1.7

15
1 0.7
0.5)5.3 5
5
3 5
3 5
0

16 $2.52 \div 1.2 = 2.1$ / 2.1배

17 3

18 4, 4

19 $<$

20 (1) 24, 240, 2400 (2) 47, 470, 4700

21 3.6

22
4
3.5)1 4 0
1 4 0
0
/ 예 소수점을 옮겨서 계산하는 경우, 몫의 소수점은 옮긴 위치에 찍어야 합니다.

23 $11 \div 2.75 = 4$ / 4상자

24 12 cm **25** 22.5

26 1.35 **27** $>$

28 111.9배

29 예 $8 \div 2.7 = 2.962962\cdots$이므로 몫의 소수 첫째 자리부터 9, 6, 2가 반복됩니다.

30 0.02 **31** 1.4

32 4봉지, 1.4 kg **33** 6, 0.4 / 6개, 0.4 L

34
7
8)5 7.6
5 6
1.6
/ 7, 1.6

35 15개, 3.5 g

36 12명 **37** 29번

38 0.04 m **39** 166.7 km

40 6.45 kg **41** 15.6 km

1 (1) $1.5 \div 0.5$를 자연수의 나눗셈으로 바꾸려면 나누어지는 수와 나누는 수에 똑같이 10을 곱하면 됩니다.
(2) $6.18 \div 0.03$을 자연수의 나눗셈으로 바꾸려면 나누어지는 수와 나누는 수에 똑같이 100을 곱하면 됩니다.

2 (1) $4.5 \div 0.9$에서 나누어지는 수와 나누는 수를 각각 10배 하면 $45 \div 9 = 5$이므로 $4.5 \div 0.9 = 5$입니다.
(2) $0.56 \div 0.07$에서 나누어지는 수와 나누는 수를 각각 100배 하면 $56 \div 7 = 8$이므로 $0.56 \div 0.07 = 8$입니다.

4 $29.4 \div 0.6$에서 나누어지는 수와 나누는 수를 각각 10배 하면 $294 \div 6 = 49$이므로 $29.4 \div 0.6 = 49$(도막)입니다.

5 $1.7 < 5.1$이므로
$5.1 \div 1.7 = \frac{51}{10} \div \frac{17}{10} = 51 \div 17 = 3$입니다.

6 $4.5 \div 0.3 = 15$(개)

7 (1) $9.6 \div 0.6 = 16$, $23.4 \div 1.3 = 18$ ➡ $16 < 18$
(2) $11.96 \div 0.52 = 23$, $13.65 \div 0.65 = 21$
➡ $23 > 21$

8 $98.4 \div \square = 12.3$ ➡ $\square = 98.4 \div 12.3 = 8$

9 $\square = 30.72 \div 2.56 = 12$

서술형
10 예 필요한 나무의 수는 산책로의 길이를 간격으로 나눈 것과 같습니다.

$129.58 \div 6.82 = \frac{12958}{100} \div \frac{682}{100}$
$= 12958 \div 682 = 19$
이므로 필요한 나무는 모두 19그루입니다.

단계	문제 해결 과정
①	나눗셈식을 바르게 세웠나요?
②	필요한 나무는 모두 몇 그루인지 구했나요?

11 나누는 수가 자연수가 되도록 나누어지는 수와 나누는 수의 소수점을 오른쪽으로 똑같이 옮겨 봅니다.
㉠ $7.8 \div 13$ ㉡ $780 \div 13$ ㉢ $78 \div 13$ ㉣ $7.8 \div 13$
따라서 계산 결과가 같은 것은 ㉠, ㉣입니다.

12 $22.96 \div 5.6 = 4.1$이므로 $4.1 > \square$입니다.
따라서 □ 안에 들어갈 수 있는 자연수는 1, 2, 3, 4입니다.

13 (높이)=(평행사변형의 넓이)÷(밑변의 길이)
$= 15.12 \div 4.2 = 3.6$ (cm)

14 $1.9 \times$ ● $= 3.23$이므로 ● $= 3.23 \div 1.9 = 1.7$입니다.

15 소수점을 각각 오른쪽으로 한 자리씩 옮기면 $53.5 \div 5$이므로 몫은 1.7이 아니라 10.7이 됩니다.

17 $3.42 \star 0.9 = 3.42 \div 0.9 - 0.8 = 3.8 - 0.8 = 3$

18 나누어지는 수와 나누는 수를 똑같이 10배 하면 몫은 같습니다.

19 $57 \div 3.8 = 15$, $40 \div 2.5 = 16$ ➡ $15 < 16$

20 (1) 나누어지는 수가 같을 때 나누는 수가 $\frac{1}{10}$배가 되면 몫은 10배가 됩니다.
(2) 나누는 수가 같을 때 나누어지는 수가 10배가 되면 몫도 10배가 됩니다.

21 $5.76 \div 0.64 = 9$이므로 ㉠은 9입니다.
➡ ㉠$\div 2.5 = 9 \div 2.5 = 3.6$이므로 ㉡은 3.6입니다.

서술형
22

단계	문제 해결 과정
①	잘못 계산한 곳을 찾아 바르게 계산했나요?
②	잘못된 이유를 썼나요?

24 (다른 대각선의 길이)
=(마름모의 넓이)×2÷(한 대각선의 길이)
$= 63 \times 2 \div 10.5 = 126 \div 10.5 = 12$ (cm)

25 어떤 수를 □라 하면
$\square \times 1.6 = 36$, $\square = 36 \div 1.6 = 22.5$입니다.

26 $8.12 \div 6 = 1.353\cdots$이고 몫의 소수 셋째 자리 숫자가 3이므로 버림하여 소수 둘째 자리까지 나타내면 1.35입니다.

27 $8.45 \div 2.7 = 3.129\cdots$ ➡ 3.13이므로
$3.13 > 3.129\cdots$입니다.

28 (9월의 강수량)÷(3월의 강수량)
$= 100.7 \div 0.9 = 111.88\cdots$ ➡ 111.9배

30 $50.6 \div 3.8 = 13.315\cdots$이므로 몫을 반올림하여
소수 첫째 자리까지 나타내면 $13.31\cdots$ ➡ 13.3이고
소수 둘째 자리까지 나타내면 $13.315\cdots$ ➡ 13.32
입니다.
따라서 차는 $13.32 - 13.3 = 0.02$입니다.

31 $21.4 - 5 = 16.4$, $16.4 - 5 = 11.4$,
$11.4 - 5 = 6.4$, $6.4 - 5 = 1.4$

32 21.4에서 5를 4번 뺄 수 있으므로 소금을 4봉지에 나누어 담을 수 있습니다. 21.4에서 5를 4번 빼면 1.4가 남으므로 남는 소금의 양은 1.4 kg입니다.

33 컵의 수는 소수가 아닌 자연수이므로 몫을 자연수까지 구해야 합니다.
몫을 자연수 부분까지 구하고 남는 수의 소수점은 나누어지는 수의 원래 소수점과 같은 위치에 내려 찍습니다.

34 사람 수는 소수가 아닌 자연수이므로 몫을 자연수까지 구해야 합니다.

서술형
35 예 $108.5 \div 7 = 15\cdots3.5$이므로 호두과자를 15개까지 만들 수 있고, 남는 밀가루는 3.5 g입니다.

단계	문제 해결 과정
①	나눗셈식을 바르게 세우고 계산했나요?
②	호두과자를 몇 개까지 만들 수 있고, 남는 밀가루는 몇 g인지 구했나요?

36 $615.5 \div 50$의 몫을 자연수까지 구하면 12이고, 15.5가 남으므로 몸무게가 50 kg인 사람은 12명까지 탈 수 있습니다.

37 86.3÷3의 몫을 자연수까지 구하면 28이고, 2.3이 남으므로 물을 가득 담아 28번 부으면 2.3 L가 모자랍니다. 따라서 통에 물을 가득 채우려면 적어도 $28+1=29$(번) 부어야 합니다.

38 32.16÷0.92의 몫을 자연수까지 구하면 34이고, 0.88이 남으므로 상자를 34개 묶었을 때 남는 색 테이프의 길이는 0.88 m입니다. 따라서 색 테이프를 남김없이 사용하려면 상자 하나를 더 묶어야 하므로 색 테이프는 적어도 $0.92-0.88=0.04$ (m)가 더 필요합니다.

39 1시간 30분$=1\frac{30}{60}$시간$=1\frac{5}{10}$시간$=1.5$시간
(1시간 동안 달린 거리)$=250\div1.5$
$=166.66\cdots$ ➡ 166.7 km

40 11 m 68 cm$=11.68$ m
(1 m의 무게)$=75.36\div11.68$
$=6.452\cdots$ ➡ 6.45 kg

41 2시간 42분$=2\frac{42}{60}$시간$=2\frac{7}{10}$시간$=2.7$시간
(1시간 동안 달린 거리)$=42.195\div2.7$
$=15.62\cdots$ ➡ 15.6 km

응용력 기르기 54~57쪽

개념 완성

1 25	**1-1** 0.025	**1-2** 67.3
2 242그루	**2-1** 102개	**2-2** 37개
3 14400원	**3-1** 75250원	**3-2** 5320원

4 1단계 예 1시간 12분$=1\frac{12}{60}$시간$=1\frac{2}{10}$시간$=1.2$시간이므로 강물이 1시간 동안 가는 거리는 $18\div1.2=15$ (km)입니다.
2단계 예 배가 강이 흐르는 방향으로 1시간 동안 가는 거리가 $18.5+15=33.5$ (km)이므로 배가 23.45 km를 가는 데 걸리는 시간은 $23.45\div33.5=0.7$(시간)입니다.
/ 0.7시간

4-1 1.6시간

1 몫이 가장 크려면 나누어지는 수를 가장 크게, 나누는 수를 가장 작게 해야 합니다.
만들 수 있는 가장 큰 소수 한 자리 수는 7.5이고, 가장 작은 소수 한 자리 수는 0.3이므로 나누어지는 수는 7.5이고 나누는 수는 0.3입니다.
➡ $7.5\div0.3=25$

1-1 몫이 가장 작으려면 나누어지는 수를 가장 작게, 나누는 수를 가장 크게 해야 합니다.
만들 수 있는 가장 작은 소수 두 자리 수는 0.24이고, 가장 큰 소수 한 자리 수는 9.6이므로 나누어지는 수는 0.24이고 나누는 수는 9.6입니다.
➡ $0.24\div9.6=0.025$

1-2 몫이 가장 크려면 나누어지는 수를 가장 크게, 나누는 수를 가장 작게 해야 합니다.
수 카드 3장으로 만들 수 있는 가장 큰 소수 한 자리 수는 87.5이고, 수 카드 2장으로 만들 수 있는 가장 작은 소수 한 자리 수는 1.3이므로 나누어지는 수는 87.5이고 나누는 수는 1.3입니다.
➡ $87.5\div1.3=67.30\cdots$ ➡ 67.3

2 (나무 사이의 간격의 수)$=540\div4.5=120$(군데)
도로의 처음부터 나무를 심어야 하므로
(도로의 한쪽에 심어야 하는 나무의 수)
$=120+1=121$(그루)이고,
(도로의 양쪽에 심어야 하는 나무의 수)
$=$(도로의 한쪽에 심어야 하는 나무의 수)$\times2$
$=121\times2=242$(그루)입니다.

2-1 0.414 km$=414$ m
(가로등 사이의 간격의 수)$=414\div8.28=50$(군데)
(길의 한쪽에 세우는 가로등의 수)$=50+1=51$(개)
(길의 양쪽에 세우는 가로등의 수)
$=$(길의 한쪽에 세우는 가로등의 수)$\times2$
$=51\times2=102$(개)

2-2
$20.15+0.6=20.75$ (m)
……
$747.6-0.6=747$ (m)
0.6 m

(의자를 설치한 간격)$+$(의자의 길이)
$=20.15+0.6=20.75$ (m)
(첫 번째 의자의 끝 부분부터 산책로 끝까지의 길이)
$=747.6-0.6=747$ (m)
(의자 사이의 간격의 수)$=747\div20.75=36$(군데)
이므로 필요한 의자는 모두 $36+1=37$(개)입니다.

3 (휘발유 1 L로 갈 수 있는 거리)
$=31.72\div2.6=12.2$ (km)
(91.5 km를 가는 데 필요한 휘발유의 양)
$=91.5\div12.2=7.5$ (L)
(91.5 km를 가는 데 필요한 휘발유의 가격)
$=1920\times7.5=14400$(원)

3-1 (휘발유 1 L로 갈 수 있는 거리)
$=20.06\div1.7=11.8$ (km)
(지난달에 사용한 휘발유의 양)
$=413\div11.8=35$ (L)
(지난달에 사용한 휘발유의 가격)
$=2150\times35=75250$(원)

3-2 (경유 1 L로 갈 수 있는 거리)
$=32.64\div3.4=9.6$ (km)
(23.04 km를 가는 데 필요한 경유의 양)
$=23.04\div9.6=2.4$ (L)
(23.04 km를 가는 데 필요한 경유의 가격)
$=1950\times2.4=4680$(원)
(거스름돈)$=10000-4680=5320$(원)

4-1 1시간 45분$=1\frac{45}{60}$시간$=1\frac{3}{4}$시간$=1.75$시간이므로
강물이 1시간 동안 가는 거리는
$15.75\div1.75=9$ (km)입니다.
배가 강이 흐르는 반대 방향으로 1시간 동안 가는 거리가 $31.5-9=22.5$ (km)이므로
배가 36 km를 가는 데 걸리는 시간은
$36\div22.5=1.6$(시간)입니다.

2단원 단원 평가 Level 1 58~60쪽

1 (1) 280.8, 280.8, 11.7
(2) 2808, 240, 2808, 240, 11.7

2 (위에서부터) 10, 8, 8, 10

3 ③, ⑤

4 (1) 10, 100 (2) 10, 100

5 (1) 2.6 (2) 5

6 0.285, 0.29

7 =

8 14

9 1.3

10 15

11 12개, 2.6 m

12 4 cm

13 ㉠, ㉢, ㉡

14
```
        2 5
0.6)1 5
    1 2
      3 0
      3 0
        0
```
/ 예 소수점을 옮겨서 계산한 경우 몫의 소수점은 옮긴 위치에 찍어야 하는데 잘못 찍었습니다.

15 $26.88\div8.4=3.2$ / 3.2 t

16 ㉡, ㉣, ㉠, ㉢

17 18개

18 1, 2, 3

19 1.28배

20 1

1 (1) 나누는 수가 소수 한 자리 수이므로 분모가 10인 분수로 바꾸어 계산합니다.
(2) 나누어지는 수가 소수 두 자리 수이므로 분모가 100인 분수로 바꾸어 계산합니다.

3 $2.08\div2.6$은 2.08과 2.6을 각각 10배 또는 100배씩 하면 $20.8\div26$ 또는 $208\div260$입니다.

5 (1)
```
       2.6
1.2)3.1 2
    2 4
      7 2
      7 2
        0
```
(2)
```
         5
3.6)1 8.0
    1 8 0
        0
```

6
```
  0.2 8 5
7)2
  1 4
    6 0
    5 6
      4 0
      3 5
        5
```
➡ $2\div7$의 소수 셋째 자리까지 구한 몫이 0.285로 소수 셋째 자리 숫자가 5이므로 올림하면 0.29입니다.

7 $7.8\div1.3=\frac{78}{10}\div\frac{13}{10}=78\div13=6$

$12.96 \div 2.16 = \frac{1296}{100} \div \frac{216}{100} = 1296 \div 216 = 6$

8 $26.6 \div 1.9 = 266 \div 19 = 14$

9 $9.16 \div 7 = 1.30\cdots$이고 몫의 소수 둘째 자리 숫자가 0이므로 버림하면 1.3입니다.

10 ㉠ $43.2 \div 5.4 = 8$
㉡ $18.9 \div 2.7 = 7$
➡ $8 + 7 = 15$

11
```
      1 2 ← 뜰 수 있는 수세미 수
   4)5 0.6
     4
     1 0
       8
       2.6 ← 남는 실의 길이
```

12 $21.6 \div 5.4 = 4$ (cm)

13
```
㉠       1 3     ㉡       1 1     ㉢       1 2
    1.8)2 3.4       4.5)4 9.5       1.2)1 4.4
        1 8             4 5             1 2
          5 4             4 5             2 4
          5 4             4 5             2 4
            0               0               0
```
➡ $13 > 12 > 11$

14 소수점을 오른쪽으로 옮길 때 자리가 없으면 없는 자리에 0을 씁니다. ➡ $0.6\overline{)15.0}$

참고 | 나누어지는 수와 나누는 수의 소수점을 각각 오른쪽으로 한 자리씩 또는 두 자리씩 옮겨서 계산하면 몫의 소수점은 옮긴 위치에 찍어야 합니다.

15
```
         3.2
   8.4)2 6.8 8
       2 5 2
         1 6 8
         1 6 8
             0
```

16
```
㉠       5          ㉡        4
     7)3 6.5            11)5 3.4
       3 5                 4 4
         1.5                 9.4

㉢       7          ㉣        3
     4)2 8.9             5)1 9.2
       2 8                 1 5
         0.9                 4.2
```
➡ 남는 수의 크기가 $9.4 > 4.2 > 1.5 > 0.9$이므로 ㉡>㉣>㉠>㉢입니다.

17 $6.3 \div 0.35 = 18$(개)

18 $4.55 \div 1.4 = 3.25$이고 $3.25 > \square$이므로 □ 안에 들어갈 수 있는 자연수는 1, 2, 3입니다.

서술형
19 예 두 평행사변형의 높이가 같으므로 밑변의 길이로 가의 넓이는 나의 넓이의 몇 배인지 구할 수 있습니다.
$16 \div 12.5 = 1.28$이므로
가의 넓이는 나의 넓이의 1.28배입니다.

평가 기준	배점(5점)
가의 넓이는 나의 넓이의 몇 배인지 구하는 방법을 알았나요?	2점
가의 넓이는 나의 넓이의 몇 배인지 구했나요?	3점

서술형
20 예 $4 \div 33 = 0.121212\cdots$이고 몫의 소수점 아래 자릿수가 홀수이면 1, 짝수이면 2인 규칙입니다.
따라서 15는 소수점 아래 자릿수가 홀수이므로 몫의 소수 15째 자리 숫자는 1입니다.

평가 기준	배점(5점)
몫의 소수점 아래 숫자의 규칙을 찾았나요?	3점
몫의 소수 15째 자리 숫자를 구했나요?	2점

2단원 단원 평가 Level ❷

61~63쪽

1 (1) 18, 2, 18, 2, 9
(2) 324, 360, 324, 360, 0.9

2 (1) 300 (2) 50

3 4

4 (1) > (2) <

5 50

6 50

7 (선 잇기)

8 2.09

9 <

10 13도막, 0.8 m

11 52

12 18.1	**13** 8.6 cm
14 65명	**15** 4
16 7봉지	**17** 96 km
18 94300원	**19** 232그루
20 0.2	

2 나누어지는 수는 같고 나누는 수가 $\frac{1}{10}$배, $\frac{1}{100}$배가 되면 몫은 10배, 100배가 됩니다.

3 가장 큰 수는 11.32이고, 가장 작은 수는 2.83이므로 몫은 $11.32 \div 2.83 = 4$입니다.

4 (1) 나누어지는 수는 같고 나누는 수가 $\frac{1}{10}$배가 되면 몫은 10배가 됩니다.
➡ $49 \div 0.07 > 49 \div 0.7$
(2) 나누는 수는 같고 나누어지는 수가 100배가 되면 몫도 100배가 됩니다.
➡ $3.45 \div 0.15 < 345 \div 0.15$

5 $■ \div ● = 120 \div 2.4 = \frac{1200}{10} \div \frac{24}{10}$
$= 1200 \div 24 = 50$

6 $10 \div 2.5 = 4$, $4 \div 0.08 = 50$

7 나누는 수와 나누어지는 수의 소수점을 똑같이 옮기면 몫이 같습니다.
$8 \div 0.16 = 80 \div 1.6$
$8 \div 1.6 = 0.8 \div 0.16$
$80 \div 0.16 = 800 \div 1.6$

8 $14.6 \div 7 = 2.085\cdots$ ➡ 2.09

9 $9.3 \div 0.9 = 10.33\cdots$ ➡ 10.3이므로
$10.3 < 10.33\cdots$입니다.

10 $52.8 \div 4$의 몫을 자연수까지 구하면 13이고, 0.8이 남습니다.
따라서 노끈을 13도막까지 자를 수 있고, 남는 노끈은 0.8 m입니다.

11 $□ = 62.4 \div 1.2 = 52$

12 $36 ★ 5.27 = (36 \div 2.4) + (5.27 \div 1.7)$
$= 15 + 3.1 = 18.1$

13 (높이) = (삼각형의 넓이) × 2 ÷ (밑변의 길이)
$= 40.85 \times 2 \div 9.5$
$= 81.7 \div 9.5 = 8.6$ (cm)

14 $92 \div 1.4$의 몫을 자연수까지 구하면 65이고, 1이 남습니다. 따라서 65명까지 체험을 할 수 있고 고령토 1 kg이 남습니다.

15 $70.1 \div 3.3 = 21.242424\cdots$이므로 몫의 소수점 아래 숫자는 소수 첫째 자리부터 2, 4가 되풀이됩니다.
따라서 몫의 소수 12째 자리 숫자는 4입니다.

16 $55.4 \div 3$의 몫을 자연수까지 구하면 18이고,
$55.4 \div 5$의 몫을 자연수까지 구하면 11입니다.
따라서 3 kg씩 나누어 담으면 5 kg씩 나누어 담을 때보다 $18 - 11 = 7$(봉지)가 더 필요합니다.

17 2시간 24분 $= 2\frac{24}{60}$시간 $= 2\frac{4}{10}$시간 $= 2.4$시간
(1시간 동안 달린 거리) $= 230 \div 2.4$
$= 95.8\cdots$ ➡ 96 km

18 (휘발유 1 L로 갈 수 있는 거리)
$= 36.25 \div 2.5 = 14.5$ (km)
(지난달에 사용한 휘발유의 양)
$= 667 \div 14.5 = 46$ (L)
(지난달에 사용한 휘발유의 가격)
$= 2050 \times 46 = 94300$(원)

서술형
19 예 (나무 사이의 간격의 수) $= 391 \div 3.4 = 115$(군데)
(도로의 한쪽에 심어야 하는 나무의 수)
$= 115 + 1 = 116$(그루)
(도로의 양쪽에 심어야 하는 나무의 수)
$= 116 \times 2 = 232$(그루)

평가 기준	배점(5점)
도로의 한쪽에 심어야 하는 나무의 수를 구했나요?	3점
도로의 양쪽에 심어야 하는 나무의 수를 구했나요?	2점

서술형
20 예 어떤 수를 □라 하면 $18.9 \div □ = 5$,
$□ = 18.9 \div 5 = 3.78$입니다.
따라서 바르게 계산하면 $3.78 \div 18.9 = 0.2$입니다.

평가 기준	배점(5점)
어떤 수를 구했나요?	2점
바르게 계산한 몫을 구했나요?	3점

3 공간과 입체

공간 감각은 실생활에 필요한 기본적인 능력일 뿐 아니라 도형과 도형의 성질을 학습하는 것과 매우 밀접한 관련을 가집니다. 이에 본 단원은 학생에게 친숙한 공간 상황과 입체를 탐색하는 것을 통해 공간 감각을 기를 수 있도록 구성하였습니다. 이 단원에서는 공간에 있는 대상들을 여러 위치와 방향에서 바라본 모양과 쌓은 모양에 대해 알아보고, 쌓기나무로 쌓은 모양들을 평면에 나타내는 다양한 표현들을 알아보고, 이 표현들을 보고 쌓은 모양과 쌓기나무의 개수를 추측하는 데 초점을 둡니다. 먼저 공간에 있는 건물들과 조각들을 여러 위치와 방향에서 본 모양을 알아보고, 쌓은 모양에 대해 탐색해 보게 합니다. 이후 공간의 다양한 대상들을 나타내는 쌓기나무로 쌓은 모양들을 투영도, 투영도와 위에서 본 모양, 위, 앞, 옆에서 본 모양, 위에서 본 모양에 수를 쓰는 방법, 층별로 나타낸 모양으로 쌓은 모양과 쌓기나무의 개수를 추측하면서 여러 가지 방법들 사이의 장단점을 인식할 수 있도록 지도하고, 쌓기나무로 조건에 맞게 모양을 만들어 보고 조건을 바꾸어 새로운 모양을 만드는 문제를 해결합니다.

교과서 개념 이해 1 어느 방향에서 보았을까요 67쪽

1 ㉡ 2 ㉤
3 ㉢ 4 앞쪽
5 오른쪽 6 왼쪽
7 뒤쪽

1 나무가 왼쪽에, 집이 오른쪽에 있으면서 집의 앞면과 왼쪽 옆면이 비스듬히 보이므로 ㉡ 방향에서 본 것입니다.

2 나무가 오른쪽에, 집이 왼쪽에 있으면서 집의 굴뚝이 오른쪽에 보이므로 ㉤ 방향에서 본 것입니다.
참고 | 나무가 왼쪽에, 집이 오른쪽에 있으면서 집의 굴뚝이 왼쪽에 보이면 ㉠ 방향에서 본 것입니다.

3 ㉠은 오른쪽에서 본 모양입니다.
㉡은 왼쪽에서 본 모양입니다.
㉣은 앞쪽에서 본 모양입니다.
뒤쪽에서 본 모양은 (그림) 입니다.

4 앞쪽 방향에서 찍으면 뜀틀은 앞에, 매트는 뜀틀 뒤에 놓인 것으로 보입니다.

5 오른쪽 방향에서 찍으면 뜀틀은 왼쪽, 매트는 오른쪽에 놓인 것으로 보입니다.

6 왼쪽 방향에서 찍으면 뜀틀은 오른쪽, 매트는 왼쪽에 놓인 것으로 보입니다.

7 뒤쪽 방향에서 찍으면 매트는 앞에, 뜀틀은 매트 뒤에 놓인 것으로 보입니다.

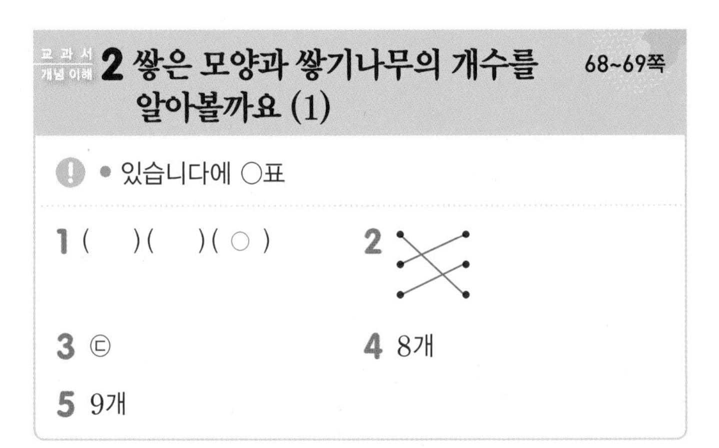

교과서 개념 이해 2 쌓은 모양과 쌓기나무의 개수를 알아볼까요 (1) 68~69쪽

! • 있습니다에 ○표

1 ( )( )(○) 2 (선 잇기)
3 ㉢ 4 8개
5 9개

1 세 번째 모양을 앞에서 보면 (그림) 모양으로 ○표 한 쌓기나무가 보이게 됩니다.

2 첫 번째 모양은 1층이 위에서부터 2개, 1개, 1개가 연결되어 있는 모양입니다.
두 번째 모양은 1층이 위에서부터 2개, 2개가 연결되어 있는 모양입니다.
세 번째 모양은 1층이 위에서부터 3개, 1개, 1개가 연결되어 있는 모양입니다.

3 ㉠ 모양을 앞에서 보면 (그림) 모양으로 ○표 한 쌓기나무가 보이게 됩니다.
㉡ 모양을 앞에서 보면 (그림) 모양으로 ○표 한 쌓기나무가 보이게 됩니다.

4 1층에 5개, 2층에 2개, 3층에 1개이므로 주어진 모양과 똑같이 쌓는 데 필요한 쌓기나무는 8개입니다.

5 1층에 6개, 2층에 3개이므로 주어진 모양과 똑같이 쌓는 데 필요한 쌓기나무는 9개입니다.

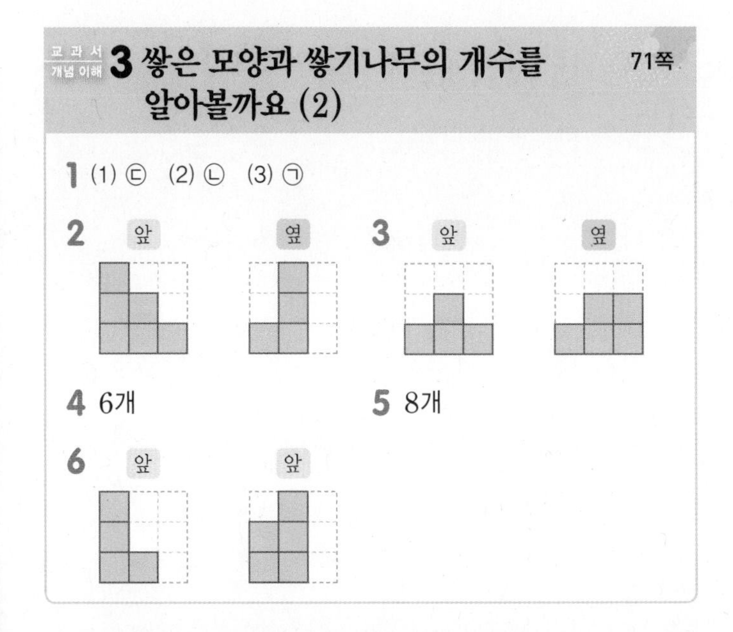

1 위에서 본 모양은 ㉢, 앞에서 본 모양은 ㉡, 옆에서 본 모양은 ㉠입니다.

2 위에서 본 모양을 보면 보이지 않는 쌓기나무가 없다는 것을 알 수 있습니다.

3 위에서 본 모양을 보면 보이지 않는 쌓기나무가 1개 있다는 것을 알 수 있습니다.

4 위에서 본 모양을 보면 1층의 쌓기나무는 5개입니다. 앞에서 본 모양을 보면 ○ 부분은 쌓기나무가 각각 1개이고 △ 부분 중 2개인 곳이 있습니다. 옆에서 본 모양을 보면 ◻︎ 부분의 쌓기나무가 2개입니다. 따라서 1층 5개, 2층 1개로 똑같은 모양으로 쌓는 데 필요한 쌓기나무는 6개입니다.

5 위에서 본 모양을 보면 1층의 쌓기나무는 5개입니다. 앞에서 본 모양을 보면 ○ 부분은 쌓기나무가 각각 1개이고 옆에서 본 모양을 보면 ● 부분은 쌓기나무가 3개, ▲ 부분은 쌓기나무가 2개, □ 부분은 쌓기나무가 1개입니다. 따라서 1층 5개, 2층 2개, 3층 1개로 똑같은 모양을 쌓는 데 필요한 쌓기나무는 8개입니다.

6 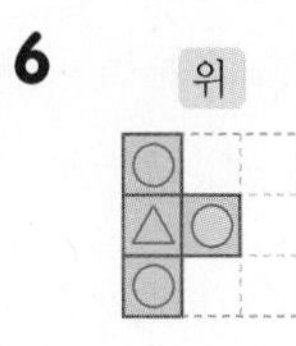

옆에서 본 모양을 보면 ○ 부분은 쌓기나무가 각각 2개이고 쌓기나무 8개로 쌓은 모양이므로 △ 부분은 1개 또는 3개이거나 ● 부분은 3개 또는 1개입니다. 따라서 앞에서 본 모양은 왼쪽은 3층, 오른쪽은 1층으로 보이거나 왼쪽은 2층, 오른쪽은 3층으로 보입니다.

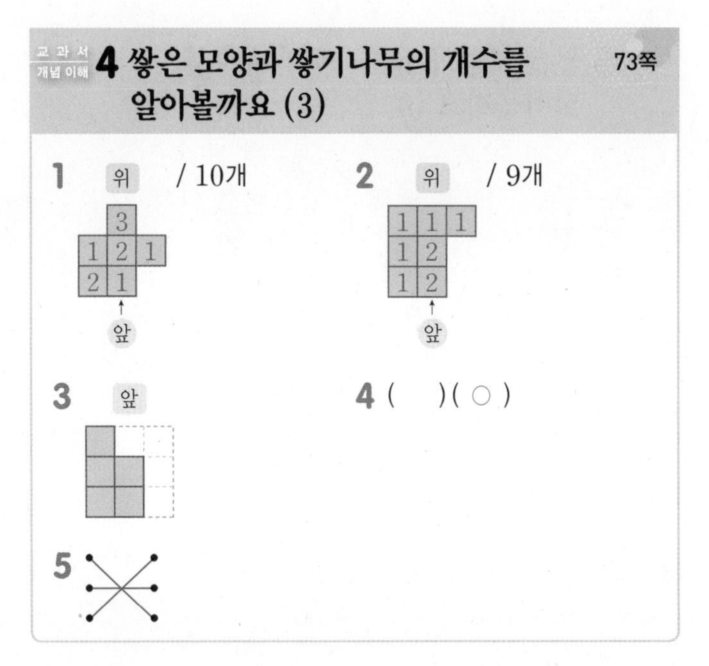

1 위에서 본 모양을 보면 보이지 않는 쌓기나무가 있는 것을 알 수 있습니다.

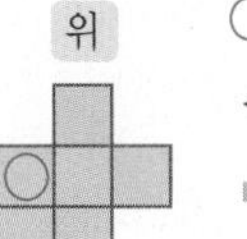

○표 한 곳에 보이지 않는 쌓기나무가 1개 있습니다.

➡ $3+1+2+1+2+1=10$(개)

2 쌓기나무로 쌓은 모양에서 보이지 않는 쌓기나무 수를 찾아 위에서 본 모양에 씁니다.

○표 한 곳에 보이지 않는 쌓기나무가 각각 1개 있습니다.

➡ $1+1+1+1+2+1+2=9$(개)

3 위에서 본 모양에 수를 쓴 것을 보고 쌓은 모양은 다음과 같습니다.

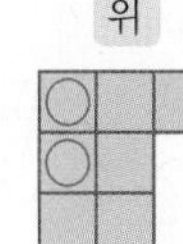

다른 풀이 |

앞에서 본 모양의 각 줄의 가장 높은 층은 3층, 2층입니다.

4 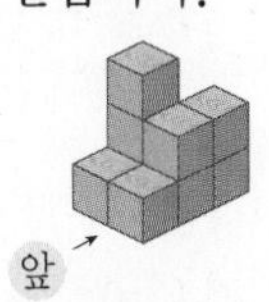

쌓기나무로 쌓은 모양에서 ○표 한 자리의 쌓기나무 1개는 보이지 않습니다.

5 위에서 본 모양이 서로 같은 쌓기나무입니다. 위에서 본 모양의 각 자리에 쌓인 쌓기나무의 개수를 세어서 비교합니다.

교과서 개념 이해 5 쌓은 모양과 쌓기나무의 개수를 알아볼까요 (4) 75쪽

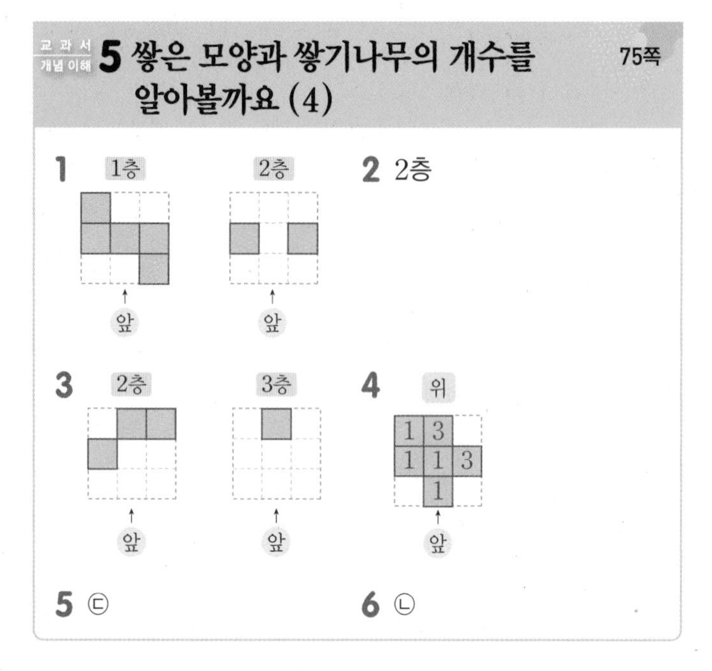

5 ㉢ 6 ㉡

1 1층에는 쌓기나무 5개가 있습니다. 2층에 쌓인 모양을 보고 쌓기나무 2개를 위치에 맞게 그립니다.

2 2층의 모양은 오른쪽과 같습니다.

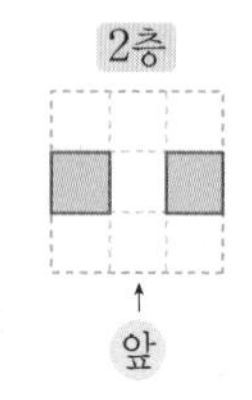

3 1층 모양을 보고 쌓기나무로 쌓은 모양의 보이지 않는 쌓기나무가 1개 있는 것을 알 수 있습니다. 2층에는 보이지 않는 쌓기나무가 없으므로 3개, 3층에는 쌓기나무가 1개 있습니다.

4 쌓기나무를 층별로 나타낸 모양에서 1층의 ○ 부분은 쌓기나무가 3층까지 있고 나머지 부분은 1층만 있습니다.

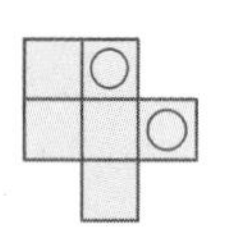

5 1층에 6개로 쌓은 것은 ㉠, ㉡이지만 모양이 다르므로 보이지 않는 쌓기나무가 1개 있는 ㉢입니다.
2층 모양이 2개인 것은 ㉢이고 3층 모양이 1개인 것은 ㉠, ㉢입니다.
따라서 ㉢ 모양을 층별로 나타낸 것입니다.

6 1층 모양으로 가능한 것은 ㉠, ㉡입니다.
2층 모양이 ㉠ 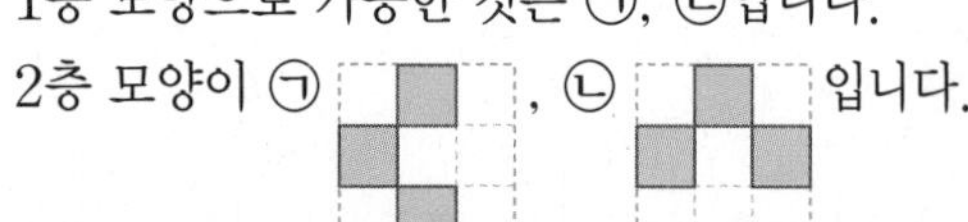 입니다.
3층 모양이 2개인 것은 ㉡입니다.
따라서 ㉡ 모양을 층별로 나타낸 것입니다.

교과서 개념 이해 6 여러 가지 모양을 만들어 볼까요 77쪽

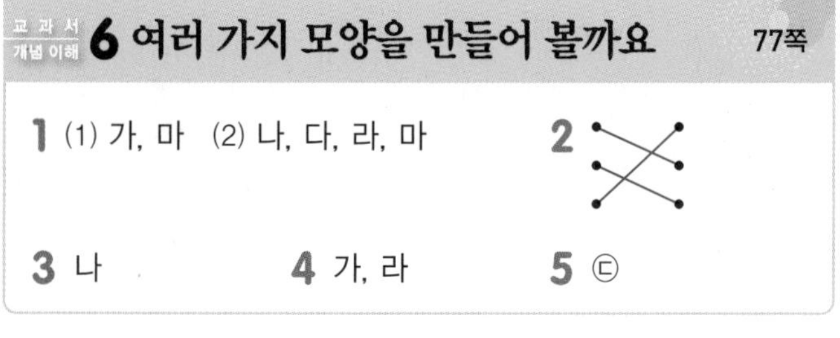

1

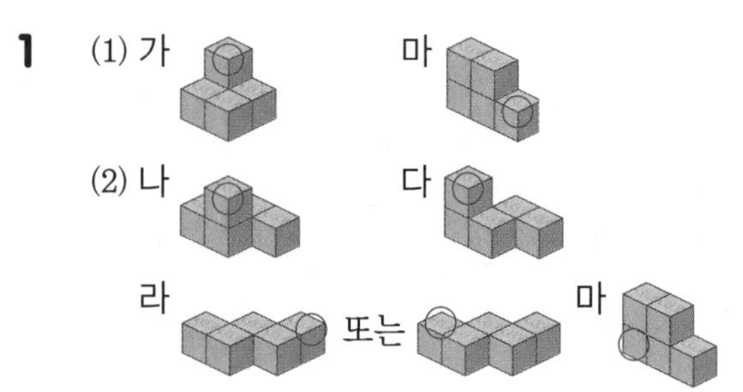

2 방향을 바꿔 가며 같은 모양을 찾습니다.

3 나는 모양을 돌린 것입니다.

4

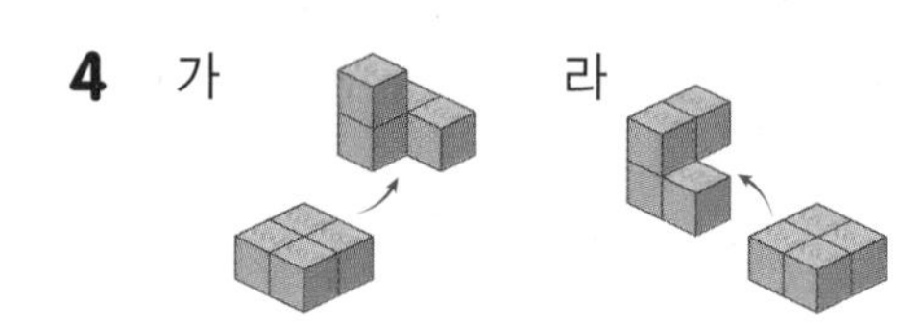

5 주어진 모양에 쌓기나무 2개를 더 붙여서 만들 수 있는 모양은 다음과 같습니다.

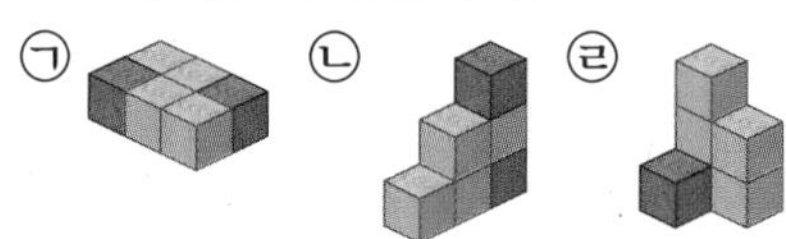

개념 적용 기본기 다지기 78~83쪽

1 ㉠ 오른쪽 ㉡ 뒤
2 라, 가, 나, 다
3 다
4 예 보는 각도에 따라 뒤에 숨겨진 쌓기나무가 있을 수 있으므로 쌓기나무의 개수가 서로 다를 수 있습니다.
5

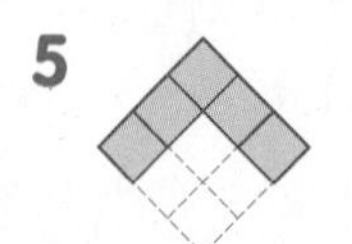

6 (1) 10개 (2) 11개
7 나
8 2개

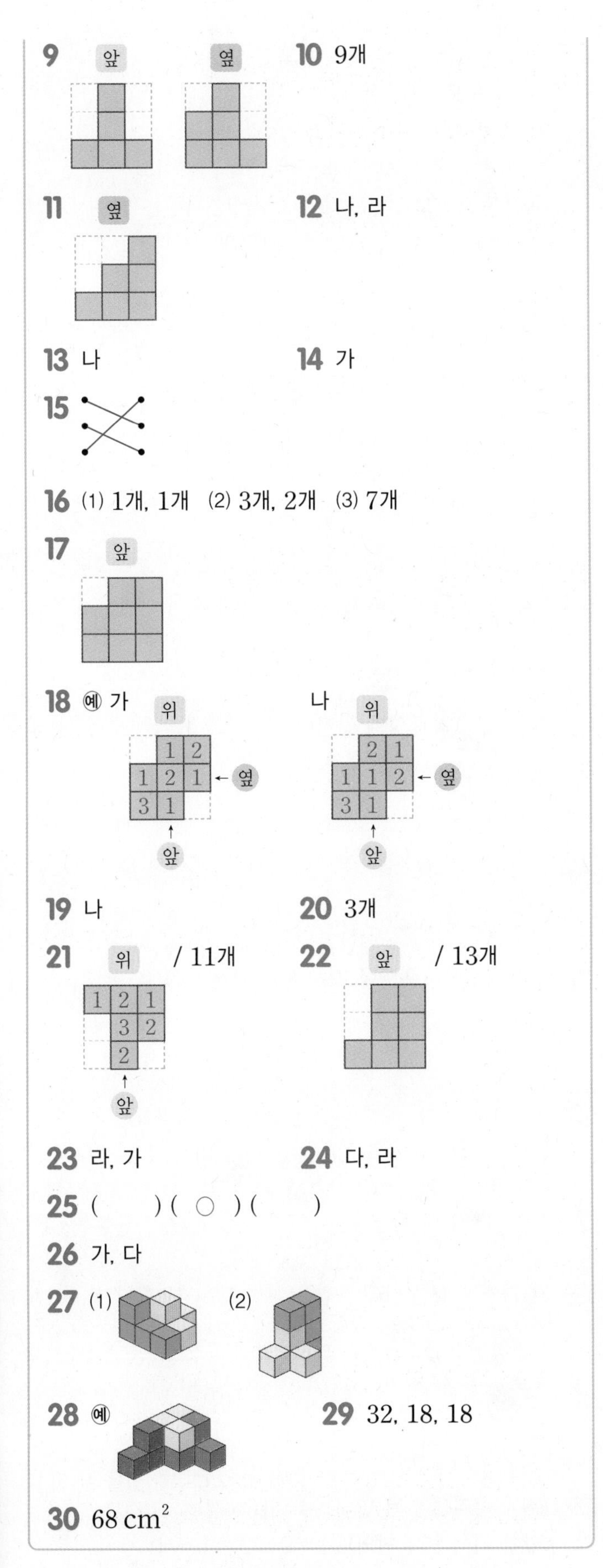
9 앞 옆　10 9개
11 옆　12 나, 라
13 나　14 가
15
16 (1) 1개, 1개 (2) 3개, 2개 (3) 7개
17 앞
18 예 가 위 옆 앞　나 위 옆 앞
19 나　20 3개
21 위 / 11개　22 앞 / 13개
23 라, 가　24 다, 라
25 ( )(○)( )
26 가, 다
27 (1) (2)
28 예　29 32, 18, 18
30 68 cm^2

1 ㉠은 작은 나무가 앞에 있고 큰 나무가 집 뒤에 가려져 있으므로 오른쪽에서 찍은 사진입니다.
㉡은 작은 나무가 왼쪽에 있고 큰 나무가 오른쪽에 있으므로 뒤에서 찍은 사진입니다.

2 가에서 찍으면 노란색 상자가 빨간색 공 앞에 있어 빨간색 공이 보이지 않습니다.
나에서 찍으면 노란색 상자가 빨간색 공의 왼쪽에 있습니다.
다에서 찍으면 빨간색 공이 노란색 상자 앞에 있습니다.
라에서 찍으면 노란색 상자가 빨간색 공의 오른쪽에 있습니다.

3 다를 왼쪽에서 보면 오른쪽과 같이 ○표 한 쌓기나무가 보입니다.

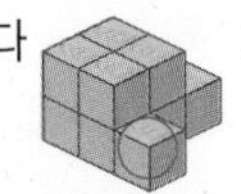

서술형
4

단계	문제 해결 과정
①	보는 각도에 따라 쌓기나무의 개수가 다를 수 있다는 것을 알고 바르게 썼나요?

5 1층이 위에서부터 3개, 1개, 1개가 연결되어 있는 모양입니다.

6 (1) 1층에 5개, 2층에 4개, 3층에 1개이므로 주어진 모양과 똑같이 쌓는 데 쌓기나무 10개가 필요합니다.
(2) 1층에 7개, 2층에 3개, 3층에 1개이므로 주어진 모양과 똑같이 쌓는 데 쌓기나무 11개가 필요합니다.

7 가: $5+3+1=9$(개)
나: $5+4+1=10$(개)
다: $5+3+1=9$(개)

8 1층에 8개, 2층에 3개, 3층에 2개이므로 주어진 모양과 똑같이 쌓는 데 쌓기나무 13개가 필요합니다.
따라서 남은 쌓기나무는 $15-13=2$(개)입니다.

9 위에서 본 모양을 보면 보이지 않는 쌓기나무가 1개 있다는 것을 알 수 있습니다.
따라서 앞에서 보면 1개, 3개, 1개로 보이고, 옆에서 보면 2개, 3개, 1개로 보입니다.

10 위에서 본 모양을 보면 1층의 쌓기나무는 5개입니다. 앞에서 본 모양을 보면 ○ 부분은 쌓기나무가 3개 이하이고, ◇ 부분은 2개, □ 부분은 1개입니다. 옆에서 본 모양을 보면 ◎ 부분은 쌓기나무가 2개이고 ○ 부분은 쌓기나무가 1개, ▼ 부분은 3개입니다.
따라서 1층에 5개, 2층에 3개, 3층에 1개로 똑같은 모양으로 쌓는 데 필요한 쌓기나무는 9개입니다.

위
◇ □ ▼
○
◎

11 앞에서 본 모양을 보면 ○ 부분은 쌓기나무가 3개, △ 부분은 쌓기나무가 1개, □ 부분은 쌓기나무가 2개 쌓여 있습니다.
따라서 쌓기나무 10개로 쌓은 후 옆에서 보면 1개, 2개, 3개로 보입니다.

위
○ △ □
△ □
△

12 옆에서 본 모양을 각각 그려 봅니다.

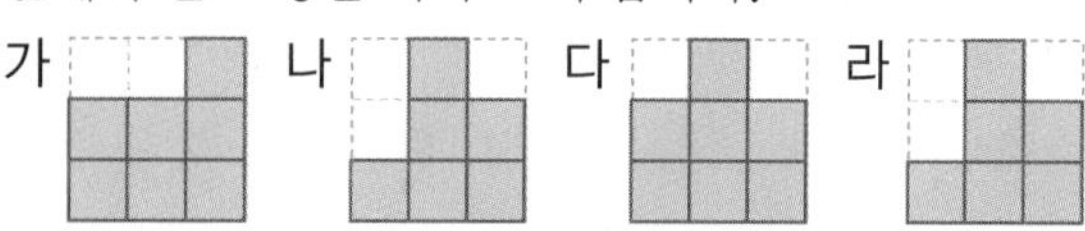

13 쌓기나무로 쌓은 모양을 위, 앞, 옆에서 본 모양 중 하나라도 상자에 있는 구멍의 모양과 같거나 작아야 상자에 넣을 수 있습니다.

14 앞에서 보았을 때 1개, 2개, 3개로 보이므로 가입니다.

15 위에서 본 모양이 서로 같은 쌓기나무입니다. 위에서 본 모양의 각 자리에 쌓인 쌓기나무의 개수를 세어 봅니다.

16 (1) 옆에서 본 모양에서 ㉢과 ㉣에 쌓인 쌓기나무는 각각 1개임을 알 수 있습니다.
(2) 앞에서 본 모양에서 ㉠에 쌓인 쌓기나무는 3개, ㉡에 쌓인 쌓기나무는 2개임을 알 수 있습니다.
(3) 각 자리에 쌓인 쌓기나무의 수를 더하면 $3+2+1+1=7$(개)입니다.

17 (㉠에 쌓은 쌓기나무의 수)
$=11-(2+1+3+1+1)=3$(개)
따라서 앞에서 보면 2개, 3개, 3개로 보입니다.

18 쌓기나무 11개를 사용해야 하는 조건과 위에서 본 모양을 보면 2층 이상에 쌓인 쌓기나무는 4개입니다.
1층에 7개의 쌓기나무를 위에서 본 모양과 같이 놓고 나머지 4개의 위치를 이동하면서 위, 앞, 옆에서 본 모양이 서로 같도록 만들어 봅니다.

19 1층 모양으로 가능한 모양을 찾아보면 나와 다입니다.
다는 3층 모양이 ▢ 이므로 층별로 나타낸 모양에 알맞은 모양은 나입니다.

20 2층에 놓인 쌓기나무의 수를 알아보려면 2층 이상으로 쌓아 올린 칸 수를 세어 보아야 합니다.
각 칸에 쓰여진 수가 2 이상인 곳은 3칸이므로 2층에 놓인 쌓기나무는 3개입니다.

21 쌓기나무를 층별로 나타낸 모양에서 1층 모양의 ○ 부분은 3층까지, △ 부분은 2층까지, 나머지 부분은 1층만 있습니다.
따라서 똑같은 모양으로 쌓는 데 필요한 쌓기나무는 $1+2+1+3+2+2=11$(개)입니다.

1층

22 쌓기나무를 층별로 나타낸 모양에서 1층 모양의 ○ 부분은 3층까지, △ 부분은 2층까지 쌓여 있고, 나머지 부분은 1층만 있습니다.
따라서 앞에서 보면 1개, 3개, 3개로 보이고, 똑같은 모양으로 쌓는 데 필요한 쌓기나무는
$3+1+2+3+1+1+2=13$(개)입니다.

1층

23 2층으로 가능한 모양은 가, 나, 라입니다.
2층에 가를 놓으면 3층에 놓을 수 있는 모양이 없습니다.
2층에 나를 놓아도 3층에 놓을 수 있는 모양이 없습니다.
2층에 라를 놓으면 3층에 가를 놓을 수 있습니다.
따라서 2층에 놓을 수 있는 모양은 라이고, 3층에 놓을 수 있는 모양은 가입니다.

24 가는 [그림] 모양에 쌓기나무 2개를 붙여서 만든 모양입니다.
나는 [그림] 모양에 쌓기나무를 붙여서 만들 수 없는 모양입니다.

25 주어진 모양을 왼쪽 옆으로 눕히면 두 번째 모양과 같습니다.

26 가와 다를 이용하여 오른쪽과 같은 모양을 만들 수 있습니다.

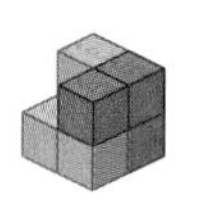

27 두 가지 모양을 아래와 같은 방법으로 연결합니다.

(1)

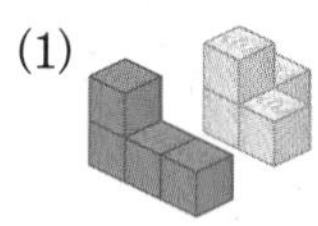

(2)

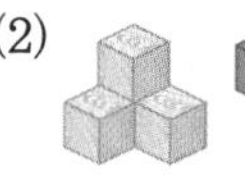

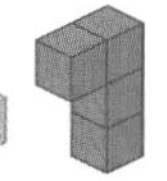

28 세 가지 모양을 아래와 같은 방법으로 연결합니다.

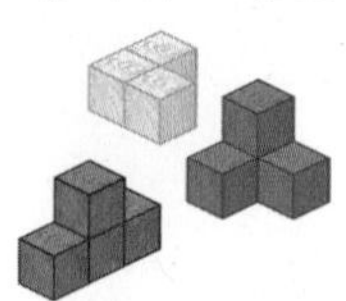

29 (위와 아래에 있는 면의 수)$=16\times2=32$(개)
(앞과 뒤에 있는 면의 수)$=9\times2=18$(개)
(오른쪽과 왼쪽에 있는 면의 수)$=9\times2=18$(개)

30 쌓기나무 1개의 한 면의 넓이가 $1\ cm^2$이므로 쌓은 모양의 겉넓이는 $32+18+18=68\ (cm^2)$입니다.

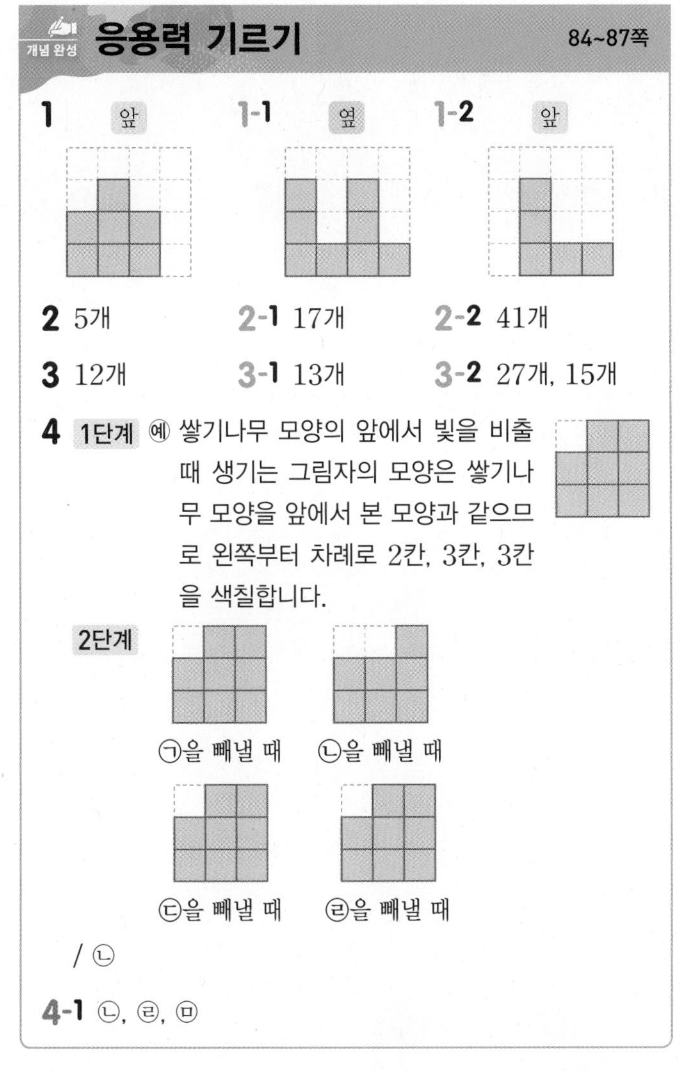

응용력 기르기

개념 완성 84~87쪽

1 앞 **1-1** 옆 **1-2** 앞

2 5개 **2-1** 17개 **2-2** 41개

3 12개 **3-1** 13개 **3-2** 27개, 15개

4 **1단계** 예 쌓기나무 모양의 앞에서 빛을 비출 때 생기는 그림자의 모양은 쌓기나무 모양을 앞에서 본 모양과 같으므로 왼쪽부터 차례로 2칸, 3칸, 3칸을 색칠합니다.

2단계

㉠을 빼낼 때 ㉡을 빼낼 때

㉢을 빼낼 때 ㉣을 빼낼 때

/ ㉡

4-1 ㉡, ㉣, ㉤

1 쌓기나무 8개로 쌓은 모양이므로 뒤에 숨겨진 쌓기나무는 없습니다.
따라서 ㉠의 자리에 쌓기나무를 2개 더 쌓아 앞에서 보면 2개, 3개, 2개로 보입니다.

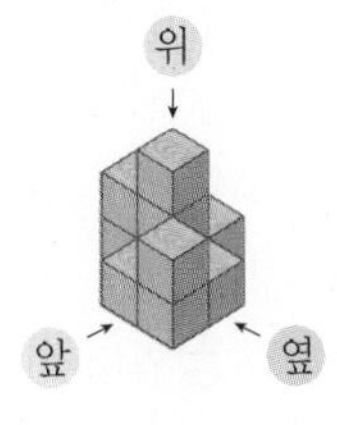

1-1 쌓기나무 10개로 쌓은 모양이므로 뒤에 숨겨진 쌓기나무는 없습니다.
따라서 ㉠의 자리에 쌓기나무를 3개 더 쌓아 옆에서 보면 3개, 1개, 3개, 1개로 보입니다.

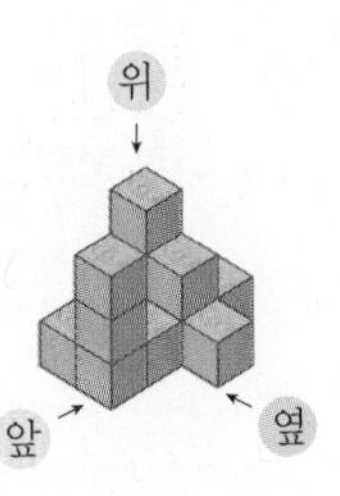

1-2 쌓기나무 12개로 쌓은 모양이므로 뒤에 숨겨진 쌓기나무는 없습니다. 따라서 빨간색 쌓기나무 3개를 빼내어 앞에서 보면 3개, 1개, 1개로 보입니다.

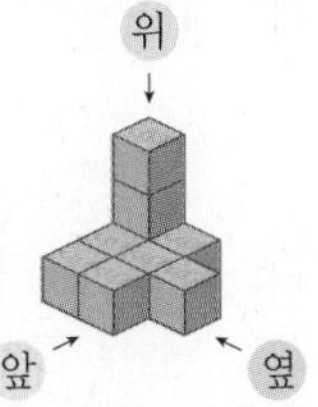

2 만들 수 있는 가장 작은 정육면체는 가로와 세로로 각각 2줄씩 2층으로 쌓은 모양이므로 $2\times2\times2=8$(개)로 쌓아야 합니다. 주어진 모양의 쌓기나무는 1층에 2개, 2층에 1개로 $2+1=3$(개)입니다.
따라서 더 필요한 쌓기나무는 $8-3=5$(개)입니다.

2-1 만들 수 있는 가장 작은 정육면체는 가로와 세로로 각각 3줄씩 3층으로 쌓은 모양이므로 $3\times3\times3=27$(개)로 쌓아야 합니다.
주어진 모양의 쌓기나무는 1층에 6개, 2층에 3개, 3층에 1개로 $6+3+1=10$(개)입니다.
따라서 더 필요한 쌓기나무는 $27-10=17$(개)입니다.

2-2 모양을 만드는 데 쌓은 쌓기나무는 1층에 10개, 2층에 8개, 3층에 4개, 4층에 1개로 $10+8+4+1=23$(개)입니다.
정육면체 모양의 상자 안에 들어가는 쌓기나무는 모두 $4\times4\times4=64$(개)이므로 더 필요한 쌓기나무는 $64-23=41$(개)입니다.

3 위에서 본 모양의 각 자리에 쌓기나무의 수를 써 보면

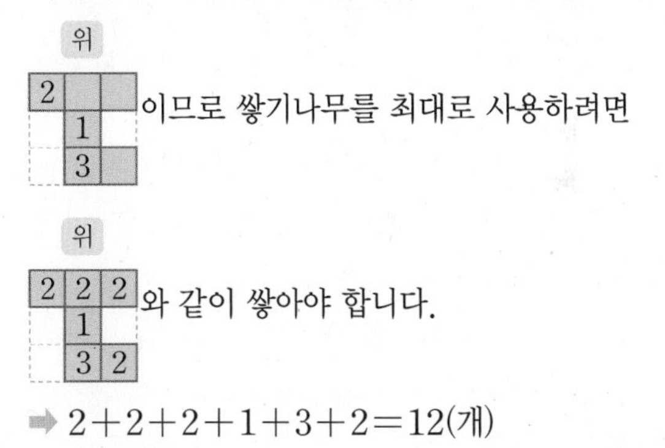

위
2
1
3
이므로 쌓기나무를 최대로 사용하려면
위
2 2 2
1
3 2
와 같이 쌓아야 합니다.

➡ $2+2+2+1+3+2=12$(개)

3-1 위에서 본 모양의 각 자리에 쌓기나무의 수를 써 보면

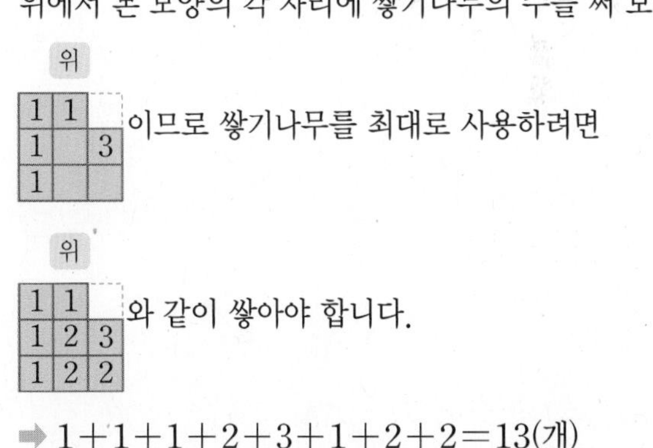

➡ $1+1+1+2+3+1+2+2=13$(개)

3-2 위에서 본 모양의 각 자리에 쌓기나무의 수를 써 봅니다.

최대:

3	3	3
3	3	3
3	3	3

➡ $3\times9=27$(개)

최소:

3	1	1
1	3	1
1	1	3

➡ $3\times3+1\times6=15$(개)

참고 | 최소로 사용하여 쌓는 모양은 여러 가지가 있고, 사용한 쌓기나무는 15개로 같습니다.

4 **2단계** ㉠~㉣을 한 개씩 빼낸 후 그림자의 모양을 그려 보면 그림자의 모양이 바뀌는 쌓기나무는 ㉡입니다.

4-1 쌓기나무 모양의 옆에서 빛을 비출 때 생기는 그림자의 모양과 각 쌓기나무를 빼낸 후 생기는 그림자의 모양은 다음과 같습니다.

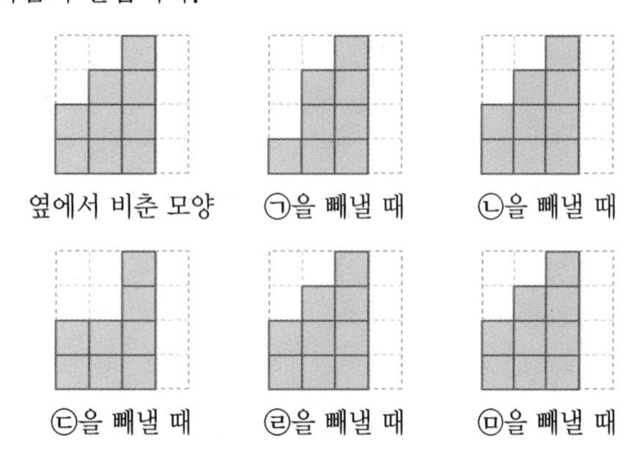

따라서 쌓기나무 하나를 빼내어도 그림자의 모양이 바뀌지 않는 쌓기나무는 ㉡, ㉣, ㉤입니다.

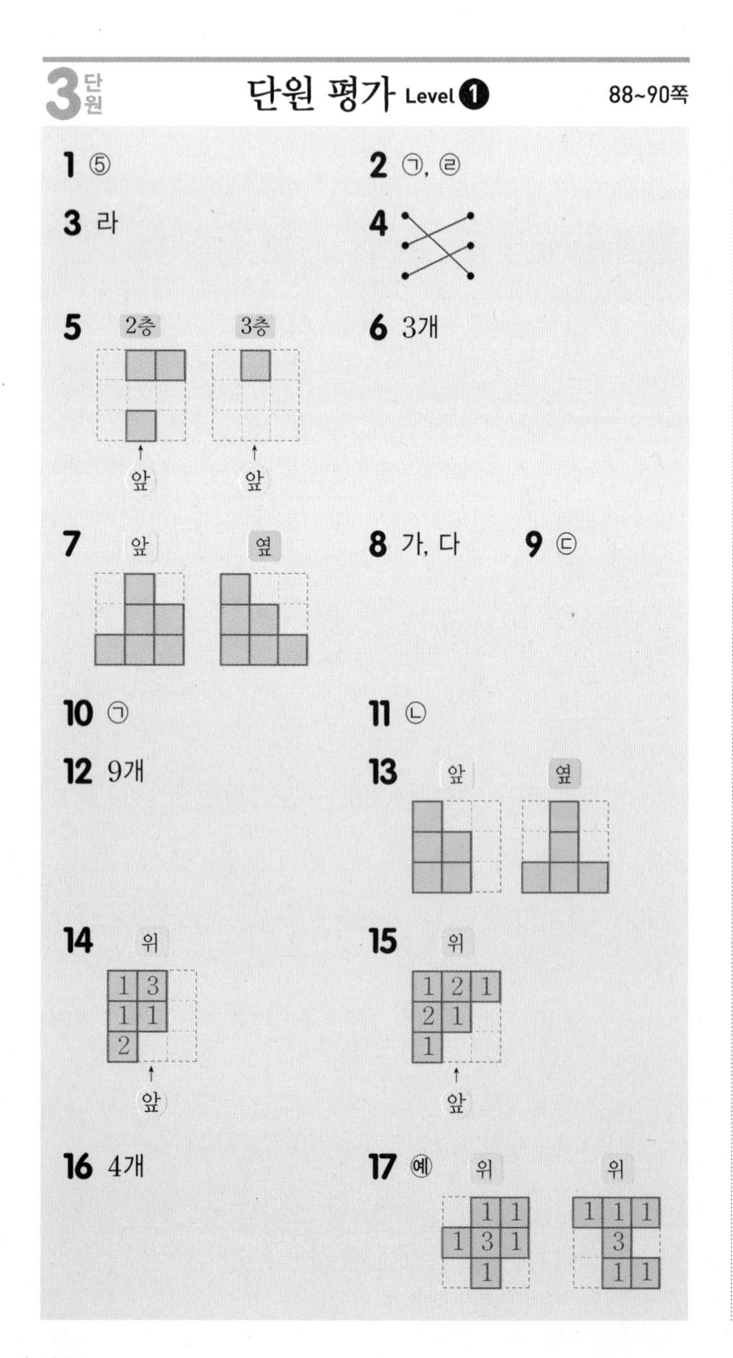

3단원 단원 평가 Level 1 88~90쪽
1 ⑤
2 ㉠, ㉣
3 라
4
5 2층 3층 앞 앞
6 3개
7 앞 옆
8 가, 다
9 ㉢
10 ㉠
11 ㉡
12 9개
13 앞 옆
14 위 1 3 1 1 2 앞
15 위 1 2 1 2 1 1 앞
16 4개
17 예 위 1 1 1 3 1 1 위 1 1 1 3 1 1

18 11개 **19** 7개
20 2개

1 주어진 쌓기나무를 세우면 ⑤와 같은 모양이 됩니다.

2 뒤에 숨겨진 보이지 않는 쌓기나무가 있을 경우 위에서 본 모양은 ㉣도 될 수 있습니다.

3 주어진 모양을 돌리거나 뒤집어서 쌓기나무 1개를 붙여 봅니다.

4 위에서 본 모양의 각 자리에 쌓인 쌓기나무의 개수를 세어 찾습니다.

5 ○ 부분은 쌓기나무가 3층까지 있고 △ 부분은 2층까지, 나머지 부분은 1층까지 있습니다.

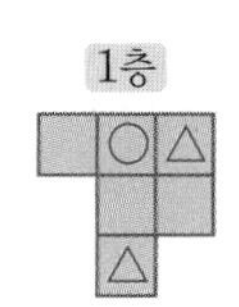

6 ㉠ 자리에 쌓은 쌓기나무는 3개입니다.

7 각 방향에서 가장 높이 쌓은 개수만큼 그립니다.

8 가 다

9 위에서 본 모양이 가와 같은 모양은 ㉠, ㉢이고, 이 중에서 각 자리에 쌓은 쌓기나무의 수가 가와 같은 모양은 ㉢입니다.

10 쌓기나무 10개로 쌓고 3층에 2개를 쌓은 것은 ㉠입니다.
다른 풀이 | 나를 위에서 본 모양에 수를 써 보면 오른쪽과 같으므로 ㉠입니다.

위

1	3
3	1
2	

11 1층에 보이지 않는 쌓기나무가 있을 수 있으므로 위에서 본 모양이 될 수 있는 것은 ㉠, ㉢입니다.

12 쌓은 쌓기나무와 위에서 본 모양이 다르므로 뒤에 숨겨진 쌓기나무가 1개 있습니다.
따라서 필요한 쌓기나무는 9개입니다.
참고 | 뒤에 숨겨진 쌓기나무가 2개일 때 ➡ 보입니다.

13 쌓은 쌓기나무와 위에서 본 모양이 다르므로 뒤에 숨겨진 쌓기나무가 1개 있습니다. 뒤에 숨겨진 쌓기나무는 옆에서 본 모양에서 나타냅니다.

14 뒤에 숨겨진 쌓기나무가 없습니다.

15 뒤에 숨겨진 쌓기나무가 1개 있습니다.

16
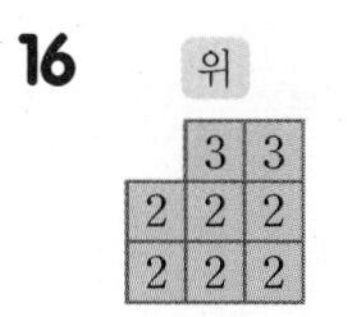

가장 많은 경우: 18개

예) 위

	3	3
2	1	1
2	1	1

가장 적은 경우: 14개

➡ $18-14=4$(개)

17 쌓기나무 8개로 조건에 맞게 여러 가지 모양으로 쌓을 수 있습니다.

예)
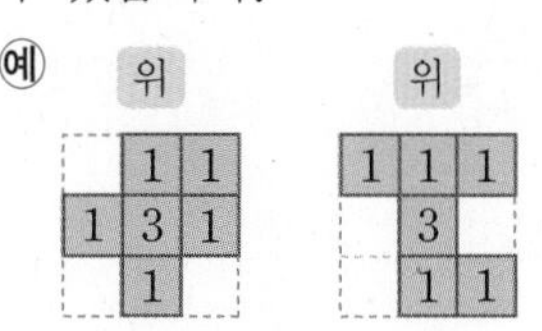

18 위에서 본 모양

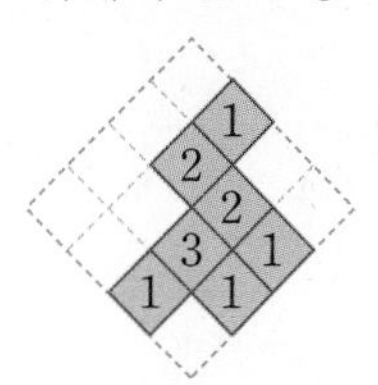

➡ $1+2+2+1+3+1+1=11$(개)

서술형
19 예) 위에서 본 모양으로 1층의 쌓기나무는 4개, 앞과 옆에서 본 모양으로 ○ 부분은 3개, △ 부분은 2개, 나머지는 1개입니다.
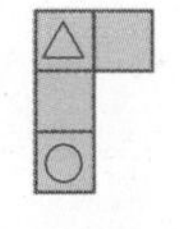

따라서 필요한 쌓기나무는
$2+1+1+3=7$(개)입니다.

평가 기준	배점(5점)
각 자리에 쌓은 쌓기나무의 개수를 구했나요?	3점
똑같은 모양으로 쌓는 데 필요한 쌓기나무의 개수를 구했나요?	2점

서술형
20 예) 쌓은 모양의 보이는 위의 면과 위에서 본 모양이 다르므로 뒤에 숨겨진 쌓기나무가 1개 있습니다.
따라서 쌓은 쌓기나무는 8개이므로 남은 쌓기나무는 2개입니다.

평가 기준	배점(5점)
쌓기나무 몇 개로 쌓았는지 구했나요?	4점
남은 쌓기나무의 개수를 구했나요?	1점

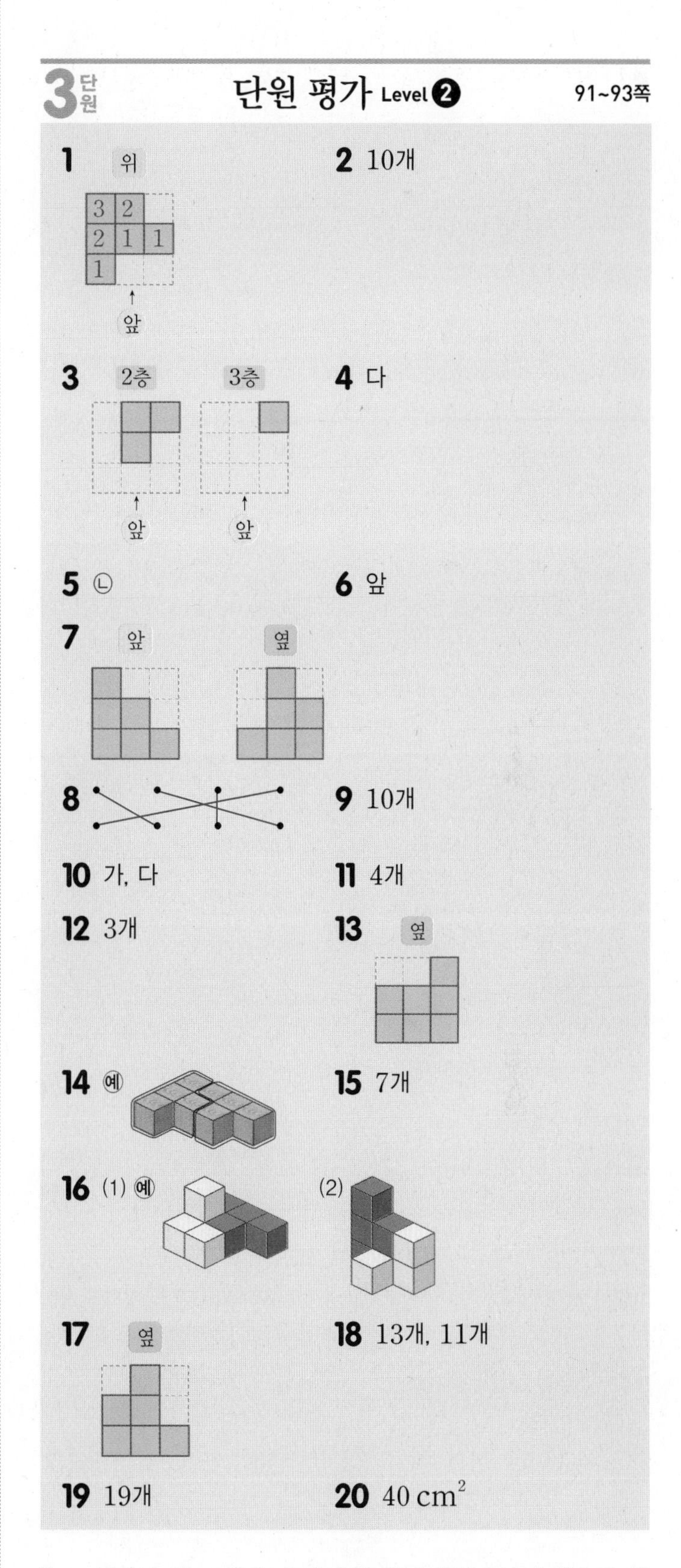

3단원 단원 평가 Level 2

91~93쪽

1 위 (3 2 / 2 1 1 / 1, 앞)

2 10개

3 2층, 3층 (앞)

4 다

5 ㉡

6 앞

7 앞, 옆

8

9 10개

10 가, 다

11 4개

12 3개

13 옆

14 예)

15 7개

16 (1) 예) (2)

17 옆

18 13개, 11개

19 19개

20 $40\ cm^2$

1 위에서 본 모양의 각 자리에 쌓인 쌓기나무의 개수를 세어 위에서 본 모양에 수를 씁니다.

2 1층에 5개, 2층에 3개, 3층에 2개이므로 주어진 모양과 똑같이 쌓는 데 필요한 쌓기나무는 10개입니다.

3 1층 모양을 보고 쌓기나무로 쌓은 모양의 뒤에 숨겨진 쌓기나무가 1개라는 것을 알 수 있습니다.
쌓기나무가 2층에는 3개, 3층에는 1개 있습니다.

4 가, 나, 라: 앞

다: 앞

5 ㉡ ○ 부분에 쌓은 쌓기나무는 2개입니다.

6

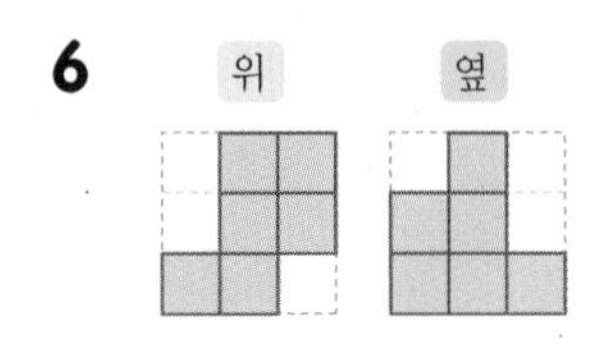

7 앞에서 보면 3개, 2개, 1개로 보이고, 옆에서 보면 1개, 3개, 2개로 보입니다.

9 위에서 본 모양의 각 칸에 쌓은 쌓기나무의 수를 써넣으면 오른쪽과 같으므로 쌓기나무는 $1+1+2+3+1+2=10$(개)입니다.

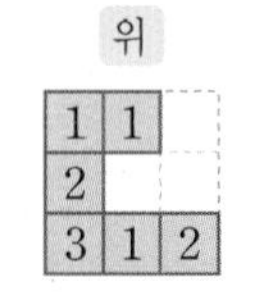

10 2층으로 가능한 모양은 가, 다, 라입니다.
2층에 다를 놓으면 3층에 놓을 수 있는 모양이 없습니다.
2층에 라를 놓아도 3층에 놓을 수 있는 모양이 없습니다.
따라서 2층에 놓을 수 있는 모양은 가, 3층에 놓을 수 있는 모양은 다입니다.

11 1층에 7개, 2층에 3개, 3층에 1개이므로 주어진 모양과 똑같이 쌓는 데 필요한 쌓기나무는 11개입니다.
따라서 주어진 모양과 똑같이 만들고 남은 쌓기나무는 $15-11=4$(개)입니다.

12 2층에 놓인 쌓기나무의 수를 알아보려면 2층 이상으로 쌓아 올린 칸 수를 세어 보아야 합니다.
각 칸에 쓰여진 수가 2 이상인 칸은 3칸이므로 2층에 놓인 쌓기나무는 3개입니다.

13 ㉠과 ㉡ 자리에 쌓기나무를 하나씩 더 쌓았을 때의 모양은 오른쪽과 같습니다.
따라서 옆에서 보면 2개, 2개, 3개로 보입니다.

14 모양 2개를 연결하면 주어진 모양과 같은 모양을 만들 수 있습니다.

15 위에서 본 모양의 각 자리에 쌓은 쌓기나무의 수를 써넣으면 오른쪽과 같습니다.
따라서 똑같은 모양으로 쌓는 데 필요한 쌓기나무는 $1+1+3+1+1=7$(개)입니다.

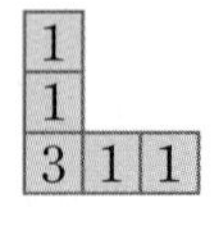

17 쌓기나무 9개로 쌓은 모양이므로 뒤에 숨겨진 쌓기나무는 없습니다.

18 위에서 본 모양의 각 자리에 쌓기나무의 수를 써 봅니다.
• 최대로 사용하려면 다음과 같이 쌓아야 합니다.

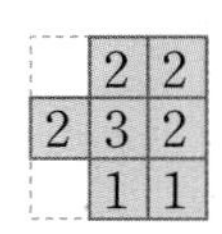

➡ $2+2+2+3+2+1+1=13$(개)
• 최소로 사용하려면 다음과 같이 쌓아야 합니다.

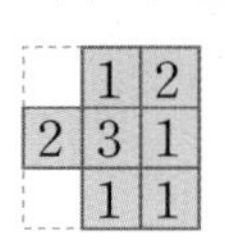

➡ $1+2+2+3+1+1+1=11$(개)

서술형
19 예 만들 수 있는 가장 작은 정육면체는 가로와 세로로 각각 3줄씩 3층으로 쌓은 모양이므로 $3\times3\times3=27$(개)로 쌓아야 합니다.
주어진 모양의 쌓기나무는 1층에 5개, 2층에 2개, 3층에 1개이므로 8개입니다.
따라서 더 필요한 쌓기나무는 $27-8=19$(개)입니다.

평가 기준	배점(5점)
가장 작은 정육면체 모양을 만들 때 필요한 쌓기나무의 수를 구했나요?	2점
더 필요한 쌓기나무는 몇 개인지 구했나요?	3점

서술형
20 예 위와 아래에 있는 면의 수: $7\times2=14$(개)
앞과 뒤에 있는 면의 수: $6\times2=12$(개)
오른쪽과 왼쪽 옆에 있는 면의 수: $7\times2=14$(개)
쌓기나무 1개의 한 면의 넓이는 1 cm^2이므로 쌓은 모양의 겉넓이는 $14+12+14=40\ (\text{cm}^2)$입니다.

평가 기준	배점(5점)
쌓은 모양의 각 방향에 있는 모든 면의 수를 구했나요?	3점
쌓은 모양의 겉넓이를 구했나요?	2점

4 비례식과 비례배분

비례식과 비례배분 관련 내용은 수학 내적으로 초등 수학의 결정이며 이후 수학 학습의 중요한 기초가 될 뿐 아니라, 수학 외적으로도 타 학문 영역과 일상생활에 밀접하게 연결됩니다. 실제로 우리는 생활 속에서 두 양의 비를 직관적으로 이해해야 하거나 비의 성질, 비례식의 성질 및 비례배분을 이용하여 여러 가지 문제를 해결해야 하는 경험을 하게 됩니다. 비의 성질, 비례식의 성질을 이용하여 속도나 거리를 측정하고 축척을 이용하여 지도를 만들기도 합니다. 이 단원에서는 비율이 같은 두 비를 통해 비례식에 0이 아닌 같은 수를 곱하거나 같은 수로 나누어도 비율이 같다는 비의 성질을 발견하고 이를 이용하여 비를 간단한 자연수의 비로 나타내 보는 활동을 전개합니다. 또한 비례식에서 외항의 곱과 내항의 곱이 같다는 비례식의 성질을 발견하여 실생활 문제를 해결합니다. 나아가 전체를 주어진 비로 배분하는 비례배분을 이해하여 생활 속에서 비례배분이 적용되는 문제를 해결해 봄으로써 수학의 유용성을 경험하고 문제 해결, 추론, 창의 · 융합, 의사소통 등의 능력을 키울 수 있습니다.

교과서 개념 이해 1 비의 성질을 알아볼까요 96~97쪽

! • $\frac{10}{15}$, $\frac{2}{3}$, 같습니다에 ○표

1 (1) 전항 (2) 후항

2 (1) 곱하여도 (2) 나누어도

3 (1) ㉡ (2) ㉢ (3) ㉠ (4) ㉣

4 (1) 4 / 20, 28 (2) 8 / 6, 8

5 (위에서부터) (1) 32, 12, 4 (2) 6, 4, 6

6 (1) 8, 18 (2) 10, 4

7 (1) 예 4 : 6, 6 : 9 (2) 예 8 : 14, 12 : 21

8 (1) 예 2 : 6, 1 : 3 (2) 예 10 : 16, 5 : 8

9 가, 라

! $\frac{10}{15}=\frac{2}{3}$이므로 10 : 15와 2 : 3은 비율이 같은 비입니다.

1 기호 ' : ' 앞에 있는 수를 전항, 뒤에 있는 수를 후항이라고 합니다.

2 (1) 비의 전항과 후항에 0을 곱하면 0 : 0이 되므로 0을 곱할 수 없습니다.
(2) 어떤 수도 0으로 나눌 수 없으므로 비의 전항과 후항을 0으로 나눌 수 없습니다.

3 (1) 비의 전항과 후항에 2를 곱합니다.
(2) 비의 전항과 후항을 5로 나눕니다.
(3) 비의 전항과 후항에 3을 곱합니다.
(4) 비의 전항과 후항을 7로 나눕니다.
참고 | 비의 전항과 후항에 0이 아닌 같은 수를 곱하여도 비율은 같습니다.
비의 전항과 후항을 0이 아닌 같은 수로 나누어도 비율은 같습니다.

4 (1) 5 : 7은 전항과 후항에 4를 곱한 20 : 28과 비율이 같습니다.
(2) 48 : 64는 전항과 후항을 8로 나눈 6 : 8과 비율이 같습니다.

5 (1) 비의 전항과 후항에 4를 곱한 것입니다.
$8\times4=32$, $3\times4=12$
(2) $42\div\square=7$이므로 $\square=6$입니다.
따라서 비의 전항과 후항을 6으로 나눈 것입니다.
$42\div6=7$, $24\div6=4$

6 (1) 6 : 4의 전항과 후항에 2를 곱합니다.
6 : 4의 전항과 후항에 3을 곱합니다.
(2) 20 : 16의 전항과 후항을 2로 나눕니다.
20 : 16의 전항과 후항을 4로 나눕니다.

7 (1) 예 2 : 3 ➡ (2×2) : (3×2) ➡ 4 : 6,
➡ (2×3) : (3×3) ➡ 6 : 9
(2) 예 4 : 7 ➡ (4×2) : (7×2) ➡ 8 : 14,
➡ (4×3) : (7×3) ➡ 12 : 21

8 (1) 예 10 : 30 ➡ $(10\div5)$: $(30\div5)$ ➡ 2 : 6,
➡ $(10\div10)$: $(30\div10)$ ➡ 1 : 3
(2) 예 20 : 32 ➡ $(20\div2)$: $(32\div2)$ ➡ 10 : 16,
➡ $(20\div4)$: $(32\div4)$ ➡ 5 : 8

9 가. 10 : 8 ➡ $(10\div2)$: $(8\div2)$ ➡ 5 : 4
나. 12 : 10 ➡ $(12\div2)$: $(10\div2)$ ➡ 6 : 5
다. 15 : 10 ➡ $(15\div5)$: $(10\div5)$ ➡ 3 : 2
라. 20 : 16 ➡ $(20\div4)$: $(16\div4)$ ➡ 5 : 4
따라서 가로와 세로의 비가 5 : 4와 비율이 같은 그림은 가, 라입니다.

교과서 개념 이해 2 간단한 자연수의 비로 나타내어 볼까요 98~99쪽

❗ • 공배수

1 (1) 예 100 (2) (위에서부터) 예 100, 13, 80, 100

2 (1) 예 12 (2) (위에서부터) 예 12, 8, 3, 12

3 (위에서부터) 7, 5, 2, 7

4 (위에서부터) 예 10, 13, 4, 13, 10

5 ㉡

6 (1) 2 (2) 9 (3) 3

7 (1) 예 5 : 7 (2) 예 21 : 20

8 예 27 : 25

1 전항이 소수 두 자리 수이고 후항이 소수 한 자리 수이므로 전항과 후항에 100을 곱합니다.

2 전항과 후항에 두 분모의 공배수를 곱합니다.

3 35 : 14의 전항과 후항을 35와 14의 최대공약수 7로 나눕니다.

4 후항을 분수로 고친 후 전항과 후항에 두 분모의 공배수를 곱합니다.

5 ㉠ 0.15 : 0.4 ⟶ 15 : 40 (전항 ×100, 후항 ×100)

6 (1) 0.8 : 1.2 ⟶ 8 : 12 (×10) ➡ 8 : 12 ⟶ 2 : 3 (÷4)

(2) $\frac{5}{6}$: $\frac{3}{4}$ ⟶ 10 : 9 (×12)

(3) 27 : 90 ⟶ 3 : 10 (÷9)

7 (1) $\frac{1}{7}$: $\frac{1}{5}$ ⟶ 5 : 7 (×35)

(2) 0.7 : $\frac{2}{3}$ ➡ $\frac{7}{10}$: $\frac{2}{3}$이므로 $\frac{7}{10}$: $\frac{2}{3}$ ⟶ 21 : 20 (×30)입니다.

8 (우유) : (주스) ➡ $\frac{9}{10}$: $\frac{5}{6}$의 전항과 후항에 두 분모의 공배수 30을 곱하면 간단한 자연수의 비인 27 : 25가 됩니다.

교과서 개념 이해 3 비례식을 알아볼까요 100~101쪽

❗ • 6, 18

1 (1) $\frac{3}{4}$ (2) 6, 3 (3) 같습니다에 ○표 (4) 비례식

2 (1) 1, 32 / 4, 8 (2) 20, 9 / 3, 60 (3) 21, 2 / 14, 3

3 ③

4 (1) ○ (2) × (3) ○

5 ㉡

6 예 4, 5, 8, 10 / 3, 5, 0.9, 1.5

7 3, 5, 18, 30

8 5, 8, 15, 24

9 예 3, 5, 6, 10

1 비율은 비를 분수나 소수로 나타낸 값입니다.

2 (1) 비례식 1 : 4＝8 : 32에서 바깥쪽에 있는 1과 32를 외항, 안쪽에 있는 4와 8을 내항이라 합니다.

(2) 비례식 20 : 3＝60 : 9에서 바깥쪽에 있는 20과 9를 외항, 안쪽에 있는 3과 60을 내항이라 합니다.

(3) 비례식 21 : 14＝3 : 2에서 바깥쪽에 있는 21과 2를 외항, 안쪽에 있는 14와 3을 내항이라 합니다.

3 비율이 같은 두 비를 기호 '＝'를 사용하여 나타낸 식을 찾으면 ③ 3 : 4＝9 : 12입니다.

4 4 : 5＝20 : 25 (외항: 4, 25 / 내항: 5, 20)

5 2 : 3 ➡ $\frac{2}{3}$, ㉠ 2 : 5 ➡ $\frac{2}{5}$, ㉡ 6 : 9 ➡ $\frac{6}{9}=\frac{2}{3}$,

㉢ 12 : 14 ➡ $\frac{12}{14}=\frac{6}{7}$

따라서 2 : 3과 6 : 9의 비율이 같으므로 비례식을 세우면 2 : 3＝6 : 9입니다.

6 3 : 5 ➡ $\frac{3}{5}$, $\frac{1}{4}$: $\frac{1}{3}$ ➡ 3 : 4 ➡ $\frac{3}{4}$, 4 : 5 ➡ $\frac{4}{5}$,

9 : 10 ➡ $\frac{9}{10}$, 0.9 : 1.5 ➡ $\frac{9}{15}=\frac{3}{5}$,

8 : 10 ➡ $\frac{8}{10}=\frac{4}{5}$이므로 비율이 같은 두 비로 비례식을 세우면 4 : 5＝8 : 10 또는 8 : 10＝4 : 5, 3 : 5＝0.9 : 1.5 또는 0.9 : 1.5＝3 : 5입니다.

7 비율 $\frac{3}{5}$은 비 3 : 5이고 비율 $\frac{18}{30}$은 비 18 : 30이므로 비례식을 세우면 3 : 5＝18 : 30입니다.

8 비율 $\frac{5}{8}$는 비 5 : 8이고 비율 $\frac{15}{24}$는 비 15 : 24이므로 비례식을 세우면 5 : 8 = 15 : 24입니다.

9 빵 3개와 달걀 5개의 비 ➡ 3 : 5 ➡ $\frac{3}{5}$

빵 6개와 달걀 10개의 비 ➡ 6 : 10 ➡ $\frac{6}{10}=\frac{3}{5}$

두 비 3 : 5와 6 : 10의 비율이 같으므로 비례식을 세우면 3 : 5 = 6 : 10 또는 6 : 10 = 3 : 5입니다.

교과서 개념 이해 4 비례식의 성질을 알아볼까요 103쪽

1 (1) 90 (2) 90 (3) 비례식입니다.
이유 예 외항의 곱과 내항의 곱이 같으므로 비례식입니다.

2 ㉡, ㉣ **3** (1) 20 (2) 10 (3) 39 (4) 100

4 (1) (○) (2) 32분
( )

5 (1) 예 5 : 7 = □ : 28 (2) 20 cm **6** 90송이

1 (1) $6\times15=90$ (2) $5\times18=90$

2 외항의 곱과 내항의 곱이 같은 것을 찾습니다.
㉠ 외항의 곱은 20, 내항의 곱은 5 ➡ 다릅니다.
㉡ 외항의 곱은 30, 내항의 곱은 30 ➡ 같습니다.
㉢ 외항의 곱은 90, 내항의 곱은 30 ➡ 다릅니다.
㉣ 외항의 곱은 54, 내항의 곱은 54 ➡ 같습니다.

3 (1) $6\times□=5\times24$, $6\times□=120$, $□=120\div6=20$
(2) $2\times35=7\times□$, $7\times□=70$, $□=70\div7=10$
(3) $27\times13=□\times9$, $□\times9=351$, $□=351\div9=39$
(4) $□\times3=75\times4$, $□\times3=300$, $□=300\div3=100$

4 (1) 물통에 물을 가득 채우는 데 걸리는 시간을 □분이라 하고 비례식을 세우면
(시간) : (물의 양) ➡ 8 : 20 = □ : 80입니다.
(2) 8 : 20 = □ : 80 ➡ $8\times80=20\times□$, $20\times□=640$, $□=640\div20$, $□=32$

5 (2) 5 : 7 = □ : 28 ➡ $5\times28=7\times□$, $7\times□=140$, $□=140\div7$, $□=20$

6 (장미) : (튤립) = 5 : 3이므로 튤립의 수를 □송이라 하고 비례식을 세우면 5 : 3 = 150 : □입니다.
5 : 3 = 150 : □ ➡ $5\times□=3\times150$, $5\times□=450$, $□=450\div5$, $□=90$

교과서 개념 이해 5 비례배분을 해 볼까요 105쪽

1 (1) 2, 2, 5, 5 (2) 2, 10 / 5, 25

2 $\frac{3}{10}$, 15 / 3, $\frac{7}{10}$, 35

3 24개, 30개 **4** 102권, 78권

5 10시간 **6** 3200원

7 (1) 30개, 18개 (2) 30개, 18개

1 (1) 전항과 후항의 합을 분모로 하는 분수의 비로 나타낼 때 $\frac{2}{2+5}$ 또는 $\frac{2}{5+2}$입니다.

2 50을 3 : 7로 나누면
$50\times\frac{3}{3+7}=50\times\frac{3}{10}=15$,
$50\times\frac{7}{3+7}=50\times\frac{7}{10}=35$입니다.

3 지성: $54\times\frac{4}{4+5}=54\times\frac{4}{9}=24$(개)
연아: $54\times\frac{5}{4+5}=54\times\frac{5}{9}=30$(개)

4 책장: $180\times\frac{17}{17+13}=180\times\frac{17}{30}=102$(권)
책꽂이: $180\times\frac{13}{17+13}=180\times\frac{13}{30}=78$(권)

5 하루는 24시간입니다.
(낮의 길이) $=24\times\frac{5}{5+7}=24\times\frac{5}{12}=10$(시간)

6 진아: $6000\times\frac{8}{8+7}=6000\times\frac{8}{15}=3200$(원)

7 (1) 은서: $48\times\frac{5}{5+3}=48\times\frac{5}{8}=30$(개)

시원: $48\times\frac{3}{5+3}=48\times\frac{3}{8}=18$(개)

(2) 은서: $48\times\frac{10}{10+6}=48\times\frac{10}{16}=30$(개)

시원: $48\times\frac{6}{10+6}=48\times\frac{6}{16}=18$(개)

참고 | 두 비의 비율이 $5:3$ ➡ $\frac{5}{3}$, $10:6$ ➡ $\frac{10}{6}=\frac{5}{3}$로 같으므로 비례배분을 한 값도 같습니다.

기본기 다지기 106~111쪽

개념 적용

1 ①

2 (위에서부터) 6, 4, 6

3 14 : 6, 21 : 9, 28 : 12

4 7200 cm^2

5 (1) 예 3 : 2 (2) 예 15 : 32

6 예 13

7 2 : 5

8 예 12 : 5

9 예 $2\frac{1}{2}:1.4$ ➡ $2.5:1.4$ ➡ $25:14$ /

예 $2\frac{1}{2}:1.4$ ➡ $\frac{5}{2}:\frac{14}{10}$ ➡ $25:14$

10 예 3 : 4

11 6

12 예 2 : 9, 예 2 : 9 /

예 두 비의 비율이 같으므로 유자차의 진하기는 같습니다.

13 예 3, 4, $\frac{1}{4}$, $\frac{1}{3}$

14 (1) 5 : 8 = 10 : 16 (2) 4 : 9 = 12 : 27

15 ⓒ

16 진서 / 예 3 : 2 = 9 : 6에서 외항은 3과 6이고, 내항은 2와 9입니다.

17 ( )

( )

(×)

18 90

19 (선 잇기)

20 ⓒ

21 예 2 : 3 = 12 : 18

22 20컵

23 4900원

24 7200원

25 48분

26 비의 성질 예 오렌지 30개의 가격을 □원이라 하면 6 : 5100 ➡ 30 : □에서 $6\times5=30$이므로 $5100\times5=□$, $□=25500$입니다.

따라서 오렌지 30개의 가격은 25500원입니다.

비례식의 성질 예 오렌지 30개의 가격을 □원이라 하면 6 : 5100 = 30 : □에서 $6\times□=5100\times30$, $6\times□=153000$, $□=25500$입니다.

따라서 오렌지 30개의 가격은 25500원입니다.

27 8 m, 12 m

28 15000원, 12000원

29 90 g

30 80개, 60개

31 450 m, 540 m

32 15 cm

33 35 cm^2

34 16장

35 예 4 : 5

36 $\frac{2}{3}$

37 예 4 : 1

38 40개

39 77개

40 6600원

1 비의 전항과 후항에 각각 0을 곱하면 0 : 0이 되므로 0을 곱할 수 없습니다.

2 18 : 24 ➡ (18÷6) : (24÷6) ➡ 3 : 4

3 7 : 3 ➡ (7×2) : (3×2) ➡ 14 : 6,

7 : 3 ➡ (7×3) : (3×3) ➡ 21 : 9,

7 : 3 ➡ (7×4) : (3×4) ➡ 28 : 12,

7 : 3 ➡ (7×5) : (3×5) ➡ 35 : 15, ...

따라서 조건에 맞는 비는 14 : 6, 21 : 9, 28 : 12입니다.

서술형

4 예 세로를 □ cm라 하면 2 : 9 ➡ 40 : □입니다.

전항을 비교해 보면 $2\times20=40$이므로 후항에도 20을 곱하면 $□=9\times20=180$입니다.

따라서 세로는 180 cm이므로 직사각형의 넓이는 $40\times180=7200$ (cm^2)입니다.

단계	문제 해결 과정
①	직사각형의 세로를 구했나요?
②	직사각형의 넓이를 구했나요?

5 (1) $0.3:\frac{1}{5}$ ➡ $\frac{3}{10}:\frac{1}{5}$ ➡ $\left(\frac{3}{10}\times10\right):\left(\frac{1}{5}\times10\right)$ ➡ $3:2$

(2) $1\frac{1}{4}:2\frac{2}{3}$ ➡ $\frac{5}{4}:\frac{8}{3}$ ➡ $\left(\frac{5}{4}\times12\right):\left(\frac{8}{3}\times12\right)$ ➡ $15:32$

6 $\frac{1}{6}:\frac{3}{8} \Rightarrow \left(\frac{1}{6}\times 24\right):\left(\frac{3}{8}\times 24\right) \Rightarrow 4:9$
따라서 (전항)+(후항)$=4+9=13$입니다.

7 $0.4=\frac{4}{10}=\frac{2}{5} \Rightarrow 2:5$

8 밑변의 길이는 36 cm이고 높이는 15 cm이므로
$36:15 \Rightarrow (36\div 3):(15\div 3) \Rightarrow 12:5$입니다.

9 • 전항 $2\frac{1}{2}$을 소수로 바꾸면 $2\frac{1}{2}=\frac{5}{2}=\frac{25}{10}=2.5$입니다.
$2.5:1.4$가 되므로 전항과 후항에 각각 10을 곱하면 $25:14$가 됩니다.
• 후항 1.4를 분수로 바꾸면 $1.4=\frac{14}{10}$입니다.
$2\frac{1}{2}:\frac{14}{10}$는 $\frac{5}{2}:\frac{14}{10}$가 되므로 전항과 후항에 각각 10을 곱하면 $25:14$가 됩니다.

10 1분 동안에 동수는 전체의 $\frac{1}{20}$만큼, 유빈이는 전체의 $\frac{1}{15}$만큼 타자를 치므로
$\frac{1}{20}:\frac{1}{15} \Rightarrow \left(\frac{1}{20}\times 60\right):\left(\frac{1}{15}\times 60\right) \Rightarrow 3:4$입니다.

11 7과 4의 공배수인 28을 전항과 후항에 곱하면
$\frac{\square}{7}:\frac{7}{4} \Rightarrow \left(\frac{\square}{7}\times 28\right):\left(\frac{7}{4}\times 28\right)$
$\Rightarrow (\square\times 4):49 \Rightarrow 24:49$입니다.
따라서 $\square\times 4=24$, $\square=6$입니다.

서술형
12 [채린] 소수로 나타낸 비 $0.2:0.9$의 전항과 후항에 각각 10을 곱하여 간단한 자연수의 비 $2:9$로 나타낼 수 있습니다.
[성호] 분수로 나타낸 비 $\frac{1}{5}:\frac{9}{10}$의 전항과 후항에 각각 10을 곱하여 간단한 자연수의 비 $2:9$로 나타낼 수 있습니다.
따라서 채린이와 성호가 만든 유자차의 진하기는 서로 같습니다.

단계	문제 해결 과정
①	채린이와 성호가 만든 유자차의 유자청과 물의 양의 비를 간단한 자연수의 비로 나타냈나요?
②	채린이와 성호가 만든 유자차의 진하기를 바르게 비교했나요?

13 $4:3 \Rightarrow \frac{4}{3}$, $3:4 \Rightarrow \frac{3}{4}$, $6:10 \Rightarrow \frac{6}{10}=\frac{3}{5}$,
$\frac{1}{4}:\frac{1}{3}=\left(\frac{1}{4}\times 12\right):\left(\frac{1}{3}\times 12\right)=3:4 \Rightarrow \frac{3}{4}$
$3:4$와 $\frac{1}{4}:\frac{1}{3}$의 비율이 같으므로 비례식으로 나타내면
$3:4=\frac{1}{4}:\frac{1}{3}$ 또는 $\frac{1}{4}:\frac{1}{3}=3:4$입니다.

14 비율을 비로 나타낼 때에는 분자를 전항에, 분모를 후항에 씁니다.
(1) $\frac{5}{8} \Rightarrow 5:8$, $\frac{10}{16} \Rightarrow 10:16$이므로
$\frac{5}{8}=\frac{10}{16} \Rightarrow 5:8=10:16$입니다.
(2) $\frac{4}{9} \Rightarrow 4:9$, $\frac{12}{27} \Rightarrow 12:27$이므로
$\frac{4}{9}=\frac{12}{27} \Rightarrow 4:9=12:27$입니다.

15 기호 '='의 양쪽에 있는 비의 비율이 같은 식을 찾으면
$7:6=14:12$, $18:12=9:6$이므로 ㉢이 나옵니다.

서술형
16

단계	문제 해결 과정
①	틀리게 말한 사람의 이름을 썼나요?
②	틀린 것을 찾아 바르게 고쳤나요?

17 외항의 곱과 내항의 곱이 같은지 확인해 봅니다.
• $3:4=30:40$
$\Rightarrow 3\times 40=120$, $4\times 30=120$ (○)
• $\frac{2}{7}:\frac{5}{7}=2:5$
$\Rightarrow \frac{2}{7}\times 5=\frac{10}{7}$, $\frac{5}{7}\times 2=\frac{10}{7}$ (○)
• $0.5:1=2:3$
$\Rightarrow 0.5\times 3=1.5$, $1\times 2=2$ (×)

18 비례식에서 외항의 곱과 내항의 곱은 같으므로
$15\times 6=24\times\square$, $24\times\square=90$입니다.

19 • $\frac{1}{2}:\square=\frac{2}{5}:8$
$\Rightarrow \frac{1}{2}\times 8=\square\times\frac{2}{5}$, $\square\times\frac{2}{5}=4$,
$\square=4\div\frac{2}{5}=4\times\frac{5}{2}=10$
• $\square:0.6=5:1$
$\Rightarrow \square\times 1=0.6\times 5$, $\square=3$

20 ㉠ $3\times\square=1\times18$, $3\times\square=18$, $\square=6$
㉡ $2.5\times6=1.5\times\square$, $1.5\times\square=15$, $\square=10$
㉢ $1\frac{2}{3}\times9=\frac{5}{7}\times\square$, $\frac{5}{7}\times\square=\frac{5}{3}\times9$,
$\frac{5}{7}\times\square=15$, $\square=15\div\frac{5}{7}=15\times\frac{7}{5}=21$
따라서 □ 안에 알맞은 수가 가장 큰 것은 ㉢입니다.

21 두 수의 곱이 같은 카드를 찾아서 외항과 내항에 놓아 비례식을 만듭니다.
$2\times18=36$, $3\times12=36$이므로 $2:3=12:18$, $2:12=3:18$ 등으로 비례식을 만들 수 있습니다.

22 넣어야 할 물을 □컵이라 하고 비례식을 세우면 $9:4=45:\square$입니다.
➡ $9\times\square=4\times45$, $9\times\square=180$, $\square=20$
따라서 넣어야 할 물은 20컵입니다.

23 주스 7병의 가격을 □원이라 하고 비례식을 세우면 $5:3500=7:\square$입니다.
➡ $5\times\square=3500\times7$, $5\times\square=24500$, $\square=4900$
따라서 주스 7병을 사려면 4900원이 필요합니다.

24 1년 동안 120000원을 예금하여 얻는 이자를 □원이라 하고 비례식을 세우면 $5000:300=120000:\square$입니다.
➡ $5000\times\square=300\times120000$,
$5000\times\square=36000000$, $\square=7200$
따라서 1년 동안 120000원을 예금하면 이자는 7200원입니다.

25 1시간은 60분이므로 60분 동안 300 km를 달립니다.
240 km를 가는 데 걸리는 시간을 □분이라 하고 비례식을 세우면 $60:300=\square:240$입니다.
➡ $60\times240=300\times\square$, $300\times\square=14400$, $\square=48$
따라서 240 km를 가는 데 걸리는 시간은 48분입니다.
다른 풀이 |
240 km를 가는 데 걸리는 시간을 □시간이라 하고 비례식을 세우면 $1:300=\square:240$입니다.
➡ $240=300\times\square$, $\square=240\div300$, $\square=0.8$입니다.
0.8시간은 $60\times0.8=48$(분)이므로 240 km를 가는 데 걸리는 시간은 48분입니다.

서술형
26

단계	문제 해결 과정
①	비의 성질을 이용하여 설명했나요?
②	비례식의 성질을 이용하여 설명했나요?

27 운석: $20\times\frac{2}{2+3}=20\times\frac{2}{5}=8$ (m)
지호: $20\times\frac{3}{2+3}=20\times\frac{3}{5}=12$ (m)

28 세은: $27000\times\frac{5}{5+4}=27000\times\frac{5}{9}=15000$(원)
동생: $27000\times\frac{4}{5+4}=27000\times\frac{4}{9}=12000$(원)

29 설탕: $300\times\frac{3}{3+7}=300\times\frac{3}{10}=90$ (g)

30 학생 수의 비를 간단한 자연수의 비로 나타내면 $20:15=(20\div5):(15\div5)=4:3$입니다.
1반: $140\times\frac{4}{4+3}=140\times\frac{4}{7}=80$(개)
2반: $140\times\frac{3}{4+3}=140\times\frac{3}{7}=60$(개)

31 종하: $990\times\frac{5}{5+6}=990\times\frac{5}{11}=450$ (m)
지우: $990\times\frac{6}{5+6}=990\times\frac{6}{11}=540$ (m)

서술형
32 예 직사각형의 둘레가 40 cm이므로 (가로)+(세로)$=40\div2=20$ (cm)입니다.
20 cm를 가로와 세로의 비 $1:3$으로 나누면 직사각형의 세로는 $20\times\frac{3}{1+3}=20\times\frac{3}{4}=15$ (cm)입니다.

단계	문제 해결 과정
①	가로와 세로의 합을 구했나요?
②	세로를 구했나요?

33 (삼각형의 넓이)=(밑변의 길이)×(높이)÷2
삼각형 ㄱㄴㄹ과 삼각형 ㄱㄹㄷ은 높이가 같으므로 두 삼각형의 넓이의 비는 밑변의 길이의 비와 같습니다.
두 삼각형의 넓이의 비는 밑변의 길이의 비와 같은 $7:5$이므로 삼각형 ㄱㄴㄹ의 넓이는
$60\times\frac{7}{7+5}=60\times\frac{7}{12}=35$ (cm²)입니다.

34 (동호) : (재빈)$=\frac{1}{2}:\frac{1}{3}=\left(\frac{1}{2}\times6\right):\left(\frac{1}{3}\times6\right)$
$=3:2$
재빈: $40\times\frac{2}{3+2}=40\times\frac{2}{5}=16$(장)

35 ㉮$\times\frac{1}{2}=$㉯$\times\frac{2}{5}$를 비례식으로 나타내면

㉮ : ㉯$=\frac{2}{5}:\frac{1}{2}$입니다.

간단한 자연수의 비로 나타내면

$\frac{2}{5}:\frac{1}{2}=\left(\frac{2}{5}\times10\right):\left(\frac{1}{2}\times10\right)=4:5$입니다.

36 ㉮$\times\frac{3}{8}=$㉯$\times\frac{1}{4}$을 비례식으로 나타내면

㉮ : ㉯$=\frac{1}{4}:\frac{3}{8}$입니다.

$\frac{1}{4}:\frac{3}{8}=\left(\frac{1}{4}\times8\right):\left(\frac{3}{8}\times8\right)=2:3$ ➡ $\frac{2}{3}$

37 ㉮$\times\frac{3}{10}=$㉯$\times1.2$이므로 ㉮ : ㉯$=1.2:\frac{3}{10}$입니다.

간단한 자연수의 비로 나타내면

$1.2:\frac{3}{10}=(1.2\times10):\left(\frac{3}{10}\times10\right)$

$=12:3=(12\div3):(3\div3)=4:1$

38 처음에 있던 초콜릿의 수를 □개라 하면

$\square\times\frac{5}{8}=25$,

$\square=25\div\frac{5}{8}=25\times\frac{8}{5}=40$입니다.

따라서 처음에 있던 초콜릿은 40개입니다.

39 두 사람이 넣은 화살의 수를 □개라 하면

$\square\times\frac{4}{11}=28$,

$\square=28\div\frac{4}{11}=28\times\frac{11}{4}=77$입니다.

따라서 두 사람이 넣은 화살은 모두 77개입니다.

40 (민석) : (형)$=\frac{2}{3}:\frac{4}{5}=\left(\frac{2}{3}\times15\right):\left(\frac{4}{5}\times15\right)$

$=10:12=(10\div2):(12\div2)$

$=5:6$

두 사람이 모은 돈을 □원이라 하면

$\square\times\frac{6}{11}=3600$,

$\square=3600\div\frac{6}{11}=3600\times\frac{11}{6}=6600$입니다.

따라서 두 사람이 모은 돈은 모두 6600원입니다.

개념 완성

응용력 기르기

112~115쪽

1 예 9 : 4 **1-1** 예 5 : 4 **1-2** 72 cm²

2 예 2 : 3 **2-1** 예 7 : 5 **2-2** 18바퀴

3 30만 원 **3-1** 400 kg **3-2** 4만 원

4 1단계 예 (지도 위에서 거리) : (실제 거리)$=1:50000$이므로 지도 위에서 1 cm는 실제로 50000 cm$=$500 m입니다.

2단계 예 학교에서 소방서까지 지도 위에서의 거리는 4 cm이므로 실제 거리를 □m라 하면

$1:500=4:\square$ ➡ $1\times\square=500\times4$,

$\square=2000$입니다.

따라서 학교에서 소방서까지의 실제 거리는 2000 m$=$2 km입니다.

/ 2 km

4-1 3 km

1 겹쳐진 부분의 넓이는 ㉮의 $\frac{1}{3}$이고, ㉯의 $\frac{3}{4}$이므로

곱셈식으로 나타내면 ㉮$\times\frac{1}{3}=$㉯$\times\frac{3}{4}$입니다.

➡ ㉮ : ㉯$=\frac{3}{4}:\frac{1}{3}$

$=\left(\frac{3}{4}\times12\right):\left(\frac{1}{3}\times12\right)=9:4$

1-1 겹쳐진 부분의 넓이는 ㉮의 $\frac{2}{5}$이고, ㉯의 $\frac{1}{2}$이므로

㉮$\times\frac{2}{5}=$㉯$\times\frac{1}{2}$입니다.

➡ ㉮ : ㉯$=\frac{1}{2}:\frac{2}{5}$

$=\left(\frac{1}{2}\times10\right):\left(\frac{2}{5}\times10\right)=5:4$

1-2 겹쳐진 부분의 넓이는 ㉮의 $\frac{4}{9}$이고, ㉯의 $\frac{1}{6}$이므로

㉮$\times\frac{4}{9}=$㉯$\times\frac{1}{6}$입니다.

➡ ㉮ : ㉯$=\frac{1}{6}:\frac{4}{9}$

$=\left(\frac{1}{6}\times18\right):\left(\frac{4}{9}\times18\right)=3:8$

㉯의 넓이를 $\square$ cm²라 하면

$3:8=27:\square$

➡ $3\times\square=8\times27$, $3\times\square=216$, $\square=72$입니다.

따라서 ㉯의 넓이는 72 cm²입니다.

다른 풀이 |

겹쳐진 부분의 넓이는 ㉮의 $\frac{4}{9}$이고, ㉯의 $\frac{1}{6}$이므로

㉮$\times\frac{4}{9}=$㉯$\times\frac{1}{6}$입니다.

㉮의 넓이가 $27\ cm^2$이므로 $27\times\frac{4}{9}=$㉯$\times\frac{1}{6}$,

$12=$㉯$\times\frac{1}{6}$, ㉯$=72\ (cm^2)$입니다.

2 톱니바퀴 ㉮의 맞물린 톱니 수 ➡ $18\times$(㉮의 회전수)
톱니바퀴 ㉯의 맞물린 톱니 수 ➡ $12\times$(㉯의 회전수)
두 톱니바퀴 ㉮와 ㉯의 맞물린 톱니 수는 같으므로
$18\times$(㉮의 회전수)$=12\times$(㉯의 회전수)입니다.
➡ (㉮의 회전수) : (㉯의 회전수)
$=12:18=(12\div6):(18\div6)=2:3$

2-1 톱니바퀴 ㉮의 맞물린 톱니 수 ➡ $20\times$(㉮의 회전수)
톱니바퀴 ㉯의 맞물린 톱니 수 ➡ $28\times$(㉯의 회전수)
두 톱니바퀴 ㉮와 ㉯의 맞물린 톱니 수는 같으므로
$20\times$(㉮의 회전수)$=28\times$(㉯의 회전수)입니다.
➡ (㉮의 회전수) : (㉯의 회전수)
$=28:20=(28\div4):(20\div4)=7:5$

2-2 톱니바퀴 ㉮의 맞물린 톱니 수 ➡ $30\times$(㉮의 회전수)
톱니바퀴 ㉯의 맞물린 톱니 수 ➡ $25\times$(㉯의 회전수)
두 톱니바퀴 ㉮와 ㉯의 맞물린 톱니 수는 같으므로
(㉮의 회전수) : (㉯의 회전수)
$=25:30=(25\div5):(30\div5)=5:6$입니다.
㉯의 회전수를 □바퀴라 하면 $5:6=15:$□
➡ $5\times$□$=6\times15$, $5\times$□$=90$, □$=18$입니다.
따라서 톱니바퀴 ㉯는 18바퀴를 돕니다.

3 두 사람이 투자한 금액의 비는
갑 : 을$=60$만 : 120만$=1:2$입니다.
전체 이익금을 □만 원이라 하면 갑이 받은 이익금은
□$\times\frac{1}{1+2}=$□$\times\frac{1}{3}=10$이므로
□$=10\div\frac{1}{3}=10\times3=30$입니다.
따라서 두 사람이 받은 이익금은 모두 30만 원입니다.

3-1 두 사람이 일한 시간의 비는 $A:B=18:30=3:5$입니다.
두 사람이 받은 전체 쌀을 □kg이라 하면 A가 받은 쌀은 □$\times\frac{3}{3+5}=$□$\times\frac{3}{8}=150$이므로
□$=150\div\frac{3}{8}=150\times\frac{8}{3}=400$입니다.
따라서 두 사람이 받은 쌀은 모두 400 kg입니다.

3-2 두 사람이 캔 고구마의 무게의 비는
(지성) : (수하)$=56:40=7:5$입니다.
전체 이익금을 □만 원이라 하면 수하가 받은 이익금은
□$\times\frac{5}{7+5}=$□$\times\frac{5}{12}=10$이므로
□$=10\div\frac{5}{12}=10\times\frac{12}{5}=24$입니다.
➡ 지성: 24만$\times\frac{7}{12}=14$만 (원)이므로 지성이는 수하보다 이익금을 14만-10만$=4$만 (원) 더 많이 받았습니다.

다른 풀이 |
두 사람이 캔 고구마의 무게의 비는
(지성) : (수하)$=56:40=7:5$입니다.
캔 고구마의 무게의 비와 받은 이익금의 비가 같으므로
지성이가 받은 이익금을 □만 원이라 하면
$7:5=$□$:10$입니다.
$7\times10=5\times$□이므로 $5\times$□$=70$,
□$=70\div5=14$입니다.
➡ 14만-10만$=4$만 (원)

4-1 (지도 위에서 거리) : (실제 거리)$=1:60000$이므로
지도 위에서 1 cm는 실제로 60000 cm$=$600 m를 나타냅니다.
두 갯벌 사이의 거리가 지도 위에서 5 cm이므로 실제 거리를 □m라 하면
$1:600=5:$□
➡ $1\times$□$=600\times5$, □$=3000$입니다.
따라서 A 갯벌과 B 갯벌 사이의 실제 거리는
3000 m$=$3 km입니다.

4단원 단원 평가 Level ❶ 116~118쪽

1 ④
2 40, 40
3 (위에서부터) (1) 3, 15, 3 (2) 3, 4, 3
4 (1) 예 $8:15$ (2) 예 $9:14$ (3) 예 $5:12$
5 144
6 (1) $3:5=18:30$ (2) $5:8=15:24$
7 예 3, 5, 0.6, 1
8 800 m, 600 m

9 $5:6=15:18$, $15:18=5:6$

10 5

11 6 m

12 7500원

13 $\frac{1}{4}$

14 (1) 예 $3:15$ $\square:120$에서 (전항 ×8, 후항 ×8)

$\square=3\times8=24$(분)입니다.

(2) 예 $3:15=\square:120$에서 $3\times120=15\times\square$,

$15\times\square=360$, $\square=24$(분)입니다.

15 42장, 56장

16 3000원

17 ㉠, ㉣ /

이유 예 ㉠의 가로와 세로의 비 $12:15$의 전항과 후항을 3으로 나누면 $4:5$가 됩니다. ㉣의 가로와 세로의 비 $60:75$의 전항과 후항을 15로 나누면 $4:5$가 됩니다.

18 36 m

19 예 $7:5$

20 28개

1 비례식은 비율이 같은 두 비를 기호 '='를 사용하여 나타낸 식입니다.

④ $5:7=10:14$

비율: $\frac{5}{7}$ 비율: $\frac{10}{14}=\frac{5}{7}$

같습니다.

2 $4:5=8:10$ ┌ 외항의 곱: $4\times10=40$
└ 내항의 곱: $5\times8=40$

참고 | 바깥쪽에 있는 4와 10을 외항, 안쪽에 있는 5와 8을 내항이라고 합니다.

3 (1) 비의 전항과 후항에 0이 아닌 같은 수를 곱하여도 비율은 같습니다.

(2) 비의 전항과 후항을 0이 아닌 같은 수로 나누어도 비율은 같습니다.

4 (1) $0.8:1.5$의 전항과 후항에 10을 곱하면 $8:15$가 됩니다.

(2) $\frac{3}{7}:\frac{2}{3}$의 전항과 후항에 21을 곱하면 $9:14$가 됩니다.

(3) $\frac{3}{5}=0.6$이므로 $0.25:0.6$의 전항과 후항에 각각 100을 곱하면 $25:60$입니다. $25:60$의 전항과 후항을 5로 나누면 $5:12$가 됩니다.

5 $8\times$㉠은 내항의 곱이므로

$8\times$㉠$=$(내항의 곱)$=$(외항의 곱)입니다.

➡ $8\times$㉠$=24\times6=144$

6 비율을 비로 나타낼 때에는 분자를 전항에, 분모를 후항에 씁니다.

7 $3:5$의 비율은 $\frac{3}{5}$,

$\frac{3}{5}:\frac{5}{6}$ ➡ $18:25$의 비율은 $\frac{18}{25}$,

$6:8$의 비율은 $\frac{6}{8}=\frac{3}{4}$,

$0.6:1$ ➡ $6:10$의 비율은 $\frac{6}{10}=\frac{3}{5}$,

$9:21$의 비율은 $\frac{9}{21}=\frac{3}{7}$이므로

비율이 같은 두 비는 $3:5$와 $0.6:1$입니다.

➡ $3:5=0.6:1$ 또는 $0.6:1=3:5$

8 집에서 학교까지의 거리:

$1400\times\frac{4}{4+3}=1400\times\frac{4}{7}=800$ (m)

학교에서 우체국까지의 거리 :

$1400\times\frac{3}{4+3}=1400\times\frac{3}{7}=600$ (m)

9 비례식 ㉠ : ㉡ = ㉢ : ㉣에서

전항은 ㉠, ㉢이므로 전항이 5와 15인 것은

5 : ㉡ = 15 : ㉣ 또는 15 : ㉡ = 5 : ㉣입니다.

후항은 ㉡, ㉣이므로 비례식은

$5:6=15:18$ 또는 $15:18=5:6$입니다.

10 $1.2=\frac{12}{10}=\frac{6}{5}$이므로 $1.2:\frac{3}{8}$은 $\frac{6}{5}:\frac{3}{8}$입니다.

전항과 후항에 40을 곱하면 $48:15$가 됩니다.

$48:15$의 전항과 후항을 3으로 나누면 $16:5$가 됩니다.

11 세로를 $\square$ m라 하면

$4:3$ $8:\square$이므로 $\square=3\times2=6$입니다. (전항 ×2, 후항 ×2)

12 사과 10개의 값을 □원이라 하고 비례식을 세우면 $4:3000=10:□$입니다.
➡ $4\times□=3000\times10$, $4\times□=30000$,
$□=7500$
따라서 사과 10개의 값은 7500원입니다.

13 비례식에서 외항의 곱과 내항의 곱은 같습니다.
$3\times\frac{5}{6}=□\times10$, $□\times10=\frac{5}{2}$,
$□=\frac{5}{2}\div10=\frac{5}{2}\times\frac{1}{10}=\frac{1}{4}$

14 (1) 비의 전항과 후항에 0이 아닌 같은 수를 곱하여도 비율은 같습니다.
(2) 비례식에서 외항의 곱과 내항의 곱은 같습니다.

15 (두리네 모둠) : (윤아네 모둠) ➡ $6:8$ → $3:4$ (÷2)
두리네 모둠: $98\times\frac{3}{3+4}=98\times\frac{3}{7}=42$(장)
윤아네 모둠: $98\times\frac{4}{3+4}=98\times\frac{4}{7}=56$(장)

16 두 사람이 일한 시간의 비는 $5:4$이므로
지혜: $27000\times\frac{5}{5+4}=27000\times\frac{5}{9}$
$=15000$(원),
슬기: $27000\times\frac{4}{5+4}=27000\times\frac{4}{9}$
$=12000$(원)입니다.
➡ 두 사람이 가지는 돈의 차는
$15000-12000=3000$(원)입니다.

17 ㉡의 가로와 세로의 비 $18:45$의 전항과 후항을 9로 나누면 $2:5$가 됩니다.
㉢의 가로와 세로의 비 $44:50$의 전항과 후항을 2로 나누면 $22:25$가 됩니다.

18 ㉠에서 ㉢까지의 거리를 □m라 하면
$8:5$ → $□:35$ (×7)에서 $□=8\times7=56$입니다.
따라서 ㉠에서 ㉡까지의 거리는 $56-20=36$ (m)입니다.

서술형
19 예 (가로) : (세로)$=0.56:0.4$의 전항과 후항에 100을 곱하면 $56:40$이 됩니다.
$56:40$의 전항과 후항을 8로 나누면 $7:5$가 됩니다.

평가 기준	배점(5점)
(가로) : (세로)를 구했나요?	2점
(가로) : (세로)를 간단한 자연수의 비로 나타냈나요?	3점

서술형
20 예 살 수 있는 사과의 수를 □개라 하고
비례식을 세우면 $7:3000=□:12000$입니다.
$7\times12000=3000\times□$,
$3000\times□=84000$, $□=28$
따라서 12000원으로 사과를 28개 살 수 있습니다.

평가 기준	배점(5점)
살 수 있는 사과의 개수를 구하는 비례식을 바르게 세웠나요?	3점
살 수 있는 사과의 개수를 바르게 구했나요?	2점

4단원 단원 평가 Level 2 119~121쪽

1 (위에서부터) 2, 8, 2
2 (1) 예 $2:5$ (2) 예 $2:3$
3 ②, ④
4 ㉢
5 9
6 14, 9
7 예 $8:5$
8 ㉢
9 $100\times\frac{1}{4+1}=100\times\frac{1}{5}=20$(장)
10 3
11 63 km
12 예 $3:2$
13 12, 3, 4
14 15 cm
15 16000원
16 예 $6:5$
17 예 $5:7$
18 28만 원
19 24 cm^2
20 예 $12:5$

1 비의 전항과 후항에 0이 아닌 같은 수를 곱하여도 비율은 같습니다.

2 (1) $1.6:4$ ➡ $(1.6\times10):(4\times10)$ ➡ $16:40$
➡ $(16\div8):(40\div8)$ ➡ $2:5$
(2) $3\frac{1}{3}:5$ ➡ $\left(\frac{10}{3}\times3\right):(5\times3)$ ➡ $10:15$
➡ $(10\div5):(15\div5)$ ➡ $2:3$

3 6 : 5의 비율은 $\frac{6}{5}$이므로 비율이 $\frac{6}{5}$인 것을 찾습니다.

① 5 : 6의 비율 ➡ $\frac{5}{6}$

② $\frac{1}{5}:\frac{1}{6}$ ➡ $\left(\frac{1}{5}\times30\right):\left(\frac{1}{6}\times30\right)$ ➡ 6 : 5이므로

비율은 $\frac{6}{5}$입니다.

③ $\frac{1}{6}:\frac{1}{5}$ ➡ $\left(\frac{1}{6}\times30\right):\left(\frac{1}{5}\times30\right)$ ➡ 5 : 6이므로

비율은 $\frac{5}{6}$입니다.

④ 24 : 20의 비율 ➡ $\frac{24}{20}=\frac{6}{5}$

⑤ 30 : 24의 비율 ➡ $\frac{30}{24}=\frac{5}{4}$

따라서 6 : 5와 비례식으로 나타낼 수 있는 비는 ②, ④ 입니다.

4 ㉠ 1.5 : 2 ➡ (1.5×10) : (2×10) ➡ 15 : 20
➡ (15÷5) : (20÷5) ➡ 3 : 4

㉡ $\frac{1}{4}:\frac{1}{3}$ ➡ $\left(\frac{1}{4}\times12\right):\left(\frac{1}{3}\times12\right)$ ➡ 3 : 4

㉢ 12 : 15 ➡ (12÷3) : (15÷3) ➡ 4 : 5

5 비례식에서 외항의 곱과 내항의 곱은 같으므로 내항의 곱도 63입니다.
➡ 7×㉠=63, ㉠=63÷7=9

6 첫 번째 식의 후항을 비교하면 3×7=21이므로
㉠=2×7=14입니다.
두 번째 식의 전항을 비교하면 5×9=45이므로
㉡×9=81에서 ㉡=9입니다.

7 (밑변의 길이) : (높이)
➡ 3.2 : 2 ➡ (3.2×10) : (2×10)
➡ 32 : 20 ➡ (32÷4) : (20÷4) ➡ 8 : 5

8 ㉠ 5×8=2×□, 2×□=40, □=20
㉡ 84×□=21×16, 84×□=336, □=4
㉢ $8\times1\frac{1}{8}=□\times\frac{3}{7}$, $□\times\frac{3}{7}=9$, □=21

9 전체를 주어진 비로 배분하기 위해서는 전체를 의미하는 전항과 후항의 합을 분모로 하는 분수의 비로 나타내어야 합니다.

10 4와 6의 최소공배수는 12이므로
$\frac{□}{4}:\frac{5}{6}$ ➡ $\left(\frac{□}{4}\times12\right):\left(\frac{5}{6}\times12\right)$
➡ (□×3) : 10 ➡ 9 : 10입니다.
따라서 □×3=9, □=3입니다.

11 갈 수 있는 거리를 □km라 하고 비례식을 세우면
4 : 36=7 : □입니다.
➡ 4×□=36×7, 4×□=252, □=63
따라서 휘발유 7 L로 갈 수 있는 거리는 63 km입니다.

12 재민이가 하루에 한 일의 양: $\frac{1}{6}$

윤수가 하루에 한 일의 양: $\frac{1}{9}$

(재민) : (윤수) ➡ $\frac{1}{6}:\frac{1}{9}$
➡ $\left(\frac{1}{6}\times18\right):\left(\frac{1}{9}\times18\right)$
➡ 3 : 2

13 ㉠ : 16=㉡ : ㉢에서 내항의 곱이 48이므로
16×㉡=48에서 ㉡=3입니다.
또 비율이 $\frac{3}{4}$이므로 $\frac{㉠}{16}=\frac{3}{4}$에서 ㉠=12이고,
$\frac{3}{㉢}=\frac{3}{4}$에서 ㉢=4입니다.
따라서 조건에 맞는 비례식은 12 : 16=3 : 4입니다.

14 1 m=100 cm이므로 9 m=900 cm입니다.
모형의 높이를 □cm라 하면
1 : 60=□ : 900, 1×900=60×□,
60×□=900, □=15입니다.
따라서 모형의 높이는 15 cm로 해야 합니다.

15 (서준) : (동생)$=\frac{4}{5}:\frac{1}{2}$
$=\left(\frac{4}{5}\times10\right):\left(\frac{1}{2}\times10\right)$
=8 : 5

서준: $26000\times\frac{8}{8+5}=26000\times\frac{8}{13}$
=16000(원)

16 평행선 사이의 거리를 □cm라 하면
(직사각형의 넓이)$=(12\times□)\ cm^2$,
(삼각형의 넓이)$=20\times□\div2=(10\times□)\ cm^2$입니다.
(직사각형의 넓이) : (삼각형의 넓이)
➡ $(12\times□):(10\times□)$ ➡ $12:10$
➡ $(12\div2):(10\div2)$ ➡ $6:5$

17 두 톱니바퀴의 톱니 수와 회전수의 곱은 같으므로
$63\times$(㉮의 회전수)$=45\times$(㉯의 회전수)입니다.
➡ (㉮의 회전수) : (㉯의 회전수)$=45:63$
$=(45\div9):(63\div9)$
$=5:7$

18 두 사람이 일한 시간의 비는
(기훈) : (지아)$=12:9=(12\div3):(9\div3)$
$=4:3$
입니다.
두 사람이 받은 돈을 □만 원이라 하면
$□\times\frac{3}{4+3}=12$이므로 $□\times\frac{3}{7}=12$,
$□=12\div\frac{3}{7}=12\times\frac{7}{3}=28$입니다.
따라서 두 사람이 받은 돈은 모두 28만 원입니다.

서술형
19 예 가로: $10\times\frac{3}{3+2}=10\times\frac{3}{5}=6\ (cm)$,
세로: $10\times\frac{2}{3+2}=10\times\frac{2}{5}=4\ (cm)$입니다.
따라서 직사각형의 넓이는 $6\times4=24\ (cm^2)$입니다.

평가 기준	배점(5점)
직사각형의 가로와 세로를 각각 구했나요?	3점
직사각형의 넓이를 구했나요?	2점

서술형
20 예 겹쳐진 부분의 넓이는 ㉮의 $\frac{1}{4}$이고, ㉯의 $\frac{3}{5}$이므로
㉮$\times\frac{1}{4}=$㉯$\times\frac{3}{5}$입니다.
비례식의 성질을 이용합니다.
➡ ㉮ : ㉯$=\frac{3}{5}:\frac{1}{4}$
$=\left(\frac{3}{5}\times20\right):\left(\frac{1}{4}\times20\right)=12:5$

평가 기준	배점(5점)
겹쳐진 부분의 넓이를 곱셈식으로 나타냈나요?	2점
간단한 자연수의 비로 나타냈나요?	3점

5 원의 넓이

이 단원에서는 여러 원들의 지름과 둘레를 직접 비교해 보며 원의 지름과 둘레가 '일정한 비율'을 가지고 있음을 생각해 보고, 원 모양이 들어 있는 물체의 지름과 둘레를 재어서 원주율이 일정한 비율을 가지고 있다는 것을 발견하도록 합니다. 이를 통해 원주율을 알고, 원주율을 이용하여 원주, 지름, 반지름을 구해 보도록 합니다. 원의 넓이에서는 먼저 원 안에 있는 정사각형과 원 밖에 있는 정사각형의 넓이 및 단위넓이의 세기 활동을 통해 어림해 봅니다. 그리고 원을 분할하여 넓이를 구하는 방법을 다른 도형(직사각형, 삼각형)으로 만들어 원의 넓이를 구하는 방법으로 유도해 봄으로써 수학적 개념이 확장되는 과정을 이해하도록 합니다.

교과서 개념 이해 1 원주와 지름의 관계, 원주율을 알아볼까요 125쪽

1

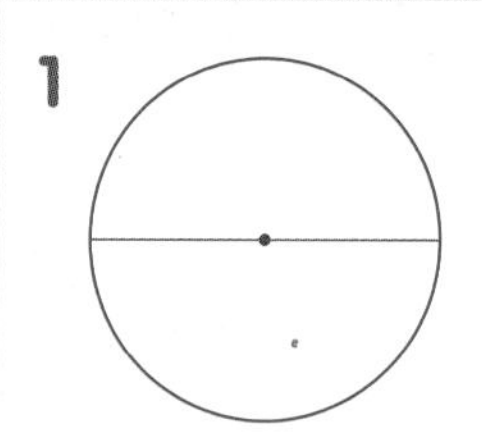

2 (1) 원주 (2) 원주율 (3) 원주, 지름
3 (1) 둘레에 ○표 (2) 길어집니다에 ○표
(3) 길어집니다에 ○표 (4) 일정합니다에 ○표
4 (위에서부터) 3.1, 3.1
5 (왼쪽에서부터) 3, 3.1, 3.14, 3.142
6 (1) ○ (2) ○ (3) × **7** =

1 지름은 원 위의 두 점을 지나면서 원의 중심을 지나는 선분을 그립니다.
원주는 원의 둘레이므로 원의 둘레를 따라 그립니다.

4 (원주)÷(지름)의 값은 일정합니다.

5 반올림은 구하려는 자리 바로 아래 자리의 숫자가 0, 1, 2, 3, 4이면 버리고, 5, 6, 7, 8, 9이면 올립니다.

6 (3) 원주율은 항상 일정합니다.

7 (원주)÷(지름)의 값은 원주율이고 원주율은 원의 지름에 대한 원주의 비율로 항상 일정합니다.

교과서 개념 이해 2 원주와 지름을 구해 볼까요 126~127쪽

! • 지름, 원주

1 원주, 지름

2 (위에서부터) 12 / 8, 24 / 16, 48 / 2

3 (1) 5 / 3.1, 5 (2) 11, 34.1

4 (1) 18.84 cm (2) 94.2 cm

5 21.7 cm

6 $15\times3.1=46.5$ / 46.5 cm

7 (1) 6 cm (2) 9 cm

8 14 cm

9 1570 cm

10 32 cm

11 ㉡

2 • (지름이 4 cm인 원의 원주)$=4\times3=12$ (cm)
• 반지름이 4 cm이므로 지름은 8 cm입니다.
➡ (지름이 8 cm인 원의 원주)$=8\times3=24$ (cm)

4 (1) (원주)=(지름)×(원주율)
➡ (원주)$=6\times3.14=18.84$ (cm)
(2) (지름)$=15\times2=30$ (cm)
(원주)$=30\times3.14=94.2$ (cm)
참고 | 원의 반지름이 주어져 있으므로 먼저 지름을 구합니다.

5 (원주)=(지름)×(원주율)
$=7\times3.1=21.7$ (cm)

6 (원주)=(지름)×(원주율)이므로
$15\times3.1=46.5$ (cm)입니다.

7 (지름)=(원주)÷(원주율)
➡ (반지름)=(지름)÷2
(1) (지름)$=36\div3=12$ (cm)
➡ (반지름)$=12\div2=6$ (cm)
(2) (지름)$=54\div3=18$ (cm)
➡ (반지름)$=18\div2=9$ (cm)

8 (지름)=(원주)÷(원주율)이므로
(지름)$=43.4\div3.1=14$ (cm)입니다.

9 (원의 원주)$=50\times3.14=157$ (cm)
(원이 10바퀴 굴러간 거리)$=157\times10=1570$ (cm)

10 접시의 한 변의 길이는 부침개의 지름과 같거나 길어야 합니다.
부침개의 지름은 $100.48\div3.14=32$ (cm)이므로
접시의 한 변의 길이는 32 cm 이상이어야 합니다.

11 원의 지름을 구해 비교해 봅니다.
㉠ $62.8\div3.14=20$ (cm)
㉡ $11\times2=22$ (cm)
㉢ 18 cm
따라서 원의 지름이 가장 긴 것은 ㉡입니다.

교과서 개념 이해 3 원의 넓이를 어림해 볼까요 129쪽

1 (1) 10, 100 / 100 (2) 10, 50 / 50

2 32, 64

3 72, 144 / 72, 144

4 (1) 60개 (2) 88개 (3) 60, 88

2 (원 안에 있는 정사각형의 넓이)
=(마름모의 넓이)$=8\times8\div2=32$ (cm^2)
(원 밖에 있는 정사각형의 넓이)$=8\times8=64$ (cm^2)
➡ 원의 넓이는 원 안에 있는 정사각형의 넓이보다 크고 원 밖에 있는 정사각형의 넓이보다 작습니다.

3 원 안의 정사각형의 넓이는 마름모의 넓이와 같습니다.
마름모의 두 대각선의 길이가 각각 12 cm이므로
(마름모의 넓이)$=12\times12\div2=72$ (cm^2)입니다.
원 밖의 정사각형의 한 변의 길이가 12 cm이므로
(원 밖의 정사각형의 넓이)$=12\times12=144$ (cm^2)입니다.

4 (1) 원 안의 색칠한 모눈의 수는 60개입니다.
(2) 원 밖의 빨간색 선 안쪽 모눈의 수는 88개입니다.
(3) 모눈 한 칸의 넓이는 1 cm^2이므로 원의 넓이는 원 안의 색칠한 모눈의 넓이인 60 cm^2보다 크고, 원 밖의 빨간색 선 안쪽 모눈의 넓이인 88 cm^2보다 작습니다.
➡ 60 cm^2<(원의 넓이), (원의 넓이)<88 cm^2

교과서 개념 이해 4 원의 넓이를 구하는 방법을 알아볼까요 131쪽

1 원주, 반지름 / 원주, 반지름 / 지름, 반지름 / ㉢ 반지름, 반지름, 원주율

2 (위에서부터) 9.3, 3

3 (1) 12.4 cm^2 (2) 77.5 cm^2

4 27 m^2

5 78.5 cm^2

6 200.96 cm^2

7 42.14 cm^2

1 원을 한없이 잘라 이어 붙여서 점점 직사각형에 가까워지는 도형의 가로는 원의 (원주)$\times\frac{1}{2}$, 세로는 원의 반지름입니다.
➡ (원주)=(원주율)×(지름)
(지름)=(반지름)×2

2 (직사각형의 가로)=(원주)$\times\frac{1}{2}$
$=6\times3.1\times\frac{1}{2}=9.3$ (cm)
(직사각형의 세로)=(원의 반지름)=3 cm

3 (원의 넓이)=(반지름)×(반지름)×(원주율)
(1) $2\times2\times3.1=12.4$ (cm^2)
(2) $5\times5\times3.1=77.5$ (cm^2)

4 (원의 넓이)$=3\times3\times3=27$ (m^2)

5 반지름이 5 cm입니다.
➡ (원의 넓이)$=5\times5\times3.14=78.5$ (cm^2)

6 (색칠한 부분의 넓이)
=(큰 원의 넓이)−(작은 원의 넓이)
$=10\times10\times3.14-6\times6\times3.14$
$=314-113.04=200.96$ (cm^2)

7 정사각형의 한 변의 길이는 원의 반지름의 2배이므로 $7\times2=14$ (cm)입니다.
(색칠한 부분의 넓이)=(정사각형의 넓이)−(원의 넓이)
$=14\times14-7\times7\times3.14$
$=196-153.86$
$=42.14$ (cm^2)

개념 적용 기본기 다지기 132~138쪽

1 (1) × (2) × (3) ○

2 ㉢

3 ㉢

4 (1) × (2) ○

5 3.14, 3.14

6 윤하

7 3배

8 3.1배

9 =

10 (1) 27 cm (2) 42 cm

11 5, 18.84

12 40 cm, 20 cm

13 48 cm

14 ㉡

15 314 cm

16 70 cm

17 ㉠, ㉢

18 24 cm

19 50, 100 / 50, 100

20 (1) 98, 196 (2) 120, 172

21 (1) 216 cm^2 (2) 288 cm^2 (3) ㉠ 252 cm^2

22 192 cm^2

23 49.6 cm^2

24 21.5 cm^2

25 ㉠ 직사각형의 가로는 원주의 $\frac{1}{2}$과 같고, 세로는 원의 반지름과 같으므로 원의 넓이는 $2\times2\times3.1\times\frac{1}{2}\times2=12.4$ (cm^2)입니다.

26 (1) 73.5 cm^2 (2) 54 cm^2

27 314 cm^2

28 1256 cm^2

29 3

30 ㉣, ㉡, ㉠, ㉢

31 706.5 cm^2

32 9배

33 32.4 cm^2

34 (1) 32 cm^2 (2) 60 cm^2

35 8826 m^2

36 157 cm^2

37 186 m

38 5바퀴

39 3바퀴

40 80 cm

41 130 cm

42 6 cm

1 (1) 반지름은 지름의 반입니다.
(2) 원주는 지름의 3배보다 길고, 지름의 4배보다 짧습니다.

2 지름이 3 cm인 원의 원주는 지름의 3배인 9 cm보다 길고, 지름의 4배인 12 cm보다 짧습니다.
따라서 원의 원주와 가장 비슷한 길이는 ㉢입니다.

3 원의 지름이 길어지면 원주도 길어지므로 원의 지름을 비교해 봅니다.
원의 지름이 각각 ㉠ 6 cm, ㉡ 4 cm, ㉢ 10 cm이므로 원주가 가장 긴 원은 ㉢입니다.

4 (1) 원의 크기에 상관없이 원주율은 일정합니다.
(2) 검은색 선분은 빨간색 원의 지름이고, 원주는 지름의 약 3.1배입니다.

5 (원주)÷(지름)의 값은 원의 크기에 상관없이 일정합니다.

6 원주율은 원의 지름에 대한 원주의 비율로 원의 크기에 상관없이 일정합니다.
따라서 바르게 말한 사람은 윤하입니다.

7 접시가 한 바퀴 굴러간 거리는 접시의 원주와 같습니다.
따라서 접시의 원주는 지름의 $60 \div 20 = 3$(배)입니다.

8 (거울의 둘레)÷(지름)$= 94 \div 30 = 3.13\cdots$이므로 반올림하여 소수 첫째 자리까지 나타내면 3.1입니다.

9 왼쪽 원: (원주)÷(지름)$= 18.84 \div 6 = 3.14$
오른쪽 원: (원주)÷(지름)$= 25.12 \div 8 = 3.14$

10 (1) $9 \times 3 = 27$ (cm)
(2) $7 \times 2 \times 3 = 42$ (cm)
주의 | (2) $7 \times 3 = 21$ (cm)로 구하지 않도록 합니다.

11 • (지름)$= 15.5 \div 3.1 = 5$ (cm)
• (원주)$= 6 \times 3.14 = 18.84$ (cm)

12 (지름)=(원주)÷(원주율)이므로
쟁반의 지름은 $124 \div 3.1 = 40$ (cm)이고,
반지름은 $40 \div 2 = 20$ (cm)입니다.

13 (큰 원의 반지름)$= 5 + 3 = 8$ (cm)
(큰 원의 원주)$= 8 \times 2 \times 3 = 48$ (cm)

14 두 원의 지름을 비교해 봅니다.
㉠ (지름)=(원주)÷(원주율)
$= 9.3 \div 3.1 = 3$ (cm)
㉡ 원의 지름은 4 cm입니다.
따라서 더 큰 원은 ㉡입니다.

서술형
15 예 필요한 끈은 원의 원주와 같습니다.
(원주)=(지름)$\times 3.14$이고,
(지름)=(반지름)$\times 2 = 100$ (cm)이므로
필요한 끈은 적어도 $100 \times 3.14 = 314$(cm)입니다.

단계	문제 해결 과정
①	원주 구하는 방법을 알고 있나요?
②	필요한 끈은 적어도 몇 cm인지 구했나요?

16 길이가 219.8 cm인 종이 띠를 겹치지 않게 남김없이 이어 붙여 원을 만들었으므로 원의 원주가 219.8 cm입니다.
➡ (지름)=(원주)÷(원주율)
$= 219.8 \div 3.14 = 70$ (cm)

17 ㉠ (바닥면의 원주)$= 20 \times 3 = 60$ (cm)
㉡ (바닥면의 원주)$= 8 \times 2 \times 3 = 48$ (cm)
㉢ (바닥면의 원주)$= 18 \times 3 = 54$ (cm)

18 (작은 원의 반지름)$= 49.6 \div 3.1 \div 2 = 8$ (cm)
(큰 원의 반지름)=(작은 원의 지름)$= 8 \times 2 = 16$ (cm)
(두 원의 반지름의 합)$= 8 + 16 = 24$ (cm)

19 원 안의 정사각형의 넓이는 $10 \times 10 \div 2 = 50$ (cm^2)이고,
원 밖의 정사각형의 넓이는 $10 \times 10 = 100$ (cm^2)입니다.
➡ $50\ cm^2 <$ (원의 넓이) $< 100\ cm^2$

20 (1) (원 안의 정사각형의 넓이)$= 14 \times 14 \div 2$
$= 98$ (cm^2)
(원 밖의 정사각형의 넓이)$= 14 \times 14 = 196$ (cm^2)
➡ $98\ cm^2 <$ (원의 넓이) $< 196\ cm^2$
(2) 원을 4등분 하여 모눈의 수를 세어 보면 원 안에 있는 초록색 모눈의 수는 $30 \times 4 = 120$(개)이고, 원 밖에 있는 빨간색 선 안쪽 모눈의 수는 $43 \times 4 = 172$(개)입니다.
➡ $120\ cm^2 <$ (원의 넓이) $< 172\ cm^2$

21 (1) (원 안의 정육각형의 넓이)$= 36 \times 6 = 216$ (cm^2)
(2) (원 밖의 정육각형의 넓이)$= 48 \times 6 = 288$ (cm^2)
(3) 216 cm^2보다 크고, 288 cm^2보다 작게 썼으면 모두 정답입니다.

22 $8 \times 8 \times 3 = 192$ (cm^2)

23 컴퍼스를 4 cm만큼 벌려 그린 원의 반지름은 4 cm입니다.
➡ (원의 넓이)$= 4 \times 4 \times 3.1 = 49.6$ (cm^2)

24 (정사각형의 넓이)$=10\times10=100\,(cm^2)$
(원의 넓이)$=5\times5\times3.14=78.5\,(cm^2)$
➡ $100-78.5=21.5\,(cm^2)$

서술형
25

단계	문제 해결 과정
①	잘못된 곳을 찾아 바르게 고쳤나요?

26 (반원의 넓이)=(원의 넓이)$\times\frac{1}{2}$
(1) $7\times7\times3\times\frac{1}{2}=73.5\,(cm^2)$
(2) $6\times6\times3\times\frac{1}{2}=54\,(cm^2)$

27 (원의 지름)=(정사각형의 대각선의 길이)=20 cm
이므로 (원의 반지름)=10 cm입니다.
➡ (원의 넓이)$=10\times10\times3.14=314\,(cm^2)$

28 직사각형 안에 그려야 하므로 원의 지름은 직사각형의 가로나 세로보다 길 수 없습니다.
따라서 그릴 수 있는 가장 큰 원의 지름은 40 cm이므로 원의 넓이는 $20\times20\times3.14=1256\,(cm^2)$입니다.

29 $\square\times\square\times3.1=27.9$, $\square\times\square=27.9\div3.1$,
$\square\times\square=9$에서 $3\times3=9$이므로 $\square=3$입니다.

30 프라이팬의 내부 바닥면의 넓이를 비교해 봅니다.
㉠ $9\times9\times3=243\,(cm^2)$
㉡ $11\times11\times3=363\,(cm^2)$
㉢ (반지름)$=48\div3\div2=8\,(cm)$
➡ (바닥면의 넓이)$=8\times8\times3=192\,(cm^2)$
따라서 바닥면의 넓이를 비교하면 ㉣>㉡>㉠>㉢입니다.

31 (면의 반지름)$=94.2\div3.14\div2=15\,(cm)$
(면의 넓이)$=15\times15\times3.14=706.5\,(cm^2)$

32 (원 가의 넓이)$=1\times1\times3=3\,(cm^2)$
원 나의 반지름은 $1\times3=3\,(cm)$이므로
(원 나의 넓이)$=3\times3\times3=27\,(cm^2)$입니다.
➡ $27\div3=9$(배)

33 색칠한 부분의 넓이는 한 변의 길이가 12 cm인 정사각형의 넓이에서 반지름이 6 cm인 원의 넓이를 뺀 것과 같습니다.
➡ (색칠한 부분의 넓이)$=12\times12-6\times6\times3.1$
$=144-111.6=32.4\,(cm^2)$

34 (1) (색칠한 부분의 넓이)
=(반원의 넓이)−(삼각형의 넓이)
$=8\times8\times3\times\frac{1}{2}-16\times8\div2$
$=96-64$
$=32\,(cm^2)$
(2) (가장 큰 원의 반지름)
$=(4+10)\div2=7\,(cm)$
(색칠한 부분의 넓이)
=(가장 큰 원의 넓이)−(가장 작은 원의 넓이)
−(중간 원의 넓이)
$=7\times7\times3-2\times2\times3-5\times5\times3$
$=147-12-75$
$=60\,(cm^2)$

35 (직사각형 부분의 넓이)$=100\times60=6000\,(m^2)$
(반원 부분 2개의 넓이의 합)$=30\times30\times3.14$
$=2826\,(m^2)$
➡ (운동장의 넓이)$=6000+2826=8826\,(m^2)$

36
10 cm
10 cm

위에 있는 작은 반원을 아래쪽으로 옮기면 파란색 부분은 반지름이 10 cm인 반원과 같습니다.
➡ (파란색 부분의 넓이)
$=10\times10\times3.14\times\frac{1}{2}=157\,(cm^2)$

37 (굴렁쇠가 한 바퀴 굴러간 거리)
$=0.3\times2\times3.1=1.86\,(m)$
(집에서 문구점까지의 거리)
=(굴렁쇠가 100바퀴 굴러간 거리)
$=1.86\times100=186\,(m)$

38 (훌라후프가 한 바퀴 굴러간 거리)
$=60\times2\times3=360\,(cm)$
18 m=1800 cm이므로
(훌라후프가 굴러간 바퀴 수)
$=1800\div360=5$(바퀴)입니다.

39 (바퀴가 한 바퀴 굴러간 거리)
$=40\times3.1=124\,(cm)$
3 m 72 cm=372 cm이므로
(외발자전거가 굴러간 바퀴 수)
$=372\div124=3$(바퀴)입니다.

40 (색칠한 부분의 둘레)
=(지름이 20 cm인 원주의 반)
+(지름이 28 cm인 원주의 반)$+4\times2$
$=20\times3\div2+28\times3\div2+4\times2$
$=30+42+8=80$ (cm)

41 (색칠한 부분의 둘레)
$=\left(\text{지름이 40 cm인 원주의 }\frac{3}{4}\right)+20\times2$
$=40\times3\times\frac{3}{4}+20\times2$
$=90+40=130$ (cm)

42 왼쪽 도형의 색칠한 부분의 둘레는 지름이 8 cm인 원의 둘레와 같으므로 $8\times3=24$ (cm)입니다.
(오른쪽 도형의 색칠한 부분의 둘레)
=(지름이 12 cm인 원주의 반)+12
$=12\times3\div2+12$
$=18+12=30$ (cm)
➡ $30-24=6$ (cm)

응용력 기르기 139~142쪽

개념 완성

1 32 cm²	**1-1** 15.7 cm²	**1-2** 24.4 cm
2 126 cm	**2-1** 106.5 cm	**2-2** 102 cm
3 102.8 cm	**3-1** 120 cm	**3-2** 56.8 cm

4 1단계 예 가장 작은 흰색 원의 반지름이 $30\div2=15$(cm)이므로 두 번째로 작은 원의 반지름은 $15+45=60$ (cm)입니다.
2단계 예 두 번째로 작은 원의 넓이는 $60\times60\times3=10800$ (cm²)이고, 가장 작은 흰색 원의 넓이는 $15\times15\times3=675$ (cm²)입니다. 따라서 빨간색 부분의 넓이는 $10800-675=10125$ (cm²)입니다.
/ 10125 cm²

4-1 74.4 cm²

1 원의 일부분의 넓이는 반지름이 8 cm인 원의 넓이의 $\frac{60^\circ}{360^\circ}=\frac{1}{6}$과 같습니다.
➡ $8\times8\times3\times\frac{1}{6}=32$ (cm²)

1-1

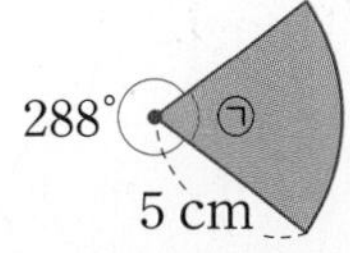

원의 일부분에서 ㉠$=360^\circ-288^\circ=72^\circ$이므로 원의 일부분의 넓이는 반지름이 5 cm인 원의 넓이의 $\frac{72^\circ}{360^\circ}=\frac{1}{5}$과 같습니다.
➡ $5\times5\times3.14\times\frac{1}{5}=15.7$ (cm²)

1-2 (원의 일부분의 둘레)
$=$(반지름이 6 cm인 원의 원주)$\times\frac{120^\circ}{360^\circ}$
+(반지름)$\times2$
$=6\times2\times3.1\times\frac{1}{3}+6\times2$
$=12.4+12=24.4$ (cm)

2 4개의 곡선 부분의 길이의 합은 지름이 18 cm인 원의 원주와 같습니다.
(색칠한 부분의 둘레)
=(지름이 18 cm인 원의 원주)+(정사각형의 둘레)
$=18\times3+18\times4$
$=54+72=126$ (cm)

2-1 2개의 곡선 부분의 길이의 합은 반지름이 15 cm인 원의 원주의 $\frac{1}{2}$과 같습니다.
(색칠한 부분의 둘레)
$=$(반지름이 15 cm인 원의 원주)$\times\frac{1}{2}$
+(정사각형의 둘레)
$=15\times2\times3.1\times\frac{1}{2}+15\times4$
$=46.5+60=106.5$ (cm)

2-2 (색칠한 부분의 둘레)
$=$(지름이 34 cm인 원의 원주)$\times\frac{1}{2}$
+(지름이 14 cm인 원의 원주)$\times\frac{1}{2}$
+(지름이 20 cm인 원의 원주)$\times\frac{1}{2}$
$=34\times3\times\frac{1}{2}+14\times3\times\frac{1}{2}+20\times3\times\frac{1}{2}$
$=51+21+30=102$ (cm)

3 $314 \div 3.14 = 100$이고 $10 \times 10 = 100$이므로 둥근 통의 밑면의 반지름은 10 cm입니다.
곡선 부분의 길이의 합은 지름이 $10 \times 2 = 20$ (cm)인 원의 원주와 같습니다.

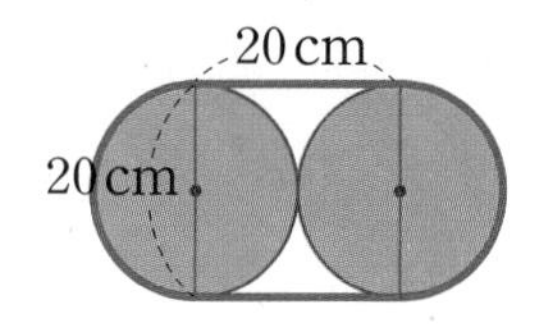

(사용한 끈의 길이)
=(지름이 20 cm인 원의 원주)+(선분의 길이)
$= 20 \times 3.14 + 20 \times 2$
$= 62.8 + 40 = 102.8$ (cm)

3-1 $432 \div 3 = 144$이고 $12 \times 12 = 144$이므로 둥근 통의 밑면의 반지름은 12 cm입니다.
곡선 부분의 길이의 합은 지름이 $12 \times 2 = 24$ (cm)인 원의 원주와 같습니다.

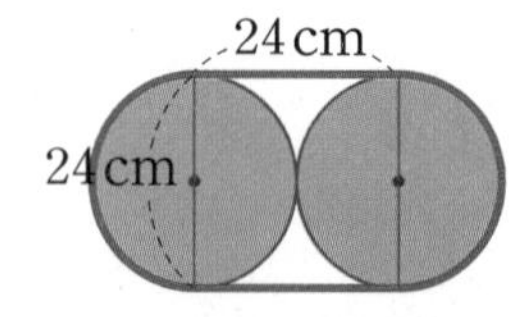

(사용한 끈의 길이)
=(지름이 24 cm인 원의 원주)+(선분의 길이)
$= 24 \times 3 + 24 \times 2$
$= 72 + 48 = 120$ (cm)

3-2 $49.6 \div 3.1 = 16$이고 $4 \times 4 = 16$이므로 캔 뚜껑의 반지름은 4 cm입니다.
곡선 부분의 길이의 합은 반지름이 4 cm인 원의 원주와 같습니다.

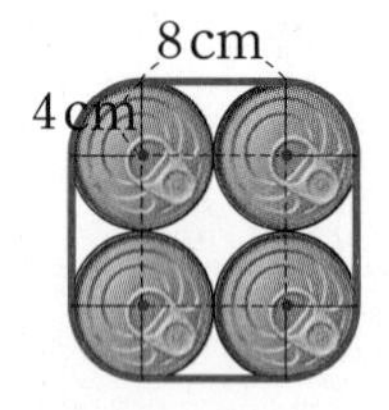

(사용한 테이프의 길이)
=(반지름이 4 cm인 원의 원주)+(선분의 길이)
$= 4 \times 2 \times 3.1 + 8 \times 4$
$= 24.8 + 32 = 56.8$ (cm)

4-1 두 번째로 작은 원의 반지름은 $3 + 2 = 5$ (cm)이고,
세 번째로 작은 원의 반지름은 $5 + 2 = 7$ (cm)입니다.
세 번째로 작은 원의 넓이는 $7 \times 7 \times 3.1 = 151.9$ (cm^2)이고, 두 번째로 작은 원의 넓이는
$5 \times 5 \times 3.1 = 77.5$ (cm^2)입니다.
따라서 6점을 받을 수 있는 부분의 넓이는
$151.9 - 77.5 = 74.4$ (cm^2)입니다.

5단원 단원 평가 Level ❶

143~145쪽

1 다	**2** ㉢
3 (1) 21.98 cm (2) 31.4 cm	
4 (1) 27.9 cm^2 (2) 111.6 cm^2	
5 (왼쪽에서부터) 27.9, 9	
6 8 / 24.8, 3.1, 8	**7** 9 / 55.8, 3.1, 2, 9
8 15개	**9** 11 cm, 5.5 cm
10 50.24 cm, 200.96 cm^2	
11 223.2 cm	**12** 607.6 m^2
13 40 cm	**14** 52.5 cm^2
15 36 cm, 72 cm^2	**16** 25 cm
17 3배	**18** ㉡, ㉢, ㉣, ㉠
19 75.36 cm^2	**20** 24.8 cm

1 지름이 가장 긴 원의 원주가 가장 깁니다.

2 ㉠ 원주가 가장 짧은 것은 가입니다.
㉡ 원주는 지름의 약 3배입니다.

3 (1) (원주율)=(원주)÷(지름)
➡ (원주)=(지름)×(원주율)
$= 7 \times 3.14 = 21.98$ (cm)
(2) (지름)=(반지름)×2
$= 5 \times 2 = 10$ (cm)
(원주)=(지름)×(원주율)
$= 10 \times 3.14 = 31.4$ (cm)

4 (1) (원의 넓이)$= 3 \times 3 \times 3.1 = 27.9$ (cm^2)
(2) (반지름)$= 12 \div 2 = 6$ (cm)
(원의 넓이)$= 6 \times 6 \times 3.1 = 111.6$ (cm^2)

5 (직사각형의 가로)=(원주)$\times \frac{1}{2}$
=(지름)×(원주율)$\times \frac{1}{2}$
$= 18 \times 3.1 \times \frac{1}{2} = 27.9$ (cm)
(직사각형의 세로)=(원의 반지름)=9 cm

6 (원주율)=(원주)÷(지름)

➡ (지름)=(원주)÷(원주율)

7 (원주율)=(원주)÷(지름)

➡ (반지름)=(원주)÷(원주율)÷2

8 (고리의 원주)$=30\times3=90$ (cm)

(눈금의 수)$=90\div6=15$(개)

9 ㉠=(지름)$=33\div3=11$ (cm)

㉡=(반지름)$=11\div2=5.5$ (cm)

10 (지름)$=8\times2=16$ (cm)

(원주)$=16\times3.14=50.24$ (cm)

(넓이)$=8\times8\times3.14=200.96$ (cm^2)

11 (바퀴의 둘레)$=24\times3.1=74.4$ (cm)

(바퀴가 굴러간 거리)$=74.4\times3=223.2$ (cm)

12 호수의 반지름은 $16-2=14$ (m)입니다.

(호수의 넓이)$=14\times14\times3.1=607.6$ (m^2)

13 상자의 밑면의 한 변의 길이는 케이크의 지름과 같거나 길어야 합니다.

➡ $124\div3.1=40$ (cm)이므로 상자의 밑면의 한 변의 길이는 40 cm 이상이어야 합니다.

14 색칠한 부분의 넓이는 원의 넓이에서 삼각형의 넓이를 빼서 구합니다.

삼각형의 높이는 원의 반지름과 같은 $10\div2=5$ (cm)입니다.

(색칠한 부분의 넓이)$=5\times5\times3.1-10\times5\div2$

$=77.5-25$

$=52.5$ (cm^2)

15 • 색칠한 부분의 둘레는 지름이 12 cm인 원의 원주와 같은 $12\times3=36$ (cm)입니다.

• 색칠한 부분의 넓이는 가로가 6 cm, 세로가 12 cm인 직사각형의 넓이와 같습니다.

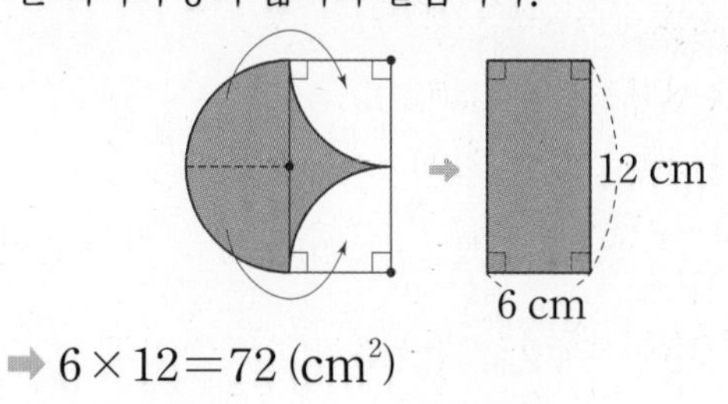

➡ $6\times12=72$ (cm^2)

16 (지름)=(원주)÷(원주율)

$=78.5\div3.14=25$ (cm)

17 (원 가의 원주)$=2\times3.1=6.2$ (cm)

(원 나의 원주)$=6\times3.1=18.6$ (cm)

➡ 원 나의 원주는 원 가의 원주의 $18.6\div6.2=3$(배)입니다.

참고 | 지름이 2배, 3배, 4배, ...가 될 때 원주도 2배, 3배, 4배, ...가 됩니다.

18 ㉠ 반지름이 $10\div2=5$ (cm)이므로

(넓이)$=5\times5\times3.1=77.5$ (cm^2)입니다.

㉡ (넓이)$=198.4$ cm^2

㉢ 반지름이 $43.4\div3.1\div2=7$ (cm)이므로

(넓이)$=7\times7\times3.1=151.9$ (cm^2)입니다.

㉣ (넓이)$=6\times6\times3.1=111.6$ (cm^2)

➡ $198.4>151.9>111.6>77.5$이므로

㉡>㉢>㉣>㉠입니다.

참고 | 반지름 또는 지름이 길수록 원의 넓이가 넓으므로 반지름 또는 지름을 구하여 비교해도 됩니다.

서술형

19 예 큰 원의 반지름은 $12-5=7$ (cm)입니다.

(큰 원의 넓이)$=7\times7\times3.14=153.86$ (cm^2)

(작은 원의 넓이)$=5\times5\times3.14=78.5$ (cm^2)

두 원의 넓이의 차는 $153.86-78.5=75.36$ (cm^2)입니다.

평가 기준	배점(5점)
큰 원의 반지름을 구했나요?	1점
두 원의 넓이를 각각 구했나요?	2점
두 원의 넓이의 차를 구했나요?	2점

서술형

20 예 원의 반지름을 □ cm라 하면

□×□$\times3.1=49.6$, □×□$=16$, □$=4$입니다.

지름은 $4\times2=8$ (cm)이므로

(원주)$=8\times3.1=24.8$ (cm)입니다.

평가 기준	배점(5점)
반지름을 구했나요?	2점
지름을 구했나요?	1점
원주를 구했나요?	2점

5단원 단원 평가 Level 2

146~148쪽

1 ③, ⑤	2 50 cm
3 88, 132	4 27 cm^2
5 4 cm	6 37.2 cm
7 0.56 cm^2	8 ㉡, 192 cm^2
9 1452 cm^2	10 5 cm
11 4배	12 11
13 20 cm	14 43960 km
15 61 m	16 120 cm^2
17 25.7 cm	18 109.8 cm
19 4바퀴	20 241.6 m^2

1 ③ (원주율)=(원주)÷(지름)
⑤ 원주율은 원의 지름에 대한 원주의 비율입니다.

2 굴렁쇠가 한 바퀴 굴러간 거리인 150 cm가 원주와 같습니다.
(원의 지름)=(원주)÷(원주율)이므로 굴렁쇠의 지름은 $150 \div 3 = 50$ (cm)입니다.

3 원을 4등분 하여 모눈의 수를 세어 보면 원 안에 있는 초록색 모눈의 수는 $22 \times 4 = 88$(개)이고, 원 밖에 있는 빨간색 선 안쪽 모눈의 수는 $33 \times 4 = 132$(개)입니다.
➡ 88 cm^2 < (원의 넓이) < 132 cm^2

4 원의 넓이는 직사각형의 넓이와 같으므로
$9 \times 3 = 27$ (cm^2)입니다.

5 (원의 지름)=(원주)÷(원주율)이므로
(원 가의 지름)$=33 \div 3 = 11$ (cm)이고,
(원 나의 지름)$=21 \div 3 = 7$ (cm)입니다.
➡ $11 - 7 = 4$ (cm)

6 컴퍼스를 벌린 길이는 그린 원의 반지름과 같습니다.
➡ (원주)$=6 \times 2 \times 3.1 = 37.2$ (cm)

7 (직사각형의 넓이)$=4 \times 3 = 12$ (cm^2),
(원의 넓이)$=2 \times 2 \times 3.14 = 12.56$ (cm^2)이므로
두 도형의 넓이의 차는 $12.56 - 12 = 0.56$ (cm^2)입니다.

8 지름이 길수록 원이 크므로 지름을 비교해 봅니다.
㉠ 14 cm
㉡ $48 \div 3 = 16$ (cm)
㉢ $6 \times 2 = 12$ (cm)
따라서 가장 큰 원은 지름이 가장 긴 ㉡이고,
넓이는 $8 \times 8 \times 3 = 192$ (cm^2)입니다.

9 (접시의 반지름)$=132 \div 3 \div 2 = 22$ (cm)이므로
(접시의 넓이)$=22 \times 22 \times 3 = 1452$ (cm^2)입니다.

10 (작은 원의 지름)$=31.4 \div 3.14 = 10$ (cm)이므로
작은 원의 반지름은 $10 \div 2 = 5$ (cm)입니다.
큰 원의 반지름은 작은 원의 지름과 같은 10 cm이므로
두 원의 반지름의 차는 $10 - 5 = 5$ (cm)입니다.

11 (원 가의 넓이)$=4 \times 4 \times 3 = 48$ (cm^2)
(원 나의 넓이)$=8 \times 8 \times 3 = 192$ (cm^2)
➡ $192 \div 48 = 4$(배)
참고 | 반지름이 ■배가 되면 원의 넓이는 (■×■)배가 됩니다.

12 $\square \times \square \times 3.1 = 375.1$, $\square \times \square = 121$에서
$11 \times 11 = 121$이므로 $\square = 11$입니다.

13 정사각형의 한 변의 길이가 원주가 62.8 cm인 원의 지름과 같거나 길어야 호두 파이를 담을 수 있습니다.
(원의 지름)$=62.8 \div 3.14 = 20$ (cm)이므로 상자의 밑면의 한 변의 길이는 20 cm 이상이어야 합니다.

14 지상에서 600 km 떨어진 위치에 인공위성이 있으므로 인공위성이 지구의 중심으로부터 떨어져 있는 거리는
$6400 + 600 = 7000$ (km)입니다.
따라서 반지름이 7000 km인 원주를 구하면 되므로 인공위성이 한 바퀴 돈 거리는
$7000 \times 2 \times 3.14 = 43960$ (km)입니다.

15 (색칠한 부분의 둘레)
=(지름이 7 m인 원의 원주)+(선분의 길이)
$=7 \times 3 + 20 \times 2$
$=21 + 40 = 61$ (m)

16 중간 원의 반지름은 $8 - 1 = 7$ (cm)이므로
(중간 원의 넓이)$=7 \times 7 \times 3 = 147$ (cm^2)이고,
(가장 작은 원의 넓이)$=3 \times 3 \times 3 = 27$ (cm^2)입니다.
➡ (색칠한 부분의 넓이)$=147 - 27 = 120$ (cm^2)

17 (색칠한 부분의 둘레)
=(반지름이 5 cm인 원의 원주)$\times \frac{1}{2} + 5 \times 2$
$=5 \times 2 \times 3.14 \times \frac{1}{2} + 5 \times 2$
$=15.7 + 10 = 25.7$ (cm)

18 $251.1 \div 3.1 = 81$이고 $9 \times 9 = 81$이므로 둥근 통의 밑면의 반지름은 9 cm입니다.

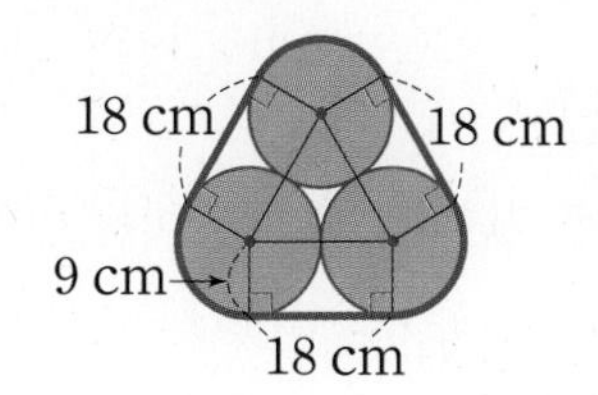

(사용한 끈의 길이)
$=$(반지름이 9 cm인 원의 원주)$+$(선분의 길이)
$= 9 \times 2 \times 3.1 + 18 \times 3$
$= 55.8 + 54 = 109.8$ (cm)

서술형
19 예 (바퀴 자가 한 바퀴 굴러가는 거리)
$=$(바퀴 자의 원주)$= 32 \times 2 \times 3 = 192$ (cm)
따라서 바퀴 자는 모두 $768 \div 192 = 4$(바퀴) 굴러가게 됩니다.

평가 기준	배점(5점)
바퀴 자가 한 바퀴 굴러가는 거리를 원주를 이용하여 구했나요?	3점
바퀴 자가 굴러가는 바퀴 수를 구했나요?	2점

서술형
20 예 참외밭의 넓이는 반원 2개의 넓이와 직사각형의 넓이를 합한 것과 같습니다.
정사각형의 한 변의 반이 반원의 지름이므로
반원의 반지름은 $16 \div 2 \div 2 = 4$ (m)이고,
직사각형의 가로는 $16 - 4 = 12$ (m),
세로는 16 m입니다.
➡ (참외밭의 넓이)$= 4 \times 4 \times 3.1 \div 2 \times 2 + 12 \times 16$
$= 49.6 + 192 = 241.6$ (m^2)

평가 기준	배점(5점)
참외밭은 반원 2개와 직사각형으로 이루어져 있음을 알았나요?	2점
참외밭의 넓이를 구했나요?	3점

사고력이 반짝 149쪽

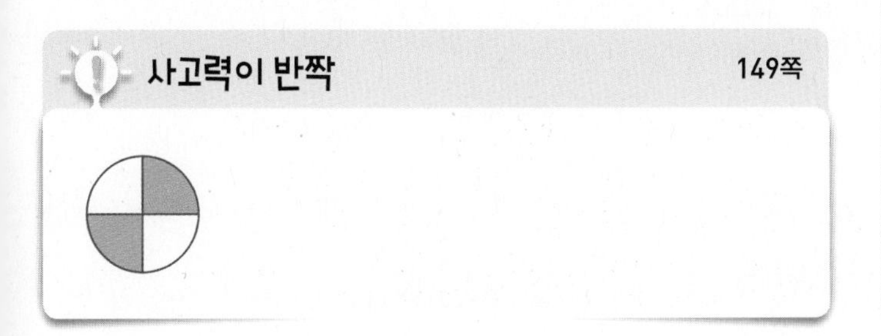

6 원기둥, 원뿔, 구

이 단원에서는 원기둥의 구성 요소와 성질을 알아보고 원기둥의 전개도를 이해하고 그려 보는 활동을 전개합니다. 또한 앞서 학습한 입체도형 구체물과 원뿔, 구 모양의 구체물을 분류하는 활동을 통해 원뿔과 구를 이해하고 원뿔과 구 모형을 관찰하고 조작하는 활동을 통해 구성 요소와 성질을 탐색합니다. 이후 원기둥, 원뿔, 구 모형을 이용하여 건축물을 만들어 보는 활동을 통해 공간 감각을 형성합니다. 이 단원에서 학습하는 원기둥, 원뿔, 구에 대한 개념은 이후 중학교의 입체도형의 성질에서 회전체와 입체도형의 겉넓이와 부피 학습과 직접적으로 연계되므로 원기둥, 원뿔, 구의 개념 및 성질과 원기둥의 전개도에 대한 정확한 이해를 바탕으로 원기둥, 원뿔, 구의 공통점과 차이점을 파악할 수 있어야 합니다.

교과서 개념 이해 1 원기둥을 알아볼까요 152~153쪽

! • 원, 2

1 ㉡, ㉥ **2**

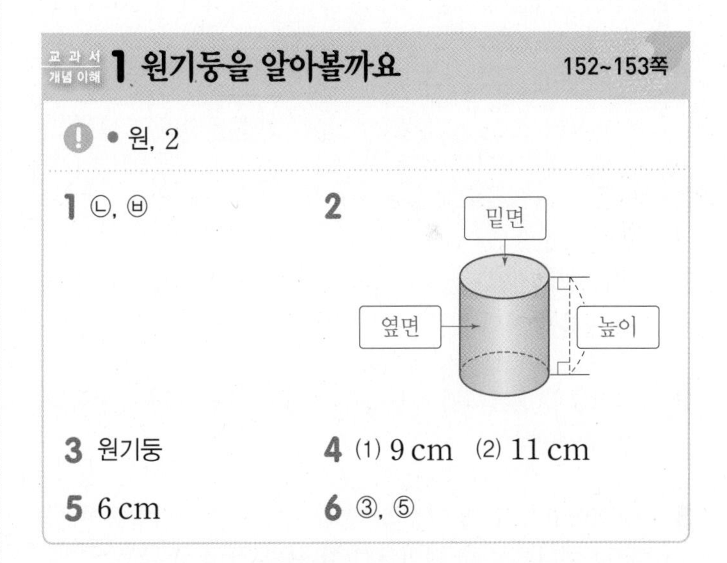

3 원기둥 **4** (1) 9 cm (2) 11 cm
5 6 cm **6** ③, ⑤

1 마주 보는 두 면이 서로 평행하고 합동인 원으로 이루어진 입체도형은 ㉡, ㉥입니다.
㉠은 두 면이 서로 평행하지만 합동이 아닙니다.
㉢, ㉣은 두 면이 서로 평행하고 합동이지만 원이 아닙니다.

2 밑면: 서로 평행하고 합동인 두 면
옆면: 두 밑면과 만나는 굽은 면
높이: 두 밑면에 수직인 선분의 길이

3 한 변을 기준으로 직사각형 모양의 종이를 돌리면 원기둥이 만들어집니다.

4 높이는 두 밑면에 수직인 선분의 길이입니다.

5 돌리기 전의 직사각형의 가로의 길이는 원기둥의 밑면의 반지름과 같고 직사각형의 세로의 길이는 높이와 같으므로 만든 입체도형의 높이는 6 cm입니다.

6 가는 원기둥, 나는 사각기둥입니다.
③ 가의 옆면은 굽은 면이지만 나의 옆면은 직사각형입니다.
⑤ 가의 밑면은 합동인 원입니다.

6 전개도에서 원의 지름은 원기둥에서 밑면의 지름과 같으므로 $4\times2=8$ (cm)입니다.
전개도에서 옆면의 세로의 길이는 원기둥의 높이와 같으므로 6 cm입니다.
전개도에서 옆면의 가로의 길이는 밑면의 둘레와 같으므로 $8\times3.1=24.8$ (cm)입니다.

교과서 개념 이해 2 원기둥의 전개도를 알아볼까요 155쪽

1 (1) 원기둥의 전개도 (2) 직사각형, 1 (3) 원, 2

2 (위에서부터) 밑면, 높이, 옆면

3 남희

4 (1) 예 밑면의 둘레 (2) 높이

5 **6**

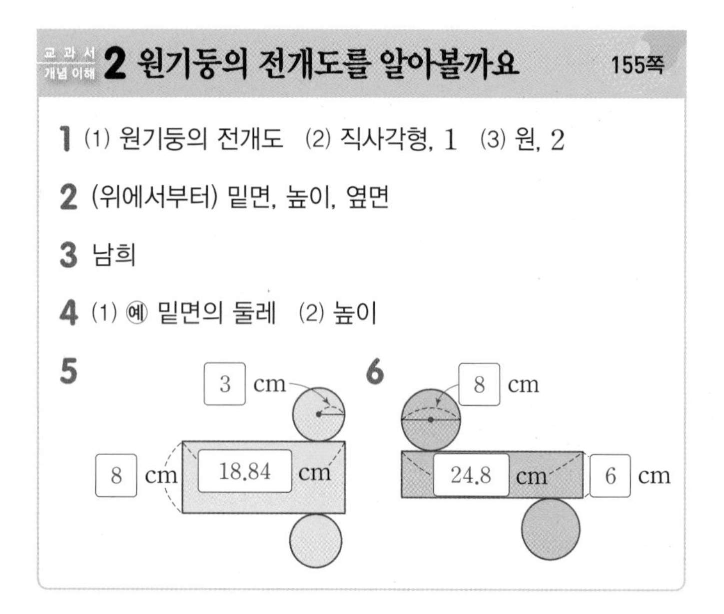

1 원기둥의 전개도는 원기둥의 밑면의 둘레와 밑면에 수직인 선분을 따라 잘라서 펼칩니다.

2 원기둥의 전개도에서 밑면은 원 모양이고 옆면은 직사각형 모양입니다.

3 수진이가 그린 원기둥의 전개도는 두 밑면이 합동이 아니고 민아가 그린 원기둥의 전개도는 옆면이 직사각형이 아니므로 잘못 그린 것입니다.
참고 | 원기둥을 자를 때 옆면을 밑면과 수직으로 자르지 않으면 옆면이 직사각형으로 되지 않습니다.

4 (1) 옆면의 가로의 길이는 밑면의 둘레 또는 원주와 같습니다.
(2) 옆면의 세로의 길이는 원기둥의 높이와 같습니다.

5 전개도에서 원의 반지름은 원기둥에서 밑면의 반지름과 같으므로 3 cm입니다. 전개도에서 옆면의 세로의 길이는 원기둥의 높이와 같으므로 8 cm입니다.
전개도에서 옆면의 가로의 길이는 밑면의 둘레와 같으므로 $3\times2\times3.14=18.84$ (cm)입니다.

교과서 개념 이해 3 원뿔을 알아볼까요 157쪽

1 (1) 꼭짓점 (2) 모선 (3) 높이 **2** (그림)

3 ㉡ **4** 10 cm **5** 6 cm, 5 cm

6 (위에서부터) 원 / 원 / 삼각형, 삼각형 / 1, 1

1

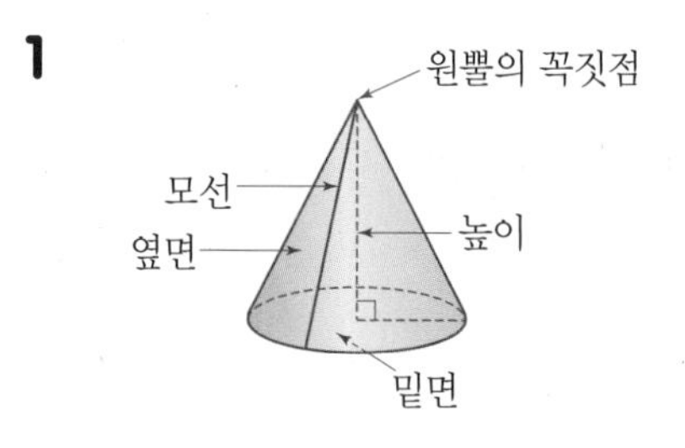

2 원뿔의 높이와 밑면의 지름은 자와 직각삼각자를 사용하여 잽니다.

3 ㉡ 원뿔의 모선의 길이를 잴 수 있는 선분은 무수히 많습니다.

4 모선은 원뿔의 꼭짓점과 밑면인 원의 둘레의 한 점을 이은 선분입니다.

5 돌리기 전 직각삼각형의 밑변의 길이는 원뿔의 밑면의 반지름이므로 원뿔의 밑면의 지름은 $3\times2=6$ (cm), 원뿔의 높이는 직각삼각형의 높이와 같으므로 5 cm입니다.

6 **참고 |**

공통점
- 뿔 모양입니다.
- 입체도형입니다.
- 밑면이 1개입니다.

차이점
- 위에서 본 모양은 원뿔은 원이지만 오각뿔은 오각형입니다.
- 옆면이 원뿔은 1개이지만 오각뿔은 5개입니다.

교과서 개념 이해 4 구를 알아볼까요 158~159쪽

● 같습니다에 ○표

1 (왼쪽에서부터) 구의 중심, 구의 반지름

2 구 **3** 5 cm **4** 8 cm

5 (1) 나, 마, 바 / 가, 다 / 라
(2) 예 위에서 본 모양은 원입니다.

6 (1) 4 cm (2) 8 cm **7** ②

1 구의 가장 안쪽에 있는 점은 구의 중심이고 구의 중심에서 구의 겉면의 한 점을 이은 선분을 구의 반지름이라고 합니다.

2 지름을 기준으로 반원 모양의 종이를 돌리면 구가 만들어집니다.

3 반원의 반지름이 구의 반지름이 되므로
$10 \div 2 = 5$ (cm)입니다.

4 구의 중심에서 구의 겉면의 한 점을 이은 선분이 4 cm이므로 구의 지름은 $4 \times 2 = 8$ (cm)입니다.

5 (2) '곡면으로 둘러싸여 있습니다.' 등과 같이 논리적으로 적었으면 정답으로 합니다.

6 (2) (구의 중심)=(반원의 중심)

7 ② 구는 꼭짓점이 없습니다.

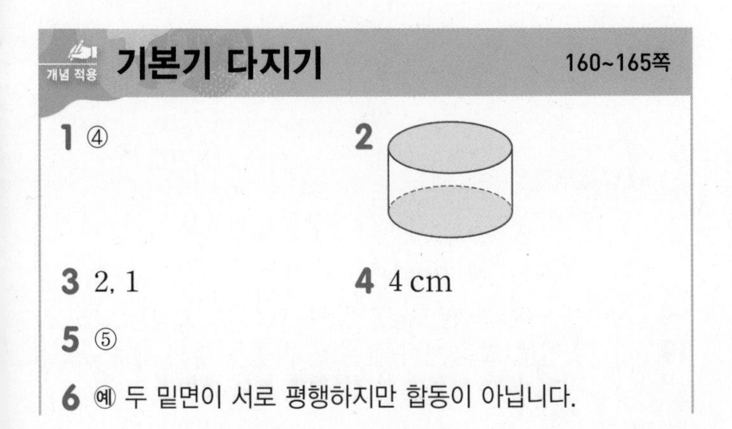

개념 적용 기본기 다지기 160~165쪽

1 ④ **2**

3 2, 1 **4** 4 cm

5 ⑤

6 예 두 밑면이 서로 평행하지만 합동이 아닙니다.

7 10 cm, 10 cm

8 같은 점 예 밑면이 원입니다.
옆면이 굽은 면입니다. 등
다른 점 예 밑면이 가는 1개, 나는 2개입니다.
가는 꼭짓점이 있고, 나는 꼭짓점이 없습니다. 등

9 (위에서부터) 원, 2 / 직사각형, 1

10 예 전개도를 접었을 때 두 밑면이 겹치므로 원기둥의 전개도라고 할 수 없습니다.

11 (왼쪽에서부터) 12.4, 5

12 예

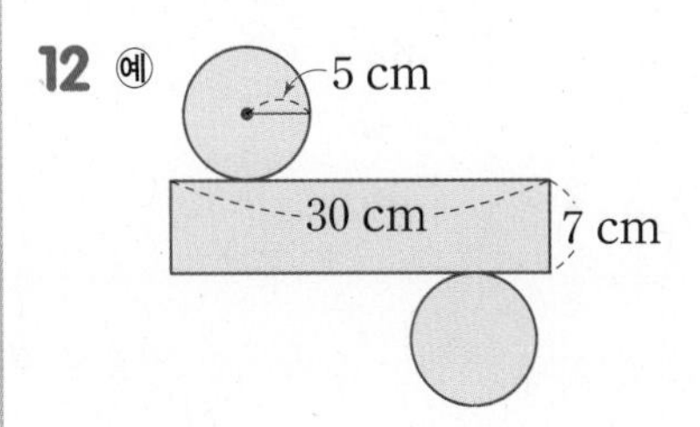

13 94.2 cm

14 (1) 27 cm^2 (2) 72 cm^2 (3) 126 cm^2

15 50.24 cm^2 **16** 1566 cm^2

17 54 cm^2 **18** 694.4 cm^2

19 ③ **20** (○) (   )

21 4 cm, 5 cm

22 선분 ㄱㄷ, 선분 ㄱㄹ, 선분 ㄱㅁ

23 ①, ③

24 예 밑면의 모양이 원이 아니고 옆면도 굽은 면이 아닙니다.

25 13 cm, 12 cm **26** (1) × (2) ○ (3) ×

27 원뿔, 1 cm

28 같은 점 예 밑면이 1개입니다.
꼭짓점이 있습니다. 등
다른 점 예 각뿔은 밑면이 다각형이고, 원뿔은 밑면이 원입니다.
각뿔은 옆면이 평평한 면이고, 원뿔은 옆면이 굽은 면입니다. 등

29 ② **30** 6 cm

31 (1)

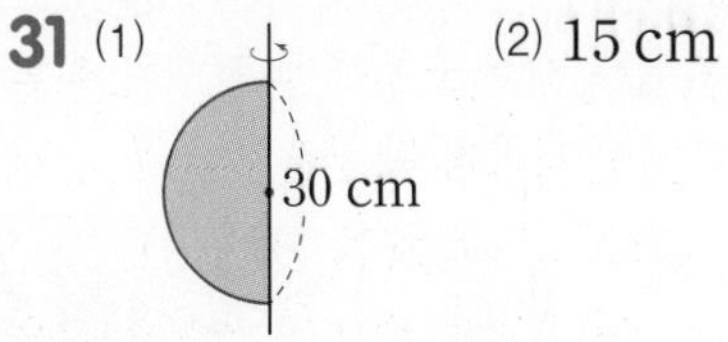

(2) 15 cm

32 가, 라

33 예 굽은 면이 있는 것과 굽은 면이 없는 것

34 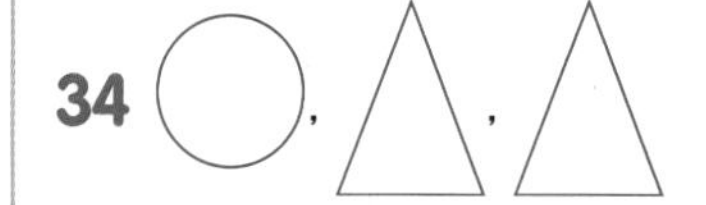

35 구

36 같은 점 예 위에서 본 모양이 원입니다.
굽은 면이 있습니다. 등
다른 점 예 원뿔은 꼭짓점이 있지만 구와 원기둥은 꼭짓점이 없습니다.
원뿔은 밑면이 1개이고, 구는 밑면이 없고 원기둥은 밑면이 2개입니다. 등

37 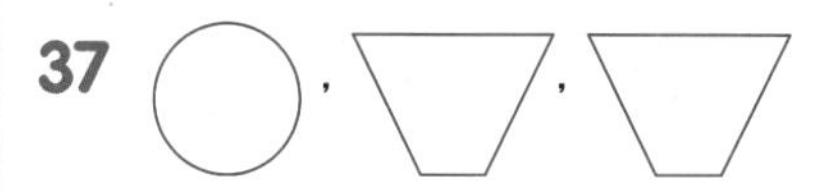

1 위와 아래에 있는 면이 서로 평행하고 합동인 원으로 이루어진 입체도형을 찾습니다.

2 원기둥에서 서로 평행하고 합동인 두 면을 밑면이라고 합니다.

3 원기둥의 밑면은 2개이고, 옆면은 1개입니다.

4 돌리기 전의 직사각형의 가로는 원기둥의 높이와 같고, 직사각형의 세로는 원기둥의 밑면의 반지름과 같습니다.

5 ⑤ 두 밑면에 수직인 선분의 길이는 높이입니다.

7 밑면의 지름은 반지름의 2배이므로 $5\times2=10$ (cm)입니다.
앞에서 본 모양이 정사각형이므로 원기둥의 높이와 밑면의 지름은 같습니다.
따라서 높이는 10 cm입니다.

서술형
8

단계	문제 해결 과정
①	같은 점을 바르게 썼나요?
②	다른 점을 바르게 썼나요?

11 원기둥의 전개도에서 옆면의 세로는 원기둥의 높이와 같으므로 5 cm이고, 옆면의 가로는 밑면의 둘레와 같으므로 $2\times2\times3.1=12.4$ (cm)입니다.

12 옆면의 가로는 밑면의 둘레와 같으므로
$5\times2\times3=30$ (cm)입니다.

13 옆면의 가로는 밑면의 둘레와 같으므로
(옆면의 가로)$=15\times2\times3.14$
$=94.2$ (cm)입니다.

14 (1) $3\times3\times3=27$ (cm^2)
(2) $(3\times2\times3)\times4=72$ (cm^2)
(3) (원기둥의 겉넓이)
=(한 밑면의 넓이)×2+(옆면의 넓이)
$=27\times2+72$
$=54+72=126$ (cm^2)

15 (밑면의 반지름)$=2\div2=1$ (cm)
(원기둥의 겉넓이)
$=(1\times1\times3.14)\times2+(2\times3.14)\times7$
$=6.28+43.96=50.24$ (cm^2)

16 (밑면의 반지름)$=54\div3\div2=9$ (cm)
(원기둥의 겉넓이)
=(한 밑면의 넓이)×2+(옆면의 넓이)
$=(9\times9\times3)\times2+54\times20$
$=486+1080=1566$ (cm^2)

17 (가의 겉넓이)
$=(4\times4\times3)\times2+(4\times2\times3)\times10$
$=96+240=336$ (cm^2)
나의 밑면의 반지름을 □ cm라 하면
□×□×3=75, □×□=25, □=5
(나의 겉넓이)
$=75\times2+(5\times2\times3)\times8$
$=150+240=390$ (cm^2)
➡ $390-336=54$ (cm^2)

18 직사각형 모양의 종이를 돌렸을 때 만들어지는 도형은 다음과 같은 원기둥입니다.

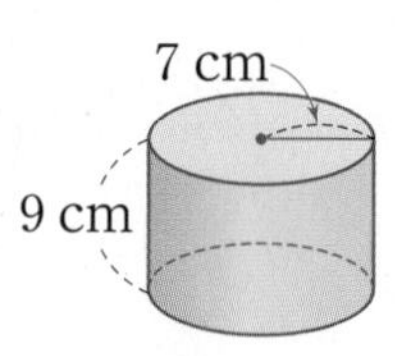

(입체도형의 겉넓이)
$=(7\times7\times3.1)\times2+(7\times2\times3.1)\times9$
$=303.8+390.6=694.4$ (cm^2)

19 밑면이 원이고 옆면이 굽은 면인 뿔 모양의 입체도형을 찾습니다.

21 돌리기 전의 직각삼각형의 밑변의 길이는 원뿔의 밑면의 반지름과 같고, 직각삼각형의 높이는 원뿔의 높이와 같습니다.

22 한 원뿔에서 모선의 길이는 모두 같으므로 선분 ㄱㄴ과 길이가 같은 선분은 선분 ㄱㄷ, 선분 ㄱㄹ, 선분 ㄱㅁ입니다.

23 ① 원뿔의 옆면은 굽은 면입니다.
③ 원뿔의 밑면의 모양은 원입니다.

25 • 원뿔에서 모선의 길이는 원뿔의 꼭짓점과 밑면인 원의 둘레의 한 점을 이은 선분의 길이이므로 13 cm입니다.
• 원뿔에서 높이는 원뿔의 꼭짓점에서 밑면에 수직인 선분의 길이이므로 12 cm입니다.

26 (1) 밑면은 지름이 4 cm인 원입니다.
(3) 모선의 길이는 항상 높이보다 깁니다.

27 원기둥의 높이: 7 cm, 원뿔의 높이: 8 cm
➡ 원뿔의 높이가 $8-7=1$ (cm) 더 높습니다.

서술형
28

단계	문제 해결 과정
①	각뿔과 원뿔의 같은 점을 바르게 썼나요?
②	각뿔과 원뿔의 다른 점을 바르게 썼나요?

29 공 모양의 입체도형을 찾으면 ②입니다.

30 구의 중심에서 구의 겉면의 한 점을 이은 선분이 반지름이므로 6 cm입니다.

31 (1) 반원의 중심이 구의 중심이 되므로 반원의 중심에 표시합니다.
(2) 반원의 반지름이 구의 반지름이 되므로 구의 반지름은 $30\div2=15$ (cm)입니다.

32 원기둥과 원뿔의 밑면의 모양은 원입니다.

33 가, 다, 라는 굽은 면이 있고, 나는 굽은 면이 없습니다.

34 원뿔을 위에서 본 모양은 원이고, 앞과 옆에서 본 모양은 삼각형입니다.

35 구는 어느 방향에서 보아도 보이는 모양이 원으로 항상 같습니다.

서술형
36

단계	문제 해결 과정
①	같은 점을 바르게 썼나요?
②	다른 점을 바르게 썼나요?

개념 완성
응용력 기르기
166~169쪽

1 48 cm^2 **1-1** 12.4 cm **1-2** 6 cm
2 54 cm^2 **2-1** 65 cm^2 **2-2** 108 cm^2
3 8 cm **3-1** 민서, 12 cm **3-2** 다

4 1단계 예 원뿔을 앞에서 본 모양은 삼각형입니다.
하나의 구에서 반지름은 모두 같으므로 삼각형의 밑변의 길이와 높이는 같습니다.
삼각형의 밑변의 길이를 □ cm라 하면
$\square\times\square\div2=18$, $\square\times\square=36$,
$\square=6$입니다.
2단계 예 원기둥의 밑면의 반지름은 $6\div2=3$ (cm)이고, 높이는 6 cm입니다.
따라서 원기둥의 겉넓이는
$(3\times3\times3)\times2+(6\times3)\times6$
$=54+108=162$ (cm^2)입니다.
/ 162 cm^2

4-1 465 cm^2

1 (옆면의 가로)=(옆면의 넓이)÷(원기둥의 높이)
$=168\div7=24$ (cm)
(밑면의 반지름)$=24\div3\div2=4$ (cm)
(한 밑면의 넓이)$=4\times4\times3=48$ (cm^2)

1-1 (옆면의 가로)=(옆면의 넓이)÷(원기둥의 높이)
$=124\div10=12.4$ (cm)
(한 밑면의 둘레)=(옆면의 가로)=12.4 cm

1-2 (옆면의 가로)=(한 밑면의 둘레)
$=10\times3.14=31.4$ (cm)
(원기둥의 높이)=(옆면의 넓이)÷(옆면의 가로)
$=188.4\div31.4=6$ (cm)

2 돌리기 전의 평면도형은 밑변의 길이가 9 cm, 높이가 12 cm인 직각삼각형입니다.
따라서 돌리기 전의 평면도형의 넓이는
$9\times12\div2=54$ (cm^2)입니다.

2-1 돌리기 전의 평면도형은 가로가 5 cm, 세로가 13 cm인 직사각형입니다.
따라서 돌리기 전의 평면도형의 넓이는
$5\times13=65$ (cm^2)입니다.

2-2 만들어진 입체도형은 반지름이 6 cm인 구와 같습니다. 구를 중심이 지나도록 반으로 잘랐을 때 생긴 면은 반지름이 6 cm인 원이므로
원의 넓이는 $6 \times 6 \times 3 = 108\ (\mathrm{cm}^2)$입니다.

3 (옆면의 가로)=(밑면의 반지름)×2×(원주율)
$= 3 \times 2 \times 3 = 18\,(\mathrm{cm})$

〈방법 1〉

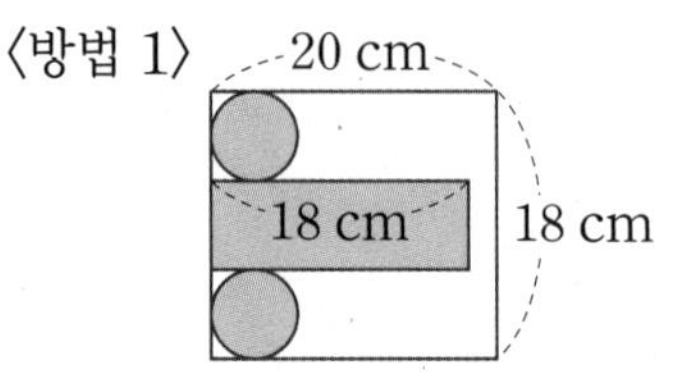

(높이)=(옆면의 세로)
$= 18 - 6 \times 2 = 6\ (\mathrm{cm})$

〈방법 2〉

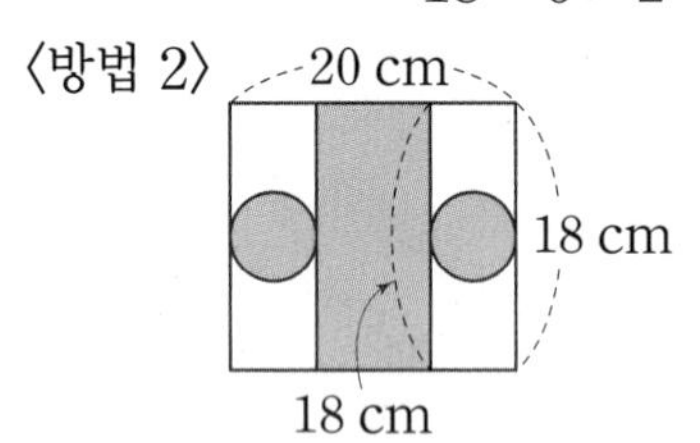

(높이)=(옆면의 세로)
$= 20 - 6 \times 2 = 8\ (\mathrm{cm})$
따라서 최대한 높은 상자를 만들려면 상자의 높이를 8 cm로 해야 합니다.

3-1 은석: (옆면의 가로)=(밑면의 반지름)×2×(원주율)
$= 6 \times 2 \times 3 = 36\ (\mathrm{cm})$
(높이)=(옆면의 세로)
=(종이의 세로)−(밑면의 지름)×2
$= 30 - 12 \times 2 = 6\ (\mathrm{cm})$
민서: (옆면의 가로)=(밑면의 반지름)×2×(원주율)
$= 5 \times 2 \times 3 = 30\ (\mathrm{cm})$
(높이)=(옆면의 세로)
=(종이의 가로)−(밑면의 지름)×2
$= 38 - 10 \times 2 = 18\ (\mathrm{cm})$
따라서 민서가 만든 상자의 높이가 $18 - 6 = 12\ (\mathrm{cm})$ 더 높습니다.

3-2

원기둥	옆면의 가로	최대 높이
가	$4 \times 2 \times 3 = 24\ (\mathrm{cm})$	$55 - 8 \times 2 = 39\ (\mathrm{cm})$
나	$7 \times 2 \times 3 = 42\ (\mathrm{cm})$	$35 - 14 \times 2 = 7\ (\mathrm{cm})$
다	$9 \times 2 \times 3 = 54\ (\mathrm{cm})$	$35 - 18 \times 2$

밑면의 반지름이 9 cm일 때 최대 높이를 구할 수 없으므로 만들 수 없는 원기둥은 다입니다.

4-1 구를 앞에서 본 모양은 원입니다.
원의 반지름을 □ cm라 하면 □×□×3.1=77.5,
□×□=25, □=5입니다.
원기둥의 밑면의 반지름은 5 cm이고,
높이는 $5 \times 2 = 10\ (\mathrm{cm})$입니다.
따라서 원기둥의 겉넓이는
$(5 \times 5 \times 3.1) \times 2 + (5 \times 2 \times 3.1) \times 10$
$= 155 + 310 = 465\ (\mathrm{cm}^2)$입니다.

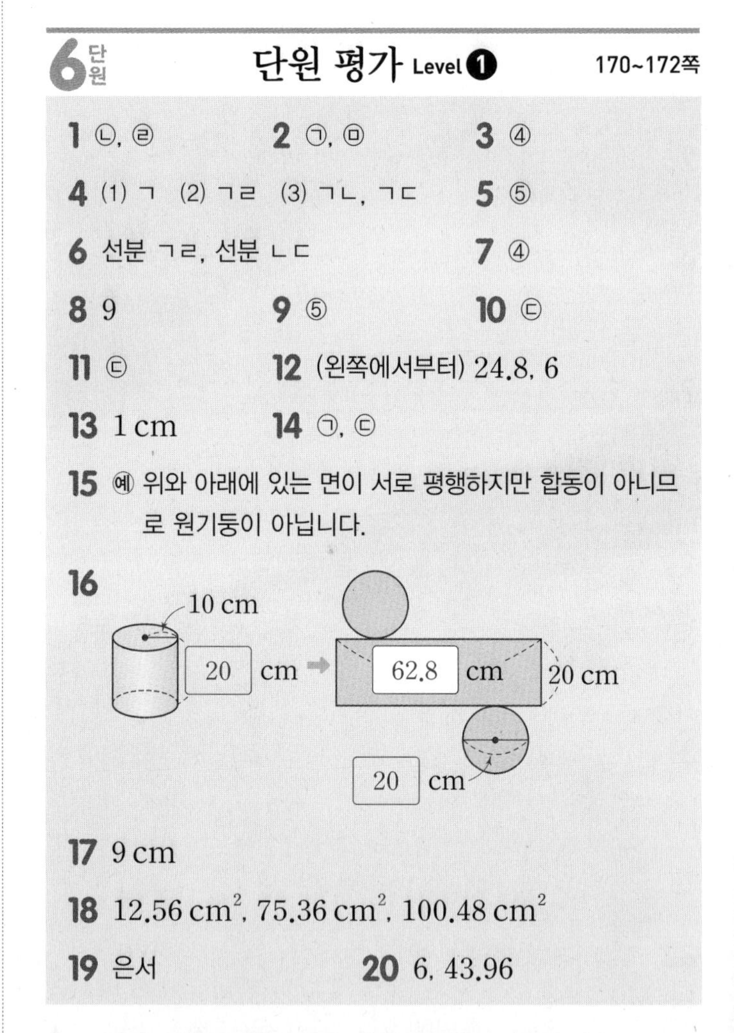

6 단원 단원 평가 Level ❶ 170~172쪽

1 ㉡, ㉣ **2** ㉠, ㉤ **3** ④
4 (1) ㄱ (2) ㄱㄹ (3) ㄱㄴ, ㄱㄷ **5** ⑤
6 선분 ㄱㄹ, 선분 ㄴㄷ **7** ④
8 9 **9** ⑤ **10** ㉢
11 ㉢ **12** (왼쪽에서부터) 24.8, 6
13 1 cm **14** ㉠, ㉢
15 예 위와 아래에 있는 면이 서로 평행하지만 합동이 아니므로 원기둥이 아닙니다.
16

17 9 cm
18 $12.56\ \mathrm{cm}^2$, $75.36\ \mathrm{cm}^2$, $100.48\ \mathrm{cm}^2$
19 은서 **20** 6, 43.96

1 위와 아래에 있는 면이 서로 평행하고 합동인 원으로 이루어진 입체도형은 ㉡, ㉣입니다.

2 평평한 면이 원이고 옆면이 굽은 면인 뾰족한 뿔 모양의 입체도형은 ㉠, ㉤입니다.

3 ① 마주 보는 두 면이 합동이 아닙니다.
② 옆면이 직사각형이 아닙니다.
③ 옆면의 가로와 밑면의 둘레가 같지 않습니다.
⑤ 두 원이 마주 보지 않으므로 원기둥을 만들 수 없습니다.

4

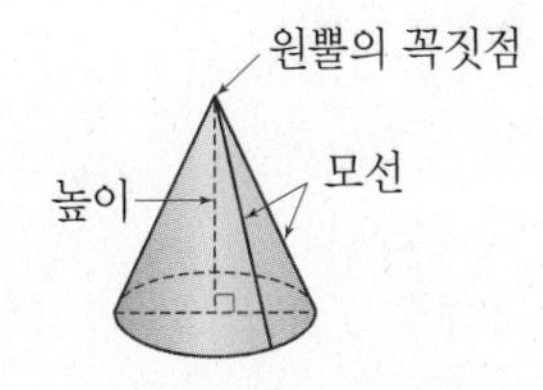

5 ①, ②, ④ ➡ 원뿔
①, ③ ➡ 원기둥

6 원기둥에서 밑면의 둘레는 전개도에서 옆면의 가로의 길이와 같습니다.

7 원뿔에서 모선은 원뿔의 꼭짓점과 밑면인 원의 둘레의 한 점을 이은 선분입니다. 원뿔에서 모선은 무수히 많습니다.
④ 선분 ㄱㅁ은 원뿔의 높이입니다.

8 만든 구의 지름이 18 cm이므로 구의 반지름은
$18 \div 2 = 9$ (cm)입니다.

9 ⑤ 위에서 본 모양은 원이고 앞, 옆에서 본 모양은 직사각형입니다.

10 구는 어느 방향에서 보아도 원 모양입니다.

11 ㉢ 원뿔은 위에서 본 모양은 원이고 앞에서 본 모양은 삼각형입니다.
구는 어느 방향에서 보아도 모양이 같습니다.

12 원기둥의 밑면의 반지름이 4 cm이므로 지름은
$4 \times 2 = 8$ (cm)이고 옆면의 가로의 길이는 밑면의 둘레와 같으므로 $8 \times 3.1 = 24.8$ (cm)입니다.
옆면의 세로의 길이는 원기둥의 높이와 같으므로 6 cm입니다.

13 원기둥의 높이는 15 cm, 원뿔의 높이는 14 cm이므로 높이의 차는 $15 - 14 = 1$ (cm)입니다.

14 ㉡ 원기둥의 밑면은 2개고, 원뿔의 밑면은 1개입니다.
㉣ 원기둥의 높이를 잴 수 있는 선분은 무수히 많고, 원뿔의 높이를 잴 수 있는 선분은 1개입니다.

15 원기둥은 위와 아래에 있는 면이 서로 평행하고 합동입니다.

16 (원기둥의 높이)=(전개도의 옆면의 세로)=20 cm
(옆면의 가로)=(밑면의 둘레)
$= 10 \times 2 \times 3.14 = 62.8$ (cm)
(밑면의 지름)$= 10 \times 2 = 20$ (cm)

17 옆면의 가로의 길이는 밑면의 둘레와 같으므로 밑면의 반지름을 □ cm라 하면
$\square \times 2 \times 3.1 = 55.8$, $\square = 9$입니다.

18 (한 밑면의 넓이)$= 2 \times 2 \times 3.14 = 12.56$ (cm^2)
(옆면의 넓이)$= 4 \times 3.14 \times 6 = 75.36$ (cm^2)
(겉넓이)$= 12.56 \times 2 + 75.36 = 100.48$ (cm^2)

서술형
19 예 은서가 만든 구의 지름은 $9 \times 2 = 18$ (cm)이고 시원이가 만든 구의 지름 16 cm보다 더 깁니다.
따라서 은서가 만든 구가 더 큽니다.

평가 기준	배점(5점)
은서와 시원이가 만든 구의 반지름 또는 지름을 구했나요?	3점
누가 만든 구가 더 큰지 구했나요?	2점

서술형
20 예 원기둥의 높이인 ㉠은 $34 - 14 - 14 = 6$ (cm)입니다.
원기둥의 밑면의 둘레와 같은 ㉡은
$14 \times 3.14 = 43.96$ (cm)입니다.

평가 기준	배점(5점)
㉠을 구했나요?	2점
㉡을 구했나요?	3점

6단원 단원 평가 Level ❷ 173~175쪽

1 가, 바 / 나, 라 / 다, 마
2 3 cm
3 9 cm
4 (1) ○ (2) × (3) ○
5 6 cm, 10 cm, 16 cm
6 ( ) (○) ( )
7 8 cm
8 ㉢, ㉠, ㉡
9 예 밑면의 모양
10 8
11 예 밑면이 2개이므로 원뿔이 아닙니다.
12 ①, ⑤
13 630 cm^2
14 72 cm
15 84 cm^2
16 11 cm
17 1607.5 cm^2
18 113.04 cm^2
19 파란색, 546 cm^2
20 9 cm

2 (밑면의 지름)$=6$ cm
(밑면의 반지름)$=6\div2=3$ (cm)

3 전개도를 접어 만든 입체도형은 원기둥이고 높이는 9 cm입니다.

4 (2) 원뿔의 밑면은 1개입니다.

5 모선은 원뿔의 꼭짓점과 밑면인 원의 둘레의 한 점을 이은 선분이고, 높이는 원뿔의 꼭짓점에서 밑면에 수직인 선분의 길이입니다.

6 가는 두 밑면이 합동이 아니고, 다는 밑면이 한쪽에 나란히 있으므로 원기둥을 만들 수 없습니다.

7 돌리기 전의 직사각형의 가로는 원기둥의 높이와 같고, 직사각형의 세로는 원기둥의 밑면의 반지름과 같습니다.

8 ㉠ 2개, ㉡ 1개, ㉢ 무수히 많습니다.

9 사각기둥과 사각뿔의 밑면은 사각형이고, 원기둥과 원뿔의 밑면은 원입니다.

10 $\square\times3.1=24.8$ ➡ $\square=24.8\div3.1=8$ (cm)

11 원뿔의 밑면은 1개입니다.

12 ② 원뿔의 꼭짓점은 1개이지만 각뿔의 꼭짓점의 수는 밑면의 모양에 따라 다릅니다.
③ 원뿔의 옆면은 굽은 면이고 각뿔의 옆면은 삼각형입니다.
④ 원뿔의 밑면은 원이지만 각뿔의 밑면은 다각형입니다.

13 (밑면의 반지름)$=42\div3\div2=7$ (cm)
➡ (원기둥의 겉넓이)$=(7\times7\times3)\times2+42\times8$
$=294+336=630$ (cm^2)

14 원뿔을 앞에서 본 모양은 오른쪽 그림과 같은 삼각형입니다.
따라서 원뿔을 앞에서 본 모양의 둘레는
$26+26+20=72$ (cm)입니다.

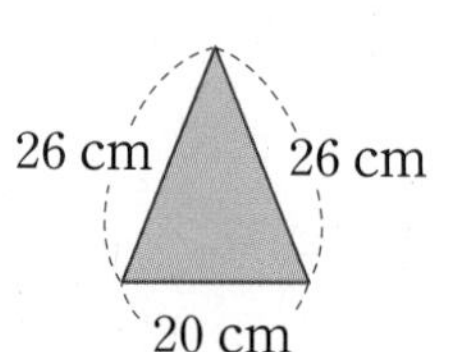

15 직사각형 모양의 종이를 돌렸을 때 만들어지는 도형은 오른쪽과 같은 원기둥입니다.

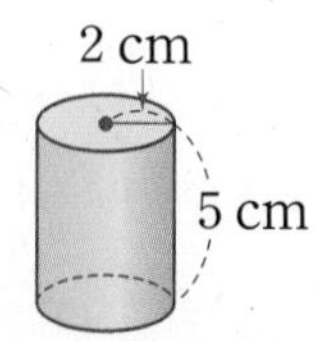

(원기둥의 겉넓이)
$=(2\times2\times3)\times2+(2\times2\times3)\times5$
$=24+60=84$ (cm^2)

16 원기둥의 밑면의 지름을 $\square$cm라 하면
옆면의 가로는 ($\square\times3$) cm이고,
세로는 밑면의 지름과 같은 $\square$cm입니다.
따라서 (옆면의 둘레)$=\square\times3\times2+\square\times2$
$=\square\times6+\square\times2$
$=\square\times8=88$
이므로 $\square=11$입니다.

17 (물감을 칠해야 할 부분의 넓이)
$=(5\times5\times3.1\div2)\times2+(5\times2\times3.1\div2)\times60$
$+(5\times2)\times60$
$=77.5+930+600=1607.5$ (cm^2)

18 직각삼각형 모양의 종이를 돌렸을 때 만들어지는 입체도형은 다음과 같이 밑면의 반지름이 6 cm인 원뿔입니다.

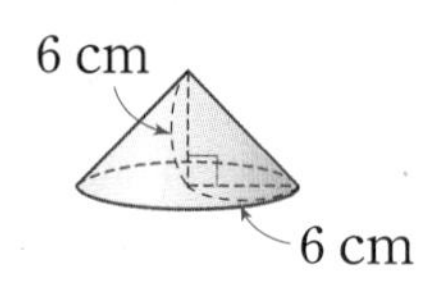

따라서 밑면의 넓이는 $6\times6\times3.14=113.04$ (cm^2)입니다.

서술형
19 예 (초록색 색종이의 넓이)$=$(한 밑면의 넓이)$\times2$
$=(13\times13\times3)\times2$
$=1014$ (cm^2)
(파란색 색종이의 넓이)$=$(옆면의 넓이)
$=26\times3\times20$
$=1560$ (cm^2)
따라서 파란색 색종이가 $1560-1014=546$ (cm^2) 더 필요합니다.

평가 기준	배점(5점)
초록색 색종이의 넓이를 구했나요?	2점
파란색 색종이의 넓이를 구했나요?	2점
어느 색 색종이가 몇 cm^2 더 필요한지 구했나요?	1점

서술형
20 예 밑면의 반지름을 $\square$cm라 하면
$\square\times2\times3.1\times18=1004.4$,
$\square\times111.6=1004.4$,
$\square=1004.4\div111.6=9$입니다.
따라서 밑면의 반지름은 9 cm입니다.

평가 기준	배점(5점)
원기둥의 옆면의 넓이 구하는 방법을 알고 있나요?	3점
밑면의 반지름을 구했나요?	2점

1 분수의 나눗셈

서술형 문제 2~5쪽

1⁺ 4개	**2⁺** 25
3 $3\frac{2}{5}$	**4** $1\frac{1}{6}$배
5 2	**6** 3 kg
7 $7\frac{1}{2}$	**8** 5명
9 7개	**10** 42그루
11 $2\frac{4}{7}$ L	

1⁺ 예 $5\div\frac{1}{2}=5\times2=10$이고

$3\div\frac{1}{5}=3\times5=15$입니다.

따라서 $10<\square<15$이므로 □ 안에 들어갈 수 있는 자연수는 11, 12, 13, 14로 모두 4개입니다.

단계	문제 해결 과정
①	나눗셈을 각각 계산했나요?
②	□ 안에 들어갈 수 있는 자연수의 개수를 구했나요?

2⁺ 예 어떤 수를 □라 하면

$\square\times1\frac{4}{5}=81$이므로

$\square=81\div1\frac{4}{5}=81\div\frac{9}{5}=\overset{9}{\cancel{81}}\times\frac{5}{\underset{1}{\cancel{9}}}=45$입니다.

따라서 바르게 계산하면

$45\div1\frac{4}{5}=45\div\frac{9}{5}=\overset{5}{\cancel{45}}\times\frac{5}{\underset{1}{\cancel{9}}}=25$입니다.

단계	문제 해결 과정
①	어떤 수를 구했나요?
②	바르게 계산한 값을 구했나요?

3 예 곱셈과 나눗셈의 관계를 이용합니다.

$\frac{5}{19}\times\square=\frac{17}{19}$,

$\square=\frac{17}{19}\div\frac{5}{19}=17\div5=\frac{17}{5}=3\frac{2}{5}$

단계	문제 해결 과정
①	□를 구하는 방법을 알고 있나요?
②	□ 안에 알맞은 수를 구했나요?

4 예 ㉠은 $\frac{1}{10}$이 3개이므로 $\frac{3}{10}$이고

㉡은 $\frac{1}{5}\div\frac{7}{9}=\frac{1}{5}\times\frac{9}{7}=\frac{9}{35}$입니다.

따라서 ㉠은 ㉡의 $\frac{3}{10}\div\frac{9}{35}=\frac{21}{70}\div\frac{18}{70}$

$=21\div18=\frac{21}{18}=\frac{7}{6}=1\frac{1}{6}$(배)입니다.

단계	문제 해결 과정
①	㉠과 ㉡을 바르게 계산했나요?
②	㉠은 ㉡의 몇 배인지 구했나요?

5 예 수직선의 작은 눈금 한 칸의 크기는 $\frac{1}{13}$이므로

㉠$=\frac{6}{13}$, ㉡$=\frac{12}{13}$입니다.

따라서 ㉡÷㉠$=\frac{12}{13}\div\frac{6}{13}=12\div6=2$입니다.

단계	문제 해결 과정
①	㉠과 ㉡이 나타내는 수를 구했나요?
②	㉡÷㉠의 계산 결과를 구했나요?

6 예 (널빤지의 넓이)$=\frac{3}{7}\times\frac{3}{7}=\frac{9}{49}$ (m^2)이므로

(널빤지 $1m^2$의 무게)$=\frac{27}{49}\div\frac{9}{49}=27\div9=3$ (kg)

입니다.

단계	문제 해결 과정
①	널빤지의 넓이를 구했나요?
②	널빤지 1 m^2의 무게를 구했나요?

7 예 몫이 가장 크려면 가분수를 가장 크게 또는 진분수를 가장 작게 만들어야 합니다. 가장 큰 가분수는 $\frac{9}{2}$이고, 남은 카드로 만들 수 있는 진분수는 $\frac{3}{5}$입니다.

$\frac{9}{2}\div\frac{3}{5}=\frac{\overset{3}{\cancel{9}}}{2}\times\frac{5}{\underset{1}{\cancel{3}}}=\frac{15}{2}=7\frac{1}{2}$

단계	문제 해결 과정
①	조건에 맞는 가분수와 진분수를 구했나요?
②	계산 결과가 가장 큰 (가분수)÷(진분수)를 구했나요?

8 예 전체 주스의 양은 $1\frac{1}{2}\times 2=\frac{3}{\cancel{2}_1}\times \cancel{2}^1=3$ (L)입니다.

따라서 3 L의 주스를 한 사람에게 $\frac{3}{5}$ L씩 똑같이 나누어 주면 모두 $3\div\frac{3}{5}=\cancel{3}^1\times\frac{5}{\cancel{3}_1}=5$(명)에게 나누어 줄 수 있습니다.

단계	문제 해결 과정
①	전체 주스의 양을 구했나요?
②	나누어 줄 수 있는 사람 수를 구했나요?

9 예 $9\frac{1}{3}\div 1\frac{2}{5}=\frac{28}{3}\div\frac{7}{5}=\frac{\cancel{28}^4}{3}\times\frac{5}{\cancel{7}_1}=\frac{20}{3}=6\frac{2}{3}$

이므로 $1\frac{2}{5}$ L씩 병 6개에 담으면 $1\frac{2}{5}$ L의 $\frac{2}{3}$만큼이 남습니다.
따라서 용액을 모두 담으려면 병은 적어도 $6+1=7$(개) 필요합니다.

단계	문제 해결 과정
①	문제에 알맞은 나눗셈식을 만들어 계산했나요?
②	필요한 병의 수를 구했나요?

10 예 도로 한쪽의 나무 사이의 간격은

$5\div\frac{1}{4}=5\times 4=20$(군데)이므로 도로 한쪽에 필요한 나무는 $20+1=21$(그루)입니다.
따라서 도로 양쪽에 필요한 나무는 $21\times 2=42$(그루)입니다.

단계	문제 해결 과정
①	도로 한쪽의 나무 사이의 간격 수를 구했나요?
②	도로 한쪽에 필요한 나무 수를 구했나요?
③	도로 양쪽에 필요한 나무 수를 구했나요?

11 예 4분 40초$=4\frac{40}{60}$분$=4\frac{2}{3}$분입니다.

➡ (1분 동안 나오는 물의 양)

$=12\div 4\frac{2}{3}=12\div\frac{14}{3}=\cancel{12}^6\times\frac{3}{\cancel{14}_7}=\frac{18}{7}$

$=2\frac{4}{7}$ (L)

단계	문제 해결 과정
①	4분 40초를 분으로 바꾸었나요?
②	1분 동안 나오는 물의 양을 구했나요?

1 단원 단원 평가 Level ❶ 6~8쪽

1 26
2 20, $16\frac{1}{3}$, 45
3 $1\frac{1}{2}$
4 6
5 ④
6 ㉠, ㉣
7 (1) < (2) >
8 18
9 ④
10 $1\frac{2}{7}$배
11 3일
12 $1\frac{2}{3}$배
13 $3\frac{1}{3}$
14 $2\frac{2}{7}$ km
15 $\frac{5}{6}\div\frac{4}{5}=\frac{5}{6}\times\frac{5}{4}=\frac{25}{24}=1\frac{1}{24}$
16 약 1200 mm
17 $7000\div\frac{5}{8}=11200$ / 11200원
18 $41\frac{2}{5}$ kg
19 $3\frac{3}{5}$
20 방법 1 예 $2\frac{4}{9}\div 1\frac{5}{6}=\frac{22}{9}\div\frac{11}{6}=\frac{44}{18}\div\frac{33}{18}$

$=44\div 33=\frac{\cancel{44}^4}{\cancel{33}_3}=\frac{4}{3}=1\frac{1}{3}$

방법 2 예 $2\frac{4}{9}\div 1\frac{5}{6}=\frac{22}{9}\div\frac{11}{6}=\frac{\cancel{22}^2}{\cancel{9}_3}\times\frac{\cancel{6}^2}{\cancel{11}_1}$

$=\frac{4}{3}=1\frac{1}{3}$

1 ㉠ $7\div\frac{1}{4}=7\times 4=28$

㉡ $6\div\frac{1}{9}=6\times 9=54$

➡ ㉡$-$㉠$=54-28=26$

2 • $8\div\frac{2}{5}=\cancel{8}^4\times\frac{5}{\cancel{2}_1}=20$

• $14\div\frac{6}{7}=\cancel{14}^7\times\frac{7}{\cancel{6}_3}=\frac{49}{3}=16\frac{1}{3}$

• $20\div\frac{4}{9}=\cancel{20}^5\times\frac{9}{\cancel{4}_1}=45$

3 $\frac{5}{7}\times\square=1\frac{1}{14}$

➡ $\square=1\frac{1}{14}\div\frac{5}{7}=\frac{15}{14}\div\frac{5}{7}=\frac{\overset{3}{\cancel{15}}}{\underset{2}{\cancel{14}}}\times\frac{\overset{1}{\cancel{7}}}{\underset{1}{\cancel{5}}}$

$=\frac{3}{2}=1\frac{1}{2}$

4 $3\div\frac{1}{\square}=3\times\square=18$, $\square=6$

5 ① $\frac{8}{15}\div\frac{2}{15}=8\div2=4$

② $\frac{24}{29}\div\frac{6}{29}=24\div6=4$

③ $\frac{16}{17}\div\frac{4}{17}=16\div4=4$

④ $\frac{9}{10}\div\frac{3}{10}=9\div3=3$

⑤ $\frac{20}{23}\div\frac{5}{23}=20\div5=4$

따라서 계산 결과가 다른 하나는 ④ $\frac{9}{10}\div\frac{3}{10}$입니다.

6 ㉠ $6\div\frac{3}{5}=\overset{2}{\cancel{6}}\times\frac{5}{\underset{1}{\cancel{3}}}=10$

㉡ $4\div\frac{8}{9}=\overset{1}{\cancel{4}}\times\frac{9}{\underset{2}{\cancel{8}}}=\frac{9}{2}=4\frac{1}{2}$

㉢ $9\div\frac{6}{11}=\overset{3}{\cancel{9}}\times\frac{11}{\underset{2}{\cancel{6}}}=\frac{33}{2}=16\frac{1}{2}$

㉣ $15\div\frac{5}{7}=\overset{3}{\cancel{15}}\times\frac{7}{\underset{1}{\cancel{5}}}=21$

따라서 계산 결과가 자연수인 것은 ㉠, ㉣입니다.

7 (1) $\frac{5}{9}\div\frac{2}{3}=\frac{5}{\underset{3}{\cancel{9}}}\times\frac{\overset{1}{\cancel{3}}}{2}=\frac{5}{6}$

$\frac{1}{4}\div\frac{3}{14}=\frac{1}{\underset{2}{\cancel{4}}}\times\frac{\overset{7}{\cancel{14}}}{3}=\frac{7}{6}=1\frac{1}{6}$

➡ $\frac{5}{6}<1\frac{1}{6}$

(2) $\frac{3}{8}\div\frac{2}{9}=\frac{3}{8}\times\frac{9}{2}=\frac{27}{16}=1\frac{11}{16}$

$\frac{7}{12}\div\frac{4}{9}=\frac{7}{\underset{4}{\cancel{12}}}\times\frac{\overset{3}{\cancel{9}}}{4}=\frac{21}{16}=1\frac{5}{16}$

➡ $1\frac{11}{16}>1\frac{5}{16}$

8 $\frac{2}{3}\div\frac{3}{5}=\frac{2}{3}\times\frac{5}{3}=\frac{10}{9}=1\frac{1}{9}$

➡ ㉠$=5$, ㉡$=3$, ㉢$=1$, ㉣$=9$이므로

㉠$+$㉡$+$㉢$+$㉣$=5+3+1+9=18$입니다.

9 계산 결과가 1보다 작은 경우는 나누어지는 수가 나누는 수보다 작을 때입니다.

➡ ④ $\frac{4}{9}<\frac{5}{6}$이므로 계산 결과가 1보다 작습니다.

다른 풀이 |

① $4\frac{2}{7}\div\frac{10}{21}=\frac{30}{7}\div\frac{10}{21}=\frac{\overset{3}{\cancel{30}}}{\underset{1}{\cancel{7}}}\times\frac{\overset{3}{\cancel{21}}}{\underset{1}{\cancel{10}}}=9$

② $3\frac{1}{3}\div\frac{4}{9}=\frac{10}{3}\div\frac{4}{9}=\frac{\overset{5}{\cancel{10}}}{\underset{1}{\cancel{3}}}\times\frac{\overset{3}{\cancel{9}}}{\underset{2}{\cancel{4}}}=\frac{15}{2}=7\frac{1}{2}$

③ $6\frac{4}{5}\div\frac{17}{18}=\frac{34}{5}\div\frac{17}{18}=\frac{\overset{2}{\cancel{34}}}{5}\times\frac{18}{\underset{1}{\cancel{17}}}=\frac{36}{5}=7\frac{1}{5}$

④ $\frac{4}{9}\div\frac{5}{6}=\frac{4}{\underset{3}{\cancel{9}}}\times\frac{\overset{2}{\cancel{6}}}{5}=\frac{8}{15}$

⑤ $2\frac{5}{8}\div\frac{7}{9}=\frac{21}{8}\div\frac{7}{9}=\frac{\overset{3}{\cancel{21}}}{8}\times\frac{9}{\underset{1}{\cancel{7}}}=\frac{27}{8}=3\frac{3}{8}$

따라서 계산 결과가 1보다 작은 것은 ④ $\frac{4}{9}\div\frac{5}{6}$입니다.

10 ㉠ $3\frac{3}{8}\div\frac{3}{4}=\frac{27}{8}\div\frac{3}{4}=\frac{\overset{9}{\cancel{27}}}{\underset{2}{\cancel{8}}}\times\frac{\overset{1}{\cancel{4}}}{\underset{1}{\cancel{3}}}=\frac{9}{2}=4\frac{1}{2}$

㉡ $\frac{7}{9}\div\frac{2}{9}=7\div2=\frac{7}{2}=3\frac{1}{2}$

➡ ㉠$\div$㉡$=4\frac{1}{2}\div3\frac{1}{2}=\frac{9}{2}\div\frac{7}{2}=\frac{9}{\underset{1}{\cancel{2}}}\times\frac{\overset{1}{\cancel{2}}}{7}$

$=\frac{9}{7}=1\frac{2}{7}$(배)

11 (우유를 마실 수 있는 날 수)

$=$(전체 우유의 양)$\div$(하루에 마시는 우유의 양)

$=\frac{12}{13}\div\frac{4}{13}=12\div4=3$(일)

12 (낮의 길이)$\div$(밤의 길이)

$=\frac{5}{8}\div\frac{3}{8}=5\div3=\frac{5}{3}=1\frac{2}{3}$(배)

13 어떤 수를 □라 하면 $□\times\frac{13}{15}=2\frac{8}{9}$입니다.

$\Rightarrow □=2\frac{8}{9}\div\frac{13}{15}=\frac{26}{9}\div\frac{13}{15}=\frac{\overset{2}{\cancel{26}}}{\underset{3}{\cancel{9}}}\times\frac{\overset{5}{\cancel{15}}}{\underset{1}{\cancel{13}}}$

$=\frac{10}{3}=3\frac{1}{3}$

따라서 어떤 수는 $3\frac{1}{3}$입니다.

14 (한 시간에 갈 수 있는 거리)

=(걸은 거리)÷(걸은 시간)

$=2\div\frac{7}{8}=2\times\frac{8}{7}=\frac{16}{7}=2\frac{2}{7}$ (km)

15 분수의 나눗셈을 분수의 곱셈으로 나타내어 계산할 때 나누는 수만 분모와 분자를 바꾸어야 하는 데 나누어지는 수까지 분모와 분자를 바꿨습니다.

16 (연평균 강수량)$=840\div\frac{7}{10}=\overset{120}{\cancel{840}}\times\frac{10}{\underset{1}{\cancel{7}}}$

$=1200$ (mm)

17 $7000\div\frac{5}{8}=\overset{1400}{\cancel{7000}}\times\frac{8}{\underset{1}{\cancel{5}}}=11200$(원)

18 (지연이의 표준 체중)

$=(146-100)\div1\frac{1}{9}=46\div\frac{10}{9}=\overset{23}{\cancel{46}}\times\frac{9}{\underset{5}{\cancel{10}}}$

$=\frac{207}{5}=41\frac{2}{5}$ (kg)

서술형
19 예 가장 큰 수는 $3\frac{1}{5}$, 가장 작은 수는 $\frac{8}{9}$입니다.

$\Rightarrow 3\frac{1}{5}\div\frac{8}{9}=\frac{16}{5}\div\frac{8}{9}=\frac{\overset{2}{\cancel{16}}}{5}\times\frac{9}{\underset{1}{\cancel{8}}}=\frac{18}{5}=3\frac{3}{5}$

평가 기준	배점(5점)
가장 큰 수와 가장 작은 수를 찾았나요?	2점
(가장 큰 수)÷(가장 작은 수)의 계산 결과를 바르게 구했나요?	3점

서술형
20

평가 기준	배점(5점)
한 가지 방법을 바르게 썼나요?	2점
다른 한 가지 방법을 바르게 썼나요?	3점

1단원 단원 평가 Level 2

9~11쪽

1 6, 3, 2

2 $\frac{11}{12}$

3 $\frac{5}{12}\div\frac{10}{11}=\frac{\overset{1}{\cancel{5}}}{12}\times\frac{11}{\underset{2}{\cancel{10}}}=\frac{11}{24}$

4

5 $3\div\frac{2}{5}=\frac{15}{5}\div\frac{2}{5}=15\div2=\frac{15}{2}=7\frac{1}{2}$

6 12, 15

7 30, $1\frac{1}{7}$

8 >

9 ㉡

10 60송이

11 14도막

12 ㉠

13 $3\frac{8}{9}$배

14 $\frac{1}{22}$ kg

15 $18\frac{2}{3}$

16 $2\frac{3}{5}$

17 $1\frac{1}{14}$ m

18 1, 2, 3

19 $5\frac{1}{2}$ km

20 26번

2 $\frac{11}{13}\div\frac{12}{13}=11\div12=\frac{11}{12}$

3 나누는 수의 분모와 분자를 바꾸어 곱합니다.

4 $\frac{4}{5}\div\frac{3}{4}=\frac{4}{5}\times\frac{4}{3}=\frac{16}{15}=1\frac{1}{15}$

$\frac{1}{5}\div\frac{1}{3}=\frac{1}{5}\times3=\frac{3}{5}$

5 자연수를 분수로 나타내는 과정이 잘못되었습니다.

6 $9\div\frac{3}{4}=(9\div3)\times4=3\times4=12$

$12\div\frac{4}{5}=(12\div4)\times5=3\times5=15$

7 $6\div\frac{1}{5}=6\times5=30$

$\frac{10}{7}\div\frac{5}{4}=\frac{\overset{2}{\cancel{10}}}{7}\times\frac{4}{\underset{1}{\cancel{5}}}=\frac{8}{7}=1\frac{1}{7}$

8 $1\frac{1}{15}\div\frac{2}{5}=\frac{16}{15}\div\frac{2}{5}=\frac{\overset{8}{\cancel{16}}}{\underset{3}{\cancel{15}}}\times\frac{\overset{1}{\cancel{5}}}{\underset{1}{\cancel{2}}}=\frac{8}{3}=2\frac{2}{3}$

$1\frac{3}{7}\div\frac{5}{6}=\frac{10}{7}\div\frac{5}{6}=\frac{\overset{2}{\cancel{10}}}{7}\times\frac{6}{\underset{1}{\cancel{5}}}=\frac{12}{7}=1\frac{5}{7}$

➡ $2\frac{2}{3}>1\frac{5}{7}$

9 ㉠ $\frac{4}{5}\div\frac{2}{3}=\frac{\overset{2}{\cancel{4}}}{5}\times\frac{3}{\underset{1}{\cancel{2}}}=\frac{6}{5}=1\frac{1}{5}$

㉡ $\frac{12}{25}\div\frac{3}{10}=\frac{\overset{4}{\cancel{12}}}{\underset{5}{\cancel{25}}}\times\frac{\overset{2}{\cancel{10}}}{\underset{1}{\cancel{3}}}=\frac{8}{5}=1\frac{3}{5}$

㉢ $\frac{8}{15}\div\frac{4}{9}=\frac{\overset{2}{\cancel{8}}}{\underset{5}{\cancel{15}}}\times\frac{\overset{3}{\cancel{9}}}{\underset{1}{\cancel{4}}}=\frac{6}{5}=1\frac{1}{5}$

10 (수국의 수)=(장미의 수)$\div\frac{1}{4}$

$=15\div\frac{1}{4}=15\times4=60$(송이)

11 (도막의 수)$=5\frac{5}{6}\div\frac{5}{12}=\frac{35}{6}\div\frac{5}{12}$

$=\frac{70}{12}\div\frac{5}{12}=70\div5=14$(도막)

12 ㉠ $\square\times1\frac{2}{9}=3\frac{1}{7}$,

$\square=3\frac{1}{7}\div1\frac{2}{9}=\frac{22}{7}\div\frac{11}{9}=\frac{\overset{2}{\cancel{22}}}{7}\times\frac{9}{\underset{1}{\cancel{11}}}$

$=\frac{18}{7}=2\frac{4}{7}$

㉡ $2\frac{1}{6}\times\square=4\frac{1}{3}$,

$\square=4\frac{1}{3}\div2\frac{1}{6}=\frac{13}{3}\div\frac{13}{6}=\frac{\overset{1}{\cancel{13}}}{\underset{1}{\cancel{3}}}\times\frac{\overset{2}{\cancel{6}}}{\underset{1}{\cancel{13}}}=2$

➡ $2\frac{4}{7}>2$

13 (수박의 무게)÷(멜론의 무게)

$=8\frac{8}{9}\div2\frac{2}{7}=\frac{80}{9}\div\frac{16}{7}=\frac{\overset{5}{\cancel{80}}}{9}\times\frac{7}{\underset{1}{\cancel{16}}}$

$=\frac{35}{9}=3\frac{8}{9}$(배)

14 (1 m^2의 감자밭에 뿌린 거름의 양)

$=1\frac{5}{6}\div40\frac{1}{3}=\frac{11}{6}\div\frac{121}{3}=\frac{\overset{1}{\cancel{11}}}{\underset{2}{\cancel{6}}}\times\frac{\overset{1}{\cancel{3}}}{\underset{11}{\cancel{121}}}$

$=\frac{1}{22}$(kg)

15 $9\frac{1}{3}\div1\frac{1}{6}=\frac{28}{3}\div\frac{7}{6}=\frac{56}{6}\div\frac{7}{6}=56\div7=8$

이므로 $\square\times\frac{3}{7}=8$에서

$\square=8\div\frac{3}{7}=8\times\frac{7}{3}=\frac{56}{3}=18\frac{2}{3}$입니다.

16 $\frac{3}{8}★\frac{1}{6}=\left(\frac{3}{8}+\frac{1}{6}\right)\div\left(\frac{3}{8}-\frac{1}{6}\right)$

$=\left(\frac{9}{24}+\frac{4}{24}\right)\div\left(\frac{9}{24}-\frac{4}{24}\right)$

$=\frac{13}{24}\div\frac{5}{24}=13\div5$

$=\frac{13}{5}=2\frac{3}{5}$

17 (높이)=(삼각형의 넓이)×2÷(밑변의 길이)

$=\frac{27}{\underset{14}{\cancel{28}}}\times\overset{1}{\cancel{2}}\div\frac{9}{5}$

$=\frac{27}{14}\div\frac{9}{5}=\frac{\overset{3}{\cancel{27}}}{14}\times\frac{5}{\underset{1}{\cancel{9}}}$

$=\frac{15}{14}=1\frac{1}{14}$(m)

18 $\frac{9}{16}\div\frac{1}{4}=\frac{9}{16}\div\frac{4}{16}=9\div4=\frac{9}{4}$이고,

$1\frac{2}{7}\div\frac{\square}{7}=\frac{9}{7}\div\frac{\square}{7}=9\div\square=\frac{9}{\square}$이므로

$\frac{9}{4}<\frac{9}{\square}$입니다.

따라서 □ 안에 들어갈 수 있는 자연수는 4보다 작은 1, 2, 3입니다.

서술형

19 예 45분$=\frac{45}{60}$시간$=\frac{3}{4}$시간이므로

(한 시간에 갈 수 있는 거리)

$=4\frac{1}{8}\div\frac{3}{4}=\frac{33}{8}\div\frac{3}{4}=\frac{\overset{11}{\cancel{33}}}{\underset{2}{\cancel{8}}}\times\frac{\overset{1}{\cancel{4}}}{\underset{1}{\cancel{3}}}$

$=\frac{11}{2}=5\frac{1}{2}$ (km)

입니다.

평가 기준	배점(5점)
45분을 시간으로 바꾸었나요?	2점
한 시간에 갈 수 있는 거리를 구했나요?	3점

서술형

20 예 (더 부어야 하는 물의 양)

$=19\frac{1}{2}\times\left(1-\frac{2}{5}\right)$

$=19\frac{1}{2}\times\frac{3}{5}=\frac{39}{2}\times\frac{3}{5}$

$=\frac{117}{10}=11\frac{7}{10}$ (L)

입니다.

$11\frac{7}{10}\div\frac{9}{20}=\frac{117}{10}\div\frac{9}{20}=\frac{\overset{13}{\cancel{117}}}{\underset{1}{\cancel{10}}}\times\frac{\overset{2}{\cancel{20}}}{\underset{1}{\cancel{9}}}=26$

이므로 물을 적어도 26번 부어야 합니다.

평가 기준	배점(5점)
더 부어야 하는 물의 양을 구했나요?	2점
물을 적어도 몇 번 부어야 하는지 구했나요?	3점

2 소수의 나눗셈

서술형 문제 12~15쪽

1⁺ 1, 2, 3, 4, 5	**2⁺** 1
3 6	**4** 6.2
5 3.9시간	**6** 24봉지
7 4.2 cm	**8** 16그루
9 1.6배	**10** 42봉지
11 11.9배	

1⁺ 예 $8.84\div3.4=88.4\div34=2.6$이므로

$2.6>2.\square$입니다.

따라서 □ 안에 들어갈 수 있는 자연수는

1, 2, 3, 4, 5입니다.

단계	문제 해결 과정
①	소수의 나눗셈을 바르게 계산했나요?
②	□ 안에 들어갈 수 있는 자연수를 모두 구했나요?

2⁺ 예 $31.9\div2.7=11.814814\cdots$이므로

소수점 아래로 8, 1, 4가 반복됩니다.

따라서 몫의 소수 29째 자리 숫자는 $29\div3=9\cdots2$에서 소수 둘째 자리 숫자와 같은 1입니다.

단계	문제 해결 과정
①	소수의 나눗셈의 몫에서 반복되는 수를 바르게 찾았나요?
②	몫의 소수 29째 자리 숫자를 구했나요?

3 예 $1.38<2.17<8.28$이므로 가장 큰 수는 8.28이고 가장 작은 수는 1.38입니다.

따라서 가장 큰 수를 가장 작은 수로 나눈 몫은

$8.28\div1.38=6$입니다.

단계	문제 해결 과정
①	가장 큰 수와 가장 작은 수를 구했나요?
②	가장 큰 수를 가장 작은 수로 나눈 몫을 구했나요?

4 예 어떤 수를 □라 하면

$\square\times1.7=10.54$, $\square=10.54\div1.7=6.2$입니다.

따라서 어떤 수는 6.2입니다.

단계	문제 해결 과정
①	어떤 수를 □라 하여 식을 세웠나요?
②	어떤 수를 구했나요?

5 예 $10.92 \div 2.8 = 109.2 \div 28$
$= 3.9$(시간)
따라서 산 정상까지 3.9시간 걸립니다.

단계	문제 해결 과정
①	소수의 나눗셈식을 바르게 세웠나요?
②	산 정상까지 몇 시간 걸리는지 구했나요?

6 예 $28.8 \div 1.2 = 288 \div 12 = 24$(봉지)
따라서 필요한 봉지는 24봉지입니다.

단계	문제 해결 과정
①	소수의 나눗셈식을 바르게 세웠나요?
②	필요한 봉지는 몇 봉지인지 구했나요?

7 예 (직사각형의 넓이)=(가로)×(세로)이므로
(세로)=(직사각형의 넓이)÷(가로)입니다.
(세로)$= 11.76 \div 2.8 = 4.2$ (cm)입니다.

단계	문제 해결 과정
①	직사각형의 세로를 구하는 방법을 알고 있나요?
②	직사각형의 세로를 구했나요?

8 예 (심은 나무의 수)$= 228 \div 14.25 = 16$(그루)
따라서 심은 나무는 16그루입니다.

단계	문제 해결 과정
①	소수의 나눗셈식을 바르게 세웠나요?
②	심은 나무는 몇 그루인지 구했나요?

9 예 (집에서 도서관까지의 거리)÷(집에서 학교까지의 거리)
$= 2.88 \div 1.8 = 1.6$(배)

단계	문제 해결 과정
①	소수의 나눗셈식을 바르게 세웠나요?
②	집에서 도서관까지의 거리는 집에서 학교까지의 거리의 몇 배인지 구했나요?

10 예 $253.6 \div 6$의 몫을 일의 자리까지 구하면 42이고, 1.6 kg이 남으므로 팔 수 있는 콩은 모두 42봉지입니다.

단계	문제 해결 과정
①	$253.6 \div 6$의 몫과 나머지를 구했나요?
②	콩을 몇 봉지까지 팔 수 있는지 구했나요?

11 예 $51.29 \div 4.3 = 512.9 \div 43 = 11.92\cdots$이고
소수 둘째 자리 숫자가 2이므로 버림하면 11.9입니다.
따라서 노란색 끈의 길이는 빨간색 끈의 길이의 11.9배입니다.

단계	문제 해결 과정
①	소수의 나눗셈식을 바르게 세웠나요?
②	노란색 끈의 길이는 빨간색 끈의 길이의 몇 배인지 구했나요?

2단원 단원 평가 Level 1

16~18쪽

1 384, 240, 1.6 **2** 5.2, 4
3 (1) 7, 70, 700 (2) 23, 230, 2300
4 ㉢, ㉣ **5** (위에서부터) 7, 0.5 / 2 / 2.5
6 예 82상자, 81상자 **7** ㉡
8 3.4 cm **9** 5명, 1.52 kg
10 1.2배 **11** 2
12 ③ **13** 0
14 160개 **15** 128 km
16 여우봉 **17** 3개, 2.7 m
18 160.4 km
19 방법 1 예 $13.5 \div 2.7 = \frac{135}{10} \div \frac{27}{10}$
$= 135 \div 27 = 5$

방법 2 예

$$\begin{array}{r} 5 \\ 2.7\overline{)13.5} \\ 135 \\ \hline 0 \end{array}$$

20 $0.2\overline{)64}$ / 320

1 3.84를 자연수로 만들려면 3.84와 2.4를 각각 100배씩 합니다.

2 $18.72 \div 3.6 = 5.2$
$5.2 \div 1.3 = 4$

3 (1) 나누는 수가 $\frac{1}{10}$배, $\frac{1}{100}$배가 되면 몫은 10배, 100배가 됩니다.
(2) 나누어지는 수가 10배, 100배가 되면 몫도 10배, 100배가 됩니다.

4 $1311 \div 57 = 23$
㉠ $13.11 \div 5.7 = 2.3$
㉡ $131.1 \div 0.57 = 230$
㉢ $131.1 \div 5.7 = 23$
㉣ $13.11 \div 0.57 = 23$

5

$$\begin{array}{r} 7 \\ 2\overline{)14.5} \\ 14 \\ \hline 0.5 \end{array} \qquad \begin{array}{r} 2 \\ 6\overline{)14.5} \\ 12 \\ \hline 2.5 \end{array}$$

6 408.4 kg은 약 410 kg이고, $410 \div 5 = 82$이므로 82상자를 팔 수 있다고 어림할 수 있습니다.
실제로 계산해 보면 $408.4 \div 5 = 81 \cdots 3.4$이고 5 kg이 안 되는 상자는 팔 수 없으므로 모두 81상자를 팔 수 있습니다.

7 ㉠ $39.2 \div 4.9 = 8$
㉡ $162.5 \div 32.5 = 5$
㉢ $83.93 \div 11.99 = 7$
$5 < 7 < 8$이므로 몫이 가장 작은 것은 ㉡입니다.

8 (직사각형의 넓이)=(가로)×(세로)이므로
(가로)=(직사각형의 넓이)÷(세로)입니다.
➡ (가로)$=9.52 \div 2.8 = 3.4$ (cm)

9 사람 수는 소수가 아닌 자연수이므로 나눗셈을 계산할 때 몫을 일의 자리까지 구해야 합니다.

$$\begin{array}{r} 5 \\ 9\overline{)46.52} \\ \underline{45} \\ 1.52 \end{array}$$

10 $7.08 \div 5.9 = 1.2$(배)

11 어떤 수를 □라 하면 $□ \times 3.5 = 24.5$이므로
$□ = 24.5 \div 3.5 = 7$입니다.
따라서 바르게 계산하면 $7 \div 3.5 = 2$입니다.

12 $75.32 \div 4.7 = 16.025 \cdots$
몫을 반올림하여 소수 첫째 자리까지 나타내면 16.0이므로 16이고 몫을 반올림하여 소수 둘째 자리까지 나타내면 16.03입니다. ➡ $16.03 - 16 = 0.03$

13 $33.5 \div 2.7 = 12.407407 \cdots$이므로 소수점 아래로 4, 0, 7이 반복됩니다. 따라서 소수 14째 자리 숫자는 $14 \div 3 = 4 \cdots 2$에서 소수 둘째 자리 숫자와 같으므로 0입니다.

14 2 t=2000 kg이므로 벽돌을 $2000 \div 12.5 = 160$(개)까지 실을 수 있습니다.

15 1시간은 60분이므로 15분은 0.25시간입니다.
3시간 15분=3.25시간이므로
한 시간 동안 $416 \div 3.25 = 128$ (km)씩 달린 셈입니다.

16 승아가 1시간 동안 가는 거리:
1시간은 60분이므로 2시간 15분=2.25시간입니다.
➡ $4.725 \div 2.25 = 2.1$ (km)
영주가 1시간 동안 가는 거리:
1시간 30분=1.5시간입니다.
➡ $3.9 \div 1.5 = 2.6$ (km)
따라서
$1.1 + 1 = 2.1$ (km), $0.9 + 1.3 + 0.4 = 2.6$ (km)
이므로 한 시간 뒤 두 사람이 만나게 될 곳은 여우봉입니다.

17

$$\begin{array}{r} 3 \\ 11\overline{)35.7} \\ \underline{33} \\ 2.7 \end{array}$$

따라서 자른 색 테이프는 3개이고 남는 색 테이프는 2.7 m입니다.

18 1시간=60분이므로 2시간 45분=2.75시간입니다.
$441.2 \div 2.75 = 160.43 \cdots$이고 소수 둘째 자리 숫자가 3이므로 버림하면 160.4입니다.
따라서 기차는 한 시간 동안 160.4 km씩 가야 합니다.

서술형
19

평가 기준	배점(5점)
한 가지 방법을 바르게 썼나요?	2점
다른 한 가지 방법을 바르게 썼나요?	3점

서술형
20 예 몫이 가장 크려면 나누어지는 수는 가장 크게, 나누는 수는 가장 작게 만들어야 하므로 나누는 수는 0.2, 나누어지는 수는 64입니다. 따라서
$64 \div 0.2 = 640 \div 2 = 320$이므로 몫은 320입니다.

평가 기준	배점(5점)
몫이 가장 크게 되도록 나눗셈식을 만들었나요?	2점
몫을 바르게 구했나요?	3점

2단원 단원 평가 Level ❷ 19~21쪽

1 $10.35 \div 4.5 = \frac{103.5}{10} \div \frac{45}{10}$
$= 103.5 \div 45 = 2.3$

2 (선 잇기)

3 570, 5700

4 4

5 <

6 2.9

7 ⑤

8 (위에서부터) 4.5, 1.8

9 1, 2, 3, 4

10 3배

11 ㉢, ㉡, ㉣, ㉠

12 2.4

13 12상자

14 7

15 33번

16 4.09 kg

17 11.8 cm

18 3.944

19 66개

20 14350원

1 나누는 수가 소수 한 자리 수이므로 분모가 10인 분수로 바꾸어 계산합니다.

2 $0.8\overline{)4.8}$ → 몫 6, 48, 0 ➡ $4.8 \div 0.8 = 6$

$1.3\overline{)9.1}$ → 몫 7, 91, 0 ➡ $9.1 \div 1.3 = 7$

$4.7\overline{)23.5}$ → 몫 5, 235, 0 ➡ $23.5 \div 4.7 = 5$

3 나누어지는 수가 같을 때 나누는 수가 $\frac{1}{10}$배, $\frac{1}{100}$배씩 작아지면 몫은 10배, 100배씩 커집니다.

4 가장 큰 수는 8.68, 가장 작은 수는 2.17이므로 몫은 $8.68 \div 2.17 = 4$입니다.

5 $42 \div 2.8 = 15 < 63 \div 3.5 = 18$

6 $9.26 \div 3.14 = 2.9\cancel{4}\cdots$ ➡ 2.9

7 $\underbrace{35 \div 1.4}_{①} = \underbrace{3.5 \div 0.14}_{②}$
$= \underbrace{350 \div 14}_{③}$
$= \underbrace{0.35 \div 0.014}_{④}$
$= 25$
⑤ $3.5 \div 0.014 = 250$

8 $6.84 \div 1.52 = 4.5$
$6.84 \div 3.8 = 1.8$

9 $16.45 \div 3.5 = 4.7$
$4.7 >$ □이므로 □ 안에 들어갈 수 있는 자연수는 1, 2, 3, 4입니다.

10 (집~학교)÷(집~서점)
$= 4.86 \div 1.62 = 3$(배)

11 ㉠ $21.7 \div 0.7 = 31$
㉡ $32 \div 1.6 = 20$
㉢ $45.6 \div 2.4 = 19$
㉣ $66.75 \div 2.67 = 25$
➡ ㉢<㉡<㉣<㉠

12 어떤 수를 □라 하면
□ $\times 3.8 = 34.656$
□ $= 34.656 \div 3.8 = 9.12$
바르게 계산하면 $9.12 \div 3.8 = 2.4$입니다.

13 (상자 수) $= 174 \div 14.5 = 12$(상자)

14 $9.4 \div 2.2 = 4.272727\cdots$이고 소수점 아래 자릿수가 홀수이면 2, 짝수이면 7인 규칙입니다.
따라서 몫의 소수 12째 자리 숫자는 짝수 번째이므로 7입니다.

15

$$\begin{array}{r} 3\,2 \\ 2\,\overline{)\,6\,4.9} \\ \underline{6} \\ 4 \\ \underline{4} \\ 0.9 \end{array}$$

따라서 물을 적어도 33번 부어야 합니다.

16 9 m 45 cm$=$9.45 m

(1 m의 무게)$=38.62\div9.45$

$=4.086\cdots$ ➡ 4.09 kg

17 (다른 대각선의 길이)

$=$(마름모의 넓이)$\times2\div$(한 대각선의 길이)

$=42.48\times2\div7.2$

$=84.96\div7.2$

$=11.8$ (cm)

18 몫이 가장 큰 나눗셈식을 만들려면 나누어지는 수를 가장 크게, 나누는 수를 가장 작게 해야 합니다. 따라서 만들 수 있는 가장 큰 소수 두 자리 수는 9.86, 가장 작은 소수 한 자리 수는 2.5이므로 $9.86\div2.5=3.944$입니다.

서술형

19 예 (한쪽에 꽂아야 하는 깃발 수)

$=$(다리의 길이)$\div$(간격)$+1$

$=40\div1.25+1=33$(개)이므로

(양쪽에 꽂아야 하는 깃발 수)

$=$(한쪽에 꽂아야 하는 깃발 수)$\times2$

$=33\times2=66$(개)입니다.

평가 기준	배점(5점)
한쪽에 꽂아야 하는 깃발의 수를 구했나요?	4점
필요한 깃발의 수를 구했나요?	1점

서술형

20 예 (휘발유 1 L로 갈 수 있는 거리)

$=18.45\div1.5=12.3$ (km)이므로

(86.1 km를 가는 데 필요한 휘발유의 양)

$=86.1\div12.3=7$ (L)입니다.

따라서 (86.1 km를 가는 데 필요한 휘발유의 값)

$=2050\times7=14350$(원)입니다.

평가 기준	배점(5점)
휘발유 1 L로 갈 수 있는 거리를 구했나요?	2점
필요한 휘발유의 양과 값을 구했나요?	3점

3 공간과 입체

서술형 문제 22~25쪽

1+ 8개　　**2+** 8개

3 방법 1 예 각 자리별 쌓기나무의 개수의 합을 구합니다.

위 ➡ $2+1+1+3+2+3=12$(개)

2	1	1
3	2	
3		

방법 2 예 각 층에 쌓은 쌓기나무의 개수의 합을 구합니다. 1층에 6개, 2층에 4개, 3층에 2개이므로 필요한 쌓기나무는 모두 $6+4+2=12$(개)입니다. / 12개

4 가　　**5** 4개

6 3개　　**7** 8개

8 7개　　**9** 4개

10 3가지　　**11** 11개

1+ 예 쌓기나무로 쌓은 모양과 위에서 본 모양이 다르므로 뒤에 숨겨진 쌓기나무가 1개 있습니다.

따라서 똑같이 쌓는 데 필요한 쌓기나무는

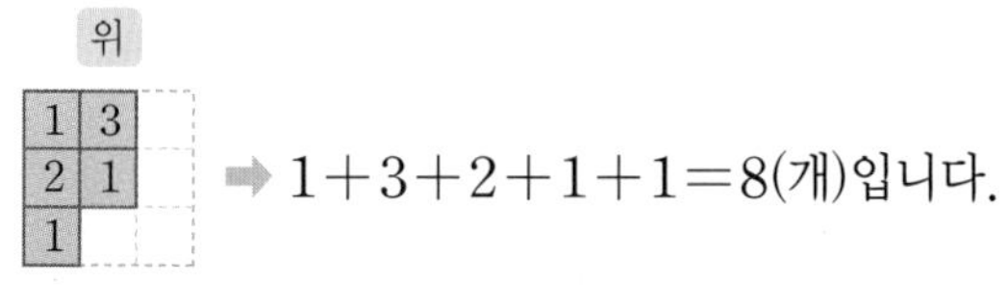

➡ $1+3+2+1+1=8$(개)입니다.

단계	문제 해결 과정
①	뒤에 숨겨진 쌓기나무를 찾았나요?
②	똑같이 쌓는 데 필요한 쌓기나무의 개수를 구했나요?

2+ 예 직육면체에 사용된 쌓기나무는 18개이고, 오른쪽 모양에 사용된 쌓기나무는 1층에 5개, 2층에 4개, 3층에 1개이므로 모두 $5+4+1=10$(개)입니다.

따라서 빼낸 쌓기나무는 $18-10=8$(개)입니다.

단계	문제 해결 과정
①	직육면체 모양의 쌓기나무의 개수를 구했나요?
②	빼낸 후의 쌓기나무의 개수를 구했나요?
③	빼낸 쌓기나무의 개수를 구했나요?

3

단계	문제 해결 과정
①	각 자리에 쌓은 쌓기나무의 개수의 합을 구했나요?
②	각 층에 쌓은 쌓기나무의 개수의 합을 구했나요?

4 ⓔ 각 층에 쌓은 쌓기나무의 개수의 합을 각각 알아보면 가는 $5+4+1=10$(개), 나는 $5+3+1=9$(개)이므로 쌓기나무의 개수가 더 많은 것은 가입니다.

단계	문제 해결 과정
①	쌓기나무의 개수를 각각 구했나요?
②	쌓기나무의 개수가 더 많은 것을 구했나요?

5 ⓔ 1층이 6개, 2층이 2개, 3층이 1개이므로 주어진 모양과 똑같이 쌓는 데 필요한 쌓기나무는 $6+2+1=9$(개)입니다. 따라서 만들고 남은 쌓기나무는 $13-9=4$(개)입니다.

단계	문제 해결 과정
①	사용한 쌓기기나무의 개수를 구했나요?
②	만들고 남은 쌓기나무의 개수를 구했나요?

6 ⓔ 2층에 쌓은 쌓기나무는 각 자리에 쓴 수가 2 이상인 곳의 수와 같으므로 8개이고, 3층에 쌓은 쌓기나무는 각 자리에 쓴 수가 3 이상인 곳의 수와 같으므로 5개입니다. 따라서 2층에 쌓은 쌓기나무는 3층에 쌓은 쌓기나무보다 $8-5=3$(개) 더 많습니다.

단계	문제 해결 과정
①	2층과 3층에 쌓은 쌓기나무의 개수를 구했나요?
②	2층에 쌓은 쌓기나무는 3층에 쌓은 쌓기나무보다 몇 개 더 많은지 구했나요?

7 ⓔ 앞에서 본 모양은 앞에서 각 줄의 가장 높은 층의 모양이므로 [그림] 모양입니다.

따라서 앞에서 보았을 때 보이는 쌓기나무는 8개입니다.

단계	문제 해결 과정
①	쌓기나무를 앞에서 본 모양을 그렸나요?
②	앞에서 보았을 때 보이는 쌓기나무의 개수를 구했나요?

8 ⓔ 위에서 본 모양에서 각 자리별로 쌓은 쌓기나무의 수를 써 보면 [1 2 / 1 3] 입니다. 따라서 똑같은 모양으로 쌓는 데 필요한 쌓기나무는 $1+2+1+3=7$(개)입니다.

단계	문제 해결 과정
①	위에서 본 모양의 각 자리에 쌓은 쌓기나무의 수를 썼나요?
②	똑같은 모양으로 쌓는 데 필요한 쌓기나무의 개수를 구했나요?

9 ⓔ 위에서 본 모양의 각 자리에 쌓기나무의 수를 써넣으면 오른쪽과 같습니다. [2 / 1 1]
따라서 똑같은 모양으로 쌓는 데 필요한 쌓기나무는 $2+1+1=4$(개)입니다.

단계	문제 해결 과정
①	각 자리에 쌓은 쌓기나무의 수를 구했나요?
②	필요한 쌓기나무는 모두 몇 개인지 구했나요?

10 ⓔ 만들 수 있는 모양은 다음과 같습니다.

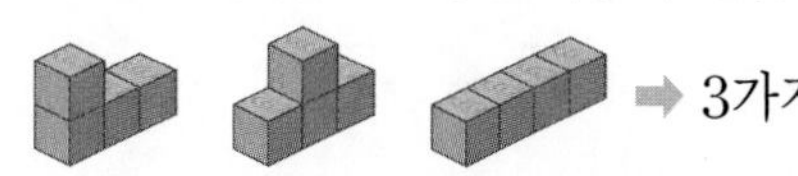

➡ 3가지

단계	문제 해결 과정
①	빠뜨리지 않고 각 면마다 쌓기나무 1개를 붙였나요?
②	만들 수 있는 모양의 가짓수를 구했나요?

11 ⓔ 보이지 않는 뒤쪽 부분에 바로 앞의 층수보다 1개 더 적은 수만큼 쌓기나무가 있을 수 있습니다.

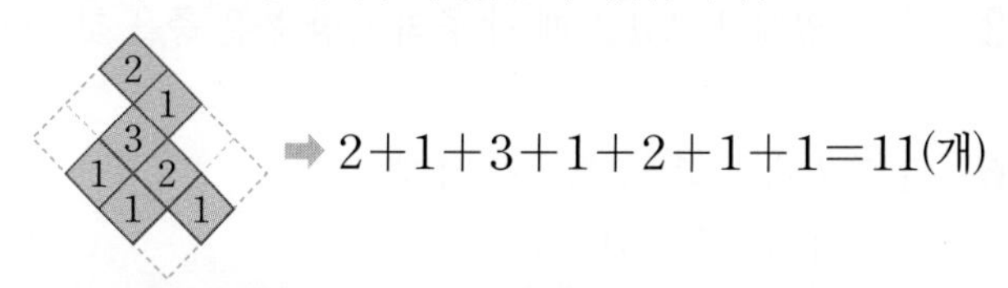

단계	문제 해결 과정
①	보이지 않는 뒤쪽에 있는 쌓기나무의 수를 알고 있나요?
②	똑같은 모양으로 쌓는 데 필요한 쌓기나무가 가장 많은 경우의 쌓기나무의 개수를 구했나요?

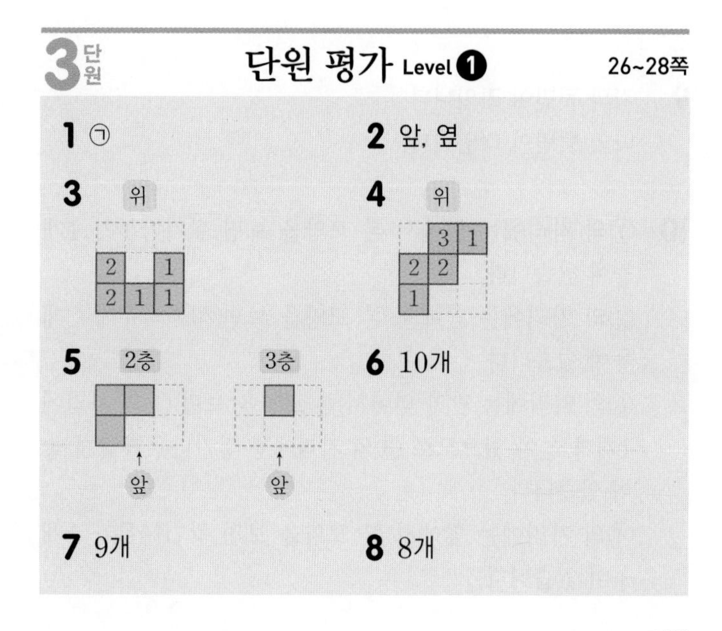

3단원
단원 평가 Level ❶
26~28쪽
1 ㉠
2 앞, 옆
3 위
2 1
2 1 1
4 위
3 1
2 2
1
5 2층
3층
앞
앞
6 10개
7 9개
8 8개

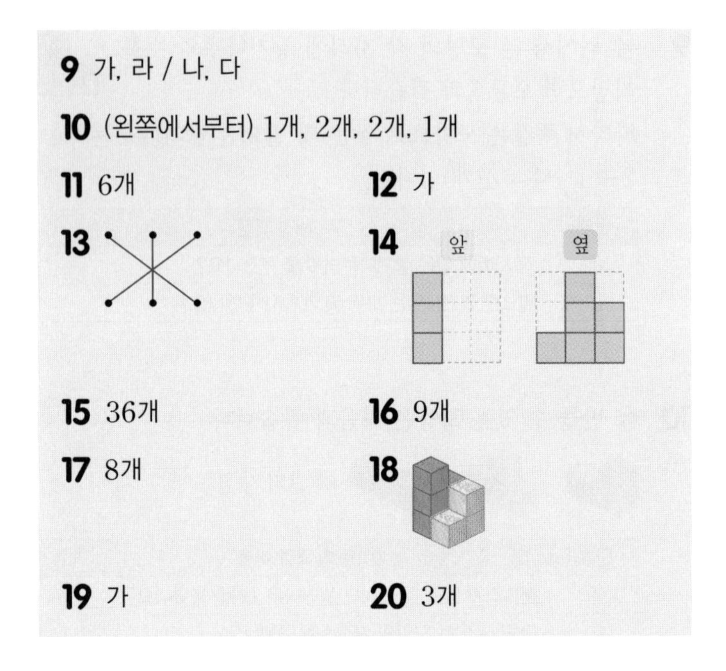

9 가, 라 / 나, 다

10 (왼쪽에서부터) 1개, 2개, 2개, 1개

11 6개

12 가

13

14 앞 옆

15 36개

16 9개

17 8개

18

19 가

20 3개

1 왼쪽 모양과 ㉠ 모양은 쌓기나무의 개수도 다르고 모양도 다르므로 같은 모양이 아닙니다.

2 앞과 옆에서 보았을 때 각 줄의 가장 높은 층을 찾습니다.

6 1층: 6개, 2층: 3개, 3층: 1개
➡ $6+3+1=10$(개)

7

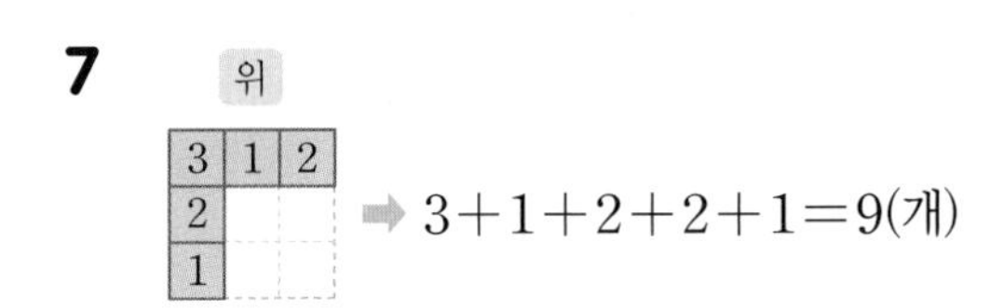

➡ $3+1+2+2+1=9$(개)

8

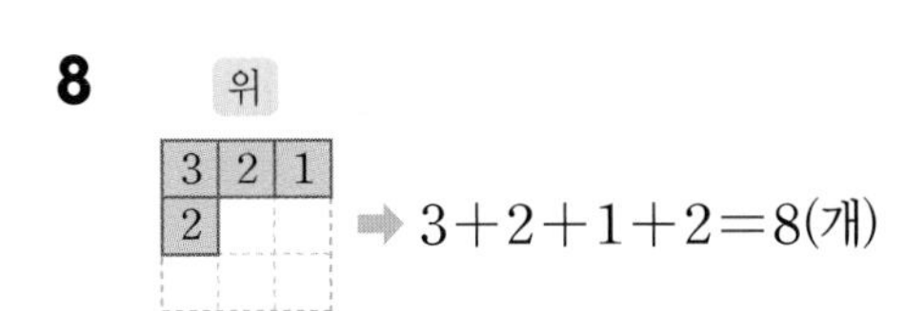

➡ $3+2+1+2=8$(개)

9 가의 뒷면이 라입니다.
나의 뒷면이 다입니다.

10 ①의 자리에는 옆에서 본 모양을 보면 쌓기나무가 1개 놓여 있습니다.
②의 자리에는 앞에서 본 모양을 보면 쌓기나무가 2개 놓여 있습니다.
③의 자리에는 앞과 옆에서 본 모양을 보면 ①의 자리에 1개가 놓여 있으므로 ③의 자리에는 쌓기나무가 2개 놓여 있습니다.
④의 자리에는 앞에서 본 모양을 보면 쌓기나무가 1개 놓여 있습니다.

11 $1+2+2+1=6$(개)

12 나의 앞에서 본 모양은 입니다.

13 위에서 본 모양이 서로 같은 모양입니다.
위에서 본 모양의 각 자리에 쌓은 쌓기나무의 개수를 세어서 비교합니다.

14 쌓은 모양을 보고 앞과 옆에서 본 모양을 각각 그려 봅니다.

15 왼쪽에 쌓은 쌓기나무는 $4\times4\times4=64$(개)이고,
오른쪽에 쌓은 쌓기나무는 $4\times4+3\times4=28$(개)입니다.
➡ $64-28=36$(개)

16 오른쪽 그림과 같이 2층으로 쌓여진 쌓기나무의 뒷쪽에 보이지 않는 쌓기나무가 1개씩 있을 수 있으므로 쌓기나무가 가장 많은 경우의 개수는 9개입니다.

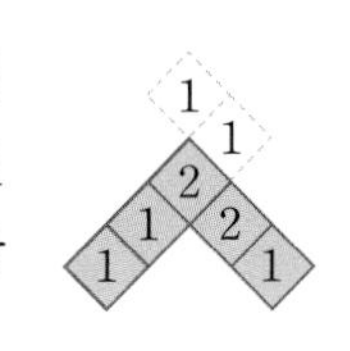

17 위에서 본 모양을 기준으로 앞과 옆에서 본 모양을 보고 각 자리에 쌓은 쌓기나무의 개수를 써 보면 오른쪽과 같습니다. 따라서 필요한 쌓기나무는 $1+2+1+3+1=8$(개)입니다.

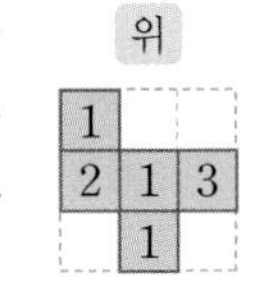

18

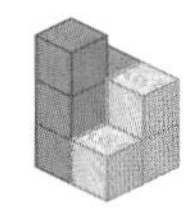

서술형
19 예 나와 다는 앞에서 본 모양이 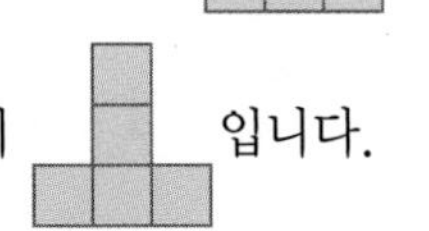 이고

가는 앞에서 본 모양이 입니다.

따라서 앞에서 본 모양이 다른 하나는 가입니다.

평가 기준	배점(5점)
가, 나, 다를 각각 앞에서 본 모양을 알고 있나요?	3점
앞에서 본 모양이 다른 하나를 찾았나요?	2점

서술형
20 예 위에서 본 모양을 기준으로 앞과 옆에서 본 모양을 보고 각 자리별 쌓기나무의 개수를 쓰면 다음과 같습니다.

1	1
2	3

➡ $1+1+2+3=7$(개)

따라서 쌓고 남은 쌓기나무는 $10-7=3$(개)입니다.

평가 기준	배점(5점)
쌓은 쌓기나무의 개수를 구했나요?	2점
쌓고 남은 쌓기나무의 개수를 구했나요?	3점

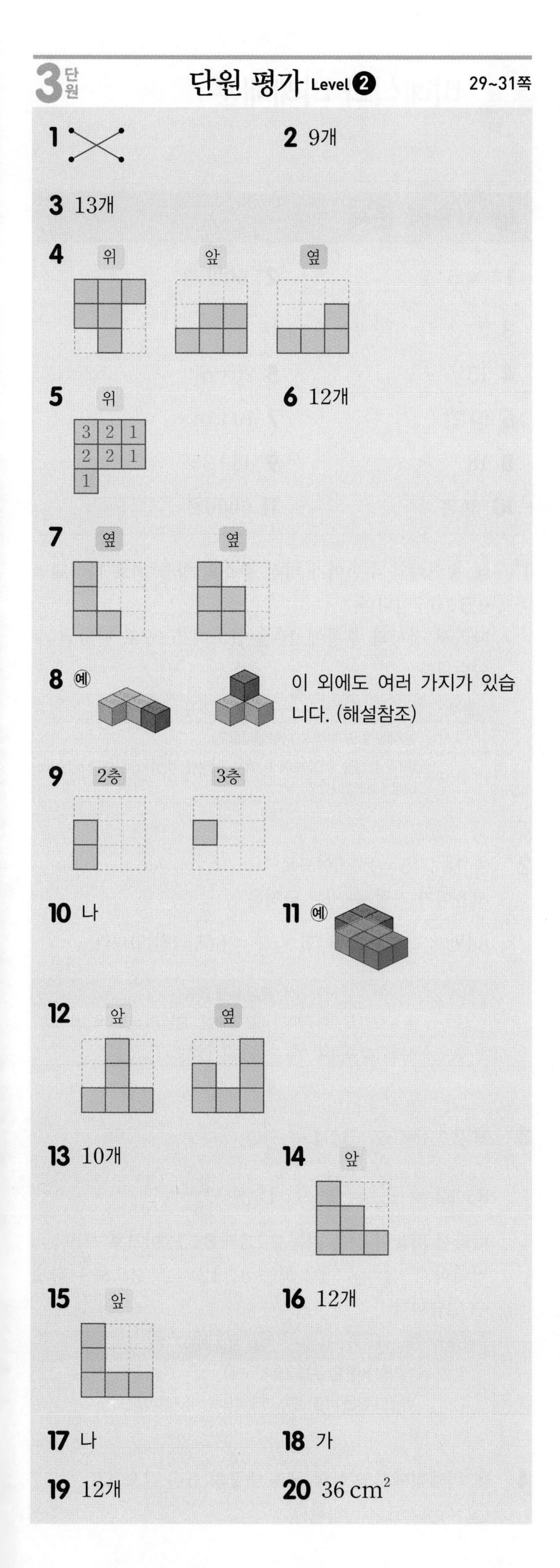

2 1층이 5개, 2층이 3개, 3층이 1개이므로 주어진 모양과 똑같이 쌓는 데 필요한 쌓기나무는 9개입니다.

3 1층이 9개, 2층이 4개이므로 주어진 모양과 똑같이 쌓는 데 필요한 쌓기나무는 13개입니다.

4 쌓기나무 8개로 만든 모양이므로 뒤쪽에 보이지 않는 쌓기나무는 없습니다. 위에서 본 모양은 1층의 모양을 그리고, 앞과 옆에서 본 모양은 각 줄의 가장 높은 층만 그립니다.

5 위에서 본 모양의 각 자리에 쌓은 쌓기나무의 개수를 세어 위에서 본 모양에 수를 씁니다.

6 $3+2+1+2+2+1+1=12$(개)

7 위에서 본 모양의 ○ 부분에 쌓기나무를 2개까지 쌓을 수 있으므로 1개 또는 2개 있을 때의 옆에서 본 모양을 그립니다.

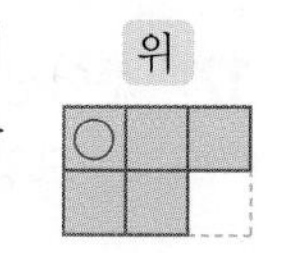

8 등 여러 가지가 있습니다.

9 1층 모양을 보고 쌓기나무로 쌓은 모양의 뒤에 보이지 않는 쌓기나무가 없다는 것을 알 수 있습니다. 2층에는 쌓기나무 2개, 3층에는 쌓기나무 1개가 있습니다.

10 위에서 본 모양이 같은 모양은 가, 나이고 이 중에서 앞, 옆에서 본 모양이 같은 모양은 나입니다.

11 모양 3개를 사용하여 새로운 모양을 만들었습니다.

12 앞에서 보면 1개, 3개, 1개로 보이고, 옆에서 보면 2개, 1개, 3개로 보입니다.

13 쌓기나무를 층별로 나타낸 모양에서 1층의 ○ 부분은 3층까지, △ 부분은 2층까지, 나머지 부분은 1층만 있습니다.
따라서 똑같은 모양으로 쌓는 데 필요한 쌓기나무는 10개입니다.

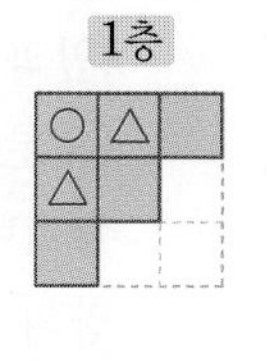

14 앞에서 보면 3개, 2개, 1개로 보입니다.

15 쌓기나무 12개로 만든 모양이므로 뒤에 숨겨진 쌓기나무는 없습니다.

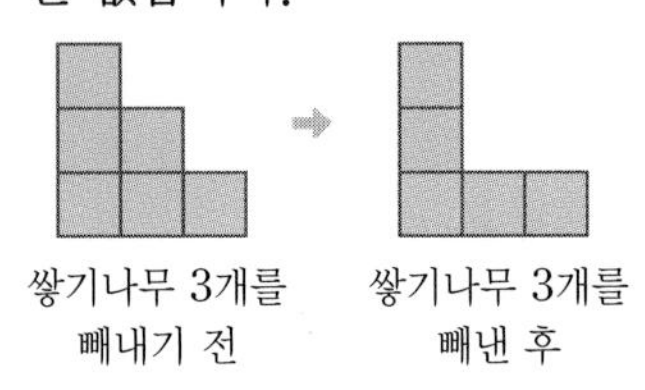

16 위에서 본 모양의 각 자리에 쌓기나무의 수를 써 봅니다. 쌓기나무를 최대로 사용하려면 다음 그림과 같이 쌓아야 합니다.

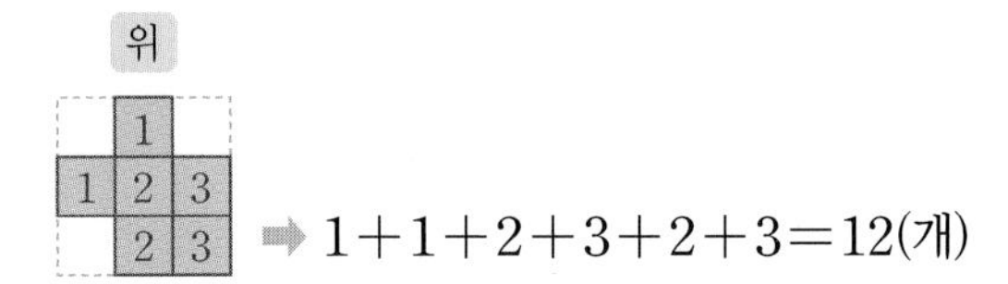

17 주어진 두 가지 쌓기나무 모양으로 만들 수 있는 모양은 오른쪽과 같은 나입니다.

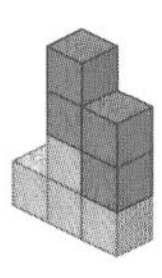

18 3층에 놓인 쌓기나무의 수를 알아보려면 각 칸에 쓰여진 수가 3 이상인 곳을 세어 보아야 합니다.
따라서 3층에 놓인 쌓기나무가 가는 6개이고 나는 5개이므로 3층에 놓인 쌓기나무가 더 많은 것은 가입니다.

서술형
19 예 만들 수 있는 가장 작은 정육면체는 가로와 세로로 각각 3줄씩 3층으로 쌓은 모양이므로
$3\times3\times3=27$(개)를 쌓아야 합니다.
이미 사용한 쌓기나무는 오른쪽과 같이 15개이므로 더 필요한 쌓기나무는
$27-15=12$(개)입니다.

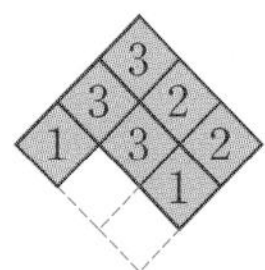

평가 기준	배점(5점)
만들 수 있는 가장 작은 정육면체의 쌓기나무 개수를 구했나요?	2점
더 필요한 쌓기나무는 몇 개인지 구했나요?	3점

서술형
20 예 (위와 아래에 있는 면의 수)$=5\times2=10$(개)
(앞과 뒤에 있는 면의 수)$=6\times2=12$(개)
(오른쪽과 왼쪽 옆에 있는 면의 수)$=7\times2=14$(개)
쌓기나무 한 개의 한 면의 넓이는 $1\ cm^2$이므로 만든 모양의 겉넓이는 $10+12+14=36\ (cm^2)$입니다.

평가 기준	배점(5점)
쌓은 모양의 각 방향에 있는 모든 면의 수를 구했나요?	3점
쌓은 모양의 겉넓이를 구했나요?	2점

4 비례식과 비례배분

서술형 문제 32~35쪽

1+ 예 5 : 7	**2**+ 60만 원
3 2 : 3=8 : 12 또는 8 : 12=2 : 3	
4 15	**5** 20 cm
6 9시간	**7** 10 km
8 18	**9** 48 : 36
10 36명	**11** 6000원

1+ 예 송연이와 수민이가 마신 주스의 양을 비로 나타내면 0.5 : 0.7입니다.
따라서 전항과 후항에 10을 곱하여 5 : 7로 나타낼 수 있습니다.

단계	문제 해결 과정
①	문제에 알맞게 비로 나타냈나요?
②	비의 성질을 이용하여 ①에서 나타낸 비를 간단한 자연수의 비로 나타냈나요?

2+ 예 18 : 45=2 : 5이므로
서윤이가 가질 수 있는 금액은
$84만\times\frac{5}{2+5}=84만\times\frac{5}{7}=60만$ (원)입니다.

단계	문제 해결 과정
①	두 사람이 투자한 금액의 비를 간단한 자연수의 비로 나타냈나요?
②	서윤이는 얼마를 가질 수 있는지 구했나요?

3 예 2 : 3 ➡ $\frac{2}{3}$, 3 : 4 ➡ $\frac{3}{4}$,
8 : 12 ➡ $\frac{8}{12}=\frac{2}{3}$, 9 : 15 ➡ $\frac{9}{15}=\frac{3}{5}$
따라서 비율이 같은 비는 2 : 3과 8 : 12이므로
비례식 2 : 3=8 : 12 또는 8 : 12=2 : 3으로 나타낼 수 있습니다.

단계	문제 해결 과정
①	각각의 비율을 구했나요?
②	비율이 같은 비를 찾아 비례식으로 나타냈나요?

4 예 비례식에서 외항의 곱과 내항의 곱은 같으므로
㉠×㉡=5×□입니다.

㉠×㉡=75이므로 75=5×□,
□=75÷5=15입니다.

단계	문제 해결 과정
①	비례식에서 외항의 곱과 내항의 곱이 같음을 이용하여 알맞은 식을 세웠나요?
②	□ 안에 알맞은 수를 구했나요?

5 ㉮ 가로를 □ cm라 하고 비례식을 세우면
4 : 7=□ : 35입니다.
4 : 7=□ : 35에서 4×35=7×□,
7×□=140, □=20입니다.
따라서 가로는 20 cm입니다.

단계	문제 해결 과정
①	문제에 알맞은 비례식을 세웠나요?
②	가로는 몇 cm인지 구했나요?

6 ㉮ 하루는 24시간입니다.
따라서 밤은 $24\times\frac{3}{5+3}=24\times\frac{3}{8}=9$(시간)입니다.

단계	문제 해결 과정
①	하루는 24시간인지 알고 있나요?
②	밤은 몇 시간인지 구했나요?

7 ㉮ 1시간 15분=75분입니다.
1시간 15분 동안 쉬지 않고 달리는 거리를 □ km라 하면 15 : 2=75 : □에서 15×□=2×75,
15×□=150, □=150÷15=10입니다.
따라서 민아가 자전거를 타고 1시간 15분 동안 쉬지 않고 달리는 거리는 10 km입니다.

단계	문제 해결 과정
①	문제에 알맞은 비례식을 세웠나요?
②	민아가 자전거를 타고 1시간 15분 동안 쉬지 않고 달리는 거리는 몇 km인지 구했나요?

8 ㉮ 비례식에서 외항의 곱과 내항의 곱은 같으므로
8×㉡=48, ㉡=6이고 ㉠×4=48, ㉠=12입니다.
따라서 ㉠+㉡=12+6=18입니다.

단계	문제 해결 과정
①	㉠과 ㉡의 값을 각각 구했나요?
②	㉠+㉡의 값을 구했나요?

9 ㉮ 비의 전항과 후항에 0이 아닌 같은 수를 곱하여도 비율은 같으므로 4 : 3=(4×□) : (3×□)입니다.
4×□+3×□=84, 7×□=84, □=84÷7=12
이므로 어떤 비는 (4×12) : (3×12)=48 : 36입니다.

단계	문제 해결 과정
①	비의 성질을 이용하여 알맞은 식을 세웠나요?
②	어떤 비를 구했나요?

10 ㉮ 25 %는 기준량이 100이므로 수학을 좋아하는 학생 수와 반 전체 학생 수의 비는 25 : 100입니다.
25 : 100을 간단한 자연수의 비로 고치면 1 : 4이므로 반 전체 학생 수를 □명이라 하면
1 : 4=9 : □에서 1×□=4×9, □=36입니다.
따라서 예경이네 반 전체 학생은 36명입니다.

단계	문제 해결 과정
①	문제에 알맞은 비례식을 세웠나요?
②	예경이네 반 전체 학생 수를 구했나요?

11 ㉮ 학용품 : $24000\times\frac{3}{3+5}=24000\times\frac{3}{8}$
$=9000$(원)
간식: $24000\times\frac{5}{3+5}=24000\times\frac{5}{8}$
$=15000$(원)
따라서 간식을 사는 데 사용한 금액은 학용품을 사는 데 사용한 금액보다 15000−9000=6000(원) 더 많습니다.

단계	문제 해결 과정
①	학용품을 사는 데 사용한 금액과 간식을 사는 데 사용한 금액을 각각 구했나요?
②	간식을 사는 데 사용한 금액은 학용품을 사는 데 사용한 금액보다 얼마 더 많은지 구했나요?

4단원 단원 평가 Level ❶ 36~38쪽

1 ( )(○)
2 (1) ㉮ 6 : 14, 9 : 21 (2) ㉮ 18 : 10, 9 : 5
3 (위에서부터) (1) 44, 4 (2) 12 / 3, 4
4 10, 2
5 (선 잇기)
6 18, 14
7 ㉮ 4 : 3
8 24 cm
9 7 L
10 2.25 km
11 42 km, 30 km
12 지유, 45장
13 25권, 15권

14 24 cm **15** 16장, 20장

16 600 mL, 900 mL **17** 192 cm^2

18 예 2 : 3

19 방법 예 곱이 같은 두 쌍의 수 카드를 찾아보면 $2\times28=56$, $7\times8=56$이므로 2와 28, 7과 8입니다. 따라서 외항의 곱과 내항의 곱이 56인 비례식을 만들면 $2:7=8:28$입니다. / 예 $2:7=8:28$ 등

20 13시간

1 $2:7 \Rightarrow \frac{2}{7}$, $6:20 \Rightarrow \frac{6}{20}=\frac{3}{10}$

⇒ 비례식이 아닙니다.

$3:5 \Rightarrow \frac{3}{5}$, $15:25 \Rightarrow \frac{15}{25}=\frac{3}{5}$

⇒ 비례식입니다.

2 (1) 전항과 후항에 2를 곱하면 6 : 14,
전항과 후항에 3을 곱하면 9 : 21입니다.
(2) 전항과 후항을 2로 나누면 18 : 10,
전항과 후항을 4로 나누면 9 : 5입니다.

4 외항의 곱이 50이므로 $㉠\times5=50$, $㉠=50\div5=10$입니다. 내항의 곱도 외항의 곱과 같은 50이므로 $25\times㉡=50$, $㉡=50\div25=2$입니다.

5 • $\frac{5}{6}:\frac{3}{4}$의 전항과 후항에 12를 곱하면 10 : 9입니다.
• 1.5 : 2.8의 전항과 후항에 10을 곱하면 15 : 28입니다.
• $2:1\frac{1}{2} \Rightarrow 2:\frac{3}{2}$의 전항과 후항에 2를 곱하면 4 : 3입니다.

6 전항이 18이므로 18 : ㉠입니다.
9 : 7의 비율은 $\frac{9}{7}$이므로 $\frac{9}{7}=\frac{18}{㉠}$, ㉠=14입니다.
따라서 조건에 맞는 비는 18 : 14입니다.

7 전체 일의 양을 1이라고 하면
지영이가 한 시간 동안 한 일의 양은 $\frac{1}{6}$이고,
준현이가 한 시간 동안 한 일의 양은 $\frac{1}{8}$입니다.
(지영) : (준현) $=\frac{1}{6}:\frac{1}{8}$이므로
전항과 후항에 24를 곱하면 4 : 3입니다.

8 (가로) : (세로) = 1 : 1.6이므로
엽서의 세로를 □ cm라 하면
1 : 1.6 = 15 : □에서 □ $=1.6\times15=24$입니다.
따라서 세로는 24 cm입니다.

9 (소금물의 양) : (소금의 양) = 5 : 135이므로
소금 189 g을 얻기 위해 증발시켜야 할 소금물의 양을 □ L라 하면
5 : 135 = □ : 189에서 $5\times189=135\times$□,
$945=135\times$□, □ $=945\div135=7$입니다.
따라서 소금물을 7 L 증발시켜야 합니다.

10 실제 거리를 □ km라 하면
1 : 0.5 = 4.5 : □에서 $1\times$□ $=0.5\times4.5$,
$1\times$□ $=2.25$, □ $=2.25$입니다.
따라서 실제 거리는 2.25 km입니다.

11 지하철을 타고 간 거리: $72\times\frac{7}{7+5}=72\times\frac{7}{12}=42$ (km)

버스를 타고 간 거리: $72\times\frac{5}{7+5}=72\times\frac{5}{12}=30$ (km)

12 성민: $81\times\frac{4}{4+5}=81\times\frac{4}{9}=36$(장)

지유: $81\times\frac{5}{4+5}=81\times\frac{5}{9}=45$(장)

13 가 모둠: $40\times\frac{5}{5+3}=40\times\frac{5}{8}=25$(권)

나 모둠: $40\times\frac{3}{5+3}=40\times\frac{3}{8}=15$(권)

14 (가로)+(세로) $=88\div2=44$ (cm)

가로: $44\times\frac{6}{6+5}=44\times\frac{6}{11}=24$ (cm)

15 혜수네 모둠: $36\times\frac{4}{4+5}=36\times\frac{4}{9}=16$(장)

지아네 모둠: $36\times\frac{5}{4+5}=36\times\frac{5}{9}=20$(장)

16 $1\frac{3}{5}:2.4$의 전항과 후항에 5를 곱하면 $8:12$입니다.
$8:12$의 전항과 후항을 4로 나누어 간단한 자연수의 비로 나타내면 $2:3$입니다.
$1.5\,L=1500\,mL$이므로
선우: $1500\times\frac{2}{2+3}=1500\times\frac{2}{5}=600\,(mL)$
재범: $1500\times\frac{3}{2+3}=1500\times\frac{3}{5}=900\,(mL)$

17 $3\frac{1}{3}:2.5=\frac{10}{3}:\frac{5}{2}$이므로 전항과 후항에 6을 곱하면 $20:15$입니다.
$20:15$의 전항과 후항을 5로 나누면 $4:3$입니다.
가로를 □ cm라 하면 $4:3=□:12$에서
$4\times12=3\times□$, $48=3\times□$,
$□=48\div3=16$입니다.
따라서 가로가 16 cm, 세로가 12 cm이므로
직사각형의 넓이는 $16\times12=192\,(cm^2)$입니다.

18 ㉮의 $\frac{2}{3}$배와 ㉯의 $\frac{4}{9}$배의 넓이가 같으므로
㉮$\times\frac{2}{3}=$㉯$\times\frac{4}{9}$에서 ㉮ : ㉯ $=\frac{4}{9}:\frac{2}{3}$입니다.
$\frac{4}{9}:\frac{2}{3}$의 전항과 후항에 9를 곱하면 $4:6$이고
$4:6$의 전항과 후항을 2로 나누면 $2:3$입니다.

서술형
19 $2:7=8:28$ 외에 $2:8=7:28$, $7:2=28:8$, $8:2=28:7$도 가능합니다.

평가 기준	배점(5점)
곱이 같은 두 쌍의 수 카드를 찾았나요?	2점
찾은 수 카드로 비례식을 세웠나요?	3점

서술형
20 예 $6.5:5\frac{1}{2}=\frac{13}{2}:\frac{11}{2}$의 전항과 후항에 2를 곱하면 $13:11$입니다.
하루는 24시간이므로 이 날 낮의 길이는
$24\times\frac{13}{13+11}=24\times\frac{13}{24}=13$(시간)입니다.

평가 기준	배점(5점)
낮과 밤의 길이의 비를 간단한 자연수의 비로 나타냈나요?	2점
이 날 낮의 길이를 구했나요?	3점

4단원 단원 평가 Level ❷ 39~41쪽

1 3, 6	**2** (위에서부터) 12, 84, 12
3 예 5, 5, 2, 15	**4** 1 : 5
5 ④	**6** 5
7 예 3 : 2	**8** 36 m, 6 m
9 52	**10** 10, 15, 24
11 32 cm	**12** 21명
13 4	**14** 90 cm, 50 cm
15 84만 원	**16** 330 cm²
17 16개	**18** 2119.5 L
19 9 kg	**20** 35개

1 비례식의 바깥쪽에 4와 6을, 안쪽에 3과 8을 씁니다.

2 $5:7=(5\times12):(7\times12)=60:84$

3 예 각 항에 분모인 5를 곱하여 자연수의 비로 나타냅니다.
➡ $\frac{2}{5}:3=\left(\frac{2}{5}\times5\right):(3\times5)=2:15$

4 $3.2:16=(3.2\times10):(16\times10)$
$=32:160$
$=(32\div32):(160\div32)$
$=1:5$

5 비례식은 외항의 곱과 내항의 곱이 같아야 합니다.
④ 외항의 곱 : $5\times16=80$
내항의 곱 : $8\times15=120$

6 외항의 합이 20이므로 $6+$㉡$=20$, ㉡$=14$입니다.
$6:7=$㉠$:14$에서 $7\times$㉠$=6\times14$, $7\times$㉠$=84$,
㉠$=84\div7=12$
따라서 내항의 차는 $12-7=5$입니다.

7 예 $9.6:6.4=(9.6\times10):(6.4\times10)=96:64$
$=(96\div32):(64\div32)=3:2$

8 $42\times\frac{6}{6+1}=42\times\frac{6}{7}=36\,(m)$
$42\times\frac{1}{6+1}=42\times\frac{1}{7}=6\,(m)$

9 ㉠ $5.4 \times 2 = 3\frac{3}{5} \times \square$, $10.8 = \frac{18}{5} \times \square$

$\square = 10.8 \div \frac{18}{5} = \frac{\overset{63}{\cancel{108}}}{\underset{21}{\cancel{10}}} \times \frac{\overset{1}{\cancel{5}}}{\underset{1}{\cancel{18}}} = 3$

㉡ $28 : \square = 4 : 7$, $28 \times 7 = \square \times 4$,
$\square \times 4 = 196$, $\square = 196 \div 4 = 49$
따라서 □ 안에 알맞은 수의 합은 $3 + 49 = 52$입니다.

10 ㉠ : 16＝㉡ : ㉢이라고 하면 $\frac{㉠}{16} = \frac{5}{8}$에서 ㉠＝10입니다.
외항의 곱이 240이므로 ㉠×㉢＝10×㉢＝240에서 ㉢＝24입니다.
$\frac{㉡}{㉢} = \frac{㉡}{24} = \frac{5}{8}$에서 ㉡＝15입니다.
따라서 비례식을 완성하면 $10 : 16 = 15 : 24$입니다.

11 태극기의 세로를 □cm라 하면
$3 : 2 = 48 : \square$, $3 \times \square = 2 \times 48$, $3 \times \square = 96$,
$\square = 96 \div 3 = 32$입니다.
따라서 세로는 32 cm로 해야 합니다.

12 수정이네 반 전체 학생 수를 □명이라 하면
$40 : 14 = 100 : \square$, $40 \times \square = 14 \times 100$,
$40 \times \square = 1400$,
$\square = 1400 \div 40 = 35$입니다.
따라서 수정이네 반 전체 학생이 35명이므로 남학생은 $35 - 14 = 21$(명)입니다.
참고 | 반 학생의 40 %가 14명일 때 100 %에 해당하는 수가 반 전체 학생 수입니다.

13 어떤 수를 □라 하면
$(6 + \square) : 8 = 5 : 4$이므로
$(6 + \square) \times 4 = 8 \times 5$, $(6 + \square) \times 4 = 40$,
$6 + \square = 40 \div 4$, $6 + \square = 10$,
$\square = 4$입니다.

14 (가로)＋(세로)$= 280 \div 2 = 140$ (cm)
가로 : $140 \times \frac{9}{9+5} = 140 \times \frac{9}{14} = 90$ (cm)
세로 : $140 \times \frac{5}{9+5} = 140 \times \frac{5}{14} = 50$ (cm)

15 두 사람이 투자한 금액의 비는
A : B＝420만 : 300만＝7 : 5입니다.
전체 이익금을 □만 원이라 하면
$\square \times \frac{7}{7+5} = \square \times \frac{7}{12} = 49$,
$\square = 49 \div \frac{7}{12} = 49 \times \frac{12}{7} = 84$
따라서 두 사람이 얻은 총 이익금은 84만 원입니다.

16 윗변의 길이를 □cm라 하면
$5 : 6 = \square : 12$, $5 \times 12 = 6 \times \square$, $6 \times \square = 60$,
$\square = 60 \div 6 = 10$입니다.
윗변의 길이가 10 cm이므로 높이는 $10 \times 3 = 30$ (cm)입니다.
따라서 사다리꼴의 넓이는
$(10 + 12) \times 30 \div 2 = 330$ (cm^2)입니다.

17 톱니바퀴 ㉮와 ㉯의 회전 수의 비가
$42 : 28 = (42 \div 14) : (28 \div 14) = 3 : 2$이므로
톱니바퀴 ㉮와 ㉯의 톱니 수의 비는 2 : 3입니다.
톱니바퀴 ㉮의 톱니를 □개라 하면
$2 : 3 = \square : 24$이므로
$2 \times 24 = 3 \times \square$, $3 \times \square = 48$, $\square = 48 \div 3 = 16$입니다.
따라서 톱니바퀴 ㉮의 톱니는 16개입니다.

18 (더 부어야 할 물의 높이)$= 2 - 1.2 = 0.8$ (m)
물통에 담긴 물의 양을 □L라 하면
$0.8 : 1413 = 1.2 : \square$, $0.8 \times \square = 1413 \times 1.2$,
$0.8 \times \square = 1695.6$, $\square = 1695.6 \div 0.8 = 2119.5$입니다.
따라서 물통에 담긴 물의 양은 2119.5 L입니다.

서술형
19 예 유빈 : $75 \times \frac{11}{11+14} = 75 \times \frac{11}{25} = 33$ (kg)
지우 : $75 \times \frac{14}{11+14} = 75 \times \frac{14}{25} = 42$ (kg)
따라서 유빈이와 지우가 캔 고구마의 무게의 차는 $42 - 33 = 9$ (kg)입니다.

평가 기준	배점(5점)
유빈이와 지우가 캔 고구마의 무게를 각각 구했나요?	3점
유빈이와 지우가 캔 고구마의 무게의 차를 구했나요?	2점

서술형

20 예 잘못 나누어 주었을 때 동생이 가진 구슬의 수를 □개라 하면
$2:5=20:\square$, $2\times\square=5\times20$, $2\times\square=100$,
$\square=100\div2=50$입니다.
동생에게 잘못 나누어 준 구슬이 50개이므로 동훈이가 처음에 나누어 준 구슬은 모두 $20+50=70$(개)입니다.
따라서 바르게 나누어 줄 때 누나가 가지게 되는 구슬은 $70\div2=35$(개)입니다.

평가 기준	배점(5점)
동생에게 잘못 나누어 준 구슬의 수를 구했나요?	2점
바르게 나누어 줄 때 누나가 가지게 되는 구슬의 수를 구했나요?	3점

5 원의 넓이

서술형 문제 42~45쪽

1⁺ 41.12 cm	**2⁺** 523.9 cm^2
3 62 cm	**4** 43.4 cm
5 3 cm	**6** 예 약 147 cm^2
7 ㉠	**8** 48 cm^2
9 200.96 cm^2	**10** 123.5 cm
11 22.5 cm^2	

1⁺ 예 반원의 둘레는 반지름이 8 cm인 원의 원주의 $\frac{1}{2}$과 지름의 합입니다.
따라서 반원의 둘레는
$8\times2\times3.14\times\frac{1}{2}+8\times2=41.12$ (cm)입니다.

단계	문제 해결 과정
①	반원의 둘레를 구하는 방법을 알고 있나요?
②	반원의 둘레를 구했나요?

2⁺ 예 원의 반지름을 □ cm라 하면
$\square\times2\times3.1=80.6$에서
$\square=80.6\div3.1\div2=13$입니다.
따라서 원의 넓이는 $13\times13\times3.1=523.9$ (cm^2)입니다.

단계	문제 해결 과정
①	원의 반지름을 구했나요?
②	원의 넓이를 구했나요?

3 예 (원 가의 원주)$=8\times3.1=24.8$ (cm)이고
(원 나의 원주)$=6\times2\times3.1=37.2$ (cm)입니다.
따라서 원 가와 나의 원주의 합은
$24.8+37.2=62$ (cm)입니다.

단계	문제 해결 과정
①	원 가, 나의 원주를 각각 구했나요?
②	원 가, 나의 원주의 합을 구했나요?

4 예 (큰 원의 반지름)$=4+3=7$ (cm)
(큰 원의 원주)$=7\times2\times3.1=43.4$ (cm)

단계	문제 해결 과정
①	큰 원의 반지름을 구했나요?
②	큰 원의 원주를 구했나요?

5 예 장난감 자동차 바퀴의 둘레는
$94.2 \div 5 = 18.84$ (cm)입니다.
장난감 자동차 바퀴의 반지름을 □ cm라 하면
$\square \times 2 \times 3.14 = 18.84$에서
$\square = 18.84 \div 3.14 \div 2 = 3$입니다.
따라서 장난감 자동차 바퀴의 반지름은 3 cm입니다.

단계	문제 해결 과정
①	장난감 자동차 바퀴의 둘레를 구했나요?
②	장난감 자동차 바퀴의 반지름을 구했나요?

6 예 원 안에 있는 정사각형의 넓이는
$14 \times 14 \div 2 = 98$ (cm^2)이고
원 밖에 있는 정사각형의 넓이는 $14 \times 14 = 196$ (cm^2)이므로 원의 넓이는 98 cm^2보다 크고 196 cm^2보다 작습니다.
따라서 원의 넓이를 어림하면 약 147 cm^2입니다.

단계	문제 해결 과정
①	원 안에 있는 정사각형의 넓이와 원 밖에 있는 정사각형의 넓이를 각각 구했나요?
②	원 안에 있는 정사각형의 넓이와 원 밖에 있는 정사각형의 넓이를 이용하여 원의 넓이를 바르게 어림했나요?

7 예 지름이 16 cm인 원의 반지름은 $16 \div 2 = 8$ (cm)이므로
(원 ㉠의 넓이)$= 8 \times 8 \times 3 = 192$ (cm^2)입니다.
$192 > 182.52$이므로 넓이가 더 넓은 원은 ㉠입니다.

단계	문제 해결 과정
①	원 ㉠의 넓이를 구했나요?
②	넓이가 더 넓은 원을 찾았나요?

8 예 가장 작은 원의 반지름이 2 cm이므로
중간 원의 반지름은 $2 + 2 = 4$ (cm)입니다.
따라서 점수가 8점 이상인 부분의 넓이는
$4 \times 4 \times 3 = 48$ (cm^2)입니다.

단계	문제 해결 과정
①	중간 원의 반지름을 구했나요?
②	과녁판에서 보이는 점수가 8점 이상인 부분의 넓이를 구했나요?

9 예 직사각형 안에 그려야 하므로 원의 지름은 직사각형의 가로나 세로보다 길 수 없습니다.
따라서 그릴 수 있는 가장 큰 원의 지름은 16 cm이므로
원의 넓이는 $8 \times 8 \times 3.14 = 200.96$ (cm^2)입니다.

단계	문제 해결 과정
①	그릴 수 있는 가장 큰 원의 지름을 구했나요?
②	그릴 수 있는 가장 큰 원의 넓이를 구했나요?

10 예 색칠한 부분의 둘레는 반지름이 19 cm인 원의 둘레의 $\frac{3}{4}$과 반지름 2개의 합과 같습니다.
(색칠한 부분의 둘레)
$= 19 \times 2 \times 3 \times \frac{3}{4} + 19 \times 2 = 85.5 + 38$
$= 123.5$ (cm)

단계	문제 해결 과정
①	색칠한 부분의 둘레를 구하는 방법을 알고 있나요?
②	색칠한 부분의 둘레를 구했나요?

11 예 정사각형의 넓이는 $10 \times 10 = 100$ (cm^2)이고,
색칠하지 않은 부분의 넓이는
반지름이 10 cm인 원의 넓이의 $\frac{1}{4}$과 같으므로
$10 \times 10 \times 3.1 \times \frac{1}{4} = 77.5$ (cm^2)입니다.
따라서 색칠한 부분의 넓이는
$100 - 77.5 = 22.5$ (cm^2)입니다.

단계	문제 해결 과정
①	정사각형의 넓이를 구했나요?
②	색칠하지 않은 부분의 넓이를 구했나요?
③	색칠한 부분의 넓이를 구했나요?

5단원 단원 평가 Level ❶

46~48쪽

1 ㉡
2 3.14 / 3.14 / 같습니다에 ○표
3 $12 \times 3 = 36$ / 36 cm **4** 43.96 cm
5 50, 100, 50, 100
6 (위에서부터) $7 \times 7 \times 3.14$, 153.86 / $11 \times 11 \times 3.14$, 379.94
7 6 **8** 30 cm
9 21.7 cm **10** 3.1
11 3바퀴 **12** 251.1 cm^2

13 57.1 cm　**14** 2197.5 m^2
15 37.68 cm　**16** 71 cm
17 15.5 cm　**18** 49 cm^2

19 이유 예 원 안의 정육각형의 넓이는 $27\times6=162\,(cm^2)$이고 원 밖의 정육각형의 넓이는 $36\times6=216(cm^2)$입니다. 따라서 원의 넓이는 162 cm^2보다 크고 216 cm^2보다 작다고 할 수 있습니다.

20 235.5 cm^2

1 ㉡ 원주율은 원의 크기와 관계없이 항상 일정합니다.
참고 | 원의 지름에 대한 원주의 비율을 원주율이라고 합니다. 원주율은 필요에 따라 3, 3.1, 3.14 등으로 어림하여 사용합니다.

3 (원주)$=12\times3=36$ (cm)
참고 | (원주율)=(원주)÷(지름)
➡ (원주)=(지름)×(원주율)

4 (원주)$=14\times3.14=43.96$ (cm)

5 • 원 안에 있는 정사각형은 대각선의 길이가 10 cm인 마름모이므로
(마름모의 넓이)$=10\times10\div2=50$ (cm^2)입니다.
• 원 밖에 있는 정사각형의 한 변의 길이가 10 cm이므로 (정사각형의 넓이)$=10\times10=100(cm^2)$입니다.

6 참고 | (원의 넓이)=(반지름)×(반지름)×(원주율)

7 원주가 37.68 cm이므로 (지름)×(원주율)=37.68에서
(지름)$=37.68\div3.14=12$ (cm)입니다.
따라서 반지름은 $12\div2=6$ (cm)입니다.

8 (큰 원의 원주)$=9\times2\times3=54$ (cm)
(작은 원의 원주)$=4\times2\times3=24$ (cm)
➡ (원주의 차)$=54-24=30$ (cm)

9 뚜껑의 둘레는 적어도 컵의 둘레보다는 커야 합니다.
(컵의 둘레)$=7\times3.1=21.7$ (cm)
따라서 뚜껑의 둘레는 적어도 컵의 둘레인 21.7 cm보다 커야 합니다.

10 (원주율)$=15.5\div5=3.1$

11 모형 동전을 한 바퀴 굴렸을 때 움직인 거리는 모형 동전의 원주와 같습니다.
따라서 원주는 $5\times3=15$ (cm)이므로 모형 동전을 $45\div15=3$(바퀴) 굴렸습니다.

12 우영이가 사용한 탈지면의 넓이는 페트리 접시 바닥의 넓이와 같습니다.
페트리 접시 바닥의 반지름은 $18\div2=9$ (cm)이므로 바닥의 넓이는 $9\times9\times3.1=251.1$ (cm^2)입니다.

13 (색칠한 부분의 둘레)
$=$(반지름이 10 cm인 원의 원주)$\times\frac{1}{2}$
$+$(반지름이 5 cm인 원의 원주)$\times\frac{1}{2}+5\times2$
$=\left(10\times2\times3.14\times\frac{1}{2}\right)+\left(5\times2\times3.14\times\frac{1}{2}\right)+5\times2$
$=31.4+15.7+10$
$=57.1$ (cm)

14
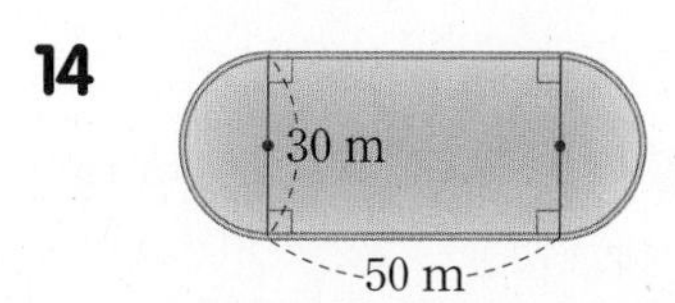

(직사각형 부분의 넓이)$=30\times50=1500$ (m^2)
(반원 2개의 넓이)=(지름이 30 m인 원의 넓이)
$=15\times15\times3.1$
$=697.5$ (m^2)
➡ (운동장의 넓이)$=1500+697.5$
$=2197.5$ (m^2)

15 원의 반지름을 □ cm라 하면
□×□×3.14=113.04에서
□×□=113.04÷3.14=36, □=6입니다.
따라서 원주는 $6\times2\times3.14=37.68$ (cm)입니다.

16
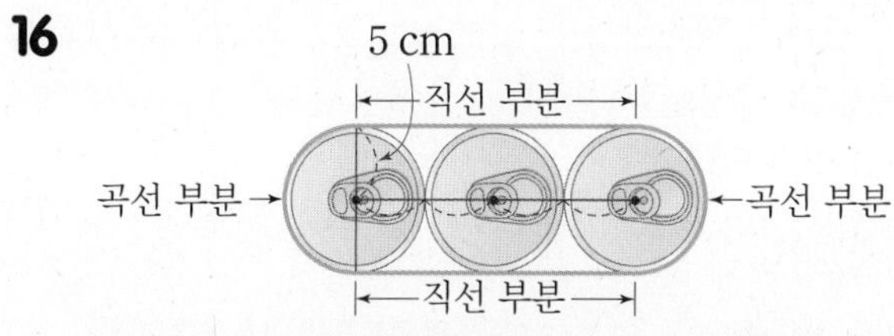

곡선 부분과 직선 부분으로 나누어 생각하면 곡선 부분은 반지름이 5 cm인 반원 2개이므로
(곡선 부분의 길이의 합)=(반지름이 5 cm인 원주)
$=5\times2\times3.1=31$ (cm)이고
직선 부분은 반지름의 8배와 같으므로

(직선 부분의 길이의 합)$=5\times8=40$ (cm)입니다.
따라서 필요한 테이프의 길이는 적어도
$31+40=71$ (cm)입니다.

17 (큰 바퀴의 지름)$=46.5\div3.1=15$ (cm)
(작은 바퀴의 지름)$=15\div3=5$ (cm)
➡ (작은 바퀴의 둘레)$=5\times3.1=15.5$ (cm)

18 (색칠한 부분의 넓이)
=(정사각형의 넓이)−(반지름이 7 cm인 원의 넓이)
$=14\times14-7\times7\times3=196-147$
$=49$ (cm^2)

서술형
19

평가 기준	배점(5점)
원 안의 정육각형과 원 밖의 정육각형의 넓이를 각각 구했나요?	3점
어림한 원의 넓이가 맞는지 이유를 바르게 썼나요?	2점

서술형
20 예 큰 원의 넓이는 $10\times10\times3.14=314$ (cm^2)이고
작은 원의 넓이는 $5\times5\times3.14=78.5$ (cm^2)입니다.
따라서 색칠한 부분의 넓이는
$314-78.5=235.5$ (cm^2)입니다.

평가 기준	배점(5점)
큰 원과 작은 원의 넓이를 각각 구했나요?	4점
색칠한 부분의 넓이를 구했나요?	1점

5단원 단원 평가 Level 2

49~51쪽

1 (1) ○ (2) × (3) ○
2 (1) 43.96 cm (2) 37.68 cm
3 9
4 12, 4
5 6.2, 31
6 123 cm^2
7 43.96 cm
8 12
9 75 cm
10 39.25 cm^2
11 108 cm^2
12 11 cm
13 477.4 m
14 184.5
15 40 cm
16 35원
17 624 cm^2
18 9배
19 3바퀴
20 ㉡

1 (2) 원의 지름이 길어지면 원주도 길어집니다.

2 (1) (원주)$=14\times3.14=43.96$ (cm)
(2) (원주)$=6\times2\times3.14=37.68$ (cm)

3 (원주)=(지름)×(원주율)이므로
$\square\times3=27$, $\square=27\div3=9$입니다.

4 (직사각형의 가로)=(원주)$\times\frac{1}{2}$
$=4\times2\times3\times\frac{1}{2}$
$=12$ (cm)
(직사각형의 세로)=(반지름)$=4$ cm

5 (반지름이 1 cm인 원의 원주)$=1\times2\times3.1$
$=6.2$ (cm)
(반지름이 5 cm인 원의 원주)$=5\times2\times3.1$
$=31$ (cm)

6 (작은 원의 넓이)$=4\times4\times3=48$ (cm^2)
(큰 원의 넓이)$=5\times5\times3=75$ (cm^2)
➡ (두 원의 넓이의 합)$=48+75=123$ (cm^2)

7 (원주)$=14\times3.14=43.96$ (cm)

8 $\square\times\square\times3.1=446.4$,
$\square\times\square=446.4\div3.1=144$이고
$12\times12=144$이므로 $\square=12$입니다.

9 (정미가 가지고 있는 접시의 원주)
$=11\times3=33$ (cm)
(규성이가 가지고 있는 접시의 원주)
$=(11+3)\times3=42$ (cm)
➡ (두 접시의 원주의 합)$=33+42=75$ (cm)

10 소정이가 그린 달은 반지름이 5 cm인 반원입니다.
➡ (달의 넓이)$=5\times5\times3.14\times\frac{1}{2}$
$=39.25$ (cm^2)

11 직사각형 안에 그릴 수 있는 원의 지름은 직사각형의 가로 또는 세로보다 길 수 없으므로 그릴 수 있는 가장 큰 원의 지름은 12 cm입니다.
따라서 반지름은 $12\div2=6$ (cm)이므로 원의 넓이는
$6\times6\times3=108$ (cm^2)입니다.

12 원을 만드는 데 사용한 끈의 길이는
$80-10.92=69.08$ (cm)입니다.
따라서 만든 원의 원주가 69.08 cm이므로 반지름은
$69.08\div3.14\div2=11$ (cm)입니다.

13 (대관람차가 한 바퀴 돌 때 움직인 거리)
$=77\times3.1=238.7$ (m)
따라서 동훈이가 대관람차를 타고 움직인 거리는
$238.7\times2=477.4$ (m)입니다.

14 트랙의 둘레가 400 m이므로
$10\times3.1+\square\times2=400$, $31+\square\times2=400$,
$\square\times2=369$, $\square=184.5$입니다.

15 (직사각형의 넓이)$=157\times8=1256$ (cm^2)
원의 반지름을 □cm라 하면
$\square\times\square\times3.14=1256$이므로
$\square\times\square=1256\div3.14=400$, $\square=20$입니다.
따라서 원의 지름은 $20\times2=40$ (cm)입니다.

16 (종이의 넓이)$=15\times15\times3.14=706.5$ (cm^2)
$25000\div706.5=35.3\cdots$ ➡ 35.3이므로
종이 1 cm^{2}의 가격은 약 35원인 셈입니다.

17 ㉠ (반지름이 16 cm인 원의 넓이)
$=16\times16\times3=768$ (cm^2)
㉡ (반지름이 8 cm인 원의 넓이)
$=8\times8\times3=192$ (cm^2)
㉢ (반지름이 4 cm인 원의 넓이)
$=4\times4\times3=48$ (cm^2)
➡ ㉠$-$㉡$+$㉢$=768-192+48=624$ (cm^2)

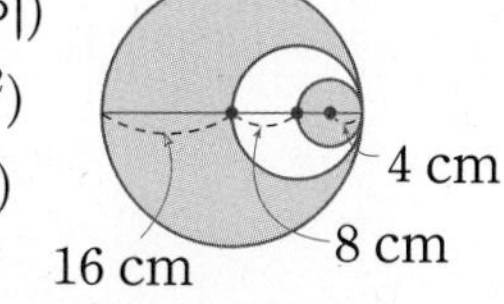

18 ㉯의 반지름을 1 cm라 하면 ㉮의 반지름은 3 cm이므로 ㉮의 넓이는 $3\times3\times3.1=27.9$ (cm^2)이고,
㉯의 넓이는 $1\times1\times3.1=3.1$ (cm^2)입니다.
따라서 ㉮의 넓이는 ㉯의 넓이의 $27.9\div3.1=9$(배)입니다.

서술형
19 예 접시를 한 바퀴 굴렸을 때 접시가 움직인 거리는 접시의 원주와 같으므로 $10.5\times2\times3=63$(cm)입니다.
따라서 접시를 $189\div63=3$(바퀴) 굴렸습니다.

평가 기준	배점(5점)
접시의 원주를 구했나요?	2점
접시를 몇 바퀴 굴렸는지 구했나요?	3점

서술형
20 예 반지름이 길수록 원의 넓이가 넓으므로 반지름의 길이를 비교합니다.
㉡ (반지름)$=86.8\div3.1\div2=14$(cm)
㉢ (반지름)$\times$(반지름)$=375.1\div3.1=121$이고
$11\times11=121$이므로 반지름은 11 cm입니다.
따라서 반지름을 비교하면
14 cm $>$ 11 cm $>$ 10 cm이므로
넓이가 가장 넓은 원은 ㉡입니다.

평가 기준	배점(5점)
세 원의 반지름 또는 넓이를 각각 구해 비교했나요?	3점
넓이가 가장 넓은 원을 찾았나요?	2점

6 원기둥, 원뿔, 구

서술형 문제 52~55쪽

1+ 4 cm　　**2+** 7 cm

3 공통점 예 밑면의 모양이 원입니다.
옆면은 굽은 면입니다.
차이점 예 원뿔에는 꼭짓점이 있지만 원기둥에는 없습니다.
원뿔은 밑면이 1개지만 원기둥은 밑면이 2개입니다.

4 36 cm　　**5** 13 cm

6 민호 / 이유 예 구의 중심에서 구의 겉면의 한 점을 이은 선분은 구의 반지름입니다.

7 144 cm^2　　**8** 7 cm

9 558 cm^2　　**10** 30 cm^2

11 8 cm

1+ 예 원기둥의 높이는 두 밑면에 수직인 선분의 길이, 원뿔의 높이는 원뿔의 꼭짓점에서 밑면에 수직인 선분의 길이이므로 원기둥의 높이는 15 cm, 원뿔의 높이는 11 cm입니다.
따라서 두 입체도형의 높이의 차는
$15-11=4$ (cm)입니다.

단계	문제 해결 과정
①	두 입체도형의 높이를 각각 구했나요?
②	두 입체도형의 높이의 차를 구했나요?

2+ 예 원기둥의 높이를 □ cm라 하면
$16\times3.1\times\square=347.2$, $\square=7$입니다.
따라서 원기둥의 높이는 7 cm입니다.

단계	문제 해결 과정
①	원기둥의 높이를 구하는 식을 바르게 세웠나요?
②	원기둥의 높이를 구했나요?

3

단계	문제 해결 과정
①	원뿔과 원기둥의 공통점을 썼나요?
②	원뿔과 원기둥의 차이점을 썼나요?

4 예 ㉠ 원뿔의 높이: 12 cm
㉡ 원기둥의 높이: 14 cm
㉢ 원기둥의 높이: 10 cm
따라서 세 입체도형의 높이의 합은
$12+14+10=36$ (cm)입니다.

단계	문제 해결 과정
①	세 입체도형의 높이를 각각 구했나요?
②	세 입체도형의 높이의 합을 구했나요?

5 예 원뿔을 옆에서 본 모양은 오른쪽과 같은 이등변삼각형입니다.
따라서 모선의 길이는
$(36-10)\div2=26\div2=13$ (cm)입니다.

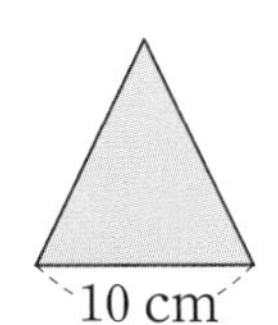

단계	문제 해결 과정
①	원뿔을 옆에서 본 모양을 알고 있나요?
②	모선의 길이를 구했나요?

6

단계	문제 해결 과정
①	잘못 말한 사람을 바르게 찾았나요?
②	그렇게 생각한 이유를 바르게 썼나요?

7 예 (옆면의 가로의 길이)$=3\times2\times3=18$ (cm)이고
(옆면의 세로의 길이)=(원기둥의 높이)=8cm입니다.
따라서 옆면의 넓이는 $18\times8=144$ (cm^2)입니다.

단계	문제 해결 과정
①	옆면의 가로의 길이와 세로의 길이를 구했나요?
②	옆면의 넓이를 구했나요?

8 예 옆면의 가로의 길이는 밑면의 둘레와 같으므로 반지름의 길이를 □cm라 하면
$\square\times2\times3.1=43.4$, $\square=7$입니다.

단계	문제 해결 과정
①	밑면의 반지름을 구하는 방법을 알고 있나요?
②	밑면의 반지름을 구했나요?

9 예 만들어지는 입체도형은 오른쪽과 같습니다.
따라서 입체도형의 겉넓이는
$(6\times6\times3.1)\times2+(6\times2\times3.1)\times9$
$=223.2+334.8=558$ (cm^2)입니다.

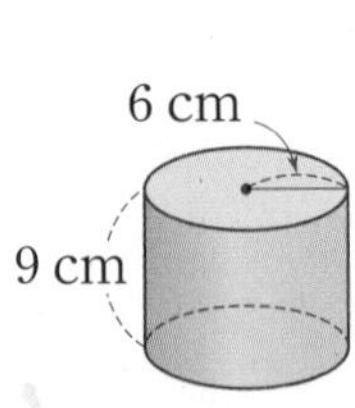

단계	문제 해결 과정
①	만들어지는 입체도형을 알고 있나요?
②	만들어지는 입체도형의 겉넓이를 구했나요?

10 예 돌리기 전의 평면도형은 오른쪽과 같이 밑변의 길이가 5 cm, 높이가 12 cm인 직각삼각형입니다.
따라서 돌리기 전의 평면도형의 넓이

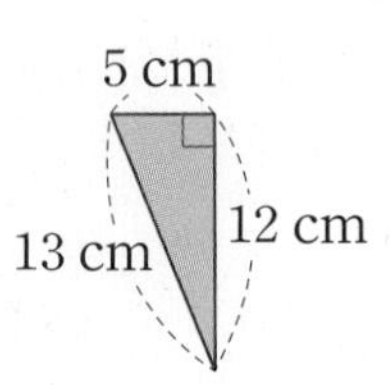

는 $5\times12\div2=30\ (cm^2)$입니다.

단계	문제 해결 과정
①	돌리기 전의 평면도형을 알고 있나요?
②	돌리기 전의 평면도형의 넓이를 구했나요?

11 예 (한 바퀴 굴렸을 때 지나간 부분의 넓이)
$=$(옆면의 넓이)이므로
(옆면의 넓이)$=$(반지름)$\times2\times3.14\times20=1004.8$,
(반지름)$\times125.6=1004.8$, (반지름)$=8$ cm입니다.

단계	문제 해결 과정
①	한 바퀴 굴렸을 때 굴러간 부분의 넓이가 옆면의 넓이와 같음을 알고 있나요?
②	밑면의 반지름을 구했나요?

6단원 단원 평가 Level 1

56~58쪽

1 가, 바　　**2** 마
3 다, 라　　**4** 은우
5 예　　**6** 원기둥
7 3 cm　　**8** 5
9 ○, △, △
10 12 cm　　**11** 88.4 cm
12 $125.6\ cm^2$　　**13** 104.52 cm
14 4 cm　　**15** $504\ cm^2$
16 $420\ cm^2$　　**17** 4 cm
18 $130.2\ cm^2$
19 이유 예 두 밑면이 합동인 원이 아닙니다.
옆면이 직사각형이 아닙니다.
20 88.8 cm

1 밑면인 두 면이 서로 평행하고 합동인 원으로 된 입체도형을 모두 찾으면 가, 바입니다.

2 밑면이 원이고 옆면이 굽은 면인 뾰족한 뿔 모양의 입체도형을 찾으면 마입니다.

3 공 모양의 입체도형을 모두 찾으면 다, 라입니다.

4 옆면은 원기둥과 원뿔 모두 굽은 면으로 되어 있습니다.

7 높이는 원뿔의 꼭짓점에서 밑면에 수직인 선분의 길이이므로 3 cm입니다.

8 반원의 지름이 10 cm이면 구의 지름도 10 cm이므로 구의 반지름은 $10\div2=5$ (cm)입니다.

10 (직사각형의 가로)$=4\times2\times3=24$ (cm)
(직사각형의 세로)$=12$ cm
➡ (가로와 세로의 차)$=24-12=12$ (cm)

11 (원기둥의 밑면의 둘레)$=3\times2\times3.1=18.6$ (cm)
(원기둥의 높이)$=7$ cm
(전개도의 둘레)$=18.6\times4+7\times2$
$=74.4+14$
$=88.4$ (cm)

12 (옆면의 넓이)$=4\times2\times3.14\times5$
$=125.6\ (cm^2)$

13 (밑면의 둘레)$=9\times3.14=28.26$ (cm)
원기둥에서 높이는 모두 같으므로 12 cm인 철사가 4개입니다.
➡ (사용한 철사의 길이)$=28.26\times2+12\times4$
$=56.52+48$
$=104.52$ (cm)

14 (밑면의 둘레)$=8\times3.1=24.8$(cm)
(원기둥의 높이)$=$(옆면의 넓이)$\div$(밑면의 둘레)
$=99.2\div24.8=4$ (cm)

15 (옆면의 넓이)$=7\times2\times3\times12$
$=504\ (cm^2)$

16 (한 밑면의 넓이)$=5\times5\times3=75\ (cm^2)$
(옆면의 넓이)$=5\times2\times3\times9=270\ (cm^2)$
➡ (겉넓이)$=75\times2+270$
$=420\ (cm^2)$

17 원기둥이 지나간 부분의 넓이는 원기둥의 옆면의 넓이의 3배입니다.
(반지름)$\times 2 \times 3.14 \times 9 \times 3 = 678.24$,
(반지름)$\times 169.56 = 678.24$,
(반지름)$= 4$ cm

18 입체도형은 밑면의 반지름이 3 cm이고 높이가 7 cm인 원기둥입니다.
(원기둥의 옆면의 넓이)$= 3 \times 2 \times 3.1 \times 7$
$= 130.2\,(\text{cm}^2)$

서술형
19

평가 기준	배점(5점)
원기둥의 전개도가 아닌 이유를 썼나요?	2점
원기둥의 전개도가 아닌 다른 이유를 썼나요?	3점

서술형
20 예 (직사각형의 가로)=(밑면의 둘레)
$= 5 \times 2 \times 3.14$
$= 31.4\,(\text{cm})$
(직사각형의 세로)=(원기둥의 높이)
$= 13$ cm
➡ (직사각형의 둘레)$= (31.4 + 13) \times 2$
$= 88.8\,(\text{cm})$

평가 기준	배점(5점)
원기둥의 전개도에서 옆면의 가로와 세로를 구했나요?	2점
직사각형의 둘레를 구했나요?	3점

6단원 단원 평가 Level 2

59~61쪽

1 가, 라
2 예 밑면인 두 면이 서로 평행하지 않고 합동이 아닙니다.
3 8 cm
4 (　)(○)(　)
5 15 cm, 17 cm
6 ①
7 9
8 (위에서부터) 원, 원 / 직사각형, 삼각형
9 선분 ㄱㄴ, 선분 ㄱㄷ, 선분 ㄱㄹ
10 ㉠
11 혜리, 지영
12 47.1 cm
13 72 cm
14 $216\,\text{cm}^2$
15 $992\,\text{cm}^2$
16 14 cm
17 6 cm
18 $167.4\,\text{cm}^2$
19 9.8 cm
20 $1840\,\text{cm}^2$

1 밑면인 두 면이 서로 평행하고 합동인 원으로 된 둥근 기둥 모양의 입체도형을 찾습니다.

3 원기둥의 높이는 두 밑면에 수직인 선분의 길이이므로 음료수 캔의 높이는 8 cm입니다.

4 원기둥의 전개도는 두 밑면이 서로 합동인 원이고, 옆면의 모양이 직사각형입니다. 또, 원기둥을 만들었을 때 두 밑면이 서로 평행해야 합니다.

5 높이는 원뿔의 꼭짓점에서 밑면에 수직인 선분의 길이이므로 15 cm이고, 모선은 원뿔의 꼭짓점과 밑면인 원의 둘레의 한 점을 잇는 선분이므로 17 cm입니다.

6 직사각형의 한 변을 기준으로 하여 돌리면 원기둥이 만들어집니다.

7 지름이 18 cm인 반원을 한 바퀴 돌려 만든 구의 반지름은 $18 \div 2 = 9$(cm)입니다.

9 원뿔의 꼭짓점과 밑면인 원의 둘레의 한 점을 이은 선분을 모선이라고 합니다.

10 ㉠ 구의 중심은 1개입니다.

11 혜리: 밑면이 원기둥은 2개이고, 원뿔은 1개입니다.
지영: 원기둥은 꼭짓점이 없고, 원뿔은 꼭짓점이 있습니다.

12 (밑면의 둘레)=(지름)×(원주율)
$= 15 \times 3.14$
$= 47.1$(cm)

13 구를 앞에서 본 모양은 반지름이 12 cm인 원입니다.
따라서 구를 앞에서 본 모양의 둘레는
$12 \times 2 \times 3 = 72$(cm)입니다.

14 (원기둥의 겉넓이)
$=$(한 밑면의 넓이)$\times 2+$(옆면의 넓이)
$=27\times 2+162$
$=216\ (cm^2)$

15 (한 밑면의 넓이)$=8\times 8\times 3.1$
$=198.4\ (cm^2)$
(옆면의 넓이)$=8\times 2\times 3.1\times 12$
$=595.2\ (cm^2)$
➡ (겉넓이)$=198.4\times 2+595.2$
$=992\ (cm^2)$

16 원뿔을 옆에서 본 모양은 오른쪽과 같은 이등변삼각형입니다. 따라서 모선의 길이는 $(40-12)\div 2=14$ (cm)입니다.

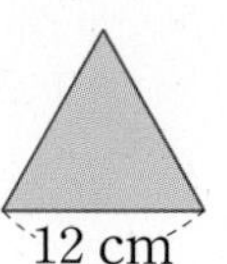

17 색칠된 부분의 넓이는 원기둥의 옆면의 넓이와 같습니다.
(옆면의 가로)$=$(밑면의 둘레)$=301.44\div 16$
$=18.84$ (cm)
➡ (밑면의 지름)$=18.84\div 3.14$
$=6$ (cm)

18 밑면의 반지름이 3 cm, 높이가 6 cm인 원기둥이 만들어집니다.
(원기둥의 겉넓이)
$=(3\times 3\times 3.1)\times 2+3\times 2\times 3.1\times 6$
$=55.8+111.6$
$=167.4\ (cm^2)$

서술형
19 예 (옆면의 가로)$=$(밑면의 둘레)
$=4\times 2\times 3.1$
$=24.8$ (cm)
옆면의 세로는 원기둥의 높이와 같으므로 15 cm입니다. 따라서 옆면의 가로와 세로의 차는
$24.8-15=9.8$ (cm)입니다.

평가 기준	배점(5점)
옆면의 가로와 세로를 구했나요?	4점
옆면의 가로와 세로의 차를 구했나요?	1점

서술형
20 예 (한 밑면의 넓이)
$=10\times 10\times 3.1\div 2$
$=155\ (cm^2)$
(옆면의 넓이)
$=$(굽은 면의 넓이)$+$(직사각형의 넓이)
$=20\times 3.1\div 2\times 30+20\times 30$
$=1530\ (cm^2)$
따라서 페인트가 칠해질 부분의 넓이는
$155\times 2+1530=1840\ (cm^2)$입니다.

평가 기준	배점(5점)
한 밑면의 넓이, 옆면의 넓이를 각각 구했나요?	3점
페인트가 칠해질 부분의 넓이를 구했나요?	2점

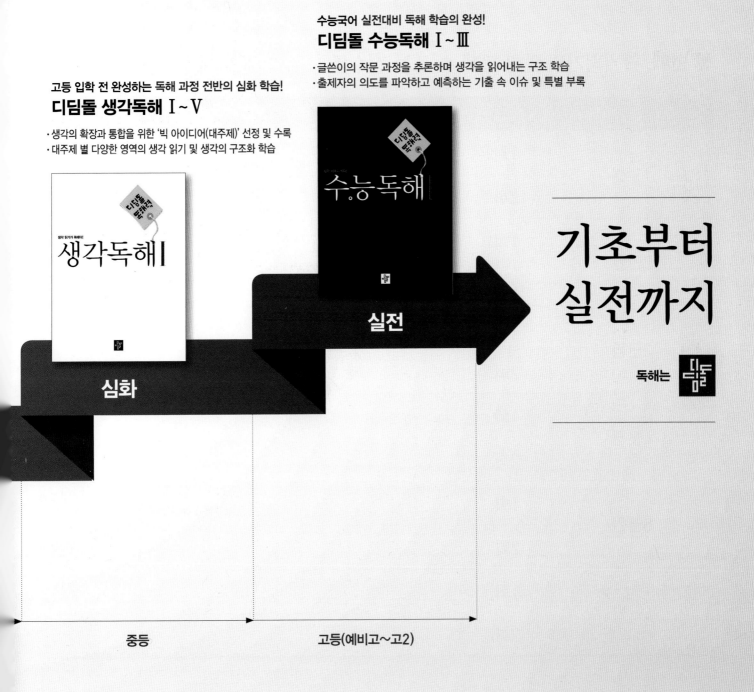

다음에는 뭐 풀지?

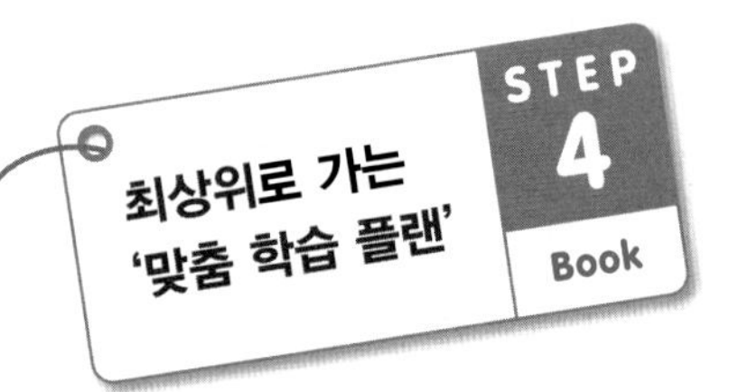

다음에 공부할 책을 고르기 어려우시다면, 현재 성취도를 먼저 체크해 보세요.
최상위로 가는 맞춤 학습 플랜만 있다면 내 실력에 꼭 맞는 교재를 선택할 수 있어요!
단계에 따라 내 실력을 진단해 보고, 다음 학습도 야무지게 준비해 봐요!

첫 번째, 단원평가의 맞힌 문제 수 또는 점수를 모두 더해 보세요.

단원		맞힌 문제 수	점수 (문항당 5점)
1단원	1회		
	2회		
2단원	1회		
	2회		
3단원	1회		
	2회		
4단원	1회		
	2회		
5단원	1회		
	2회		
6단원	1회		
	2회		
합계			

※ 단원평가는 각 단원의 마지막 코너에 있는 20문항 문제지입니다.